国家出版基金项目
NATIONAL PUBLICATION FOUNDATION

“十四五”时期国家重点出版物出版专项规划项目

密码理论与技术丛书

密码函数

张卫国 著

密码科学技术全国重点实验室资助

科学出版社
北京

内 容 简 介

本书的主要内容是基于作者在密码函数研究领域所发表的学术论文撰写而成的，主要介绍了在单输出密码函数、多输出密码函数以及密码函数的应用等三个方面的原创性研究成果. 本书的第 1 章介绍了与密码函数相关的基础知识；第 2 章和第 3 章侧重介绍具有优良密码学性质的单输出和多输出布尔函数的构造，提出一系列新型密码函数构造方法；第 4 章探索了多输出密码函数在正交序列集设计及真随机数生成器的校正器设计等方面的应用. 各章后的评注部分是对每章内容的扩展. 各章后配有习题，供读者进一步思考和研究.

本书可作为密码学专业和信息安全专业的本科生与研究生教材或讨论班资料，对从事对称密码学理论研究和工程实践的科技工作者也是一本有价值的参考书.

图书在版编目（CIP）数据

密码函数 / 张卫国著. -- 北京 : 科学出版社, 2024. 10. --（密码理论与技术丛书）. -- ISBN 978-7-03-079749-0

Ⅰ. TN918.4

中国国家版本馆 CIP 数据核字第 2024D2R723 号

责任编辑：李静科　李香叶 / 责任校对：彭珍珍

责任印制：赵　博 / 封面设计：无极书装

科学出版社 出版

北京东黄城根北街 16 号

邮政编码: 100717

http://www.sciencep.com

北京九州迅驰传媒文化有限公司印刷

科学出版社发行　各地新华书店经销

*

2024 年 10 月第 一 版　开本：720×1000　1/16

2025 年 5 月第二次印刷　印张：22

字数：428 000

定价：139.00 元

(如有印装质量问题，我社负责调换)

“密码理论与技术丛书”序

随着全球进入信息化时代, 信息技术飞速发展并获得广泛应用, 物理世界和信息世界越来越紧密地交织在一起, 不断引发新的网络与信息安全问题, 这些安全问题直接关乎国家安全、经济发展、社会稳定和个人隐私. 密码技术寻找到了前所未有的用武之地, 成为解决网络与信息安全问题最成熟、最可靠、最有效的核心技术手段, 可提供机密性、完整性、不可否认性、可用性和可控性等一系列重要安全服务, 实现数据加密、身份鉴别、访问控制、授权管理和责任认定等一系列重要安全机制.

与此同时, 随着数字经济、信息化的深入推进, 网络空间对抗日趋激烈, 新兴信息技术的快速发展和应用也促进了密码技术的不断创新. 一方面, 量子计算等新型计算技术的快速发展给传统密码技术带来了严重的安全挑战, 促进了抗量子密码技术等前沿密码技术的创新发展. 另一方面, 大数据、云计算、移动通信、区块链、物联网、人工智能等新应用层出不穷、方兴未艾, 提出了更多更新的密码应用需求, 催生了大量的新型密码技术.

为了进一步推动我国密码理论与技术创新发展和进步, 促进密码理论与技术高水平创新人才培养, 展现密码理论与技术最新创新研究成果, 科学出版社推出了“密码理论与技术丛书”, 该丛书覆盖密码学科基础、密码理论、密码技术和密码应用等四个层面的内容.

“密码理论与技术丛书”坚持“成熟一本, 出版一本”的基本原则, 希望每一本都能成为经典范本. 近五年拟出版的内容既包括同态密码、属性密码、格密码、区块链密码、可搜索密码等前沿密码技术, 也包括密钥管理、安全认证、侧信道攻击与防御等实用密码技术, 同时还包括安全多方计算、密码函数、非线性序列等经典密码理论. 该丛书既注重密码基础理论研究, 又强调密码前沿技术应用; 既对已有密码理论与技术进行系统论述, 又紧密跟踪世界前沿密码理论与技术, 并科学设想未来发展前景.

“密码理论与技术丛书”以学术著作为主, 具有体系完备、论证科学、特色鲜明、学术价值高等特点, 可作为从事网络空间安全、信息安全、密码学、计算机、通信以及数学等专业的科技人员、博士研究生和硕士研究生的参考书, 也可供高等院校相关专业的师生参考.

冯登国

2022 年 11 月 8 日于北京

序

我们在初中就学过函数这个概念. 函数的概念包含三个关键要素: 定义域 X、值域 Y 和对应规则 f, 其核心是对应规则 f, 它是函数关系的本质特征. 那么, 什么是密码函数呢? 密码函数就是用于密码系统设计中的函数, 一般要满足某一或某些密码学特性, 如非线性性、差分均匀性、相关免疫性或弹性、代数免疫性、扩散性等. 如何设计满足某一或某些密码学特性的密码函数是密码学中的一个重要的基础问题, 尤其在对称密码学中至关重要. 密码学中所用的函数主要是逻辑函数, 任何一个逻辑函数都可以表示成一个布尔函数, 因此, 密码函数的研究一般主要研究布尔函数.

张卫国教授长期从事对称密码学基础理论研究, 已在密码函数这一领域潜心研究二十多年. 他所著的《密码函数》一书梳理了他在密码函数设计方面取得的一系列研究成果. 这些研究成果具有很好的原创性, 对同行专家学者具有重要参考价值. 该书行文流畅、逻辑严谨、深入浅出, 是一本很好的了解密码函数领域最新研究进展的读物.

冯登国

2024 年 7 月

前　言

(一)

世界上的许多现象常常表现出两种状态, 比如海潮的起与落、电路的开与关、搏击的攻与防等等. 我国古代哲学把这种既相依又相反的二元现象辩证地抽象为"阴"与"阳", 认为宇宙间任何事物都有阴阳两个方面，并由阴阳互补互动而体现出宇宙秩序. 遗憾的是, 这种阴阳哲学没有数学化地发展成为科学, 而是更多地停留在玄学的讨论层面. 近代以来, 产生了一个研究二值逻辑的数学分支——布尔代数, 这一数学工具后来在工程中得到了广泛应用.

布尔代数能在工程中被成功应用, 不得不提到两个人: 一个是布尔 (George Boole, 1815—1864), 另一个是香农 (Claude E. Shannon, 1916—2001). 布尔分别在 1847 年和 1854 年发表论著 *The Mathematical Analysis of Logic*[94] 和 *An Investigation of the Laws of Thought*[95], 创建了布尔代数. 布尔代数奠定了用逻辑思维的方式处理二值逻辑问题的数学基础. 1937 年, 香农在他的硕士学位论文 "A symbolic analysis of relay and switching circuits"[792] 中科学严谨地论述了如何使用布尔代数对开关电路进行设计和分析, 为布尔函数在数字电路系统 (包括密码系统) 中的实际应用奠定了基础.

1949 年, 香农发表论文 "Communication theory of secrecy systems"[795], 从信息论的角度为对称密码 (包括流密码和分组密码) 的设计与分析指明了方向. 在这一先驱性的论文中, 香农提出了"扩散 (diffusion)"和"混淆 (confusion)"两个设计原则, 这两个设计原则至今仍是指导我们设计对称密码和 Hash 函数的主要原则. 这篇论文具有里程碑意义, 迈出了有史以来对称密码科学化进程中最重要的一步.

在分组密码和公钥密码出现之前, 流密码是占绝对统治地位的加解密方式. 布尔函数在流密码中被理性地作为研究对象始于它在线性反馈移位寄存器 (linear feedback shift register, LFSR) 中的应用. 20 世纪 60 年代后期, Berlekamp-Massey 算法的提出[74, 555], 使人们意识到提高密钥流序列线性复杂度的重要性. 人们开始考虑在多个 LFSR 之间加入乘法运算, 用非线性逻辑运算来提高生成序列的线性复杂度, 逐渐形成基于 LFSR 的非线性滤波模式和非线性组合模式的序列生成器. 这些非线性布尔逻辑结构决定了流密码安全强度, 它们就是流密码中的密码函数.

20 世纪 80 年代中期, 出现了针对基于 LFSR 的流密码的相关分析, 这对密码函数设计提出新的要求, 要求用于流密码中的密码函数具有相关免疫性质. 在同一时期, 我国学者肖国镇把频谱技术用于密码函数的分析, 提出相关免疫函数的频谱特征定理 (也称为 Xiao-Massey 定理)[903], 通过频谱简洁地刻画了相关免疫函数的特征. 这一定理对密码函数的设计和分析具有重要的指导意义.

利用频谱技术还可以研究密码函数的另一重要指标 (性质): 非线性度. 密码函数的非线性度被定义为密码函数和所有仿射函数汉明距离的最小值. 非线性度这一指标的提出, 受到了香农 1949 年的论文中 "相似系统" (similar system) 思想的启发. 那么, 如何度量一个东西有多 "好" 呢？那就是看这个东西有多大程度上 "不像" 我们认为的 "坏" 的东西. 在布尔函数之间, 这种 "不像" 是用汉明距离来度量的. 对特定密码指标的研究往往是对特定条件下 0 和 1 分布的研究, 当在特定条件下 0 和 1 严重失衡时, 就成为被利用的密码学缺陷. 非线性度是度量对称密码抵抗线性逼近攻击能力的指标, 在流密码和分组密码中都很重要.

不同密码学指标之间往往存在着制约关系, 比如非线性度和相关免疫性就是相互 "冲突" 的两个密码指标, 平衡的相关免疫函数 (弹性函数) 的非线性度的紧上界至今仍是悬而未决的难题[42]. 如何实现多种密码学指标的优化折中, 是密码函数设计中的核心难题.

密码分析技术促进和引导了密码函数理论的发展. 对流密码和分组密码的分析 (攻击) 本质上都是利用了密码中布尔逻辑 (函数) 结构或性质上的缺陷. 比如, 用布尔函数的高阶差分来降低代数次数以实现对流密码的立方攻击; 分组密码攻击所用的区分器与布尔函数的基本性质密切相关等. 早在 1987—1990 年, 我国学者曾肯成等就在美密会上发表了一系列有关密码分析的重要论文[912–915]. 这些早期的研究成果以及后来在对称密码分析方面的研究进展, 对从密码函数角度设计和分析对称密码系统具有重要参考价值.

20 世纪 90 年代是研究密码函数的重要十年. 这一时期, 我国学者在密码函数研究方面取得了一系列重要进展. 比较有代表性的成果是丁存生和肖国镇提出的 "流密码的稳定性理论"[285] 及冯登国博士学位论文《频谱理论及其在通信保密技术中的应用》[4]. 2000 年之后的几年里, 密码函数的研究陷入低潮, 直到代数攻击 (包括快速代数攻击) 的出现. 和相关攻击一样, 代数攻击也利用了基于 LFSR 的流密码本身固有的缺陷. 为了抵抗代数攻击, 密码学家又提出新的密码指标——代数免疫 (包括快速代数免疫). 代数攻击出现后, 密码函数又作为热门课题被研究了十年. 研究的问题从最初的如何设计具有最优代数免疫阶的布尔函数, 到后来如何同时兼顾非线性度、平衡性、弹性、代数次数等密码指标.

基于 LFSR 的流密码是被研究得较为充分的密码, 如何利用非线性密码函数 "掩盖" 系统中线性部分 (LFSR 部分) 是保证这类密码安全性的主要任务. 近十年中出现的流密码, 为了避免驱动部分是 "纯线性" 的, 在系统中融入各种非线性元素, 但所生成序列的伪随机性 (安全性) 难以从理论的角度严谨论证. 无论流密码采用怎样形式的结构, 其中非线性部件中的运算仍然还是布尔逻辑运算.

与公钥密码学相比, 流密码学的发展还不够 "科学化". 无论其如何发展, 布尔函数都将扮演重要角色.

布尔函数的密码价值还表现为它在分组密码中的 "存在". 作为分组密码中起混淆作用的非线性模块, S 盒 (substitution box) 可以看作是多输出布尔函数, 是密码函数研究的重要对象. 为了抵抗针对分组密码的线性攻击和差分攻击, 需要 S 盒具有高非线性度和低差分均匀度. 如何构造同时具有高非线性度和低差分均匀度的平衡 (包括置换) S 盒, 是研究用于分组密码中的密码函数 (S 盒) 必须要考虑的问题. 这一研究方向上的重要公开难题是 "大 APN 问题": 在 n 为不小于 8 的偶数时, 是否存在 $GF(2^n)$ 上的 APN 置换?

可以说, 布尔函数是对称密码的本质性存在, 是对称密码的灵魂. 本书重点研究了对称密码中的布尔函数的设计, 并进一步把相关理论方法用于序列设计和真随机数生成器的校正器设计.

布尔函数在 Hash 函数、秘密共享、密码协议、量子密码等领域也有应用. 布尔函数支撑了现代密码算法的安全性, 并便于硬件实现, 也为密码分析提供了工具. 布尔函数还有一个重要研究方向, 是对非线性反馈移位寄存器 (nonlinear feedback shift register, NFSR) 中反馈函数的研究. 随着科学技术的发展, 布尔函数在量子计算、边缘安全等领域的应用将进一步深化.

(二)

本书中的主要内容是由作者已发表的论文整理而成的. 这些成果的出处如下: 前言第一部分出自文献 [39], 2.2 节出自文献 [930], 2.3 节出自文献 [931], 2.4 节和 2.5 节出自文献 [935], 2.6 节出自文献 [940], 2.7 节和 2.8 节出自文献 [938], 2.9 节出自文献 [38], 2.10.1 节出自文献 [40], 3.2 节和 3.5 节出自文献 [934], 3.3 节和 3.4 节出自文献 [942], 3.6 节出自文献 [41, 939], 4.2 节出自文献 [905, 937, 943], 4.3 节出自文献 [944], 4.4 节出自文献 [946], 4.5.1 节出自文献 [943].

全书共四章. 第 1 章介绍了与密码函数相关的基础知识; 第 2 章和第 3 章分别给出单输出密码函数和多输出密码函数的相关研究成果; 第 4 章介绍了密码函数在正交序列集设计和真随机数生成器的校正器设计等方面的应用.

本书每章都有评注部分和习题部分. 第 1 章的评注给初学者推荐了与本书内容相关的基础知识方面的专著; 其余章的评注介绍了各章内容相关问题的研究背景和研究现状, 是对该章内容的扩展补充. 作者给每章编写了习题, 供学有余力的读者思考. 习题中的公开问题是一些尚未解决的难题, 值得深入研究.

(三)

本书完稿之际, 作者深深怀念肖国镇教授, 是他把作者领入密码学这一深奥而有趣的研究领域. 作者至今还清晰记得第一次和肖老师见面时的情景, 肖老师告诫作者做学问发表学术观点一定要有原创性, 不能拾人牙慧. 在和肖老师相处的十几年里, 他激发了作者的学术自尊心, 启迪了作者的学术思想, 影响了作者的学术价值观. 谨以本书纪念肖国镇教授!

感谢冯登国院士对写作本书给予的鼓励. 在本书的撰写过程中, 冯院士提出一些建议并提供多篇相关文献资料, 对提高本书的严谨性和可读性有很大帮助.

感谢王瑞麟、胡姚达、王飞鸿、黄冰冰等四位研究生. 他们在本书初稿完成后, 对全书进行了校稿工作.

在本书文稿的排版审校阶段, 李静科和李香叶编辑以其专业的素养、严谨的态度和无尽的耐心, 为本书质量的提升付出巨大努力. 没有她们的付出, 本书不可能以现在的面貌呈现在读者面前.

本书的出版得到国家出版基金、密码科学技术全国重点实验室学术著作出版基金的资助. 书中的部分成果在国家自然科学基金项目 (62272360, 61972303) 的资助下完成.

阅读是读者和作者之间的对话. 作者热情地期待读者和作者交流读后感, 指出本书中的不足之处, 探讨共同感兴趣的问题. Email: wgzhang@foxmail.com.

张卫国

2024 年 7 月

目　　录

第 1 章　基础知识

为了本书的系统完整性, 本章约定一些符号的意义, 定义一些基本概念, 介绍一些基本结论, 作为以后各章的基础.

1.1　集合、映射、代数运算

集合和映射是近代数学中最基本的概念, 是几乎所有数学分支讨论的起点.

有限或无限多个固定事物的全体, 叫做一个集合. 组成一个集合的事物, 叫做这个集合的元素. 通常集合用大写字母表示, 集合中的元素用小写字母表示. 若元素 e 是集合 S 中的一个元素, 则称 e 属于 S, 记作 $e \in S$. 若 e 不是 S 中的元素, 则称 e 不属于 S, 记作 $e \notin S$. 一个没有元素的集合, 称为空集, 记为 $\varnothing$. 若组成集合的元素个数是有限的, 则称该集合为有限集, 否则就称为无限集. 常见的无限集有自然数集 $\mathbb{N}$、整数集 $\mathbb{Z}$、正整数集 $\mathbb{Z}^+$、有理数集 $\mathbb{Q}$、实数集 $\mathbb{R}$、复数集 $\mathbb{C}$.

集合的表示可以用列举法列举出它的所有元素, 例如

$$S = \{1, i, -1, -i\},$$

其中 $i = \sqrt{-1} \in \mathbb{C}$. 还可用元素适合的条件来描述一个集合, 这种集合表示方法叫描述法. 在描述法中, 记集合 $S = \{x \mid p(x)\}$, 即若条件 $p(x)$ 成立, 则 $x \in S$, 否则 $x \notin S$. 上面列举法表达的集合 S, 可以用描述法表达为

$$S = \{x \mid x^4 = 1,\ x \in \mathbb{C}\}.$$

有限集 S 中元素的个数, 称为有限集的基数, 记为 $|S|$ 或 $\#S$. 这两种记号, 今后在本书中都会出现. 当集合用一个符号 (字母) 表示时, 一般采用前一种表达方式; 当集合用描述法表示时, 一般采用后一种表达方式, 例如, $\#\{x \mid x^4 = 1,\ x \in \mathbb{C}\}$. 显然, 对上面例子中的集合 S, 有 $|S| = \#\{x \mid x^4 = 1,\ x \in \mathbb{C}\} = 4$.

若同一个元素在某集合中最多只能出现一次, 则该集合只能表达出该元素在其中有或无的属性. 多重集合, 简称多重集, 是集合概念的一种推广. 在多重集中, 同一个元素可以出现多次. 比如, $\{0, 0, 4, -4, 0, 0, 4, 4\}$ 就是一个多重集. 计算多重集的基数时, 出现多次的元素要按出现的次数计算. 一个元素在多重集里出现的次数称为这个元素在多重集里面的重数. 若多重集中的元素是有次序的, 则称这个多重集为有序多重集.

定义 1.1　设 A 和 B 为两个集合. 若任取 $b \in B$, 均有 $b \in A$, 则称 B 是 A 的子集, 记作 $B \subseteq A$. 若 $B \subseteq A$ 且存在 $a \in A$, 使 $a \notin B$, 则称 B 是 A 的真子集, 记作 $B \subset A$. 集合 A 和 B 的差定义为 $A \backslash B = \{a \mid a \in A, a \notin B\}$.

给定集合 A, A 的所有子集构成的集合称为 A 的幂集, 记为 $\mathcal{P}(A)$. 例如, 设 $A = \{0,1\}$, 则 $\mathcal{P}(A) = \big\{\varnothing, \{0\}, \{1\}, \{0,1\}\big\}$. 显然, 若 $|A| = n$, 则 $|\mathcal{P}(A)| = 2^n$.

若 A 和 B 包含的元素完全一样, 则称 A 和 B 是同一集合, 用 $A = B$ 表示. 一个简单而重要的事实: $A = B$ 当且仅当 $A \subseteq B$ 且 $B \subseteq A$.

设 P 和 Q 是两个命题. "P 当且仅当 Q" 表达的意思是, P 成立是 Q 成立的充分必要条件 (简称充要条件). 在本书中, 有时也用符号 "$\Leftrightarrow$" 表示 "当且仅当".

定义 1.2　设 A 和 B 为两个集合. 称由 A 和 B 的公共元素作成的集合为 A 与 B 的交集, 记作 $A \cap B$. 称由属于 A 或 B 的所有元素作成的集合为 A 与 B 的并集, 记作 $A \cup B$.

研究两个集合之间的联系是代数学中的重要问题, 映射这个概念的主要用途之一就是用来解决这个问题, 它是代数中最基本的工具. 我们不区分映射和函数的概念, 下面给出的映射的定义也是函数的定义.

定义 1.3　设 A 和 B 是两个集合. 若某对应法则 ϕ, 对于 A 中的每个元素, 在 B 中都有唯一确定的元素与之相对应, 则称 ϕ 为 A 到 B 的映射, 记作 $\phi: A \to B$. 若 $x \in A$ 在映射 ϕ 之下对应到 $y \in B$ 上, 则称 y 为 x 在映射 ϕ 之下的象, 记为 $y = \phi(x)$; 同时, 称 x 为 y 在映射 ϕ 之下的一个原象.

由上述映射 ϕ 的定义, 可以看出 A 中的每个元素在 B 中都有唯一的象, 但 B 中的每个元素未必有原象; 即使有原象, 原象也未必唯一. 下面根据 B 中元素原象的特征, 给出几种特殊类型映射的定义.

定义 1.4　设 $\phi: A \to B$. 若在 ϕ 之下 B 中每个元素在 A 中都有原象, 则称 ϕ 为 A 到 B 的满射. 若在 ϕ 之下 A 中不同的元素在 B 中的象也不同, 则称 ϕ 为 A 到 B 的单射. 若 ϕ 既是单射又是满射, 则称 ϕ 为 A 到 B 的双射, 也叫一一映射. 特别地, 若 $\phi: A \to A$ 是一个双射, 则称 ϕ 是 A 上的置换.

对有限集合 A 和 B 而言, 它们之间能建立双射的必要条件是 $|A| = |B|$. 在该条件下, 既能建立从 A 到 B 的双射, 也能建立从 B 到 A 的双射. 下面我们引出逆映射的概念. 设 $\phi: A \to B$ 是一个双射, $\psi: B \to A$ 是另一个双射. 若对 $x \in A$, $y \in B$, 每当 $y = \phi(x)$ 时, 就有 $x = \psi(y)$, 则称 ψ 是 ϕ 的逆映射. ϕ 的逆映射常用符号 ϕ^{-1} 表示.

在近世代数中研究的代数系统, 是带有代数运算的集合. 没有定义代数运算的集合, 只是由一些彼此孤立的元素组成的集体. 为了严谨地引入代数运算的概念, 下面先给出两个集合的笛卡尔乘积的定义.

定义 1.5 设 A_1 和 A_2 是两个集合. 定义

$$A_1 \times A_2 = \{(a_1, a_2) \mid a_1 \in A_1, a_2 \in A_2\}$$

为 A_1 和 A_2 的笛卡尔乘积 (Cartesian product), 也叫直积.

显然, 当 A_1 和 A_2 是有限集时, $A_1 \times A_2$ 的基数是 $|A_1| \cdot |A_2|$. 定义 1.5 中的 (a_1, a_2) 是有确定次序的组合, 称之为序偶. 笛卡尔乘积运算还可以推广到 n 个集合上去. 设 $A_1, A_2, \cdots, A_n$ 是任意 n 个集合, 称集合

$$\{(a_1, a_2, \cdots, a_n) \mid a_i \in A_i, i = 1, 2, \cdots, n\}$$

为 $A_1, A_2, \cdots, A_n$ 的笛卡尔乘积, 记为 $A_1 \times A_2 \times \cdots \times A_n$. 特别地, 当 $A_i\,(i = 1, 2, \cdots, n)$ 是同一个集合 A 时, 记 $A^n = A \times A \times \cdots \times A$.

例 1.6 设 $A = \{0, 1\}$. $A^3 = \{0, 1\} \times \{0, 1\} \times \{0, 1\} = \{(0, 0, 0), (0, 0, 1), (0, 1, 0), (0, 1, 1), (1, 0, 0), (1, 0, 1), (1, 1, 0), (1, 1, 1)\}$.

代数运算是一种特殊的映射. 借助集合的笛卡尔乘积和集合之间的映射, 可以给出代数运算的严谨定义.

定义 1.7 设 $A_1, A_2, \cdots, A_n, B$ 为 $n+1$ 个非空集合, 从 $A_1 \times A_2 \times \cdots \times A_n$ 到 B 的任一映射 φ, 被称为从 $A_1 \times A_2 \times \cdots \times A_n$ 到 B 的一个 n 元代数运算, 简称n 元运算. 设 A 是一个非空集合, 称映射 $f: A^n \to A$ 为 A 上的 n 元运算.

特别地, 当 $n = 2$ 时, 称定义 1.7 中的映射 φ 为二元运算. 在 φ 作用下, $A_1 \times A_2$ 中的任一序偶 (a_1, a_2) 在 B 中都有确定的元素 b 与之相对应, 即 $\varphi(a_1, a_2) = b$. 为了简洁起见, 也可用运算符号 “$*$” 来表达这一映射关系: $a_1 * a_2 = b$.

把 A 上的二元运算 $A^2 \to A$ 称作是定义在 A 上的代数运算 $*$. 在这种情况下, A 中任意两个元素运算后的结果还在 A 中, 此时称 A 对代数运算 $*$ 满足封闭性.

代数运算不加任何限制的集合是难以进行研究的, 只有满足了某些运算规则, 才便于推导出有用的结论. 下面给出几种常见的运算律.

定义 1.8 设 A 是带有代数运算 $*$ 的非空集合. 若对 A 中任意元素 a, b, c 都有 $(a * b) * c = a * (b * c)$, 则称 A 的代数运算 $*$ 满足结合律.

在集合 A 上的代数运算 $*$ 之下, $a * b$ 未必等于 $b * a$. 但是 $a * b$ 也可以总是等于 $b * a$. 下面给出交换律的定义.

定义1.9 若集合 A 上的代数运算 $*$ 对 A 中的任意元素 a, b, 都有 $a*b = b*a$, 则称 A 的代数运算 $*$ 满足交换律.

若集合 A 的代数运算 $*$ 同时满足结合律和交换律, 则对 A 中任意 n 个元素 $a_1, a_2, \cdots, a_n$ 进行运算时, $a_1 * a_2 * \cdots * a_n$ 可以任意结合和交换元素次序, 结果均相等. 结合律和交换律都是相对于一种代数运算而言的, 而下面要介绍的分配律要在两种代数运算中建立联系.

定义 1.10　设集合 A 上有两个代数运算 $*$ 和 $\circ$. 若对 A 中任意元素 a, b, c, 都有

$$a*(b\circ c)=(a*b)\circ(a*c),$$

则称代数运算 $*$ 对 $\circ$ 满足左分配律; 若

$$(b\circ c)*a=(b*a)\circ(c*a),$$

则称代数运算 $*$ 对 $\circ$ 满足右分配律.

在带有代数运算的两个集合之间建立的映射, 也可以与代数运算发生联系. 下面介绍同态映射和同构映射两个重要概念.

定义 1.11　设 A 是带有代数运算“$*$”的集合, B 是带有代数运算“$\cdot$”的集合, ϕ 是从 A 到 B 的映射. 若对任意 $a,b\in A$, 总有

$$\phi(a*b)=\phi(a)\cdot\phi(b),$$

则称 ϕ 是从 A 到 B 的同态映射. 当 ϕ 是从 A 到 B 的双射和同态映射时, 则称 ϕ 是从 A 到 B 的同构映射.

若 A 到 B 存在同态映射, 则称 A 和 B 同态, 记为 $A\sim B$. 若 A 到 B 存在同构映射, 则称 A 和 B 同构, 记为 $A\cong B$.

例 1.12　设 $A=\{0,1\}$, 其中定义了一种加法运算“$\oplus$”, 并规定

$$0\oplus 0=0,\quad 0\oplus 1=1,\quad 1\oplus 0=1,\quad 1\oplus 1=0,$$

设 $B=\{1,-1\}$, 其中定义的代数运算是普通乘法运算“$\cdot$”. 建立一个从 A 到 B 的双射 π, 使 $\pi(0)=1$, $\pi(1)=-1$. 不难验证, 对任意 $a,b\in A$, $\pi(a\oplus b)=\pi(a)\cdot\pi(b)$ 恒成立. 因而, π 是同构映射.

设在整数集 $\mathbb{Z}$ 中的代数运算是普通加法“$+$”. 建立从 $\mathbb{Z}$ 到 A 的映射 ϕ, 使得对任意 $i\in\mathbb{Z}$, 当 i 为偶数时, $\phi(i)=0$, 否则 $\phi(i)=1$. 对任意 $i_1,i_2\in\mathbb{Z}$, 总有 $\phi(i_1+i_2)=\phi(i_1)\oplus\phi(i_2)$. 由定义 1.11, 可得 ϕ 是同态映射. 类似地, 可建立从 $\mathbb{Z}$ 到 B 的同态映射.

同态和同构的概念是近代数学中的卓越思想之一, 利用这种思想可以从貌似不同的事物之间找到它们内在本质的联系.

下面介绍划分、等价关系、等价类、商集的概念, 并简单讨论它们之间的联系.

定义 1.13　若 A_i, $i=1,2,\cdots,e$ 都是非空集合 A 的非空子集, 并满足

$$\bigcup_{i=1}^{e}A_i=A\quad 且\quad A_{i_1}\cap A_{i_2}=\varnothing\quad(1\leqslant i_1<i_2\leqslant e),$$

则称 $\{A_i\mid i=1,2,\cdots,e\}$ 是 A 的一个划分.

定义 1.14 设 A 为一个集合. A^2 的子集叫做 A 上的二元关系. 称 A 上的二元关系 R 为等价关系, 若 R 满足如下性质:

(1) 自反性: 对任意 $x \in A$, 都有 $(x,x) \in R$;

(2) 对称性: 对任意 $x,y \in A$, 每当 $(x,y) \in R$, 都有 $(y,x) \in R$;

(3) 传递性: 对任意 $x,y,z \in A$, 每当 $(x,y) \in R$ 且 $(y,z) \in R$, 都有 $(x,z) \in R$.

定义 1.15 设 R 为集合 A 上的等价关系. $x \in A$ 关于 R 的等价类定义为

$$[x]_R = \{a \mid a \in A, (x,a) \in R\}.$$

R 的等价类集合 $\{[x]_R \mid x \in A\}$ 称作 A 关于 R 的商集, 记作 A/R.

定理 1.16 设 R 是集合 A 上的等价关系, 则 A 关于 R 的商集 A/R 是 A 的一个划分. 反过来, 集合 A 的一个划分可以确定 A 上的一个等价关系.

1.2 群的结构

群, 特别是有限群, 是近世代数中最重要的代数系统之一. 本节给出有关这类代数系统的一些基本知识.

定义 1.17 若 G 是一个非空集合, 其中定义了代数运算 "$*$", 并具有如下性质:

(1) 封闭性: 若 $a,b \in G$, 则 $a*b \in G$;

(2) 结合律: 若 $a,b,c \in G$, 则 $a*(b*c) = (a*b)*c$;

(3) 存在单位元 $e \in G$, 使得对任意 $a \in G$, 都有 $e*a = a$;

(4) 对任意 $a \in G$, 都存在 a 的逆元 $a^{-1} \in G$, 使 $a^{-1}*a = e$,

则称 G 对代数运算 $*$ 作成一个群, 记为 $(G, *)$.

群中只有一种代数运算, 这个代数运算用什么符号表示并不重要. 在不引起歧义的时候, 运算符号甚至可以省略不写, 即 $a*b$ 可以写为 ab.

上面群的定义 (3) 和 (4) 中的单位元和逆元, 在有些文献中被分别称为左单位元和左逆元. 可以证明, 群的左单位元同时也是其右单位元, 群中元素的左逆元同时也是其右逆元. 因此, 在群中不必区分左单位元和右单位元, 也不必区分元素的左逆元和右逆元. 还可以证明, 群中的单位元和任一元素的逆元都是唯一的.

元素个数有限的群, 称为有限群. 元素的个数称为该有限群的阶. 下面介绍一种重要的有限群——剩余类群.

我们先介绍整数的欧几里得除法算式, 然后引出同余的概念.

定理 1.18 设 $m \in \mathbb{Z}^+$. 任意整数 a 可以唯一地表达为下列形式

$$a = qm + r, \tag{1.1}$$

其中 $0 \leqslant r < m$, q 为整数.

(1.1) 式中整数 a 的表达式就是我们熟知的欧几里得除法算式, 简称除法算式. 把 q 称为 m 除 a 的商数, 把 r 称为 m 除 a 的余数.

定义 1.19　若正整数 m 除整数 a 和 b 的除法算式中有相同的余数, 即

$$a = q_1 m + r, \quad b = q_2 m + r, \quad 0 \leqslant r < m,$$

则称 a 和 b 关于模 m 同余, 记为 $a \equiv b \bmod m$.

例如, 24 小时整点时间 7 点和 19 点, 在指针钟表表盘上是同一个位置, 可以理解为 $19 \equiv 7 \bmod 12$. 由同余的定义可知, m 整除 $a-b$, 记作 $m \mid (a-b)$.

根据同余的概念, 可以把全体整数进行分类. 用正整数 m 去除全体整数, 将余数为 r 的算作一类. 这样, 就把全体整数按模 m 分成 m 类, 其中每一类都称作模 m 的一个剩余类. 每个剩余类中的任意整数都称作该剩余类的一个剩余. 一般从每一类中取非负最小剩余作为代表表示这些剩余类, 记作

$$\overline{0},\ \overline{1},\ \overline{2}, \cdots, \overline{m-1}.$$

把上面的 m 个剩余类作为 m 个元素组成一个集合, 并定义一种叫做模 m 剩余类加法的代数运算 “$+_m$”. 定义整数 $r_1 + r_2$ 所代表的类 $\overline{r_1 + r_2}$ 为 $\overline{r_1}$ 和 $\overline{r_2}$ 剩余类加法之和, 记作

$$\overline{r_1} +_m \overline{r_2} = \overline{r_1 + r_2}.$$

类似地, 还可以定义模 m 剩余类乘法 “$\times_m$”:

$$\overline{r_1} \times_m \overline{r_2} = \overline{r_1 r_2}.$$

今后, 在不引起混淆的前提下, 把 “$+_m$” 写为 “$+$”, 把 “$\times_m$” 写为 “$\cdot$” 或省去不写.

不难验证, 模 m 的剩余类集合关于剩余类加法运算构成一个群. 这个群中 $\overline{0}$ 是单位元, 任意剩余类 $\overline{r}$ 的逆元是 $-\overline{r} = \overline{m-r}$. 注意到这个群中定义的剩余类加法是满足交换律的, 这种群叫交换群. 下面给出交换群的一般定义.

定义 1.20　若在群 G 中定义的代数运算 $*$ 满足交换律, 即对任意 $a, b \in G$, 恒有 $a * b = b * a$, 则称 G 为交换群, 也叫 Abel 群.

下面再介绍一种特殊的交换群——循环群. 循环群的结构简单而优美, 是一种很重要的群, 也是研究得最为透彻的一类群.

设 a 为群 G 中的元素, 约定 $a^0 = e$, 定义 a 的 k 次幂为

$$a^k = \underbrace{a * a * \cdots * a}_{k}.$$

由群的封闭性, a^k 必定也是群 G 中的元素. 对有限群而言, 必存在使 $a^n = e$ 成立的最小的正整数 n. 不难看出, 集合 $\{e, a, a^2, \cdots, a^{n-1}\}$ 关于 G 中的代数运算作

成一个群, 这个群中的任意元素都可由 a 的幂来表示. 剩余类加法群也是这样的群, 群中的每个剩余类都可由剩余类 $\bar{1}$ 通过自身运算得到.

定义 1.21 若一个群中的所有元素都可由元素 a 及其幂表示, 则称该群为循环群, 该元素 a 称作循环群的生成元.

下面是一个循环群的重要例子.

例 1.22 n 次方程 $x^n - 1 = 0$ 在复数域上的根, 称作 n 次单位根. 全部 n 次单位根的集合

$$U_n = \{e^{\frac{2k\pi}{n}i} \mid k = 0, 1, \cdots, n-1\}$$

构成一个有限循环群, 其中 e 是自然常数. U_n 的生成元是 $\varepsilon = e^{\frac{2\pi}{n}i}$, 实际上, 只要 $\gcd(n, s) = 1$, ε^s 也是 U_n 的生成元, 这里 $\gcd(n, s)$ 表示 n 和 s 的最大公约数.

为了说明这一例子的重要性, 下面给出群之间同构的概念.

定义 1.23 设 $(G, *)$ 和 $(H, \cdot)$ 是两个群. 若存在 G 到 H 的一个双射 f, 并对任意 $a, b \in G$, 总有

$$f(a * b) = f(a) \cdot f(b),$$

则称 f 是 $(G, *)$ 到 $(H, \cdot)$ 上的同构映射, 并称 $(G, *)$ 和 $(H, \cdot)$ 同构, 记为 $G \cong H$.

设 $(G, *)$ 为由元素 a 生成的任意 n 阶有限循环群, G 可以表达为

$$\{a^0 = e,\ a^1,\ a^2, \cdots, a^{n-1}\}.$$

建立从 G 到 U_n 的映射 f, 使 $f(a^k) = \varepsilon^k$, $k = 0, 1, 2, \cdots, n-1$. 显然, f 是双射. 同时, 对任意 $a^s, a^t \in G$, 总有

$$f(a^s * a^t) = f(a^{s+t}) = \varepsilon^{s+t} = \varepsilon^s \cdot \varepsilon^t = f(a^s) \cdot f(a^t).$$

这符合同构映射的定义, 故 $G \cong U_n$. 同构的两个代数系统在数学上完全可以当成同一个代数系统进行研究. 因此, 对任意 n 阶有限循环群的研究可以归结为对例 1.22 中代数系统 U_n 的研究. 还可以证明, 任意无限循环群都和整数加法群同构.

定义 1.24 设 H 是群 G 的非空子集. 若 H 关于 G 中所定义的代数运算也作成群, 则称 H 为群 G 的子群.

群的子集构成子群的充要条件有下面两个定理.

定理 1.25 群 G 的非空子集 H 构成子群当且仅当对任意 $a, b \in H$, 总有 $ab^{-1} \in H$.

定理 1.26 群 G 的非空有限子集 H 构成子群当且仅当对任意 $a, b \in H$, 总有 $ab \in H$.

设 a 为有限群 G 中的一个固定元素. 称满足 $a^n = e$ 的最小正整数为元素 a 的阶. 不难看出, 群 G 中的任意元素都能生成一个循环群, 它是 G 的子群.

定理 1.27 设 a 为 m 阶元素, 则 $a^n = e$ 当且仅当 $m \mid n$.

证明 由 a 为 m 阶元素, 可知 $a^m = e$. 先证充分性. 设 $m \mid n$, 则 $n = km$. 于是, $a^n = a^{km} = (a^m)^k = e^k = e$. 再证必要性. 设 $n = qm + r$, 得 $a^n = a^{qm+r} = (a^m)^q a^r = e^q a^r = a^r = e$. 由于 a 是 n 阶元素, 得 $r = 0$. 故 $m \mid n$. □

定理 1.28 设 a 为 m 阶元素, 则 a^k 为 $\dfrac{m}{\gcd(k,m)}$ 阶元素.

证明 由于 a 为 m 阶元素, 则有 $a^m = e$. 设 a^k 为 n 阶元素, 则有

$$(a^k)^{\frac{m}{\gcd(k,m)}} = (a^m)^{\frac{k}{\gcd(k,m)}} = e^{\frac{k}{\gcd(k,m)}} = e.$$

由定理 1.27, 得 $n \left| \dfrac{m}{\gcd(k,m)} \right.$. 另一方面, 由 a^k 的阶为 n, 可知 $a^{kn} = (a^k)^n = e$. 由 a 的阶为 m, 结合定理 1.27, 可得 $m \mid kn$. 由于 $\gcd(k,m)$ 是 k 和 m 的公因子, 在 $m \mid kn$ 的整除符号两边同除 $\gcd(k,m)$, 整除关系仍成立, 即

$$\frac{m}{\gcd(k,m)} \left| \frac{kn}{\gcd(k,m)} \right. .$$

又因为

$$\gcd\left(\frac{m}{\gcd(k,m)}, \frac{k}{\gcd(k,m)}\right) = 1,$$

得 $\dfrac{m}{\gcd(k,m)} \Big| n$. 两个相互整除的正整数必定相等. 故 a^k 的阶为 $n = \dfrac{m}{\gcd(k,m)}$.

□

定义 1.29 设 H 是群 $(G,\cdot)$ 的子群, $a \in G$. 称群 G 的子集

$$aH = \{a \cdot h \mid h \in H\}$$

为群 G 关于子群 H 的一个左陪集.

类似地, 可定义群 G 关于子群 H 的右陪集 $Ha = \{h \cdot a \mid h \in H\}$. 显然, 若群 G 是交换群, 则左陪集 aH 和右陪集 Ha 是相等的. 在这种情况下, 我们不区分左右陪集, 称之为陪集, 在形式上用左陪集表达.

引理 1.30 设 H 是群 $(G,\cdot)$ 的子群, $a, b \in G$, 则有

$$\text{要么 } aH = bH, \quad \text{要么 } aH \cap bH = \varnothing.$$

证明 由 $e \in H$, 可知 $a = ae \in aH$, 即 a 至少存在于陪集 aH 中. 对任意 $a, b \in G$, 只可能发生以下两种情形.

情形 1: a 和 b 在同一陪集中. 由 $a \in aH$, 得 $b \in aH$. 因而存在 $h \in H$, 使 $b = ah$. 对任意 $b' \in bH$, 存在 $h' \in H$ 使 $b' = bh'$. 把 $b = ah$ 代入 $b' = bh'$ 中, 得 $b' = ahh'$. 由 H 的封闭性, 知 $hh' \in H$. 故有 $b' \in aH$. 由 b' 的任意性, 进而有 $bH \subseteq aH$. 同理可证 $aH \subseteq bH$. 所以, $aH = bH$.

情形 2: a 和 b 不在同一陪集中. 注意到 $b \in bH$, 故有 $a \notin bH$. 假设 aH 和 bH 含有公共元素 $c \in G$, 则有 $c \in aH$ 且 $c \in bH$. 存在 $h_1, h_2 \in H$ 使 $c = ah_1 = bh_2$, 故有 $a = b(h_2h_1^{-1})$. 由于 H 是群, 故 $h_2h_1^{-1} \in H$, 进而 $b(h_2h_1^{-1}) = a \in bH$. 这与 $a \notin bH$ 相矛盾. 因此, $aH \cap bH = \varnothing$. □

在子群 H 和陪集 aH 之间建立映射: $\pi : h \mapsto ah,\ h \in H$. 关于映射 π, 注意到以下事实:

(1) H 中的每一个元素 h 都有唯一的象 ah;

(2) aH 中的任一元素 ah 都有原象 h;

(3) 若存在 $h_1, h_2 \in H$ 使 $ah_1 = ah_2$, 则必有 $h_1 = h_2$.

可知, π 是双射. 这意味着当 H 是阶为 m 的有限子群时, 任意陪集 aH 都具有相同的元素个数 m. 结合引理 1.30, 得到如下著名的拉格朗日定理.

定理 1.31 设 H 是有限群 G 的子群, H 和 G 的阶分别是 m 和 n, 则 $m \mid n$.

可以看出 $k = \dfrac{n}{m}$ 是有限群 G 由子群 H 所"平均"分成的陪集的个数, 称为子群 H 在群 G 中的指数. 假设 $a_iH\ (i = 1, 2, \cdots, k)$ 是两两不同的陪集, 则

$$\{a_iH \mid i = 1, 2, \cdots, k\}$$

是群 G 的一个划分. 这些陪集中除了 H 是群, 其余的 $k-1$ 个陪集都不是群, 不具有封闭性, 没有单位元.

在本节的最后, 我们给出交换群上差集的概念.

定义 1.32 设 $(G, +)$ 是一个交换群, $|G| = N$. D 是 G 的一个子集, $|D| = k$. 若对 G 中任一非零元素 g, 都有 λ 个序偶 $(d_1, d_2) \in D \times D$ 使 $g = d_1 - d_2$, 则称 D 为交换群 G 的一个 (N, k, λ) 差集. 当 G 为循环群时, 称 D 为 G 的一个 (N, k, λ) 循环差集.

1.3 有限域基础

域是定义了两种代数运算的代数系统. 元素个数有限的域, 被称为有限域. 有限域的理论结果非常丰富, 本节只介绍一些基本的概念和结论.

有了前面交换群和循环群的概念, 我们直接给出有限域的定义.

定义 1.33 设在非空有限集合 $\mathcal{F}$ 上定义了两种代数运算: 加法运算"+"和乘法运算"·", 并满足下述条件:

(1) $\mathcal{F}$ 关于加法运算 “+” 构成交换群 (单位元记为 “0”);

(2) $\mathcal{F}\backslash\{0\}$ 关于乘法运算 “·” 构成循环群 (单位元记为 “1”);

(3) 乘法运算 “·” 对加法运算 “+” 满足分配律, 即对任意 $a, b, c \in \mathbb{F}$, 总有

$$a \cdot (b+c) = a \cdot b + a \cdot c, \quad (b+c) \cdot a = b \cdot a + c \cdot a.$$

这时, 称 $\mathcal{F}$ 为有限域, 记为 $(\mathcal{F}, +, \cdot)$.

若不限制集合 $\mathcal{F}$ 中的元素是有限的, 并把条件 (2) 修改为 “ $\mathcal{F}\backslash\{0\}$ 关于乘法运算 ‘·’ 构成交换群”, 则可得域的定义. 元素个数无限的域称为无限域. 全体有理数、全体实数、全体复数都构成无限域, 分别称为有理数域、实数域、复数域.

有限域中元素的个数称为该有限域的阶. 用符号 $\mathbb{F}_q$ 表示 q 阶有限域, 用符号 $\mathbb{F}_q^*$ 表示 $\mathbb{F}_q\backslash\{0\}$. 称满足

$$p \cdot 1 = \underbrace{1 + 1 + \cdots + 1}_{p} = 0$$

的最小正整数 p 为有限域 $\mathbb{F}_q$ 的特征. 不难证明, $\mathbb{F}_q$ 的特征 p 是素数. 假定不然, 设 $p = rs$, 且 $r, s < p$. 可得 $p \cdot 1 = (r \cdot 1)(s \cdot 1) = 0$. 故 $r \cdot 1 = 0$ 或 $s \cdot 1 = 0$, 这与 p 为 $\mathbb{F}_q$ 的特征矛盾.

例 1.34 设 p 为素数. 模 p 剩余类集合 $\{\overline{0}, \overline{1}, \overline{2}, \cdots, \overline{p-1}\}$ 构成 p 阶有限域 $\mathbb{F}_p$. 特别地, 当 $p = 2$ 时, $\{\overline{0}, \overline{1}\}$ 关于模 2 加法和乘法构成最简单的有限域 $\mathbb{F}_2$.

引理 1.35 设 $\mathbb{F}_q$ 是一个特征为 p 的有限域, 则有

(1) $\mathbb{F}_q$ 的阶 $q = p^n$, p 为素数, $n \in \mathbb{Z}^+$;

(2) 对任意 $a, b \in \mathbb{F}_q$, 总有 $(a \pm b)^p = a^p \pm b^p$;

(3) $\mathbb{F}_q$ 中任意元素均满足方程 $x^q - x = 0$.

$\mathbb{F}_q$ 的全体元素的集合可以表示为 $\{0, 1, \alpha, \alpha^2, \cdots, \alpha^{q-2}\}$, 其中 α 是循环群 $(\mathbb{F}_q^*, \cdot)$ 的生成元, 也称为 $\mathbb{F}_q$ 的本原域元素, 简称本原元. 显然, $\mathbb{F}_q$ 中本原元的阶为 $q-1$. 由定理 1.28, $\mathbb{F}_q$ 中本原元的个数为 $\varphi(q-1)$, 其中 $\varphi(n)$ 是 Euler 函数, 定义为与正整数 n 互素且不大于 n 的正整数的个数.

设 S 是 $\mathbb{F}_q$ 的一个非空子集. 若 S 关于 $\mathbb{F}_q$ 中的代数运算也作成一个有限域, 则称 S 是 $\mathbb{F}_q$ 的子域, 同时称 $\mathbb{F}_q$ 是 S 的扩域. 若一个域中不含有真子集作为其子域, 则称其为素域. 例 1.34 中的有限域就是素域. 当有限域的特征为 p 时, 它含有一个与 $\mathbb{F}_p$ 同构的素子域.

设 x 是一个未定元. 设 $a_i \in \mathbb{F}_q$, $i = 0, 1, 2, \cdots, m$. 称

$$d(x) = \sum_{i=0}^{m} a_i x^i = a_0 + a_1 x + a_2 x^2 + \cdots + a_m x^m \tag{1.2}$$

为 $\mathbb{F}_q$ 上关于 x 的多项式, 简称 $\mathbb{F}_q$ 上的多项式. 若 $a_m \neq 0$, 则称 $d(x)$ 是 m 次多项式, 记作 $\deg(d) = m$. 特别地, 称 0 次多项式为常数多项式. 当 $a_m = 1$ 时, 称 $d(x)$ 为首一多项式. 把 $\mathbb{F}_q$ 上的多项式的全体所组成的集合, 记作 $\mathbb{F}_q[x]$. 设 $m \geqslant 1$, 若 $d(x)$ 在 $\mathbb{F}_q[x]$ 中的因式只有常数多项式和 m 次多项式 $cd(x)$, $c \in \mathbb{F}_q$, 则称 $d(x)$ 是 $\mathbb{F}_q[x]$ 中的一个既约多项式.

定理 1.36 设 $d(x)$ 是 $\mathbb{F}_q$ 上的多项式. 若 ω 是方程 $d(x) = 0$ 的根, 则对 $k \in \mathbb{N}$, ω^{q^k} 也是该方程的根.

证明 设 $d(x)$ 是形如 (1.2) 式中的 m 次多项式, 有

$$d(\omega) = \sum_{i=0}^{m} a_i \omega^i = 0.$$

由引理 1.35 (3), 可知 $a_i^{q^k} = a_i$, 故有

$$d(\omega^{q^k}) = \sum_{i=0}^{m} a_i (\omega^{q^k})^i = \sum_{i=0}^{m} a_i^{q^k} (\omega^{q^k})^i = \sum_{i=0}^{m} (a_i \omega^i)^{q^k}.$$

再由引理 1.35 (2), 运用数学归纳法可以证明

$$\sum_{i=0}^{m} (a_i \omega^i)^{q^k} = \left(\sum_{i=0}^{m} a_i \omega^i \right)^{q^k}.$$

可得 $d(\omega^{q^k}) = \big(d(\omega)\big)^{q^k} = 0$. 因此, ω^{q^k} 也是该方程的根. □

$\mathbb{F}_q$ 上以 ω 为根的全体首一多项式中必有一个次数最低者 $z(x)$, 称之为 ω 的最小多项式. 同时, $z(x)$ 的次数也被称为域元素 ω 的次数. $\mathbb{F}_q$ 中任一元素的最小多项式是唯一的且是既约的. 特别地, $\mathbb{F}_q$ 中本原元的最小多项式叫做本原多项式.

设 ω 是 $\mathbb{F}_q$ 的扩域中的 n 阶元素. 若 m 是使 $q^m \equiv 1 \bmod n$ 成立的最小正整数, 其中 $\gcd(q, n) = 1$, 则称 m 是 q 关于模 n 的阶. 由定理 1.36, 若 ω 是 $\mathbb{F}_q$ 上某 m 次多项式的根, 则 $\omega, \omega^q, \omega^{q^2}, \cdots, \omega^{q^{m-1}}$ 都是该多项式的根, 并且两两互不相同, 并有 $\omega^{q^m} = \omega$. 这 m 个元素被称为共轭元素系, 它们具有相同的阶和共同的最小多项式 $d(x)$. 记

$$d(x) \triangleq \prod_{j=0}^{m-1} (x - \omega^{q^j}) = \sum_{i=0}^{m} a_i x^i.$$

由引理 1.35 (2) 及 $\omega^{q^m} = \omega$, 可得

$$(d(x))^q = \prod_{j=0}^{m-1} (x - \omega^{q^j})^q = \prod_{j=0}^{m-1} (x^q - \omega^{q^{j+1}}) = \prod_{j=0}^{m-1} (x^q - \omega^{q^j}) = d(x^q) = \sum_{i=0}^{m} a_i x^{iq}.$$

同时

$$(d(x))^q=\left(\sum_{i=0}^{m}a_ix^i\right)^q=\sum_{i=0}^{m}a_i^qx^{iq}.$$

结合以上两式, 得 $a_i^q=a_i$, $i=0,1,\cdots,m$. 此式意味着 a_i 满足方程 $x^q-x=0$. 故有 $a_i\in\mathbb{F}_q$, $i=0,1,\cdots,m$. 因此, $d(x)$ 是 $\mathbb{F}_q$ 上以 ω 为根且次数最低的首一多项式, 亦即 ω 的最小多项式. 鉴于此结论的重要性, 下面以定理的形式总结如下.

定理 1.37 设 ω 是 $\mathbb{F}_q$ 的扩域中的 n 阶元素, m 是 q 关于模 n 的阶, 则 ω 的最小多项式 $z(x)\in\mathbb{F}_q[x]$ 是 m 次多项式, 且

$$z(x)=\prod_{j=0}^{m-1}(x-\omega^{q^j}).$$

下面规定 $\mathbb{F}_q[x]$ 中的加法和乘法的运算规则. 设

$$a(x)=\sum_{i=0}^{u}a_ix^i,\quad b(x)=\sum_{i=0}^{v}b_ix^i$$

是 $\mathbb{F}_q[x]$ 中的任意两个多项式. 不妨设 $u\geqslant v$, 则它们的和规定为

$$a(x)+b(x)=\sum_{i=0}^{u}(a_i+b_i)x^i,$$

其中 $b_{v+1}=b_{v+2}=\cdots=b_u=0$. 它们的积规定为

$$a(x)\cdot b(x)=\sum_{i=0}^{u+v}\left(\sum_{j=0}^{i}a_jb_{i-j}\right)x^i.$$

假设 $b(x)\neq 0$. 在 $\mathbb{F}_q[x]$ 中总能找到一对多项式 $q(x)$ 和 $r(x)$, 使得

$$a(x)=q(x)b(x)+r(x),\quad \deg(r)<\deg(b). \tag{1.3}$$

(1.3) 式中 $a(x)$ 的表达式被称为多项式的欧几里得除法算式, 简称除法算式. 类似定理 1.18, 可证明多项式的欧几里得除法算式表达也是唯一的. 若 $r(x)=0$, 则称 $b(x)$ 是 $a(x)$ 的因式, 也称 $b(x)$ 整除 $a(x)$, 记作 $b(x)\mid a(x)$.

设 $a(x)$, $b(x)$, $c(x)$ 都是 $\mathbb{F}_q[x]$ 中的多项式, 且 $b(x)\neq 0$. 若 $b(x)$ 既是 $a(x)$ 的因式, 也是 $c(x)$ 的因式, 就称 $b(x)$ 是 $a(x)$ 和 $c(x)$ 的公因式. 当 $a(x)$ 和 $c(x)$ 不全为 0 时, $a(x)$ 和 $c(x)$ 的公因式中有一个次数最高的首一多项式, 称之为 $a(x)$ 和 $c(x)$ 的最大公因式, 记作 $\gcd\big(a(x),c(x)\big)$.

定理 1.38 设 $a(x)$ 和 $c(x)$ 是 $\mathbb{F}_q[x]$ 中的非零多项式, 那么 $\gcd\big(a(x), c(x)\big)$ 可以表达为以 $\mathbb{F}_q[x]$ 中多项式为系数的线性组合, 即

$$\gcd\big(a(x), c(x)\big) = u_1(x)a(x) + u_2(x)c(x),$$

其中 $u_1(x)$ 和 $u_2(x)$ 是 $\mathbb{F}_q[x]$ 中的多项式.

若 $\mathbb{F}_q[x]$ 中的多项式 $a(x)$ 和 $b(x)$ 被多项式 $d(x)$ 相除时有相同的余式, 则称 $a(x)$ 和 $b(x)$ 关于模 $d(x)$ 同余, 记为 $a(x) \equiv b(x) \bmod d(x)$. 设 $d(x)$ 是形如 (1.2) 式的 m 次多项式. 用 $\overline{a(x)}$ 表示 $\mathbb{F}_q[x]$ 中与 $a(x)$ 关于模 $d(x)$ 同余的所有多项式的集合. 类似整数上的模 m 同余运算, $\mathbb{F}_q[x]$ 中的全体多项式被划分成一些剩余类. 这些剩余类的全体所构成的集合记为

$$\mathbb{F}_q[x]/d(x) = \left\{\overline{a_0 + a_1x + \cdots + a_{m-1}x^{m-1}} \mid a_i \in \mathbb{F}_q,\ i = 0, 1, \cdots, m-1\right\}.$$

我们可以规定 $\mathbb{F}_q[x]$ 上模 $d(x)$ 的运算规则. 设 $\overline{a(x)}$ 和 $\overline{b(x)}$ 是 $\mathbb{F}_q[x]/d(x)$ 中的两个元素. 规定它们的加法和乘法运算如下:

$$\begin{aligned}\overline{a(x)} + \overline{b(x)} &\equiv \overline{a(x) + b(x)} \bmod d(x),\\ \overline{a(x)} \cdot \overline{b(x)} &\equiv \overline{a(x) \cdot b(x)} \bmod d(x).\end{aligned}$$

定理 1.39 设 $d(x) \in \mathbb{F}_q[x]$. $\mathbb{F}_q[x]/d(x)$ 是阶为 q^m 的有限域, 当且仅当 $d(x)$ 是 m 次既约多项式.

引理 1.40 设 $i \in \mathbb{Z}^+$. $\mathbb{F}_q$ 中任意元素都满足方程 $x^{q^i} - x = 0$.

定理 1.41 设 $d(x) \in \mathbb{F}_q[x]$ 是 m 次既约多项式. 若 $m \mid n$, 则 $d(x) \mid (x^{q^n} - x)$.

证明 令 $n = km$. 由定理 1.39, $\mathbb{F}_q[x]/d(x)$ 是阶为 q^m 的有限域. 由引理 1.40, 该 q^m 阶有限域中任意元素均满足方程 $x^{(q^m)^k} - x = x^{q^{km}} - x = x^{q^n} - x = 0$. 由

$$\begin{aligned}d(\overline{x}) &= a_0 + a_1\overline{x} + a_2\overline{x}^2 + \cdots + a_m\overline{x}^m\\ &= \overline{a_0 + a_1x + a_2x^2 + \cdots + a_mx^m}\\ &= \overline{d(x)} = \overline{0},\end{aligned}$$

可知 $\overline{x}$ 是 $d(x)$ 的根, 也是 $x^{q^n} - x$ 的根. 类似地, 可说明 $\overline{x}$ 的共轭元素系中的 m 个元素既是 $d(x)$ 的全部根, 也都是 $x^{q^n} - x$ 的根. 因此, $d(x) \mid (x^{q^n} - x)$. □

定理 1.42 $\mathbb{F}_q$ 上的多项式 $x^{q^n} - x$ 可分解为次数整除 n 的所有 $\mathbb{F}_q$ 上相异首一既约多项式的乘积, 即

$$x^{q^n} - x = \prod_{m \mid n} V_m(x),$$

其中 $V_m(x)$ 是 $\mathbb{F}_q[x]$ 中所有次数为 m 的首一既约多项式之积.

证明 $x^{q^n}-x$ 可以分解成一些 $\mathbb{F}_q$ 上的首一既约多项式之积. 设 $d(x)$ 是 $\mathbb{F}_q$ 上的 m 次首一既约多项式, 并满足 $d(x)\mid(x^{q^n}-x)$. 由定理 1.41, $d(x)\mid(x^{q^m}-x)$. 由引理 1.35 (3), $x^{q^m}-x=0$ 的所有 q^m 个根构成有限域 $\mathbb{F}_{q^m}$. 这说明 $d(x)$ 的根都在 $\mathbb{F}_{q^m}$ 中. 设 ω 是 $d(x)$ 在 $\mathbb{F}_{q^m}$ 中的一个根, 则 $1, \omega, \omega^2, \cdots, \omega^{m-1}$ 线性无关, 构成 $\mathbb{F}_{q^m}$ 的一组基底. 假若不然, 存在一组不全为零的系数 $b_i\in\mathbb{F}_q$, $i=0, 1, 2, \cdots, m-1$, 使

$$b_0\cdot 1+b_1\cdot\omega+b_2\cdot\omega^2+\cdots+b_{m-1}\cdot\omega^{m-1}=0. \tag{1.4}$$

此时, ω 是一个 $\mathbb{F}_q$ 上次数小于 m 的多项式的根. 这与 $d(x)$ 是其最小多项式矛盾. 于是, $\mathbb{F}_{q^m}$ 中的任意元素 β 都可表达为 (1.4) 式左边的形式. 由

$$\begin{aligned}\beta^{q^n}&=(b_0+b_1\omega+\cdots+b_{m-1}\omega^{m-1})^{q^n}\\&=b_0^{q^n}+b_1^{q^n}\omega^{q^n}+\cdots+b_{m-1}^{q^n}\omega^{(m-1)q^n}\\&=b_0+b_1\omega+\cdots+b_{m-1}\omega^{m-1}\\&=\beta\end{aligned}$$

可得 $\beta^{q^n-1}=1$. 当 β 为本原元时, β 的阶是 q^m-1. 由定理 1.27, $(q^m-1)\mid(q^n-1)$. 设 $n=km+r$, $0\leqslant r<m$, 可得

$$\frac{q^n-1}{q^m-1}=\frac{(q^{km}-1)q^r}{q^m-1}+\frac{q^r-1}{q^m-1}.$$

上式等号左边和等号右边第一项都是整数, 而等号右边第二项是一个小于 1 的数, 因而只有在 $r=0$ 时才成立. 所以, $m\mid n$. 这说明, 能够整除 $x^{q^n}-x$ 的首一既约多项式的次数必定整除 n. 另一方面, 由定理 1.41, 若 $d(x)$ 是 $\mathbb{F}_q$ 上的任意 m 次首一既约多项式, 且 $m\mid n$, 则 $d(x)\mid(x^{q^n}-x)$. 综上, $d(x)\mid(x^{q^n}-x)$ 当且仅当 $\deg(d)\mid n$. 最后还需指出, 多项式 $\Gamma(x)=x^{q^n}-x$ 中没有重因式, 这可由 $\Gamma(x)$ 的导数 $\Gamma'(x)=-1$, $\gcd\big(\Gamma(x),\Gamma'(x)\big)=1$ 得到. □

定理 1.42 体现出有限域优美的代数结构: 次数整除 n 的所有首一既约多项式的根恰好构成集合 $\mathbb{F}_{q^n}$. 另外, 证明中说明 $x^{q^n}-x$ 无重根也是必要的.

例 1.43 令 $q=2$, $n=4$. 由定理 1.42, $x^{16}+x$ 是次数为 1, 2, 4 的所有既约多项式之积, 即

$$x^{16}+x=x(x+1)(x^2+x+1)(x^4+x+1)(x^4+x^3+1)(x^4+x^3+x^2+x+1).$$

注意: 在 $\mathbb{F}_2$ 上的多项式 $x^{16}+x=x^{16}-x$.

用 $I_q(m)$ 表示 $\mathbb{F}_q$ 上所有 m 次首一既约多项式的个数. 由 Möbius 反演公式可以精确地确定 $I_q(m)$ 的数值.

引理 1.44 (Möbius 反演公式) 设

$$g(n)=\sum_{m|n}h(m),$$

则有

$$h(n)=\sum_{m|n}\mu(m)\,g\left(\frac{n}{m}\right),$$

其中 $\mu(m)$ 为 Möbius 函数, 定义为

$$\mu(m)=\begin{cases}1, & m=1,\\ (-1)^d, & m \text{ 为 } d \text{ 个不同素数之积},\\ 0, & m \text{ 有平方因子}.\end{cases}$$

由定理 1.42, $\mathbb{F}_q[x]$ 中所有次数整除 n 的首一既约多项式的次数之和是 q^n, 即

$$q^n=\sum_{m|n}mI_q(m).$$

根据 Möbius 反演公式, 可得 $\mathbb{F}_q$ 上 m 次首一既约多项式的计数公式.

定理 1.45

$$I_q(m)=\frac{1}{m}\sum_{n|m}\mu(n)q^{\frac{m}{n}},$$

其中 $\mu(n)$ 是 Möbius 函数.

很容易计算出 $I_2(1)=2$, $I_2(2)=1$, $I_2(3)=2$, $I_2(4)=3$, $I_2(5)=6$.

定义 1.46 设 s 为整数, 且 $0\leqslant s<q^m-1$. 若 k 是使 $sq^k\equiv s \pmod{q^m-1}$ 成立的最小正整数, 则称集合

$$C_s=\{s,sq,sq^2,\cdots,sq^{k-1}\}$$

为模 q^m-1 的包含 s 的分圆陪集, 其中各 sq^i 均对 q^m-1 取模, 而 s 是该陪集中最小的元素, 称为该陪集的代表元.

例如, 在 $\mathbb{F}_2$ 上, 模 15 的分圆陪集为 $C_0=\{0\}$, $C_1=\{1,\ 2,\ 4,\ 8\}$, $C_3=\{3,\ 6,12,\ 9\}$, $C_5=\{5,10\}$, $C_7=\{7,14,13,11\}$.

设 ω 是 $\mathbb{F}_{q^m}$ 的本原元, ω^s 是 $\mathbb{F}_{q^m}$ 中的 n 阶元素. 由定理 1.28, $n=\dfrac{q^m-1}{\gcd(q^m-1,s)}$. 若 ω^s 为 k 次域元素, 则 k 是 q 关于模 n 的阶, 并且 $|C_s|=k$. 上

例中, ω^5 是 $\mathbb{F}_{2^4}$ 中的 $\dfrac{15}{\gcd(15,5)}=3$ 阶元素, 而 2 的模 3 的阶是 2. 故, ω^5 是 2 次域元素, 并且 $|C_5|=2$. 更进一步, ω^5 的最小多项式是 $\mathbb{F}_2$ 上以 ω^5 和 ω^{10} 为根的 2 次既约多项式. 相应于 C_s, 定义 $D_s=\{\omega^i \mid i\in C_s\}$. D_s 中的元素构成共轭元素系, 它们恰好是 ω^s 的最小多项式的全部 k 个根.

例 1.47 求出 $\mathbb{F}_{2^4}$ 中所有元素在 $\mathbb{F}_2$ 上的最小多项式. 令 $\omega\in\mathbb{F}_{2^4}$ 是 $\mathbb{F}_2$ 上的本原多项式 x^4+x+1 的一个根, 则 $1,\omega,\omega^2,\omega^3$ 构成一组本原基底. $\mathbb{F}_{2^4}$ 中的所有非零元素都可以用这组基底表示 (表 1.1). 对 $\mathbb{F}_{2^4}$ 中的任一元素 α, 它在 $\mathbb{F}_2$ 上的最小多项式为

表 1.1 $\mathbb{F}_{2^4}$ 中非零元素的本原基底表示

i	ω^i	i	ω^i	i	ω^i
0	1	5	$\omega^2+\omega$	10	$\omega^2+\omega+1$
1	ω	6	$\omega^3+\omega^2$	11	$\omega^3+\omega^2+\omega$
2	ω^2	7	$\omega^3+\omega+1$	12	$\omega^3+\omega^2+\omega+1$
3	ω^3	8	ω^2+1	13	$\omega^3+\omega^2+1$
4	$\omega+1$	9	$\omega^3+\omega$	14	ω^3+1

$\alpha=1: d_1(x)=x+1$.

$\alpha=\omega:\alpha$ 的共轭元素系为 $\omega,\omega^2,\omega^4,\omega^8$, 对应的最小多项式为

$$d_2(x)=(x-\omega)(x-\omega^2)(x-\omega^4)(x-\omega^8)=x^4+x+1.$$

$\alpha=\omega^3:\alpha$ 的共轭元素系为 $\omega^3,\omega^6,\omega^{12},\omega^9$, 对应的最小多项式为

$$d_3(x)=(x-\omega^3)(x-\omega^6)(x-\omega^{12})(x-\omega^9)=x^4+x^3+x^2+x+1.$$

$\alpha=\omega^5:\alpha$ 的共轭元素系为 ω^5,ω^{10}, 对应的最小多项式为

$$d_4(x)=(x-\omega^5)(x-\omega^{10})=x^2+x+1.$$

$\alpha=\omega^7:\alpha$ 的共轭元素系为 $\omega^7,\omega^{14},\omega^{13},\omega^{11}$, 对应的最小多项式为

$$d_5(x)=(x-\omega^7)(x-\omega^{14})(x-\omega^{13})(x-\omega^{11})=x^4+x^3+1.$$

以上这些元素及其共轭元素恰好是 $\mathbb{F}_q$ 中的所有非零元素. 当 $\alpha=0$ 时, 它的最小多项式是 $d_0(x)=x$. 进而可验证 $d_0(x)d_1(x)d_2(x)d_3(x)d_4(x)d_5(x)=x^{2^4}-x$.

本原多项式在编码理论、序列设计和对称密码学中具有重要的价值. 求本原多项式是困难的, 但 $\mathbb{F}_q$ 上 m 次本原多项式的个数很容易得到. 其计数公式为

$$\frac{\varphi(q^m-1)}{m},$$

其中 $\varphi(n)$ 是 Euler 函数. 例如, 当 $q=2, m=4$ 时, $\dfrac{\varphi(q^m-1)}{m}=2$, 而 $I_q(m)=3$. 这说明例 1.47 中求得的 3 个 $\mathbb{F}_2$ 上的 4 次既约多项式中有 1 个不是本原多项式, 它是 $x^4+x^3+x^2+x+1$. 当 2^m-1 为素数时, m 必为素数. 此时

$$I_2(m)=\frac{2^m-2}{m}=\frac{\varphi(2^m-1)}{m},$$

这说明 $\mathbb{F}_2$ 上的所有 m 次多项式都是本原多项式.

下面介绍从 $\mathbb{F}_{q^m}$ 到 $\mathbb{F}_q$ 的映射 "迹" 的定义和基本性质.

定义 1.48 设 $F=F_{q^m}$, $K=\mathbb{F}_q$. F 中的元素 α 相对于 K 的迹定义为

$$\mathrm{Tr}_{F/K}(\alpha)=\alpha+\alpha^q+\alpha^{q^2}+\cdots+\alpha^{q^{m-1}}.$$

在不引起歧义的前提下, 常把 $\mathrm{Tr}_{F/K}(\alpha)$ 简记为 $\mathrm{Tr}_m(\alpha)$ 或 $\mathrm{Tr}(\alpha)$.

定理 1.49 设 $F=\mathbb{F}_{q^m}$, $K=\mathbb{F}_q$. 迹函数 $\mathrm{Tr}_{F/K}$ 具有以下性质:

(1) $\mathrm{Tr}_{F/K}(\alpha)\in K$, 其中 $\alpha\in F$;

(2) $\mathrm{Tr}_{F/K}(\alpha+\beta)=\mathrm{Tr}_{F/K}(\alpha)+\mathrm{Tr}_{F/K}(\beta)$, 其中 $\alpha,\beta\in F$;

(3) $\mathrm{Tr}_{F/K}(c\alpha)=c\mathrm{Tr}_{F/K}(\alpha)$, 其中 $c\in K$, $\alpha\in F$;

(4) $\mathrm{Tr}_{F/K}(c)=mc$, 其中 $c\in K$;

(5) $\mathrm{Tr}_{F/K}(\alpha^q)=\mathrm{Tr}_{F/K}(\alpha)$, 其中 $\alpha\in F$;

(6) $\mathrm{Tr}_{F/K}$ 是从 F 到 K 的满射.

下面介绍多项式周期和互反多项式的相关概念与基本性质.

定义 1.50 设 $g(x)$ 是 $\mathbb{F}_q$ 上常数项非零的 n 次多项式, $n\geqslant 1$. 定义 $g(x)$ 的周期为使 $g(x)\mid(x^l-1)$ 成立的最小正整数 l. 记 $g(x)$ 的周期为 $p(g)$.

定理 1.51 设 $d(x)$ 为 $\mathbb{F}_q[x]$ 中的 n 次既约多项式, 则 $d(x)$ 的周期等于 $d(x)$ 在 $\mathbb{F}_{q^n}$ 中的根的阶.

证明 由引理 1.35 (3), 可知 $\mathbb{F}_{q^n}$ 中的元素都是 $x^{q^n}-x$ 的根. 由定理 1.42, $d(x)\mid(x^{q^n}-x)$. 因而, $d(x)$ 的根都是 $\mathbb{F}_{q^n}$ 中的元素. 由定理 1.39, $\mathbb{F}_q[x]/d(x)$ 构成 q^m 阶有限域. 对 $\mathbb{F}_q[x]/d(x)$ 中的元素 $\overline{x}$, 由 $d(\overline{x})=\overline{d(x)}=\overline{0}$, $\overline{x}$ 是 $d(x)$ 的根. 设 $p(d)=l$, 则 l 是使 $d(x)\mid(x^l-1)$ 成立的最小正整数. 由 $x^l\equiv 1 \bmod d(x)$, 可知 l 是使 $\overline{x}^l=1$ 的最小正整数. 因而, $\overline{x}$ 的阶是 l. 共轭元素系 $\overline{x}, \overline{x}^q, \overline{x}^{q^2}, \cdots, \overline{x}^{q^{n-1}}$ 是 $d(x)$ 的 n 个不同的根, 这些根具有相同的阶 $l=p(d)$. □

$\mathbb{F}_q[x]$ 中 n 次本原多项式的根是 $\mathbb{F}_{q^n}$ 的本原元. 由定理 1.51, 可得如下推论.

推论 1.52 $\mathbb{F}_q[x]$ 中 n 次本原多项式的周期为 q^n-1.

定义 1.53 $\mathbb{F}_q$ 上多项式 $d(x)$ 的互反多项式定义为

$$\tilde{d}(x)=x^{\deg(d)}d\Big(\frac{1}{x}\Big).$$

例如, $\mathbb{F}_2$ 上的多项式为 $x^8+x^6+x^5+x+1$, 其互反多项式为 $x^8+x^7+x^3+x^2+1$.

定理 1.54 互反多项式具有如下性质:

(1) $\tilde{\tilde{d}}(x)=d(x)$;

(2) 若 $d(x)=a(x)b(x)$, 则 $\tilde{d}(x)=\tilde{a}(x)\tilde{b}(x)$;

(3) $d(x)$ 为既约多项式, 当且仅当 $\tilde{d}(x)$ 为既约多项式;

(4) $d(x)$ 为本原多项式, 当且仅当 $\tilde{d}(x)$ 为本原多项式;

(5) $d(\alpha)=0$, 当且仅当 $\tilde{d}(\alpha^{-1})=0$.

本节的最后, 介绍一些有关环和理想的概念与性质.

定义 1.55 设在非空集合 $\mathcal{R}$ 上定义了两种代数运算: 加法运算 "+" 和乘法运算 "·", 并满足下述条件:

(1) $\mathcal{R}$ 关于加法运算 "+" 构成交换群;

(2) $\mathcal{R}$ 关于乘法运算 "·" 满足封闭性和结合律;

(3) 乘法运算 "·" 对加法运算 "+" 满足分配律.

这时, 称 $\mathcal{R}$ 为环, 记为 $(\mathcal{R},+,\cdot)$. 若 $\mathcal{R}$ 关于乘法满足交换律, 则称 $\mathcal{R}$ 为交换环. 若 $\mathcal{R}$ 的子集 S 关于 $\mathcal{R}$ 中的代数运算也构成环, 则称 S 为 $\mathcal{R}$ 的子环.

例如, 整数集合 $\mathbb{Z}$ 关于普通加法和普通乘法构成交换环, 称之为整数环. 全体偶数的集合构成整数环的子环.

当提到环的单位元时, 一般是指乘法单位元. 环的定义中没有要求一个环要有乘法单位元. 整数环的单位元是整数 1, 但偶数环没有单位元. 一个环的 (非零) 元素未必会有逆元. 例如, 在整数环中除了 ±1 有逆元外, 其余整数都没有逆元. 当环中元素有逆元时, 必定是唯一的.

元素个数有限的环, 称为有限环. 举一个有限环的例子: 模 m 的剩余类集合 $\{\overline{0},\ \overline{1},\ \overline{2},\cdots,\overline{m-1}\}$ 关于剩余类加法和剩余类乘法构成一个有 m 个元素的环, 称之为模 m 剩余类环, 记作 $\mathbb{Z}_m$.

我们已经知道, 当 m 为素数时, 模 m 剩余类环就是有限域 $\mathbb{F}_m$. 但当 m 不是素数时, 模 m 剩余类环就有了与有限域不同的特性. 考虑模 8 剩余类环 $\mathbb{Z}_8=\{\overline{0},\ \overline{1},\ \overline{2},\ \overline{3},\ \overline{4},\ \overline{5},\ \overline{6},\ \overline{7}\}$. 注意到 $\overline{2}\cdot\overline{4}=\overline{0}$, 两个非零元素相乘得零元. 我们把环中具有这种性质的非零元素叫做零因子. 在域中是不存在零因子的.

有单位元且无零因子的交换环称为整环. 显然, 整数环是整环, 域也是整环.

下面定理中的 $\mathbb{F}_q[x]/d(x)$ 中的加法和乘法运算规则, 在前面已经规定过.

定理 1.56 $\mathbb{F}_q[x]$ 关于加法和乘法构成整环. 设 $d(x)\in\mathbb{F}_q[x]$, 且 $\deg(d)>0$, $\mathbb{F}_q[x]/d(x)$ 关于加法和乘法构成有单位元的交换环.

称 $\mathbb{F}_q[x]$ 关于加法和乘法构成的整环为多项式环, 称 $\mathbb{F}_q[x]/d(x)$ 关于加法和乘法构成的环为模 $d(x)$ 多项式剩余类环, 简称多项式剩余类环.

基于定理 1.56, 可以证明定理 1.39 的充分性: 若 $d(x)$ 为 $\mathbb{F}_q$ 上的 m 次既约多项式, 则 $\mathbb{F}_q[x]/d(x)$ 构成包含 q^m 个元素的有限域. 只要证明 $\mathbb{F}_q[x]/d(x)$ 中任意非零元素均有乘法逆元即可. 因 $d(x)$ 为既约多项式, 故对任意 $\overline{0} \neq \overline{g(x)} \in \mathbb{F}_q[x]/d(x)$, 有 $\gcd(g(x), d(x)) = 1$. 由定理 1.38, 存在 $u_1(x)$, $u_2(x) \in \mathbb{F}_q[x]$, 使 $u_1(x)g(x) + u_2(x)d(x) = 1$. 因此

$$\overline{u_1(x)g(x) + u_2(x)d(x)} = \overline{u_1(x)}\ \overline{g(x)} + \overline{u_2(x)}\ \overline{d(x)} = \overline{1}.$$

注意到 $\overline{d(x)} = \overline{0}$, 可得 $\overline{u_2(x)}\ \overline{d(x)} = \overline{0}$. 故有 $\overline{u_1(x)}\ \overline{g(x)} = \overline{1}$. 由于 $\overline{1}$ 是 $\mathbb{F}_q[x]/d(x)$ 中乘法单位元, 故 $\overline{g(x)}$ 的乘法逆元是 $\overline{u_1(x)}$.

当 $d(x)$ 是可约多项式时, 存在 $g(x), h(x) \in \mathbb{F}_q[x]$ 使得 $d(x) = g(x)h(x)$, 其中 $\deg(g) > 0$, $\deg(h) > 0$. 故有 $\overline{g(x)} \cdot \overline{h(x)} = \overline{d(x)} = \overline{0}$. 进而可知 $\overline{g(x)}$ 和 $\overline{h(x)}$ 都是零因子. 在这种情况下, $\mathbb{F}_q[x]/d(x)$ 不是整环, 更不是有限域.

理想是一种重要的子环, 有时也称理想为理想子环. 下面给出理想的定义.

定义 1.57 环 $\mathcal{R}$ 的非空子集 $\mathcal{J}$ 叫做 $\mathcal{R}$ 的理想, 假若 $\mathcal{J}$ 满足如下条件:

(1) 对任意 $a, b \in \mathcal{J}$, 总有 $a - b \in \mathcal{J}$;

(2) 对任意 $a \in \mathcal{J}$, $\rho \in \mathcal{R}$, 总有 $a\rho \in \mathcal{J}$, $\rho a \in \mathcal{J}$.

条件 (1) 中的 "$a - b \in \mathcal{J}$" 表示 a 和 b 的加法逆元相加仍是 $\mathcal{J}$ 中的元素. 由定理 1.26 可知, $\mathcal{J}$ 是加法交换群 R 的一个子群, 因而关于加法也是交换群. 同时, 由条件 (2), $\mathcal{J}$ 关于乘法满足封闭性. $\mathcal{J}$ 中元素都是 $\mathcal{R}$ 中的元素, 因而关于乘法也满足结合律, 乘法关于加法也满足分配律. 这符合环的定义, 因而 $\mathcal{J}$ 是子环. 当 $a \in \mathcal{J}$, $\rho \in \mathcal{R}$ 时, 称 ρa 和 $a\rho$ 为 a 的倍元素. 若 $\mathcal{R}$ 是交换环, 就没必要区分 $a\rho$ 和 ρa. 由条件 (2), a 的一切倍元素都在 $\mathcal{J}$ 中.

一个非零环 $\mathcal{R}$ 至少有两个理想. 一个是只包括零元素的集合, 称为 $\mathcal{R}$ 的零理想; 另一个是 $\mathcal{R}$ 本身, 称为 $\mathcal{R}$ 的单位理想. 若环还有其他理想, 则称为真理想. 对域来说, 它只有零理想和单位理想. 理想这个概念对于域没有多大用处.

例 1.58 在整数环 $\mathbb{Z}$ 中任取一个整数 k, 可得 $\mathbb{Z}$ 的理想 $\mathcal{J}_1 = \{nk \mid n \in \mathbb{Z}\}$. 在多项式环 $\mathbb{F}_q[x]$ 中任取 $d(x)$, 可得 $\mathbb{F}_q[x]$ 的理想 $\mathcal{J}_2 = \left\{g(x)d(x) \mid g(x) \in \mathbb{F}_q[x]\right\}$.

上例中, 对 k 和 $d(x)$ 分别作什么限定, 可以使 $\mathcal{J}_1$ 和 $\mathcal{J}_2$ 都是真理想? 这一问题留给读者. 下面讨论在一个给定的交换环中, 如何得到其理想的问题.

设 $\mathcal{R}$ 是交换环. 任取 $a \in \mathcal{R}$, 则可得 $\mathcal{R}$ 的一个理想

$$(a) = \{\rho a + na \mid \rho \in \mathcal{R},\ n \in \mathbb{Z}\}. \tag{1.5}$$

这一理想被称为由 a 生成的主理想, 元素 a 被称为该主理想的生成元素. 请读者根据定义 1.57, 证明 (a) 是理想.

注意, (1.5) 式中的 $\rho a + na$ 不能写成 $(\rho + n)a$. 但是, 当交换环 $\mathcal{R}$ 有单位元

e 时, $\rho a + na$ 可以写成 $(\rho + ne)a$ 的形式. 注意到 $\rho + ne \in \mathcal{R}$, 此时的 (a) 是由 a 的所有倍元素构成的, 可表示为 $(a) = \{\rho a \mid \rho \in \mathcal{R}\}$.

定义 1.59 若整环 $\mathcal{R}$ 的每一个理想都是主理想, 则称 $\mathcal{R}$ 为主理想环.

定理 1.60 整数环 $\mathbb{Z}$ 和多项式环 $\mathbb{F}_q[x]$ 都是主理想环.

证明 我们只证明整数环 $\mathbb{Z}$ 是主理想环, 多项式环 $\mathbb{F}_q[x]$ 是主理想环的证明留给读者. 已知 $\mathbb{Z}$ 是整环, 只需证明 $\mathbb{Z}$ 的任意理想都是主理想即可.

设 $\mathcal{J}$ 是 $\mathbb{Z}$ 的任意理想. 若 $\mathcal{J} = \{0\}$, 则 $\mathcal{J}$ 显然是主理想. 若 $\mathcal{J} \neq \{0\}$, 则 $\mathcal{J}$ 中必定存在一个最小的正整数 m. 在这种情况下, 对 $\mathcal{J}$ 中的任意元素 b, 可唯一地写成 $b = qm + r$, 其中 $q, r \in \mathbb{Z}$, $0 \leqslant r < m$. 由理想的定义, $qm \in \mathcal{J}$, 进而 $r = b - qm \in \mathcal{J}$. 若 $r \neq 0$, 这与 m 是 $\mathcal{J}$ 中最小的正整数矛盾. 因此, $r = 0$, 即 $b = qm$. 于是有 $\mathcal{J} = (a)$. □

$\mathbb{F}_q[x]$ 中的理想 $\big(g(x)\big)$ 的生成元素 $g(x)$ 也称为生成多项式. 若规定生成多项式为首一多项式, 则生成多项式是唯一的. 下面讨论多项式剩余类环 $\mathbb{F}_q[x]/d(x)$. 我们知道, 当 $d(x)$ 是可约多项式时, $\mathbb{F}_q[x]/d(x)$ 是有零因子的. 此时它不是整环, 不满足主理想环的定义. 但由下面的定理, $\mathbb{F}_q[x]/d(x)$ 的任意理想都是主理想.

定理 1.61 多项式剩余类环 $\mathbb{F}_q[x]/d(x)$ 中的任一理想都是主理想, 并且任一非零理想的生成多项式必定整除 $d(x)$.

证明 证明多项式剩余类环 $\mathbb{F}_q[x]/d(x)$ 中的理想都是主理想, 可参照定理 1.60 的证明. 我们只证明任一主理想的生成多项式必定整除 $d(x)$.

设 $\mathcal{J} = \big(g(x)\big)$ 是 $\mathbb{F}_q[x]/d(x)$ 中的任一非零理想. $g(x)$ 除 $d(x)$ 的除法算式为

$$d(x) = q(x)g(x) + r(x),$$

其中 $\deg(r) < \deg(g)$. 从而

$$\overline{q(x)}\,\overline{g(x)} + \overline{r(x)} = \overline{d(x)} = \overline{0} \in \mathcal{J}.$$

由于 $\mathcal{J}$ 是理想, 可知 $\overline{q(x)}\,\overline{g(x)} \in \mathcal{J}$. 由 $\overline{r(x)} = \overline{0} - \overline{q(x)}\,\overline{g(x)}$, 可知 $\overline{r(x)} \in \mathcal{J}$. 因 $g(x)$ 是 $\mathcal{J}$ 中次数最低的多项式, 故有 $r(x) = 0$. 因此, $g(x) \mid d(x)$. □

1.4 有限域上的向量空间和矩阵

向量空间和矩阵是高等代数中最基本的概念. 本书中的向量空间和矩阵一般是指有限域上的向量空间和矩阵.

定义 1.62 设 $\mathcal{F}$ 是一个有限域, V 是一个非空集合. 在 V 的任意两个元素之间都定义了一个加法运算 “+”; 在 $\mathcal{F}$ 中的元素和 V 中元素之间都定义了一个

乘法运算 (简称数乘), 即对于 $a \in \mathcal{F}$ 和 $x \in V$, 规定了 ax, 并假定 ax 仍是 V 中的元素. 若加法和数乘运算还满足以下运算规则:

(1) V 对加法运算作成一个交换群 (称之为 V 的加法群);

(2) 对任意 $a \in \mathcal{F}$ 和 $x, y \in V$, 有 $a \cdot (x+y) = a \cdot x + a \cdot y$;

(3) 对任意 $a, b \in \mathcal{F}$ 和 $x \in V$, 有 $(a+b) \cdot x = a \cdot x + b \cdot x$;

(4) 对任意 $a, b \in \mathcal{F}$ 和 $x \in V$, 有 $a \cdot (b \cdot x) = (ab) \cdot x$;

(5) 对任意 $x \in V$, 有 $1 \cdot x = x$, 其中 1 是 $\mathcal{F}$ 中的单位元,

则称 V 是 $\mathcal{F}$ 上的向量空间, 也叫线性空间. 若 V 的非空子集 C 关于 V 中的加法运算及 $\mathcal{F}$ 与 V 的数乘运算也构成 $\mathcal{F}$ 上的向量空间, 则称 C 是 V 的向量子空间, 也叫线性子空间.

我们对向量 (子) 空间和线性 (子) 空间不作区分. 今后, 当涉及向量子空间的概念时, 我们更习惯称之为线性子空间或子空间.

在 V 中所定义的两种运算, 即加法运算和数乘运算, 称为线性运算. 把 V 中的元素称为向量, 把 V 的加法群的零元素叫做零向量. 若 V 中有 n 个向量 $\alpha_1, \alpha_2, \cdots, \alpha_n$ 使得 V 中任一向量 x 都可唯一地表达成它们的线性组合 $x = c_1\alpha_1 + c_2\alpha_2 + \cdots + c_n\alpha_n$, 其中 $c_1, c_2, \cdots, c_n \in \mathcal{F}$, 则称 V 是 $\mathcal{F}$ 上的 n 维向量空间, $\alpha_1, \alpha_2, \cdots, \alpha_n$ 称为 V 的一组基底. 用 $\dim(V)$ 表示向量空间 V 的维数. 维数为 n 的向量空间, 记作 V_n.

上面给出了有限域上向量空间的抽象定义, 下面给出有限域 $\mathbb{F}_q$ 上的 n 维向量空间的两种形式.

例 1.63 规定在 $\mathbb{F}_{q^n}$ 中的任意两个元素之间的加法运算遵循 $\mathbb{F}_{q^n}$ 中的加法运算规则. 由于 $\mathbb{F}_{q^n}$ 包含 $\mathbb{F}_q$ 作为子域, 可规定用 $\mathbb{F}_q$ 中元素去乘 $\mathbb{F}_{q^n}$ 中元素的运算遵循 $\mathbb{F}_{q^n}$ 中的乘法运算规则. 这两种运算满足定义 1.62 中的运算规则, 因而 $\mathbb{F}_{q^n}$ 是 $\mathbb{F}_q$ 上的向量空间. 设 ω 是 $\mathbb{F}_{q^n}$ 的一个本原元, 则 $\mathbb{F}_{q^n}$ 中的每个元素 x 都可唯一地表达为 $x = a_0 + a_1\omega + a_2\omega^2 + \cdots + a_{n-1}\omega^{n-1}$, 其中 $a_0, a_1, a_2, \cdots, a_n \in \mathbb{F}_q$. 因此, $\mathbb{F}_{q^n}$ 是 $\mathbb{F}_q$ 上的 n 维向量空间, 并且 $\{1, \omega, \omega^2, \cdots, \omega^{n-1}\}$ 是它的一组基底, 也叫本原基底.

n 个有次序的数 $x_1, x_2, \cdots, x_n$ 所组成的数组称为 n 维向量, 这 n 个数称为该向量的 n 个分量, 第 i 个数 x_i 称为第 i 个分量. n 维全零向量记为 $\mathbf{0}_n$.

由定义 1.62, 向量空间中的元素未必是有序数组, 但它们也是抽象化的向量. 今后本书提到 "向量" 时, 一般是指有限域上的有序数组.

例 1.64 设 $\mathbb{F}_q^n = \{(x_1, x_2, \cdots, x_n) \mid x_i \in \mathbb{F}_q,\ i = 1, 2, \cdots, n\}$. 下面在 $\mathbb{F}_q^n$ 中引入两种运算. 设 $x = (x_1, x_2, \cdots, x_n)$ 和 $y = (y_1, y_2, \cdots, y_n)$ 是 $\mathbb{F}_q^n$ 中的两个元素, 它们相加之和定义为

$$x + y = (x_1 + y_1, x_2 + y_2, \cdots, x_n + y_n),$$

其中 $x_i + y_i$ $(i = 1, 2, \cdots, n)$ 是按 $\mathbb{F}_q$ 中的加法运算规则运算的. 这里, 我们把 $\mathbb{F}_q^n$ 中元素相加和 $\mathbb{F}_q$ 中元素相加不加区分地使用同一个运算符号“+”. 另一种运算叫数乘运算“·”, 定义了 $\mathbb{F}_q$ 中的元素和 $\mathbb{F}_q^n$ 中元素的乘法. 设 $c \in \mathbb{F}_q$, $x = (x_1, x_2, \cdots, x_n) \in \mathbb{F}_q^n$, c 和 x 相乘之积定义为

$$c \cdot x = (cx_1, cx_2, \cdots, cx_n),$$

其中 cx_i $(i = 1, 2, \cdots, n)$ 是按 $\mathbb{F}_q$ 中的乘法运算规则运算的. 在不引起歧义的前提下, 往往把 $c \cdot x$ 中的“·”省去而写为 cx. 不难看出, 上面定义的两种运算满足定义 1.62 中的所有运算规则, 因而 $\mathbb{F}_q^n$ 是 $\mathbb{F}_q$ 上的向量空间. 设

$$e_i = (e_{i1}, e_{i2}, \cdots, e_{in}) \in \mathbb{F}_q^n, \quad i = 1, 2, \cdots, n,$$

其中

$$e_{ij} = \begin{cases} 0, & j \neq i, \\ 1, & j = i. \end{cases}$$

向量空间 $\mathbb{F}_q^n$ 中的任一向量 x 都可唯一地表示为

$$x = c_1 e_1 + c_2 e_2 + \cdots + c_n e_n,$$

其中 $c_1, c_2, \cdots, c_n \in \mathbb{F}_q$. 因而, $\{e_1, e_2, \cdots, e_n\}$ 可以作为 $\mathbb{F}_q^n$ 的一组基底.

当 N 为合数时, $\mathbb{Z}_N^n = \big\{(x_1, x_2, \cdots, x_n) \mid x_i \in \mathbb{Z}_N,\ i = 1, 2, \cdots, n\big\}$ 是一个“模”(module). 模是向量空间概念的推广. 关于模的相关理论, 可参考文献 [445, 446].

定义 1.65 设 V_n 是 $\mathbb{F}_q$ 上的一个向量空间. 对 V_n 中的 k 个向量 $\alpha_1, \alpha_2, \cdots, \alpha_k$, 若在 $\mathbb{F}_q$ 中存在一组不全为 0 的元素 $c_1, c_2, \cdots, c_k$ 使得

$$c_1\alpha_1 + c_2\alpha_2 + \cdots + c_k\alpha_k = \mathbf{0}_n, \tag{1.6}$$

则称这 k 个向量是线性相关的. 否则, 若仅当 $c_1, c_2, \cdots, c_k$ 全为 0 时, (1.6) 式才成立, 则称这 k 个向量是线性无关的, 也称线性独立的.

若在 V_n 中存在 n 个线性无关的向量 $\alpha_1, \alpha_2, \cdots, \alpha_n$ 使得 V_n 中的任意一个向量 α 都可以唯一地表达成它们的线性组合 $\alpha = c_1\alpha_1 + c_2\alpha_2 + \cdots + c_n\alpha_n$, 其中 $c_i \in \mathbb{F}_q$, $i = 1, 2, \cdots, n$. 称这样的向量组 $\alpha_1, \alpha_2, \cdots, \alpha_n$ 为 V_n 的一组基底, 并称 $c_1, c_2, \cdots, c_n$ 为向量 α 的坐标. V_n 中任意 n 个线性无关的向量都可以作为 V_n 的一组基底, 并且 V_n 的基底所含向量的个数等于该空间的维数 n. 若 $k > n$, 则 V_n 中任意 k 个向量都线性相关.

有了线性无关和线性组合的概念, 可以定义向量组的秩.

定义 1.66 设 V_n 是 $\mathbb{F}_q$ 上的一个向量空间, S 是 V_n 的一个有限子集. 若在 S 中有 k 个向量 $\alpha_1, \alpha_2, \cdots, \alpha_k$ 线性无关, 并且 S 中任一向量都可以表示成这 k 个向量的线性组合, 则称 $\alpha_1, \alpha_2, \cdots, \alpha_k$ 是 S 的一个最大线性无关组, 简称最大无关组; k 称为向量组 S 的秩, 记作 $\mathrm{rank}(S)$.

下面介绍 $\mathbb{F}_q$ 上的线性变换与矩阵. 线性变换和矩阵之间存在一一对应关系, 因此可以用矩阵来研究线性变换.

设变量 $y_1, y_2, \cdots, y_k \in \mathbb{F}_q$ 能用变量 $x_1, x_2, \cdots, x_n \in \mathbb{F}_q$ 线性地表示, 即

$$\begin{cases} y_1 = a_{11}x_1 + a_{12}x_2 + \cdots + a_{1n}x_n, \\ y_2 = a_{21}x_1 + a_{22}x_2 + \cdots + a_{2n}x_n, \\ \qquad \vdots \\ y_k = a_{k1}x_1 + a_{k2}x_2 + \cdots + a_{kn}x_n, \end{cases} \tag{1.7}$$

其中常数 $a_{ij} \in \mathbb{F}_q$, $i = 1, 2, \cdots, k$, $j = 1, 2, \cdots, n$. 这种从 $x_1, x_2, \cdots, x_n$ 到 $y_1, y_2, \cdots, y_k$ 的变换叫做 $\mathbb{F}_q$ 上的线性变换. 我们称由线性变换 (1.7) 式中的系数排成的 k 行 n 列的元素表

$$A = \begin{pmatrix} a_{11} & a_{12} & \cdots & a_{1n} \\ a_{21} & a_{22} & \cdots & a_{2n} \\ \vdots & \vdots & & \vdots \\ a_{k1} & a_{k2} & \cdots & a_{kn} \end{pmatrix} \tag{1.8}$$

为 $\mathbb{F}_q$ 上的 $k \times n$ 矩阵. (1.8) 式简记为 $A = (a_{ij})_{k\times n}$ 或 $A = (a_{ij})$. 矩阵 A 一共有 k 行: $(a_{i1}, a_{i2}, \cdots, a_{in})$, $i = 1, 2, \cdots, k$. 我们把它们叫做 A 的 k 个行向量, 它们都是 V_n 中的向量. 类似地, 可约定 A 的 n 个列向量. 有了定义 1.66, 可以更方便地定义矩阵 A 的秩.

定义 1.67 设 A 是 $\mathbb{F}_q$ 上的一个 $k \times n$ 矩阵. 把 A 的 k 个行向量组成的向量组的秩叫做矩阵 A 的秩, 记作 $\mathrm{rank}(A)$.

我们把 $\mathbb{F}_q$ 上矩阵 A 的列向量组成的向量组的秩也叫做 A 的秩. 向量组中的向量, 按 A 的 k 个行向量和按 A 的 n 个列向量, 得到的秩是相同的. 矩阵 A 的秩 $\mathrm{rank}(A) \leqslant \min\{k, n\}$, 其中 $\min S$ 表示取实数集合 S 中元素数值的最小者. 当 $\mathrm{rank}(A) = \min\{k, n\}$ 时, 称 A 为满秩矩阵.

当 $k = n$ 时, A 称为 n 阶方阵. 下面给出一个重要的 n 阶满秩方阵的例子.

例 1.68 称线性变换

$$\begin{cases} y_1 = x_1, \\ y_2 = x_2, \\ \quad \vdots \\ y_n = x_n \end{cases}$$

为恒等变换, 它对应的 n 阶方阵 I_n 叫做 n 阶单位阵, 这里

$$I_n = \begin{pmatrix} 1 & 0 & \cdots & 0 \\ 0 & 1 & \cdots & 0 \\ \vdots & \vdots & & \vdots \\ 0 & 0 & \cdots & 1 \end{pmatrix}.$$

定义在 $\mathbb{F}_q$ 上的 n 阶单位阵, 其特点是: 从左上角到右下角的直线 (称为主对角线) 上的元素都是 $\mathbb{F}_q$ 的乘法单位元 1, 其他元素都是 $\mathbb{F}_q$ 的加法单位元 0.

下面引入有限域 $\mathbb{F}_q$ 上矩阵的四种运算: 元素与矩阵相乘、矩阵的加法、矩阵与矩阵相乘, 以及矩阵的转置.

定义 1.69　$\mathbb{F}_q$ 中的元素 λ 与 $\mathbb{F}_q$ 上的 $k \times n$ 矩阵 $A = (a_{ij})$ 的乘积记作 λA,

$$\lambda A = \begin{pmatrix} \lambda a_{11} & \lambda a_{12} & \cdots & \lambda a_{1n} \\ \lambda a_{21} & \lambda a_{22} & \cdots & \lambda a_{2n} \\ \vdots & \vdots & & \vdots \\ \lambda a_{k1} & \lambda a_{k2} & \cdots & \lambda a_{kn} \end{pmatrix},$$

其中 λa_{ij} 的运算规则是 $\mathbb{F}_q$ 中的乘法运算.

设 A, B 为 $\mathbb{F}_q$ 上的 $k \times n$ 矩阵, $\lambda, \mu \in \mathbb{F}_q$. 元素乘矩阵满足如下运算规律:

(1) $(\lambda\mu)A = \lambda(\mu A)$;

(2) $(\lambda + \mu)A = \lambda A + \mu A$;

(3) $\lambda(A + B) = \lambda A + \lambda B$.

定义 1.70　设 $A = (a_{ij})$, $B = (b_{ij})$, $R = (r_{ij})$ 都是 $\mathbb{F}_q$ 上的 $k \times n$ 矩阵. 若

$$r_{ij} = a_{ij} + b_{ij}, \quad i = 1, 2, \cdots, k;\ j = 1, 2, \cdots, n,$$

则称 R 为 A 和 B 相加之和, 记作 $R = A + B$.

只有当两个矩阵具有相同的行数和列数时, 才可以相加. 不难验证, $\mathbb{F}_q$ 上所有 $k \times n$ 矩阵组成的集合 $\mathcal{M}$ 对矩阵加法作成一个交换群. $\mathcal{M}$ 中的元素 (矩阵) 关于矩阵加法满足封闭性、交换律和结合律. 这个交换群的单位元是所有位置的元素都等于 0 的矩阵, 记作 $\mathbf{0}_{k\times n}$. 而 $\mathcal{M}$ 中矩阵 $A = (a_{ij})$ 的逆元是 $A^{-1} = (-a_{ij})$, 其中 $-a_{ij}$ 是 a_{ij} 在 $\mathbb{F}_q$ 中的加法逆元.

为了引入矩阵与矩阵的相乘运算, 我们先看一个例子.

例 1.71　设有两个 $\mathbb{F}_3$ 上的线性变换

$$\begin{cases} z_1 = y_1 + 2y_2 + y_3, \\ z_2 = 2y_1 + y_2, \end{cases} \tag{1.9}$$

$$\begin{cases} y_1 = x_1, \\ y_2 = x_2 + 2x_4, \\ y_3 = 2x_1 + x_3 + x_4. \end{cases} \tag{1.10}$$

若求从 x_1, x_2, x_3, x_4 到 z_1, z_2 的线性变换, 可将 (1.10) 式代入 (1.9) 式, 得

$$\begin{cases} z_1 = 2x_2 + x_3 + 2x_4, \\ z_2 = 2x_1 + x_2 + 2x_4. \end{cases} \tag{1.11}$$

线性变换 (1.11) 可看成先作线性变换 (1.10) 再作线性变换 (1.9) 而得. 我们把 (1.11) 式对应的矩阵定义为 (1.9) 式和 (1.10) 式所对应矩阵的乘积, 即

$$\begin{pmatrix} 1 & 2 & 1 \\ 2 & 1 & 0 \end{pmatrix}\begin{pmatrix} 1 & 0 & 0 & 0 \\ 0 & 1 & 0 & 2 \\ 2 & 0 & 1 & 1 \end{pmatrix} = \begin{pmatrix} 0 & 2 & 1 & 2 \\ 2 & 1 & 0 & 2 \end{pmatrix}.$$

有了上面这个例子, 很容易理解下面 $\mathbb{F}_q$ 上矩阵和矩阵相乘运算的规定.

定义 1.72 设 $A = (a_{ij})$ 是 $\mathbb{F}_q$ 上的 $k \times m$ 矩阵, $B = (b_{ij})$ 是 $\mathbb{F}_q$ 上的 $m \times n$ 矩阵. 定义 A 与 B 的乘积为 $\mathbb{F}_q$ 上的 $k \times n$ 矩阵 $R = (r_{ij})$, 记作 $R = AB$, 其中

$$r_{ij} = a_{i1}b_{1j} + a_{i2}b_{2j} + \cdots + a_{is}b_{sj} = \sum_{s=1}^{m} a_{is}b_{sj}, \quad i = 1, 2, \cdots, k; j = 1, 2, \cdots, n.$$

上式中计算 r_{ij} 时的加法和乘法按 $\mathbb{F}_q$ 中的加法和乘法进行运算.

两个矩阵能够相乘的前提是第一个矩阵的列数等于第二个矩阵的行数. 在这个前提下, $\mathbb{F}_q$ 上矩阵 A_1, A_2, A_3 之间的运算满足下面运算规律:

(1) $(A_1A_2)A_3 = A_1(A_2A_3)$;

(2) $A_1(A_2 + A_3) = A_1A_2 + A_1A_3$, $(A_2 + A_3)A_1 = A_2A_1 + A_3A_1$;

(3) $\lambda(A_1A_2) = (\lambda A_1)A_2 = A_1(\lambda A_2)$, 其中 $\lambda \in \mathbb{F}_q$.

对 $\mathbb{F}_q$ 上的单位阵, 容易验证 $I_kA_{k\times n} = A_{k\times n}I_n = A_{k\times n}$.

有了矩阵的乘法, 可以定义 $\mathbb{F}_q$ 上的 n 阶方阵 A 的幂. A 的 m 次幂, 记为 A^m, 定义为 m 个 A 连乘, 其中 $m \in \mathbb{Z}^+$. 由于矩阵的乘法适合结合律, 故有 $A^mA^k = A^{m+k}$, $(A^m)^k = A^{mk}$, 其中 $m, k \in \mathbb{Z}^+$. 矩阵乘法不能一般性地满足交换律, 对于任意两个 n 阶方阵 A 和 B 而言, $(AB)^m = A^mB^m$ 未必成立.

下面介绍矩阵的转置运算. 把矩阵 A 的行列互换, 所得到的矩阵叫做 A 的转置矩阵, 记作 A^{T}. 设 $k \times n$ 矩阵 A 形如 (1.8) 式中所示, 其转置矩阵

$$A^{\mathrm{T}} = \begin{pmatrix} a_{11} & a_{21} & \cdots & a_{k1} \\ a_{12} & a_{22} & \cdots & a_{k2} \\ \vdots & \vdots & & \vdots \\ a_{1n} & a_{2n} & \cdots & a_{kn} \end{pmatrix}.$$

显然, A^{T} 是 $n \times k$ 矩阵. $\mathbb{F}_q$ 上的矩阵的转置满足下面运算规律:

(1) $(A^{\mathrm{T}})^{\mathrm{T}} = A$;

(2) $(A+B)^{\mathrm{T}} = A^{\mathrm{T}} + B^{\mathrm{T}}$;

(3) $(\lambda A)^{\mathrm{T}} = \lambda A^{\mathrm{T}}$, 其中 $\lambda \in \mathbb{F}_q$;

(4) $(AB)^{\mathrm{T}} = B^{\mathrm{T}} A^{\mathrm{T}}$.

有了转置的概念, 可以定义一类很常见的特殊方阵——对称矩阵. 设 $A = (a_{ij})$ 为 $\mathbb{F}_q$ 上的 n 阶方阵, 如果满足 $A^{\mathrm{T}} = A$, 即 $a_{ij} = a_{ji}$, $i, j = 1, 2, \cdots, n$, 则称 A 为 $\mathbb{F}_q$ 上的对称矩阵. 对称矩阵的特点是, 它的元素以主对角线为对称轴对应相等.

令线性变换 (1.7) 中 $k = n$, 这样它对应的矩阵 A 就是一个 n 阶方阵. 设 $x = (x_1, x_2, \cdots, x_n)$, $y = (y_1, y_2, \cdots, y_n)$, 则线性变换 (1.7) 可记作

$$y^{\mathrm{T}} = A x^{\mathrm{T}}. \tag{1.12}$$

当 A 为满秩矩阵时, 可以用 $y_1, y_2, \cdots, y_n$ 唯一地线性表示 $x_1, x_2, \cdots, x_n$. 设这个线性变换对应的矩阵是 B, 则可得线性变换 (1.12) 的逆变换

$$x^{\mathrm{T}} = B y^{\mathrm{T}}. \tag{1.13}$$

把 (1.13) 式代入 (1.12) 式, 得 $y^{\mathrm{T}} = A(By^{\mathrm{T}}) = (AB)y^{\mathrm{T}}$, 显然, AB 为恒等变换对应的矩阵, 故 $AB = I_n$. 类似地, 把 (1.12) 式代入 (1.13) 式, 可得 $BA = I_n$. 由此, 我们引入可逆矩阵和逆矩阵的定义.

定义 1.73 设 A 是 $\mathbb{F}_q$ 上的 n 阶方阵, 若 $\mathbb{F}_q$ 上有一个 n 阶方阵 B, 使

$$AB = BA = I_n,$$

则称 A 为 $\mathbb{F}_q$ 上的可逆矩阵, 也叫非奇异方阵. 称 B 为 A 的逆矩阵, 记 $A^{-1} = B$.

可以用矩阵的秩判断一个 n 阶方阵是否可逆. 设 A 是 $\mathbb{F}_q$ 上的 n 阶方阵. A 是可逆矩阵当且仅当 $\mathrm{rank}(A) = n$. 假设 B_1 和 B_2 都是 A 的逆矩阵, 则有

$$B_1 = B_1 I_n = B_1(AB_2) = (B_1 A)B_2 = I_n B_2 = B_2,$$

所以 A 的逆矩阵是唯一的.

$\mathbb{F}_q$ 上的 n 阶可逆方阵满足以下运算规律:

(1) 若 A 可逆, 则 A^{-1} 也可逆, 并且 $(A^{-1})^{-1}=A$;

(2) 若 A 可逆, 则 A^{T} 也可逆, 并且 $(A^{\mathrm{T}})^{-1}=(A^{-1})^{\mathrm{T}}$;

(3) 若 A 可逆, $\lambda\in\mathbb{F}_q^*$, 则 λA 可逆, 且 $(\lambda A)^{-1}=\lambda^{-1}A^{-1}$;

(4) 若 A, B 均为 n 阶可逆方阵, 则 AB 也是可逆方阵, 且 $(AB)^{-1}=B^{-1}A^{-1}$.

定义 1.74 设 A 和 B 是 $\mathbb{F}_q$ 上的两个 $k\times n$ 矩阵. 若在 $\mathbb{F}_q$ 上存在 k 阶可逆矩阵 P 和 n 阶可逆矩阵 Q, 使得 $B=PAQ$, 则称 A 与 B 等价. 特别地, 设 A 和 B 是 $\mathbb{F}_q$ 上的两个 n 阶方阵. 若在 $\mathbb{F}_q$ 上存在 n 阶可逆矩阵 Q, 使得 $B=Q^{-1}AQ$, 则称 A 与 B 相似.

定理 1.75 $\mathbb{F}_q$ 上两个 $k\times n$ 矩阵 A 和 B 等价, 当且仅当它们有相同的秩.

下面介绍矩阵的行列式的定义, 并基于行列式引出矩阵的特征多项式的概念.

设 $i_1i_2\cdots i_n$ 是 1, 2, $\cdots$, n 的一个排列. 若在这个排列中有一对数 i_j 和 i_k 有性质 $i_j>i_k$ 且 $j<k$, 那么就把这对数称作一个逆序. 一个排列中逆序的总数叫做这个排列的逆序数. 用 $\tau(i_1i_2\cdots i_n)$ 表示排列 $i_1i_2\cdots i_n$ 的逆序数.

定义 1.76 设 $A=(a_{ij})_{1\leqslant i,\, j\leqslant n}$ 是 $\mathbb{F}_q$ 上的一个 n 阶方阵, 则 A 的行列式

$$|A|=\begin{vmatrix} a_{11} & a_{12} & \cdots & a_{1n}\\ a_{21} & a_{22} & \cdots & a_{2n}\\ \vdots & \vdots & & \vdots\\ a_{n1} & a_{n2} & \cdots & a_{nn}\end{vmatrix}$$

定义为和式

$$\sum_{i_1,i_2,\cdots,i_n}(-1)^{\tau(i_1i_2\cdots i_n)}a_{1i_1}a_{2i_2}\cdots a_{ni_n},$$

其中求和号是对 1, 2, $\cdots$, n 这 n 个数的所有 $n!$ 个排列的对应项求和. 把 A 的 (i,j) 位置元素 a_{ij} 所在第 i 行和第 j 列的元素都划去后, 得到一个 $n-1$ 阶矩阵, 这个矩阵的行列式记作 M_{ij}. 称 $A_{ij}=(-1)^{i+j}M_{ij}$ 为 a_{ij} 的代数余子式.

定理 1.77 矩阵 A 的行列式等于它的任意一行 (列) 的各元素与对应的代数余子式乘积之和, 即

$$|A|=a_{i1}A_{i1}+a_{i2}A_{i2}+\cdots+a_{in}A_{in},\qquad i=1,2,\cdots,n$$

或

$$|A|=a_{1j}A_{1j}+a_{2j}A_{2j}+\cdots+a_{nj}A_{nj},\quad j=1,2,\cdots,n.$$

定义 1.78 设 A 是 $\mathbb{F}_q$ 上的 n 阶方阵, 则行列式 $|xI_n-A|$ 是 $F_q[x]$ 中的一个关于 x 的 n 次多项式. 这个多项式叫做 A 的特征多项式.

1.5 线性子空间和线性码

在定义 1.62 (p. 20) 中已经给出过向量空间和向量子空间的定义. 设 V_n 是 $\mathbb{F}_q$ 上的向量空间, C 是 V_n 的一个非空子集. 若 C 按照 V_n 中所定义的线性运算构成 $\mathbb{F}_q$ 上的一个 k 维向量空间, 则称 C 为 V_n 的 k 维向量子空间 (k 维线性子空间), 简称 k 维子空间或子空间.

在 V_n 中只有零向量 $\mathbf{0}_n$ 所组成的子集是 V_n 的子空间, 称为零子空间, 其维数是 0. V_n 本身也是 V_n 的子空间. 这两个子空间叫做平凡子空间, 其他的子空间叫做非平凡子空间. 判断 C 是不是 V_n 的子空间, 不必按照定义逐条验证. C 是 V_n 的子空间, 当且仅当以下两个条件成立:

(1) 对任意 $\alpha_1, \alpha_2 \in C$, 都有 $\alpha_1 + \alpha_2 \in C$;

(2) 对任意 $c \in \mathbb{F}_q$ 和 $\alpha \in C$, 都有 $c\alpha \in C$.

上面两个条件可以合并为一个条件: 对任意 $c_1, c_2 \in \mathbb{F}_q$ 和 $\alpha_1, \alpha_2 \in C$, 都有

$$c_1\alpha_1 + c_2\alpha_2 \in C. \tag{1.14}$$

特别地, 若 V_n 是 $\mathbb{F}_2$ 上的向量空间, 上面的充要条件退化为: 对任意 $\alpha_1, \alpha_2 \in C$, 都有 $\alpha_1 + \alpha_2 \in C$.

下面介绍子空间的两种运算——交与和.

在 1.1 节, 我们定义过集合的交. 设 C_1 和 C_2 是 V_n 的两个子空间, 它们的交定义为

$$C_1 \cap C_2 = \{\alpha \mid \alpha \in C_1 \text{ 且 } \alpha \in C_2\}.$$

C_1 和 C_2 的和定义为

$$C_1 + C_2 = \{\alpha_1 + \alpha_2 \mid \alpha_1 \in C_1, \alpha_2 \in C_2\}.$$

根据上面判断 V_n 的子空间的条件, 容易证明下面的定理.

定理 1.79 若 C_1 和 C_2 是 V_n 的子空间, 则 $C_1 \cap C_2$ 和 $C_1 + C_2$ 也是 V_n 的子空间.

下面给出一个有用的维数公式, 该定理及其推论的证明留给读者.

定理 1.80 若 C_1, C_2 是 V_n 的子空间, 则

$$\dim(C_1) + \dim(C_2) = \dim(C_1 + C_2) + \dim(C_1 \cap C_2).$$

推论 1.81 若 C_1, C_2 是 V_n 的子空间, 且 $\dim(C_1) + \dim(C_2) > n$, 则 $C_1 \cap C_2$ 中必有非零向量.

下面定义子空间的和运算的一个特殊情形——子空间的直和 (direct sum).

定义 1.82 设 C_1, C_2 是 V_n 的子空间. 若 C_1+C_2 中每个向量 α 的分解式

$$\alpha=\alpha_1+\alpha_2,\quad \alpha_1\in C_1,\ \alpha_2\in C_2$$

是唯一的, 则称 C_1+C_2 为 C_1 和 C_2 的直和空间, 记作 $C_1\oplus C_2$. 若 $V_n=C_1\oplus C_2$, 则称 C_1 和 C_2 是互补的, 二者互为对方的补空间.

定理 1.83 设 C_1, C_2 是 V_n 的子空间, C_1+C_2 是直和的充要条件是

$$\alpha_1+\alpha_2=\mathbf{0}_n,\quad \alpha_1\in C_1,\ \alpha_2\in C_2,$$

只有在 $\alpha_1=\alpha_2=\mathbf{0}_n$ 时才成立.

证明 由 $\mathbf{0}_n$ 的分解是唯一的, 可知条件的必要性是显然的. 下面证明这个条件的充分性. 设 $\alpha\in C_1+C_2$ 有两个分解式 $\alpha=\alpha_1+\alpha_2=\beta_1+\beta_2$, 其中 $\alpha_1,\beta_1\in C_1$, $\alpha_2,\beta_2\in C_2$. 因此, $(\alpha_1-\beta_1)+(\alpha_2-\beta_2)=\mathbf{0}_n$, 其中 $\alpha_1-\beta_1\in C_1$, $\alpha_2-\beta_2\in C_2$. 由定理的条件, 得 $\alpha_1-\beta_1=\alpha_2-\beta_2=\mathbf{0}_n$, 即 $\alpha_1=\beta_1$, $\alpha_2=\beta_2$. 这说明 α 的分解式是唯一的, 因而 C_1+C_2 是直和. □

推论 1.84 设 C_1, C_2 是 V_n 的子空间, C_1+C_2 是直和的充要条件是

$$C_1\cap C_2=\{\mathbf{0}_n\}.$$

证明 先证条件的充分性. 假设 $\alpha_1+\alpha_2=\mathbf{0}_n$, $\alpha_1\in C_1$, $\alpha_2\in C_2$. 可得 $\alpha_1=-\alpha_2$, 进而有 $\alpha_1,\alpha_2\in C_1\cap C_2$. 由条件 $C_1\cap C_2=\{\mathbf{0}_n\}$, 得 $\alpha_1=\alpha_2=\mathbf{0}_n$. 根据定理 1.83, C_1+C_2 是直和. 再证必要性. 任取向量 $\alpha\in C_1\cap C_2$. C_1+C_2 中的零向量可以表达为

$$\mathbf{0}_n=\alpha+(-\alpha),\quad \alpha\in C_1,\ -\alpha\in C_2.$$

因为 C_1+C_2 是直和, 由定理 1.83, $\alpha=-\alpha=\mathbf{0}_n$. 这就证明了 $C_1\cap C_2=\{\mathbf{0}_n\}$. □

定理 1.85 设 C_1, C_2 是 V_n 的子空间, C_1+C_2 是直和的充要条件是

$$\dim(C_1+C_2)=\dim(C_1)+\dim(C_2).$$

证明 由定理 1.80 和推论 1.84 易得. □

下面介绍一些线性码的基本知识. 笼统地说, 线性码就是 V_n 的一个 k 维子空间. 我们不在抽象的向量空间上讨论线性码, 而总是令 $V_n=\mathbb{F}_q^n$.

定义 1.86 $\mathbb{F}_q^n$ 的 k 维子空间 C 称为分组长度为 n, 信息位为 k 的 q 元线性分组码, 简称为 q 元 (n,k) 线性码; 不致混淆时, 也简称 $[n,k]$ 码. C 中的向量称为码字.

由于线性码是线性子空间, 所以它可由一组基底生成. 这就引出线性码的生成矩阵的概念.

定义 1.87 设 $\mathbb{F}_q$ 上的 n 维向量 $\alpha_1, \alpha_2, \cdots, \alpha_k$ 构成 $[n, k]$ 码的一组基底, 其中

$$\alpha_i = (a_{i1}, a_{i2}, \cdots, a_{in}), \quad i = 1, 2, \cdots, k.$$

由这组基底向量构成的矩阵

$$G = \begin{pmatrix} \alpha_1 \\ \alpha_2 \\ \vdots \\ \alpha_k \end{pmatrix} = \begin{pmatrix} a_{11} & a_{12} & \cdots & a_{1n} \\ a_{21} & a_{22} & \cdots & a_{2n} \\ \vdots & \vdots & & \vdots \\ a_{k1} & a_{k2} & \cdots & a_{kn} \end{pmatrix} \tag{1.15}$$

称为该 $[n, k]$ 码的生成矩阵.

由于子空间的基底不是唯一的, 因而一个 $[n, k]$ 码的生成矩阵也不是唯一的. 选择不同的生成矩阵, 在编码译码过程中的资源占用和运行效率是不一样的. 在工程实践中, 我们尤其偏爱一种叫做系统码的线性码, 其生成矩阵形如

$$G = (I_k\ R) = \begin{pmatrix} 1 & 0 & \cdots & 0 & r_{11} & r_{12} & \cdots & r_{1,n-k} \\ 0 & 1 & \cdots & 0 & r_{21} & r_{22} & \cdots & r_{2,n-k} \\ \vdots & \vdots & & \vdots & \vdots & \vdots & & \vdots \\ 0 & 0 & \cdots & 1 & r_{k1} & r_{k2} & \cdots & r_{k,n-k} \end{pmatrix}, \tag{1.16}$$

其中 I_k 为 k 阶单位阵, R 为 $k \times (n-k)$ 矩阵. 由定义 1.74 和定理 1.75, (1.15) 式和 (1.16) 式中的两个生成矩阵一定是等价的. 若两个生成矩阵是等价的, 则称它们生成的线性码也是等价的. 按照这个定义, 任意线性码都等价于一个系统码.

对偶码是线性码理论中的重要概念. 为了直观地理解线性码的对偶码, 我们先引入一些几何概念.

定义 1.88 设 $X = (x_1, x_2, \cdots, x_n) \in \mathbb{F}_q^n$, $Y = (y_1, y_2, \cdots, y_n) \in \mathbb{F}_q^n$. 定义

$$X \cdot Y = x_1y_1 + x_2y_2 + \cdots + x_ny_n \tag{1.17}$$

为向量 X 和 Y 的内积. 当 $X \cdot Y = 0$ 时, 称 X 和 Y 正交, 记为 $X \perp Y$.

如果把行向量 X, Y 看成 $1 \times n$ 矩阵, X 和 Y 的内积也可表示为两个矩阵的乘积 XY^{T}. (1.17) 式中的两种运算遵循 $\mathbb{F}_q$ 中的加法和乘法运算规则. 当 V_n 是 $\mathbb{F}_2$ 上的 n 维向量空间时, $X \perp Y$ 意味着对应分量 x_i 和 y_i 同时为 1 的个数是偶数, 其中 $i = 1, 2, \cdots, n$.

$\mathbb{F}_q^n$ 中向量的内积满足以下运算规律:

(1) $X \cdot Y = Y \cdot X$, 其中 $X, Y \in \mathbb{F}_q^n$;

(2) $(\lambda X) \cdot Y = \lambda(X \cdot Y)$, 其中 $\lambda \in \mathbb{F}_q$, $X, Y \in \mathbb{F}_q^n$;

(3) $(X+Y) \cdot Z = X \cdot Z + Y \cdot Z$, 其中 $X, Y, Z \in \mathbb{F}_q^n$.

我们回头再看 (1.7) 式. 当式中 $y_1 = y_2 = \cdots = y_k = 0$ 时, (1.7) 式变为关于 $x_1, x_2, \cdots, x_n$ 的齐次线性方程组

$$\begin{cases} a_{11}x_1 + a_{12}x_2 + \cdots + a_{1n}x_n = 0, \\ a_{21}x_1 + a_{22}x_2 + \cdots + a_{2n}x_n = 0, \\ \qquad\qquad \vdots \\ a_{k1}x_1 + a_{k2}x_2 + \cdots + a_{kn}x_n = 0. \end{cases} \tag{1.18}$$

设由方程组 (1.18) 的系数所排成的矩阵 G, 形如 (1.15) 式, 是 $[n, k]$ 码 C 的生成矩阵. 设 U 是方程组 (1.18) 的全体解向量所组成的集合, 则有

$$U = \{X \mid GX^{\mathrm{T}} = \mathbf{0}_{n\times 1},\ X \in \mathbb{F}_q^n\}, \tag{1.19}$$

设 $\alpha_i = (a_{i1}, a_{i2}, \cdots, a_{in})$ 是 G 的第 i 行, $i = 1, 2, \cdots, k$. 由于 G 是满秩的, 任意 $\alpha \in C$ 可唯一地表达为 $\alpha = c_1\alpha_1 + c_2\alpha_2 + \cdots + c_k\alpha_k$, 其中 $c_i \in \mathbb{F}_q$, $i = 1, 2, \cdots, k$. 当 $\beta \in U$ 时, 由 (1.15) 式可知, $\alpha_i \cdot \beta = 0$, $i = 1, 2, \cdots, k$. 进而有

$$\alpha \cdot \beta = c_1(\alpha_1 \cdot \beta) + c_2(\alpha_2 \cdot \beta) + \cdots + c_k(\alpha_k \cdot \beta) = 0,$$

即 $\alpha \perp \beta$. 显然, U 是 $\mathbb{F}_q^n$ 中与 C 中所有向量都正交的向量所组成的集合, 即

$$U = \{\beta \in V_n \mid \alpha \perp \beta,\ \text{对一切}\ \alpha \in C\}. \tag{1.20}$$

不难判断, 对任意 $b_1, b_2 \in \mathbb{F}_q$ 和 $\beta_1, \beta_2 \in U$, 都有 $b_1\beta_1 + b_2\beta_2 \in U$. 由判定子空间的充要条件 (1.14) 可知, U 为 $\mathbb{F}_q^n$ 的子空间. 我们称 U 是齐次方程组 (1.18) 的解空间, 也称 U 为 C 的零化子空间, 记作 $U = C^{\perp}$. 前面说过, 线性码就是一个子空间. 线性码的零化子空间就是该线性码的对偶码.

定义 1.89 设 C 是一个线性码, 称由 (1.20) 式所确定的 C 的零化子空间 $C^{\perp}$ 为 C 的对偶码.

下面这个公式给出了 $\mathbb{F}_q$ 上两个线性码及其对偶码的联系.

定理 1.90 设 C_1 和 C_2 是 $\mathbb{F}_q$ 上的两个线性码, 则 $C_1^{\perp} \cap C_2^{\perp} = (C_1 + C_2)^{\perp}$.

证明 设 $\beta \in C_1 + C_2$, 则存在 $\beta_1 \in C_1$, $\beta_2 \in C_2$, 使 $\beta = \beta_1 + \beta_2$. 当 $\alpha \in C_1^{\perp} \cap C_2^{\perp}$ 时, 总有 $\alpha \cdot \beta = \alpha \cdot \beta_1 + \alpha \cdot \beta_2 = 0 + 0 = 0$. 故 $\alpha \in (C_1 + C_2)^{\perp}$, 进而 $C_1^{\perp} \cap C_2^{\perp} \subseteq (C_1 + C_2)^{\perp}$. 另一方面, 当 $\beta_1 \in C_1$ 时, 必有 $\beta_1 \in C_1 + C_2$. 因

而, 当 $\alpha \in (C_1 + C_2)^{\perp}$ 时, 必有 $\alpha \cdot \beta_1 = 0$. 这说明 $\alpha \in C_1^{\perp}$. 同理, $\alpha \in C_2^{\perp}$. 于是, $\alpha \in C_1^{\perp} \cap C_2^{\perp}$, 进而 $(C_1 + C_2)^{\perp} \subseteq C_1^{\perp} \cap C_2^{\perp}$. □

设 C 是 $[n,k]$ 码, 我们来求 $U = C^{\perp}$ 的一组基底. 注意到 (1.15) 式和 (1.16) 式中的生成矩阵是等价的, 不妨设 (1.19) 式中的 G 是 (1.16) 式中的形式. 这样, 齐次线性方程组 (1.18) 就可以等价地写成

$$\begin{cases} x_1 = -r_{11}x_{k+1} - r_{12}x_{k+2} - \cdots - r_{1,n-k}x_n, \\ x_2 = -r_{21}x_{k+1} - r_{22}x_{k+2} - \cdots - r_{2,n-k}x_n, \\ \qquad\qquad \vdots \\ x_k = -r_{k1}x_{k+1} - r_{k2}x_{k+2} - \cdots - r_{k,n-k}x_n. \end{cases} \tag{1.21}$$

任给 $x_{k+1}, x_{k+2}, \cdots, x_n$ 一组确定的值, 就得到 (1.21) 式的一个解向量. 现在令 $(x_{k+1}, x_{k+2}, \cdots, x_n)$ 从上到下依次取 I_{n-k} 的 $n-k$ 个行向量, 即 $(1, 0, \cdots, 0)$, $(0, 1, \cdots, 0)$, $\cdots$, $(0, 0, \cdots, 1)$. 由 (1.21) 式即依次可得 $(x_1, x_2, \cdots, x_k) = (-r_{11}, -r_{21}, \cdots, -r_{k1})$, $(-r_{12}, -r_{22}, \cdots, -r_{k2})$, $\cdots$, $(-r_{1,n-k}, -r_{2,n-k}, \cdots, -r_{k,n-k})$, 进而可得 (1.21) 的 $n-k$ 个线性无关的解

$$\begin{aligned} \beta_1 &= (-r_{11}, -r_{21}, \cdots, -r_{k1}, 1, 0, \cdots, 0), \\ \beta_2 &= (-r_{12}, -r_{22}, \cdots, -r_{k2}, 0, 1, \cdots, 0), \\ &\vdots \\ \beta_{n-k} &= (-r_{1,n-k}, -r_{2,n-k}, \cdots, -r_{k,n-k}, 0, 0, \cdots, 1). \end{aligned}$$

下面证明 (1.21) 的任一解向量 $\beta = (b_1, b_2, \cdots, b_n)$ 都可由 $\beta_1, \beta_2, \cdots, \beta_{n-k}$ 表示, 其中 $b_i \in \mathbb{F}_q$, $i = 1, 2, \cdots, n$. 构造向量

$$\beta' = b_{k+1}\beta_1 + b_{k+2}\beta_2 + \cdots + b_n\beta_{n-k}.$$

比较 β 和 β' 的后 $n-k$ 个分量, 它们都等于 $(b_{k+1}, b_{k+2}, \cdots, b_n)$. 由于 β 和 β' 都是 (1.21) 式的解, 它们的前 k 个分量由后 $n-k$ 个分量唯一确定, 故得 $\beta = \beta'$, 即

$$\beta = b_{k+1}\beta_1 + b_{k+2}\beta_2 + \cdots + b_n\beta_{n-k}.$$

这就证明了 $\beta_1, \beta_2, \cdots, \beta_{n-k}$ 是 C 的对偶码 $U = C^{\perp}$ 的一组基底. 由这组基底向量可构成 $C^{\perp}$ 的生成矩阵

$$H = (\beta_1^{\mathrm{T}}, \beta_2^{\mathrm{T}}, \cdots, \beta_{n-k}^{\mathrm{T}})^{\mathrm{T}}.$$

同时可知

$$\dim(C^{\perp}) = n - k.$$

综上所述, 我们证明了如下重要结论.

定理 1.91 设 C 是 q 元 $[n,k]$ 码, 其生成矩阵 $G=(I_k\ R)$, 则 $C^{\perp}$ 是 $[n,n-k]$ 码, 且 $H=(-R^{\mathrm{T}}\ I_{n-k})$ 是 $C^{\perp}$ 的生成矩阵, 其中 R 是 $\mathbb{F}_q$ 上的 $k\times(n-k)$ 矩阵.

设 $U=C^{\perp}$. 由 (1.20) 式, 易知 $C\subseteq U^{\perp}$. 根据定理 1.91,

$$\dim(C) = n - \dim(U) = \dim(U^{\perp}).$$

可得 $C=U^{\perp}$, 即 $(C^{\perp})^{\perp}=C$. 故 C 和 $C^{\perp}$ 互为零化子空间, 或者说互为对偶码.

称 $C^{\perp}$ 的生成矩阵 H 为 C 的一致校验矩阵. 发送方对要传送的消息进行编码是通过生成矩阵实现的, 而接收方进行译码还原消息要靠一致校验矩阵的参与. 码字在有干扰的信道中传输时会产生错误, 接收方检错 (发现错误) 和纠错 (纠正错误) 的能力, 与线性码的最小距离密切相关.

定义 1.92 设 $\alpha=(a_1,a_2,\cdots,a_n)\in\mathbb{F}_q^n$, $\beta=(b_1,b_2,\cdots,b_n)\in\mathbb{F}_q^n$. α 和 β 之间的汉明距离, 用 $d_H(\alpha,\beta)$ 表示, 定义为

$$d_H(\alpha,\beta) = \#\{i \mid a_i\neq b_i,\ 1\leqslant i\leqslant n\}.$$

线性码 C 的最小汉明距离, 简称最小距离, 定义为

$$d = \min\{d_H(\alpha,\beta) \mid \alpha,\beta\in C,\ \alpha\neq\beta\}.$$

最小距离是 d 的 $[n,k]$ 码, 称为 $[n,k,d]$ 码.

下面给出二元汉明码 (简称汉明码) 的定义. 这是一类重要的线性码, 是一个 $[2^k-1,2^k-1-k,3]$ 码, 在编码理论中具有重要的地位.

定义 1.93 若矩阵 H 是由 2^k-1 $(k\geqslant 2)$ 个彼此相异的非零二元 k 维列向量排列而成的, 则称以 H 为一致校验矩阵的线性码为汉明码.

称汉明码的对偶码为单纯形码, 它是一个 $[2^k-1,k,2^{k-1}]$ 码.

线性码的参数 n, k, d 之间是有约束关系的, 下面给出 Singleton 不等式

$$d\leqslant n-k+1.$$

使上式等号成立的线性码, 被称为最大距离可分码 (maximum distance separable code), 简称 MDS 码. 例如, $\mathbb{F}_2^n$ 中所有重量为偶数的向量构成的 $[n,n-1,2]$ 码就是一个 MDS 码.

对任意 $\alpha=(a_1,a_2,\cdots,a_n)\in\mathbb{F}_q^n$, 定义 α 中非零分量的个数为 α 的汉明重量, 简称重量, 记为 $\mathrm{wt}(\alpha)$. 由于 C 作为一个线性子空间关于加法构成交换群, 由

群的封闭性, 任意两个码字 α 和 β 之和 $\alpha+\beta$ 也必是 C 中的一个码字. 因此, 一个 $[n,k,d]$ 码 C 的最小距离等于 C 中非零码字的最小重量, 即

$$d=\min\{\mathrm{wt}(\alpha)\mid\alpha\in C,\alpha\neq\mathbf{0}_n\}.$$

我们不加证明地指出, 最小重量为 d 的线性码能够纠正所有数量 $\leqslant\lfloor(d-1)/2\rfloor$ 个的随机错误, 能够检测出所有数量 $\leqslant d-1$ 个的随机错误.

本节的最后, 介绍一下线性码的陪集 (coset). 线性码的陪集也叫仿射子空间 (affine subspace). 设 C 是 $\mathbb{F}_q$ 上的 $[n,k]$ 码, 关于向量加法运算作成 $\mathbb{F}_q^n$ 的子群. 设 $a\in\mathbb{F}_q^n$, 由 a 确定的 C 的陪集 S_a 定义为

$$S_a=a+C=\{a+c\mid c\in C\}.$$

在 1.2 节, 我们已经讨论过子群的陪集. 关于线性码的陪集有以下结论:

(1) $|S_a|=q^k$, 其中 $a\in\mathbb{F}_q^n$;

(2) $b\in S_a\Leftrightarrow S_a=S_b\Leftrightarrow a-b\in C$, 其中 $a,b\in\mathbb{F}_q^n$;

(3) 若 $S_a\neq S_b$, 则 $S_a\cap S_b=\varnothing$, 其中 $a,b\in\mathbb{F}_q^n$;

(4) 两两不同的陪集共有 q^{n-k} 个, 它们作成 $\mathbb{F}_q^n$ 的一个划分.

1.6　移位寄存器

在本节中, 我们所要讨论的是一种数字电路上的二元系统: 反馈移位寄存器 (feedback shift register, FSR), 简称移位寄存器.

在数字电路中, 用来存放二进制数的电路称为寄存器. 每个寄存器是由具有存储功能的双稳态触发器实现的. 触发器输出端有高电平和低电平两种状态, 分别用 “1” 和 “0” 表示. 下面考察一般移位寄存器的基本结构, 如图 1.1 所示, 它主要由被串联的 n 个寄存器和一个反馈逻辑电路构成. 图中上面的一排方框示意的是 n 个寄存器, 从左向右, 分别称为第 1 级, 第 2 级, $\cdots$, 第 n 级寄存器; 图中下面的长方框内所示的是具有 n 个输入 1 个输出的反馈逻辑电路 f, 它是由 n 个逻辑变元 x_1, x_2, $\cdots$, x_n 通过 “与”、“或”、“非” 等逻辑运算联结起来的关系式. 从代数的角度, 电路上的逻辑运算也可以用 $\mathbb{F}_2$ 上的两种代数运算 (加法和乘法) 等效表达, 而 f 也可以看作是具有 n 个变元的布尔函数: $\mathbb{F}_2^n\to\mathbb{F}_2$. 今后, 称移位寄存器中的反馈逻辑电路 f 为 “反馈函数”.

上述移位寄存器的工作是由时钟脉冲控制移位的. 假定第 t 个时钟脉冲即将到来之前, 移位寄存器中存储的状态是 $(a_t,a_{t+1},\cdots,a_{t+n-1})$. 在第 t 个时钟脉冲作用下, 第 1 级寄存器中的状态 (0 或 1) 作为所生成的二元序列 $\underline{\mathbf{a}}$ 中的一位被输出, 它后面的第 j 级寄存器中的状态依次左移至第 $j-1$ 级寄存器中, $j=2$,

3, $\cdots$, n. 与此同时, 状态 $(a_t, a_{t+1}, \cdots, a_{t+n-1})$ 输入至反馈函数 f, 其输出状态 $a_{t+n} = f(a_t, a_{t+1}, \cdots, a_{t+n-1})$ 被反馈到第 n 级寄存器中. 寄存器中的状态从 $(a_t, a_{t+1}, \cdots, a_{t+n-1})$ 转换到 $(a_{t+1}, a_{t+2}, \cdots, a_{t+n})$, 这就完成了一个时钟周期的反馈移位过程. 对这两个状态, 我们把前者称为后者的"先导", 而把后者称为前者的"后继". 在时钟脉冲的作用下持续反馈移位, 输出二元序列 $\underline{\mathbf{a}} = (a_1, a_2, a_3, \cdots)$.

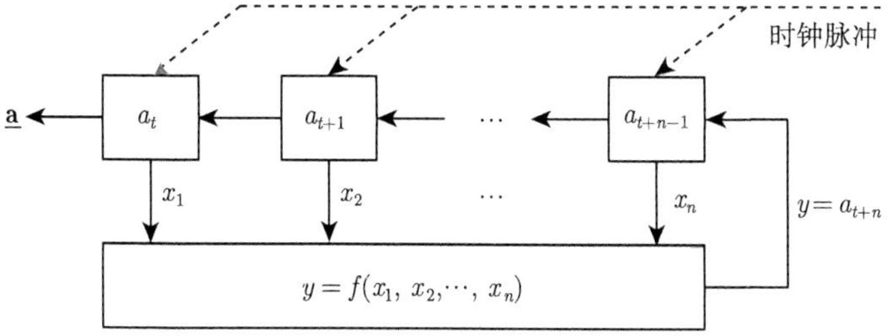

图 1.1 n 级 FSR 示意图

一个 n 级移位寄存器生成什么样的序列, 是由其初始状态和反馈函数 f 完全决定的. $\mathbb{F}_2^n$ 中共有 2^n 个向量, 每个向量对应的函数值可能取 0 或 1, 因而所有的 n 元布尔函数共有 2^{2^n} 个. 以不同的 n 元布尔函数作为反馈函数的 n 级移位寄存器的状态转移也不完全相同. 因此, 功能互不相同的 n 级移位寄存器共有 2^{2^n} 个.

对二元序列 $\underline{\mathbf{a}} = (a_1, a_2, a_3, \cdots)$ 而言, 若存在 $N \in \mathbb{Z}^+$, 使得对任意 $i \in \mathbb{Z}^+$, 都有 $a_i = a_{i+N}$, 则称 N 为序列 $\underline{\mathbf{a}}$ 的一个周期, 此时 $\underline{\mathbf{a}}$ 被称为周期序列. 若 N 是 $\underline{\mathbf{a}}$ 的所有周期中最小的正整数, 则称之为 $\underline{\mathbf{a}}$ 的最小周期. 周期序列的一切周期均为其最小周期的倍数. 今后提到周期序列的周期时, 一般都是指最小周期. 记周期序列 $\underline{\mathbf{a}}$ 的周期为 $p(\underline{\mathbf{a}})$. 周期序列被应用于密码学、无线通信和雷达等领域. 在流密码系统的设计中, 使所生成的序列具有足够大的周期是基本的要求.

下面讨论这样两个问题:

(1) n 级移位寄存器的反馈函数 f 具有什么特征时, 无论初始状态是 $\mathbb{F}_2^n$ 中的哪一个向量, 所生成的序列都是周期序列?

(2) 是否可以由 n 级移位寄存器生成周期为 2^n 的周期序列? 换言之, 如何使 n 级移位寄存器经过 2^n 次状态转移, 遍历 $\mathbb{F}_2^n$ 中的所有向量后回到初始状态?

例 1.94 设 4 级移位寄存器的反馈函数 $f(x_1, x_2, x_3, x_4) = 1 + x_3 + x_1x_2$. 该移位寄存器的状态转移情况可用状态转移表和状态转移图表示, 分别见表 1.2 和图 1.2. 在状态转移表中, 同时列出了状态的二进制表示和十进制表示. 为了简洁起见, 状态转移图中的状态用十进制数表示.

状态转移图在图论中被称为有向图, 今后简称为状态图. 状态图中的状态所在位置被称为顶点, 状态转移中带箭头的线段被称为有向边或有向弧.

表 1.2　例 1.94 中 FSR 的状态转移表

当前状态					f	下一状态				
0	0	0	0	0	1	0	0	0	1	1
1	0	0	0	1	1	0	0	1	1	3
2	0	0	1	0	0	0	1	0	0	4
3	0	0	1	1	0	0	1	1	0	6
4	0	1	0	0	1	1	0	0	1	9
5	0	1	0	1	1	1	0	1	1	11
6	0	1	1	0	0	1	1	0	0	12
7	0	1	1	1	0	1	1	1	0	14
8	1	0	0	0	1	0	0	0	1	1
9	1	0	0	1	1	0	0	1	1	3
10	1	0	1	0	0	0	1	0	0	4
11	1	0	1	1	0	0	1	1	0	6
12	1	1	0	0	0	1	0	0	0	8
13	1	1	0	1	0	1	0	1	0	10
14	1	1	1	0	1	1	1	0	1	13
15	1	1	1	1	1	1	1	1	1	15

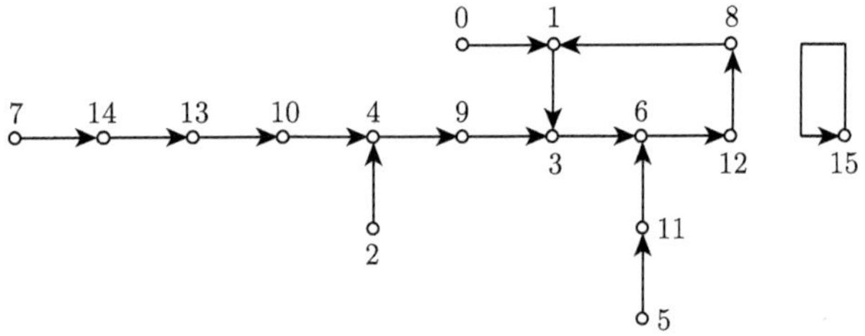

图 1.2　例 1.94 中 FSR 的状态转移图

若 $k+1$ 个顶点 $S_1, S_2, \cdots, S_k, S_{k+1}$ 是由 k 条有向边连接起来的:

$$S_1 \to S_2 \to \cdots \to S_k \to S_{k+1}, \tag{1.22}$$

则称 (1.22) 式中的这条路径为一条 “路”. 特别地, 当 $S_{k+1} = S_1$ 时, 称这条路是长为 k 的回路. 如果一条回路

$$S_1 \to S_2 \to \cdots \to S_k \to S_{k+1} = S_1$$

中的 k 个顶点两两相异, 则称这条回路是长度为 k 的圈.

从图 1.2 可以看出, 例 1.94 中移位寄存器的状态图中有两个圈: $1 \to 3 \to 6 \to 12 \to 8 \to 1$ 和 $15 \to 15$, 它们的长度分别是 5 和 1. 以圈上的任一状态作为初始状态所生成的序列是周期等于圈的长度的周期序列. 比如以 1 (0001) 为初始状态所生成的周期序列为 00011, 以 15 (1111) 为初始状态所生成的周期序列为 1. 由

同一圈 (圈长至少为 2) 上任意两个不同状态为初始状态所生成的两个周期序列, 其中一条序列必定可由另一条序列循环移位得到 (只看序列的一个周期), 此时称它们是移位等价的. 移位等价的两条周期序列本质上可看成同一条序列.

以圈外的状态为移位寄存器的初始状态所形成的状态图, 沿着有向边的方向必定最终要进入一个圈中, 形成貌似阿拉伯数字 “6” 的形状. 这种情况下所生成的序列不是周期序列, 称之为终归周期序列.

下面回答前面提到的第一个问题. 从状态图的角度, 该问题可等价地描述为: 当一个移位寄存器的反馈函数具备什么条件时, 才能保证其状态图是由一些两两没有公共顶点的圈构成的呢?

我们先给出非奇异移位寄存器的定义, 再用定理 1.96 回答这一问题.

定义 1.95 若一个移位寄存器的状态图是由有限个两两没有公共顶点的圈构成的, 则称该移位寄存器为非奇异的, 否则称之为奇异的.

定理 1.96 一个 n 级移位寄存器是非奇异的当且仅当它的反馈函数 $f:\mathbb{F}_2^n \to \mathbb{F}_2$ 可表示成如下形式:

$$f(x_1, x_2, \cdots, x_n) = x_1 + f_0(x_2, \cdots, x_n), \tag{1.23}$$

其中 $f_0:\mathbb{F}_2^{n-1} \to \mathbb{F}_2$ 是关于变元 $x_2, \cdots, x_n$ 的函数.

证明 先证明条件的充分性. 已知 n 级移位寄存器的反馈函数形如 (1.23) 式. 假设移位寄存器的状态图中有一个顶点 $(a_1, a_2, \cdots, a_n)$ 有两个先导

$$(0, a_1, a_2, \cdots, a_{n-1}) \quad 和 \quad (1, a_1, a_2, \cdots, a_{n-1}),$$

则有 $f(0, a_1, a_2, \cdots, a_{n-1}) = f(1, a_1, a_2, \cdots, a_{n-1}) = a_n$. 由 (1.23) 式, 得

$$0 + f_0(a_1, a_2, \cdots, a_{n-1}) = a_n,$$

$$1 + f_0(a_1, a_2, \cdots, a_{n-1}) = a_n.$$

以上两式不可能同时成立, 且必有一式成立. 因此, 状态图中任何一个顶点有且只有一个先导. 因此, 移位寄存器的状态图是由两两没有公共顶点的圈构成的, 即 f 是非奇异的.

下面再证明必要性. 已知反馈函数 $f \in \mathcal{B}_n$ 是非奇异的, 移位寄存器的状态图是由两两没有公共顶点的圈构成的. 在这个条件下, 必定有关系

$$f(x_1, x_2, \cdots, x_n) \neq f(\overline{x_1}, x_2, \cdots, x_n),$$

其中 $\overline{x_1} = x_1 + 1$. 由于 f 的函数值只能取 0 或 1, 上式可等价地写成下面的等式

$$f(x_1, x_2, \cdots, x_n) = 1 + f(\overline{x_1}, x_2, \cdots, x_n). \tag{1.24}$$

令 (1.24) 式中 $x_1=1$, 可得 $f(1,x_2,\cdots,x_n)=1+f(0,x_2,\cdots,x_n)$. 于是

$$f(0,x_2,\cdots,x_n)=0+f_0(x_2,\cdots,x_n), \tag{1.25}$$

$$f(1,x_2,\cdots,x_n)=1+f_0(x_2,\cdots,x_n), \tag{1.26}$$

其中 $f_0(x_2,\cdots,x_n)=f(0,x_2,\cdots,x_n)$. 结合 (1.25), (1.26) 两式, 可得 (1.23) 式. □

由 (1.23) 式可以看出, 所有的 n 级非奇异移位寄存器的数量是 $|\mathcal{B}_{n-1}|=2^{2^{n-1}}$, 在所有的 n 级移位寄存器中占了微不足道的部分. 虽然其数量相对很少, 但可以由定理 1.96 完全确定出所有的 n 级非奇异移位寄存器.

下面再讨论前面提到的第二个问题. 从状态图的角度, 这一问题可以等价地描述为: 如何使 n 级移位寄存器的状态图是一个长度为 2^n 的圈?

定义 1.97 设 $S=(a_1,a_2,\cdots,a_{n-1},a_n)$ 是 n 级移位寄存器的一个状态 (或其状态图上的一个顶点). 把 $S^*=(\overline{a_1},a_2,\cdots,a_{n-1},a_n)$ 称为 S 的共轭状态 (共轭顶点), 把 $S'=(a_1,a_2,\cdots,a_{n-1},\overline{a_n})$ 称为 S 的相伴状态 (相伴顶点).

按照移位寄存器的工作原理, 对一个确定的状态 $S=(a_1,a_2,\cdots,a_{n-1},a_n)$, 它的上一个状态 (先导) 只可能是 $(0,a_1,a_2,\cdots,a_{n-1})$ 或 $(1,a_1,a_2,\cdots,a_{n-1})$; 它的下一个状态 (后继) 只可能是 $(a_2,\cdots,a_{n-1},a_n,0)$ 或 $(a_2,\cdots,a_{n-1},a_n,1)$, 如图 1.3 所示. S 的两个可能的先导互为共轭状态, 两个可能的后继互为相伴状态.

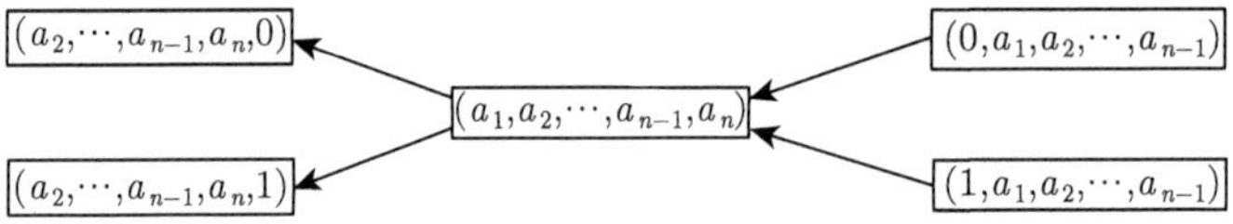

图 1.3 $(a_1,a_2,\cdots,a_{n-1},a_n)$ 的先导和后继

如果把 $\mathbb{F}_2^n$ 中的 2^n 个向量的先导和后继都用图 1.3 中的箭头指向规则表现在同一个有向图中, 就得到了著名的 n 级 de Bruijn 完全状态图, 简称 de Bruijn 图. de Bruijn[272] 和 Good[374] 最早研究了这种图形, 故也称之为 de Bruijn-Good 图. 图 1.4 是 4 级 de Bruijn 图.

例 1.98 设 4 级移位寄存器的反馈函数为

$$f(x_1,x_2,x_3,x_4)=x_1+x_2x_3+x_2x_4+x_2x_3x_4. \tag{1.27}$$

该移位寄存器的状态转移表见表 1.3, 状态图见图 1.5 (a).

由图 1.5 (a) 中的状态图可知, 例 1.98 中的移位寄存器是非奇异的, 这符合定理 1.96 所给结论. 我们回到第二个问题. 用形如 (1.23) 式中的反馈函数得到一些圈后, 能否把这些圈合并成一个圈? 回答是肯定的.

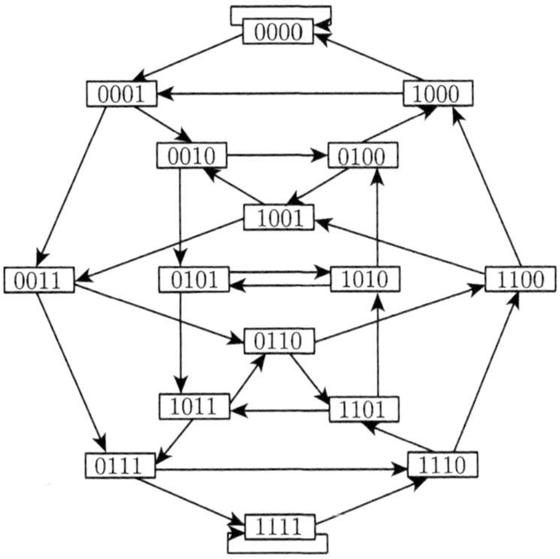

图 1.4 4 级 de Bruijn 图

表 1.3 例 1.98 中 FSR 的状态转移表

当前状态					f	下一状态					f'	下一状态 (修改后)				
0	0	0	0	0	0	0	0	0	0	0	1	0	0	0	1	1
1	0	0	0	1	0	0	0	1	0	2						
2	0	0	1	0	0	0	1	0	0	4						
3	0	0	1	1	0	0	1	1	0	6						
4	0	1	0	0	0	1	0	0	0	8	1	1	0	0	1	9
5	0	1	0	1	1	1	0	1	1	11						
6	0	1	1	0	1	1	1	0	1	13						
7	0	1	1	1	1	1	1	1	1	15						
8	1	0	0	0	1	0	0	0	1	1	0	0	0	0	0	0
9	1	0	0	1	1	0	0	1	1	3						
10	1	0	1	0	1	0	1	0	1	5						
11	1	0	1	1	1	0	1	1	1	7						
12	1	1	0	0	1	1	0	0	1	9	0	1	0	0	0	8
13	1	1	0	1	0	1	0	1	0	10						
14	1	1	1	0	0	1	1	0	0	12						
15	1	1	1	1	0	1	1	1	0	14						

不难看出, 在 de Bruijn 图里相互共轭的两个顶点 S_1 和 S_2 具有两个共同的后继 R_1 和 R_2, 这两个后继互为相伴顶点. 在非奇异移位寄存器的状态图上, 若 S_1 和 S_2 分别在不同的两个圈 $\mathcal{O}_1$ 和 $\mathcal{O}_2$ 上, 则 R_1 和 R_2 必定也分别在 $\mathcal{O}_1$ 和 $\mathcal{O}_2$ 上, 并有 $S_1 \to R_1$, $S_2 \to R_2$. 假若我们进行这样一个操作, 把 S_1 和 S_2 的后继进行 "交换", 使 $S_1 \to R_2$, $S_2 \to R_1$, 就把 $\mathcal{O}_1$ 和 $\mathcal{O}_2$ 合并成了一个圈. 用这种方法, 经过 $k-1$ 步, 就把 k 个圈合并成一个圈. 我们把这种方法叫做 "并圈法".

执行并圈法的要点是找到一对在不同的两个圈上的共轭顶点, 然后交换它们的后继. 观察图 1.5 (a) 中前两个圈上的点, 看能否找到两个共轭顶点分别在第一个圈和第二个圈上. 不难发现, 4 (0100) 和 12 (1100) 就是这样的一对共轭顶点. 交换 4 和 12 的后继, 使 $4 \to 9$, $12 \to 8$, 就把前两个圈合并成一个圈. 这时状态图上变成了两个圈, 一个是前两个圈合并后得到的长度是 15 的圈, 另一个是长度为 1 的圈 $0 \to 0$. 注意到, 0 (0000) 和 8 (1000) 是一对共轭顶点, 通过交换它们的后继使 $0 \to 1$, $8 \to 0$, 就完成了所有圈的合并. 最终得到一个长度为 16 的最大圈, 见图 1.5 (b).

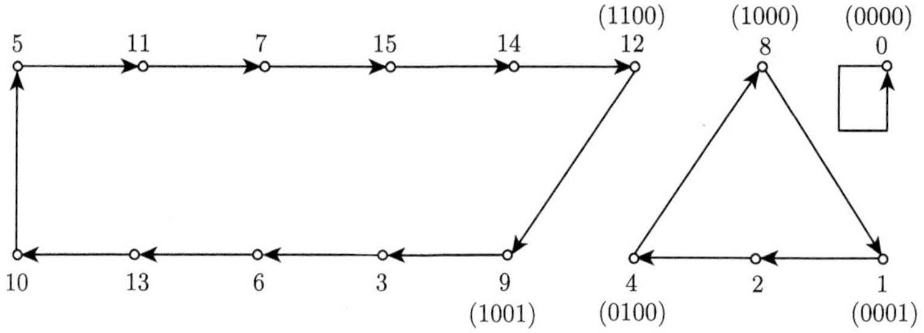

(a) 并圈前

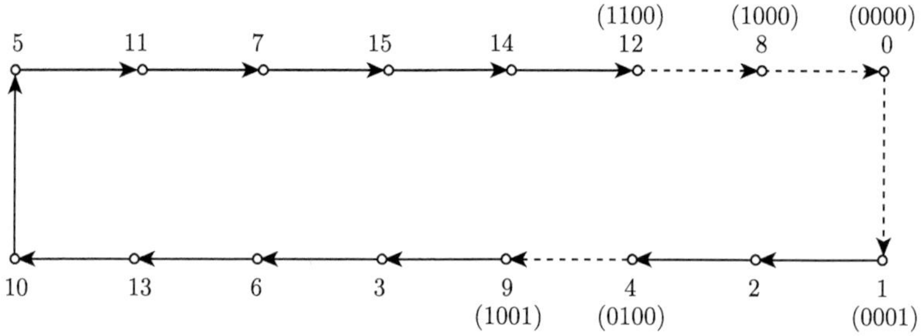

(b) 并圈后

图 1.5　例 1.98 中 FSR 的状态图及并圈后的状态图

上面在几何图形上完成了例 1.98 中移位寄存器的状态图并圈. 那么, 状态图是并圈后最大圈的移位寄存器的反馈函数 f' 与 (1.27) 式中的原反馈函数 f 相比, 在代数形式上发生了什么变化呢? 我们在表 1.3 中列出了 f' 和 f 相比真值表的变化之处, 而把没有改变的真值表位置留空白. 反馈函数真值表的改变和所选的每对共轭顶点交换后继是同时发生的, 也就是说, 从 f 到 f', 函数值被修改的顶点是那些被交换后继的共轭顶点对.

下面讨论一般的情形. 设 $X = (x_1, x_2, \cdots, x_n) \in \mathbb{F}_2^n$. 设完成并圈后那些被改变后继的共轭顶点构成的集合是 $\mathcal{D}$, $\mathcal{D} \subset \mathbb{F}_2^n$, 则有 $f'(X) = f(X) + \Delta(X)$, 其中

$$\Delta(X) = \begin{cases} 1, & X \in \mathcal{D}, \\ 0, & X \notin \mathcal{D}. \end{cases}$$

由于共轭顶点是成对的, 因而 $|\mathcal{D}| = \mathrm{wt}(\overline{\Delta})$ 是偶数, $\mathcal{D}$ 中有 $|\mathcal{D}|/2$ 对共轭顶点.

设 $S = (a_1, a_2, \cdots, a_n)$ 和 $S^* = (\overline{a_1}, a_2, \cdots, a_n)$ 是 $\mathcal{D}$ 中的一对共轭顶点. 对 $i = 2, 3, \cdots, n$, 设 $x_i^{a_i} = x_i + a_i + 1$, 则有

$$x_2^{a_2} x_3^{a_3} \cdots x_n^{a_n} = \begin{cases} 1, & (x_2, x_3, \cdots, x_n) = (a_2, a_3, \cdots, a_n), \\ 0, & (x_2, x_3, \cdots, x_n) \neq (a_2, a_3, \cdots, a_n). \end{cases}$$

以下三个条件互为充要条件:

(1) 在 f 的表达式中添加一项 $x_2^{a_2} x_3^{a_3} \cdots x_n^{a_n}$;

(2) 把 f 的真值表中 S 和 S^* 的函数值取反 (使 $\Delta(S) = \Delta(S^*) = 1$);

(3) 在以 f 为反馈函数的移位寄存器的状态图中交换 S 和 S^* 的后继.

需要注意的是, 上面的讨论是以 S 和 S^* 在不同的两个圈上为前提的. 在这种情况下, 上面的操作是把这两个圈合并起来的. 若 S 和 S^* 在同一圈上, 则以 S 和 S^* 为拆分点, 把这个圈拆成了两个圈.

假设以 $f \in \mathcal{B}_n$ 为反馈函数的 n 级非奇异移位寄存器的状态图中有 k 个圈. 那么, 至少要经过 $k-1$ 次并圈才能把这些圈合并成一个圈. 要进行 $k-1$ 次并圈需要至少选择 $k-1$ 对共轭顶点构成集合 $\mathcal{D}$, 使每对共轭顶点分布在不同的圈上且每个圈上至少有一个 $\mathcal{D}$ 中的顶点. 由于 $\mathcal{D}$ 中每一对共轭顶点的后 $n-1$ 位是相同的, 所以必定存在 $\mathcal{D}_0 \subset \mathbb{F}_2^{n-1}$ 使 $\mathbb{F}_2 \times \mathcal{D}_0 = \mathcal{D}$. 于是, 并圈后的反馈函数为

$$f'(X) = f(X) + \sum_{(a_2, a_3, \cdots, a_n) \in \mathcal{D}_0} x_2^{a_2} x_3^{a_3} \cdots x_n^{a_n},$$

其中

$$\sum_{(a_2, a_3, \cdots, a_n) \in \mathcal{D}_0} x_2^{a_2} x_3^{a_3} \cdots x_n^{a_n} = \Delta(X).$$

现在可以确定相应于图 1.5 (b) 中状态图的移位寄存器反馈函数为

$$\begin{aligned} f'(X) &= f(X) + x_2^1 x_3^0 x_4^0 + x_2^0 x_3^0 x_4^0 \\ &= 1 + x_1 + x_3 + x_4 + x_2 x_3 + x_2 x_4 + x_3 x_4 + x_2 x_3 x_4. \end{aligned}$$

在这一例子中 $\mathcal{D} = \{0100, 1100, 0000, 1000\}$, $\mathcal{D}_0 = \{100, 000\}$, $\Delta(X) = x_3^0 x_4^0$.

采用并圈法会因 $\mathcal{D}$ 的选择不同而合并出不同的圈. 例如, 要合并图 1.5 (a) 中的前两个圈还可以选择共轭顶点 10 (1010) 和 2 (0010). 请读者完成习题 1.36.

若一个移位寄存器的状态图是一个长度为 2^n 的最大圈, 则它就生成了周期为 2^n 的周期序列. 下面给出这类周期序列的定义.

定义 1.99 由一个 n 级移位寄存器生成的周期为 2^n 的二元序列, 称为 n 级 de Bruijn 序列或 M 序列.

早在 1946 年, de Bruijn[272] 就证明了 n 级 M 序列的数量是 $2^{2^{n-1}-n}$. 但是, 如何确定所有的 n 级 M 序列, 对它们进行归类, 刻画它们的特征, 仍是尚未解决的科学难题. 这一难题的解决 (或部分解决) 对流密码系统设计, 以及通信系统中的伪随机信号设计等技术领域具有重大的应用价值.

如果一个 n 级移位寄存器的反馈函数 f 是关于变元 x_1, x_2, $\cdots$, x_n 的线性齐次函数, 即

$$f(x_1, x_2, \cdots, x_n) = c_1x_1 + c_2x_2 + \cdots + c_nx_n, \tag{1.28}$$

其中 $c_i \in \mathbb{F}_2$, $i = 1, 2, \cdots, n$, 则称相应的移位寄存器为线性反馈移位寄存器 (linear feedback shift register, LFSR); 否则, 就称之为非线性反馈移位寄存器 (nonlinear feedback shift register, NFSR).

时至今日, 对 NFSR 的研究仍然举步维艰, 但对 LFSR 的研究已经非常成熟. 下面介绍一些有关 LFSR 的基本结论.

对 (1.28) 式中的反馈函数, 当 $c_1 = 0$ 时, n 级 LFSR 就 “退化” 为 $n-1$ 级 LFSR. 我们只考虑非退化的 n 级 LFSR, 总取 $c_1 = 1$, 即 LFSR 的反馈函数 f 中总有 x_1 这一变元. 由定理 1.96, 可知非退化的 LFSR 是非奇异的, 其状态图是由一些彼此无公共顶点的圈构成的, 因而生成的序列都是周期序列.

设二元周期序列 $\underline{\mathbf{a}} = (a_0, a_1, a_2, \cdots)$ 是由以 (1.28) 式中线性函数为反馈函数的 LFSR 生成的, 则该序列满足如下线性递归关系:

$$a_{k+n} = \sum_{i=1}^{n} c_i a_{k+i-1}, \quad k \geqslant 0. \tag{1.29}$$

序列 $\underline{\mathbf{a}}$ 中连续的 n 位就是 LFSR 中的一个状态, 设第 k 个状态为

$$S_k = (a_k, a_{k+1}, \cdots, a_{k+n-1}), \quad k \geqslant 0.$$

S_k 可看作是 $\mathbb{F}_2$ 上的 n 维行向量. 用 S_k 和矩阵

$$T = \begin{pmatrix} 0 & & & & c_1 \\ 1 & 0 & & & c_2 \\ & 1 & \ddots & & \vdots \\ & & \ddots & 0 & c_{n-1} \\ & & & 1 & c_n \end{pmatrix}$$

相乘, 可得 S_k 的下一状态

$$S_{k+1} = S_k T = (a_{k+1}, a_{k+2}, \cdots, a_{k+n}),$$

其中 a_{k+n} 由 (1.29) 式确定. 可以看出, n 级 LFSR 生成的序列, 由它的初始状态 S_0 和线性变换 T 完全确定, LFSR 的第 k 个状态 $S_k = S_0 T^k$. T 本质上是从矩阵角度描述了 (1.29) 式中的线性递归关系, 被称为 LFSR 的状态转移矩阵. 由于 n 级 LFSR 的初始状态共有 2^n 种可能, 因而满足 (1.29) 式关系的不同 LFSR 序列共有 2^n 个. 设这 2^n 个序列构成的集合为 $G(f)$.

设 $\underline{\mathbf{a}} = (a_0, a_1, a_2, \cdots) \in G(f)$, $\underline{\mathbf{b}} = (b_0, b_1, b_2, \cdots) \in G(f)$. 定义

$$\underline{\mathbf{a}} + \underline{\mathbf{b}} = (a_0 + b_0, a_1 + b_1, a_2 + b_2, \cdots). \tag{1.30}$$

显然, 序列 $\underline{\mathbf{a}} + \underline{\mathbf{b}}$ 也满足了 (1.29) 式中的线性递归关系, 因而 $\underline{\mathbf{a}} + \underline{\mathbf{b}} \in G(f)$. 易证, $G(f)$ 对于 (1.30) 式中规定的加法运算作成一个交换群, 以全零序列 $\underline{\mathbf{0}} = (0, 0, 0, \cdots)$ 为单位元. 再规定 $\epsilon \in \mathbb{F}_2$ 与 $G(f)$ 中元素的乘积为

$$\epsilon(a_0, a_1, a_2, \cdots) = (\epsilon a_0, \epsilon a_1, \epsilon a_2, \cdots).$$

这样, $G(f)$ 就可以看作是 $\mathbb{F}_2$ 上的一个 n 维向量空间.

下面引入 LFSR 的反馈函数的特征多项式和联结多项式的概念.

定义 1.100 *设 n 级 LFSR 的反馈函数如 (1.28) 式所示. 定义该反馈函数对应的特征多项式为*

$$d(x) = c_1 + c_2 x + c_3 x^2 + \cdots + c_n x^{n-1} + x^n. \tag{1.31}$$

在定义 1.78 (p. 27) 中曾定义过矩阵的特征多项式. 那么, 反馈函数 f 的特征多项式 $d(x)$ 和状态转移矩阵 T 的特征多项式 $d_T(x)$ 有没有联系呢? 按照矩阵的特征多项式的定义, 有

$$d_T(x) = |xI_n - T| = \begin{vmatrix} x & & & & c_1 \\ 1 & x & & & c_2 \\ & 1 & \ddots & & \vdots \\ & & \ddots & x & c_{n-1} \\ & & & 1 & c_n + x \end{vmatrix}. \tag{1.32}$$

由定理 1.77 (p. 27), (1.32) 式中的行列式等于它的第 n 列的各元素与对应的代数余子式乘积之和. 经化简, 可知 $d_T(x) = d(x)$.

定理 1.101 对一个 LFSR, 其反馈函数对应的特征多项式是其状态转移矩阵对应的特征多项式.

有的文献上引入所谓"联结多项式"对 LFSR 进行研究, 见文献 [21, 25], (1.28) 式中反馈函数的联结多项式定义为

$$g(x) = 1 + c_n x + c_{n-1}x^2 + \cdots + c_2 x^{n-1} + c_1 x^n. \tag{1.33}$$

显然, 反馈函数 f 的联结多项式 $g(x)$ 和特征多项式 $d(x)$ 是一对互反多项式. 今后也把反馈函数 f 对应的联结多项式和特征多项式分别称为相应 LFSR 的联结多项式和特征多项式.

联结多项式又是怎么来的呢? 观察 (1.29) 式中序列 $\underline{\mathbf{a}}$ 的线性递归关系. 若生成序列的节奏延迟 1 位, 当前应该存储 a_{k+n} 的寄存器中就是 a_{k+n-1}; 更一般地, 若延迟 i 位, 当前应该存储 a_{k+n} 的寄存器中就是 a_{k+n-i}. 引入电子技术中常用的延迟算子符号 D, 用 Da_{k+n} 表示将 a_{k+n} 延迟 1 位得 a_{k+n-1}. 一般地, 用 $D^i a_{k+n}$ 表示将 a_{k+n} 延迟 i 位得 a_{k+n-i}; 当 $i=0$ 时, 定义 $D^0 = I$ 为单位算子, $D^0 a_{k+n} = a_{k+n}$ 表示 a_{k+n} 没有被延迟. 这样, (1.29) 式中的关系式就可以写成

$$(I + c_n D + c_{n-1}D^2 + \cdots + c_2 D^{n-1} + c_1 D^n)a_{k+n} = 0. \tag{1.34}$$

把括号内式子中的符号"I"换成"1","D"换成"x", 就得到了 (1.33) 式中的联结多项式 $g(x)$. 设 $\underline{\mathbf{a}}$ 是周期为 l 的周期序列, 当 $0 \leqslant i < l$ 时, 我们定义 $a_{-i} = a_{l-i}$ 是合理的. 这样, (1.34) 式就可以写成

$$g(D)\underline{\mathbf{a}} = \left(\sum_{i=1}^{n+1} c_i D^{n+1-i}\right)\underline{\mathbf{a}} = \underline{\mathbf{0}}\ , \tag{1.35}$$

其中约定 $c_{n+1} = 1$.

如果知道了一个 LFSR 的特征多项式或联结多项式, 就可以立即得到其反馈函数, 反之亦然. 与特征多项式比起来, 联结多项式更直接地表现了反馈函数和生成序列的逻辑特征. 为了叙述方便, 下面提到 LFSR 所生成序列的联结多项式时, 也是指相应 LFSR 反馈函数的联结多项式.

序列 $\underline{\mathbf{a}}$ 以 (1.33) 式中多项式 $g(x)$ 为联结多项式的充要条件是 $\underline{\mathbf{a}}$ 满足 (1.35) 式. 构造多项式集合

$$J(\underline{\mathbf{a}}) = \{g(x) \mid g(x) \in \mathbb{F}_2[x],\ g(D)\underline{\mathbf{a}} = \underline{\mathbf{0}}\}. \tag{1.36}$$

可以看出, $\underline{\mathbf{a}}$ 的所有联结多项式都在 $J(\underline{\mathbf{a}})$ 中. 特别地, 在 $J(\underline{\mathbf{a}})$ 中有一类结构最简单的 $\underline{\mathbf{a}}$ 的联结多项式. 设 $\underline{\mathbf{a}}$ 的周期为 $p(\underline{\mathbf{a}}) = l$. 若 LFSR 的级数为 ul, $u \in \mathbb{Z}^+$, 其

反馈函数为 $f(x)=x_1$, 初始状态截取 $\underline{\mathbf{a}}$ 的任意一段连续 ul 长的序列, 则该 LFSR 必定生成序列 $\underline{\mathbf{a}}$. 此时, $\underline{\mathbf{a}}$ 的联结多项式为

$$g(x)=1+x^{ul}\in J(\underline{\mathbf{a}}). \tag{1.37}$$

这样的 LFSR 被称为纯轮换 LFSR. 需要注意的是, 这些纯轮换 LFSR 的反馈函数表达式都是一样的, 但它们是不同的布尔函数. 还需要注意的是, $J(\underline{\mathbf{a}})$ 中不全是 $J(\underline{\mathbf{a}})$ 的联结多项式, $J(\underline{\mathbf{a}})$ 中还包括零多项式. 而当 $\underline{\mathbf{a}}=\underline{\mathbf{0}}$ 时, $J(\underline{\mathbf{a}})=\mathbb{F}_2[x]$.

定理 1.102 若 $\underline{\mathbf{a}}$ 是非退化 LFSR 生成的二元序列, 则 $J(\underline{\mathbf{a}})$ 是多项式环 $\mathbb{F}_2[x]$ 的一个非零理想.

证明 由于 $\underline{\mathbf{a}}$ 是非退化 LFSR 生成的二元序列, 所以它至少可以作为纯轮换 LFSR 序列被输出, 其联结多项式如 (1.37) 式所示. 因此, $J(\underline{\mathbf{a}})$ 是含有非零多项式的非空集合. 设 $g_1(x), g_2(x)\in J(\underline{\mathbf{a}})$, 则 $g_1(D)\underline{\mathbf{a}}=g_2(D)\underline{\mathbf{a}}=\underline{\mathbf{0}}$. 进而

$$\big(g_1(D)-g_2(D)\big)\underline{\mathbf{a}}=g_1(D)\underline{\mathbf{a}}-g_2(D)\underline{\mathbf{a}}=\underline{\mathbf{0}}.$$

由 (1.36) 式, 可知 $g_1(x)-g_2(x)\in J(\underline{\mathbf{a}})$. 再设 $\rho(x)\in\mathbb{F}_2[x]$, $g(x)\in J(\underline{\mathbf{a}})$, 则有

$$\big(\rho(D)g(D)\big)\underline{\mathbf{a}}=\rho(D)\big(g(D)\underline{\mathbf{a}}\big)=\rho(D)\underline{\mathbf{0}}=\underline{\mathbf{0}}.$$

故有 $\rho(x)g(x)\in J(\underline{\mathbf{a}})$. 结合定义 1.57 (p. 19), $J(\underline{\mathbf{a}})$ 是一个理想. □

由于 $\mathbb{F}_2[x]$ 是主理想环, 因而 $J(\underline{\mathbf{a}})$ 是非零主理想. 于是, 在 $J(\underline{\mathbf{a}})$ 中存在生成多项式 $z(x)$, 使 $J(\underline{\mathbf{a}})$ 中任一多项式都是 $z(x)$ 的倍式, 即

$$J(\underline{\mathbf{a}})=\big(z(x)\big). \tag{1.38}$$

我们也称 (1.38) 式中的 $z(x)$ 为 $\underline{\mathbf{a}}$ 的最小多项式. 若限定生成多项式 $z(x)$ 为首一多项式, 则它是唯一的. 不难判断, 当 $\underline{\mathbf{a}}\neq\underline{\mathbf{0}}$ 时, 必有 $\deg(z)\geqslant 1$. 同时, 对 $\underline{\mathbf{a}}$ 的任意联结多项式 $g(x)\in J(\underline{\mathbf{a}})$, 其常数项为 1, 见 (1.33) 式. 由于 $z(x)\in J(\underline{\mathbf{a}})$, 故 $z(x)$ 是常数项为 1 的首一多项式.

下面讨论这样一个问题: 如何确定非退化 LFSR 序列 $\underline{\mathbf{a}}$ 的周期呢? $\underline{\mathbf{a}}$ 的周期与 $\underline{\mathbf{a}}$ 的联结多项式的周期密切相关.

设 $g(x)$ 是非退化 LFSR 序列 $\underline{\mathbf{a}}$ 的联结多项式, 则 $g(x)\in J(\underline{\mathbf{a}})$. 由 (1.38) 式, $z(x)\mid g(x)$. 同时, 由定义 1.50 (p. 17), $g(x)\mid (x^{p(g)}-1)$. 故有 $z(x)\mid(x^{p(g)}-1)$, 所以

$$x^{p(g)}-1=1+x^{p(g)}\in J(\underline{\mathbf{a}}).$$

注意到 $1+x^{p(g)}$ 是 $p(g)$ 级纯轮换 LFSR 的联结多项式. 因而 $\underline{\mathbf{a}}$ 可由以 $1+x^{p(g)}$ 为联结多项式的 LFSR 生成, 故有 $p(\underline{\mathbf{a}})\mid p(g)$. 由于 $\underline{\mathbf{a}}$ 的最小多项式 $z(x)$ 也是 $\underline{\mathbf{a}}$ 的

联结多项式, 故 $p(\underline{\mathbf{a}}) \mid p(z)$. 另一方面, 由 $p(\underline{\mathbf{a}})$ 是 $\underline{\mathbf{a}}$ 的周期, 知 $1+x^{p(\underline{\mathbf{a}})} = x^{p(\underline{\mathbf{a}})}-1$ 是 $\underline{\mathbf{a}}$ 的一个联结多项式, 进而有 $x^{p(\underline{\mathbf{a}})}-1 \in J(\underline{\mathbf{a}}) = \big(z(x)\big)$. 可得 $z(x) \mid (x^{p(\underline{\mathbf{a}})}-1)$. 由定义 1.50, $p(z) \leqslant p(\underline{\mathbf{a}})$. 因此, 必有 $p(\underline{\mathbf{a}}) = p(z)$.

综合以上结论, 得如下定理.

定理 1.103　若非退化 LFSR 序列 $\underline{\mathbf{a}}$ 以 $g(x)$ 为联结多项式, 则有 $p(\underline{\mathbf{a}}) \mid p(g)$. 设 $z(x)$ 是 $\underline{\mathbf{a}}$ 的最小多项式, 则 $p(\underline{\mathbf{a}}) = p(z)$. 若 $g(x)$ 为既约多项式, 则 $p(\underline{\mathbf{a}}) = p(g)$.

结合推论 1.52 (p. 17), 可得如下重要结论.

定理 1.104　若 LFSR 序列 $\underline{\mathbf{a}}$ 以 $\mathbb{F}_2[x]$ 中的 n 次本原多项式为联结多项式, 则有 $p(\underline{\mathbf{a}}) = 2^n-1$.

定理 1.104 中的周期为 2^n-1 的二元 LFSR 序列 $\underline{\mathbf{a}}$ 被称为 n 级最大周期 LFSR 序列, 简称 m 序列. 下面证明定理 1.104 的逆命题也是正确的.

定理 1.105　若 n 级 LFSR 生成的二元非零序列 $\underline{\mathbf{a}}$ 是周期为 2^n-1 的 m 序列, 则该 LFSR 的联结多项式 $g(x)$ 是 $\mathbb{F}_2[x]$ 中的 n 次本原多项式.

证明　设 $z(x)$ 是序列 $\underline{\mathbf{a}}$ 的最小多项式, $k = \deg(z)$, 则有 $p(a) \leqslant 2^k-1$. 由定理 1.102 及 (1.38) 式, 可知 $z(x) \mid g(x)$. 假设 $g(x)$ 是 n 次可约多项式, 则有 $k<n$. 由 $p(a) = 2^n-1$, 推出矛盾结果 $2^n-1 \leqslant 2^k-1$. 假设不成立, $g(x)$ 是既约多项式. 由定理 1.103, $p(g) = p(a) = 2^n-1$. 结合定理 1.51 (p. 17), $g(x)$ 为本原多项式. □

定理 1.106　设 n 级 LFSR 的特征多项式为 n 次本原多项式 $d(x) \in \mathbb{F}_2[x]$, α 是 $d(x)$ 的根. 对任一 $\beta \in \mathbb{F}_{2^n}^*$, 序列 $\underline{\mathbf{a}}^{(\beta)} = (\mathrm{Tr}(\beta\alpha^0), \mathrm{Tr}(\beta\alpha^1), \mathrm{Tr}(\beta\alpha^2), \cdots)$ 都是由该 LFSR 生成的周期为 2^n-1 的 m 序列. 另一方面, 若该 LFSR 生成的序列为 $\underline{\mathbf{a}} = (a_0, a_1, a_2, \cdots)$, 则存在 $\beta \in \mathbb{F}_{2^n}^*$ 使 $a_k = \mathrm{Tr}(\beta\alpha^k)$, $k \geqslant 0$.

证明　把 $x=\alpha$ 代入 (1.31) 式, 得 $\alpha^n = c_1 + c_2\alpha + c_3\alpha^2 + \cdots + c_n\alpha^{n-1}$. 进而

$$\alpha^{k+n} = c_1\alpha^k + c_2\alpha^{k+1} + \cdots + c_n\alpha^{k+n-1}, \quad k \geqslant 0. \tag{1.39}$$

由 (1.39) 式, 可知序列 $(1, \alpha, \alpha^2, \alpha^3, \cdots)$ 满足递归关系 (1.29) 式. 任选 $\beta \in \mathbb{F}_{2^n}^*$ 与 (1.39) 式等号两边分别相乘后等号仍成立, 即

$$\beta\alpha^{k+n} = c_1\beta\alpha^k + c_2\beta\alpha^{k+1} + \cdots + c_n\beta\alpha^{k+n-1}, \quad k \geqslant 0. \tag{1.40}$$

对 (1.40) 式等号左右两边同时取迹函数运算后等号仍成立, 因而序列 $\underline{\mathbf{a}}^{(\beta)}$ 也满足递归关系 (1.29) 式, 这同时说明了 $\underline{\mathbf{a}}^{(\beta)}$ 可由 n 级 LFSR 生成. 由于 α 是 $\mathbb{F}_{2^n}$ 中的本原元, 故存在 j, $0 \leqslant j \leqslant 2^n-2$, 使 $\beta = \alpha^j$. 因而, $\underline{\mathbf{a}}^{(\beta)}$ 也可写成 $(\mathrm{Tr}(\alpha^j), \mathrm{Tr}(\alpha^{j+1}), \mathrm{Tr}(\alpha^{j+2}), \cdots)$. 不难判断, 对任意 $k \geqslant 0$, 使 $\mathrm{Tr}(\alpha^k) = \mathrm{Tr}(\alpha^{k+l})$ 成立的最小正整数是 $l = 2^n-1$. 所以, $\underline{\mathbf{a}}^{(\beta)}$ 是周期为 2^n-1 的 m 序列. 这就证明了定理的前半部分.

另一方面, 由于 LFSR 的特征多项式 $d(x)$ 是本原多项式, 因而其联结多项式 $g(x)$ 也是本原多项式. 由定理 1.105, $\underline{\mathbf{a}}$ 是周期为 2^n-1 的 m 序列. 从 2^n-1 个非零初始状态出发, 这一 LFSR 可生成 2^n-1 个不同的 m 序列. 设这 2^n-1 个 m 序列构成集合 M. 假设存在 $\beta_1,\beta_2\in\mathbb{F}_{2^n}^*$ 使 $\underline{\mathbf{a}}^{(\beta_1)}=\underline{\mathbf{a}}^{(\beta_2)}$, 即 $\mathrm{Tr}(\beta_1\alpha^k)=\mathrm{Tr}(\beta_2\alpha^k)$, $k\geqslant 0$. 记 $\gamma=\beta_1-\beta_2$, 则有 $\mathrm{Tr}(\gamma\alpha^k)=0$, $k\geqslant 0$. 若 $\gamma\neq 0$, 则 $\gamma\alpha^k$ 遍历 $\mathbb{F}_{2^n}^*$. 注意到 $\mathrm{Tr}(0)=0$, 则对 $x\in\mathbb{F}_{2^n}$, 总有 $\mathrm{Tr}(x)=0$. 这与定理 1.49 (6) (p. 17) 相矛盾. 故 $\gamma=0$, 即 $\beta_1=\beta_2$. 这说明 $\{\underline{\mathbf{a}}^{(\beta)}\mid\beta\in\mathbb{F}_{2^n}^*\}=2^n-1=M$. 因而, 对序列 $\underline{\mathbf{a}}=(a_0,a_1,a_2,\cdots)$, 存在 $\beta\in\mathbb{F}_{2^n}^*$ 使 $a_k=\mathrm{Tr}(\beta\alpha^k)$, $k\geqslant 0$. □

1.7 评　注

本章给出与本书后面章节内容相关的基础知识, 涉及线性代数、近世代数、有限域、编码理论、移位寄存器等方面的概念和基本结论. 如果读者想了解更深入的基础知识, 下面的建议可供参考.

关于线性代数, 读者可参考国内大学理工科专业广泛使用的两本教材: 同济大学数学系编写的《工程数学: 线性代数》[18] 和王萼芳、石生明写的《高等代数》[23], 国外英文专著可参考 Strang 编著的 *Introduction to Linear Algebra*[825].

学习近世代数的入门读物推荐张禾瑞编著的《近世代数基础》[34], 还可进一步参考杨子胥编著的《近世代数》[29], 聂灵沼和丁石孙编著的《代数学引论》[16]. 英文专著可参考 Birkhoff 和 Mac Lane 编著的 *A Survey of Modern Algebra*[88], Lang 编著的 *Algebra*[507], Jacobson 编著的 *Basic Algebra I*[445] 和 *Basic Algebra II*[446].

关于有限域理论, 推荐万哲先编著的 *Lectures on Finite Fields and Galois Rings*[884], McEliece 编著的 *Finite Fields for Computer Scientists and Engineers*[594], Lidl 和 Niederreiter 编著的 *Finite Fields*[536].

编码理论是信息论领域的重要研究方向. 推荐肖国镇和卿斯汉编著的《编码理论》[26], Berlekamp 编著的 *Algebraic Coding Theory*[74], MacWilliams 和 Sloane 编著的 *The Theory of Error-Correcting Codes* [558].

关于移位寄存器理论, 可参考 Golomb 编著的 *Shift Register Sequences*[365], de Visme 编著的 *Binary Sequences*[274], Ronse 编著的 *Feedback Shift Registers*[744], 丁石孙编著的《线性移位寄存器序列》[3], 尹文霖编著的《移位寄存器序列》[31], 万哲先编著的《代数和编码》[21], 万哲先等编著的《非线性移位寄存器》[22], 林可祥和汪一飞编著的《伪随机码的原理与应用》[14], 杨俊和肖国镇编著的《组合开关原理和应用》[27], 肖国镇等编著的《伪随机序列及其应用》[25], Lidl 等编著的 *Finite Fields*[536] 的第 8 章, McEliece 编著的 *Finite Fields for Computer Scientists and Engineers*[594] 的第 9—11 章.

从事密码函数理论研究还可能使用到组合论、数论、射影几何等方面的知识,读者可参阅文献 [12, 412, 743].

对于那些想要从事密码函数理论研究的初学者, 不要一开始就陷入深奥的代数和编码理论中而难以自拔. 作者建议他们先掌握本章内容后, 学有余力再去有选择地查阅上面推荐的专著.

1.8 习 题

习题 1.1 设 $I \subseteq \{1, 2, \cdots, n\}$, I 有多少种取法? 设 $A = \{x_1, x_2, x_3\}$, 分别列举出 $\mathcal{P}(A)$ 和 $\mathcal{P}\big(\mathcal{P}(A)\big)$, 并计算它们的基数.

习题 1.2 《墨辩 • 经说上》曾有记载: “小故, 有之不必然, 无之必不然” 和 “大故, 有之必然, 无之必不然”. “小故” 和 “大故” 中哪个表达的是充要条件?

习题 1.3 确定 $\mathbb{F}_2^{4*}$ 的一个划分 $\{A_1, A_2, A_3, A_4, A_5\}$, 使得对任意 $i = 1, 2, 3, 4, 5$, 都有 $|A_i| = 3$ 且 A_i 中的 3 个二元向量之和为 0000.

习题 1.4 设 $n \in \mathbb{Z}^+$ 且 $n \geqslant 4$. 设 $S_i \subset \mathbb{F}_2^n, i = 1, 2, 3$, 并有 $S_1 = \{0\} \times \mathbb{F}_2^{n-1}$, $S_2 = \{10\} \times \mathbb{F}_2^{n-2}$, $S_3 = \{110, 111\} \times \mathbb{F}_2^{n-3}$. 证明 $\{S_1, S_2, S_3\}$ 是 $\mathbb{F}_2^n$ 的一个划分.

习题 1.5 设 $\phi : \mathbb{F}_2^4 \to \mathbb{F}_2^5$ 是一个单射, 并且在 ϕ 之下 $\mathbb{F}_2^4$ 中所有向量的象的重量都不小于 2, 则 ϕ 共有多少种可能? 设 $\varphi : \mathbb{F}_2^5 \to \mathbb{F}_2^{4*}$ 是一个满射, 则 φ 共有多少种可能?

习题 1.6 设 R 是 $\mathbb{Z}$ 上的二元关系, 且 $R = \{(x, y) \mid x \equiv y \bmod k\}$, 其中 $k \in \mathbb{Z}^+$. 证明 R 是等价关系.

习题 1.7 证明定理 1.16 (p. 5).

习题 1.8 证明: 群中元素的左逆元也是其右逆元, 且元素的逆元是唯一的; 群的左单位元也是其右单位元, 且单位元是唯一的.

习题 1.9 证明定理 1.18 (p. 5).

习题 1.10 证明定理 1.25 (p. 7).

习题 1.11 证明定理 1.26 (p. 7).

习题 1.12 设 $(G, *)$ 是无限循环群, $(\mathbb{Z}, +)$ 是整数加法群. 证明: $G \cong \mathbb{Z}$.

习题 1.13 设 $n, k \in \mathbb{Z}^+$ 且 $n > k$, 并设 C 是 $[n, k]$ 码, E 是 $[n, n-k]$ 码, $\mathcal{S} = \{e + C \mid e \in E\}$, 且有 $C + E = \mathbb{F}_2^n$. 证明以下结论: (1) C 和 E 都是 $\mathbb{F}_2^n$ 的加法子群; (2) $\mathbb{F}_2^n \sim C$, $\mathbb{F}_2^n \sim E$, $\mathbb{F}_2^n \sim \mathcal{S}$; (3) $E \cong \mathcal{S}$.

习题 1.14 设 $n \in \mathbb{Z}^+$, $\varphi(n)$ 为 Euler 函数. 证明: n 阶有限循环群中共有 $\varphi(n)$ 个 n 阶元素, 群中每个 n 阶元素都是该群的生成元.

习题 1.15 设 $n \in \mathbb{Z}^+$. 除数函数 $\tau(n)$ 定义为 n 的因子的个数. 证明: n 阶有限循环群共有 $\tau(n)$ 个子群.

习题 1.16　选择加法交换群 $\mathbb{F}_2^4$ 中的子集 D, $|D|=6$, 使 D 为 $\mathbb{F}_2^4$ 的一个 $(16,6,2)$ 差集.

习题 1.17　证明引理 1.35 (p. 10).

习题 1.18　证明定理 1.38 (p. 13).

习题 1.19　证明定理 1.39 (p. 13).

习题 1.20　证明引理 1.40 (p. 13).

习题 1.21　证明引理 1.44 (p. 15).

习题 1.22　证明定理 1.45 (p. 15).

习题 1.23　已知 x^5+x^2+1 是 $\mathbb{F}_2$ 上的本原多项式. 在 $\mathbb{F}_{2^5}$ 和 $\mathbb{F}_2^5$ 之间关于各自的加法运算建立一个同构映射, 其中 $\mathbb{F}_2^5$ 上的加法运算是二元向量加法运算.

习题 1.24　证明: $\mathbb{F}_q$ 上 m 次本原多项式的个数为 $\varphi(q^m-1)/m$.

习题 1.25　证明定理 1.49 (p. 17).

习题 1.26　证明定理 1.54 (p. 18).

习题 1.27　证明定理 1.56 (p. 18).

习题 1.28　在例 1.58 (p. 19) 中, k 和 $d(x)$ 满足什么条件, 能使 S_1 和 S_2 是真理想?

习题 1.29　证明 (1.5) 式 (p. 19) 中 (a) 是交换环 $\mathcal{R}$ 的一个理想.

习题 1.30　证明多项式环 $\mathbb{F}_q[x]$ 是主理想环.

习题 1.31　证明多项式剩余类环 $\mathbb{F}_q[x]/f(x)$ 中的理想都是主理想.

习题 1.32　证明: $\mathbb{F}_q$ 上互不相同的 $[n,k]$ 码的数量为

$$\frac{\prod\limits_{i=0}^{k-1}(q^n-q^i)}{\prod\limits_{i=0}^{k-1}(q^k-q^i)}=\frac{(q^n-1)(q^n-q)\cdots(q^n-q^{k-1})}{(q^k-1)(q^k-q)\cdots(q^k-q^{k-1})}.$$

习题 1.33　证明: 周期序列的一切周期均为其最小周期的倍数.

习题 1.34　若移位寄存器的状态图中, 两个顶点 S_1 和 S_2 可以用有向边连接起来 (不考虑有向边的方向), 则称 S_1 和 S_2 是连通的. 证明: 顶点之间的连通性是顶点集 (状态图上所有顶点构成的集合) 上的等价关系.

习题 1.35　用作图工具美观地画出 6 级 de Bruijn 完全图.

习题 1.36　对例 1.98 (p. 38) 中的移位寄存器, 置 $\mathcal{D}=\{1010,0010,0000,1000\}$. 利用并圈法实现图 1.5 (a) (p. 40) 中三个圈的合并. 写出并圈后的反馈函数表达式.

习题 1.37　证明: n 级 M 序列的数量是 $2^{2^{n-1}-n}$.

习题 1.38　编程实现文献 [580] 中生成 n 级 M 序列的算法 (Martin 算法).

习题 1.39　把 (1.32) 式 (p. 43) 中的行列式化简成形如 (1.31) 式 (p. 43) 中的多项式.

第 2 章　单输出密码函数

2.1　布尔函数及其密码学性质

在 1.4 节, 我们定义了有限域 $\mathbb{F}_q$ 上的 n 维向量空间 V_n, 并在例 1.63 (p. 21) 和例 1.64 (p. 21) 中分别给出两种常见的 $\mathbb{F}_q$ 上的 n 维向量空间形式: $\mathbb{F}_{q^n}$ 和 $\mathbb{F}_q^n$.

定义 2.1　设 $n, m \in \mathbb{Z}^+$, 且 $m \leqslant n$. V_n 和 V_m 分别是定义在 $\mathbb{F}_q$ 上的 n 维向量空间和 m 维向量空间. 从 V_n 到 V_m 的映射

$$F:\ V_n \to V_m \tag{2.1}$$

称为 (n, m) 函数.

这个定义是抽象的. (2.1) 式中的 V_u, $u = m, n$ 可以被替换成 u 维向量空间的具象形式 $\mathbb{F}_{q^u}$ 或 $\mathbb{F}_q^u$. 这样, (2.1) 式中的 F 可以表达为

$$F:\ \mathbb{F}_{q^n} \to \mathbb{F}_{q^m} \tag{2.2}$$

或

$$F:\ \mathbb{F}_q^n \to \mathbb{F}_q^m. \tag{2.3}$$

形如 (2.2) 式中的 (n, m) 函数, 当 $m = n$ 时, F 可看作是从 $\mathbb{F}_{q^n}$ 到它自身的映射, 可唯一地表示为 $\mathbb{F}_{q^n}$ 上的单变量多项式

$$F(x) = \sum_{k=0}^{q^n-1} c_k x^k, \quad c_k \in \mathbb{F}_{q^n}. \tag{2.4}$$

对任意 $k \in \mathbb{N}$, $0 \leqslant k \leqslant q^n - 1$, 约定 $\overline{k} = (k_1, k_2, \cdots, k_n) \in \mathbb{F}_q^n$ 为 k 的 q 元 n 维向量表示, 其中 $k_i \in \mathbb{F}_q$, $i = 1, 2, \cdots, n$, 且

$$k = \sum_{i=1}^{n} k_i q^{n-i}. \tag{2.5}$$

称 k 为 $\overline{k}$ 的十进制表示, $\overline{k}$ 为 k 的 q 进制表示. 用 $\max S$ 表示取实数集合 S 中元素数值的最大者. (2.4) 式中 F 的代数次数定义为

$$\mathrm{Deg}(F) = \max_{\substack{c_k \neq 0 \\ 0 \leqslant k \leqslant q^n - 1}} \mathrm{wt}(\overline{k}).$$

若函数 $L:\mathbb{F}_{q^n}\to\mathbb{F}_{q^n}$ 可表达为下面形式

$$L(x)=\sum_{0\leqslant i<n} a_i x^{q^i},\quad a_i\in\mathbb{F}_{q^n},$$

则称 L 是 $\mathbb{F}_{q^n}$ 上的线性函数; 若 $L_1(x)=L(x)+c$, 其中 $c\in\mathbb{F}_{q^n}$, 则称 L_1 是 $\mathbb{F}_{q^n}$ 上的仿射函数.

当 $m<n$ 时, (n,m) 函数 $\mathbb{F}_{q^n}\to\mathbb{F}_{q^m}$ 可以看作是一个 (n,n) 函数 $\mathbb{F}_{q^n}\to\mathbb{F}_{q^n}$ 中的映射没有 $\mathbb{F}_{q^m}$ 之外的象. 从这个角度上讲, (n,m) 函数也可以看作是 (n,n) 函数的特殊情形. 当 $m\mid n$ 时, 也可以借助迹函数表达一个 (n,m) 函数

$$F(x)=\mathrm{Tr}_{F/K}\left(\sum_{k=0}^{q^n-1} c_k x^k\right),$$

其中 $F=F_{q^n}$, $K=\mathbb{F}_{q^m}$.

本书主要在 $\mathbb{F}_2$ 上的向量空间上讨论 (n,m) 函数, 这时称 (2.1) 式中的映射为 (n,m) 布尔函数. 形如 (2.3) 式的 (n,m) 布尔函数, 也被称为 n 输入 m 输出布尔函数. 当 $m=1$ 时, 称 F 为单输出布尔函数; 当 $2\leqslant m\leqslant n$ 时, 称 F 为多输出布尔函数. 今后, 单输出布尔函数用小写字母表示, 如 f, g 等; 多输出布尔函数用大写字母表示, 如 F, G 等. 在密码理论和实践的背景下, 也被分别称为单输出密码函数和多输出密码函数.

下面讨论单输出布尔函数的相关概念和性质 (与多输出布尔函数相关的概念和性质将在 3.1 节介绍). 按照定义 1.7, 上面定义的 $(n,1)$ 布尔函数

$$f:\mathbb{F}_2^n\to\mathbb{F}_2$$

是 $\mathbb{F}_2$ 上的 n 元运算, 可看作有 n 个输入变元 $x_1, x_2,\cdots, x_n$, 输出值为 0 或 1 的函数, 其中 $x_i\in\mathbb{F}_2$, $i=1,2,\cdots,n$. $(n,1)$ 布尔函数 f 常被称为 n 元布尔函数.

设 $X=(x_1,x_2,\cdots,x_n)\in\mathbb{F}_2^n$. X 共有 2^n 种不同的取值, 对应 2^n 个函数值 (0 或 1). 为了区分不同的 n 元布尔函数, 有必要对这 2^n 个函数值进行排序. 设 $[X]$ 为二元向量 $X\in\mathbb{F}_2^n$ 的十进制表示. 由 (2.5) 式, 可得 $[X]=\sum_{i=1}^n x_i 2^{n-i}$. 以 $\mathbb{F}_2^3$ 为例, 有 $[000]=0$, $[001]=1$, $[010]=2$, $[011]=3$, $[100]=4$, $[101]=5$, $[110]=6$, $[111]=7$. 对 n 元布尔函数 $f(X)$, 其函数值按 $[X]$ 从小到大 (从 0 到 2^n-1) 排列成一个 2^n 维二元向量

$$\overline{f}=\big(f(0\cdots00), f(0\cdots01),\cdots, f(1\cdots11)\big), \tag{2.6}$$

称之为 $f(X)$ 的真值表. 由 $\overline{f}\in\mathbb{F}_2^{2^n}$ 可知, 互不相同的 n 元布尔函数共有 2^{2^n} 个. 今后用 $\mathcal{B}_n$ 表示所有 n 元布尔函数构成的集合.

表 2.1 (p. 55) 中 $f \in \mathcal{B}_3$ 对应的那一列数值就是 f 的真值表, 可把它按 (2.6) 式的格式写成一个 2^3 维行向量的形式

$$\overline{f} = (0,0,1,1,1,0,0,1). \tag{2.7}$$

为了更简洁地表示 $f \in \mathcal{B}_n$ 的真值表, 还可以省去 (2.6) 式中的括号和逗号. 例如, (2.7) 式中 f 的真值表也可以表示为

$$\overline{f} = 00111001. \tag{2.8}$$

对 $f \in \mathcal{B}_n$, 使 $f(X)=1$ 的向量 $X \in \mathbb{F}_2^n$ 作成的集合, 称为 f 的支撑, 记作

$$\mathrm{supp}(f) = \{X \mid f(X)=1,\ X \in \mathbb{F}_2^n\}.$$

显然有 $|\mathrm{supp}(f)| = \mathrm{wt}(\overline{f})$. 若 $|\mathrm{supp}(f)| = 2^{n-1}$, 即 f 的真值表中 0 和 1 的个数相等, 则称 f 是平衡的. 例如, (2.8) 式中所表示的布尔函数就是平衡的. 平衡性是设计密码函数时对布尔函数的基本要求之一.

布尔函数的真值表还可以采用十六进制表示方式. 在长度为 2^n 的二进制真值表中, 每 4 位对应十六进制的一个字符, 对应规则为 $0000 \mapsto 0$, $0001 \mapsto 1$, $0010 \mapsto 2$, $0011 \mapsto 3$, $0100 \mapsto 4$, $0101 \mapsto 5$, $0110 \mapsto 6$, $0111 \mapsto 7$, $1000 \mapsto 8$, $1001 \mapsto 9$, $1010 \mapsto A$, $1011 \mapsto B$, $1100 \mapsto C$, $1101 \mapsto D$, $1110 \mapsto E$, $1111 \mapsto F$. 这样, $f \in \mathcal{B}_n$ 的真值表可以用一个长度为 2^{n-2} 的十六进制字符串表示. 例如, (2.8) 式中的真值表可表示为 39.

n 元布尔函数有多种表示形式, 除了上面介绍的真值表表示, 在理论和实践中更常见的是布尔函数的代数表示形式. 在代数表示中, 涉及两种代数运算, 一种是加法运算 “+”, 其运算规则为

$$0+0=0, \quad 0+1=1, \quad 1+0=1, \quad 1+1=0; \tag{2.9}$$

另一种是乘法运算 “·”, 其运算规则为

$$0\cdot 0=0, \quad 0\cdot 1=0, \quad 1\cdot 0=0, \quad 1\cdot 1=1. \tag{2.10}$$

这两种运算的符号采用了普通加法和普通乘法的运算符号, 这在本书中一般不会引起混淆. 前面已经约定过, 乘法符号在代数表达中可省略不写.

对 $x_i, c_i \in \mathbb{F}_2$, 约定

$$x_i^{c_i} = \begin{cases} 0, & x_i \neq c_i, \\ 1, & x_i = c_i, \end{cases} \tag{2.11}$$

可得

$$x_i^1 = x_i, \quad x_i^0 = x_i + 1. \tag{2.12}$$

设 $X = (x_1, x_2, \cdots, x_n) \in \mathbb{F}_2^n$, $c = (c_1, c_2, \cdots, c_n) \in \mathbb{F}_2^n$. 称

$$X^c = x_1^{c_1} x_2^{c_2} \cdots x_n^{c_n}$$

为一个小项. 由 (2.11) 式, 可得

$$X^c = \begin{cases} 0, & X \neq c, \\ 1, & X = c. \end{cases} \tag{2.13}$$

由 (2.13) 式, 若 f 的真值表已知, 则可用使 $f(c) = 1$ 的所有小项 X^c 之和表示 f

$$f(X) = \sum_{c \in \mathbb{F}_2^n} f(c)\, x_1^{c_1} x_2^{c_2} \cdots x_n^{c_n}, \tag{2.14}$$

其中运算 $\sum$ 是按 (2.9) 式中的规则进行累加运算. 在 f 的小项表示中共有 $\mathrm{wt}(\overline{f})$ 个小项. 以 (2.8) 式中的布尔函数为例, 由 (2.14) 式, 其小项表示为

$$f(X) = x_1^0 x_2^1 x_3^0 + x_1^0 x_2^1 x_3^1 + x_1^1 x_2^0 x_3^0 + x_1^1 x_2^1 x_3^1. \tag{2.15}$$

令 (2.12) 式中 $i = 1, 2, 3$, 把 $x_i^1 = x_i$ 和 $x_i^0 = x_i + 1$ 代入 (2.15) 式中, 得

$$f(X) = (x_1 + 1)x_2(x_3 + 1) + (x_1 + 1)x_2 x_3 + x_1(x_2 + 1)(x_3 + 1) + x_1 x_2 x_3.$$

上式中的乘法对加法是满足分配律的. 利用分配律去括号后, 得到取自集合

$$\{1,\ x_1,\ x_2,\ x_3,\ x_1x_2,\ x_1x_3,\ x_2x_3,\ x_1x_2x_3\}$$

的一些单项式之和. 有些单项式可能出现不止一次, 需对这些单项式进行同类项合并, 即得 f 的多项式表示. 进行同类项合并时, 由 (2.9) 式中的加法运算规则可知: 若某单项式出现偶数次, 则从和式中删去所有该单项式; 若某单项式出现奇数次, 则在和式中只保留 1 个该单项式. 按这种方式可把 (2.15) 式化简为多项式形式

$$f(X) = x_1 + x_2 + x_1 x_3. \tag{2.16}$$

(2.16) 式中的这种多项式表达式称为 f 的代数正规型.

由布尔函数 f 的真值表可唯一地确定其小项表示, 化简后得到的代数正规型也是唯一的. 以 $f \in \mathcal{B}_3$ 为例, 其代数正规型可表达为

$$f(X) = a_0 + a_1x_1 + a_2x_2 + a_3x_3 + a_4x_1x_2 + a_5x_1x_3 + a_6x_2x_3 + a_7x_1x_2x_3,$$

其中 $a_i \in \mathbb{F}_2$, $i=0,1,\cdots,7$. 上式中的单项式共有 2^3 个, 这意味着两两不同的代数正规型也是 $2^{2^3}=256$ 个.

在 $f \in \mathcal{B}_n$ 的代数正规型中, 可使任一单项式都对应一个集合 $I \subseteq \{1,2,\cdots,n\}$. 与 I 相对应的单项式表示为 $\prod\limits_{i\in I} x_i$. 显然, I 共有 2^n 种取法 (包括空集). 当 I 为空集时, 约定 $\prod\limits_{i\in I} x_i = 1$. 下面给出 $f \in \mathcal{B}_n$ 的代数正规型表示

$$f(X) = \sum_{I\subseteq\{1,2,\cdots,n\}} \lambda_I \prod_{i\in I} x_i, \tag{2.17}$$

其中 $\lambda_I \in \mathbb{F}_2$, 运算 $\sum$ 和 $\prod$ 分别按 (2.9) 式和 (2.10) 式中的规则进行累加和累乘.

下面引入布尔函数的一种密码学指标, 叫做代数次数, 记为 $\deg(f)$, 定义

$$\deg(f) = \max\big\{|I| \bigm| I \subseteq \{1,2,\cdots,n\},\ \lambda_I \neq 0\big\}. \tag{2.18}$$

例如, 从 (2.16) 式中布尔函数的代数正规型表示可以看出, 该函数的代数次数为 2. 若 $\lambda_I \neq 0$, 则称 $\prod\limits_{i\in I} x_i$ 是 $f(x)$ 的 $|I|$ 次项. 较高的代数次数是设计优良密码函数的基本要求之一.

$\mathcal{B}_n$ 中代数次数 $\leqslant 1$ 的布尔函数, 被称为仿射函数. n 元仿射函数的代数正规型为 $\alpha_0+\alpha_1x_1+\alpha_2x_2+\cdots+\alpha_nx_n$, 其中 $\alpha_i \in \mathbb{F}_2$, $i=0,1,\cdots,n$. 用 $\mathcal{A}_n$ 表示所有 n 元仿射函数的集合. 显然, $|\mathcal{A}_n| = 2^{n+1}$. 常数项 $\alpha_0=0$ 的仿射函数, 被称为线性函数. n 元线性函数可以表示为

$$\alpha\cdot X = \alpha_1x_1+\alpha_2x_2+\cdots+\alpha_nx_n,$$

其中 $\alpha=(\alpha_1,\alpha_2,\cdots,\alpha_n) \in \mathbb{F}_2^n$. $\alpha\cdot X$ 是 α 和 X 的内积, 有时候也写作 αX^{T}. 常数 0 和 1 是代数次数为 0 的仿射函数.

仿射函数是有密码学缺陷的布尔函数. $\mathcal{B}_n$ 中那些不是仿射函数的布尔函数被称为非线性布尔函数, 简称非线性函数. 在设计单输出密码函数 $f \in \mathcal{B}_n$ 时, 应使函数最大程度地 “不像” 仿射函数. 这种 “不像” 的程度是用 f 的真值表和所有 n 元仿射函数的真值表之间的汉明距离最小值度量的.

定义 2.2　设 $f \in \mathcal{B}_n$. f 的非线性度定义为

$$N_f = \min_{l\in\mathcal{A}_n} d_H(f,l) = \min_{l\in\mathcal{A}_n} \#\{X \mid X\in\mathbb{F}_2^n,\ f(X)\neq l(X)\}. \tag{2.19}$$

通俗地说, f 的非线性度是 f 和与它 “最像” 的仿射函数之间的汉明距离. 显然, 所有仿射函数的非线性度都等于 0, 所有非线性函数的非线性度都大于 0.

表 2.1 给出一个 3 元非线性布尔函数 f 和所有 2^{3+1} 个仿射函数的真值表, 并算出 f 和所有仿射函数之间的汉明距离. 这些汉明距离作成的多重集中有 2, 4, 6 三种数值. 由 (2.19) 式, 取其中最小者 2, 即为 f 的非线性度.

在表 2.1 中, 我们观察到: 非零 3 元线性函数的真值表都是平衡的. 这一结论适用于一般的 n 元线性函数 $\alpha \cdot X$, $\alpha \in \mathbb{F}_2^n$. 下面的结论在后面会经常用到.

表 2.1　一个 3 元非线性函数 f 和所有 3 元仿射函数的汉明距离

$x_1\ x_2\ x_3$	f	l_0	l_1	l_2	l_3	l_4	l_5	l_6	l_7	l'_0	l'_1	l'_2	l'_3	l'_4	l'_5	l'_6	l'_7
0 0 0	0	0	0	0	0	0	0	0	0	1	1	1	1	1	1	1	1
0 0 1	0	0	1	0	1	0	1	0	1	1	0	1	0	1	0	1	0
0 1 0	1	0	0	1	1	0	0	1	1	1	1	0	0	1	1	0	0
0 1 1	1	0	1	1	0	0	1	1	0	1	0	0	1	1	0	0	1
1 0 0	1	0	0	0	0	1	1	1	1	1	1	1	1	0	0	0	0
1 0 1	0	0	1	0	1	1	0	1	0	1	0	1	0	0	1	0	1
1 1 0	0	0	0	1	1	1	1	0	0	1	1	0	0	0	0	1	1
1 1 1	1	0	1	1	0	1	0	0	1	1	0	0	1	0	1	1	0
$d(f,l)$		4	4	2	6	4	4	2	2	4	4	6	2	4	4	6	6

引理 2.3　对 $\alpha \in \mathbb{F}_2^n$, 有

$$\sum_{X \in \mathbb{F}_2^n} (-1)^{\alpha \cdot X} = \begin{cases} 2^n, & \alpha = \mathbf{0}_n, \\ 0, & \alpha \neq \mathbf{0}_n. \end{cases} \tag{2.20}$$

下面引入布尔函数的 Walsh 变换, 它是研究布尔函数的一种重要工具.

定义 2.4　设 $\alpha \in \mathbb{F}_2^n$, $f \in \mathcal{B}_n$. f 在 α 点的 Walsh 变换定义为

$$W_f(\alpha) = \sum_{X \in \mathbb{F}_2^n} (-1)^{f(X) + \alpha \cdot X}. \tag{2.21}$$

若有序多重集 $\mathcal{W}_f = \{W_f(\alpha) \mid \alpha \in \mathbb{F}_2^n\}$ 中的元素是按 $[\alpha]$ 从小到大排序的, 则称 $\mathcal{W}_f$ 为 $f(X)$ 的频谱. 称 $W_f(\alpha)$ 的数值为 f 在 α 点的 Walsh 频谱值, 简称谱值.

例如, 表 2.1 中的 3 元非线性函数 f 的频谱为 $\{0, 0, 4, -4, 0, 0, 4, 4\}$. 进一步对频谱中有哪些谱值, 以及各谱值出现的次数进行统计, 可得 f 的频谱分布

$$W_f(\alpha) = \begin{cases} 0, & 4\text{ 次}, \\ -4, & 1\text{ 次}, \\ 4, & 3\text{ 次}. \end{cases}$$

再举一个特殊的例子, 表 2.1 中 $l'_5(X) = x_1 + x_3 + 1$, 频谱为

$$\{0, 0, 0, 0, 0, -8, 0, 0\}.$$

$l_5'(X)$ 恰好在点 (1, 0, 1) 的谱值非零, 而在其他点的谱值都是 0. 更一般地, n 元仿射函数 $l(X)=\beta\cdot X+\varepsilon$ 在 $\beta\in\mathbb{F}_2^n$ 的谱值是 $(-1)^{\varepsilon}2^n$, 在其他点谱值都为 0.

由定义 2.4 中 Walsh 变换的公式, 不难看出下面这个结论是比较显然的.

引理 2.5　$f\in\mathcal{B}_n$ 是平衡布尔函数当且仅当 $W_f(\mathbf{0}_n)=0$.

把有序多重集 $\{W_f(\alpha+\delta)\mid\alpha\in\mathbb{F}_2^n\}$ 看作 $\mathcal{W}_f$ 的 "平移", 可得如下正交关系.

引理 2.6　设 $\alpha,\delta\in\mathbb{F}_2^n$, $f\in\mathcal{B}_n$. 则有

$$\sum_{\alpha\in\mathbb{F}_2^n}W_f(\alpha)W_f(\alpha+\delta)=\begin{cases}2^{2n}, & \delta=\mathbf{0}_n,\\ 0, & \delta\neq\mathbf{0}_n.\end{cases}\tag{2.22}$$

证明　把 $W_f(\alpha)$ 和 $W_f(\alpha+\delta)$ 分别表示为

$$W_f(\alpha)=\sum_{X\in\mathbb{F}_2^n}(-1)^{f(X)+\alpha\cdot X},$$

$$W_f(\alpha+\delta)=\sum_{Y\in\mathbb{F}_2^n}(-1)^{f(Y)+(\alpha+\delta)\cdot Y},$$

则 (2.22) 式等号左边可整理为

$$\sum_{X\in\mathbb{F}_2^n}\sum_{Y\in\mathbb{F}_2^n}(-1)^{\delta\cdot Y+f(X)+f(Y)}\sum_{\alpha\in\mathbb{F}_2^n}(-1)^{\alpha\cdot(X+Y)}.$$

由 (2.20) 式, $\sum\limits_{\alpha\in\mathbb{F}_2^n}(-1)^{\alpha\cdot(X+Y)}$ 在 $X=Y$ 时等于 2^n, 否则等于 0. 于是

$$\sum_{\alpha\in\mathbb{F}_2^n}W_f(\alpha)W_f(\alpha+\delta)=2^n\sum_{Y\in\mathbb{F}_2^n}(-1)^{\delta\cdot Y}.$$

再由 (2.20) 式, 即得 (2.22) 式.　□

(2.22) 式中 $\delta=\mathbf{0}_n$ 的情形可以描述为: $f\in\mathcal{B}_n$ 在 $\mathbb{F}_2^n$ 上各点谱值的平方和是常数 2^{2n}, 即

$$\sum_{\alpha\in\mathbb{F}_2^n}W_f^2(\alpha)=2^{2n}.\tag{2.23}$$

我们称 (2.23) 式为 Parseval 恒等式.

设 $l_\alpha(X)=\alpha\cdot X$. $\overline{f}$ 和 $\overline{l_\alpha}$ 的汉明距离是 $d(f,l_\alpha)=\mathrm{wt}(\overline{f(X)+\alpha\cdot X})$, 即 $f+l_\alpha$ 的真值表中 1 的个数. 进而, $f+l_\alpha$ 的真值表中 0 的个数是 $2^n-d(f,l_\alpha)$. 易知, $W_f(\alpha)$ 是 $f+l_\alpha$ 的真值表中 0 的个数与 1 的个数之差, 即

$$W_f(\alpha)=2^n-2d(f,l_\alpha).\tag{2.24}$$

可得

$$d(f,l_\alpha)=2^{n-1}-\frac{1}{2}W_f(\alpha). \tag{2.25}$$

当 α 遍历了 $\mathbb{F}_2^n$ 时, 由 (2.25) 式可得到 f 和所有线性函数的汉明距离. 类似地, 可得 f 和所有常数项为 1 的仿射函数的汉明距离. 设 $l'_\alpha(X)=\alpha\cdot X+1$. 可得

$$d(f,l'_\alpha)=2^{n-1}+\frac{1}{2}W_f(\alpha). \tag{2.26}$$

综合 (2.19), (2.25), (2.26) 三式, 可得如下重要引理.

引理 2.7 设 $f\in\mathcal{B}_n$. f 的非线性度为

$$N_f=2^{n-1}-\frac{1}{2}\max_{\alpha\in\mathbb{F}_2^n}|W_f(\alpha)|. \tag{2.27}$$

非线性度是布尔函数最重要的密码学指标之一. 布尔函数的非线性度越大, 它抵抗最佳仿射逼近攻击[285]、线性攻击[589] 的能力就越强. 对任意 $f\in\mathcal{B}_n$, $\max\limits_{\alpha\in\mathbb{F}_2^n}|W_f(\alpha)|$ 取值的下界是受 Parseval 恒等式约束的. 由 (2.23) 式, 可知

$$\max_{\alpha\in\mathbb{F}_2^n}|W_f(\alpha)|\geqslant 2^{n/2}.$$

由 (2.27) 式, $N_f\leqslant 2^{n-1}-2^{n/2-1}$. 是否存在使上式等号成立的 n 元布尔函数呢? 这种布尔函数只在 n 为偶数时才存在, 被称为 Bent 函数.

定义 2.8 设 $f\in\mathcal{B}_n$. 若对任意 $\alpha\in\mathbb{F}_2^n$, 总有 $W_f(\alpha)=\pm 2^{n/2}$, 则称 f 为 Bent 函数.

由 (2.24) 式, 对任意 $f\in\mathcal{B}_n$, 总有 $W_f(\alpha)\equiv 0 \bmod 2$. 而当 n 为奇数时, $\pm 2^{n/2}$ 是一个无理数, 这种情况下不存在 Bent 函数.

Bent 函数在组合设计理论、编码理论、密码学中具有重要的理论和应用价值. 从密码学的角度, Bent 函数具有最高的非线性度, 可以最优地抵抗最佳仿射逼近攻击和线性攻击. 综合考虑 Bent 函数的密码学性质, 它不是完美的, 也有其不可克服的密码学缺陷. 当 $n\geqslant 4$ 时, n 元 Bent 函数的代数次数不超过 $n/2$. 当 $n=2$ 时, 任意 2 元 2 次布尔函数都是 Bent 函数. 由引理 2.5, Bent 函数不是平衡的. 关于 Bent 函数, 可参阅评注 2.10.4.

除了以上密码学缺陷, Bent 函数还不具备另一种重要的密码学性质——线性统计独立 (相关免疫). 关于线性统计独立和相关免疫提出的背景及相关成果, 可参阅评注 2.10.1. 下面给出一个 n 元布尔函数是 t 阶线性统计独立函数 (相关免疫函数) 的充要条件. 这一重要结论在国际上被称为 Xiao-Massey 定理.

定理 2.9 (Xiao-Massey 定理[902, 903]) $f\in\mathcal{B}_n$ 是 t 阶线性统计独立函数 (相关免疫函数), 当且仅当对 $\mathbb{F}_2^n$ 中使 $1\leqslant \mathrm{wt}(\alpha)\leqslant t$ 的 α, 都有 $S_f(\alpha)=0$, 其中

$$S_f(\alpha)=\sum_{X\in\mathbb{F}_2^n} f(X)(-1)^{\alpha\cdot X} \tag{2.28}$$

是 $f\in\mathcal{B}_n$ 在点 $\alpha\in\mathbb{F}_2^n$ 的 Fourier 变换.

我们称 (2.28) 式中的变换为 "Fourier 变换", 只是为了把该变换与 (2.21) 式中的 Walsh 变换区别开来. 借助关系 $(-1)^{f(X)}=1-2f(X)$, 可得到 $S_f(\alpha)$ 和 $W_f(\alpha)$ 的关系

$$W_f(\alpha)=\begin{cases}-2S_f(\alpha), & \alpha\neq\mathbf{0}_n,\\ 2^n-2S_f(\alpha), & \alpha=\mathbf{0}_n.\end{cases} \tag{2.29}$$

由 (2.29) 式可以看出, 在 $\alpha\neq\mathbf{0}_n$ 的前提下, $W_f(\alpha)=0$ 当且仅当 $S_f(\alpha)=0$. 而 $S_f(\mathbf{0}_n)=\mathrm{wt}(\overline{f})$.

若 t 阶相关免疫函数具有平衡性, 则称之为 t 阶弹性函数. 在构造相关免疫函数时一般都要使其满足平衡性, 故本书一般都采用 "弹性函数" 这一叫法. 约定没有相关免疫性但满足平衡性的布尔函数为 0 阶弹性函数, 并把既无平衡性也无相关免疫性的布尔函数看作是 -1 阶弹性函数.

结合引理 2.5 和定理 2.9, 可得 Xiao-Massey 定理的变形描述.

定理 2.10 (Xiao-Massey 定理)　$f\in\mathcal{B}_n$ 是 t 阶弹性函数, 当且仅当对 $\mathbb{F}_2^n$ 中满足 $0\leqslant\mathrm{wt}(\alpha)\leqslant t$ 的 α, 都有 $W_f(\alpha)=0$.

在设计同时具有多种密码学性质的布尔函数时, 往往顾此失彼. 很多密码学性质之间本质性的联系并没有完全弄清楚. 如何实现多种密码学性质的优化折中, 是密码函数设计中的核心难题.

也有些密码学性质之间的联系非常简洁明确, 比如非线性布尔函数的弹性阶和代数次数之间的不等式关系, 称之为 Siegenthaler 不等式[801]. 当该不等式取等号时, 称非线性弹性函数的代数次数是最优的.

引理 2.11　设 $f\in\mathcal{B}_n$ 是非线性 t 阶弹性函数, 则 $\deg(f)\leqslant n-t-1$.

若 f 是 t 阶弹性函数, $t\geqslant 1$, 它一定也是 t' 阶弹性函数, 这里 $0\leqslant t'\leqslant t-1$. 仿射函数中也有弹性函数. 设仿射函数 $l(X)=\beta\cdot X+\varepsilon$. 前面曾讨论过, $l(X)$ 在点 β 的谱值为非零, 其余点的谱值都是 0. 由定理 2.10, $l(X)$ 的弹性阶为 $\mathrm{wt}(\beta)-1$. 特别地, 当 $\mathrm{wt}(\beta)=n$ 时, 仿射函数 $l(X)$ 的弹性阶为 $n-1$, 不满足引理 2.11 中的不等式关系.

设 $\mathcal{N}_w=\#\{\alpha\mid W_f(\alpha)=0,\ \alpha\in\mathbb{F}_2^n\}$. 由 Parseval 恒等式, 可知

$$\max_{\alpha\in\mathbb{F}_2^n}|W_f(\alpha)|\geqslant\frac{2^n}{\sqrt{2^n-\mathcal{N}_w}}. \tag{2.30}$$

当 (2.30) 式取 "=" 时, 必有 $W_f(\alpha)\in\{0,\pm 2^s\}$, 其中 $s\in\mathbb{Z}^+$. 此时, 谱值为 $\pm 2^s$

的个数共有 2^{2n-2s} 个. 这种频谱中至多有 0, 2^s, -2^s 三种谱值的布尔函数, 称为 Plateaued 函数. 这一概念是由 Zheng 和 Zhang 于 1999 年提出的[956].

对 Plateaued 函数 f 而言, $\mathcal{N}_w$ 越小, 非线性度 N_f 越高. 由 Parseval 恒等式, 可得 s 的取值范围: $n/2 \leqslant s \leqslant n$. 当 $s = n$ 时, $\mathcal{N}_w = 2^n - 1$. 此时, f 是仿射函数, 其频谱中有一个点的谱值是 2^n 或 -2^n, 其余点的谱值都是 0. 当 $s = n/2$ 时, 要求 n 为偶数. 此时, $\mathcal{N}_w = 0$, f 是 Bent 函数, 无谱值为 0 的点. 除了上面两种极端情形, Plateaued 函数在 $n/2 < s \leqslant n-1$ 时, 总有三个谱值 0, 2^s, -2^s. 这时, s 在 n 为奇数和偶数所能取到的最小值分别为 $(n+1)/2$ 和 $n/2+1$.

定义 2.12 设 $f \in \mathcal{B}_n$ 是 Plateaued 函数. 若对 $\alpha \in \mathbb{F}_2^n$, 有

$$W_f(\alpha) \in \begin{cases} \{0, \pm 2^{(n+1)/2}\}, & n \text{ 为奇数}, \\ \{0, \pm 2^{n/2+1}\}, & n \text{ 为偶数}, \end{cases}$$

则称 f 为半 Bent 函数.

半 Bent 函数这一概念是由 Chee 等[225] 于 1994 年引入的, 是在 n 为奇数时定义的. 后来, 这一概念被拓展到 n 为偶数时的情形. 半 Bent 函数可以具有弹性, 这一点是它比 Bent 函数优越的地方. n 元半 Bent 函数是非线性度最高的 n 元 Plateaued 函数 (无论 n 是奇数还是偶数), 也是一种非线性度最低的几乎最优 (almost optimal) 函数[147]. 几乎最优函数的定义如下.

定义 2.13 设 $f \in \mathcal{B}_n$. 若

$$\max_{\alpha \in \mathbb{F}_2^n} |W_f(\alpha)| \leqslant \begin{cases} 2^{(n+1)/2}, & n \text{ 为奇数}, \\ 2^{n/2+1}, & n \text{ 为偶数}, \end{cases} \tag{2.31}$$

则称 f 为几乎最优函数.

在 (2.31) 式取 “<” 时, 称 f 为严格几乎最优函数. 鉴于这类函数的重要性, 下面再从非线性度的角度定义一下.

定义 2.14[934] 设 $f \in \mathcal{B}_n$. 若

$$N_f > \begin{cases} 2^{n-1} - 2^{(n-1)/2}, & n \text{ 为奇数}, \\ 2^{n-1} - 2^{n/2}, & n \text{ 为偶数}, \end{cases} \tag{2.32}$$

则称 f 为严格几乎最优函数.

当 n 为偶数时, Bent 函数是非线性度最高的严格几乎最优的布尔函数. 当 n 为奇数时, 关于 $f \in \mathcal{B}_n$ 的最大非线性度是多少只有很少的结论. 由早期编

码理论的研究结果[75,651], 可知当 n 为不超过 7 的奇数时, $f \in \mathcal{B}_n$ 的非线性度 $\leqslant 2^{n-1} - 2^{(n-1)/2}$. 当 $n \geqslant 9$ 为奇数时, 寻找 $f \in \mathcal{B}_n$ 中非线性度最大的布尔函数是悬而未决的公开难题.

1983 年, Patterson 和 Wiedemann[694] 发现了非线性度为 16276 的 15 元布尔函数 (称为 "PW 函数"). 由 (2.32) 式, 可知 PW 函数是非线性度严格几乎最优的函数. 目前还没有发现非线性度优于 PW 函数的 15 元布尔函数. 在之后的二十多年里, 所有具有奇数个变元的严格几乎最优函数都是基于 PW 函数构造的. 直到 2006 年, Kavut 等发现了非线性度是 241 的 9 元布尔函数[465,466]. 2007 年, Kavut 和 Yücel 又进一步发现了非线性度是 242 的 9 元布尔函数[470] (称为 "KY 函数"). 截至目前, 还没发现非线性度优于 KY 函数的 9 元严格几乎最优布尔函数. 有关奇数个变元严格几乎最优布尔函数的重要公开问题见习题 2.27.

对 t 阶弹性函数 $f \in \mathcal{B}_n$ 而言, 它对应的谱值为 0 的点的个数 $\mathcal{N}_w$ 必定满足

$$\mathcal{N}_w \geqslant \sum_{i=0}^{t} \binom{n}{i}. \tag{2.33}$$

结合 (2.33), (2.30), (2.27) 三式, 可知弹性阶 t 和非线性度 N_f 之间存在较强的制约关系. 在实际设计密码函数时, 过度提高弹性阶对非线性度的损害很大. 一般而言, n 元 t 阶弹性函数不能使 (2.33) 式中的等号成立. n 元 t 阶弹性函数的最大非线性度是多少, 仍然是悬而未决的科学难题. 非线性度严格几乎最优的弹性函数的构造是密码函数理论中的重点和难点问题. 有关严格几乎最优弹性函数的重要公开问题, 见习题 2.28、习题 2.29.

下面介绍布尔函数的另一个密码学性质——代数免疫性. 代数免疫性是为了抵抗代数攻击提出的密码学性质, 关于其提出背景可参考文献 [250, 605].

设 $f, g \in \mathcal{B}_n$. 若 $fg = 0$, 则称 f 和 g 中的一个函数是另一个函数的零化子. 对某 $f \in \mathcal{B}_n$, 其所有非零零化子的集合, 记为 $\mathrm{An}(f)$, 可表示为

$$\mathrm{An}(f) = \{g \in \mathcal{B}_n \mid fg = 0\}.$$

从代数攻击的角度[250], 若 f 或 $f+1$ 存在较低代数次数的非零零化子, 则可使攻击的复杂度变小. Meier 等[605] 给出量化代数免疫的指标——代数免疫阶.

定义 2.15　$f \in \mathcal{B}_n$ 的代数免疫阶, 记为 $\mathrm{AI}(f)$, 定义为

$$\mathrm{AI}(f) = \min\{\deg(g) \mid g \in \mathrm{An}(f) \cup \mathrm{An}(f+1)\}.$$

一般而言, 布尔函数的代数免疫阶越高, 抵抗代数攻击的能力越强. 代数免疫阶是有上界的, 可以证明 $\mathrm{AI}(f) \leqslant \lceil n/2 \rceil$. 这一结论的证明, 可以参考文献 [250,

605]. 达到这一上界的布尔函数, 被称为是代数免疫最优的. 同时, 注意到 $f+1$ 是 f 的零化子, 可知 $\mathrm{AI}(f) \leqslant \deg(f)$. 因此, 代数次数小于 $\lceil n/2 \rceil$ 的布尔函数, 代数免疫不可能达到最优.

代数攻击的方式, 可以进一步拓展. 对密码函数 $f \in \mathcal{B}_n$, 若可以找到具有低代数次数的函数 $g \in \mathcal{B}_n$, 使得 $fg = h$, 其中 $h \neq 0$ 且代数次数也相对较低, 这时快速代数攻击就可能有效[251]. 若不存在非零函数 $g \in \mathcal{B}_n$ 和 $h \in \mathcal{B}_n$ 使得 $\deg(g) < n/2$ 且 $\deg(g) + \deg(h) < n$, 则 f 被认为可以最优地抵抗快速代数攻击. 我们把 $\deg(g) + \deg(h)$ 可能取到的最小值, 称为 f 的快速代数免疫阶, 记为 $\mathrm{FAI}(f)$. 特别地, 当 $\mathrm{FAI}(f) = n-1$ 时, 称 f 的快速代数免疫阶是次最优的.

下面引入布尔函数的自相关函数, 然后给出几个与之相关的密码学指标.

定义 2.16　$f \in \mathcal{B}_n$ 在点 $\alpha \in \mathbb{F}_2^n$ 的自相关函数为

$$C_f(\alpha) = \sum_{X \in \mathbb{F}_2^n} (-1)^{f(X)+f(X+\alpha)}.$$

(1) 使 $|C_f(\alpha)| = 2^n$ 的 α, 被称为 f 的线性结构. 当 $\alpha \neq \mathbf{0}_n$ 时, 称之为非零线性结构.

(2) 当 $1 \leqslant \mathrm{wt}(\alpha) \leqslant k$ 时, 总有 $C_f(\alpha) = 0$, 则称 f 满足 k 次扩散准则, 记为 $\mathrm{PC}(k)$. 特别地, 若 f 满足 $\mathrm{PC}(1)$, 则称 f 满足严格雪崩准则, 记为 SAC.

(3) f 的全局雪崩特征 (global avalanche characteristics, GAC) 有两个度量指标: 一个是绝对值指标, 记为 Δ_f,

$$\Delta_f = \max_{\alpha \in \mathbb{F}_2^{n*}} |C_f(\alpha)|;$$

另一个是平方和指标, 记为 σ_f,

$$\sigma_f = \sum_{\alpha \in \mathbb{F}_2^n} C_f^2(\alpha).$$

严格雪崩准则是由 Webster 和 Tavares 于 1985 年引入的密码学指标[895], 这个指标描述的是这样一种性质: 对 $f \in \mathcal{B}_n$, 当 $\alpha \in \mathbb{F}_2^n$ 且 $\mathrm{wt}(\alpha) = 1$ 时, $f(X)$ 和 $f(X+\alpha)$ 的真值表恰有一半的位置不同, 即 $f(X) + f(X+\alpha)$ 是一个平衡函数. 这一性质又被 Preneel 等推广为扩散准则[721], 即当 $1 \leqslant \mathrm{wt}(\alpha) \leqslant k$ 时, $f(X) + f(X+\alpha)$ 是一个平衡函数.

扩散准则, 包括严格雪崩准则, 对 $\mathbb{F}_2^n$ 中局部某些点要求严格, 而对其他点却不加任何限制. 若有些点的自相关函数值过大, 甚至具有非零线性结构, 则被看作是一种密码学弱点. GAC 是 Zhang 和 Zheng 于 1995 年提出的一种布尔函数的密码学性质[947]. 它的两个指标 Δ_f 和 σ_f, 从全局着眼, 对布尔函数 f 在所有点的自相关函数值进行全局约束. Δ_f 和 σ_f 越小, f 的 GAC 性质越好. 若 $f \in \mathcal{B}_n$ 是 Bent 函数, 则 $\Delta_f = 0$, $\sigma_f = 2^{2n}$. 若 $f \in \mathcal{B}_n$ 是 t 阶弹性函数, $t \geqslant 0$, 除了一些特殊情形, Δ_f 和 σ_f 一般情况下分别最小是多少就不清楚了.

$f \in \mathcal{B}_n$ 的自相关函数和它的 Walsh 谱之间存在密切联系.

引理 2.17 [157] 设 $f \in \mathcal{B}_n$. 对任意 $\omega \in \mathbb{F}_2^n$,

$$W_f^2(\omega) = \sum_{\alpha \in \mathbb{F}_2^n} C_f(\alpha)(-1)^{\omega \cdot \alpha}.$$

由引理 2.17, 不难进一步得到如下结论.

引理 2.18 [947] 对 $f \in \mathcal{B}_n$, 总有

$$\sum_{\omega \in \mathbb{F}_2^n} W_f^4(\omega) = 2^n \sigma_f.$$

下面介绍布尔函数的仿射变换和扩展仿射 (extended affine, EA) 变换.

定义 2.19 设 $f(X) \in \mathcal{B}_n$. $f'(X)$ 是由 $f(X)$ 经如下变换得到的:

$$f'(X) = f(XA + \alpha), \tag{2.34}$$

其中 A 是一个 $\mathbb{F}_2$ 上的 n 阶可逆矩阵, $\alpha \in \mathbb{F}_2^n$. 此时, 称 f' 是 f 的仿射变换, 也称 f' 和 f 是仿射等价的. 若 f'' 是 f 的仿射变换加上一个仿射函数, 即

$$f''(X) = f(XA + \alpha) + \beta \cdot X + \varepsilon, \tag{2.35}$$

其中 $\beta \in \mathbb{F}_2^n$, $\varepsilon \in \mathbb{F}_2$, 则称 f'' 是 f 的 EA 变换, 也称 f'' 和 f 是 EA 等价的.

显然, 仿射变换 (等价) 是 EA 变换 (等价) 的特殊情形.

引理 2.20 设 $f, f'' \in \mathcal{B}_n$. 若 f 和 f'' 是 EA 等价的, 则 $\deg(f) = \deg(f'')$, $N_f = N_{f''}$, $\Delta_f = \Delta_{f''}$, $\sigma_f = \sigma_{f''}$, $\mathrm{AI}(f) = \mathrm{AI}(f'')$, $\mathrm{FAI}(f) = \mathrm{FAI}(f'')$.

2.2 MM 型密码函数构造

首先介绍一下布尔函数的级联. 所谓 “级联”, 从布尔函数真值表的角度来看, 就是把 2^{n-k} 个 k 元布尔函数的真值表按顺序排列起来, 从而得到一个 n 元布尔函数真值表的过程. 比如, 要构造一个 4 元布尔函数 f_0, 可以通过级联两个 3 元仿射布尔函数得到. 在表 2.1 中选两个 3 元仿射函数 $\overline{l_3'} = 10011001$ 和 $\overline{l_5} = 01011010$, 把它们级联起来得到 $\overline{f_0} = 1001100101011010$. 可用代数形式表达为

$$f_0(x_4, x_3, x_2, x_1) = x_4^0\, l_3'(x_3, x_2, x_1) + x_4^1\, l_5(x_3, x_2, x_1),$$

其中 $(x_4,x_3,x_2,x_1)\in\mathbb{F}_2^4$. 显然, $f_0(0,x_3,x_2,x_1)=l_3'(x_3,x_2,x_1)$, $f_0(1,x_3,x_2,x_1)=l_5(x_3,x_2,x_1)$. 用 $f_0=l_3'\|l_5$ 表示 f_0 是由 l_3' 和 l_5 级联而成的. 注意到, $l_3'(x_3,x_2,x_1)=x_2+x_1+1$, $l_5(x_3,x_2,x_1)=x_3+x_1$. 后面我们会知道, f_0 是 1 阶弹性的.

4 元布尔函数也可以通过级联四个 2 元布尔函数得到. 设 $\overline{g_0}=0000$, $\overline{g_1}=0101$, $\overline{g_2}=0011$, $\overline{g_3}=0110$ 是四个两两互不相同的 2 元线性函数. 构造 4 元布尔函数 $f_1=g_3\|g_1\|g_0\|g_2$, 其代数形式可表达为

$$f_1(x_4,x_3,x_2,x_1)=x_4^0x_3^0g_3(x_2,x_1)+x_4^0x_3^1g_1(x_2,x_1)+x_4^1x_3^0g_0(x_2,x_1)+x_4^1x_3^1g_2(x_2,x_1).$$

这个函数是一个 4 元 Bent 函数. 注意到

$$g_3=(1,1)\cdot(x_2,x_1)=x_2+x_1,$$
$$g_1=(0,1)\cdot(x_2,x_1)=x_1,$$
$$g_0=(0,0)\cdot(x_2,x_1)=0,$$
$$g_2=(1,0)\cdot(x_2,x_1)=x_2.$$

按照被级联的次序, 给 g_3, g_1, g_0, g_2 依次编号 (00), (01), (10), (11). 这样就在 g_i $(i=0,1,2,3)$ 的编号和它的线性项的系数向量之间建立了映射关系 $\phi_1:\mathbb{F}_2^2\to\mathbb{F}_2^2$, 满足 $\phi_1(00)=(11)$, $\phi_1(01)=(01)$, $\phi_1(10)=(00)$, $\phi_1(11)=(10)$, 则 f_1 可表达为

$$f_1(x_4,x_3,x_2,x_1)=\phi_1(x_4,x_3)\cdot(x_2,x_1).$$

g_i $(i=0,1,2,3)$ 的编号可以看作是一个 2 维向量空间, 在该空间上定义一个关于 x_4,x_3 的 2 元布尔函数 $h(x_4,x_3)$. 任取 $h(x_4,x_3)=x_4x_3+1$, 得 $\overline{h}=1110$. 令 $f_1'=f_1+h$, f_1' 和 f_1 的真值表相比, 带来哪些变化呢? 不难看出

$$\begin{aligned}f_1'&=\big(g_3+h(00)\big)\|\big(g_1+h(01)\big)\|\big(g_0+h(10)\big)\|\big(g_2+h(11)\big)\\&=(g_3+1)\|(g_1+1)\|(g_0+1)\|g_2.\end{aligned}$$

类似地, 上面的 f_0 可表示为 $f_0(x_4,x_3,x_2,x_1)=\phi_0(x_4)\cdot(x_3,x_2,x_1)+h_0(x_4)$, 其中 $\phi_0:\mathbb{F}_2\to\mathbb{F}_2^3$, $\phi_0(0)=(011)$, $\phi_0(1)=(101)$, 并有 $h_0(x_4)=x_4+1$ $(\overline{h_0}=10)$.

上面两个 4 元布尔函数的构造, 采用的是下面要介绍的 Maiorana-McFarland (MM) 型布尔函数构造法. 简要地说, 构造 MM 型 n 元布尔函数就是把 2^{n-k} 个 k 元仿射布尔函数级联起来. 下面给出 MM 型布尔函数的定义.

定义 2.21 设 $n,k\in\mathbb{Z}^+$, $k<n$. 再设 $X\in\mathbb{F}_2^k$, $Y\in\mathbb{F}_2^{n-k}$, ϕ 是从 $\mathbb{F}_2^{n-k}$ 到 $\mathbb{F}_2^k$ 的映射. MM 型布尔函数 $f\in\mathcal{B}_n$ 定义为

$$f(Y,X)=\phi(Y)\cdot X+h(Y), \tag{2.36}$$

其中 $h\in\mathcal{B}_{n-k}$.

下面构造一类 MM 型布尔函数, 使之满足多种密码学性质.

构造 2.22　设

$$\Gamma=\{\theta\in\mathbb{F}_2^k\mid r\leqslant \mathrm{wt}(\theta)\leqslant k-r\},\tag{2.37}$$

其中

$$r=\max\left\{e\,\middle|\,\sum_{i=e}^{k-e}\binom{k}{i}\geqslant 2^{n-k}\right\}.\tag{2.38}$$

设 $n\leqslant 2k$, ϕ 是从 $\mathbb{F}_2^{n-k}$ 到 Γ 的单射, 并且对任意 $Y\in\mathbb{F}_2^{n-k}$, 都存在 $Y'\in\mathbb{F}_2^{n-k}$, $Y'\neq Y$, 使得

$$\phi(Y)+\phi(Y')=\mathbf{1}_k,\tag{2.39}$$

其中 $\mathbf{1}_k$ 表示 $\mathbb{F}_2^k$ 中的全 1 向量. 设 $X\in\mathbb{F}_2^k$, $Y\in\mathbb{F}_2^{n-k}$. 构造 n 元布尔函数 $f(Y,X)=\phi(Y)\cdot X+h(Y)$, 其中 $h\in\mathcal{B}_{n-k}$.

定理 2.23　设 $f\in\mathcal{B}_n$ 是由构造 2.22 得到的布尔函数, 则 f 满足如下性质:

(1) f 是 Plateaued 函数;

(2) $N_f=2^{n-1}-2^{k-1}$;

(3) f 是 $r-1$ 阶弹性函数;

(4) f 满足严格雪崩准则.

证明　对任意 $\beta\in\mathbb{F}_2^{n-k}$, $\alpha\in\mathbb{F}_2^k$, 有

$$\begin{aligned}W_f(\beta,\alpha)&=\sum_{(Y,X)\in\mathbb{F}_2^n}(-1)^{f(Y,X)+(\beta,\alpha)\cdot(Y,X)}\\&=\sum_{Y\in\mathbb{F}_2^{n-k}}\sum_{X\in\mathbb{F}_2^k}(-1)^{\phi(Y)\cdot X+h(Y)+\beta\cdot Y+\alpha\cdot X}\\&=\sum_{Y\in\mathbb{F}_2^{n-k}}(-1)^{h(Y)+\beta\cdot Y}\sum_{X\in\mathbb{F}_2^k}(-1)^{(\phi(Y)+\alpha)\cdot X}.\end{aligned}\tag{2.40}$$

$\mathbb{F}_2^k$ 中重量是 i 的向量个数是 $\binom{k}{i}$, 由 (2.37) 式, Γ 是重量介于 r 和 $k-r$ 之间的 $\mathbb{F}_2^{n-k}$ 中向量的集合, (2.38) 式保证了 $|\Gamma|\geqslant 2^{n-k}$, 可以从 $\mathbb{F}_2^{n-k}$ 到 Γ 作单射 ϕ. 设 Γ' 是 ϕ 的象的集合, 即 $\Gamma'=\left\{\phi(Y)\mid Y\in\mathbb{F}_2^{n-k}\right\}\subseteq\Gamma$.

情形 1: $\alpha\notin\Gamma'$. 对任意 $Y\in\mathbb{F}_2^{n-k}$, $(\phi(Y)+\alpha)\cdot X$ 都是非零线性函数. 由于非零线性函数是平衡函数, 则有

$$\sum_{X\in\mathbb{F}_2^k}(-1)^{(\phi(Y)+\alpha)\cdot X}=0.\tag{2.41}$$

结合 (2.40) 式, 得 $W_f(\beta,\alpha)=0$.

情形 2: $\alpha\in\Gamma'$. 由于 ϕ 是单射, 则存在唯一向量 $Y=\phi^{-1}(\alpha)$ 使 $(\phi(Y)+\alpha)\cdot X$ 恒为 0. 而当 $Y\neq\phi^{-1}(\alpha)$ 时, (2.41) 式仍成立. 在这种情形下, 有

$$W_f(\beta,\alpha)=(-1)^{h(\phi^{-1}(\alpha))+\beta\cdot\phi^{-1}(\alpha)}\sum_{X\in\mathbb{F}_2^k}(-1)^0=\pm 2^k.$$

综合上面两种情形, $W_f(\beta,\alpha)\in\{0,\pm 2^k\}$. 由定义 2.12, f 是 Plateaued 函数. 由非线性度的计算公式 (2.27) (p. 57), $N_f=2^{n-1}-2^{k-1}$. 特别地, 当 $n=2k$ 时, f 是 Bent 函数. 当 $n=2k-1$ 或 $2k-2$ 时, f 是半 Bent 函数.

下面证明 f 是 $r-1$ 阶弹性函数. 当 $0\leqslant \mathrm{wt}(\beta,\alpha)\leqslant r-1$ 时, 必有 $0\leqslant \mathrm{wt}(\alpha)\leqslant r-1$. 由 $\Gamma'\subseteq\Gamma$, 对任意 $Y\in\mathbb{F}_2^{n-k}$, 都有 $r\leqslant \mathrm{wt}(\phi(Y))\leqslant k-r$. 故 $\phi(Y)\neq\alpha$, $Y\in\mathbb{F}_2^k$. 这意味着 (2.41) 式成立, 因而 $W_f(\beta,\alpha)=0$. 由定理 2.10 (p. 58, Xiao-Massey 定理), f 是 $r-1$ 阶弹性函数.

设 $\beta\in\mathbb{F}_2^{n-k}$, $\alpha\in\mathbb{F}_2^k$. f 在点 (β,α) 的自相关函数可以表示为

$$\begin{aligned}C_f(\beta,\alpha)&=\sum_{(Y,X)\in\mathbb{F}_2^n}(-1)^{f(Y,X)+f(Y+\beta,X+\alpha)}\\&=\sum_{Y\in\mathbb{F}_2^{n-k}}\sum_{X\in\mathbb{F}_2^k}(-1)^{\phi(Y)\cdot X+h(Y)+\phi(Y+\beta)\cdot(X+\alpha)+h(Y+\beta)}\\&=\sum_{Y\in\mathbb{F}_2^{n-k}}(-1)^{\phi(Y+\beta)\cdot\alpha+h(Y)+h(Y+\beta)}\sum_{X\in\mathbb{F}_2^k}(-1)^{(\phi(Y)+\phi(Y+\beta))\cdot X}.\end{aligned}\tag{2.42}$$

情形 1: $\beta\neq\mathbf{0}_{n-k}$. 由 ϕ 是单射, 知 $\phi(Y)\neq\phi(Y+\beta)$. 故 $(\phi(Y)+\phi(Y+\beta))\cdot X$ 是非零线性函数. 于是

$$\sum_{X\in\mathbb{F}_2^k}(-1)^{(\phi(Y)+\phi(Y+\beta))\cdot X}=0.$$

结合 (2.42) 式, 得 $C_f(\beta,\alpha)=0$.

情形 2: $\beta=\mathbf{0}_{n-k}$. 此时, 有

$$\begin{aligned}C_f(\beta,\alpha)&=\sum_{Y\in\mathbb{F}_2^{n-k}}(-1)^{\phi(Y)\cdot\alpha}\sum_{X\in\mathbb{F}_2^k}(-1)^0\\&=2^k\sum_{Y\in\mathbb{F}_2^{n-k}}(-1)^{\phi(Y)\cdot\alpha}.\end{aligned}\tag{2.43}$$

当 $\mathrm{wt}(\beta,\alpha)=1$ 时, 要么 $\mathrm{wt}(\beta)=1$ 且 $\mathrm{wt}(\alpha)=0$, 要么 $\mathrm{wt}(\beta)=0$ 且 $\mathrm{wt}(\alpha)=1$. 前者属于情形 1, 总有 $C_f(\beta,\alpha)=0$; 而后者属于情形 2. 把 Γ' 中的 2^{n-k} 个 k 维

行向量 $\phi(b)$, $b\in\mathbb{F}_2^{n-k}$, 排成如下矩阵:

$$M=\begin{pmatrix}\phi(0\cdots00)\\ \phi(0\cdots01)\\ \vdots\\ \phi(1\cdots11)\end{pmatrix}_{2^{n-k}\times k}.$$

由构造 2.22 中的 (2.39) 式, 可知矩阵 M 的任一列都是 0 和 1 各占一半. 当 $\mathrm{wt}(\alpha)=1$ 时, 函数 $\phi(Y)\cdot\alpha$ 的真值表恰好是 M 的某一列. 故有

$$\sum_{Y\in\mathbb{F}_2^{n-k}}(-1)^{\phi(Y)\cdot\alpha}=0.$$

结合 (2.43) 式, 当 $\beta=\mathbf{0}_{n-k}$ 且 $\mathrm{wt}(\alpha)=1$ 时, $C_f(\beta,\alpha)=0$. 综上所述, 当 $\mathrm{wt}(\beta,\alpha)=1$ 时, $C_f(\beta,\alpha)=0$. 由定义 2.16 (2) (p. 61), f 满足严格雪崩准则. □

设 $X=(x_1,x_2,\cdots,x_k)$, $Y=(y_1,y_2,\cdots,y_{n-k})$. 对所构造的 MM 型布尔函数 f 而言, 因所构造函数的代数正规型中, 不可能有任何一项同时有变元 x_i 和 x_j, 其中 $1\leqslant i<j\leqslant k$, 故 $\deg(f)\leqslant n-k+1$. 当 "=" 成立时, f 的代数正规型中存在一项形如 $y_1y_2\cdots y_{n-k}x_i$, 其中 $1\leqslant i\leqslant k$. 此时, x_i 出现在奇数个被级联的仿射函数的代数正规型中. 在构造 2.21 中, (2.39) 式约束了任一 x_i 必定在所有被级联的仿射函数的代数正规型中出现偶数次. 因此, $\deg(f)$ 不能达到 $n-k+1$. 本构造中的 $\deg(f)$ 可以达到 $n-k$, 这可以通过控制 $h(Y)$ 的代数次数得到.

前面曾提到, 仿射函数 $l(X)=\beta\cdot X+\varepsilon$ 的弹性阶为 $\mathrm{wt}(\beta)-1$. 在构造 2.22 中得到的 MM 型 $r-1$ 阶弹性函数 $f\in\mathcal{B}_n$, 实际上是由 2^{n-k} 个 k 元 $r-1$ 阶弹性仿射函数级联而成的.

当 $k=\lceil(n+1)/2\rceil$ 时, 由构造 2.22 得到的函数 f 为半 Bent 函数. 下面给出一个构造 9 元 MM 型半 Bent 函数的例子.

例 2.24 设 $n=9$, $k=5$. 设 $h\in\mathcal{B}_4$ 且有 $\overline{h}=1001100101011010$. 由 (2.38) 式, 可得 $r=2$. 设 ϕ 为从 $\mathbb{F}_2^4$ 到 $\mathbb{F}_2^5$ 的单射, 并满足 (2.39) 式和 $\Gamma'\subseteq\Gamma$, 其中 Γ 是 $\mathbb{F}_2^5$ 中重量为 2 或 3 的所有向量的集合, Γ' 是 ϕ 的值域. 如图 2.1 所示. 构造 MM 型函数 $f(Y,X)=\phi(Y)\cdot X+h(Y)$, 其中 $Y=(y_1,y_2,y_3,y_4)\in\mathbb{F}_2^4$, $X=(x_1,x_2,x_3,x_4,x_5)\in\mathbb{F}_2^5$.

$$\begin{aligned}f(Y,X)=&\,y_1^0y_2^0y_3^0y_4^0(x_1+x_4+1)+y_1^0y_2^0y_3^0y_4^1(x_3+x_4+x_5)\\&+y_1^0y_2^0y_3^1y_4^0(x_3+x_5)+y_1^0y_2^0y_3^1y_4^1(x_3+x_4+1)\\&+y_1^0y_2^1y_3^0y_4^0(x_4+x_5+1)+y_1^0y_2^1y_3^0y_4^1(x_1+x_2+x_4)\end{aligned}$$

$$
\begin{aligned}
&+ y_1^0y_2^1y_3^1y_4^0(x_1+x_4+x_5) + y_1^0y_2^1y_3^1y_4^1(x_2+x_3+1)\\
&+ y_1^1y_2^0y_3^0y_4^0(x_2+x_3+x_5) + y_1^1y_2^0y_3^0y_4^1(x_1+x_3+1)\\
&+ y_1^1y_2^0y_3^1y_4^0(x_2+x_4) + y_1^1y_2^0y_3^1y_4^1(x_2+x_4+x_5+1)\\
&+ y_1^1y_2^1y_3^0y_4^0(x_1+x_2+x_3+1) + y_1^1y_2^1y_3^0y_4^1(x_1+x_2)\\
&+ y_1^1y_2^1y_3^1y_4^0(x_1+x_3+x_5+1) + y_1^1y_2^1y_3^1y_4^1(x_1+x_2+x_5).
\end{aligned}
$$

可以验证, $W_f \in \{0, \pm 2^5\}$, $N_f = 240$, $\deg(f) = 4$. f 是 1 阶弹性函数, 满足 SAC.

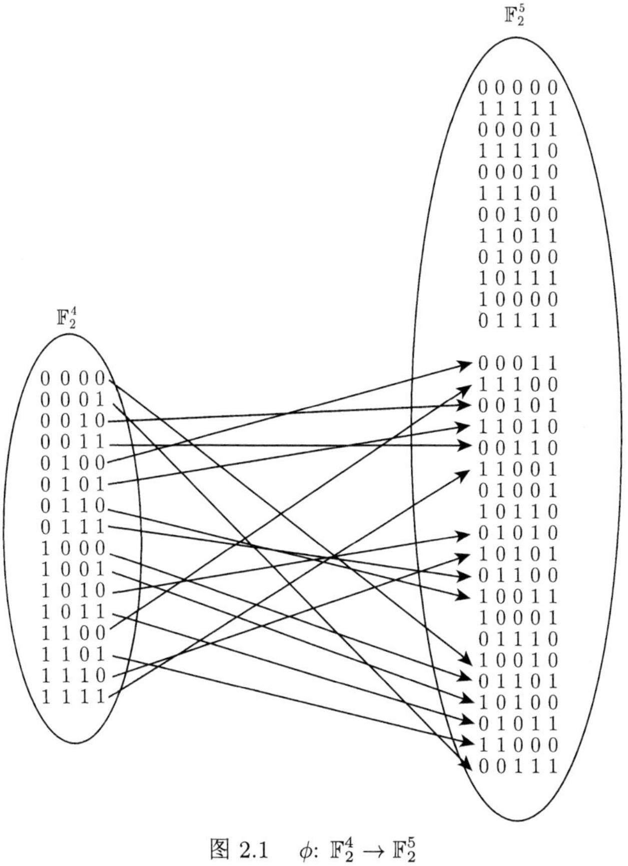

图 2.1 ϕ: $\mathbb{F}_2^4 \to \mathbb{F}_2^5$

在定义 2.21 中, 当 $n = 2k$ 且 ϕ 是双射时, 得到一类经典的 Bent 函数——MM 型 Bent 函数. MM 型 Bent 函数不是弹性函数, 按前面的约定, 这种既不平衡也不具有相关免疫性的布尔函数的弹性阶规定为 -1.

2.3 正交谱函数集构造法

在 2.2 节的 MM 型布尔函数构造中, 为了得到 n 元 t 阶弹性函数, 采用级联 2^{n-k} 个 t 阶弹性仿射函数的方法. t 阶弹性仿射函数的结构很简单, 只要其代数正规型中至少有 $t+1$ 个变元即可满足 t 阶弹性. 这一结论, 可以推广到更一般的情形: 级联 2^{n-k} 个 t 阶弹性函数 (包括非线性弹性函数), 也可以得到 n 元 t 阶弹性函数. 我们先看一个引理.

引理 2.25 设 $g_0, g_1 \in \mathbb{F}_2^k$ 是两个 t 阶弹性函数. 若 $g \in \mathcal{B}_{k+1}$ 是由 g_0 和 g_1 级联而成的, 即

$$g(x_{k+1}, X) = (1 + x_{k+1})g_0(X) + x_{k+1}g_1(X),$$

其中 $X \in \mathbb{F}_2^k$, $x_{k+1} \in \mathbb{F}_2$, 则 g 是一个 $k+1$ 元 t 阶弹性函数.

证明 设 $\beta \in \mathbb{F}_2$, $\alpha \in \mathbb{F}_2^k$.

$$\begin{aligned}
W_g(\beta, \alpha) &= \sum_{x_{k+1}\in\mathbb{F}_2} \sum_{X\in\mathbb{F}_2^k} (-1)^{(1+x_{k+1})g_0(X)+x_{k+1}g_1(X)+(\beta,\alpha)\cdot(x_{k+1},X)} \\
&= \sum_{X\in\mathbb{F}_2^k} (-1)^{g_0(X)+\alpha\cdot X} + (-1)^{\beta} \sum_{X\in\mathbb{F}_2^k} (-1)^{g_1(X)+\alpha\cdot X} \\
&= W_{g_0}(\alpha) + (-1)^{\beta} W_{g_1}(\alpha). \qquad (2.44)
\end{aligned}$$

由于 g_0 和 g_1 都是 t 阶弹性函数, 由 Xiao-Massey 定理, 当 $0 \leqslant \mathrm{wt}(\alpha) \leqslant t$ 时, 有

$$W_{g_0}(\alpha) = W_{g_1}(\alpha) = 0.$$

当 $0 \leqslant \mathrm{wt}(\beta, \alpha) \leqslant t$ 时, 必有 $0 \leqslant \mathrm{wt}(\alpha) \leqslant t$. 由 (2.44) 式, 此时 $W_g(\beta, \alpha) = 0$. 再由 Xiao-Massey 定理, 可知 $g \in \mathcal{B}_{k+1}$ 是 t 阶弹性函数. □

假设 $g_3, g_4 \in \mathcal{B}_{k+1}$ 是两个 $k+1$ 元 t 阶弹性函数, 它们都是通过级联两个 k 元 t 阶弹性函数而得的. 按照引理 2.25 中的结论, 把 g_3 和 g_4 级联起来, 又可以得到一个 $k+2$ 元的 t 阶弹性函数. 以此类推, 可得下面一般性的结论.

引理 2.26 级联 2^{n-k} 个 k 元 t 阶弹性函数, 得一个 n 元 t 阶弹性函数.

下面再介绍另外一种基本的布尔函数构造方法——直和构造. 设 $n = n_1 + n_2$, $f_1 \in \mathcal{B}_{n_1}$, $f_2 \in \mathcal{B}_{n_2}$. 若 $f \in \mathcal{B}_n$ 满足

$$f(X, Y) = f_1(X) + f_2(Y), \quad X \in \mathbb{F}_2^{n_1},\ Y \in \mathbb{F}_2^{n_2},$$

则称 f 为 f_1 和 f_2 的直和. 关于函数的直和, 有如下结论.

引理 2.27 设 $n = n_1 + n_2$, $f_1 \in \mathcal{B}_{n_1}$ 和 $f_2 \in \mathcal{B}_{n_2}$ 分别是 t_1 阶和 t_2 阶弹性函数, $t_1 \geqslant -1, t_2 \geqslant -1$. 若 $f \in \mathcal{B}_n$ 是 f_1 和 f_2 的直和, 则 f 是 $t_1 + t_2 + 1$ 阶弹性函数.

证明 设 $X \in \mathbb{F}_2^{n_1}, Y \in \mathbb{F}_2^{n_2}$. 对 $\alpha \in \mathbb{F}_2^{n_1}, \beta \in \mathbb{F}_2^{n_2}$, 有

$$\begin{aligned}W_f(\alpha,\beta) &= \sum_{(X,Y)\in\mathbb{F}_2^n} (-1)^{f(X,Y)+(\alpha,\beta)\cdot(X,Y)} \\ &= \sum_{X\in\mathbb{F}_2^{n_1}} (-1)^{f_1(X)+\alpha\cdot X} \sum_{Y\in\mathbb{F}_2^{n_2}} (-1)^{f_2(Y)+\beta\cdot Y} \\ &= W_{f_1}(\alpha)W_{f_2}(\beta).\end{aligned} \tag{2.45}$$

若 $0 \leqslant \mathrm{wt}(\alpha,\beta) \leqslant t_1+t_2+1$, 则必有 $0 \leqslant \mathrm{wt}(\alpha) \leqslant t_1$ 或 $0 \leqslant \mathrm{wt}(\beta) \leqslant t_2$. 由 Xiao-Massey 定理, 得 $W_{f_1}(\alpha)=0$ 或 $W_{f_2}(\beta)=0$. 由 (2.45) 式, $W_f(\alpha,\beta)=0$. 再由 Xiao-Massey 定理, f 是 t_1+t_2+1 阶弹性函数. □

需要指出的是, 若 f_1 和 f_2 中有函数的弹性阶为 0 或 -1, 上述结论仍成立.

设 f 是 f_1 与 f_2 的直和. 若 f_1, f_2 和 f 分别满足 $\mathrm{PC}(k_1)$, $\mathrm{PC}(k_2)$ 和 $\mathrm{PC}(k)$, 则 k 和 k_1, k_2 之间有什么关系? 见习题 2.8.

下面引入一种特殊非线性函数——部分线性函数 (partially linear function).

定义 2.28 设 $r,s \in \mathbb{Z}^+$, $r<s$. $\{i_1,\cdots,i_r\}$ 和 $\{i_{r+1},\cdots,i_s\}$ 是 $\{1,\cdots,s\}$ 的一个划分. 设 $X_s=(x_1,\cdots,x_s)\in\mathbb{F}_2^s$, $X_r'=(x_{i_1},\cdots,x_{i_r})\in\mathbb{F}_2^r$, $X_{s-r}''=(x_{i_{r+1}},\cdots,x_{i_s})\in\mathbb{F}_2^{s-r}$. 对任意 $c\in\mathbb{F}_2^r$, 称

$$g(X_s)=c\cdot X_r'+h(X_{s-r}'') \tag{2.46}$$

为 s 元 r 维部分线性函数, 其中 $h\in\mathcal{B}_{s-r}$.

由引理 2.27, 可得如下结论.

引理 2.29 $g\in\mathcal{B}_s$ 是 (2.46) 式所示的部分线性函数. 若 $\mathrm{wt}(c)>t$, 则 g 是 t 阶弹性函数.

事实上, g 是一个 $\mathrm{wt}(c)-1$ 阶弹性函数, 当然也是 t 阶弹性函数.

要构造 t 阶弹性函数, 除了采用 MM 型布尔函数构造法, 还可以让 t 阶非线性布尔函数参与级联. 要使所构造的函数具有弹性并不困难, 难的是如何使函数同时具有尽可能高的非线性度. 为了解决这一难题, 本节给出 “正交谱函数集” 构造法. 我们把一组频谱两两正交的布尔函数构成的集合称为正交谱函数集. 正交谱函数集将在下面非线性度严格几乎最优的弹性函数构造中发挥重要作用.

定义 2.30 设 $\{g_1,g_2,\cdots,g_u\}\subset\mathcal{B}_s$. 若对任意 $\alpha\in\mathbb{F}_2^s$, 恒有

$$W_{g_i}(\alpha)\cdot W_{g_j}(\alpha)=0,\quad 1\leqslant i<j\leqslant u,$$

则称 $\{g_1,g_2,\cdots,g_u\}$ 为正交谱函数集.

下面我们利用部分线性函数构造一类正交谱函数集.

引理 2.31　设 $g_c(X_s)=c\cdot X'_r+h_c(X''_{s-r})$ 为 s 元 r 维部分线性函数, 其中 $c\in\mathbb{F}_2^r$, $h_c\in\mathcal{B}_{s-r}$. 则 $G=\{g_c\mid c\in\mathbb{F}_2^r\}$ 是正交谱函数集.

证明　设 $\alpha=(\delta,\theta)\in\mathbb{F}_2^s$, 其中 $\delta\in\mathbb{F}_2^r$, $\theta\in\mathbb{F}_2^{s-r}$. 对任意 $g_c\in G$,

$$
\begin{aligned}
W_{g_c}(\alpha)&=\sum_{X_s\in\mathbb{F}_2^s}(-1)^{c\cdot X'_r+h_c(X''_{s-r})+\alpha\cdot X_s}\\
&=\sum_{X_s\in\mathbb{F}_2^s}(-1)^{(c+\delta)\cdot X'_r+(h_c(X''_{s-r})+\theta\cdot X''_{s-r})}\\
&=\sum_{X'_r\in\mathbb{F}_2^r}(-1)^{(c+\delta)\cdot X'_r}\sum_{X''_{s-r}\in\mathbb{F}_2^{s-r}}(-1)^{h_c(X''_{s-r})+\theta\cdot X''_{s-r}}\\
&=\left(\sum_{X'_r\in\mathbb{F}_2^r}(-1)^{(c+\delta)\cdot X'_r}\right)\cdot W_{h_c}(\theta)\\
&=\begin{cases}0, & c\neq\delta,\\ 2^rW_{h_c}(\theta), & c=\delta.\end{cases}
\end{aligned}\tag{2.47}
$$

由 (2.47) 式, 对任意 $c,c'\in\mathbb{F}_2^s$, $c'\neq c$, 总有 $W_{g_c}(\alpha)\cdot W_{g_{c'}}(\alpha)=0$. 由定义 2.30, G 是一个正交谱函数集. □

下面用若干正交谱函数集作为构造密码函数的“零件”, 实现非线性度严格几乎最优的 t 阶弹性函数的构造. 在下面的构造中, Γ_u $(u\in U)$ 都是正交谱函数集.

构造 2.32　设 $n\geqslant 6$ 为偶数. 设 $r,u\in\mathbb{Z}^+$ 且 $r+2u=n/2$. 设

$$X_{n/2}=(X_r,X'_{2u})=(x_1,\cdots,x_{n/2})\in\mathbb{F}_2^{n/2},$$

其中 $X_r=(x_1,\cdots,x_r)\in\mathbb{F}_2^r$, $X'_{2u}=(x_{r+1},\cdots,x_{n/2})\in\mathbb{F}_2^{2u}$. 设

$$\Gamma_0=\{c\cdot X_{n/2}\mid c\in\mathbb{F}_2^{n/2},\ \mathrm{wt}(c)>t\}.\tag{2.48}$$

对 $1\leqslant u\leqslant e$, $e=\lfloor(n-2t-2)/4\rfloor$, 设

$$\Gamma_u=\{c\cdot X_r+h_c(X'_{2u})\mid c\in\mathbb{F}_2^r,\ \mathrm{wt}(c)>t\},\tag{2.49}$$

其中 $h_c\in\mathcal{B}_{2u}$ 是一个 Bent 函数, $t\geqslant 0$ 为整数. 设 $(a_0,a_1,\cdots,a_e)\in\mathbb{F}_2^{e+1}$ 是使

$$\sum_{u=0}^{e}\left(a_u\cdot|\Gamma_u|\right)\geqslant 2^{n/2}\tag{2.50}$$

成立的最小二进制数. 设 $U=\{u\mid a_u=1,\ 0\leqslant u\leqslant e\}$. 设

$$\Gamma=\bigcup_{u\in U}\Gamma_u.$$

若 $|\Gamma| \geqslant 2^{n/2}$, 则可建立单射 $\phi: \mathbb{F}_2^{n/2} \to \Gamma$. 对 $b \in \mathbb{F}_2^{n/2}$, 设 $n/2$ 元布尔函数 $g_b = \phi(b) \in \Gamma$. 对 $X_{n/2}, Y_{n/2} \in \mathbb{F}_2^{n/2}$, 构造 $f \in \mathcal{B}_n$ 如下:

$$f(Y_{n/2}, X_{n/2}) = \sum_{b \in \mathbb{F}_2^{n/2}} Y_{n/2}^b \cdot g_b(X_{n/2}).$$

定理 2.33 设 $f \in \mathcal{B}_n$ 由构造 2.32 得到, 则 f 是 t 阶弹性函数, 非线性度为

$$N_f \geqslant 2^{n-1} - \sum_{u \in U} 2^{n/2-u-1}. \tag{2.51}$$

证明 对 $u \in U$, 设

$$A_u = \Gamma_u \cap A, \quad 其中 \quad A = \{\phi(b) \mid b \in \mathbb{F}_2^{n/2}\}. \tag{2.52}$$

对任意 $(\beta, \alpha) \in \mathbb{F}_2^{n/2} \times \mathbb{F}_2^{n/2}$, 有

$$\begin{aligned} W_f(\beta,\alpha) &= \sum_{(Y_{n/2},X_{n/2}) \in \mathbb{F}_2^n} (-1)^{f(Y_{n/2},X_{n/2})+(\beta,\alpha)\cdot(Y_{n/2},X_{n/2})} \\ &= \sum_{b \in \mathbb{F}_2^{n/2}} (-1)^{\beta \cdot b} \sum_{X_{n/2} \in \mathbb{F}_2^{n/2}} (-1)^{g_b(X_{n/2})+\alpha \cdot X_{n/2}} \\ &= \sum_{b \in \mathbb{F}_2^{n/2}} (-1)^{\beta \cdot b} W_{g_b}(\alpha) \qquad (2.53) \\ &= \sum_{u \in U} \sum_{g_b \in A_u} (-1)^{\beta \cdot b} W_{g_b}(\alpha). \qquad (2.54) \end{aligned}$$

由引理 2.31, 对任意 $u \in U$, Γ_u 都是正交谱函数集. 由 $A_u \subseteq \Gamma_u$, 知 A_u 中不同函数的频谱两两正交. 由 (2.47) 式, A_u 中的任一函数的谱值为三值 $\{0, \pm 2^{n/2-u}\}$, 得

$$\sum_{g_b \in A_u} (-1)^{\beta \cdot b} W_{g_b}(\alpha) \in \{0, \pm 2^{n/2-u}\}. \tag{2.55}$$

综合 (2.54), (2.55) 两式, 对 $(\beta, \alpha) \in \mathbb{F}_2^n$, 有

$$|W_f(\beta,\alpha)| \leqslant \sum_{u \in U} 2^{n/2-u}.$$

由 (2.27) 式, 可得 (2.51) 式成立.

由引理 2.29, A 中的 $2^{n/2}$ 个 $n/2$ 元布尔函数都是 t 阶弹性函数. 构造 2.32 中的 f 是由 A 中的函数级联而成的, 由引理 2.26, f 是 t 阶弹性函数. □

由 $|\Gamma_u| < 2^{n/2-2u}$, 可得

$$\sum_{u\in U\setminus\{0\}} |\Gamma_u| < 2^{n/2}.$$

因此, 若使 (2.50) 式成立, 必有 $A_0 \neq \varnothing$ $(a_0 = 1)$. 不难看出, 对 $u \in U$, 有

$$|\Gamma_u| = \sum_{i=t+1}^{n/2-2u} \binom{n/2-2u}{i}.$$

可得 (2.50) 式成立当且仅当下式成立

$$\sum_{u\in U}\sum_{i=t+1}^{n/2-2u} \binom{n/2-2u}{i} \geqslant 2^{n/2}. \tag{2.56}$$

只要存在使 (2.50) 式成立的 $(a_0, a_1, \cdots, a_e)$, 就存在非线性度满足 (2.51) 式的 n 元 t 阶弹性函数. 在 t 确定的前提下, 选择最小的二进制数 $(a_0, a_1, \cdots, a_e)$ 是为了使 t 阶弹性函数 f 达到这种构造下 (2.51) 式中最好的非线性度下界.

要证 f 是 t 阶弹性函数也可由 (2.54) 式结合 Xiao-Massey 定理直接得到. 当 $0 \leqslant \mathrm{wt}(\beta, \alpha) \leqslant t$ 时, 有 $0 \leqslant \mathrm{wt}(\alpha) \leqslant t$. 由于 g_b $(b \in \mathbb{F}_2^n)$ 都是 t 阶弹性函数, 由 Xiao-Massey 定理, $W_{g_b}(\alpha) = 0$, $b \in \mathbb{F}_2^n$. 由 (2.54) 式, 有 $W_f(\beta, \alpha) = 0$. 再由 Xiao-Massey 定理, 可得 f 是 t 阶弹性函数.

在表 2.2 和表 2.3 中给出参数是 (n, t, N_f) 的弹性函数的大量例子, 其中 n, t, N_f 分别表示 f 的变元个数、弹性阶、非线性度. 要构造非线性度严格几乎最优的 (n, t, N_f) 弹性函数, 需要 $|U| \geqslant 2$, 即 $\mathrm{wt}(a_0, a_1, \cdots, a_e) \geqslant 2$, 并且必有 $a_0 = 1$.

表 2.2 参数是 (n, t, N_f) 的弹性函数 $(1 \leqslant t \leqslant 4)$

t	n		N_f
1	$n \equiv 0 \bmod 4$	$12 \leqslant n \leqslant 20$	$2^{n-1} - 2^{n/2-1} - 2^{n/4+1}$
		$24 \leqslant n \leqslant 112$	$2^{n-1} - 2^{n/2-1} - 2^{n/4+2}$
		$116 \leqslant n \leqslant 132$	$2^{n-1} - 2^{n/2-1} - 2^{n/4+2} - 2^{n/4+1}$
		$n = 136$	$2^{n-1} - 2^{n/2-1} - 2^{n/4+2} - 2^{n/4+1} - 2^{n/4}$
		$140 \leqslant n \leqslant 492$	$2^{n-1} - 2^{n/2-1} - 2^{n/4+3}$
		$496 \leqslant n \leqslant 512$	$2^{n-1} - 2^{n/2-1} - 2^{n/4+3} - 2^{n/4+1}$
	$n \equiv 2 \bmod 4$	$14 \leqslant n \leqslant 50$	$2^{n-1} - 2^{n/2-1} - 2^{(n+6)/4}$
		$54 \leqslant n \leqslant 58$	$2^{n-1} - 2^{n/2-1} - 2^{(n+6)/4} - 2^{(n+2)/4}$
		$62 \leqslant n \leqslant 238$	$2^{n-1} - 2^{n/2-1} - 2^{(n+10)/4}$
		$242 \leqslant n \leqslant 246$	$2^{n-1} - 2^{n/2-1} - 2^{(n+10)/4} - 2^{(n+2)/4}$
		$250 \leqslant n \leqslant 290$	$2^{n-1} - 2^{n/2-1} - 2^{(n+10)/4} - 2^{(n+6)/4}$
		$294 \leqslant n \leqslant 298$	$2^{n-1} - 2^{n/2-1} - 2^{(n+10)/4} - 2^{(n+6)/4} - 2^{(n+2)/4}$

续表

t	n		N_f
2	$n \equiv 0 \bmod 4$	$n = 16$	$2^{n-1} - 2^{n/2-1} - 2^{n/4+2}$
		$20 \leqslant n \leqslant 40$	$2^{n-1} - 2^{n/2-1} - 2^{n/4+3}$
		$n = 44$	$2^{n-1} - 2^{n/2-1} - 2^{n/4+3} - 2^{n/4+2}$
		$48 \leqslant n \leqslant 84$	$2^{n-1} - 2^{n/2-1} - 2^{n/4+4}$
		$n = 88$	$2^{n-1} - 2^{n/2-1} - 2^{n/4+4} - 2^{n/4+2}$
		$92 \leqslant n \leqslant 96$	$2^{n-1} - 2^{n/2-1} - 2^{n/4+4} - 2^{n/4+3}$
		$100 \leqslant n \leqslant 176$	$2^{n-1} - 2^{n/2-1} - 2^{n/4+5}$
	$n \equiv 2 \bmod 4$	$18 \leqslant n \leqslant 26$	$2^{n-1} - 2^{n/2-1} - 2^{(n+10)/4}$
		$30 \leqslant n \leqslant 58$	$2^{n-1} - 2^{n/2-1} - 2^{(n+14)/4}$
		$62 \leqslant n \leqslant 66$	$2^{n-1} - 2^{n/2-1} - 2^{(n+14)/4} - 2^{(n+10)/4}$
		$70 \leqslant n \leqslant 122$	$2^{n-1} - 2^{n/2-1} - 2^{(n+18)/4}$
		$n = 126$	$2^{n-1} - 2^{n/2-1} - 2^{(n+18)/4} - 2^{(n+10)/4}$
		$130 \leqslant n \leqslant 138$	$2^{n-1} - 2^{n/2-1} - 2^{(n+18)/4} - 2^{(n+14)/4}$
3	$n \equiv 0 \bmod 4$	$n = 20$	$2^{n-1} - 2^{n/2-1} - 2^{n/4+3} - 2^{n/4+2}$
		$24 \leqslant n \leqslant 32$	$2^{n-1} - 2^{n/2-1} - 2^{n/4+4}$
		$n = 36$	$2^{n-1} - 2^{n/2-1} - 2^{n/4+4} - 2^{n/4+3}$
		$40 \leqslant n \leqslant 56$	$2^{n-1} - 2^{n/2-1} - 2^{n/4+5}$
		$n = 60$	$2^{n-1} - 2^{n/2-1} - 2^{n/4+5} - 2^{n/4+4}$
		$64 \leqslant n \leqslant 88$	$2^{n-1} - 2^{n/2-1} - 2^{n/4+6}$
		$n = 92$	$2^{n-1} - 2^{n/2-1} - 2^{n/4+6} - 2^{n/4+4}$
	$n \equiv 2 \bmod 4$	$22 \leqslant n \leqslant 26$	$2^{n-1} - 2^{n/2-1} - 2^{(n+14)/4}$
		$30 \leqslant n \leqslant 42$	$2^{n-1} - 2^{n/2-1} - 2^{(n+18)/4}$
		$n = 46$	$2^{n-1} - 2^{n/2-1} - 2^{(n+18)/4} - 2^{(n+14)/4}$
		$50 \leqslant n \leqslant 70$	$2^{n-1} - 2^{n/2-1} - 2^{(n+22)/4}$
		$n = 74$	$2^{n-1} - 2^{n/2-1} - 2^{(n+22)/4} - 2^{(n+18)/4}$
		$n = 78$	$2^{n-1} - 2^{n/2-1} - 2^{(n+22)/4} - 2^{(n+18)/4} - 2^{(n+14)/4}$
		$82 \leqslant n \leqslant 114$	$2^{n-1} - 2^{n/2-1} - 2^{(n+26)/4}$
4	$n \equiv 0 \bmod 4$	$28 \leqslant n \leqslant 32$	$2^{n-1} - 2^{n/2-1} - 2^{n/4+5}$
		$36 \leqslant n \leqslant 48$	$2^{n-1} - 2^{n/2-1} - 2^{n/4+6}$
		$n = 52$	$2^{n-1} - 2^{n/2-1} - 2^{n/4+6} - 2^{n/4+5}$
		$56 \leqslant n \leqslant 68$	$2^{n-1} - 2^{n/2-1} - 2^{n/4+7}$
		$n = 72$	$2^{n-1} - 2^{n/2-1} - 2^{n/4+7} - 2^{n/4+5} - 2^{n/4+4}$
		$76 \leqslant n \leqslant 100$	$2^{n-1} - 2^{n/2-1} - 2^{n/4+8}$
	$n \equiv 2 \bmod 4$	$n = 26$	$2^{n-1} - 2^{n/2-1} - 2^{(n+18)/4}$
		$30 \leqslant n \leqslant 38$	$2^{n-1} - 2^{n/2-1} - 2^{(n+22)/4}$
		$n = 42$	$2^{n-1} - 2^{n/2-1} - 2^{(n+22)/4} - 2^{(n+18)/4}$
		$46 \leqslant n \leqslant 58$	$2^{n-1} - 2^{n/2-1} - 2^{(n+26)/4}$
		$n = 62$	$2^{n-1} - 2^{n/2-1} - 2^{(n+26)/4} - 2^{(n+22)/4}$
		$66 \leqslant n \leqslant 82$	$2^{n-1} - 2^{n/2-1} - 2^{(n+30)/4}$

当 $|U| = 2$ 时, 可以严谨地说明 (2.51) 式是取等号的. 当 $|U| > 2$ 时, 对确定的 t, 很难判断是否存在 n 值使 (2.51) 式中 “>” 成立. 请读者思考这一问题.

下面分析一下 f 的代数次数. 设 $\mu = \max\{u \mid a_u \neq 0, u \in U\}$. Γ_μ 中部分线性函数的代数次数由 Bent 函数 $h_c(X'_{2\mu})$ 决定. 当 $\mu = 1$ 时, $\deg(h_c) = 2$; 当

$2 \leqslant \mu \leqslant e$ 时, $\deg(h_c) \leqslant \mu$. 因此, $\deg(f) \leqslant n/2 + \max\{\mu, 2\}$. 当这个不等式取等号时, 未必能使 f 的代数次数达到最优.

表 2.3　参数是 (n, t, N_f) 的弹性函数 $(t \geqslant 5)$

t	(n, N_f)		
	$(30, 2^{29}-2^{14}-2^{13})$	$(36, 2^{35}-2^{17}-2^{15})$	$(38, 2^{37}-2^{18}-2^{16})$
	$(42, 2^{41}-2^{20}-2^{17}-2^{14})$	$(44, 2^{43}-2^{21}-2^{18})$	$(48, 2^{47}-2^{23}-2^{19})$
	$(54, 2^{53}-2^{26}-2^{21})$	$(58, 2^{57}-2^{28}-2^{22}-2^{21})$	$(60, 2^{59}-2^{29}-2^{23})$
5	$(64, 2^{63}-2^{31}-2^{24})$	$(70, 2^{69}-2^{34}-2^{26})$	$(74, 2^{73}-2^{36}-2^{27}-2^{24})$
	$(76, 2^{75}-2^{37}-2^{28})$	$(80, 2^{79}-2^{39}-2^{29})$	$(84, 2^{83}-2^{41}-2^{30})$
	$(88, 2^{87}-2^{43}-2^{31}-2^{30})$	$(90, 2^{89}-2^{44}-2^{32})$	$(94, 2^{93}-2^{46}-2^{33})$
	$(98, 2^{97}-2^{48}-2^{34}-2^{32})$	$(100, 2^{99}-2^{49}-2^{35})$	$(200, 2^{199}-2^{99}-2^{62}-2^{61})$
	$(34, 2^{23}-2^{16}-2^{15})$	$(40, 2^{39}-2^{19}-2^{17}-2^{16})$	$(42, 2^{41}-2^{20}-2^{18})$
	$(48, 2^{47}-2^{23}-2^{20})$	$(52, 2^{51}-2^{25}-2^{22})$	$(54, 2^{53}-2^{26}-2^{22})$
6	$(60, 2^{59}-2^{29}-2^{24})$	$(64, 2^{63}-2^{31}-2^{25}-2^{24})$	$(66, 2^{65}-2^{32}-2^{26})$
	$(70, 2^{69}-2^{34}-2^{27})$	$(76, 2^{75}-2^{37}-2^{29})$	$(80, 2^{79}-2^{39}-2^{30}-2^{29})$
	$(82, 2^{81}-2^{40}-2^{31})$	$(86, 2^{85}-2^{42}-2^{32})$	$(90, 2^{89}-2^{44}-2^{33}-2^{32})$
	$(92, 2^{91}-2^{45}-2^{34})$	$(96, 2^{95}-2^{47}-2^{35})$	$(100, 2^{99}-2^{49}-2^{36}-2^{35})$
	$(38, 2^{37}-2^{18}-2^{17}-2^{16})$	$(40, 2^{39}-2^{19}-2^{18})$	$(46, 2^{45}-2^{22}-2^{20})$
	$(48, 2^{47}-2^{23}-2^{21})$	$(52, 2^{51}-2^{25}-2^{22}-2^{21})$	$(54, 2^{53}-2^{26}-2^{23})$
7	$(58, 2^{57}-2^{28}-2^{24}-2^{23})$	$(60, 2^{59}-2^{29}-2^{25})$	$(64, 2^{63}-2^{31}-2^{26}-2^{25})$
	$(66, 2^{65}-2^{32}-2^{27})$	$(70, 2^{69}-2^{34}-2^{28}-2^{27})$	$(72, 2^{71}-2^{35}-2^{29})$
	$(76, 2^{73}-2^{37}-2^{30})$	$(78, 2^{77}-2^{38}-2^{31})$	$(82, 2^{81}-2^{40}-2^{32})$
	$(86, 2^{85}-2^{42}-2^{33}-2^{32})$	$(88, 2^{87}-2^{43}-2^{34})$	$(92, 2^{91}-2^{45}-2^{35})$
	$(42, 2^{41}-2^{20}-2^{19}-2^{18})$	$(44, 2^{43}-2^{21}-2^{20})$	$(50, 2^{49}-2^{24}-2^{22}-2^{21})$
	$(52, 2^{51}-2^{25}-2^{23})$	$(58, 2^{57}-2^{28}-2^{25})$	$(64, 2^{63}-2^{31}-2^{27})$
8	$(68, 2^{67}-2^{33}-2^{25}-2^{29})$	$(70, 2^{69}-2^{34}-2^{29}-2^{27})$	$(72, 2^{71}-2^{35}-2^{30})$
	$(76, 2^{75}-2^{37}-2^{31}-2^{28})$	$(78, 2^{77}-2^{38}-2^{32})$	$(82, 2^{81}-2^{40}-2^{33})$
	$(88, 2^{87}-2^{43}-2^{35})$	$(92, 2^{91}-2^{45}-2^{36}-2^{35})$	$(94, 2^{93}-2^{46}-2^{37})$
	$(98, 2^{97}-2^{48}-2^{38}-2^{36})$	$(100, 2^{99}-2^{49}-2^{39})$	$(200, 2^{199}-2^{99}-2^{68})$
	$(46, 2^{45}-2^{22}-2^{21}-2^{20}-2^{19})$	$(48, 2^{47}-2^{23}-2^{22})$	$(54, 2^{53}-2^{26}-2^{24}-2^{23}-2^{22})$
	$(56, 2^{55}-2^{27}-2^{25})$	$(62, 2^{61}-2^{30}-2^{27}-2^{26})$	$(64, 2^{63}-2^{31}-2^{28})$
9	$(68, 2^{67}-2^{33}-2^{29}-2^{28}-2^{27})$	$(70, 2^{69}-2^{34}-2^{30})$	$(74, 2^{73}-2^{36}-2^{32})$
	$(76, 2^{75}-2^{37}-2^{32})$	$(80, 2^{79}-2^{39}-2^{34})$	$(82, 2^{81}-2^{40}-2^{34})$
	$(88, 2^{87}-2^{43}-2^{36})$	$(94, 2^{93}-2^{46}-2^{38})$	$(98, 2^{97}-2^{48}-2^{39}-2^{38})$
	$(100, 2^{99}-2^{49}-2^{40})$	$(200, 2^{199}-2^{99}-2^{70})$	$(300, 2^{299}-2^{159}-2^{107}-2^{106}-2^{104})$
	$(52, 2^{51}-2^{25}-2^{24})$	$(60, 2^{59}-2^{29}-2^{27})$	$(66, 2^{65}-2^{32}-2^{29}-2^{28}-2^{27}-2^{26}-2^{25})$
	$(68, 2^{67}-2^{33}-2^{30})$	$(74, 2^{73}-2^{36}-2^{32}-2^{30})$	$(76, 2^{75}-2^{37}-2^{33})$
10	$(80, 2^{79}-2^{39}-2^{34}-2^{33})$	$(82, 2^{81}-2^{40}-2^{35})$	$(84, 2^{83}-2^{41}-2^{36})$
	$(86, 2^{85}-2^{42}-2^{36}-2^{35}-2^{34})$	$(88, 2^{87}-2^{43}-2^{37})$	$(92, 2^{91}-2^{45}-2^{38}-2^{37}-2^{36}-2^{35})$
	$(94, 2^{93}-2^{46}-2^{39})$	$(98, 2^{97}-2^{48}-2^{40}-2^{39}-2^{38})$	$(100, 2^{99}-2^{49}-2^{41})$
	$(56, 2^{55}-2^{27}-2^{26})$	$(66, 2^{65}-2^{32}-2^{30})$	$(72, 2^{71}-2^{35}-2^{32}-2^{30})$
11	$(74, 2^{73}-2^{36}-2^{33})$	$(80, 2^{79}-2^{39}-2^{35})$	$(84, 2^{83}-2^{41}-2^{37})$
	$(86, 2^{85}-2^{42}-2^{37}-2^{35})$	$(88, 2^{87}-2^{43}-2^{38})$	$(92, 2^{91}-2^{45}-2^{39}-2^{38})$
	$(94, 2^{93}-2^{46}-2^{40})$	$(98, 2^{97}-2^{48}-2^{41}-2^{40})$	$(100, 2^{99}-2^{49}-2^{42})$

续表

t	(n, N_f)		
12	$(60, 2^{59}-2^{29}-2^{28}-2^{26})$	$(62, 2^{61}-2^{30}-2^{29})$	$(68, 2^{67}-2^{33}-2^{31}-2^{30})$
	$(70, 2^{69}-2^{34}-2^{32})$	$(76, 2^{75}-2^{37}-2^{34}-2^{33})$	$(78, 2^{77}-2^{38}-2^{35})$
	$(84, 2^{83}-2^{41}-2^{37}-2^{36})$	$(86, 2^{85}-2^{42}-2^{38})$	$(92, 2^{91}-2^{45}-2^{40})$
	$(98, 2^{97}-2^{48}-2^{42}-2^{13})$	$(100, 2^{99}-2^{49}-2^{43}-2^{13})$	$(200, 2^{199}-2^{99}-2^{74}-2^{72}-2^{71}-2^{13})$
13	$(66, 2^{65}-2^{32}-2^{31})$	$(74, 2^{73}-2^{36}-2^{34})$	$(82, 2^{81}-2^{40}-2^{37})$
	$(90, 2^{89}-2^{44}-2^{40})$	$(96, 2^{95}-2^{47}-2^{42}-2^{41})$	$(98, 2^{97}-2^{48}-2^{43})$
	$(100, 2^{99}-2^{49}-2^{44})$	$(200, 2^{199}-2^{99}-2^{76})$	$(300, 2^{299}-2^{149}-2^{105})$
14	$(68, 2^{67}-2^{33}-2^{32}-2^{31})$	$(70, 2^{69}-2^{34}-2^{33})$	$(78, 2^{77}-2^{38}-2^{36}-2^{34})$
	$(80, 2^{79}-2^{39}-2^{37})$	$(86, 2^{85}-2^{42}-2^{39}-2^{38})$	$(88, 2^{87}-2^{43}-2^{40})$
	$(94, 2^{93}-2^{46}-2^{42}-2^{41})$	$(96, 2^{95}-2^{47}-2^{43})$	$(200, 2^{199}-2^{99}-2^{76})$
15	$(72, 2^{71}-2^{35}-2^{34}-2^{33})$	$(74, 2^{73}-2^{36}-2^{35})$	$(82, 2^{81}-2^{40}-2^{38}-2^{37})$
	$(84, 2^{83}-2^{41}-2^{39})$	$(86, 2^{85}-2^{42}-2^{40})$	$(90, 2^{89}-2^{44}-2^{41}-2^{40}-2^{39})$
	$(92, 2^{91}-2^{46}-2^{43})$	$(98, 2^{97}-2^{48}-2^{44}-2^{43}-2^{42})$	$(100, 2^{99}-2^{49}-2^{45})$
16	$(76, 2^{75}-2^{37}-2^{36}-2^{35}-2^{33})$	$(78, 2^{77}-2^{38}-2^{37})$	$(86, 2^{85}-2^{42}-2^{40}-2^{39})$
	$(88, 2^{87}-2^{43}-2^{41})$	$(96, 2^{95}-2^{47}-2^{44}-2^{42})$	$(98, 2^{97}-2^{48}-2^{45})$
17	$(82, 2^{81}-2^{40}-2^{39})$	$(92, 2^{91}-2^{45}-2^{43})$	$(80, 2^{79}-2^{39}-2^{38}-2^{37}-2^{36}-2^{35})$
	$(100, 2^{99}-2^{49}-2^{46}-2^{45})$	$(200, 2^{199}-2^{99}-2^{81}-2^{18})$	$(300, 2^{299}-2^{149}-2^{111}-2^{18})$
18	$(86, 2^{85}-2^{42}-2^{41})$	$(96, 2^{95}-2^{47}-2^{45}-2^{43})$	$(98, 2^{97}-2^{48}-2^{46})$
	$(100, 2^{99}-2^{49}-2^{47})$	$(200, 2^{199}-2^{99}-2^{82}-2^{19})$	$(300, 2^{299}-2^{149}-2^{112}-2^{19})$
19	$(90, 2^{89}-2^{44}-2^{43}-2^{41})$	$(92, 2^{91}-2^{45}-2^{44})$	$(200, 2^{199}-2^{99}-2^{83}-2^{20})$

例 2.34 构造参数是 $(20, 2, 2^{19}-2^9-2^8)$ 的弹性函数. 首先构造一个正交谱函数集 $\Gamma_0 = \{c \cdot X_{10} \mid \mathrm{wt}(c) > 2,\ c \in \mathbb{F}_2^{10}\}$, 其中 $X_{10} = (x_1, \cdots, x_{10}) \in \mathbb{F}_2^{10}$. 由 $n = 20$, $t = 2$, 可得 $e = \lfloor (n-2t-2)/4 \rfloor = 3$. 再构造 4 个正交谱函数集 $\Gamma_u = \{c \cdot X_{10-2u} + h_c(X'_{2u}) \mid \mathrm{wt}(c) > 2, c \in \mathbb{F}_2^{10-2u}\}, 1 \leqslant u \leqslant e$, 其中 $X_{10-2u} = (x_1, \cdots, x_{10-2u}) \in \mathbb{F}_2^{10-2u}$, $X'_{2u} = (x_{10-2u+1}, \cdots, x_{10}) \in \mathbb{F}_2^{2u}$, h_c 是 $2u$ 元 Bent 函数. 同时, 易得

$$|\Gamma_u| = \sum_{i=3}^{10-2u} \binom{10-2u}{i}, \qquad 0 \leqslant u \leqslant 3,$$

即 $|\Gamma_0| = 2^{10} - 56 = 968$, $|\Gamma_1| = 2^8 - 37 = 219$, $|\Gamma_2| = 2^6 - 22 = 42$, $|\Gamma_3| = 5$. 由 $|\Gamma_0| + |\Gamma_1| = 1187 > 2^{10}$, 能从 $\mathbb{F}_2^{10}$ 向 $\Gamma_0 \cup \Gamma_1$ 作一个单射 ϕ. 构造 $f \in \mathcal{B}_{20}$ 如下:

$$f(Y_{10}, X_{10}) = \sum_{b \in \mathbb{F}_2^{10}} Y_{10}^b \cdot g_b(X_{10}),$$

其中 $Y_{10} = (y_1, \cdots, y_{10}) \in \mathbb{F}_2^{10}$, $g_b(X_{10}) = \phi(b)$. 对任意 $b \in \mathbb{F}_2^{10}$, $g_b \in \mathcal{B}_{10}$ 是 2 阶弹性函数. 所构造的函数 $f \in \mathcal{B}_{20}$ 由 $g_b, b \in \mathbb{F}_2^{10}$ 级联而成, 由引理 2.26, f 是 2 阶弹性函数. 注意到 $(a_1, a_2, a_3) = (1, 0, 0)$ 是使 (2.50) 式成立的最小二进制数, 可验

证 $968+219a_1+42a_2+5a_3>2^{10}$, 故 $N_f=2^{19}-2^9-2^8$ 是这种方法下能得到的 20 元 2 阶弹性函数的最大非线性度. f 的代数次数 $\deg(f)\leqslant 12$, 没有达到最优.

要优化所构造 t 阶弹性函数的代数次数, 可以采用下面的方法.

构造 2.35　本构造基于构造 2.32. 设函数集 A 的定义如 (2.52) 式中所示. 在 A 中选函数 $g_0(X_{n/2})=c\cdot X_r+h_0(X'_{2u})$, 其中 $u\in U$, $c=(c_1,c_2,\cdots,c_r)\in\mathbb{F}_2^r$, 并满足 $(c_1,c_2,\cdots,c_{t+1})=\mathbf{1}_{t+1}$. 构造 $g'_0\in\mathcal{B}_{n/2}$, 使

$$g'_0(X_{n/2})=g_0(X_{n/2})+\prod_{j=t+2}^{n/2}x_j.$$

把 A 中函数 g_0 替换为 g'_0 后得 A'. 级联 A' 中所有 $2^{n/2}$ 个函数得 $f'\in\mathcal{B}_n$.

说明: 在 g_0 的表达式中, 当 $u\neq 0$ 时, $h_0\in\mathcal{B}_{2u}$ 是 Bent 函数; 当 $u=0$ 时, h_0 消失.

定理 2.36　设 $f'\in\mathcal{B}_n$ 由构造 2.35 得到, 则 f' 是代数次数最优的 t 阶弹性函数, 并满足 $N_{f'}\geqslant N_f-2^{t+1}$.

证明　显然, g'_0 仍为 t 阶弹性函数. 由引理 2.29, f' 是 t 阶弹性函数. 整理 f' 的代数表达式, 在它的代数正规型中必有单项 $y_1\cdots y_{n/2}x_{t+2}\cdots x_{n/2}$. 故有 $\deg(f')=n-t-1$. 由 Siegenthaler 不等式, f' 的代数次数达到最优. 对任意 $\alpha=(\alpha_1,\cdots,\alpha_{n/2})\in\mathbb{F}_2^{n/2}$, 有

$$\begin{aligned}W_{g'_0}(\alpha)&=\sum_{X_{n/2}\in\mathbb{F}_2^{n/2}}(-1)^{g_0(X_{n/2})+\prod_{j=t+2}^{n/2}x_j+\alpha\cdot X_{n/2}}\\&=\sum_{\substack{X_{n/2}\,\in\,\mathbb{F}_2^{n/2}\\ \prod_{j=t+2}^{n/2}x_j\,=\,0}}(-1)^{g_0(X_{n/2})+\alpha\cdot X_{n/2}}-\sum_{\substack{X_{n/2}\,\in\,\mathbb{F}_2^{n/2}\\ \prod_{j=t+2}^{n/2}x_j\,=\,1}}(-1)^{g_0(X_{n/2})+\alpha\cdot X_{n/2}}\\&=W_{g_0}(\alpha)-2\sum_{\substack{X_{n/2}\,\in\,\mathbb{F}_2^{n/2}\\ \prod_{j=t+2}^{n/2}x_j\,=\,1}}(-1)^{g_0(X_{n/2})+\alpha\cdot X_{n/2}}.\end{aligned}\tag{2.57}$$

注意到 $g_0(X_{n/2})=c\cdot X_r+h_0(X'_{2u})$, 其中 $X'_{2u}=(x_{r+1},\cdots,x_{n/2})$. 由 $r\geqslant t+1$ 可知, $\{x_{r+1},\cdots,x_{n/2}\}\subseteq\{x_{t+2},\cdots,x_{n/2}\}$. 因而, 当 $\prod_{j=t+2}^{n/2}x_j=1$ 时, $X'_{2u}=\mathbf{1}_{2u}$. 此时, $h_0(X'_{2u})=h_0(\mathbf{1}_{2u})$ 是一个常数, 并有

$$\begin{aligned}&g_0(X_{n/2})+\alpha\cdot X_{n/2}\\=\;&c\cdot X_r+h_0(\mathbf{1}_{2u})+\alpha\cdot X_{n/2}\end{aligned}$$

$$= \sum_{i=1}^{t+1}(c_i+\alpha_i)x_i + \sum_{i=t+2}^{r}(c_i+\alpha_i)x_i + \sum_{i=r+1}^{n/2}\alpha_i x_i + h_0(\mathbf{1}_{2u})$$

$$= \sum_{i=1}^{t+1}(1+\alpha_i)x_i + \sum_{i=t+2}^{r}(c_i+\alpha_i)\cdot 1 + \sum_{i=r+1}^{n/2}\alpha_i\cdot 1 + h_0(\mathbf{1}_{2u}). \tag{2.58}$$

可以看出, (2.58) 式中

$$\sum_{i=t+2}^{r}(c_i+\alpha_i)\cdot 1 + \sum_{i=r+1}^{n/2}\alpha_i\cdot 1 + h_0(\mathbf{1}_{2u}) = \lambda_\alpha.$$

当 α 确定时, λ_α 是一个整数常数. 因而

$$\sum_{\substack{X_{n/2}\in\mathbb{F}_2^{n/2}\\ \prod_{j=t+2}^{n/2}x_j=1}}(-1)^{g_0(X_{n/2})+\alpha\cdot X_{n/2}} = (-1)^{\lambda_\alpha}\sum_{X_{t+1}\in\mathbb{F}_2^{t+1}}(-1)^{\sum_{i=1}^{t+1}(1+\alpha_i)x_i}$$

$$= \begin{cases} 0, & (\alpha_1,\alpha_2,\cdots,\alpha_{t+1})\neq\mathbf{1}_{t+1},\\ \pm 2^{t+1}, & (\alpha_1,\alpha_2,\cdots,\alpha_{t+1})=\mathbf{1}_{t+1}. \end{cases}$$

由 (2.57) 式, 可得

$$W_{g_0'}(\alpha) = \begin{cases} W_{g_0}(\alpha), & (\alpha_1,\alpha_2,\cdots,\alpha_{t+1})\neq\mathbf{1}_{t+1},\\ W_{g_0}(\alpha)\pm 2^{t+2}, & (\alpha_1,\alpha_2,\cdots,\alpha_{t+1})=\mathbf{1}_{t+1}. \end{cases} \tag{2.59}$$

设 $\beta\in\mathbb{F}_2^{n/2}$. 结合定理 2.33 证明中推导的 $|W_f(\beta,\alpha)|$ 的上界, 可知

$$\max_{(\beta,\alpha)\in\mathbb{F}_2^n}|W_{f'}(\beta,\alpha)| \leqslant \max_{(\beta,\alpha)\in\mathbb{F}_2^n}|W_f(\beta,\alpha)| + 2^{t+2}.$$

结合 (2.27) 式, 可得 $N_{f'}\geqslant N_f-2^{t+1}$. □

例 2.37 按照构造 2.35 中的方法, 对例 2.34 中得到的 $(20,2,2^{19}-2^9-2^8)$ 弹性函数在保持原弹性阶 $t=2$ 不变的前提下进行代数次数优化. 在 Γ_1 中选择 $g_0\in A_1$, $g_0(X_{10})=cX_8+h_c(x_9,x_{10})$, 其中 $\mathrm{wt}(c)\geqslant 3$, h_c 是一个 2 元 Bent 函数. 不妨设 $g_0(X_{10})=x_1+x_2+x_3+x_9x_{10}$. 把 g_0 修改为 $g_0'=g_0+x_4x_5x_6x_7x_8x_9x_{10}$. 显然, g_0' 仍为 2 阶弹性函数. 把 g_0 替换为 g_0', 并级联 A 中所有 2^{10} 个 10 元 2 阶弹性函数得到 2 阶弹性函数 f'. 由于 f' 的代数正规型必有单项 $y_1\cdots y_{10}x_4\cdots x_{10}$, 且不具有更高次数的单项, 可得 $\deg(f')=17$. 按照定理 2.36, $N_{f'}\geqslant 2^{19}-2^9-2^8-2^3$.

构造 2.35 中优化代数次数的方法, 一般来说, 要使非线性度的理论下界降低 2^{t+1}. 但在一定条件下, 也能使下界保持不变.

构造 2.38　设 Γ_u $(0 \leqslant u \leqslant e)$ 由构造 2.32 中 (2.48) 式和 (2.49) 式定义. 设 $(a_1, a_2, \cdots, a_e) \in \mathbb{F}_2^e$ 是使 (2.50) 式成立的最小的二进制数. 设

$$U = \{u \mid a_u = 1,\ 0 \leqslant u \leqslant e\},$$
$$\mu = \max\{u \mid u \in U\}.$$

设 $\Gamma'_\mu \subset \Gamma_\mu$, $r' + 2\mu = n/2$, 并满足

$$\Gamma'_\mu = \{c \cdot X_{r'} + h_c(X'_{2\mu}) \mid c \in \mathbb{F}_2^{r'},\ \mathrm{wt}(c) > t,\ (c_1, c_2, \cdots, c_{t+1}) \neq \mathbf{1}_{t+1}\}. \quad (2.60)$$

在 Γ_0 中选函数 $g(X_{n/2}) = x_1 + x_2 + \cdots + x_{t+1}$. 把 g 按下面方式修改为 g':

$$g'(X_{n/2}) = \sum_{i=1}^{t+1} x_i + \prod_{j=t+2}^{n/2} x_j.$$

把 Γ_0 中的 g 替换为 g', 得函数集 Γ'_0. 当 $u \in U \backslash \{0, \mu\}$ 时, 令 $\Gamma'_u = \Gamma_u$. 设

$$\Gamma' = \bigcup_{u \in U} \Gamma'_u.$$

若 $|\Gamma'| \geqslant 2^{n/2}$, 则可建立单射 $\phi' : \mathbb{F}_2^{n/2} \to \Gamma'$, 并使 g' 有原象. 对 $b \in \mathbb{F}_2^{n/2}$, 设 $g'_b(X_{n/2}) = \phi'(b) \in \Gamma'$. 设 $Y_{n/2} \in \mathbb{F}_2^{n/2}$, 构造出 $f' \in \mathcal{B}_n$ 如下:

$$f'(Y_{n/2}, X_{n/2}) = \sum_{b \in \mathbb{F}_2^{n/2}} Y_{n/2}^b \cdot g'_b(X_{n/2}).$$

定理 2.39　设 $f' \in \mathcal{B}_n$ 由构造 2.38 得到, 则 f' 是代数次数最优的 t 阶弹性函数, 并满足

$$N_{f'} \geqslant 2^{n-1} - \sum_{u \in U} 2^{n/2-u-1}. \quad (2.61)$$

证明　类似定理 2.36 证明中的推导, 易得 f' 是代数次数最优的 t 阶弹性函数. 对 $u \in U$, $A'_u = \Gamma'_u \cap A'$, 其中 $A' = \{\phi'(b) \mid b \in \mathbb{F}_2^{n/2}\}$. 设 $\beta, \alpha \in \mathbb{F}_2^{n/2}$, 由 (2.53) 式,

$$W_{f'}(\beta, \alpha) = \sum_{u \in U} \sum_{g'_b \in A'_u} (-1)^{\beta \cdot b} W_{g'_b}(\alpha).$$

类似定理 2.36 证明中对 (2.59) 式的推导, 可得

$$W_{g'}(\alpha)=\begin{cases}W_g(\alpha), & (\alpha_1,\alpha_2,\cdots,\alpha_{t+1})\neq \mathbf{1}_{t+1},\\ W_g(\alpha)\pm 2^{t+2}, & (\alpha_1,\alpha_2,\cdots,\alpha_{t+1})=\mathbf{1}_{t+1}\end{cases}$$

$$=\begin{cases}0, & (\alpha_1,\alpha_2,\cdots,\alpha_{t+1})\neq \mathbf{1}_{t+1},\\ 2^{n/2}-2^{t+2}, & \alpha=(\mathbf{1}_{t+1},\mathbf{0}_{n/2-t-1}),\\ \pm 2^{t+2}, & \text{其他}.\end{cases} \tag{2.62}$$

由于 $\Gamma'_0\backslash\{g'\}$ 是一个正交谱函数集, 可得

$$\sum_{g'_b\in A'_0\backslash\{g'\}}(-1)^{\beta\cdot b}W_{g'_b}(\alpha)\in\{0,\pm 2^{n/2}\}. \tag{2.63}$$

特别地, 当 $\alpha=(\mathbf{1}_{t+1},\mathbf{0}_{n/2-t-1})$ 时, 对任意 $g'_b\in A'_0\backslash\{g'\}$, 有 $W_{g'_b}(\alpha)=0$. 设

$$w_0(\beta,\alpha)=\sum_{g'_b\in A'_0}(-1)^{\beta\cdot b}W_{g'_b}(\alpha).$$

由 (2.62) 式和 (2.63) 式, 可得

$$w_0(\beta,\alpha)\in\begin{cases}\{0,\pm 2^{n/2}\}, & (\alpha_1,\alpha_2,\cdots,\alpha_{t+1})\neq \mathbf{1}_{t+1},\\ \{\pm 2^{t+2},\pm 2^{n/2}\pm 2^{t+2}\}, & (\alpha_1,\alpha_2,\cdots,\alpha_{t+1})=\mathbf{1}_{t+1}.\end{cases} \tag{2.64}$$

对 A'_μ 中的任一函数 g'_b 而言, 由于 (2.60) 式中要求 $(c_1,c_2,\cdots,c_{t+1})\neq \mathbf{1}_{t+1}$, 故当 $(\alpha_1,\alpha_2,\cdots,\alpha_{t+1})=\mathbf{1}_{t+1}$ 时, 必有 $W_{g'_b}(\alpha)=0$. 而当 $(\alpha_1,\alpha_2,\cdots,\alpha_{t+1})\neq \mathbf{1}_{t+1}$ 时, 有 $W_{g'_b}(\alpha)\in\{0,\pm 2^{n/2-\mu}\}$. 设

$$w_\mu(\beta,\alpha)=\sum_{g'_b\in A'_\mu}(-1)^{\beta\cdot b}W_{g'}(\alpha).$$

考虑到 A'_μ 是一个正交谱函数集, 可得

$$w_\mu(\beta,\alpha)\in\begin{cases}\{0,\pm 2^{n/2-\mu}\}, & (\alpha_1,\alpha_2,\cdots,\alpha_{t+1})\neq \mathbf{1}_{t+1},\\ \{0\}, & (\alpha_1,\alpha_2,\cdots,\alpha_{t+1})=\mathbf{1}_{t+1}.\end{cases} \tag{2.65}$$

由 $r'+2\mu=n/2$ 且 $r'\geqslant t+1$, 得 $n/2-\mu=r'+\mu\geqslant t+1+u$. 注意到 $\mu\geqslant 1$, 得

$$2^{n/2-\mu}\geqslant 2^{t+2}. \tag{2.66}$$

结合 (2.64) 式—(2.66) 式, 可得

$$\max_{(\beta,\alpha)\in\mathbb{F}_2^n}|w_0(\beta,\alpha)+w_\mu(\beta,\alpha)|\leqslant 2^{n/2}+2^{n/2-\mu}. \tag{2.67}$$

对任意 $g'_b\in A'_u$, $u\in U\backslash\{0,\mu\}$, 有 $W_{g'_b}(\alpha)\in\{0,\pm 2^{n/2-u}\}$; 并注意到 A'_u 是正交谱函数集, 得

$$\sum_{g'_b\in A'_u}(-1)^{\beta\cdot b}W_{g_b}(\alpha)\in\{0,\pm 2^{n/2-u}\},\quad u\in U\backslash\{0,\mu\}.$$

设

$$w_\Delta(\beta,\alpha)=\sum_{u\in U\backslash\{0,\mu\}}\sum_{g'_b\in A'_u}(-1)^{\beta\cdot b}W_{g_b}(\alpha),$$

则有

$$\max_{(\beta,\alpha)\in\mathbb{F}_2^n}|w_\Delta(\beta,\alpha)|\leqslant\sum_{u\in U\backslash\{0,\mu\}}2^{n/2-u}. \tag{2.68}$$

由 $W_{f'}(\beta,\alpha)=w_0(\beta,\alpha)+w_\Delta(\beta,\alpha)+w_\mu(\beta,\alpha)$, 结合 (2.67) 式和 (2.68) 式, 可得

$$\begin{aligned}\max_{(\alpha,\beta)\in\mathbb{F}_2^n}|W_{f'}(\beta,\alpha)|&\leqslant\max_{(\beta,\alpha)\in\mathbb{F}_2^n}|w_0(\beta,\alpha)+w_\mu(\beta,\alpha)|+\max_{(\alpha,\beta)\in\mathbb{F}_2^n}|w_\Delta(\beta,\alpha)|\\&\leqslant\sum_{u\in U}2^{n/2-u}.\end{aligned}$$

由 (2.27) 式, 可得 (2.61) 式成立. □

在证明过程中可以看出, 由于 g' 的存在, Γ'_0 不是正交谱函数集. g' 本身是一个代数次数最优的 t 阶弹性部分线性函数, 保证了 f' 达到最优代数次数. 而 (2.60) 式中的设计, 使 $\Gamma'_\mu\cup\{g'\}$ 是正交谱函数集, 在 ϕ' 可以是单射的情况下, 保证了 $N_{f'}$ 和 (2.51) 式中 N_f 有相同的下界. 注意到, $|\Gamma'_u|=|\Gamma_u|$, $u\in U\backslash\{\mu\}$, 而 $|\Gamma'_\mu|=|\Gamma_\mu|-2^{n/2-2\mu-t-1}$. 要使 ϕ' 为单射, 需下式成立

$$|\Gamma'|=\sum_{u\in U}\left(\sum_{i=t+1}^{n/2-2u}\binom{n/2-2u}{i}\right)-2^{n/2-2\mu-t-1}\geqslant 2^{n/2}. \tag{2.69}$$

例 2.40 例 2.34 中的 $(20,2,2^{19}-2^9-2^8)$ 弹性函数在保持非线性度和弹性阶不变的前提下可以实现代数次数优化. 在 Γ_0 中选择 $g(X_{10})=x_1+x_2+x_3$. 把 g 修改为 $g'=g+x_4x_5x_6x_7x_8x_9x_{10}$. 用 g' 替换 Γ_0 中的 g 得到 Γ'_0. 设 $\Gamma'_1=\{c\cdot X_8+x_9x_{10}\mid c\in\mathbb{F}_2^8,\mathrm{wt}(c)>2,(c_1,c_2,c_3)\neq(1,1,1)\}$. 计算 Γ'_0 和 Γ'_1 的

基数: $|\Gamma_0'| = \sum_{i=3}^{10}\binom{10}{i} = 968$, $|\Gamma_1'| = \sum_{i=3}^{8}\binom{8}{i} - 2^5 = 187$. 由于 $|\Gamma_0'| + |\Gamma_1'| > 2^{10}$, 可以建立从 $\mathbb{F}_2^{n/2}$ 到 $\Gamma_0' \cup \Gamma_1'$ 的单射 ϕ', 并使 g_1' 有原象. 级联包括 g' 在内的 $2^{n/2}$ 个 $n/2$ 元 2 阶弹性部分线性函数 $\phi'(b)$, $b \in \mathbb{F}_2^{n/2}$, 得 2 阶弹性函数 $f' \in \mathcal{B}_{20}$. 由于 f' 的代数正规型必有单项 $y_1 \cdots y_{10} x_4 \cdots x_{10}$, 且不具有更高次数的单项, 可得 $\deg(f') = 17$. 由 $W_{f'}(\beta,\alpha) = w_0(\beta,\alpha) + w_1(\beta,\alpha)$ 和 (2.67) 式, 得 $\max_{(\alpha,\beta)\in\mathbb{F}_2^n} |W_{f'}(\beta,\alpha)| = 2^{10} + 2^9$, 故非线性度是 $2^{19} - 2^9 - 2^8$.

比较两个不等式 (2.56) 式和 (2.69) 式的左边, 在 $(a_1,\cdots,a_e)$ 确定时, 只相差 $2^{n/2-2\mu-t-1}$, 一般情况下不影响 (2.69) 式 "$\geqslant$" 的成立. 经验证, 采用构造 2.38 中的方法, 表 2.2 和表 2.3 中列举的函数绝大部分都可以在保持 (2.51) 式中非线性度下界不变的前提下进行代数次数优化. 只有极少数例子, 比如 $(n,t) = (20,1),(50,1),(58,1)$ 时, 非线性度下界稍有降低才能进行优化. 这种情况下, 可以采用构造 2.35 中的方法进行优化, 以牺牲更少的非线性度.

2.4 GMM 型密码函数构造 (1)

在 2.2 节, 我们曾介绍过布尔函数的 "级联", 可看作是把 2^{n-k} 个 k 元布尔函数的真值表按一定次序进行排列. 在本节我们引入一种更具一般性的级联方式, 称之为 "广义级联". 在 2.2 节开头构造 4 元布尔函数时, 是通过级联两个 3 元布尔函数或级联四个 2 元布尔函数分别实现的. 一个 4 元布尔函数的真值表还可以由若干 3 元布尔函数和若干 2 元布尔函数 (甚至还可以有若干 1 元布尔函数) 的真值表排列起来. 这种通过联接具有多种变元个数的 "小" 布尔函数而得到变元个数较 "大" 的布尔函数的方式, 就是布尔函数的广义级联.

定义 2.41 设 $n \geqslant 3$ 是正整数. 选定一组集合 $E_i \subseteq \mathbb{F}_2^i$, $1 \leqslant i \leqslant n-1$, 使 $\{S_i \mid S_i = E_i \times \mathbb{F}_2^{n-i}, 1 \leqslant i \leqslant n-1\}$ 是 $\mathbb{F}_2^n$ 的一个划分, 即同时满足以下两式

$$S_i \cap S_j = \varnothing, \quad 1 \leqslant i < j \leqslant n-1, \tag{2.70}$$

$$\bigcup_{i=1}^{n-1} S_i = \mathbb{F}_2^n. \tag{2.71}$$

设 $X_n = (x_1,\cdots,x_n) \in \mathbb{F}_2^n$, $X_i = (x_1,\cdots,x_i) \in \mathbb{F}_2^i$, $X_{n-i}' = (x_{i+1},\cdots,x_n) \in \mathbb{F}_2^{n-i}$. 对 $1 \leqslant i \leqslant n-1$, 设 π_i 是从 E_i 到 $\mathcal{B}_{n-i}$ 的一个映射, $\Gamma = \Gamma_1 \cup \Gamma_2 \cup \cdots \cup \Gamma_{n-1}$, 其中 $\Gamma_i = \{\pi_i(X_i) \mid X_i \in E_i\} \subseteq B_{n-i}$ 是多重集. 我们称函数

$$f(X_n) = \pi_i(X_i), \quad X_i \in E_i,\ i = 1,2,\cdots,n-1 \tag{2.72}$$

是 Γ 中所有函数的一个广义级联.

关于这个定义作如下说明和解释:

(1) 约定若 $E_i=\varnothing$, 则 $S_i=\varnothing$ 且 $\Gamma_i=\varnothing$.

(2) 由 (2.70) 式可知: 对任意 $(x_1,\cdots,x_i)\in E_i$, $(x_1',\cdots,x_j')\in E_j$, 不存在 $(x_1,\cdots,x_i)=(x_1',\cdots,x_i')$, 其中 $1\leqslant i<j\leqslant n-1$.

(3) 由 (2.71) 式可知: 选定的 E_i, $1\leqslant i\leqslant n-1$, 要满足 $\sum_{i=1}^{n-1}|E_i|\cdot 2^{n-i}=2^n$.

(4) 给出一种使 E_i $(1\leqslant i\leqslant n-1)$ 能同时满足 (2.70) 式和 (2.71) 式的方法. 首先确定一组非负整数 $n_i(1\leqslant i\leqslant n-1)$ 使之满足 $\sum_{i=1}^{n-1}n_i\cdot 2^{n-i}=2^n$ 其中 $n_i<2^i$. 设 $I=\{i\mid E_i\neq\varnothing,\ 1\leqslant i\leqslant n-1\}$. 若 $|I|=k$, 则可设 $I=\{i_1,\cdots,i_k\}$, 其中 $1\leqslant i_1<\cdots<i_k\leqslant n-1$. 选择 $E_{i_1}\subset\mathbb{F}_2^{i_1}$, 使 $|E_{i_1}|=n_{i_1}$; 再选 $E_{i_2}\subseteq\Delta_1$ 使 $|E_{i_2}|=n_{i_2}$, 其中 $\Delta_1=\mathbb{F}_2^{i_1}\backslash E_{i_1}\times\mathbb{F}_2^{i_2-i_1}$; 若 $k=2$, 则 E_i $(1\leqslant i\leqslant n-1)$, 已完全确定, 并且 $E_{i_2}=\Delta_1$. 若 $k>2$, 则接着选 $E_{i_3}\subseteq\Delta_2$ 使 $|E_{i_3}|=n_{i_3}$, 其中 $\Delta_2=\Delta_1\backslash E_{i_2}\times\mathbb{F}_2^{i_3-i_2}$; 直到 $E_{i_k}\subseteq\Delta_{k-1}$ 使 $|E_{i_k}|=n_{i_k}$, 其中 $\Delta_{k-1}=\Delta_{k-2}\backslash E_{i_{k-1}}\times\mathbb{F}_2^{i_k-i_{k-1}}$. 这样就确定了全部 E_i, $1\leqslant i\leqslant n-1$, 并有 $E_{i_k}=\Delta_{k-1}$.

例2.42　构造一个 4 元布尔函数 $f(x_1,x_2,x_3,x_4)$ 可以通过广义级联 1 个 3 元布尔函数 $g_0(x_2,x_3,x_4)$、1 个 2 元布尔函数 $g_1(x_3,x_4)$、2 个 1 元布尔函数 $g_2(x_4)$ 和 $g_3(x_4)$ 而得到. 设它们被广义级联的次序为 g_1, g_3, g_2, g_0, 记作 $f=g_1||g_3||g_2||g_0$. 代数形式可以表示为

$$f(x_1,x_2,x_3,x_4)=x_1^0x_2^0g_1(x_3,x_4)+x_1^0x_2^1x_3^0g_3(x_4)+x_1^0x_2^1x_3^1g_2(x_4)+x_1^1g_0(x_2,x_3,x_4).$$

本例中

$$\phi_1:E_1\to\mathcal{B}_3,\ E_1=\{(1)\}\subseteq\mathbb{F}_2^1,$$

$$\phi_2:E_2\to\mathcal{B}_2,\ E_2=\{(0,0)\}\subseteq\mathbb{F}_2^2,$$

$$\phi_3:E_3\to\mathcal{B}_1,\ E_3=\{(0,1,0),(0,1,1)\}\subseteq\mathbb{F}_2^3.$$

更具体一点, $\phi_1(1)=g_0(x_2,x_3,x_4)$, $\phi_2(0,0)=g_1(x_3,x_4)$, $\phi_3(0,1,0)=g_3(x_4)$, $\phi_3(0,1,1)=g_2(x_4)$.

理论上被广义级联的布尔函数可以在 $\mathcal{B}_i$ $(1\leqslant i\leqslant n-1)$ 中任意选择, 其中 i 是被广义级联的布尔函数所具有的变元个数. 比如上例中可以选 $g_0(x_2,x_3,x_4)=x_3+x_2x_4$, $g_1(x_3,x_4)=x_3x_4+x_3+1$, $g_2(x_4)=x_4$, $g_3(x_4)=1$. 如此随意地选择被广义级联的布尔函数, 很难分析所得到的 n 元布尔函数的密码学性质. 本节只考虑被广义级联的布尔函数为仿射函数的情形, 这种情形就是我们要引入的 GMM (generalized Maiorana-McFarland) 型布尔函数构造法, 简称 GMM 构造法.

定义 2.43　设 $n\geqslant 3$ 是正整数. 选定一组集合 $E_i\subseteq\mathbb{F}_2^i$ $(1\leqslant i\leqslant n-1)$ 使 $\{S_i\mid S_i=E_i\times\mathbb{F}_2^{n-i},1\leqslant i\leqslant n-1\}$ 是 $\mathbb{F}_2^n$ 的一个划分. 设 $X_n=(x_1,\cdots,x_n)\in\mathbb{F}_2^n$,

$X_i=(x_1,\cdots,x_i)\in\mathbb{F}_2^i$, $X'_{n-i}=(x_{i+1},\cdots,x_n)\in\mathbb{F}_2^{n-i}$. 对 $1\leqslant i\leqslant n-1$, 设 ϕ_i 是从 E_i 到 $\mathbb{F}_2^{n-i}$ 的一个映射. 一个 GMM 型布尔函数 $f\in\mathcal{B}_n$ 可以表示如下:

$$f(X_n)=\phi_i(X_i)\cdot X'_{n-i}+g_i(X_i),\quad 若\ X_i\in E_i,\ i=1,2,\cdots,n-1, \tag{2.73}$$

其中 $g_i\in\mathcal{B}_i$.

在 (2.73) 式中, 设 X_i 是确定的向量, 而 $X'_{n-i}\in\mathbb{F}_2^{n-i}$ 是一个变元. 若 $X_i\in E_i$, 则 $\phi_i(X_i)$ 是一个确定的 $n-i$ 维向量, $g_i(X_i)$ 是常数 0 或 1. 这种前提下, $f(X_n)$ 对应一个 $n-i$ 元仿射布尔函数, 它是被广义级联的仿射函数之一.

下面对定义 2.43 中的 GMM 型布尔函数进行一些条件约束, 使之成为具有严格几乎最优非线性度的弹性函数.

构造 2.44 设 $n\geqslant 6$ 为偶数, $t\in\mathbb{N}$. 设 $X_n=(x_1,\cdots,x_n)\in\mathbb{F}_2^n$, $X_i=(x_1,\cdots,x_i)\in\mathbb{F}_2^i$, $n/2\leqslant i\leqslant n-1$, $X'_{n-i}=(x_{i+1},\cdots,x_n)\in\mathbb{F}_2^{n-i}$. 设

$$T_i=\{c\mid c\in\mathbb{F}_2^{n-i},\ \mathrm{wt}(c)>t\},\quad n/2\leqslant i\leqslant n-1. \tag{2.74}$$

设 $(b_{n/2},b_{n/2+1},\cdots,b_{n-1})\in\mathbb{F}_2^{n/2}$ 是使

$$\sum_{i=n/2}^{n-1}\left(b_i2^{n-i}|T_i|\right)\geqslant 2^n \tag{2.75}$$

成立的最小二进制数. 设

$$I=\{i\mid b_i=1,\ n/2\leqslant i\leqslant n-1\}, \tag{2.76}$$

$$\nu=\max\{i\mid i\in I\}. \tag{2.77}$$

选定一组集合 $E_i\subseteq\mathbb{F}_2^i$, $i\in I$, 满足如下条件:

(1) $|E_i|=|T_i|$, $i\in I\backslash\{\nu\}$; $|E_\nu|\leqslant|T_\nu|$;

(2) $\{S_i\mid S_i=E_i\times\mathbb{F}_2^{n-i},\ i\in I\}$ 是 $\mathbb{F}_2^n$ 的一个划分.

建立从 E_i 到 T_i 的单射 ϕ_i, $i\in I$. 构造 GMM 型布尔函数 $f\in\mathcal{B}_n$ 如下:

$$f(X_n)=\phi_i(X_i)\cdot X'_{n-i}+g_i(X_i),\quad 若\ X_i\in E_i,\ i\in I, \tag{2.78}$$

其中 $g_i\in\mathcal{B}_i$.

关于构造 2.44, 以下几点值得说明.

(1) 若 (2.75) 式成立, 则必有 $b_{n/2}=1$, 并能保证条件 (1) 可以满足.

(2) $\nu\leqslant n-t-2$. 由 (2.74) 式, 若 $n-i\leqslant t$, 则 $T_i=\varnothing$. 因而, 当 $i\geqslant n-t$ 时, $b_i=0$. 假设 $b_{n-t-1}=1$ 成立. 由于 $|T_{n-t-1}|=1$ 且 ϕ_i 为单射, 则 $\mathbf{1}_{t+1}\cdot X'_{t+1}+\epsilon$

是唯一被广义级联的 $t+1$ 元仿射函数, 其中 $\epsilon = g_i\big(\phi_i^{-1}(\mathbf{1}_{t+1})\big)$; 同时, 由 (2.74) 式, 被广义级联的仿射函数中, 没有变元个数 $\leqslant t$ 的函数. 因此, 在上述假设下, 条件 (2) 不能满足, 即 $\{S_i \mid S_i = E_i \times \mathbb{F}_2^{n-i},\ i \in I\}$ 不能成为 $\mathbb{F}_2^n$ 的一个划分. 也就是说, 在本构造中不会有变元个数 $\leqslant t+1$ 的仿射函数被广义级联.

(3) $\deg(f) \leqslant \nu+1$. 只有在 $\nu = n-t-2$ 时, $\deg(f)$ 才有可能达到最优.

定理 2.45　若 $f \in \mathcal{B}_n$ 由构造 2.44 得到, 则 f 是 t 阶弹性函数, 并具有严格几乎最优非线性度

$$N_f \geqslant 2^{n-1} - \sum_{i\in I} 2^{n-i-1}. \tag{2.79}$$

证明　在 (2.75) 式成立的前提下, 结合 E_i 满足的条件, $i \in I$, 可以建立从 E_i 到 T_i 的单射 ϕ_i. 设 $\Omega_n = (\omega_1, \cdots, \omega_n) = (\Omega_i, \Omega'_{n-i}) \in \mathbb{F}_2^n$, 其中 $\Omega_i = (\omega_1, \cdots, \omega_i)$, $\Omega'_{n-i} = (\omega_{i+1}, \cdots, \omega_n)$, $i \in I$. 下面推导 f 在 Ω 点的谱值

$$W_f(\Omega_n) = \sum_{i\in I} \sum_{X_n \in S_i} (-1)^{f(X_n)+\Omega_n\cdot X_n} = \sum_{i\in I} \mathcal{W}_i(\Omega_n), \tag{2.80}$$

其中

$$\mathcal{W}_i(\Omega_n) = \sum_{X_i\in E_i} (-1)^{\Omega_i\cdot X_i + g_i(X_i)} \sum_{X'_{n-i}\in\mathbb{F}_2^{n-i}} (-1)^{(\phi_i(X_i)+\Omega'_{n-i})\cdot X'_{n-i}}.$$

若存在 $X_i \in \mathbb{F}_2^i$ 使 $\phi_i(X_i) = \Omega'_{n-i}$, 由于 ϕ_i 是单射, 则有 $X_i = \phi_i^{-1}(\Omega'_{n-i})$. 此时

$$\mathcal{W}_i(\Omega_n) = (-1)^{\Omega_i\cdot\phi_i^{-1}(\Omega_{n-i})+g_i(\phi_i^{-1}(\Omega_{n-i}))} 2^{n-i};$$

若不存在 $X_i \in \mathbb{F}_2^i$ 使 $X_i = \phi_i^{-1}(\Omega'_{n-i})$, 则 $(\phi_i(X_i) + \Omega'_{n-i}) \cdot X'_{n-i}$ 总是一个非零线性函数. 由非零线性函数的平衡性, 可得

$$\sum_{X'_{n-i}\in\mathbb{F}_2^{n-i}} (-1)^{(\phi_i(X_i)+\Omega'_{n-i})\cdot X'_{n-i}} = 0.$$

因而, $\mathcal{W}_i(\Omega_n) = 0$. 综合可得

$$\mathcal{W}_i(\Omega_n) = \begin{cases} \pm 2^{n-i}, & \phi_i^{-1}(\Omega'_{n-i}) \text{ 存在}, \\ 0, & \text{否则}. \end{cases} \tag{2.81}$$

结合 (2.80) 式和 (2.81) 式, 可得

$$\max_{\Omega_n\in\mathbb{F}_2^n} |W_f(\Omega_n)| \leqslant \sum_{i\in I} 2^{n-i}. \tag{2.82}$$

由 (2.27) 式, 可得 (2.79) 式成立. 下面证明 f 是 t 阶弹性的.

当 $0 \leqslant \mathrm{wt}(\Omega_n) \leqslant t$ 时, 必有 $0 \leqslant \mathrm{wt}(\Omega'_{n-i}) \leqslant t$. 同时, 由于 ϕ_i 是从 E_i 到 T_i 的单射, 由 (2.74) 式中的设计, 对任意 $X_i \in E_i$, 总有 $\mathrm{wt}(\phi_i(X_i)) > t$. 所以, $(\phi_i(X_i) + \Omega'_{n-i}) \cdot X'_{n-i}$ 是一个非零线性函数. 因此, 对任意 $i \in I$, 有 $\mathcal{W}_i(\Omega_n) = 0$. 由 (2.80) 式, $W_f(\Omega_n) = 0$. 由 Xiao-Massey 定理, f 是 t 阶弹性函数. □

例 2.46 构造参数是 $(20, 2, 2^{19} - 2^9 - 2^7 - 2^5)$ 的 GMM 型布尔函数. 设

$$T_i = \{c \mid c \in \mathbb{F}_2^{20-i},\ \mathrm{wt}(c) \geqslant 3\}, \quad 10 \leqslant i \leqslant 19.$$

设 $(b_{10}, b_{11}, \cdots, b_{19}) \in \mathbb{F}_2^{10}$ 是使

$$\sum_{i=10}^{19} \left(b_i 2^{n-i} |T_i|\right) \geqslant 2^{20} \tag{2.83}$$

成立的最小二进制数. 前面已经分析过, $\nu \leqslant n - t - 2$, 因此, $b_{17} = b_{18} = b_{19} = 0$. 注意到, 当 $10 \leqslant i \leqslant 16$ 时,

$$|T_i| = \sum_{j=3}^{n-i} \binom{n-i}{j}.$$

不难判定, $\mathbb{F}_2^{10}$ 中使 (2.83) 式成立的最小二进制数是 $(1,0,1,0,1,0,0,0,0,0)$. 由 (2.76) 式和 (2.77) 式, 可知 $I = \{10, 12, 14\}$, $\nu = 14$. 选集合 $E_{10} \subset \mathbb{F}_2^{10}$ 使 $|E_{10}| = |T_{10}| = 968$; 再选集合 $E_{12} \subset \Delta_1$ 使 $|E_{12}| = |T_{12}| = 219$, 其中 $\Delta_1 = \mathbb{F}_2^{10} \backslash E_{10} \times \mathbb{F}_2^{12-10}$; 最后选 $E_{14} = \Delta_1 \backslash E_{12} \times \mathbb{F}_2^{14-12}$, 这里 $|E_{14}| = 20 \leqslant |T_{14}| = 42$. 设 ϕ_{10} 是从 E_{10} 到 T_{10} 的双射, ϕ_{12} 是从 E_{12} 到 T_{12} 的双射, ϕ_{14} 是从 E_{14} 到 T_{14} 的单射. 构造 GMM 型密码函数 $f \in \mathcal{B}_{20}$ 如下:

$$f(X_{20}) = \begin{cases} \phi_{10}(X_{10}) \cdot X'_{10} + g_{10}(X_{10}), & X_{10} \in E_{10}, \\ \phi_{12}(X_{12}) \cdot X'_8 + g_{12}(X_{12}), & X_{12} \in E_{12}, \\ \phi_{14}(X_{14}) \cdot X'_6 + g_{14}(X_{14}), & X_{14} \in E_{14}, \end{cases}$$

其中 $g_{10} \in \mathcal{B}_{10}$, $g_{12} \in \mathcal{B}_{12}$, $g_{14} \in \mathcal{B}_{14}$. 由定理 2.45 的证明可知, f 是 2 阶弹性函数, 并且

$$\max_{\Omega_{20} \in \mathbb{F}_2^{20}} |W_f(\Omega_{20})| \leqslant 2^{10} + 2^8 + 2^6.$$

这里需要说明的是, 上式中的 "$\leqslant$" 是为了严谨起见的一个表达. 虽然还没有发现过使 (2.82) 式取 "$<$" 的例子, 但作者认为在 $|I|$ 足够大时可能存在这样的例子.

本例中 f 的代数次数 $\leqslant 15$, 取 "=" 时, f 的代数正规型表达中必定存在一项 $x_1x_2\cdots x_{14}x_k$, 其中 $15 \leqslant k \leqslant 20$. 这可通过控制 ϕ_{14} 实现: 使 x_k 在被广义级联的 20 个 6 元仿射函数的表达式中出现奇数次即可. 同时, 也可以看出由构造 2.44 得到的 GMM 型弹性函数 f 并不能一般性地达到代数次数最优.

要优化构造 2.44 得到的弹性函数的代数次数, 可采用类似构造 2.38 中的方法. 下面描述一下如何在 GMM 型函数结构中实现这种优化.

构造 2.47 基于构造 2.44, 设 $T'_\nu \subset T_\nu$, 并满足

$$T'_\nu = \{c \mid c \in \mathbb{F}_2^{n-\nu},\ \mathrm{wt}(c) > t,\ (c_1, \cdots, c_{t+1}) \neq \mathbf{1}_{t+1}\}. \tag{2.84}$$

若 $|E_\nu| - 1 \leqslant |T'_\nu|$, 可建立从 $E_\nu \backslash \{\delta\}$ 到 T'_ν 的单射 ϕ'_ν, $\delta \in E_\nu$. (2.78) 式中的 GMM 型布尔函数修改为

$$f'(X_n) = \begin{cases} \phi_i(X_i) \cdot X'_{n-i} + g_i(X_i), & X_i \in E_i,\ i \in I \backslash \{\nu\}, \\ \phi'_\nu(X_\nu) \cdot X'_{n-\nu} + g_\nu(X_\nu), & X_\nu \in E_\nu \backslash \{\delta\}, \\ \mathbf{1}_{n-\nu} \cdot X'_{n-\nu} + x_{\nu+t+2} \cdots x_n, & X_\nu = \delta. \end{cases} \tag{2.85}$$

定理 2.48 若 $f' \in \mathcal{B}_n$ 由构造 2.47 得到, 则 f' 是代数次数最优的 t 阶弹性函数, 并具有严格几乎最优非线性度

$$N_{f'} \geqslant 2^{n-1} - \sum_{i \in I} 2^{n-i-1}. \tag{2.86}$$

证明 设 $\Omega_n = (\omega_1, \cdots, \omega_n) = (\Omega_i, \Omega'_{n-i}) \in \mathbb{F}_2^n$, 其中 $\Omega_i = (\omega_1, \cdots, \omega_i)$, $\Omega'_{n-i} = (\omega_{i+1}, \cdots, \omega_n)$, $i \in I$. 可得

$$W_{f'}(\Omega_n) = \sum_{i \in I} \sum_{X_n \in S_i} (-1)^{f'(X_n) + \Omega_n \cdot X_n} = \sum_{i \in I \backslash \{\nu\}} \mathcal{W}_i(\Omega_n) + \mathcal{W}'_\nu(\Omega_n),$$

其中

$$\mathcal{W}_i(\Omega_n) = \sum_{X_i \in E_i} (-1)^{\Omega_i \cdot X_i + g_i(X_i)} \sum_{X'_{n-i} \in \mathbb{F}_2^{n-i}} (-1)^{(\phi_i(X_i) + \Omega'_{n-i}) \cdot X'_{n-i}},\ i \in I \backslash \{\nu\},$$

$$\begin{aligned} \mathcal{W}'_\nu(\Omega_n) = & \sum_{X_\nu \in E_\nu \backslash \{\delta\}} (-1)^{\Omega_\nu \cdot X_\nu + g_\nu(X_\nu)} \sum_{X'_{n-\nu} \in \mathbb{F}_2^{n-\nu}} (-1)^{(\phi_\nu(X_\nu) + \Omega'_{n-\nu}) \cdot X'_{n-\nu}} \\ & + (-1)^{\Omega_\nu \cdot \delta} \sum_{X'_{n-\nu} \in \mathbb{F}_2^{n-\nu}} (-1)^{\mathbf{1}_{n-\nu} \cdot X'_{n-\nu} + x_{\nu+t+2} \cdots x_n + \Omega'_{n-\nu} \cdot X'_{n-\nu}}. \end{aligned}$$

$\mathcal{W}'_\nu(\Omega_n)$ 表达式中相加的两部分分别记为 $\mathcal{W}'^{(1)}_\nu(\Omega_n)$ 和 $\mathcal{W}'^{(2)}_\nu(\Omega_n)$. 不难得到

$$\mathcal{W'}^{(1)}_\nu(\Omega_n) = \begin{cases} \pm 2^{n-\nu}, & \phi'^{-1}_\nu(\Omega'_{n-\nu}) \text{ 存在}, \\ 0, & \text{否则}, \end{cases}$$

$$\mathcal{W'}^{(2)}_\nu(\Omega_n) = \begin{cases} (-1)^{\Omega_\nu \cdot \delta}(2^{n-\nu} - 2^{t+2}), & \Omega'_{n-\nu} = \mathbf{1}_{n-\nu}, \\ 0, & (\omega_{\nu+1}, \cdots, \omega_{\nu+t+1}) \neq \mathbf{1}_{t+1}, \\ \pm 2^{t+2}, & \text{其他}. \end{cases}$$

由 (2.84) 式中的设计, 当 $\phi'^{-1}_\nu(\Omega'_{n-\nu})$ 存在时, 必有 $(\omega_{\nu+1}, \cdots, \omega_{\nu+t+1}) \neq \mathbf{1}_{t+1}$. 可知, $\mathcal{W'}^{(1)}_\nu(\Omega_n) \cdot \mathcal{W'}^{(2)}_\nu(\Omega_n) = 0$ 总成立. 同时注意到, $2^{t+2} < 2^{n-\nu}$, 可得

$$|\mathcal{W'}_\nu(\Omega_n)| = |\mathcal{W'}^{(1)}_\nu(\Omega_n) + \mathcal{W'}^{(2)}_\nu(\Omega_n)| \leqslant 2^{n-\nu}.$$

由定理 2.45 的证明, 可知当 $i \in I\backslash\{\nu\}$ 时, $|\mathcal{W}_i(\Omega_n)| \leqslant 2^{n-i}$. 因而, (2.82) 式仍成立. 故 (2.86) 式成立. 当 $0 \leqslant \mathrm{wt}(\Omega_n) \leqslant t$ 时, 可得 $\mathcal{W}'_\nu(\Omega_n) = 0$ 且 $\mathcal{W}_i(\Omega_n) = 0$, $i \in I\backslash\{\nu\}$, 因而 $W_{f'}(\Omega) = 0$. 由 Xiao-Massey 定理, f' 是 t 阶弹性函数. □

例 2.49 对例 2.46 中构造的参数为 $(20, 2, 2^{19} - 2^9 - 2^7 - 2^5)$ 的 GMM 型弹性函数进行代数次数优化. 设 $T'_{14} = \{c \mid c \in \mathbb{F}_2^{20-14},\ \mathrm{wt}(c) > 2,\ (c_1, c_2, c_3) \neq (1, 1, 1)\}$. 任选 $\delta \in E_{14}$. 注意到 $|E_{14}\backslash\{\delta\}| = 19 < 42 - 2^3 = |T'_{14}|$, 可以建立从 $E_{14}\backslash\{\delta\}$ 到 T'_{14} 的单射 ϕ'_{14}. 构造 $f' \in \mathcal{B}_{20}$ 如下:

$$f'(X_{20}) = \begin{cases} \phi_{10}(X_{10}) \cdot X'_{10} + g_{10}(X_{10}), & X_{10} \in E_{10}, \\ \phi_{12}(X_{12}) \cdot X'_8 + g_{12}(X_{12}), & X_{12} \in E_{12}, \\ \phi'_{14}(X_{14}) \cdot X'_6 + g_{14}(X_{14}), & X_{14} \in E_{14}\backslash\{\delta\}, \\ \mathbf{1}_6 \cdot X'_6 + x_{18}x_{19}x_{20}, & X_{14} = \delta. \end{cases}$$

在 f' 的代数正规型中的代数次数最高的项是 $x_1x_2\cdots x_{14}x_{18}x_{19}x_{20}$, $\deg(f') = 17$. 由定理 2.48 的证明, 可知 f' 是一个代数次数最优的 2 阶弹性函数.

关于构造 2.47, 作以下说明:

(1) (2.84) 式中约束的 $(c_1, \cdots, c_{t+1}) \neq \mathbf{1}_{t+1}$ 是与 (2.85) 式中 $X_\nu = \delta$ 时被广义级联的函数 $\mathbf{1}_{n-\nu} \cdot X'_{n-\nu} + x_{\nu+t+2}\cdots x_n$ 相呼应的. 这个函数还可以选为 $c \cdot X'_{n-\nu} + x_{\nu+t+2}\cdots x_n$, 只要系数 $c \in \mathbb{F}_2^{n-\nu}$ 满足 $(c_1, \cdots, c_{t+1}) = \mathbf{1}_{t+1}$ 即可.

(2) 若 $|E_\nu| - 1 > |T'_\nu|$, 则不能建立从 $E_\nu\backslash\{\delta\}$ 到 T'_ν 的单射 ϕ'_ν. 在这种情形下, 可建立从 $E_\nu\backslash\{\delta\}$ 到 $T_\nu\backslash\{\mathbf{1}_{n-\nu}\}$ 的单射 ϕ''_ν, 同时在符号表达上把 (2.85) 式中的 ϕ' 修改为 ϕ''. 设这样构造出的函数是 $f'' \in \mathcal{B}_n$, 可得

$$N_{f''} \geqslant 2^{n-1} - \sum_{i \in I} 2^{n-i-1} - 2^{t+1}.$$

比较本节和 2.3 节所给的例子, 可以看出, 至少在 $n=20$ 时, 用 GMM 构造法得到的 2 阶弹性函数的非线性度优于用正交谱函数集构造法得到的 2 阶弹性函数的非线性度.

下面证明由构造 2.44 得到的 t 阶弹性函数的非线性度下界总是不低于由构造 2.32 得到的 t 阶弹性函数的非线性度下界. 我们从下面的角度讨论这一问题.

构造一个 n 元 t 阶弹性函数, 按照构造 2.32, 可参与级联的正交谱函数集有 $e+1$ 个: Γ_u, $0 \leqslant u \leqslant e$, 其中 $e=\lfloor (n-2t-2)/4 \rfloor$. 按照构造 2.44, 可参与广义级联的正交谱函数集有 $n/2-t-1$ 个: $\Upsilon_i=\{c \cdot X'_{n-i}+\varepsilon_c \mid c \in T_i\}$, $n/2 \leqslant i \leqslant n-t-2$, 其中 $\varepsilon_c \in \mathbb{F}_2$. 显然, $|\Upsilon_i|=|T_i|$. 注意到当 $n \geqslant 6$ 时, 总有 $n/2-t-1>e+1$.

若有 Γ_u 中的函数在构造 2.32 中被级联, 则 $a_i=1$, 此时 Γ_u 中所有被级联的函数在计算 $W_f(\Omega_n)$ 时叠加的总值取自 $\left\{0, \pm 2^{n/2-u}\right\}$; 而构造 2.44 中在计算 $W_f(\Omega_n)$ 时叠加的总值取自 $\left\{0, \pm 2^{n/2-u}\right\}$ 的正交谱函数集是 $\Upsilon_{n/2+u}$. 若 Γ_u 中的所有 $n/2$ 元部分线性函数都参与级联, 则它们可确定 f 的真值表中的 $N_0(u)$ 个值, 这里

$$N_0(u)=2^{n/2}\left|\Gamma_u\right|=2^{n/2} \sum_{j=t+1}^{n/2-2u}\binom{n/2-2u}{j}.$$

若 $\Upsilon_{n/2+u}$ 中的所有 $n/2-u$ 元仿射函数都参与级联, 则它们可确定 f 的真值表中的 $N_1(u)$ 个值, 这里

$$N_1(u)=2^{n/2-u}\left|\Upsilon_{n/2+u}\right|=2^{n/2-u} \sum_{j=t+1}^{n/2-u}\binom{n/2-u}{j}.$$

下面证明, 对任意 $0 \leqslant u \leqslant e$, 总有 $N_1(u) \geqslant N_0(u)$. 设 $k=n/2-u$, 即证

$$\sum_{j=t+1}^{k}\binom{k}{j} \geqslant 2^u \sum_{j=t+1}^{k-u}\binom{k-u}{j}. \tag{2.87}$$

当 $u=0$ 时, (2.87) 式左右相等, 显然成立. 当 $1 \leqslant u \leqslant e$ 时, 利用公式

$$\binom{k}{j}=\binom{k-1}{j}+\binom{k-1}{j-1}$$

可得 (2.87) 式左边为

$$\sum_{j=t+1}^{k}\binom{k}{j}=\sum_{j=t+1}^{k-1}\left(\binom{k-1}{j}+\binom{k-1}{j-1}\right)+\binom{k}{k}$$

$$=\sum_{j=t+1}^{k-1}\binom{k-1}{j}+\sum_{j=t+1}^{k-1}\binom{k-1}{j-1}+\binom{k-1}{k-1}$$

$$=2\sum_{j=t+1}^{k-1}\binom{k-1}{j}+\binom{k-1}{t}.$$

这也就证明了: 对任意 $1\leqslant i\leqslant u$, 有

$$\sum_{j=t+1}^{k-i}\binom{k-i}{j}=2\sum_{j=t+1}^{k-i-1}\binom{k-i-1}{j}+\binom{k-i-1}{t}.$$

综上, 可得

$$\sum_{j=t+1}^{k}\binom{k}{j}=2^u\sum_{j=t+1}^{k-u}\binom{k-u}{j}+\sum_{i=1}^{u}2^{i-1}\binom{k-i}{t}.$$

可以看出, 当 $1\leqslant u\leqslant e$ 时, 总有 (2.87) 式成立, 并取 “>”.

以上讨论说明, 凡是能使 (2.56) 式成立的 $(a_1,\cdots,a_e)$, 在 $(b_{n/2+1},\cdots,b_{n/2+e})=(a_1,\cdots,a_e)$ 且 $(b_{n/2+e+1},\cdots,b_{n-t-2})=(0,\cdots,0)$ 时, 也使 (2.75) 式成立. 因而, (2.79) 式中的非线性度下界总是不低于 (2.51) 式中的非线性度下界.

比起 2.3 节的正交谱函数构造法, 本节的 GMM 构造法对某些确定的 t 和 n 能更好地实现非线性度和弹性阶之间的优化折中. 在表 2.4 中给出这两种构造法得到的一些 n 元 t 阶弹性函数非线性度的比较.

在构造 2.44 中, 通过广义级联 t 阶弹性仿射函数, 得到 t 阶弹性函数 f. 这一结论已在上面定理中证明. 实际上, 这一结论可以推广到如下更一般的情形.

表 2.4 构造 2.44 和构造 2.32 所得 n 元 t 阶弹性函数的非线性度比较

t	n	构造 2.44	构造 2.32
1	14	$2^{13}-2^6-2^4-2^3$	$2^{13}-2^6-2^5$
	24	$2^{23}-2^{11}-2^7$	$2^{23}-2^{11}-2^8$
	28	$2^{27}-2^{13}-2^8$	$2^{27}-2^{13}-2^9$
	32	$2^{31}-2^{15}-2^9-2^7-2^6$	$2^{31}-2^{15}-2^{10}$
	36	$2^{35}-2^{17}-2^{10}-2^9$	$2^{35}-2^{17}-2^{11}$
	54	$2^{53}-2^{26}-2^{15}$	$2^{53}-2^{26}-2^{15}-2^{14}$
	58	$2^{57}-2^{28}-2^{16}$	$2^{57}-2^{28}-2^{16}-2^{15}$
	62	$2^{61}-2^{30}-2^{17}-2^{10}-2^9$	$2^{61}-2^{30}-2^{18}$
	66	$2^{65}-2^{32}-2^{18}-2^{16}-2^{11}$	$2^{65}-2^{32}-2^{19}$
	70	$2^{69}-2^{34}-2^{19}-2^{18}$	$2^{69}-2^{34}-2^{20}$
	74	$2^{73}-2^{36}-2^{20}-2^{19}$	$2^{73}-2^{36}-2^{21}$
2	20	$2^{19}-2^9-2^7-2^5$	$2^{19}-2^9-2^8$
	30	$2^{29}-2^{14}-2^{10}$	$2^{29}-2^{14}-2^{11}$

续表

t	n	构造 2.44	构造 2.32
2	34	$2^{33}-2^{16}-2^{11}-2^{10}$	$2^{33}-2^{16}-2^{12}$
	36	$2^{35}-2^{17}-2^{12}$	$2^{35}-2^{17}-2^{13}$
	44	$2^{43}-2^{21}-2^{14}$	$2^{43}-2^{21}-2^{14}-2^{13}$
	48	$2^{47}-2^{23}-2^{15}-2^{14}$	$2^{47}-2^{23}-2^{16}$
	62	$2^{61}-2^{30}-2^{19}$	$2^{61}-2^{30}-2^{19}-2^{18}$
	70	$2^{69}-2^{34}-2^{21}-2^{20}$	$2^{69}-2^{34}-2^{22}$
	88	$2^{87}-2^{43}-2^{26}$	$2^{87}-2^{43}-2^{26}-2^{24}$
	92	$2^{91}-2^{45}-2^{27}-2^{25}$	$2^{91}-2^{45}-2^{27}-2^{26}$
	100	$2^{99}-2^{49}-2^{29}-2^{28}$	$2^{99}-2^{49}-2^{30}$
3	20	$2^{19}-2^{9}-2^{8}$	$2^{19}-2^{9}-2^{8}-2^{7}$
	30	$2^{29}-2^{14}-2^{11}-2^{10}$	$2^{29}-2^{14}-2^{12}$
	32	$2^{31}-2^{15}-2^{12}$	$2^{31}-2^{15}-2^{13}$
	36	$2^{35}-2^{17}-2^{13}$	$2^{35}-2^{17}-2^{13}-2^{12}$
	46	$2^{45}-2^{22}-2^{16}-2^{13}$	$2^{45}-2^{22}-2^{16}-2^{15}$
	78	$2^{77}-2^{38}-2^{25}-2^{24}$	$2^{77}-2^{38}-2^{25}-2^{24}-2^{23}$
	92	$2^{91}-2^{45}-2^{29}$	$2^{91}-2^{45}-2^{29}-2^{27}$
4	30	$2^{29}-2^{14}-2^{12}-2^{11}$	$2^{29}-2^{14}-2^{13}$
	36	$2^{35}-2^{17}-2^{14}-2^{12}$	$2^{35}-2^{17}-2^{15}$
	40	$2^{39}-2^{19}-2^{16}$	$2^{39}-2^{19}-2^{17}$
	72	$2^{71}-2^{35}-2^{25}-2^{22}-2^{21}$	$2^{71}-2^{35}-2^{25}-2^{23}-2^{22}$
	86	$2^{85}-2^{42}-2^{29}-2^{27}$	$2^{85}-2^{42}-2^{29}-2^{27}-2^{26}-2^{25}$
5	42	$2^{41}-2^{20}-2^{17}$	$2^{41}-2^{20}-2^{17}-2^{14}-2^{6}$
	74	$2^{73}-2^{36}-2^{27}$	$2^{73}-2^{36}-2^{27}-2^{24}-2^{6}$
6	40	$2^{39}-2^{19}-2^{17}-2^{15}$	$2^{39}-2^{19}-2^{17}-2^{16}$
	46	$2^{45}-2^{22}-2^{19}-2^{18}$	$2^{45}-2^{22}-2^{20}$
	52	$2^{51}-2^{25}-2^{21}-2^{20}$	$2^{51}-2^{25}-2^{22}$
	58	$2^{57}-2^{28}-2^{23}-2^{22}$	$2^{57}-2^{28}-2^{24}$
7	44	$2^{43}-2^{21}-2^{19}-2^{18}$	$2^{43}-2^{21}-2^{20}-2^{8}$
	52	$2^{51}-2^{25}-2^{22}$	$2^{51}-2^{25}-2^{22}-2^{21}-2^{8}$
	58	$2^{57}-2^{28}-2^{24}-2^{22}-2^{20}$	$2^{57}-2^{28}-2^{24}-2^{23}$
	70	$2^{69}-2^{34}-2^{28}-2^{26}$	$2^{69}-2^{34}-2^{28}-2^{27}$
8	56	$2^{55}-2^{27}-2^{24}-2^{23}$	$2^{55}-2^{27}-2^{25}$
	70	$2^{69}-2^{34}-2^{29}$	$2^{69}-2^{34}-2^{29}-2^{27}$
9	54	$2^{53}-2^{26}-2^{24}-2^{23}$	$2^{53}-2^{26}-2^{24}-2^{23}-2^{22}$
	62	$2^{61}-2^{30}-2^{27}$	$2^{61}-2^{30}-2^{27}-2^{26}$
	68	$2^{67}-2^{33}-2^{29}-2^{28}$	$2^{67}-2^{33}-2^{29}-2^{28}-2^{27}$
10	66	$2^{65}-2^{32}-2^{29}-2^{28}$	$2^{65}-2^{32}-2^{29}-2^{28}-2^{27}-2^{26}-2^{25}$
	74	$2^{73}-2^{36}-2^{32}$	$2^{73}-2^{36}-2^{32}-2^{30}$
	86	$2^{85}-2^{42}-2^{36}-2^{35}$	$2^{85}-2^{42}-2^{36}-2^{35}-2^{34}$

定理 2.50　设 $f\in\mathcal{B}_n$ 是定义 2.41 中定义的函数，它是由函数集 Γ 中的所有函数广义级联而成的. 若 Γ 中的函数都是 t 阶弹性函数，则 f 也是 t 阶弹性函数.

证明　设 $\Omega_n=(\omega_1,\cdots,\omega_n)=(\Omega_i,\Omega'_{n-i})\in\mathbb{F}_2^n$，其中 $\Omega_i=(\omega_1,\cdots,\omega_i)$，$\Omega'_{n-i}=(\omega_{i+1},\cdots,\omega_n)$. 则 (2.72) 式中定义的函数 $f\in\mathcal{B}_n$ 在 Ω_n 点的谱值为

$$
\begin{aligned}
W_f(\Omega_n) &= \sum_{i=1}^{n-1} \sum_{X_i \in E_i} \sum_{X'_{n-i} \in \mathbb{F}_2^{n-i}} (-1)^{\sum_{Y_i \in E_i} X_i{}^{Y_i} h_{Y_i}(X'_{n-i}) + \Omega_i X_i + \Omega'_{n-i} X'_{n-i}} \\
&= \sum_{i=1}^{n-1} \sum_{Y_i \in E_i} (-1)^{\Omega_i \cdot Y_i} \sum_{X'_{n-i} \in \mathbb{F}_2^{n-i}} (-1)^{h_{Y_i}(X'_{n-i}) + \Omega'_{n-i} X'_{n-i}} \\
&= \sum_{i \in I} \sum_{Y_i \in E_i} (-1)^{\Omega_i \cdot Y_i} W_{h_{Y_i}}(\Omega'_{n-i}),
\end{aligned}
$$

其中 $I = \{i \mid E_i \neq \varnothing,\ 1 \leqslant i \leqslant n-1\}$. 由于 h_{Y_i} 是 t 阶弹性函数, 由 Xiao-Massey 定理, 当 $0 \leqslant \mathrm{wt}(\Omega'_{n-i}) \leqslant t$ 时, $W_{h_{Y_i}}(\Omega'_{n-i}) = 0$. 而当 $0 \leqslant \mathrm{wt}(\Omega_n) \leqslant t$ 时, 必有 $0 \leqslant \mathrm{wt}(\Omega'_{n-i}) \leqslant t$, 因而, $W_f(\Omega_n) = 0$. 再由 Xiao-Massey 定理, f 的弹性阶为 t. □

这一定理给出的 f 为 t 阶弹性函数的条件是一个充分条件, 不是必要条件. 实际上, 当被广义级联的函数不全是 t 阶弹性函数 (甚至全都不是 t 阶弹性函数) 时, 也有可能使 f 是 t 阶弹性函数.

从理论上分析 GMM 型布尔函数的代数免疫性质是比较困难的. 仿真结果表明, 以下因素影响 GMM 型严格几乎最优弹性函数的代数免疫性质.

(1) 被广义级联的仿射函数的常数项取值. 例如, 当 (2.73) 式中的 $g_i \equiv 0$ (即被广义级联的函数都是线性函数), 具有严格几乎最优非线性度的 12 元 GMM 型弹性函数 f 的代数免疫性质很差. 但若被级联的函数中既有线性函数, 也有常数项非零的仿射函数, 则代数免疫阶可能有一定程度的提高.

(2) 被广义级联的定义在不同的向量空间上的仿射函数数量的相对比例. 例如, 构造 2.44 中为了保证 GMM 型弹性函数具有尽可能高的非线性度, 被广义级联的 $\mathbb{F}_2^{n/2}$ 上的仿射函数数量尽可能多, 这影响了代数免疫阶的提高. 为了提高代数免疫阶, 可广义级联较多 $\mathbb{F}_2^k$ 上的仿射函数, 其中 k 相对于 $n/2$ 较小.

以上因素影响代数免疫性质, 也影响快速代数免疫性质. 综合考虑以上因素, 牺牲一定的非线性度可以换取代数免疫性质和快速代数免疫性质的改善. 下面给出两个具体的例子.

例 2.51 由构造 2.44, 通过广义级联 4 元仿射函数和 3 元仿射函数, 可得到非线性度是 116, 代数次数是 6 的 8 元平衡布尔函数 f. 这样得到的 f, 其代数免疫性质和快速代数免疫性质都比较差. 考虑到上面的因素 (2), 广义级联仿射函数时, 我们减少 4 元仿射函数的数量, 增加 3 元仿射函数的数量, 并选择一些 2 元仿射函数. 下面的 8 元布尔函数 f 是通过广义级联 1 个 4 元仿射函数、20 个 3 元仿射函数、20 个 2 元仿射函数得到的. f 的真值表如下:

0011001100111001100101101010110010101010001110010110011011111111
0000111110101100001110011100110010101100001111000101010111000110
1111000010010110100110011010101011000011101001011100011000110011
0011110001010011111100000000000000111001001111001001100110011001

可以验证 f 是平衡的, $\deg(f)=6$, $N_f=112$, $\mathrm{AI}(f)=4$, $\mathrm{FAI}(f)=n-1=7$. 显然, 这一函数不能由构造 2.44 得到, 但它的结构符合定义 2.43, 是一个 GMM 型布尔函数. 下面, 对 f 进行一个变换 $f(XA)=f'(X)$, 其中 A 是一个可逆矩阵. A 在满足某些条件时, 可以使变换后得到的函数 f' 是 1 阶弹性函数. 由于该变换是仿射变换, 不会改变函数的代数次数、非线性度、代数免疫阶和快速代数免疫阶. f' 的真值表如下:

0101111001001001101111011111110000001010110001111010001011111000
0000110000000111001010010001011011111001001000111110100010101101
0010000100110111101100010011100010111001010110000000110110110100
0111011111011100110110011001001010001110110101010010110101100001

需要指出的是, 不是所有的平衡函数都可以仿射变换为 1 阶弹性函数. 比如, 假设本例中 f 的代数次数是 7, 它就不可能变换为 1 阶弹性函数, 因为这与 Siegenthaler 不等式相违背 (见引理 2.11).

例 2.52 本例给出一个 GMM 型 10 元平衡布尔函数 f, 并有 $\deg(f)=8$, $N_f=472$, $\mathrm{AI}(f)=5$, $\mathrm{FAI}(f)=n-1=9$. f 的十六进制真值表表示如下:

5FA5 09FA AC3A 56AA C693 36A6 96FF C369 60A3 9500 6C56 5F39 A563 C53F C33A 0FC3
6F69 C3C6 AAA5 F366 6AA0 95A9 A6F9 5563 5399 5F39 63F5 0F5F A669 5305 6C9A 3A50
FC90 A5F6 3530 9FAA FFCC 3035 6395 6C96 FF3C 0536 5350 C99F 3305 963A 3359 F0F3
36F5 6355 60CF 5CFA 0A60 09CA A030 A033 CF06 930A 30FA 3093 C0F0 663C 5AA0 5C65

这一函数可仿射变换为 1 阶弹性函数 f', 并保持上面列举的其他密码学指标不变. f' 的真值表如下:

47F2 F5CB 4204 66D6 5885 742C 1413 74E0 3FF3 5343 874B FA7C 2E53 F237 8646 BF2B
6C39 1AFA 726D 6026 901D 17D1 397A E42F 4330 5841 5606 7F99 E5C9 A5F3 9DA9 9C9A
78F5 B408 43AB 53EE DFCD C34D E060 DCBD 839B 7504 CD5A 4C9C 3282 E050 6BB8 8A57
527D B3AB C26A B928 DFDE 4626 A2AE D0C6 4834 2A9B ABDB AC8B 9F6D 5809 0F69 8596

上面的例子表明, 为了使 GMM 型布尔函数具有优良的代数性质 (包括代数次数、代数免疫、快速代数免疫), 可通过广义级联较多 k 元仿射函数实现, 这里 $k<n/2$. 当 k 相对较小时, 对代数性质的改善较为明显, 代价是牺牲一定的非线性度. 我们在表 2.5 中列出能够验证的更多函数的参数.

表 2.5 同时具有多种优良密码学性质的 GMM 型布尔函数

n	8	10	10	12	12	14	14
弹性阶	1	1	1	0	1	0	1
$\deg(f)$	6	8	8	11	10	13	11
$\mathrm{AI}(f)$	4	5	5	6	6	7	7
$\mathrm{FAI}(f)$	7	9	8	11	11	13	11
N_f	112	472	480	1960	1960	7994	8040

2.5 GMM 型密码函数构造 (2)

在 2.4 节, 我们讨论了具有偶数个变元的 GMM 型函数的构造, 得到非线性度严格几乎最优的弹性函数. 当变元个数为奇数时, 由定义 2.43 直接构造非线性度严格几乎最优的弹性函数是比较困难的. 为了达到这一目的, 下面介绍两种方法.

第一种方法是直和构造法, 是把偶数变元的 GMM 型弹性函数 g 和奇数个变元的高非线性度布尔函数 h 进行直和, 得到一个奇数变元的高非线性度弹性函数 f.

构造 2.53 (直和构造) *设奇数 $n=n_1+n_2$, 其中 n_1 为偶数, n_2 为奇数. 设 $g\in\mathcal{B}_{n_1}$ 和 $h\in\mathcal{B}_{n_2}$ 的非线性度都是严格几乎最优的, 且弹性阶分别是 t_1 和 t_2. 把 g 和 h 作直和, 得 $t=t_1+t_2+1$ 阶弹性函数*

$$f(X,Y)=g(X)+h(Y),$$

其中 $X\in\mathbb{F}_2^{n_1}$, $Y\in\mathbb{F}_2^{n_2}$.

f 的弹性阶是 t_1+t_2+1, 可由引理 2.27 得到. g 和 h 都是严格几乎最优的, 并不能保证 f 也是严格几乎最优的, 这取决于 g 和 h 分别是什么样的函数. 在下面的讨论中, 设 g 是由构造 2.44 得到的 GMM 型 n_1 元 t_1 阶弹性函数, h 是 PW 函数或 KY 函数 (弹性阶 $t_2=-1$). 此时, $t=t_1$. 设 $\alpha\in\mathbb{F}_2^{n_1}$, $\beta\in\mathbb{F}_2^{n_2}$, 有 $W_f(\alpha,\beta)=W_g(\alpha)W_h(\beta)$. 若 h 是 KY 函数, 则 $n_2=9$ 且 $\max\limits_{\beta\in\mathbb{F}_2^9}|W_h(\beta)|=28$. 为保证 $N_f>2^{n-1}-2^{(n-1)/2}$, 其中 $n=n_1+9$, 需使 $28\cdot(2^{n_1}-2N_g)<2^{(n_1+10)/2}$, 即

$$N_g>2^{n_1-1}-\frac{4}{7}\cdot 2^{n_1/2}. \tag{2.88}$$

类似地, 若 h 是 PW 函数, 则 $n_2=15$ 且 $\max\limits_{\beta\in\mathbb{F}_2^{15}}|W_h(\beta)|=216$. 为保证 f 是严格几乎最优函数, 需使

$$N_g>2^{n_1-1}-\frac{16}{27}\cdot 2^{n_1/2}.$$

在文献 [768] 中通过修改 PW 函数得到非线性度是 16272 的 15 元平衡布尔函数和非线性度是 16264 的 15 元 1 阶弹性函数, 我们把这两类函数分别称作 PW0 函

数和 PW1 函数. 若 h 选为 PW0 函数 ($t_2=0$), 经计算 g 的非线性度也要满足 (2.88) 式, 才能使 t 阶弹性函数 f 严格几乎最优, 此时 $n=n_1+15$, $t=t_1+1$. 若 h 选为 PW1 函数 ($t_2=1$), g 的非线性度要满足 $N_g>2^{n_1-1}-\dfrac{8}{15}\cdot 2^{n_1/2}$, 才能使 t 阶弹性函数 f 严格几乎最优, 这里 $t=t_1+2$.

设 $n(t)$ 是使 f 为 t 阶弹性函数且非线性度严格几乎最优的最小变元个数. 在表 2.6 中我们列出 h 分别为 KY 函数、PW 函数和 PW0 函数时的 $n(t)$ 值. $n(t)$ 值与 g 和 h 的选取密切相关, 表 2.6 中的每个 $n(t)$ 都对应一个变元个数为 $n(t)-9$ 或 $n(t)-15$ 的 GMM 型 t_1 阶弹性函数.

表 2.6 $n(t)$ 值

h	$t=1$	$t=2$	$t=3$	$t=4$	$t=5$	$t=6$	$t=7$	$t=8$	$t=9$	$t=10$
KY	29	35	41	47	51	57	61	67	71	77
PW	35	41	47	53	57	63	67	73	77	83
PW0	29	35	41	47	53	57	63	67	73	77

例 2.54 设 $Y\in\mathbb{F}_2^{15}$, $X\in\mathbb{F}_2^{30}$. 选 $h(Y)\in\mathcal{B}_{15}$ 为 PW1 函数, $g(X)\in\mathcal{B}_{30}$ 为由构造 2.44 得到的 GMM 型 30 元 2 阶弹性函数. 查表 2.4, 知 $N_g=2^{29}-2^{14}-2^{10}$. 构造 45 元布尔函数 $f(X,Y)=g(X)+h(Y)$, 可得 $N_f=2^{44}-2^{22}+2^{14}$. 由引理 2.27, f 的弹性阶 $t=4$. 我们用 $(45,4,2^{44}-2^{22}+2^{14})$ 来表示这一函数的参数.

例 2.55 设 $Y\in\mathbb{F}_2^{15}$, $X\in\mathbb{F}_2^{40}$. 选 PW 函数 $h(Y)\in\mathcal{B}_{15}$ 和 GMM 型 3 阶弹性函数 $g(X)\in\mathcal{B}_{40}$, 其非线性度 $N_g=2^{39}-2^{19}-2^{15}$. 构造 55 元 3 阶弹性函数 $f(X,Y)=g(X)+h(Y)$, 非线性度为 $N_f=2^{54}-2^{27}+13\cdot 2^{20}+2^{18}$.

只要被直和的两个函数的非线性度足够高, 采用直和构造法是一种获得高非线性度弹性函数的有效方法.

下面我们重点介绍另一种构造法: 镶嵌式 GMM 构造法. 顾名思义, 这种构造法是把一个已知的小变元的高非线性度布尔函数 h “镶嵌” 入构造 2.44 中的 GMM 结构中 (h 被称为“镶嵌函数”), 以期得到大变元的高非线性度布尔函数 f. 从表 2.7 中的数据对比可以看出, 由镶嵌式 GMM 构造法可以得到参数优于直和构造法的高非线性度弹性函数.

构造 2.56 设奇数 $n=2k+s$, 其中 k 是正整数, $s\geqslant 9$ 是奇数. 设 $t>t_0\geqslant -1$, 其中 t, t_0 都是整数. 设 $X_n=(x_1,\cdots,x_n)$, $X_{[u,v]}=(x_u,\cdots,x_v)\in\mathbb{F}_2^{v-u+1}$, 其中 $1\leqslant u<v\leqslant n$. 设 $T_k=\{c\mid c\in\mathbb{F}_2^k,\ \mathrm{wt}(c)\geqslant t-t_0\}$. 对 $k+1\leqslant i\leqslant n-1$, 设 $T_i=\{c\mid c\in\mathbb{F}_2^{n-i},\ \mathrm{wt}(c)\geqslant t+1\}$. 设 $(b_k,\cdots,b_{n-1})$ 是使

$$\sum_{i=k}^{n-1}(b_i 2^{n-i}|T_i|)\geqslant 2^n$$

成立的最小二进制数. 设 $I=\{i\mid b_i=1,\ k\leqslant i\leqslant n-1\}$, $\nu=\max\{i\mid i\in I\}$. 选

定一组集合 $E_i \subseteq \mathbb{F}_2^i$, $i \in I$, 满足如下条件:

(1) $|E_i| = |T_i|$, $i \in I\backslash\{\nu\}$, 并且 $|E_\nu| \leqslant |T_\nu|$;

(2) $\{S_i \mid S_i = E_i \times \mathbb{F}_2^{n-i}, i \in I\}$ 是 $\mathbb{F}_2^n$ 的一个划分.

建立从 E_i 到 T_i 的单射 ϕ_i, $i \in I$. 构造镶嵌式 GMM 型布尔函数 $f \in \mathcal{B}_n$ 如下:

$$f(X_n) = \begin{cases} \phi_k(X_{[1,k]}) \cdot X_{[k+1,2k]} + h(X_{[2k+1,n]}), & X_{[1,k]} \in E_k, \\ \phi_i(X_{[1,i]}) \cdot X_{[i+1,n]}, & X_{[1,i]} \in E_i,\ i \in I\backslash\{k\}, \end{cases}$$

其中镶嵌函数 $h \in \mathcal{B}_s$ 是已知的非线性度为 N_h 的严格几乎最优 t_0 阶弹性函数.

定理 2.57 设 $f \in \mathcal{B}_n$ 是由构造 2.56 得到的, 则 f 是一个 t 阶弹性函数, 且非线性度是

$$N_f \geqslant 2^{n-1} - 2^k(2^{s-1} - N_h) - \sum_{i \in I\backslash\{k\}} 2^{n-i-1}. \tag{2.89}$$

证明 设 $\Omega_n = (\omega_1, \cdots, \omega_n) \in \mathbb{F}_2^n$, 并且

$$\mathcal{W}_i(\Omega_n) = \sum_{X_n \in S_i} (-1)^{f(X_n) + \Omega_n \cdot X_n}.$$

当 $i = k$ 时, 有

$$\mathcal{W}_i(\Omega_n) = \begin{cases} \pm 2^k \cdot W_h(\Omega_{[2k+1,n]}), & \phi_k^{-1}(\Omega_{[k+1,2k]}) \text{ 存在}, \\ 0, & \text{否则}. \end{cases}$$

当 $i \in I\backslash\{k\}$ 时,

$$\mathcal{W}_i(\Omega_n) = \begin{cases} \pm 2^{n-i}, & \phi_i^{-1}(\omega_{[i+1,n]}) \text{ 存在}, \\ 0, & \text{否则}. \end{cases}$$

由于 $\{S_i \mid S_i = E_i \times \mathbb{F}_2^{n-i}, i \in I\}$ 是 $\mathbb{F}_2^n$ 的一个划分, 可得

$$W_f(\Omega_n) = \sum_{i \in I} \mathcal{W}_i(\Omega_n).$$

注意到 $|\mathcal{W}_k(\Omega_n)| \leqslant 2^k(2^s - 2N_h)$, 于是有

$$\max_{\omega \in \mathbb{F}_2^n} |W_f(\Omega_n)| \leqslant 2^k(2^s - 2N_h) + \sum_{i \in I\backslash\{k\}} 2^{n-i}.$$

由 (2.27) 式, 可得 (2.89) 式成立. 不难看出, f 是一系列 t 阶弹性函数广义级联而成的. 由定理 2.50, f 是 t 阶弹性函数. □

关于构造 2.56, 作以下几点说明:

(1) 注意到镶嵌函数 $h \in \mathcal{B}_s$ 是 t_0 阶弹性函数. 当 $X_{[1,k]} \in E_k$ 时, $\phi_k(X_{[1,k]}) \cdot X_{[k+1,2k]}$ 是 $t-t_0-1$ 阶弹性函数. 由引理 2.27, $\phi_k(X_{[1,k]}) \cdot X_{[k+1,2k]} + h(X_{[2k+1,n]})$ 是 t 阶弹性函数, 也是一个 $n-k$ 元 k 维部分线性函数. 而函数集

$$\{\phi_k(X_{[1,k]}) \cdot X_{[k+1,2k]} + h(X_{[2k+1,n]}) \mid X_{[1,k]} \in E_k\}$$

构成一个正交谱函数集.

(2) f 的表达式还可更一般地表达成如下形式:

$$\begin{cases} \phi_k(X_{[1,k]}) \cdot X_{[k+1,2k]} + g_k(X_{[1,k]}) + h(X_{[2k+1,n]}), & X_{[1,k]} \in E_k, \\ \phi_i(X_{[1,i]}) \cdot X_{[i+1,n]} + g_i(X_{[1,i]}), & X_{[1,i]} \in E_i,\ i \in I\backslash\{k\}, \end{cases}$$

其中 $g_i \in \mathcal{B}_i$, $i \in I$. 函数的非线性度和弹性阶不会因此受到影响.

(3) 可以采用类似构造 2.47 中的方法对 f 进行代数次数优化. 设 $T'_\nu \subset T_\nu$, 并满足 $T'_\nu = \{c \mid c \in \mathbb{F}_2^{n-\nu},\ \mathrm{wt}(c) > t,\ (c_1, \cdots, c_{t+1}) \neq \mathbf{1}_{t+1}\}$. 若 $|E_\nu| - 1 \leqslant |T'_\nu|$, 则可建立从 $E_\nu\backslash\{\delta\}$ 到 T'_ν 的单射 ϕ'_ν, $\delta \in E_\nu$. 优化后的函数为

$$f'(X_n) = \begin{cases} \phi_k(X_{[1,k]}) \cdot X_{[k+1,2k]} + h(X_{[2k+1,n]}), & X_{[1,k]} \in E_k, \\ \phi_i(X_{[1,i]}) \cdot X_{[i+1,n]}, & X_{[1,i]} \in E_i,\ i \in I\backslash\{k,\nu\}, \\ \phi'_\nu(X_{[1,\nu]}) \cdot X_{[\nu+1,n]}, & X_{[1,\nu]} \in E_\nu\backslash\{\delta\}, \\ \mathbf{1}_{n-\nu} \cdot X_{[\nu+1,n]} + x_{\nu+t+2} \cdots x_n, & X_{[1,\nu]} = \delta. \end{cases}$$

f' 具有与 f 相同的弹性阶和非线性度, 并且具有最优代数次数 $n-t-1$. 若 $|E_\nu| - 1 > |T'_\nu|$, 则建立从 $E_\nu\backslash\{\delta\}$ 到 T_ν 的单射 ϕ''_ν, 构造函数 f''. 把 f' 表达式中的 ϕ'_ν 替换为 ϕ''_ν. 此时, 函数 f'' 也具有最优的代数次数和 t 阶弹性, 但非线性度 $N_{f''} \geqslant N_f - 2^{t+1}$. 若镶嵌函数 h 分别为 KY 函数、PW 函数和 PW0 函数, 代数次数优化后的函数非线性度可表达为

$$\begin{cases} N_{f'} \geqslant 2^{n-1} + \xi - \sum_{i \in I\backslash\{k\}} 2^{n-i-1}, & |E_e| - 1 \leqslant |T'_e|, \\ N_{f''} \geqslant 2^{n-1} + \xi - \sum_{i \in I\backslash\{k\}} 2^{n-i-1} - 2^{t+1}, & |E_e| - 1 > |T'_e|, \end{cases}$$

其中

$$\xi = \begin{cases} 14 \cdot 2^k, & h \text{ 是 KY 函数}, \\ 108 \cdot 2^k, & h \text{ 是 PW 函数}, \\ 112 \cdot 2^k, & h \text{ 是 PW0 函数}. \end{cases}$$

需要说明的是, 镶嵌函数 h 的改变可能会导致 I 中元素的改变. 表 2.7 给出构造 2.56 和构造 2.53 所得 n 元 t 阶弹性函数的非线性度比较.

表 2.7 构造 2.56 和构造 2.53 所得 n 元 t 阶弹性函数的非线性度比较

t	n	构造 2.56	构造 2.53
1	31	$2^{30}-2^{15}+2^{11}$	$2^{30}-2^{15}+2^{9}$
	33	$2^{32}-2^{16}+5\cdot 2^{10}+896$	$2^{32}-2^{16}+4\cdot 2^{10}+512$
	35	$2^{34}-2^{17}+12\cdot 2^{10}$	$2^{34}-2^{17}+9\cdot 2^{10}$
	37	$2^{36}-2^{18}+27\cdot 2^{10}+768$	$2^{36}-2^{18}+25\cdot 2^{10}$
	39	$2^{38}-2^{19}+56\cdot 2^{10}$	$2^{38}-2^{19}+53\cdot 2^{10}$
	41	$2^{40}-2^{20}+127\cdot 2^{10}+1020$	$2^{40}-2^{20}+108\cdot 2^{10}+768$
	43	$2^{42}-2^{21}+256\cdot 2^{10}$	$2^{42}-2^{21}+266\cdot 2^{10}$ ⋆
	45	$2^{44}-2^{22}+575\cdot 2^{10}$	$2^{44}-2^{22}+532\cdot 2^{10}$
	47	$2^{46}-2^{23}+2^{20}+128\cdot 2^{10}$	$2^{46}-2^{23}+2^{20}+107\cdot 2^{10}+512$
	49	$2^{48}-2^{24}+2\cdot 2^{20}+320\cdot 2^{10}$	$2^{48}-2^{24}+2\cdot 2^{20}+296\cdot 2^{10}$
	51	$2^{50}-2^{25}+4\cdot 2^{20}+768\cdot 2^{10}$	$2^{50}-2^{25}+4\cdot 2^{20}+700\cdot 2^{10}$
2	35	–	$2^{34}-2^{17}+2\cdot 2^{10}$ ⋆
	37	$2^{36}-2^{18}+16\cdot 2^{10}$	$2^{36}-2^{18}+4\cdot 2^{10}$
	39	$2^{38}-2^{19}+32\cdot 2^{10}$	$2^{38}-2^{19}+36\cdot 2^{10}$
	41	$2^{40}-2^{20}+95\cdot 2^{10}+1016$	$2^{40}-2^{20}+72\cdot 2^{10}$
	43	$2^{42}-2^{21}+192\cdot 2^{10}$	$2^{42}-2^{21}+200\cdot 2^{10}$
	45	$2^{44}-2^{22}+444\cdot 2^{10}+1016$	$2^{44}-2^{22}+424\cdot 2^{10}$
	47	$2^{46}-2^{23}+928\cdot 2^{10}$	$2^{46}-2^{23}+870\cdot 2^{10}$
	49	$2^{48}-2^{24}+2\cdot 2^{20}$	$2^{48}-2^{24}+2^{20}+888\cdot 2^{10}$
	51	$2^{50}-2^{25}+4\cdot 2^{20}$	$2^{50}-2^{25}+4\cdot 2^{20}+160\cdot 2^{10}$ ⋆
	53	$2^{52}-2^{26}+9\cdot 2^{20}$	$2^{52}-2^{26}+8\cdot 2^{20}+320\cdot 2^{10}$
	55	$2^{54}-2^{27}+18\cdot 2^{20}$	$2^{54}-2^{27}+18\cdot 2^{20}+320\cdot 2^{10}$
3	41	–	$2^{40}-2^{20}+16\cdot 2^{10}$ ⋆
	43	$2^{42}-2^{21}+128\cdot 2^{10}$	$2^{42}-2^{21}+32\cdot 2^{10}$
	45	$2^{44}-2^{22}+256\cdot 2^{10}$	$2^{44}-2^{22}+288\cdot 2^{10}$ ⋆
	47	$2^{46}-2^{23}+672\cdot 2^{10}$	$2^{46}-2^{23}+576\cdot 2^{10}$
	49	$2^{48}-2^{24}+2^{20}+512\cdot 2^{10}$	$2^{48}-2^{24}+2^{20}+352\cdot 2^{10}$
	51	$2^{50}-2^{25}+3\cdot 2^{20}$	$2^{50}-2^{25}+3\cdot 2^{20}+320\cdot 2^{10}$ ⋆
	53	$2^{52}-2^{26}+7\cdot 2^{20}$	$2^{52}-2^{26}+7\cdot 2^{20}+640\cdot 2^{10}$ ⋆
	55	$2^{54}-2^{27}+16\cdot 2^{20}$	$2^{54}-2^{27}+14\cdot 2^{20}+32\cdot 2^{10}$
	57	$2^{56}-2^{28}+32\cdot 2^{20}$	$2^{56}-2^{28}+33\cdot 2^{20}+256\cdot 2^{10}$ ⋆
	59	$2^{58}-2^{29}+72\cdot 2^{20}$	$2^{58}-2^{29}+66\cdot 2^{20}+512\cdot 2^{10}$
	61	$2^{60}-2^{30}+144\cdot 2^{20}$	$2^{60}-2^{30}+144\cdot 2^{20}+832\cdot 2^{10}$ ⋆
4	47	–	$2^{46}-2^{23}+128\cdot 2^{10}$ ⋆
	49	$2^{48}-2^{24}+2^{20}$	$2^{48}-2^{24}+256\cdot 2^{10}$
	51	$2^{50}-2^{25}+2\cdot 2^{20}$	$2^{50}-2^{25}+2\cdot 2^{20}+256\cdot 2^{10}$ ⋆
	53	$2^{52}-2^{26}+5\cdot 2^{20}$	$2^{52}-2^{26}+4\cdot 2^{20}+512$
	55	$2^{54}-2^{27}+12\cdot 2^{20}$	$2^{54}-2^{27}+9\cdot 2^{20}$

续表

t	n	构造 2.56	构造 2.53
4	57	$2^{56}-2^{28}+24\cdot 2^{20}$	$2^{56}-2^{28}+26\cdot 2^{20}+512\cdot 2^{10}$ ⋆
	59	$2^{58}-2^{29}+56\cdot 2^{20}$	$2^{58}-2^{29}+53\cdot 2^{20}$
	61	$2^{60}-2^{30}+128\cdot 2^{20}$	$2^{60}-2^{30}+112\cdot 2^{20}+256\cdot 2^{10}$
	63	$2^{62}-2^{31}+256\cdot 2^{20}$	$2^{62}-2^{31}+266\cdot 2^{20}$ ⋆
	65	$2^{64}-2^{32}+576\cdot 2^{20}$	$2^{64}-2^{32}+532\cdot 2^{20}$
	67	$2^{66}-2^{33}+2^{30}+128\cdot 2^{20}$	$2^{66}-2^{33}+2^{30}+94\cdot 2^{20}$
5	51	–	$2^{50}-2^{25}+512\cdot 2^{10}$ ⋆
	53	$2^{52}-2^{26}+2\cdot 2^{20}$	$2^{52}-2^{26}+2^{20}$
	55	$2^{54}-2^{27}+8\cdot 2^{20}$	$2^{54}-2^{27}+2\cdot 2^{20}$
	57	$2^{56}-2^{28}+16\cdot 2^{20}$	$2^{56}-2^{28}+18\cdot 2^{20}$ ⋆
	59	$2^{58}-2^{29}+40\cdot 2^{20}$	$2^{58}-2^{29}+36\cdot 2^{20}$
	61	$2^{60}-2^{30}+96\cdot 2^{20}$	$2^{60}-2^{30}+72\cdot 2^{20}$
	63	$2^{62}-2^{31}+192\cdot 2^{20}$	$2^{62}-2^{31}+212\cdot 2^{20}$ ⋆
	65	$2^{64}-2^{32}+480\cdot 2^{20}$	$2^{64}-2^{32}+424\cdot 2^{20}$
	67	$2^{66}-2^{33}+2^{30}$	$2^{66}-2^{33}+856\cdot 2^{20}$
	69	$2^{68}-2^{34}+2\cdot 2^{30}$	$2^{68}-2^{34}+2\cdot 2^{30}+80\cdot 2^{20}$
	71	$2^{70}-2^{35}+4\cdot 2^{30}+512\cdot 2^{20}$	$2^{70}-2^{35}+4\cdot 2^{30}+160\cdot 2^{20}$

注: 表中 ⋆ 表示直和构造时非线性度较优的情形.

例 2.58　设 $n=55$, $k=20$, $s=15$, 镶嵌函数 h 是 PW 函数 ($N_h=16276$). 下面构造一个 3 阶弹性函数 $f\in B_{55}$. 设 $T_{20}=\{c\mid c\in\mathbb{F}_2^{20},\ \mathrm{wt}(c)>3\}$. 选 $E_{20}\subset\mathbb{F}_2^{20}$ 使 $|E_{20}|=|T_{20}|=2^{20}-1351$. 建立从 E_{20} 到 T_{20} 的双射 ϕ_{20}. 设 $E_{32}=\overline{E_{20}}\times\mathbb{F}_2^{12}$, 其中 $\overline{E_{20}}=\mathbb{F}_2^{20}\backslash E_{20}$. 注意到 $|E_{32}|=1351\cdot 2^{12}=5533696$, 而 $|T_{32}|=2^{55-32}-2048=8386560$, 可建立从 E_{32} 到 T_{32} 的单射 ϕ_{32}. 设 $S_{20}=E_{20}\times\mathbb{F}_2^{35}$, $S_{32}=E_{32}\times\mathbb{F}_2^{23}$. E_{20} 和 E_{32} 的结构保证了 $S_{20}\cup S_{32}=\mathbb{F}_2^{55}$ 且 $S_{20}\cap S_{32}=\varnothing$, 即 S_{20} 和 S_{32} 可作成 $\mathbb{F}_2^{55}$ 的一个划分. 构造 3 阶弹性函数 $f\in\mathcal{B}_{55}$ 如下:

$$f(X_{55})=\begin{cases}\phi_{20}(X_{[1,20]})\cdot X_{[21,40]}+h(X_{[41,55]}), & X_{[1,20]}\in E_{20},\\ \phi_{32}(X_{[1,32]})\cdot X_{[33,55]}, & X_{[1,32]}\in E_{32}.\end{cases}$$

可得

$$\max_{\Omega_n\in\mathbb{F}_2^n}|W_f(\Omega_n)|\leqslant 2^{20}\cdot 216+2^{23}.$$

因而, f 的非线性度 $N_f=2^{54}-2^{27}+2^{24}$, 优于例 2.55 中直和构造法所得 55 元 3 阶弹性函数的非线性度. 下面继续对 f 进行代数次数优化. 设 $T'_{32}\subset T_{32}$ 且 $T'_{32}=\{c\mid c\in\mathbb{F}_2^{23},\ \mathrm{wt}(c)>3,\ (c_1,c_2,c_3,c_4)\neq(1,1,1,1)\}$. 不难算出

$$|T'_{32}|=|T_{32}|-2^{19}=7862272>|E_{32}|-1.$$

任选一个向量 $\delta \in E_{32}$. 建立从 $E_{32}\backslash\{\delta\}$ 到 T'_{32} 的单射 ϕ'_{32}. 优化后的函数为 f':

$$f'(X_{55}) = \begin{cases} \phi_{20}(X_{[1,20]}) \cdot X_{[21,40]} + h(X_{[41,55]}), & X_{[1,20]} \in E_{20}, \\ \phi'_{32}(X_{[1,32]}) \cdot X_{[33,55]}, & X_{[1,32]} \in E_{32}\backslash\{\delta\}, \\ \mathbf{1}_{32} \cdot X_{[24,55]} + x_{28}x_{29}\cdots x_{55}, & X_{[1,32]} = \delta. \end{cases}$$

f' 的代数正规型中必有次数为 51 的单项 $x_1\cdots x_{23}x_{28}\cdots x_{55}$, 而没有次数更高的单项. 故 $\deg(f) = 51$, 达到最优代数次数, 而非线性度和弹性阶没有受到影响.

猜想 2.59 设 $n \geqslant 8$, $t < \lfloor n/4 \rfloor$, 则 t 阶弹性函数 $f \in \mathcal{B}_n$ 的非线性度满足

$$N_f \leqslant 2^{n-1} - \lfloor 2^{n/2-1} \rfloor - 2^{\lfloor n/4 \rfloor + t - 1}.$$

2.6 残缺 Walsh 变换和 HML 构造法

在 $\mathbb{F}_2^n$ 上构造密码函数 $f \in \mathcal{B}_n$ 时, 可对 $\mathbb{F}_2^n$ 进行 "分块" 处理, 使这些 "块" 构成 $\mathbb{F}_2^n$ 的一个划分. 当确定了每一块中的向量所对应的函数值, 或每一块上的函数表达, 也就完成了 f 的构造. 例如, 在正交谱函数集构造法中, 同一块上级联同一正交谱函数集中的函数, 所使用的正交谱函数集的个数就是分块的个数; 在 GMM 构造法中, 同一块上广义级联同一向量空间上的仿射函数, 不同向量空间的个数就是分块的个数. 每一块上实际上都定义了一个不完整的布尔函数, 称之为 "残缺" 布尔函数 (fragmentary Boolean function). 相应地, 类似定义 2.4 (p. 55) 中定义的 Walsh 变换, 也可以在块上定义一种变换, 称之为 "残缺" Walsh 变换 (fragmentary Walsh transform).

定义 2.60 设 S 是 $\mathbb{F}_2^n$ 的非空真子集, $X \in S$. 称函数 $f_S : S \to \mathbb{F}_2$ 为 S 上的 n 元残缺布尔函数. f_S 在点 $\omega \in \mathbb{F}_2^n$ 的残缺 Walsh 变换定义为

$$\mathrm{FW}_{f_S}(\omega) = \sum_{X \in S} (-1)^{f_S(X) + \omega \cdot X}. \tag{2.90}$$

若有序多重集 $\mathcal{W}_{f_S} = \{\mathrm{FW}_{f_S}(\omega) \mid \omega \in \mathbb{F}_2^n\}$ 中的元素是按 $[\omega]$ 从小到大排序的, 则称 $\mathcal{W}_{f_S}$ 为 f_S 的残缺 Walsh 频谱, 简称残缺谱. 称 $\mathrm{FW}_{f_S}(\omega)$ 的数值为 f_S 在 ω 点的残缺 Walsh 频谱值, 简称残缺谱值.

类似 Parseval 恒等式, f_S 所有点的残缺谱值的平方和也是一个常数.

引理 2.61 设非空集合 $S \subseteq \mathbb{F}_2^n$, $f_S : S \to \mathbb{F}_2$ 是 S 上的 n 元残缺布尔函数, 则有

$$\sum_{\omega \in \mathbb{F}_2^n} \left(\mathrm{FW}_{f_S}(\omega)\right)^2 = 2^n |S|. \tag{2.91}$$

证明 结合 (2.90) 式, 可得

$$\sum_{\omega\in\mathbb{F}_2^n}(\mathrm{FW}_{f_S}(\omega))^2=\sum_{\omega\in\mathbb{F}_2^n}\left(\sum_{X\in S}(-1)^{f_S(X)+\omega\cdot X}\sum_{Y\in S}(-1)^{f_S(Y)+\omega\cdot Y}\right)$$
$$=\sum_{X\in S}\sum_{Y\in S}(-1)^{f_S(X)+f_S(Y)}\left(\sum_{\omega\in\mathbb{F}_2^n}(-1)^{\omega\cdot(X+Y)}\right).$$

由于

$$\sum_{\omega\in\mathbb{F}_2^n}(-1)^{\omega\cdot(X+Y)}=\begin{cases}0, & X\neq Y,\\ 2^n, & X=Y,\end{cases}$$

只需考虑 $X=Y$ 的情况, 可得

$$\sum_{\omega\in\mathbb{F}_2^n}(\mathrm{FW}_{f_S}(\omega))^2=\sum_{X\in S}(-1)^0\cdot 2^n=2^n|S|.$$

于是, (2.91) 式中的恒等关系成立. □

Parseval 恒等式可以看作是等式 (2.91) 的特例, 即 $S=\mathbb{F}_2^n$ 时的情形.

下面的引理在残缺 Walsh 频谱和经典的 Walsh 频谱之间建立了联系, 并通过描述残缺 Walsh 频谱的特征, 给出 f 是 t 阶弹性函数的一个判定条件.

引理 2.62 设 $\{S_i \mid i=1,2,\cdots,d\}$ 是 $\mathbb{F}_2^n$ 的一个划分, 且 f_{S_i} 是 S_i 上的 n 元残缺布尔函数. 设 $f\in\mathcal{B}_n$, 并有

$$f(X)=f_{S_i}(X),\quad X\in S_i,\ i=1,2,\cdots,d.$$

(1) f 在点 ω 的谱值是 f_{S_i} $(i=1,2,\cdots,d)$ 在点 ω 的残缺谱值之和, 即

$$W_f(\omega)=\sum_{i=1}^{d}\mathrm{FW}_{f_{S_i}}(\omega). \tag{2.92}$$

特别地, 当 $d=2$ 时,

$$W_f(\omega)=\mathrm{FW}_{f_{S_1}}(\omega)+\mathrm{FW}_{f_{S_2}}(\omega). \tag{2.93}$$

(2) 若对任意 $\omega\in\mathbb{F}_2^n$, $0\leqslant \mathrm{wt}(\omega)\leqslant t$, 总有 $\mathrm{FW}_{f_{S_i}}(\omega)=0$, $i=1,2,\cdots,d$, 则 f 是 t 阶弹性函数.

上面引理中的结论 (1) 比较显然. 结论 (2) 可由 (2.92) 式结合 Xiao-Massey 定理得到, 这一命题的条件是一个充分不必要条件.

例2.63 设 $S_1=\{000,001,011,110,111\}\subset\mathbb{F}_2^3$. 定义 S 上的 3 元残缺布尔函数 f_{S_1}: $f_{S_1}(000)=0$, $f_{S_1}(001)=0$, $f_{S_1}(011)=1$, $f_{S_1}(110)=0$, $f_{S_1}(111)=1$. 可用真值表表示为 $\overline{f_{S_1}}=(0,0,*,1,*,*,0,1)$, 其中 * 表示该位置所对应向量不在 S_1 中 (未被定义). 在 S_1 已确定的前提下, f_{S_1} 的真值表也可省去 *, 直接表示为 $\overline{f_{S_1}}=(0,0,1,0,1)$. 按照 (2.90) 式, 可得 f_S 的残缺谱 $\mathcal{W}_{f_{S_1}}=\{1,3,3,-3,1,-1,3,1\}$. 设 $S_2=\{010,100,101\}\subset\mathbb{F}_2^3$, $\overline{f_{S_2}}=(*,*,1,*,1,0,*,*)=(1,1,0)$. f_{S_2} 的残缺谱 $\mathcal{W}_{f_{S_2}}=\{-1,-3,1,-1,-1,1,1,3\}$. 注意到 $\{S_1,S_2\}$ 是 $\mathbb{F}_2^n$ 的一个划分, 构造 3 元布尔函数 $f(X)=f_{S_i}(X)$, $X\in S_i$, $i=1,2$. 由 (2.93) 式, 可得 f 的频谱 $\mathcal{W}_f=\{0,0,4,-4,0,0,4,4\}$.

下面给出一种高非线性度弹性函数的构造方法, 称之为 “High-Meets-Low” (简称 HML) 构造法. 当 $d=2$ 时, 由 (2.93) 式, 可得

$$|W_f(\omega)|=|\mathrm{FW}_{f_{S_1}}(\omega)+\mathrm{FW}_{f_{S_2}}(\omega)|\leqslant|\mathrm{FW}_{f_{S_1}}(\omega)|+|\mathrm{FW}_{f_{S_2}}(\omega)|.$$

由 (2.27) 式, 为了获得尽可能高的非线性度, 应使 $\max\limits_{\omega\in\mathbb{F}_2^n}|W_f(\omega)|$ 尽可能小. 为了达到这一目的, 设计函数时在任意点 $\omega\in\mathbb{F}_2^n$, 避免使较大的 $|\mathrm{FW}_{f_{S_1}}(\omega)|$ 与较大的 $|\mathrm{FW}_{f_{S_2}}(\omega)|$“相遇”. 换言之, 当 $|\mathrm{FW}_{f_{S_1}}(\omega)|$ 较大时, 总使 $|\mathrm{FW}_{f_{S_2}}(\omega)|$ 相对较小; 而当 $|\mathrm{FW}_{f_{S_2}}(\omega)|$ 较大时, 也总使 $|\mathrm{FW}_{f_{S_1}}(\omega)|$ 相对较小. f_{S_1} 和 f_{S_2} 的残缺谱振幅相互叠加形成一种画面感——就像两行不规则的锯齿凸凹 “咬合” 在一起.

值得注意的是, 我们允许 $|\mathrm{FW}_{f_{S_1}}(\omega)|$ 和 $|\mathrm{FW}_{f_{S_2}}(\omega)|$ 同时较小, 但这种情形的点所占比例不宜过大, 否则在整体上会影响非线性度的提高.

HML 构造法当然也适用于 $d\geqslant 3$ 的情形. 由 (2.92) 式, 可得

$$|W_f(\omega)|\leqslant\sum_{i=1}^{d}|\mathrm{FW}_{f_{S_i}}(\omega)|. \tag{2.94}$$

为了实现高非线性度布尔函数的构造, 建议遵循下面两个设计原则:

(1) $\max\limits_{\omega\in\mathbb{F}_2^n}|W_f(\omega)|\ll\sum\limits_{i=1}^{d}\max\limits_{\omega\in\mathbb{F}_2^n}|\mathrm{FW}_{f_{S_i}}(\omega)|$;

(2) $\varepsilon=\max\limits_{\omega\in\mathbb{F}_2^n}|W_f(\omega)|-\max\{\max\limits_{\omega\in\mathbb{F}_2^n}|\mathrm{FW}_{f_{S_i}}(\omega)|:i=1,\cdots,d\}$ 相对较小.

下面, 遵循以上两个原则, 结合镶嵌式 GMM 构造法和 HML 构造法, 分别以 PW 函数和 KY 函数为镶嵌函数, 构造奇变元高非线性度弹性布尔函数. 在满足原则 (1) 的同时, 使原则 (2) 中的 $\varepsilon=0$. 当构造中的镶嵌函数为 PW 函数时 (PW 情形), 令 $n=2k+15$; 当构造中的镶嵌函数 g 为 KY 函数时 (KY 情形), 令

$n=2k+9$. 我们拟构造的 n 元弹性函数 f 在 $\varepsilon=0$ 时预设频谱最大振幅为

$$\max_{\omega\in\mathbb{F}_2^n}|W_f(\omega)|=\begin{cases}216\cdot 2^k, & n=2k+15\ (\text{PW 情形}),\\ 28\cdot 2^k, & n=2k+9\ (\text{KY 情形}).\end{cases}\tag{2.95}$$

由 (2.27) 式, f 的非线性度为

$$N_f=\begin{cases}2^{n-1}-2^{(n-1)/2}+5\cdot 2^{(n-11)/2}, & \text{PW 情形},\\ 2^{n-1}-2^{(n-1)/2}+2^{(n-7)/2}, & \text{KY 情形}.\end{cases}$$

为了直观地描述 HML 构造法, 我们先给出一个 49 元弹性函数的构造细节, 这个函数的参数是 $(49,5,2^{48}-2^{24}+2^{21}+2^{19})$, 属于 PW 情形, 此时 $k=17$.

首先确定镶嵌函数 PW 函数 $g\in\mathcal{B}_{15}$, 其真值表如表 2.8 所示, 频谱分布如下:

$$W_g(\beta)=\begin{cases}40, & \beta\in U_1,\ |U_1|=3255,\\ -88, & \beta\in U_2,\ |U_2|=217,\\ 168, & \beta\in U_3,\ |U_3|=16275,\\ -216, & \beta\in U_4,\ |U_4|=13021,\end{cases}$$

其中 $\{U_1,U_2,U_3,U_4\}$ 是 $\mathbb{F}_2^{15}$ 的一个划分. 图 2.2 给出 PW 函数的频谱分布示意图, 用有 2^{15} 个离散点的有限长横轴表示向量空间 $\mathbb{F}_2^{15}$ 中的向量 β, 用 U_j, $j=1,2,3,4$, 上方阴影顶端的纵轴坐标值表示 U_j 中向量 β 的频谱振幅值 $|W_g(\beta)|$. U_4 中向量对应的频谱振幅值 216 和其他三个区域 U_1, U_2, U_3 中向量所对应的频谱振幅值 40, 88, 168 之间的“落差”是施展 HML 构造法构造技巧的基础. 这三个差值是

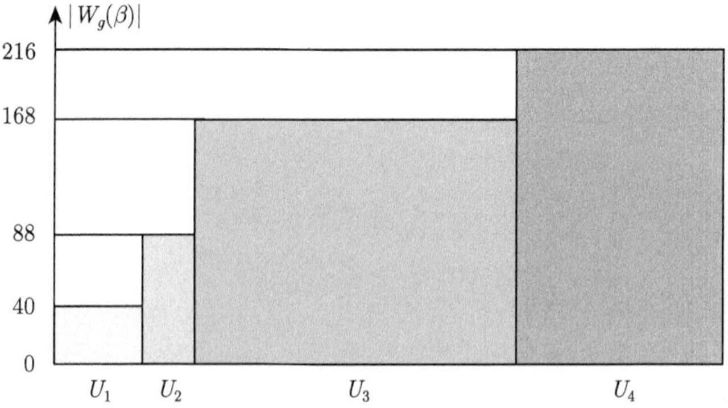

图 2.2　PW 函数的频谱分布示意图

表 2.8 一个 PW 函数的十六进制真值表

7F3BFF48506482612D288EC86AF94C0FAD2FC8B46BF5DACDC35182280771A739FF68FF73E8F82C5F7134B02900603A89BED58D0830BD14E82B23983A94F332CD
62E24621C6B402345424BDA90A6AE9A96F2E998FCE4EC7DD2CEB167D63A8DAD50F02F263E0ADA12CBB8C8B09886514AE7EFC843F55A12AA2256A447590405752
674802E3382567B77B5342AE1E38A390DD52BEA66F703715F3EDC40AB7019AA2A0180B229E3E7E9B5943372C79A66F84F90238F03C61785083FAEDC987E03EAB
3E45A47E829199A37FA629F171EC801A1293BAB9C6FFEA0C79B7337DE537A6FFC76242D313F60ADB4EAD6B3DA301A0A016C5CC7406D8DDCE7A602DC73027DEFC
BB2ABEC8E28FFBCD6C262893437BBEF0A13F2CC6B43783058C5B1AA35F62AB59B4E160C873C65BF06785464D4D7D78D635CF8EFD8572C92B9DB3744900175251
2D209324C0EE942F0D1B688A5C453476ECB5CA3D6ABBD044FB302F255643355305BE3E25384BA9862163D399D3686D51F63F26C4CBD797467436758AB193ADE8
9001196E93369A71310541BFEF765782DB1C1C3A7E4573EFCC1B0F533B0301791B31CEE9CB33F9EFEAC4F8868774538323229DDB3572445FF3CEB69B5ABA8805
FCEB24FDAC448014A2CA3B99A5808A7808FE78D5255D275EA9A87D0F444D75AE4F277747E216A4530A06B9AD23B28346A10CEA264942DBC0370AF36CFE1B8F78
3972D476455B3CAA3843810A5DEF9E4D09B0A15B8E97EDA6859A1F92739E063EB2F6C88EA817CBFCE096928870B6392969D4F12003A945C00ABC59252F2A2688
75C9C43B0CA1402BFA00EDBD2EB056D24F752DE26DF2708E35D46A2714F5F17AB47ADA766A62E840601AD6E7F470BBE90B62A85357656A39CD3B9006D28C940D
488A88022ED0A1C8ED9984693534DA6EBD53CA2D82A1384DDF58215D55B87C827085E2D88688012602A7DEAAA9003FA241F01F577D2049B27D469F61CA74FDA8
2F8880EDA619B53B52222D10C828E4449A739FB7992DC5B13B2CF012D71532DB92E524DB6A33A62602F58AAF93E6630A8121F5DFD8D6FAA468B3B6B0C11FC318
1F630A6079157A318D69AB2C2AF873168C26C905E6466D071FB2DD8B1968057390B69B7FB060E529472B9DF3C241C67A2EC27473D039ADF53ED80BDB2E6D14A2
5DD4A8793F56B37EF08894034412C51D58DD078F26FAC5A258D91BA507451FC434C27D7FF37ACA7ED63FFF92DA8FA7E10FD13F3BAD8221D2CFFFA5A53C54EB24
0F1FD9DE85524EFDCCEED0ADC9561C7499AD30EF256B90912950A6ABB9AA6BCC39856A8A1D5AE98C4C1BDB5491DA17632324A1B9418FDA79A1DC1F3413CB8547
F1FEF13F4488DAF7239DE1833B256DBC388BFC52847A8EE7CE6BB81606255A763E81FF0F90A652581D29D5764076B78BFC17EB97ACB00AFD109D38BC6B43AC92
32BA8A5B3EFC267EAB72945582042FEEEFB4754F3697749EAC0ABC7152079142D84E1DC5C5017A0DFB2232E81574D8A3D159EC1E143EFD4CF099FF4D1494B0CB
443679C2F3BFA952E281EC7970B1E09DCCF4A36D6113B82827AEDC437EB564B12E26FBFE9D6A841D0ADA0644A4F46780FDDCC35BF5AD3A0922DA1B5886922AC5
2466CD8DE397813E4BCE7646F58A94EEBFBEF8103BEE9C191C6E17EE2F86B0B1AF7B883641485D56CBAF43FDEDD9CDC7C7E099326FB32A950D23AED8780C6862
1E01642455F44EB6C6FBD7CD854185F0343D173F2A8C9F2E1B3D3B09CF9E9F159375B4623979E9093F4C97388B7BC3EF7E8291772722D5A150F7A1684D9DC16C
3532BE3F0883A0291BB583B20BC9E3F3930B606E5F8B7EFE4D43FD9409292688A3BC04D5E66D536A78536209E5FBD10C770035EA04C93F609E90C799D5BA10C1
4CEE11A8A11FFBA4FF68D386E0AF2342F13706DBBD6C2360032EAF58816F1346F8D14ACB7231E6E17C4F8FEDDAD8B1DDD9C7A01B664FE5B4EFC2FCC5FDE65D43
31CB21D7094EA618049E7A986A152074A773B9FEBCA8A4857ADC04EB010C5452A11654A6D4497E610944DE3C9070F4BF50384833908B7897BA4F5F9B85BE74A3
87D246155E6BFA86412464111A7460F5DFCB963046467A6CAC36AE0251CE4324A677F2C8CC7C0A5E5DEB5A4F4BDB7CE47C660DD809EFAB89DE58537F347AA7EB
CC0C3F3D7AC917DFF182752A3836130C444E0BD361EA364A40377E1CA66121B577E6BF555231379F32AFCF876D424B6D95D068A46F0E932EA7FE06FFB0CA2EB3
3F8B38526D0A7C83FEAE51B110A21BA481664BF9496AC8EEB38351B543550896FBC5C4B671C0F89F7E58CE68228D6B5E929FD6D69D5CAA7147DFBF069E52A731
275E49845D38E9CE9AB808C971C9C72A6E022E1779F609DF961CB6ED50FC156CF6090F1904FF9EF86820ECA21301D6363589277B0C33D5A5EFA9B0194C4464C3
B1DAA5693075CB7668155841553F4696CA498BF24D269A17C40A73C1D2C8A30636F0CB1A59B96CBB30108BD9B4EA528C48598C363397342CBD3DDBFFCA93F492
FE022FFA33F961628E1C26A7D155FEE316B862A3ED99601DCBE5E4B99C0E16BD3E133383CFC61C1D6AFF0367BA3728FE6550FD093F731F98403B64815C61B71C
91BB4A162C9FBF9E1372DF3AD3A1391086E32802536D07CCB2AAA470653E460FDD359C9EF56FC565A0285BC20F8B77632A96F057CE0FE68F5C827FAF34DF8B7F
6BB2169B3EB0131DFB6E55118BE9516C696519EAB6C4ED77C086D74ADE826032E22889083E66CDA4BC4D076E76CD97A1754F05145B5ED6E70E234FC431BDA10C
84F851D615C8D58E62C4B777E85D445AA435D5027BE2A367E767F83A45A3C2DC9C73B6EB219804AB3D08A4952D8DDC0FA768BC2E34851DCADE9D71E169A9FAF2
BAEFE779441D28871BCBDD3BF729D6140AA9E3E01F65BAE4F3C55B0F16A2D36FC2859386BB8548BD8CFF42B0BC8BCA8FB8E115FB24CBE0CC0F77FFBCE490BC22
80F5F859A8E5041BA6195EEDB1861B976A54D7E0B55F16FB33285D9B97EA2280C922D56D7205E4AE8BDA48B00D6692F3DB5B482A4A88BF7E70A85ACE094354A2
78D98CD16DCE10DFFED857627869CFC083311ED6D9C8FF47206176414D7E0D1BD46E89E015E34403E3E4C6E63D9B4EDB8EBA514B71E464453DBD6C9F7C56D909
21FE9640771C0C6C9F64016D8D98D486F17F8530FA39DE5631FE74B02EF210EFBBC6142A197FF59F64388CD9D0DDBBB7A0B3E344A8BDC5900BD468D7A483B43F
BB6CC02868F5F83F12EA9A9B048CD315CFCFF5BBDA3BBE319691524711F87399BFF2F3D4DB86CA214D0E1751269C6F2E523FE723C54AF31D52E80C0B7EE3AA9B
BA2F4852CDB0C1D24B642655452A03C7367A79420CE00BF79CFFC7316A2A10F328B127224B68F012BE5874B4250D45BB9545C378B21E1BAA21FBD81FF456D861
54E9094E80DB4B9612644D9E39DFCEC1181F48156672382B83789041753D4162B6620468AD47242543153A8FADDC0287131795B332EAE3F13AEDA66B02051574
623D318D269BD2303F3F6F93A7537BF2E97341B94398892F8E33946EC5907FFD4C37E976D837D6F33765F38CBE3E485FC10B8C9DA05F785AF8A8768AC06F23DB
E0D13E28FB4CE6AD64AE34E9CEA63C7D35DD893956CF3E2189661E0A32F4ED7F92490A0503F59A4F38D5A27DE31F532C928DD3FD07A2AF887621BC3CF3B5F0B8
6C603F17BD778114A447EACE475C66C710FE4527C168F15E6E412CE04A8B9D66200569DEA28E0AD40E9BCA4C7F38D30F244FA7308B74BA09694593519C7AB421
120C4D5A237D042C7F8034898E447DF89957AC2E4CCA95B9550E94670277064EB8B96CD5AACF3AFF0F6497D5B46BAB9B4458CC7632F62E50583C39521D63AE73
8057660F45F0A13AB6728BF4F58EDF2DC49DF626B84B8D369355BEAA98827BBC1588DE5A6508D436A46D19081A2137FE34B3EF47579F035A9FB70AF72AC894D0
DBD3DCF3AFE4C80E9D4352DF8F63FD3D78481122FC02F81F6BBEEAD48D5B86846F3C478B34FD203D50F6EF59DE5C9216B5163DDF7CAD0EE1007D8C0F99CF4CF5
69973752FC79781AC88BAB594CF48770586D33236F6E7D4B16F3C6C2DB1FE5981EA278E2E64FDD2460D8ABF9138995B4F82FF747D11963CAB5F7B4489D8D7A7C
1C15497BFAE0F8A0B41F6F262DB9BF287C1DFB2B92D2754AED01C87AB9BA426E7FA253BC16D8952A8592CB08A4DDE29744E5CDAD8A7BB26383F39E499E5AC040
5224519202961A51537BC85A788AD9C17B801B3BD82B892088391E11044795F621AD8E5335297EFCE6A50DDF288FF982256A59A04946772D9D2D80DA797195AA
8F12A883E5E9A7CFCA64DDEC5F36813AF3B1306061E5CAB11B2881640016852FDA917CDFE72204604E97A5658249D294BE8ABFACE9F5A43C7BDCE03A760B6149
CCE4BCAE4F02F7CC736FD14E2A552E61E093805FA80722773089DB24DEAB9135DA266A803BA9F33C8941F7173005629BB8E1CDEFDB5A02A4FBB7534DDC19A930
72A072B9E3F3F8350655D5C8585ED55CCF04A2F3A430593F2C28DCD460298DD709418223C4F3FC5AB2AF5F2605D101335BF6B2C1C5BDBDB4CE0265ADA24A131B
DAC02068324ED246C511164836110A90C54EF13D7E388F95CE283E675127B4460CDEEA2D57EE9911086F9117616BC75BE5A7BF582653642AF46C0FA63518F364
C11EAB4E663777255ADC7149324668C05F4514ED513762CD51BD847F46A79A61E635D5F7E0B1A150E9F9D150D558771667029AC2748C650DF79CD24710BDE7B0
C92BFDADF1A76052C05BF57B4FE3D05024828AAD17D0E569E0A8729402A7F4EFEDA593F3B7C82D9A88C164F7A7DC3FFD414FE3761C0EA688A051AC1CF3DCBFE1
4688EC385736D8250D555A444458912D7933B1F4086DF49FD0132177958605B993E824297432F0951E36895AC4B954031FFD196276D992B6510F4ADB43134132
FC832FA579FA874F8B3B49F1009EA9B734A4B33A3BD7085DCA4EA2FA8B9A439A8EBDCF4FBA18354737406E4FBDB578D6161F785507E9B8F04B2406BCEBDC9042
067A8F8AE7428178F3A6BF17EFCDF8A59449B939860FFB8695459C7670FCE67BC5CAE4456BD6295B3EC48CFA47076D0205AF1B7258DD512DC842AB5905FD383C
E37FF87161D872A098C27B74B266C9DCDE5DE4921A24B1C21C01E57EAF96ECF71D78F05BDEE7B23B6C7FC7C06EFDF6F493F0EF509FBB978259520FCE2A82C56C
FE174F8C5A93B6970A69B6A17CC49393E51D3F01C23B35DD247E67F2C08EE84DC7AC6A16D37932B2067C73B7C172EFF620556160D72FCF74929BC3082E6F97BA
78634288A11B016D9B7ED9524C49FFAE67BE3BAA08BB4A57D596DE774B93FEC02EAA60CB934295CCF9CB97C11E9E71909580C4E1169DEC6E738E2D938E2D5167
93E2EED3892310D3166118E84C8B1AC49BF49DDE2C77928973F4F9BBE8FFC10BB9E283ADAC93B46893C83F8A4E22282BE39725E3A31F82B2349DD92A52E378CE
E9277E5BB5AC1E0553B129E75734B89A36CB012559B80C4AE5760E012DDCE163A028167EB6C76C4B5D32B2B8BC156812A26587BED9E88E3A1AF13C8BDC48DF1A
EBFE7570FFEB3C63E81AA422CB390D1D6E135C681AFD5541192A4456F75D80B0887C4DFF1D586650E1C3CCF0FF1A83D66B3548FE3C8A68DC3E4E5C8B75A64D7E
031F59D8262E4F6A4FCEAA7DCFA3F96CCAE9F85C7FB333F7E6AF1F754D975747A380CDFF90B2E1838136995D6108EE61B6841EEAFDCCCB06EB4E2828CA3C8E22

$$216-40=2^7+2^5+2^4,$$
$$216-88=2^7,$$
$$216-168=2^5+2^4.$$

下面统计一下 $\mathbb{F}_2^{15}$ 中使 PW 函数 g 的谱值分别为 40, -88 和 168 时重量为 τ 的向量的个数, $0\leqslant\tau\leqslant 15$, 分别记为 $N_1(\tau)$, $N_2(\tau)$, $N_3(\tau)$, 即

$$N_j(\tau)=\#\{\beta\mid \mathrm{wt}(\beta)=\tau,\ \beta\in U_j\},\quad j=1,2,3. \tag{2.96}$$

不同的 PW 函数会有不同的 $N_j(\tau)$ 值分布, 表 2.9 中列出的 $N_j(\tau)$ 值是与表 2.8 中给出的 PW 函数相对应的.

下面进一步统计 $\mathbb{F}_2^u\times U_j$ 中重量 $\geqslant t+1$ 的向量的个数, 其中 $j=1,2,3$. 设

$$\Gamma_j(u,t)=\begin{cases}\{(\delta,\beta)\mid \mathrm{wt}(\delta,\beta)\geqslant t+1,\ \delta\in\mathbb{F}_2^u,\ \beta\in U_j\}, & u\geqslant 0,\\ \varnothing, & u<0.\end{cases} \tag{2.97}$$

从 $\mathbb{F}_2^u\times U_j$ 中除去那些重量 $\leqslant t$ 的向量后, 剩下的向量构成的集合就是 $\Gamma_j(u,t)$. 当 $\mathrm{wt}(\beta)=\tau$ 时, 使 $\mathrm{wt}(\delta,\beta)\leqslant t$ 的向量 (δ,β) 的个数为 $N_j(\tau)\cdot\sum_{e=0}^{\lambda}\binom{u}{e}$, 其中 λ 为 u 和 $t-\tau$ 中的较小者. 约定 $u<0$ 时, $\Gamma_j(u,t)=\varnothing$. 对任意 $u\in\mathbb{N}$, 有

$$|\Gamma_j(u,t)|=2^u\cdot|U_j|-\sum_{\tau=0}^{v}\left(N_j(\tau)\cdot\sum_{e=0}^{\lambda}\binom{u}{e}\right), \tag{2.98}$$

其中 $v=\min\{t,15\}$, $\lambda=\min\{u,t-\tau\}$.

表 2.9 表 2.8 中 PW 函数的 $N_j(\tau)$ 值, $j=1,2,3$

τ	0	1	2	3	4	5	6	7
$N_1(\tau)$	0	0	14	43	137	307	492	615
$N_2(\tau)$	0	1	0	0	8	27	41	54
$N_3(\tau)$	0	11	46	197	701	1445	2519	3266
τ	8	9	10	11	12	13	14	15
$N_1(\tau)$	634	527	289	146	40	10	1	0
$N_2(\tau)$	33	26	21	4	2	0	0	0
$N_3(\tau)$	3215	2414	1465	699	241	48	8	0

设 $X=(x_1,\cdots,x_{34})\in\mathbb{F}_2^{34}$, $Y\in\mathbb{F}_2^{15}$. 设 $X_{[i,j]}=(x_i,\cdots,x_j)\in\mathbb{F}_2^{j-i+1}$, 其中 $1\leqslant i<j\leqslant 34$. 在 PW 情形下, 我们选择 $d=4$. 在本例中就把 $\mathbb{F}_2^{49}$ 划分成 4 个集合 S_1, S_2, S_3 和 S_4. 我们将在这 4 个集合上分别构造 49 元残缺布尔函数.

第 1 步 在 S_1 上构造 49 元残缺布尔函数 f_{S_1}.

由于要构造函数的弹性阶是 5, 把 $\mathbb{F}_2^{17}$ 中重量 $\geqslant 6$ 的向量作成集合 T_1, 即 $T_1=\{\eta\mid \mathrm{wt}(\eta)\geqslant 6,\ \eta\in\mathbb{F}_2^{17}\}$. 任取 $E_1\subset\mathbb{F}_2^{17}$ 并使 $|E_1|=|T_1|=\sum_{e=6}^{17}\binom{17}{e}=2^{17}-9402=121670$. 设

$$S_1=E_1\times\mathbb{F}_2^{32}.$$

建立从 E_1 到 T_1 的双射 Φ_1, 在 S_1 上构造 49 元残缺布尔函数 f_{S_1} 如下:

$$f_{S_1}(X,Y)=\Phi_1(X_{[1,17]})\cdot X_{[18,34]}+g(Y), \tag{2.99}$$

其中 $g\in\mathcal{B}_{15}$ 是作为镶嵌函数的 PW 函数. 设 $\alpha=(\alpha_1,\cdots,\alpha_{34})\in\mathbb{F}_2^{34}$, $\beta\in\mathbb{F}_2^{15}$. f_{S_1} 的残缺 Walsh 谱的分布计算如下:

$$\begin{aligned}
\mathrm{FW}_{f_{S_1}}(\alpha,\beta)&=\sum_{X_{[1,17]}\in E_1}\ \sum_{X_{[18,34]}\in\mathbb{F}_2^{17}}\ \sum_{Y\in\mathbb{F}_2^{15}}(-1)^{f_{S_1}(X,Y)+(\alpha,\beta)\cdot(X,Y)}\\
&=W_g(\beta)\sum_{X_{[1,17]}\in E_1}(-1)^{\alpha_{[1,17]}\cdot X_{[1,17]}}\\
&\quad\cdot\sum_{X_{[18,34]}\in\mathbb{F}_2^{17}}(-1)^{(\Phi_1(X_{[1,17]})+\alpha_{[18,34]})\cdot X_{[18,34]}}\\
&=\begin{cases}0, & \alpha_{[1,17]}\in\mathbb{F}_2^{17},\alpha_{[18,34]}\notin T_1,\beta\in\mathbb{F}_2^{15},\\ \pm2^{17}\cdot 40, & \alpha_{[1,17]}\in\mathbb{F}_2^{17},\alpha_{[18,34]}\in T_1,\beta\in U_1,\\ \pm2^{17}\cdot 88, & \alpha_{[1,17]}\in\mathbb{F}_2^{17},\alpha_{[18,34]}\in T_1,\beta\in U_2,\\ \pm2^{17}\cdot 168, & \alpha_{[1,17]}\in\mathbb{F}_2^{17},\alpha_{[18,34]}\in T_1,\beta\in U_3,\\ \pm2^{17}\cdot 216, & \alpha_{[1,17]}\in\mathbb{F}_2^{17},\alpha_{[18,34]}\in T_1,\beta\in U_4.\end{cases}
\end{aligned} \tag{2.100}$$

图 2.3 给出 f_{S_1} 的残缺谱分布示意图. 图中的横轴是由 2^{49} 个离散点构成的, 代表向量空间 $\mathbb{F}_2^{49}$ 中的所有向量. $\mathbb{F}_2^{49}$ 中残缺谱值为 0 的点的集合为 $\mathbb{F}_2^{17}\times\overline{T_1}\times\mathbb{F}_2^{15}$, 其中 $\overline{T_1}=\mathbb{F}_2^{17}\backslash T_1$. 由于 T_1 中向量的重量都 $\geqslant 6$, 故 $\mathbb{F}_2^{49}$ 中重量 $\leqslant 5$ 的向量都在 $\mathbb{F}_2^{17}\times\overline{T_1}\times\mathbb{F}_2^{15}$ 中. 故当 $0\leqslant\mathrm{wt}(\alpha,\beta)\leqslant 5$ 时, 有 $\alpha_{[18,34]}\notin T_1$. 由 (2.100) 式,

$$\mathrm{FW}_{f_{S_1}}(\alpha,\beta)=0,\quad 若\ 0\leqslant\mathrm{wt}(\alpha,\beta)\leqslant 5. \tag{2.101}$$

上面完成了 f_{S_1} 的构造, 下面描述一下 f_{S_2}, f_{S_3} 和 f_{S_4} 的构造思路. 为了简化问题的讨论, 设 $Z_j=\mathbb{F}_2^{2k}\times U_j$, $j=1,2,3,4$. 显然, $\{Z_1,Z_2,Z_3,Z_4\}$ 作成 $\mathbb{F}_2^n$ 的一个划分. 由 (2.100) 式, 可得

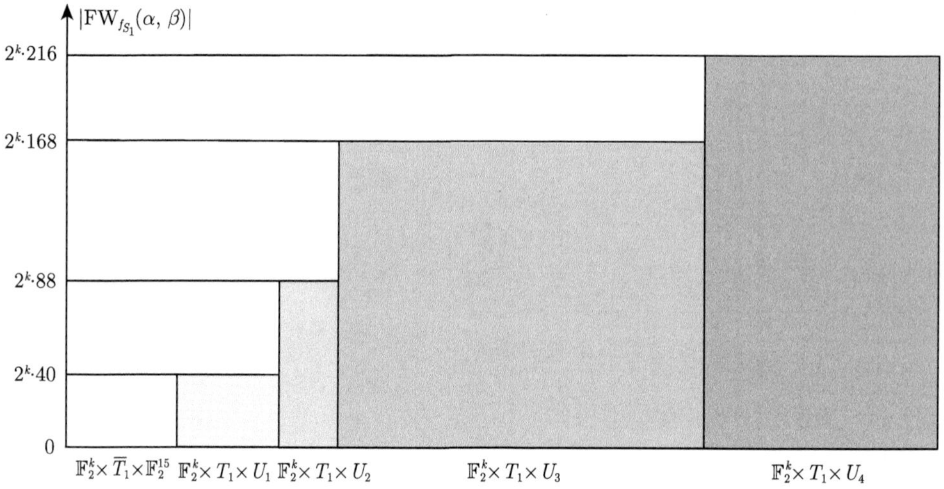

图 2.3　f_{S_1} 的残缺谱分布示意图

$$|\mathrm{FW}_{f_{S_1}}(\alpha,\beta)|\leqslant\begin{cases}2^k\cdot 40, & (\alpha,\beta)\in Z_1,\\ 2^k\cdot 88, & (\alpha,\beta)\in Z_2,\\ 2^k\cdot 168, & (\alpha,\beta)\in Z_3,\\ 2^k\cdot 216, & (\alpha,\beta)\in Z_4.\end{cases}$$

图 2.4 (a) 粗糙呈现了图 2.3 中 f_{S_1} 的残缺谱振幅 $|\mathrm{FW}_{f_{S_1}}(\alpha,\beta)|$ 的分布情况. Z_j $(j=1,2,3,4)$ 上方阴影顶端的纵轴坐标值表示 Z_j 中向量 (α,β) 的残缺谱振幅值上界. 对任意 $(\alpha,\beta)\in Z_j$, $j=1,2,3,4$, 使

$$\sum_{i=1}^{4}|\mathrm{FW}_{f_{S_i}}(\alpha,\beta)|\leqslant 2^k\cdot 216.$$

同时, 若能使该不等式的 "=" 对尽可能多的 (α,β) 都成立, 则可以给弹性阶 t 留下更大的提高空间. 计算 $2^k\cdot 216$ 和 $|\mathrm{FW}_{f_{S_i}}(\alpha,\beta)|$ 在 Z_j 上的上界之差, 只要使

$$\sum_{i=2}^{4}|\mathrm{FW}_{f_{S_i}}(\alpha,\beta)|\leqslant\begin{cases}2^{k+7}+2^{k+5}+2^{k+4}, & (\alpha,\beta)\in Z_1,\\ 2^{k+7}, & (\alpha,\beta)\in Z_2,\\ 2^{k+5}+2^{k+4}, & (\alpha,\beta)\in Z_3,\\ 0, & (\alpha,\beta)\in Z_4,\end{cases}\tag{2.102}$$

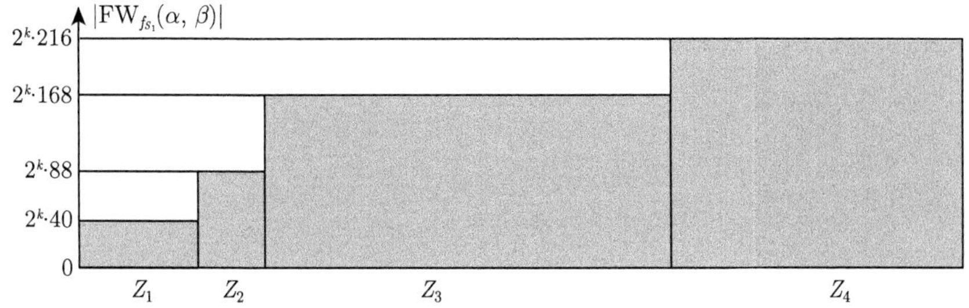
$|FW_{fS_1}(\alpha, \beta)|$
$2^k \cdot 216$
$2^k \cdot 168$
$2^k \cdot 88$
$2^k \cdot 40$
0
Z_1
Z_2
Z_3
Z_4

(a)

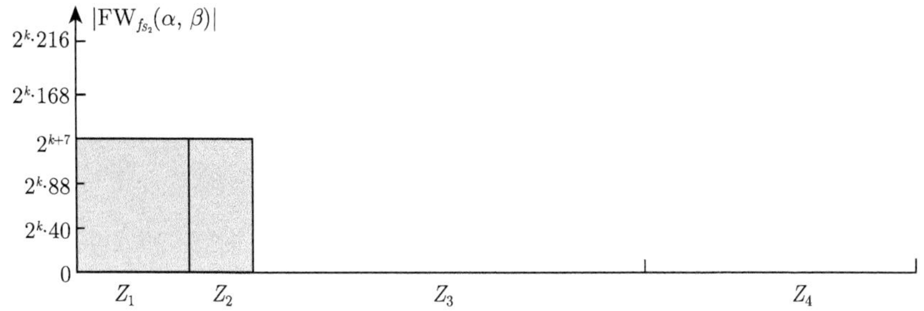
$|FW_{fS_2}(\alpha, \beta)|$
$2^k \cdot 216$
$2^k \cdot 168$
2^{k+7}
$2^k \cdot 88$
$2^k \cdot 40$
0
Z_1
Z_2
Z_3
Z_4

(b)

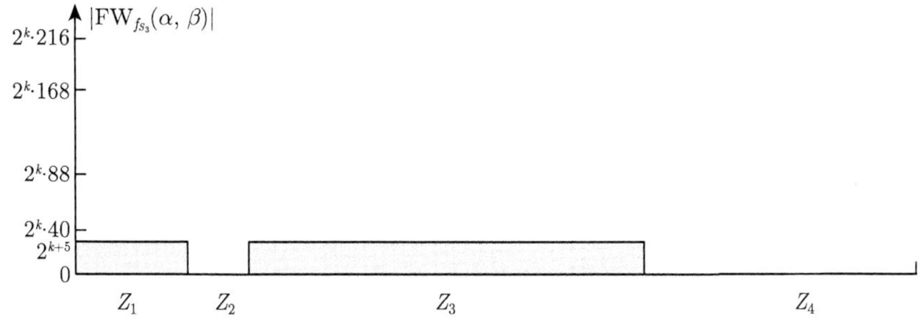
$|FW_{fS_3}(\alpha, \beta)|$
$2^k \cdot 216$
$2^k \cdot 168$
$2^k \cdot 88$
$2^k \cdot 40$
2^{k+5}
0
Z_1
Z_2
Z_3
Z_4

(c)

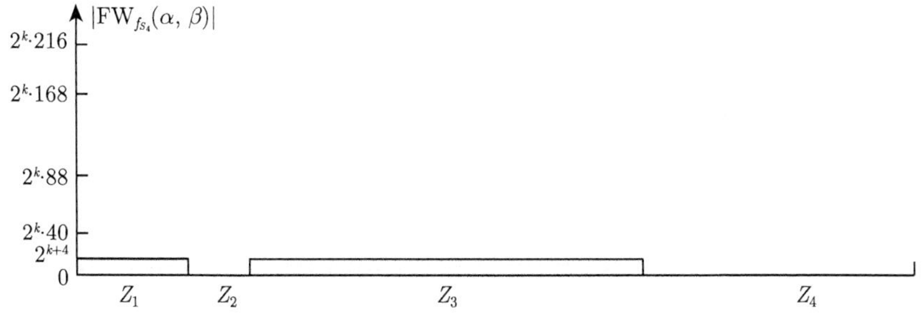
$|FW_{fS_4}(\alpha, \beta)|$
$2^k \cdot 216$
$2^k \cdot 168$
$2^k \cdot 88$
$2^k \cdot 40$
2^{k+4}
0
Z_1
Z_2
Z_3
Z_4

(d)

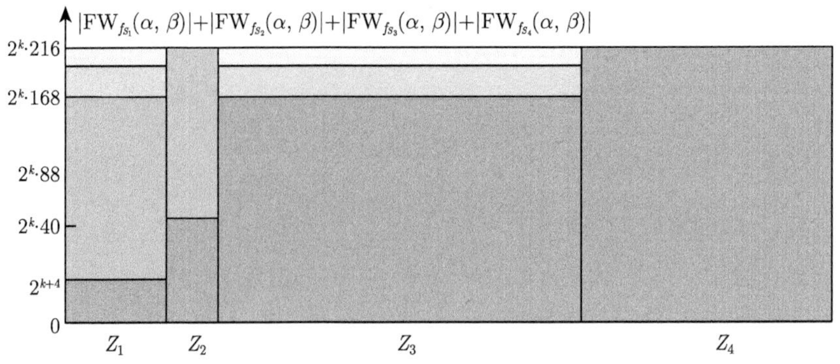

(e)

图 2.4　基于 PW 函数的 HML 构造

就实现了 (2.95) 式中使 $\max\limits_{(\alpha,\beta)\in\mathbb{F}_2^n}|W_f(\alpha,\beta)|=2^k\cdot 216$ 的设计目标. 在设计 f_{S_i} $(i=2,3,4)$ 时, 每当 $(\alpha,\beta)\in Z_4$ 时, 总使 $|\mathrm{FW}_{f_{S_i}}(\alpha,\beta)|=0$. 而当 $|\mathrm{FW}_{f_{S_i}}(\alpha,\beta)|\neq 0$ 时, 总使 $|\mathrm{FW}_{f_{S_i}}(\alpha,\beta)|=2^{\lambda_i}$, 这里 $\lambda_i=u_i+15$, 其中 $u_i<k$. 这些非零残缺谱值具体分布在哪些点, λ_i (或 u_i) 取哪个值, 都直接影响设计目标的实现.

注意到 (2.102) 式中取值上界的表达中出现了三种 2 的幂: 2^{k+7}, 2^{k+5}, 2^{k+4}. 我们可以再构造三个残缺布尔函数 f_{S_2}, f_{S_3}, f_{S_4}, 使得 $|\mathrm{FW}_{f_{S_2}}(\alpha,\beta)|\in\{0,2^{k+7}\}$, 非零残缺谱值只可能在 $(\alpha,\beta)\in Z_1\cup Z_2$ 时取到; 使得 $|\mathrm{FW}_{f_{S_3}}(\alpha,\beta)|\in\{0,2^{k+5}\}$, 非零残缺谱值只可能在 $(\alpha,\beta)\in Z_1\cup Z_3$ 时取到; 使得 $|\mathrm{FW}_{f_{S_4}}(\alpha,\beta)|\in\{0,2^{k+4}\}$, 非零残缺谱值只可能在 $(\alpha,\beta)\in Z_1\cup Z_3$ 时取到. 图 2.4 中的示意图直观地描述了这一构想, 这同时也解释了为什么 PW 情形选择 $d=4$ 而不是其他数值.

第 2 步　在 S_2 上构造 49 元残缺布尔函数 f_{S_2}.

由前面的构想, $\lambda_2=k+7=24$. 相应地, $u_2=\lambda_2-15=k-8=9$. 设 $T_2\subset\mathbb{F}_2^{24}$, 且有

$$T_2=\Gamma_1(u_2,t)\cup\Gamma_2(u_2,t)=\Gamma_1(9,5)\cup\Gamma_2(9,5).$$

由 (2.97) 式, T_2 中向量的重量都 $\geqslant 6$. 由 (2.98) 式, 得

$$|T_2|=|\Gamma_1(9,5)|+|\Gamma_2(9,5)|=1661085+110741=1771826.$$

下面确定集合 $S_2\subset\mathbb{F}_2^{49}$ 使 $S_2\cap S_1=\varnothing$, 并在 S_2 上定义 f_{S_2}. 设 $E_1'=\overline{E_1}\times\mathbb{F}_2^8\subset\mathbb{F}_2^{25}$, 其中 $\overline{E_1}=\mathbb{F}_2^{17}\backslash E_1$. 注意到

$$|E_1'|=2^8\cdot\sum_{j=0}^{5}\binom{17}{j}=2406912>|T_2|.$$

选集合 $E_2 \subset E_1'$ 满足 $|E_2| = |T_2|$. 令

$$S_2 = E_2 \times \mathbb{F}_2^{24}.$$

建立从 E_2 到 T_2 的双射 Φ_2, 构造 S_2 上的 49 元残缺布尔函数 f_{S_2}:

$$f_{S_2}(X, Y) = \Phi_2(X_{[1,25]}) \cdot (X_{[26,34]}, Y). \tag{2.103}$$

f_{S_2} 的残缺谱计算如下:

$$\begin{aligned}
&\mathrm{FW}_{f_{S_2}}(\alpha, \beta) \\
&= \sum_{X_{[1,25]} \in E_2} (-1)^{\alpha_{[1,25]} \cdot X_{[1,25]}} \sum_{(X_{[26,34]}, Y) \in \mathbb{F}_2^{24}} (-1)^{(\Phi_2(X_{[1,25]}) + (\alpha_{[26,34]}, \beta)) \cdot (X_{[26,34]}, Y)} \\
&= \begin{cases} \pm 2^{24}, & (\alpha_{[26,34]}, \beta) \in T_2, \\ 0, & (\alpha_{[26,34]}, \beta) \notin T_2. \end{cases}
\end{aligned} \tag{2.104}$$

当 $0 \leqslant \mathrm{wt}(\alpha, \beta) \leqslant 5$ 时, 必有 $0 \leqslant \mathrm{wt}(\alpha_{[26,34]}, \beta) \leqslant 5$, 因而 $(\alpha_{[26,34]}, \beta) \notin T_2$. 由 (2.104) 式,

$$\mathrm{FW}_{f_{S_2}}(\alpha, \beta) = 0, \quad 若\ 0 \leqslant \mathrm{wt}(\alpha, \beta) \leqslant 5. \tag{2.105}$$

(2.104) 式可更精确地表达为

$$\mathrm{FW}_{f_{S_2}}(\alpha, \beta) = \begin{cases} \pm 2^{24}, & \beta \in U_1 \cup U_2\ 且\ \mathrm{wt}(\alpha_{[26,34]}, \beta) \geqslant 6, \\ 0, & 其他情形. \end{cases} \tag{2.106}$$

可得当 $(\alpha, \beta) \in Z_1 \cup Z_2$ 时, $|\mathrm{FW}_{f_{S_2}}(\alpha, \beta)| \in \{0, 2^{24}\}$; 而当 $(\alpha, \beta) \notin Z_1 \cup Z_2$ 时, $|\mathrm{FW}_{f_{S_2}}(\alpha, \beta)| = 0$. 如图 2.4 (b) 所示.

第 3 步 在 S_3 上构造 49 元残缺布尔函数 f_{S_3}.

下面构造一个具有三个残缺谱值 $\{0, \pm 2^{\lambda_3}\}$ 的 49 元残缺布尔函数 f_{S_3}, 其中 $\lambda_3 = k + 5 = 22$. 相应地, $u_3 = \lambda_3 - 15 = k - 10 = 7$. 设

$$T_3 = \Gamma_1(u_3, t) \cup \Gamma_3(u_3, t) = \Gamma_1(7, 5) \cup \Gamma_3(7, 5) \subset \mathbb{F}_2^{22}.$$

由 (2.98) 式, $|T_3| = 413094 + 2066401 = 2479495$. 下面确定集合 $S_3 \subset \mathbb{F}_2^{49}$ 使 $S_3 \cap S_1 = \varnothing$ 且 $S_3 \cap S_2 = \varnothing$. 令 $E_2' = \overline{E_2} \times \mathbb{F}_2^2 \subset \mathbb{F}_2^{27}$, 其中 $\overline{E_2} = E_1' \backslash E_2$. 注意到

$$|E_2'| = 2^2 \cdot (|E_1'| - |E_2|) = 2^2 \cdot (2406912 - 1771826) = 2540344 > |T_3|.$$

任选集合 $E_3 \subset E_2'$ 并满足 $|E_3| = |T_3|$. 设

$$S_3 = E_3 \times \mathbb{F}_2^{22}.$$

建立从 E_3 到 T_3 的双射 Φ_3, 构造 S_3 上的 49 元残缺布尔函数 f_{S_3}:

$$f_{S_3}(X,Y)=\Phi_3(X_{[1,27]})\cdot(X_{[28,34]},Y), \tag{2.107}$$

f_{S_3} 的残缺谱计算如下:

$$\begin{aligned}
&\mathrm{FW}_{f_{S_3}}(\alpha,\beta)\\
&=\sum_{X_{[1,27]}\in E_3}(-1)^{\alpha_{[1,27]}\cdot X_{[1,27]}}\sum_{(X_{[28,34]},Y)\in\mathbb{F}_2^{22}}(-1)^{(\Phi_2(X_{[1,27]})+(\alpha_{[28,34]},\beta))\cdot(X_{[28,34]},Y)}\\
&=\begin{cases}\pm 2^{22}, & (\alpha_{[28,34]},\beta)\in T_3,\\ 0, & (\alpha_{[28,34]},\beta)\notin T_3\end{cases}\\
&=\begin{cases}\pm 2^{22}, & \beta\in U_1\cup U_3\text{ 且 }\mathrm{wt}(\alpha_{[28,34]},\beta)\geqslant 6,\\ 0, & \text{其他情形}.\end{cases}
\end{aligned} \tag{2.108}$$

类似上一步的分析, 当 $0\leqslant \mathrm{wt}(\alpha,\beta)\leqslant 5$ 时, 总有 $(\alpha_{[28,34]},\beta)\notin T_2$, 可得

$$\mathrm{FW}_{f_{S_3}}(\alpha,\beta)=0,\quad 若\ 0\leqslant \mathrm{wt}(\alpha,\beta)\leqslant 5. \tag{2.109}$$

可以看出, 当 $(\alpha,\beta)\in Z_1\cup Z_3$ 时, $|\mathrm{FW}_{f_{S_3}}(\alpha,\beta)|\in\{0,2^{22}\}$; 而当 $(\alpha,\beta)\notin Z_1\cup Z_3$ 时, $|\mathrm{FW}_{f_{S_3}}(\alpha,\beta)|=0$. 如图 2.4 (c) 所示.

第 4 步 在 S_4 上构造 49 元残缺布尔函数 f_{S_4}.

下面构造一个具有三个残缺谱值 $\{0,\pm 2^{\lambda_4}\}$ 的 49 元残缺布尔函数 f_{S_4}, 其中 $\lambda_4=k+4=21$. 相应地, $u_4=\lambda_4-15=k-11=6$. 设

$$T_4=\Gamma_1(6,5)\cup\Gamma_3(6,5)\subset\mathbb{F}_2^{21}.$$

可得 $|T_4|=1233875$. 设 $E_4=\overline{E_3}\times\mathbb{F}_2\subset\mathbb{F}_2^{28}$, 其中 $\overline{E_3}=E_2'\backslash E_3$. 由于

$$|E_4|=(2540344-2479495)\cdot 2=121698<|T_4|,$$

建立从 E_4 到 T_4 的单射 Φ_4, 并定义 $S_4=E_4\times\mathbb{F}_2^{21}$. S_4 是 $\mathbb{F}_2^{49}$ 除去 S_1, S_2 和 S_3 后余下的部分, 在 S_4 上构造 49 元残缺布尔函数 f_{S_4}:

$$f_{S_4}(X,Y)=\Phi_4(X_{[1,28]})\cdot(X_{[29,34]},Y). \tag{2.110}$$

f_{S_4} 的残缺谱计算如下:

$$
\begin{aligned}
&\mathrm{FW}_{f_{S_4}}(\alpha,\beta)\\
&=\sum_{X_{[1,28]}\in E_3}(-1)^{\alpha_{[1,28]}\cdot X_{[1,28]}}\sum_{(X_{[29,34]},Y)\in\mathbb{F}_2^{21}}(-1)^{(\Phi_4(X_{[1,28]})+(\alpha_{[29,34]},\beta))\cdot(X_{[29,34]},Y)}\\
&=\begin{cases}\pm 2^{21}, & 若\ \beta\in U_1\cup U_3\ 且\ \Phi_4^{-1}(\alpha_{[29,34]},\beta)\ 存在,\\ 0, & 其他情形.\end{cases}
\end{aligned}
\tag{2.111}
$$

注意到 $0\leqslant \mathrm{wt}(\alpha,\beta)\leqslant 5$ 时, $\Phi_4^{-1}(\alpha_{[29,34]},\beta)$ 不存在, 故有

$$
\mathrm{FW}_{f_{S_4}}(\alpha,\beta)=0,\quad 若\ 0\leqslant \mathrm{wt}(\alpha,\beta)\leqslant 5. \tag{2.112}
$$

当 $(\alpha,\beta)\in Z_1\cup Z_3$ 时, $|\mathrm{FW}_{f_{S_4}}(\alpha,\beta)|\in\{0,2^{21}\}$; 而当 $(\alpha,\beta)\notin Z_1\cup Z_3$ 时, $|\mathrm{FW}_{f_{S_4}}(\alpha,\beta)|=0$. 如图 2.4 (d) 所示.

上面对 S_1, S_2, S_3 和 S_4 的设计规则, 可以保证它们作成 $\mathbb{F}_2^{49}$ 的一个划分. 当完成了 f_{S_1}, f_{S_2}, f_{S_3} 和 f_{S_4} 的构造, 也就同时完成了 $\mathbb{F}_2^{49}$ 上一个完整布尔函数 $f\in\mathcal{B}_{49}$ 的构造

$$
f(X,Y)=f_{S_i}(X,Y),\quad 若(X,Y)\in S_i,\ i=1,2,3,4,
$$

其中$f_{S_i}(i=1,2,3,4)$分别如(2.99), (2.103), (2.107), (2.110)四式所示. 结合(2.101), (2.105), (2.109), (2.112)四式, 由引理 2.62, f 是 5 阶弹性函数. 由 (2.94) 式,

$$
|W_f(\alpha,\beta)|\leqslant\sum_{i=1}^{4}|\mathrm{FW}_{f_{S_i}}(\alpha,\beta)|.
$$

由 (2.101), (2.106), (2.108), (2.111) 四式 (同时参考图 2.4), 可得

$$
|W_f(\alpha,\beta)|\leqslant\begin{cases}40\cdot 2^{17}+2^{24}+2^{22}+2^{21}, & (\alpha,\beta)\in Z_1,\\ 88\cdot 2^{17}+2^{24}, & (\alpha,\beta)\in Z_2,\\ 168\cdot 2^{17}+2^{22}+2^{21}, & (\alpha,\beta)\in Z_3,\\ 216\cdot 2^{17}, & (\alpha,\beta)\in Z_4.\end{cases} \tag{2.113}
$$

当 $(\alpha,\beta)\in Z_4$ 时, $W_f(\alpha,\beta)=\mathrm{FW}_{f_{S_1}}(\alpha,\beta)$. 由 (2.100) 式,

$$
\max_{(\alpha,\beta)\in\mathbb{F}_2^{49}}|W_f(\alpha,\beta)|=216\cdot 2^{17}.
$$

由 (2.27) 式, $N_f=2^{48}-2^{24}+2^{21}+2^{19}$.

至此, 完成了一个参数是 $(49,5,2^{48}-2^{24}+2^{21}+2^{19})$ 的弹性函数的构造. 在 (2.113) 式中, $40\cdot 2^{17}+2^{24}+2^{22}+2^{21}=88\cdot 2^{17}+2^{24}=168\cdot 2^{17}+2^{22}+2^{21}=216\cdot 2^{17}$.

这表示, f_{S_i} $(i=1,2,3,4)$ 这四个残缺布尔函数的残缺谱之间相互叠加后振幅不超过 $216\cdot 2^{17}$, 其中所表达的 HML 构造法的设计思想在图 2.4 (e) 中直观呈现.

上面例子中的参数 $t=5$ 是使 49 元布尔函数的非线性度可以等于 $2^{48}-2^{24}+2^{21}+2^{19}$ 的最大弹性阶. 若预设 $t=6$, 则在第 4 步时, 不能实现 $|E_4|\leqslant|T_4|$, 因而不能建立单射 Φ_4. 要保持 $t=6$, 可以继续对 E_4 进行划分, 通过增加更多的残缺布尔函数实现, 但这要以牺牲非线性度为代价. PW 情形的 HML 构造, 不一定非要执行四步才能实现预设目标. 比如, 当构造参数为 $(45,4,2^{44}-2^{22}+2^{19}+2^{17})$ 和 $(55,6,2^{54}-2^{27}+2^{24}+2^{22})$ 的弹性函数时, 执行到第 3 步发生 $|E_2'|\leqslant T_3$. 此时, 就可令 $E_3=E_2'$, $S_3=E_3\times\mathbb{F}_2^{k+5}$, 建立从 E_3 到 T_3 的单射 Φ_3, 进而构造出 f_{S_3}. 在这种情况下, $\{S_1,S_2,S_3\}$ 作成 $\mathbb{F}_2^n$ 的一个划分, 不必再执行第 4 步.

在前面的例子中, Φ_1, Φ_2 和 Φ_3 被设计为双射, 是为了充分利用线性弹性函数资源, 它们也可以是单射. 下面给出 PW 情形 HML 构造法的一般性描述.

构造 2.64 (PW 情形) 设 $g\in\mathcal{B}_{15}$ 是由表 2.2 中给出的 PW 函数, 并有

$$\begin{aligned}U_1&=\{\beta\mid W_g(\beta)=40,\ \beta\in\mathbb{F}_2^{15}\},\\U_2&=\{\beta\mid W_g(\beta)=-88,\ \beta\in\mathbb{F}_2^{15}\},\\U_3&=\{\beta\mid W_g(\beta)=168,\ \beta\in\mathbb{F}_2^{15}\},\\U_4&=\{\beta\mid W_g(\beta)=-216,\ \beta\in\mathbb{F}_2^{15}\}.\end{aligned}$$

设 $n\geqslant 31$ 是一个奇数, $t\in\mathbb{N}$, $k=(n-15)/2$. 设 $\Gamma_i(u,t)$ 由 (2.97) 式定义, 并有

$$\begin{aligned}T_1&=\{\eta\mid \mathrm{wt}(\eta)\geqslant t+1,\ \eta\in\mathbb{F}_2^k\}\subset\mathbb{F}_2^k,\\T_2&=\Gamma_1(k-8,\ t)\cup\Gamma_2(k-8,\ t)\subset\mathbb{F}_2^{k+7},\\T_3&=\Gamma_1(k-10,t)\cup\Gamma_3(k-10,t)\subset\mathbb{F}_2^{k+5},\\T_4&=\Gamma_1(k-11,t)\cup\Gamma_3(k-11,t)\subset\mathbb{F}_2^{k+4}.\end{aligned}$$

设 $E_1\subset\mathbb{F}_2^k$, $E_2\subset\mathbb{F}_2^{k+8}$, $E_3\subset\mathbb{F}_2^{k+10}$, $E_4\subset\mathbb{F}_2^{k+11}$, 并满足 $|E_i|\leqslant|T_i|$; 设 $S_1=E_1\times\mathbb{F}_2^{k+15}$, $S_2=E_2\times\mathbb{F}_2^{k+7}$, $S_3=E_3\times\mathbb{F}_2^{k+5}$, $S_4=E_4\times\mathbb{F}_2^{k+4}$, 并满足 $\{S_1,\ S_2,\ S_3,\ S_4\}$ 是 $\mathbb{F}_2^n$ 的一个划分. 设 $X=(x_1,\cdots,x_{2k})\in\mathbb{F}_2^{2k}$, $Y\in\mathbb{F}_2^{15}$. 对 $i=1,2,3,4$ 分别建立从 E_i 到 T_i 的单射 Φ_i, 并在 S_i 上构造残缺布尔函数 f_{S_i}:

$$\begin{aligned}f_{S_1}(X,Y)&=\Phi_1(X_{[1,k]})\cdot X_{[k+1,2k]}+g(Y),\\f_{S_2}(X,Y)&=\Phi_2(X_{[1,k+8]})\cdot(X_{[k+9,2k]},Y),\\f_{S_3}(X,Y)&=\Phi_3(X_{[1,k+10]})\cdot(X_{[k+11,2k]},Y),\\f_{S_4}(X,Y)&=\Phi_4(X_{[1,k+11]})\cdot(X_{[k+12,2k]},Y).\end{aligned}$$

把这四个 n 元残缺布尔函数“拼合”起来就得到要构造的 n 元布尔函数

$$f(X,Y)=f_{S_i}(X,Y),\quad (X,Y)\in S_i,\quad i=1,2,3,4.$$

定理 2.65 若 $f\in\mathcal{B}_n$ 由构造 2.64 得到, 则 f 的弹性阶是 t, 非线性度为

$$2^{n-1}-2^{(n-1)/2}+2^{(n-7)/2}+2^{(n-11)/2}.$$

证明 f_{S_i}, $i=1,2,3,4$ 的残缺谱分布如下:

$$\mathrm{FW}_{f_{S_1}}(\alpha,\beta)=\begin{cases}\pm\,40\cdot 2^k, & \text{若 } \beta\in U_1 \text{ 且 } \Phi_1^{-1}(\alpha_{(k+1,2k)}) \text{ 存在},\\ \pm\,88\cdot 2^k, & \text{若 } \beta\in U_2 \text{ 且 } \Phi_1^{-1}(\alpha_{(k+1,2k)}) \text{ 存在},\\ \pm168\cdot 2^k, & \text{若 } \beta\in U_3 \text{ 且 } \Phi_1^{-1}(\alpha_{(k+1,2k)}) \text{ 存在},\\ \pm216\cdot 2^k, & \text{若 } \beta\in U_4 \text{ 且 } \Phi_1^{-1}(\alpha_{(k+1,2k)}) \text{ 存在},\\ 0, & \text{其他情形},\end{cases}\tag{2.114}$$

$$\mathrm{FW}_{f_{S_2}}(\alpha,\beta)=\begin{cases}\pm 2^{k+7}, & \text{若 } \beta\in U_1\cup U_2 \text{ 且 } \Phi_2^{-1}(\alpha_{(k+9,2k)},\beta) \text{ 存在},\\ 0, & \text{其他情形},\end{cases}\tag{2.115}$$

$$\mathrm{FW}_{f_{S_3}}(\alpha,\beta)=\begin{cases}\pm 2^{k+5}, & \text{若 } \beta\in U_1\cup U_3 \text{ 且 } \Phi_3^{-1}(\alpha_{(k+11,2k)},\beta) \text{ 存在},\\ 0, & \text{其他情形},\end{cases}\tag{2.116}$$

$$\mathrm{FW}_{f_{S_4}}(\alpha,\beta)=\begin{cases}\pm 2^{k+4}, & \text{若 } \beta\in U_1\cup U_3 \text{ 且 } \Phi_4^{-1}(\alpha_{(k+12,2k)},\beta) \text{ 存在},\\ 0, & \text{其他情形}.\end{cases}\tag{2.117}$$

对 $i=1,2,3,4$, 由 T_i 的定义, 结合 (2.114)—(2.117) 四式, 可得

$$\mathrm{FW}_{f_{S_i}}(\alpha,\beta)=0,\quad 0\leqslant \mathrm{wt}(\alpha,\beta)\leqslant t.$$

由引理 2.62, f 是 t 阶弹性函数. 由 (2.94) 式,

$$W_f(\alpha,\beta)|\leqslant\sum_{i=1}^{4}|\mathrm{FW}_{f_{S_i}}(\alpha,\beta)|\leqslant\begin{cases}40\cdot 2^k+2^{k+7}+2^{k+5}+2^{k+4}, & \beta\in U_1,\\ 88\cdot 2^k+2^{k+7}, & \beta\in U_2,\\ 168\cdot 2^k+2^{k+5}+2^{k+4}, & \beta\in U_3,\\ 216\cdot 2^k, & \beta\in U_4.\end{cases}$$

当 $\beta \in U_4$ 时, $W_f(\alpha,\beta) = \mathrm{FW}_{f_{S_1}}(\alpha,\beta)$, 故有

$$\max_{(\alpha,\beta)\in\mathbb{F}_2^n} |W_f(\alpha,\beta)| = 216 \cdot 2^k.$$

由 (2.27) 式, $N_f = 2^{n-1} - 2^{(n-1)/2} + 2^{(n-7)/2} + 2^{(n-11)/2}$. □

使用构造 2.64 中的方法, 除了 f_{S_1} 至少还要构造一个残缺布尔函数. 注意到 $T_2 \subset \mathbb{F}_2^{k+7}$, $T_3 \subset \mathbb{F}_2^{k+5}$, $T_4 \subset \mathbb{F}_2^{k+4}$, 这三个集合中的向量的维数不能全 < 15. 因而至少要满足 $k+7 \geqslant 15$, 即 $n \geqslant 31$. 在表 2.10 中列出参数 n 和 t, 其中 t 是用构造 2.64 中的方法使 n 元布尔函数非线性度为 $2^{n-1}-2^{(n-1)/2}+2^{(n-7)/2}+2^{(n-11)/2}$ 的最大弹性阶. 值得一提的是, t 是随着 n 的增长而增长的.

表 2.10 参数是 $(n, t, 2^{n-1}-2^{(n-1)/2}+2^{(n-7)/2}+2^{(n-11)/2})$ 的布尔函数, $31 \leqslant n \leqslant 137$

n	31, 33	35, 37	39, 41, 43	45, 47	49, 51, 53	55, 57	59, 61, 63	65, 67
t	1	2	3	4	5	6	7	8
n	69, 71	73, 75	77, 79, 81	83, 85	87, 89	91, 93, 95	97, 99	101, 103
t	9	10	11	12	13	14	15	16
n	105, 107	109, 111, 113	115, 117	119, 121	123, 125	127, 129	131, 133, 135	136, 137
t	17	18	19	20	21	22	23	24

在 HML 构造中, 镶嵌函数 g 还可选为 KY 函数. 在表 2.11 中给出一个 KY 函数的真值表[470], 其频谱分布为

$$W_g(\beta) = \begin{cases} \pm 4, & \beta \in U_1\ (|U_1| = 30), \\ \pm 12, & \beta \in U_2\ (|U_2| = 46), \\ \pm 20, & \beta \in U_3\ (|U_3| = 226), \\ \pm 28, & \beta \in U_4\ (|U_4| = 210), \end{cases}$$

其中 $\{U_1, U_2, U_3, U_4\}$ 是 $\mathbb{F}_2^9$ 的一个划分. 注意到 $28-4 = 2^4+2^3$, $28-12 = 2^4$, $28-20 = 2^3$, 故 $d = 3$. 类似 (2.96) 式定义相应的 $N_j(\tau)$ $(j = 1,2,3)$, 用 $N_1(\tau)$, $N_2(\tau)$, $N_3(\tau)$ 分别表示 $\mathbb{F}_2^9$ 中使 g 的谱值为 ± 4, ± 12, ± 20 的重量为 τ 的向量的个数. 表 2.12 中列出表 2.11 中 KY 函数的 $N_j(\tau)$ 值的分布情况, 这在计算与该 KY 函数相对应的 $|\Gamma_j(u,t)|$ 值时有用. $\Gamma_j(u,t)$ 的定义可参考 (2.97) 式, $|\Gamma_j(u,t)|$ 值的计算可参考 (2.98) 式.

表 2.11 一个 KY 函数的十六进制真值表

```
3740 B6A1 18A1 E196 5FB9 02DF D409 B0D5 9C2A 4D81 E3AD 4A3E E59C BDE1 6BF5 0A9D
7EC8 A68E 5AB0 9902 9614 56E0 66E8 A801 57C4 248E 1AF2 9C80 3C3C BDF8 B5E8 812A
```

表 2.12 表 2.11 中 KY 函数的 $N_j(\tau)$ 值, $i=1,2,3$

τ	0	1	2	3	4	5	6	7	8	9
$N_1(\tau)$	0	0	4	9	11	6	0	0	0	0
$N_2(\tau)$	0	0	1	5	13	17	5	5	0	0
$N_3(\tau)$	0	0	16	47	55	50	36	19	2	1

构造 2.66 (KY 情形) 设 $g\in B_9$ 是表 2.11 中给出的 KY 函数, 并有

$$
\begin{aligned}
U_1&=\{\beta\mid W_g(\beta)=\pm 4,\ \beta\in\mathbb{F}_2^9\},\\
U_2&=\{\beta\mid W_g(\beta)=\pm 12,\ \beta\in\mathbb{F}_2^9\},\\
U_3&=\{\beta\mid W_g(\beta)=\pm 20,\ \beta\in\mathbb{F}_2^9\},\\
U_4&=\{\beta\mid W_g(\beta)=\pm 28,\ \beta\in\mathbb{F}_2^9\}.
\end{aligned}
$$

设 $n\geqslant 19$ 是一个奇数, $t\in\mathbb{N}$, $k=(n-9)/2$. 设

$$
\begin{aligned}
T_1&=\{\eta\mid \mathrm{wt}(\eta)\geqslant t+1,\ \eta\in\mathbb{F}_2^k\},\\
T_2&=\Gamma_1(k-5,\ t)\cup\Gamma_2(k-5,\ t),\\
T_3&=\Gamma_1(k-6,t)\cup\Gamma_3(k-6,t),
\end{aligned}
$$

其中 $\Gamma_i(u,t)$ 的定义在符号表达上与 (2.97) 式相同. 设 $E_1\subset\mathbb{F}_2^k$, $E_2\subset\mathbb{F}_2^{k+5}$, $E_3\subset\mathbb{F}_2^{k+6}$ 并满足 $|E_i|\leqslant|T_i|$; 设 $S_1=E_1\times\mathbb{F}_2^{k+9}$, $S_2=E_2\times\mathbb{F}_2^{k+4}$, $S_3=E_3\times\mathbb{F}_2^{k+3}$ 并满足 $\{S_1,\ S_2,\ S_3\}$ 是 $\mathbb{F}_2^n$ 的一个划分. 设 $X=(x_1,\cdots,x_{2k})\in\mathbb{F}_2^{2k}$, $Y\in\mathbb{F}_2^9$. 对 $i=1,2,3$, 建立从 E_i 到 T_i 的单射 Φ_i, 并在 S_i 上构造残缺布尔函数

$$
\begin{aligned}
f_{S_1}(X,Y)&=\Phi_1(X_{[1,k]})\cdot X_{[k+1,2k]}+g(Y),\\
f_{S_2}(X,Y)&=\Phi_2(X_{[1,k+5]})\cdot(X_{[k+6,2k]},Y),\\
f_{S_3}(X,Y)&=\Phi_3(X_{[1,k+6]})\cdot(X_{[k+7,2k]},Y).
\end{aligned}
$$

构造 n 元布尔函数

$$
f(X,Y)=f_{S_i}(X,Y),\quad 若(X,Y)\in S_i,\quad i=1,2,3.
$$

定理 2.67 若 $f\in\mathcal{B}_n$ 由构造 2.66 得到, 则 f 的弹性阶是 t, 非线性度是

$$
2^{n-1}-2^{(n-1)/2}+2^{(n-7)/2}.
$$

在表 2.13 中列出参数 n 和 t, 其中 t 是用构造 2.66 中的方法使 n 元布尔函数非线性度为 $2^{n-1}-2^{(n-1)/2}+2^{(n-7)/2}$ 的最大弹性阶.

表 2.13　参数是 $(n,t,2^{n-1}-2^{(n-1)/2}+2^{(n-7)/2})$ 的布尔函数, $19\leqslant n\leqslant 123$

n	19	21, 23, 25	27, 29	31, 33, 35	37, 39	41, 43	45, 47	49, 51, 53
t	0	1	2	3	4	5	6	7
n	55, 57	59, 61	63, 65, 67	69, 71	73, 75	77, 79	81, 83	85, 87, 89
t	8	9	10	11	12	13	14	15
n	91, 93	95, 97	99, 101	103, 105	107, 109, 111	113, 115	117, 119	121, 123
t	16	17	18	19	20	21	22	23

例 2.68　我们把一个参数是 $(21,1,2^{20}-2^{10}+2^7)$ 的布尔函数的真值表上传到 IEEE DataPort 上 (见文献 [941]). 这个函数是由构造 2.66 得到的, 读者可以验证其弹性阶和非线性度, 其频谱值分布为

$$W_f(\alpha,\beta)=\begin{cases}0, & 130816\text{ 次},\\ \pm256, & 83904\text{ 次},\\ \pm512, & 64512\text{ 次},\\ \pm768, & 317376\text{ 次},\\ \pm1024, & 34048\text{ 次},\\ \pm1280, & 353856\text{ 次},\\ \pm1792, & 1112640\text{ 次}.\end{cases}$$

在上述方案中, KY 情形下要求 $k\geqslant 5$ $(n\geqslant 19)$, PW 情形下要求 $k\geqslant 8$ $(n\geqslant 31)$. 当不满足各自要求时, 两种情形下都有 $T_1=T_2=T_3=\varnothing$, 从而无法按照构造 2.66 或构造 2.64 的方案进行构造. 这种情况下, 我们考虑用另一种途径实现 HML 构造法的设计思想, 给出 $(29,0,2^{28}-2^{14}+2^{11}+2^9)$ 函数的设计方法.

设 $X=(x_1,\cdots,x_{14})\in\mathbb{F}_2^{14}$, $Y=(y_1,\cdots,y_{15})\in\mathbb{F}_2^{15}$. 下面把 $\mathbb{F}_2^{29}$ 划分为三个集合 S_1, S_2, S_3, 其中

$$\begin{aligned}S_1&=\mathbb{F}_2^{7^*}\times\mathbb{F}_2^{22},\\ S_2&=\{\mathbf{0}_7\}\times\mathbb{F}_2^{21}\times\{0\},\\ S_3&=\{\mathbf{0}_7\}\times\mathbb{F}_2^{21}\times\{1\}.\end{aligned}$$

设镶嵌函数 g 是 PW 函数. 首先在 S_1 上构造一个 29 元残缺布尔函数 f_{S_1}:

$$f_{S_1}(X,Y)=\Phi_1(X_{[1,7]})\cdot X_{[8,14]}+g(Y),$$

其中 Φ_1 是 $\mathbb{F}_2^{7^*}$ 上的置换. 设 $\alpha=(\alpha_1,\cdots,\alpha_{14})\in\mathbb{F}_2^{14}$, $\beta=(\beta_1,\cdots,\beta_{15})\in\mathbb{F}_2^{15}$.

$$\mathrm{FW}_{f_{S_1}}(\alpha,\beta)=\begin{cases}\pm 40\cdot 2^7, & \beta\in U_1,\ \alpha_{[8,14]}\neq \mathbf{0}_7,\\ \pm 88\cdot 2^7, & \beta\in U_2,\ \alpha_{[8,14]}\neq \mathbf{0}_7,\\ \pm 168\cdot 2^7, & \beta\in U_3,\ \alpha_{[8,14]}\neq \mathbf{0}_7,\\ \pm 216\cdot 2^7, & \beta\in U_4,\ \alpha_{[8,14]}\neq \mathbf{0}_7,\\ 0, & \alpha_{[8,14]}=\mathbf{0}_7.\end{cases} \tag{2.118}$$

在 S_2 上构造一个 29 元残缺布尔函数 f_{S_2}:

$$f_{S_2}(X,Y)=\begin{cases}Y_{[1,7]}\cdot Y_{[8,14]}, & Y_{[8,14]}\in\mathbb{F}_2^7,\ Y_{[1,7]}\neq\mathbf{0}_7,\\ Y_{[8,10]}\cdot Y_{[11,13]}+y_{14}, & Y_{[8,14]}\in\mathbb{F}_2^7,\ Y_{[1,7]}=\mathbf{0}_7.\end{cases}$$

f_{S_2} 在 $\mathbb{F}_2^{29}$ 的所有点上的残缺谱值如下:

$$\begin{cases}\mathrm{FW}_{f_{S_2}}(\alpha,\beta)=0, & \alpha_{[8,14]}\neq\mathbf{0}_7 \text{ 或 } \beta_{[8,14]}=\mathbf{0}_7,\\ \mathrm{FW}_{f_{S_2}}(\alpha,\beta)\in\{\pm(2^{14}\pm 2^{11}),\pm 2^{14}\}, & \alpha_{[8,14]}=\mathbf{0}_7 \text{ 且 } \beta_{[8,14]}\neq\mathbf{0}_7.\end{cases} \tag{2.119}$$

设 $T=\{Y_{[1,14]}\in\mathbb{F}_2^{14}\mid (Y_{[1,14]},0)\in U_1 \text{ 且 } (Y_{[1,14]},1)\in U_1\}$, 其中

$$U_1=\{\beta\mid W_g(\beta)=40,\ \beta\in\mathbb{F}_2^{15}\}.$$

经计算, 得 $|T|=135>2^7$. 可建立从 $\mathbb{F}_2^7$ 到 T 的单射 Φ_3, 进而在 S_3 上构造一个 29 元残缺布尔函数 f_{S_3}:

$$f_{S_3}(X,Y)=\Phi_3(X_{[8,14]})\cdot Y_{[1,14]}.$$

其残缺谱分布为

$$\mathrm{FW}_{f_{S_3}}(\alpha,\beta)=\begin{cases}\pm 2^{14}, & \text{若 } \beta\in U_1 \text{ 且 } \Phi_3^{-1}(\beta_{[1,14]}) \text{ 存在},\\ 0, & \text{其他情形}.\end{cases} \tag{2.120}$$

由 (2.94) 式, 并结合 (2.118)—(2.120) 三式, 可得

$$|W_f(\alpha,\beta)|\leqslant\begin{cases}40\cdot 2^7+2^{14}, & \beta\in U_1,\alpha_{[8,14]}\neq\mathbf{0}_7,\\ 88\cdot 2^7, & \beta\in U_2,\alpha_{[8,14]}\neq\mathbf{0}_7,\\ 168\cdot 2^7, & \beta\in U_3,\alpha_{[8,14]}\neq\mathbf{0}_7,\\ 216\cdot 2^7, & \beta\in U_4,\alpha_{[8,14]}\neq\mathbf{0}_7,\\ 2^{14}+2^{11}, & \alpha_{[8,14]}=\mathbf{0}_7.\end{cases} \tag{2.121}$$

当 $\beta \in U_4$ 且 $\alpha_{[8,14]} \neq \mathbf{0}_7$ 时, $|W_f(\alpha,\beta)| = |\mathrm{FW}_{f_{S_1}}(\alpha,\beta)| = 216 \cdot 2^7$. 结合 (2.121) 式, $\max_{(\alpha,\beta)\in\mathbb{F}_2^{29}} |W_f(\alpha,\beta)| = 216 \cdot 2^7$. 可得 $N_f = 2^{28} - 2^{14} + 2^{11} + 2^9$. 由 (2.118) 式和 (2.119) 式, $\mathrm{FW}_{f_{S_1}}(\mathbf{0}_{29}) = \mathrm{FW}_{f_{S_2}}(\mathbf{0}_{29}) = 0$. 由于 $\mathbf{0}_{15} \notin U_1$, 可知 $\Phi^{-1}(\mathbf{0}_{14}) = \varnothing$. 由 (2.120) 式, $\mathrm{FW}_{f_{S_3}}(\mathbf{0}_{29}) = 0$. 再由 (2.92) 式, $W_f(\mathbf{0}_{29}) = 0$, 这说明 f 是平衡的.

本节的最后, 我们再用一些篇幅交代一些问题.

(1) 所构造函数的代数次数. 类似 (2.17) 式和 (2.18) 式对布尔函数代数正规型和代数次数的定义, 可以定义残缺布尔函数 f_{S_i} 的代数正规型和代数次数. 在构造 2.64 中, f_{S_2}, f_{S_3}, f_{S_4} 的代数次数最大分别为 $k+9$, $k+11$, $k+12$. 而 f_{S_1} 的代数次数最大可达到 $\deg(g)+k$. 在构造中若 f_{S_i} 出现, 则令 $\delta_i = 1$; 否则 $\delta_i = 0$, 这里 $i = 2, 3, 4$. 可得, $\deg(f) \leqslant \max\{\deg(g)+k, (k+9)\delta_2, (k+11)\delta_3, (k+12)\delta_4\}$. 由于本节采用的 PW 函数的代数次数是 9, 故 $\deg(f) \leqslant \max\{k+9, (k+11)\delta_3, (k+12)\delta_4\}$. 类似地, 由构造 2.66 所得函数的代数次数上界为 $\max\{\deg(g)+k, (k+6)\delta_2, (k+7)\delta_3\}$. 读者可以分析一下例 2.68 中 21 元函数的代数次数, 其代数次数为 13.

(2) 所构造函数的弹性和非线性度的改进. 本节给出的 HML 构造法所得到的弹性函数的非线性度依赖于镶嵌函数 g 的非线性度. 我们采用的函数 g 是 PW 函数和 KY 函数, 对相同的奇数 n, $n \geqslant 29$, 由 PW 函数所得 n 元布尔函数的非线性度优于由 KY 函数所得 n 元布尔函数的非线性度, 但后者的弹性阶优于前者. 在保持非线性度不变的前提下, 利用 HML 构造法提高函数的弹性阶在某些 n 值可以实现. 改进的要点是, 寻找 f_{S_1} 中更多具有 “Low” 残缺谱值的点, 增添新的残缺布尔函数使其非零残缺谱值 “叠加” 在这些 “Low” 残缺谱值的点上. 进一步提高函数的弹性阶是有意义的, 但更有意义的工作是提高函数的非线性度. 作者相信存在非线性度 $> 2^{n-1} - 2^{(n-1)/2} + 2^{(n-7)/2} + 2^{(n-11)/2}$ 的 n 元弹性函数 ($n \geqslant 9$ 为奇数). 一旦在 n 相对较小时发现这类函数 ($9 \leqslant n \leqslant 23$, n 为奇数), 无论其有无弹性, 都可以作为镶嵌函数 g 用于 HML 构造中, 改进所构造函数的非线性度, 并使之具有弹性.

(3) 递归式 HML 构造. 由 HML 构造法得到的函数, 可作为镶嵌函数进一步进行 HML 型函数的构造. 例如, 例 2.68 中的 $(21, 1, 2^{20} - 2^{10} + 2^7)$ 弹性函数可以被作为镶嵌函数进一步实施 HML 构造法. 这样所得到的 n 元函数, 是否可以使其弹性阶优于构造 2.66 所得 n 元函数的弹性阶呢? 请读者验证.

(4) 偶变元弹性函数的 HML 构造. 通过把镶嵌函数选为偶变元布尔函数, 我们也可以把 HML 构造法用于偶变元高非线性度弹性函数的构造. 我们在 IEEE DataPort 上传了一个非线性度是 2095616 的 22 元 4 阶弹性函数的真值表[945], 其频谱分布为

$$W_f(\alpha,\beta)=\begin{cases}0, & 919296\text{ 次},\\ \pm1024, & 557312\text{ 次},\\ \pm2048, & 1647872\text{ 次},\\ \pm3072, & 1069824\text{ 次}.\end{cases}$$

(5) HML 构造法的进一步改良. 在例 2.63 中, $\mathcal{W}_{f_{S_1}}$ 和 $\mathcal{W}_{f_{S_2}}$ 的谱值分别取自 $\{\pm1,\pm3\}$, 而 $\mathcal{W}_f$ 是由 $\mathcal{W}_{f_{S_1}}$ 和 $\mathcal{W}_{f_{S_2}}$ 叠加而成的, 但在 $\mathcal{W}_f$ 中并没有出现 ±6. 这说明, 当 $\mathcal{W}_{f_{S_1}}(\alpha)=+3$ 时, $\mathcal{W}_{f_{S_2}}(\alpha)\neq+3$; 当 $\mathcal{W}_{f_{S_1}}(\alpha)=-3$ 时, $\mathcal{W}_{f_{S_2}}(\alpha)\neq-3$. 在本节的 HML 构造法思想中, ±3 是 $\mathcal{W}_{f_{S_2}}$ 中的 "High" 点, $+3$ 和 -3 各出现一次. 实际发生的情形是: $+3$ 和 $\mathcal{W}_{f_{S_1}}$ 中的 $+1$ "相遇", -3 和 $\mathcal{W}_{f_{S_1}}$ 中的 $+3$ "相遇". 后者发生的这种 "正负抵消" 降低了 f 在该点的频谱振幅.

2.7 不相交码构造

本节给出一种不相交码的构造方法, 可得到大量两两互不相交的 $[u,m]$ 码. 这为后面利用不相交码来设计密码函数的章节作了一个铺垫.

定义 2.69 设 $\mathcal{C}=\{C_1,C_2,\cdots,C_N\}$ 是 N 个 $[u,m]$ 码的集合. 若

$$C_{i_1}\cap C_{i_2}=\{\mathbf{0}_u\},\quad 1\leqslant i_1<i_2\leqslant N,$$

则称 $\mathcal{C}$ 是 (u,m) 不相交码集合. 设 d_i 是 C_i 的最小距离, $0\leqslant i\leqslant N$. 也称 $\mathcal{C}$ 是 (u,m,d) 不相交码集合, 其中 $d=\min\{d_1,d_2,\cdots,d_N\}$.

构造 2.70 设 $u\geqslant4$, $m\geqslant2$, $u\geqslant2m$. 设 γ 是 $\mathbb{F}_{2^{u-m}}$ 中的一个本原元, 是 $u-m$ 次本原多项式 $p(x)$ 的一个根. 定义双射 $\pi:\mathbb{F}_{2^{u-m}}\to\mathbb{F}_2^{u-m}$, 这里

$$\pi(b_0+b_1\gamma+\cdots+b_{u-m-1}\gamma^{u-m-1})=(b_0,b_1,\cdots,b_{u-m-1}).$$

设

$$G_i=\begin{pmatrix}100\cdots00 & \pi(\gamma^i)\\ 010\cdots00 & \pi(\gamma^{i+1})\\ \vdots & \vdots\\ 000\cdots01 & \pi(\gamma^{i+m-1})\end{pmatrix}_{m\times u}$$

是 $[u,m]$ 码 C_i 的生成矩阵, $i=0,\cdots,2^{u-m}-2$. 设 $C_{2^{u-m}-1}$ 的生成矩阵为 $(I_m\ \mathbf{0}_{m\times(u-m)})$. 可证 $\{C_0,C_1,\cdots,C_{2^{u-m}-1}\}$ 是一个 (u,m) 不相交码集合.

证明 对 $0 \leqslant i < j \leqslant 2^{u-m}-2$, 假设存在两个向量 $\mu, \nu \in \mathbb{F}_2^m$ 使 $\mu G_i = \nu G_j$, 则必有 $\mu \cdot (\pi(\gamma^i), \pi(\gamma^{i+1}), \cdots, \pi(\gamma^{i+m-1})) = \nu \cdot (\pi(\gamma^j), \pi(\gamma^{j+1}), \cdots, \pi(\gamma^{j+m-1}))$, 进而有 $\mu \cdot (\gamma^i, \gamma^{i+1}, \cdots, \gamma^{i+m-1}) = \nu \cdot (\gamma^j, \gamma^{j+1}, \cdots, \gamma^{j+m-1})$. 这说明 $\mu = \nu = \mathbf{0}_m$, 即 $C_i \cap C_j = \{\mathbf{0}_u\}$, $0 \leqslant i < j \leqslant 2^{u-m}-2$. 注意到 $C_{2^{u-m}-1}$ 中的任意非零码字的后 $u-m$ 位都是 $\mathbf{0}_{u-m}$, 而 C_i $(0 \leqslant i \leqslant 2^{u-m}-2)$ 中任意非零码字后 $u-m$ 位都不是 $\mathbf{0}_{u-m}$. 因而 $C_{2^{u-m}-1}$ 和所有其他线性码也都是不相交的. □

用构造 2.70 中的方法可以得到 2^{u-m} 个 (u,m) 不相交码, 但这不是在 $\mathbb{F}_2^u$ 中所能找到的不相交码的最大数量. 若 $m \leqslant u-m < 2m$, 则在 $\mathbb{F}_2^{u-m}$ 中能找到一个 $[u-m,m]$ 码; 若 $u-m \geqslant 2m$, 则可以按照构造 2.70 中的方法, 能从 $\mathbb{F}_2^{u-m}$ 中找到 2^{u-2m} 个 $(u-m,m)$ 不相交码. 在 $[u-m,m]$ 码的每个码字前拼接上 $\mathbf{0}_m$, 得到的 $[u,m]$ 码属于 $\{\mathbf{0}_m\} \times \mathbb{F}_2^{u-m}$. 我们知道, $\{\mathbf{0}_m\} \times \mathbb{F}_2^{u-m} \subset \mathbb{F}_2^u$, 而 $\{\mathbf{0}_m\} \times \mathbb{F}_2^{u-m}$ 中的任意非零向量都不出现在任一 C_i 中, $0 \leqslant i \leqslant 2^{u-m}-1$. 因而, 新得到的 $[u,m]$ 码与构造 2.70 中得到的 $[u,m]$ 码都是不相交的. 上面的两种情形中, 若是前一种情形, 则终止继续寻找新的不相交码; 若是后一种情形, 则可继续在 $\{\mathbf{0}_{2m}\} \times \mathbb{F}_2^{u-2m}$ 中寻找新的不相交码. 以此类推.

用 $M(u,m,d)$ 表示本方法能得到的 (u,m,d) 不相交码集合的最大基数.

定理 2.71 设 $s = \left\lfloor \dfrac{u}{m} \right\rfloor - 1$. 存在 $(u,m,1)$ 不相交码集合 $\mathcal{C}$, 其基数是

$$M(u,m,1) = \sum_{j=1}^{s} 2^{u-jm} + 1.$$

证明 对 $j = 1, \cdots, s$, 设 γ_j 是 $\mathbb{F}_{2^{u-jm}}$ 中的一个本原元, $\{1, \gamma_j, \cdots, \gamma_j^{u-jm-1}\}$ 是 $\mathbb{F}_{2^{u-jm}}$ 的一组本原基底. 定义双射 $\pi_j : \mathbb{F}_{2^{u-jm}} \to \mathbb{F}_2^{u-jm}$,

$$\pi_j(b_0 + b_1\gamma + \cdots + b_{u-jm-1}\gamma^{u-jm-1}) = (b_0, b_1, \cdots, b_{u-jm-1}).$$

令 $h_j = 2^{u-jm}$. 对 $i = 0, \cdots, h_j - 2$, 设 $G_i^{(j)} = (\mathbf{0}_{m\times(j-1)m}\ I_m\ R^i_{m\times(u-jm)})$ 是线性码 $C_i^{(j)}$ 的生成矩阵, 其中

$$R^i_{m\times(u-jm)} = \begin{pmatrix} \pi_j(\gamma_j^i) \\ \pi_j(\gamma_j^{i+1}) \\ \vdots \\ \pi_j(\gamma_j^{i+m-1}) \end{pmatrix}_{m\times(u-jm)}.$$

设 $G_{h_j-1}^{(j)} = (\mathbf{0}_{m\times(j-1)m}\ I_m\ \mathbf{0}_{m\times(u-jm)})$ 是线性码 $C_{h_j-1}^{(j)}$ 的生成矩阵. 由构造 2.70, $S_j = \{C_i^{(j)} \mid i = 0, 1, \cdots, h_j - 1\}$ 是基数为 2^{u-jm} 的 (u,m) 不相交码集合. 设

$G' = (\mathbf{0}_{m\times sm}\ R^i_{m\times(u-sm)})$ 是 C' 的生成矩阵. 易知, $\mathcal{C} = S_1 \cup S_2 \cup \cdots \cup S_s \cup \{C'\}$ 也是 (u,m) 不相交码集合. 经简单计算, 这个集合的基数为 $\sum_{j=1}^s 2^{u-jm}+1$. □

进一步计算 $M(u,m,2)$, 只要从 $M(u,m,1)$ 中减去 $\mathcal{C}$ 中的所有 $[u,m,1]$ 码的数量 Δ_1. 由定理 2.71 的证明, S_j 中有且只有一个 $[u,m,1]$ 码, 即 $C^{(j)}_{h_j-1}$. 而对 C', 若 $m \mid u$, C' 必为 $[u,m,1]$ 码, 此时 $\Delta_1 = s$; 而当 $m \nmid u$, 由 $u-sm>m$, C' 可被构造成一个使 $d\geqslant 2$ 的 $[u,m,d]$ 码, 此时 $\Delta_1 = s+1$. 综上所述, 可得如下推论.

推论 2.72 设 $s = \left\lfloor \dfrac{u}{m} \right\rfloor - 1$. 存在 $(u,m,2)$ 不相交码集合, 其基数是

$$M(u,m,2) = \begin{cases} \displaystyle\sum_{j=1}^{s}(2^{u-jm}-1), & m \mid u, \\ \displaystyle\sum_{j=1}^{s}(2^{u-jm}-1)+1, & m \nmid u. \end{cases}$$

推论 2.73 设 $s = \left\lfloor \dfrac{u}{m} \right\rfloor - 1$. 存在 $(u,m,3)$ 不相交码集合, 其基数是

$$M(u,m,3) = \sum_{j=1}^{s}\left(2^{u-jm}+(j-1)m-u\right)+\epsilon, \tag{2.122}$$

其中

$$\epsilon = \begin{cases} 1, & \text{若存在 } [u-sm,m,\geqslant 3] \text{ 码}, \\ 0, & \text{其他情形}. \end{cases}$$

证明 计算 $M(u,m,3)$, 只要从 $M(u,m,1)$ 中减去 $\mathcal{C}$ 中所有 $[u,m,d]$ 码的数量, $d=1,2$. 先考虑生成矩阵为 $G' = \left(\mathbf{0}_{m\times sm}\ R^i_{m\times(u-sm)}\right)$ 的线性码 C' 的最小距离. C' 的最小距离是否可以 $\geqslant 3$ 取决于是否存在 $[u-sm,m,\geqslant 3]$ 码. 由推论 2.73 结论可知, 从 $\sum_{j=1}^s(2^{u-jm}-1)+\epsilon$ 中减去 $\mathcal{C}\backslash\{C'\}$ 中最小距离为 2 的线性码的数量 Δ_2 即得 $M(u,m,3)$. 生成矩阵为 $G^{(j)}_i = \left(\mathbf{0}_{m\times(j-1)m}\ I_m\ R^i_{m\times(u-jm)}\right)$ 的线性码 $C^{(j)}_i$ 的最小距离为 2 当且仅当矩阵 $R^i_{m\times(u-jm)}$ 存在一个重量为 1 的行向量. 事实上, 对固定的 j, 当且仅当 $0\leqslant e\leqslant u-jm-1$ 时, $\mathrm{wt}(\pi(\gamma^e_j))=1$. 当 $i=0,\cdots,u-jm-1$ 时, 这 $u-jm$ 个重量为 1 的向量中必有向量出现在 $R^i_{m\times(u-jm)}$ 中; 当 $i=2^{u-jm}-m,\cdots,2^{u-jm}-2$ 时, $R^i_{m\times(u-jm)}$ 中的行向量 $\pi_j(\gamma^{i+m-1}_j)$ 重量都是 1. 除了这两组 i 值, 没有其他的 i 取值使 $R^i_{m\times(u-jm)}$ 中有行向量重量为 1. 于是, $\Delta_2 = \sum_{j=1}^s(u-jm+m-1)$. 可得

$$M(u,m,3) = \sum_{j=1}^{s}(2^{u-jm}-1)+\epsilon-\sum_{j=1}^{s}(u-jm+m-1).$$

整理即得 (2.122) 式成立. □

当 $d \geqslant 4$ 时, 容易统计出 $\mathcal{C}$ 中最小距离 $\geqslant d$ 的 (u,m,d) 不相交码的数量, 从而得到 $M(u,m,d)$ 值. 在表 2.14 中可由 u, m, d 的取值, 查询 $M(u,m,d)$ 的数值.

表 2.14 $M(u,m,d)$

m	u \ d	1	2	3	4	5	6	7	8	9
2	4	5	3	—	—	—	—	—	—	—
	5	9	8	3	—	—	—	—	—	—
	6	21	18	10	1	—	—	—	—	—
	7	41	39	28	9	—	—	—	—	—
	8	85	81	66	35	10	—	—	—	—
	9	169	166	147	98	44	4	—	—	—
	10	341	336	312	239	136	31	—	—	—
	11	681	677	648	548	381	159	32	—	—
	12	1365	1359	1324	1189	926	504	181	15	—
	13	2729	2724	2683	2510	2124	1406	692	146	—
	14	5461	5454	5406	5182	4614	3398	1968	643	73
	15	10921	10915	10860	10585	9809	7989	5421	2463	648
	16	21845	21837	21774	21433	20377	17648	13301	7503	2949
	17	43689	43682	43611	43206	41845	38083	31325	20989	11087
	18	87381	87372	87292	86800	85007	79566	68797	50335	30020
	19	174761	174753	174664	174092	171871	164754	149353	120245	83502
	20	349525	349515	349416	348738	345920	336217	313518	267020	201783
3	6	9	7	2	—	—	—	—	—	—
	7	17	16	9	1	—	—	—	—	—
	8	33	32	24	5	—	—	—	—	—
	9	73	70	57	26	—	—	—	—	—
	10	145	143	127	80	24	—	—	—	—
	11	289	287	269	193	86	4	—	—	—
	12	585	581	557	461	286	70	—	—	—
	13	1169	1166	1138	1011	748	316	35	—	—
	14	2337	2334	2303	2139	1750	1028	322	9	—
	15	4681	4676	4638	4429	3849	2504	1029	106	—
	16	9361	9357	9314	9060	8297	6333	3605	831	—
	17	18721	18717	18670	18362	17350	14540	9938	3894	515
	18	37449	37443	37388	37024	35727	31818	24868	14023	4681
	19	74897	74892	74831	74396	72707	67063	55454	35166	14825
	20	149793	149788	149722	149215	147149	139893	123695	91644	52646
4	8	17	15	8	1	—	—	—	—	—
	9	33	32	23	3	—	—	—	—	—
	10	65	64	54	21	—	—	—	—	—
	11	129	128	118	71	5	—	—	—	—
	12	273	270	252	172	50	1	—	—	—
	13	545	543	522	421	221	12	—	—	—
	14	1089	1087	1064	938	652	175	9	—	—
	15	2177	2175	2151	1998	1578	747	151	1	—

续表

m	u \ d	1	2	3	4	5	6	7	8	9
4	16	4369	4365	4332	4117	3467	1951	404	8	—
	17	8737	8734	8697	8446	7616	5428	2372	151	—
	18	17473	17470	17430	17132	16068	12882	7487	1448	—
	19	34945	34942	34900	34566	33268	29160	21215	8649	751
	20	69905	69900	69848	69423	67629	61369	59822	24946	5146
5	10	33	31	22	1	—	—	—	—	—
	11	65	64	53	12	—	—	—	—	—
	12	129	128	116	64	—	—	—	—	—
	13	257	256	243	153	15	—	—	—	—
	14	513	512	499	408	168	1	—	—	—
	15	1057	1054	1031	899	561	61	1	—	—
	16	2113	2111	2085	1921	1469	506	4	1	—
	17	4225	4223	4195	3987	3259	1472	97	1	—
	18	8449	8447	8417	8151	7222	4679	1233	10	—
	19	16897	16895	16864	16572	15366	11711	5219	282	—
	20	33825	33821	33779	33439	32034	27355	17748	4133	21
	21	67649	67646	67600	67194	65354	58276	42435	15400	799
6	12	65	63	52	8	—	—	—	—	—
	13	129	128	115	48	—	—	—	—	—
	14	257	256	242	141	5	—	—	—	—
	15	513	512	497	400	129	1	—	—	—
	16	1025	1024	1009	886	480	23	—	—	—
	17	2049	2048	2032	1891	1323	256	1	—	—
	18	4161	4158	4130	3905	3075	1052	8	1	—
	19	8321	8319	8288	8018	6986	3853	413	1	—
	20	16641	16639	16606	16274	14946	10522	3133	29	—
	21	34281	33279	33244	32911	31346	25956	14034	1338	—
7	14	129	127	114	42	—	—	—	—	—
	15	257	256	241	124	1	—	—	—	—
	16	513	512	496	383	100	1	—	—	—
	17	1025	1024	1007	869	396	3	—	—	—
	18	2049	2048	2031	1868	1215	124	1	—	—
	19	4097	4096	4078	3871	2880	714	1	1	—
	20	8193	8192	8172	7941	6764	3122	98	1	—
	21	16513	16510	16477	16143	14676	9359	1639	1	—
8	16	257	255	240	106	1	—	—	—	—
	17	513	512	495	365	66	1	—	—	—
	18	1025	1024	1006	859	350	2	—	—	—
	19	2049	2048	2029	1846	1099	46	1	—	—
	20	4097	4096	4076	3842	2637	394	1	1	—
	21	8193	8192	8172	7912	6501	2404	14	1	—
9	18	513	511	494	350	38	1	—	—	—
	19	1025	1024	1005	839	270	1	—	—	—
	20	2049	2048	2028	1823	961	13	1	—	—

例 2.74 构造一组 $(6,3)$ 不相交码. 设 γ 是 $\mathbb{F}_2$ 上的本原多项式 x^3+x+1 的根, $\{1,\gamma,\gamma^2\}$ 是 $\mathbb{F}_{2^3}$ 的一组基底. 定义双射 $\pi:\mathbb{F}_{2^3}\to\mathbb{F}_2^3$, 这里

$$\pi(b_0+b_1\gamma+b_2\gamma^2)=(b_0,b_1,b_2).$$

这样就可得到 $\mathbb{F}_{2^3}$ 中元素和 $\mathbb{F}_2^3$ 中向量的一一对应: $\pi(1)=(100)$, $\pi(\gamma)=(010)$, $\pi(\gamma^2)=(001)$, $\pi(\gamma^3)=(110)$, $\pi(\gamma^4)=(011)$, $\pi(\gamma^5)=(111)$, $\pi(\gamma^6)=(101)$. 按照构造 2.70 的规则, 得到 8 个不相交码: C_0, C_1, $\cdots$, C_7; 除此之外, 还有一个线性码 C_8 与这 8 个不相交码都不相交, C_8 中全部码字组成的集合为 $\{\mathbf{0}_3\}\times\mathbb{F}_2^3$. 这 9 个两两不相交的线性码的生成矩阵可分别表示为

$$G_0=\begin{pmatrix}100\ 100\\010\ 010\\001\ 001\end{pmatrix},\quad G_1=\begin{pmatrix}100\ 010\\010\ 001\\001\ 110\end{pmatrix},\quad G_2=\begin{pmatrix}100\ 001\\010\ 110\\001\ 011\end{pmatrix},$$

$$G_3=\begin{pmatrix}100\ 110\\010\ 011\\001\ 111\end{pmatrix},\quad G_4=\begin{pmatrix}100\ 011\\010\ 111\\001\ 101\end{pmatrix},\quad G_5=\begin{pmatrix}100\ 111\\010\ 101\\001\ 100\end{pmatrix},$$

$$G_6=\begin{pmatrix}100\ 101\\010\ 100\\001\ 010\end{pmatrix},\quad G_7=\begin{pmatrix}100\ 000\\010\ 000\\001\ 000\end{pmatrix},\quad G_8=\begin{pmatrix}000\ 110\\000\ 011\\000\ 111\end{pmatrix}.$$

可以验证, 最小距离为 1 的线性码有 C_7, C_8; 最小距离为 2 的线性码有 C_0, C_1, C_2, C_5, C_6; 最小距离为 3 的线性码有 C_3, C_4. 故有 $M(6,3,1)=9$, $M(6,3,2)=7$, $M(6,3,3)=2$. 同时不难验证 $\{C_0^*,C_1^*,\cdots,C_8^*\}$ 作成 $\mathbb{F}_2^{6*}$ 的一个划分.

由上面的例子, 不难验证下面这样一个事实: $\{C_0^\perp,C_1^\perp,\cdots,C_8^\perp\}$ 也是一个 $(6,3)$ 不相交码集合. 这不是偶然的.

引理 2.75 设 $n=2k$. 若 $\{C_0,C_1,\cdots,C_{2^k}\}$ 是 (n,k) 不相交码集合, 则 $\{C_0^\perp,C_1^\perp,\cdots,C_{2^k}^\perp\}$ 也是 (n,k) 不相交码集合.

证明 假设存在 $\beta\in\mathbb{F}_2^{n*}$ 使 $\beta\in C_i^\perp$ 且 $\beta\in C_j^\perp$, 这里 $i\neq j$. 由对偶码的定义, 对任意 $\alpha\in C_i\cup C_j$, 都有 $\beta\cdot\alpha=0$. 由于 C_i 和 C_j 是不相交的, 可以在 $C_i\cup C_j$ 中找到 n 个线性无关的向量 α_1, α_2, $\cdots$, α_n, 使得对任意 $(a_1,a_2,\cdots,a_n)\in\mathbb{F}_2^n$, 有 $\beta\cdot(a_1\alpha_1+a_2\alpha_2+\cdots+a_n\alpha_n)=0$. 这就是说, 对任意 $\alpha\in\mathbb{F}_2^n$, 总有 $\beta\cdot\alpha=0$. 这显然是不成立的. 事实上, $\mathbb{F}_2^n$ 中所有和 β 内积为 0 的向量作成一个 $[n,n-1]$ 码. 故 $C_i^\perp$ 和 $C_j^\perp$ 是不相交的. 因此, $\{C_0^\perp,C_1^\perp,\cdots,C_{2^k}^\perp\}$ 是 (n,k) 不相交码集合. □

2.8 从 PS 型 Bent 函数到高非线性度 1 阶弹性函数

部分扩散 (partial spread, PS) 型 Bent 函数是 Dillon[281] 在研究 Hadamard 差集时提出的一类重要的函数. 在本节我们从不相交码的角度再定义这类函数, 并将其改造成具有高非线性度的 1 阶弹性函数, 同时兼顾其他密码学性质.

设 G 是一个阶为 d^2 的群, 定义 G 的部分扩散为 G 的一些两两互不相交的阶为 d 的子群的集合 $\mathcal{E}=\{E_1,E_2,\cdots,E_N\}$. 这里 "不相交" 的意思是, 这些子群两两之间除了单位元 e 之外没有共同的元素, 即对 $1\leqslant i_1<i_2\leqslant N$, $E_{i_1}\cap E_{i_2}=\{e\}$. 设 $G^*=G\backslash\{e\}$, $E_i^*=E_i\backslash\{e\}$, $i=1,2,\cdots,N$. 当 $N=d+1$ 时, $\{E_1^*,E_2^*,\cdots,E_N^*\}$ 是 G^* 的一个划分. 这时, 称 $\mathcal{E}$ 是 G 的一个扩散 (spread).

设 $n=2k$, 则 $\mathbb{F}_{2^n}$ 和 $\mathbb{F}_2^n$ 都可看作阶为 $(2^k)^2$ 的群, 它们在各自的加法运算下单位元分别为 0 和 $\mathbf{0}_n$. 设 f: $\mathbb{F}_{2^n}\to\mathbb{F}_2$, $\mathcal{E}=\{E_1,E_2,\cdots,E_N\}$ 是 $\mathbb{F}_{2^n}$ 的一个部分扩散. 若 $N=2^{k-1}$, 且 $\mathrm{supp}(f)=\bigcup_{i=1}^N E_i^*$, 则称 f 是一个 PS^- 型 Bent 函数; 若 $N=2^{k-1}+1$, 且 $\mathrm{supp}(f)=\bigcup_{i=1}^N E_i$, 则称 f 是一个 PS^+ 型 Bent 函数.

当 n 为偶数时, 由定理 2.71 知, 可以构造出基数为 $2^{n/2}+1$ 的 $(n,n/2)$ 不相交码集合 $\mathcal{C}=\{C_0,C_1,C_2,\cdots,C_{2^k}\}$. 易知, $\{C_0^*,C_1^*,C_2^*,\cdots,C_{2^k}^*\}$ 作成 $\mathbb{F}_2^{n*}$ 的一个划分. 显然, $\mathcal{C}$ 是 $\mathbb{F}_2^n$ 的一个扩散. 于是, 可以在不相交码上构造 PS 型 Bent 函数.

引理 2.76 设 $n=2k$, $f\in\mathcal{B}_n$. 设 $\mathcal{C}=\{C_0,C_1,\cdots,C_{2^k}\}$ 是一个 (n,k) 不相交码集合. 若 $\mathrm{supp}(f)=\bigcup_{i=0}^{2^{k-1}-1}C_i{}^*$, 则 f 是一个 PS^- 型 Bent 函数; 若 $\mathrm{supp}(f)=\bigcup_{i=0}^{2^{k-1}}C_i$, 则 f 是一个 PS^+ 型 Bent 函数.

下面以不相交码上构造的 PS^- 型 Bent 函数 $f\in\mathcal{B}_n$ 为例, 证明一下为什么 f 是 Bent 函数. f 在点 $\alpha\in\mathbb{F}_2^n$ 的谱值为

$$
\begin{aligned}
W_f(\alpha)&=(-1)^{f(\mathbf{0}_n)}+\sum_{i=0}^{2^k}\sum_{X\in C_i^*}(-1)^{f(X)+\alpha\cdot X}\\
&=1+\sum_{i=0}^{2^{k-1}-1}\sum_{X\in C_i^*}(-1)^{1+\alpha\cdot X}+\sum_{i=2^{k-1}}^{2^k}\sum_{X\in C_i^*}(-1)^{0+\alpha\cdot X}\\
&=1+\sum_{i=0}^{2^{k-1}-1}\left(\sum_{X\in C_i}(-1)^{1+\alpha\cdot X}-(-1)^1\right)\\
&\quad+\sum_{i=2^{k-1}}^{2^k}\left(\sum_{X\in C_i}(-1)^{0+\alpha\cdot X}-(-1)^0\right)
\end{aligned}
$$

$$= \sum_{i=2^{k-1}}^{2^k} \sum_{X \in C_i} (-1)^{\alpha \cdot X} - \sum_{i=0}^{2^{k-1}-1} \sum_{X \in C_i} (-1)^{\alpha \cdot X}. \tag{2.123}$$

由引理 2.75, $\{C_0^\perp, C_1^\perp, \cdots, C_{2^k}^\perp\}$ 是一个 (n,k) 不相交码集合. 对任意 $\alpha \in \mathbb{F}_2^{n*}$, 它必定只存在于某一个 $C_{i_0}^\perp$ 中, $0 \leqslant i_0 \leqslant 2^k$, 可得

$$\sum_{X \in C_i} (-1)^{\alpha \cdot X} = \begin{cases} 2^k, & i = i_0, \\ 0, & i \neq i_0. \end{cases} \tag{2.124}$$

结合 (2.123) 式和 (2.124) 式, 可得

$$W_f(\alpha) = \begin{cases} -2^k, & \alpha \in C_i^\perp,\ i = 0, 1, \cdots, 2^{k-1}-1, \\ +2^k, & \alpha \in C_i^\perp,\ i = 2^{k-1}, 2^{k-1}+1, \cdots, 2^k. \end{cases}$$

当 $\alpha = \mathbf{0}_n$ 时, $W_f(\alpha) = 2^n - 2 \cdot |\mathrm{supp}(f)| = 2^k$. 因而, f 是一个 Bent 函数.

下面对 PS^- 型 Bent 函数进行改造, 得到非线性度为 $2^{n-1} - 2^{n/2-1} - 2^{\lceil n/4 \rceil}$ 的 n 元 1 阶弹性布尔函数. 我们主要讨论 $n \equiv 0 \bmod 4$ 的情形.

构造 2.77　设 $n = 2k$, $k \geqslant 4$ 为偶数. $\mathcal{C} = \{C_0, C_1, \cdots, C_{2^k}\}$ 是一个 (n,k) 不相交码集合, 其中 $C_0, C_1, \cdots, C_{2^k-1}$ 由构造 2.70 得到, C_{2^k} 由生成矩阵 $(\mathbf{0}_{k\times k}\ I_k)$ 生成. 设 $X', X'' \in \mathbb{F}_2^k$, $X = (X', X'') \in \mathbb{F}_2^n$. 构造函数 $f(X) \in \mathcal{B}_n$ 如下:

$$f(X) = \begin{cases} 1, & X \in C_i^*,\ 0 \leqslant i \leqslant 2^{k-1}-2, \\ 0, & X \in C_i^*,\ 2^{k-1}-1 \leqslant i \leqslant 2^k-2, \\ g(X'), & X \in C_{2^k-1}, \\ g(X'')+1, & X \in C_{2^k}^*, \end{cases}$$

其中 g 是一个 k 元 PS^- 型 Bent 函数.

定理 2.78　若 $f \in \mathcal{B}_n$ 由构造 2.77 得到, 则 $N_f = 2^{n-1} - 2^{n/2-1} - 2^{n/4}$.

证明　显然, $f(\mathbf{0}_n) = 0$. 对任意 $\alpha = (\alpha', \alpha'') \in \mathbb{F}_2^n$, 其中 α', $\alpha'' \in \mathbb{F}_2^k$, 有

$$\begin{aligned} W_f(\alpha) &= (-1)^{f(\mathbf{0})} + \sum_{i=0}^{2^k} \sum_{X \in C_i^*} (-1)^{f(X)+\alpha \cdot X} \\ &= \sum_{i=0}^{2^{k-1}-2} \sum_{X \in C_i} (-1)^{1+\alpha \cdot X} + \sum_{i=2^{k-1}-1}^{2^k-2} \sum_{X \in C_i} (-1)^{\alpha \cdot X} \end{aligned}$$

$$+\sum_{X\in C_{2^{k}-1}}(-1)^{g(X')+\alpha'\cdot X'}+\sum_{X\in C_{2^k}}(-1)^{g(X'')+1+\alpha''\cdot X''}$$

$$=U(\alpha)+W_g(\alpha')-W_g(\alpha''), \tag{2.125}$$

其中

$$U(\alpha)=-\sum_{i=0}^{2^{k-1}-2}\sum_{X\in C_i}(-1)^{\alpha\cdot X}+\sum_{i=2^{k-1}-1}^{2^k-2}\sum_{X\in C_i}(-1)^{\alpha\cdot X}.$$

当 $\alpha=\mathbf{0}_n$ 时, $W_g(\alpha')-W_g(\alpha'')=W_g(\mathbf{0}_k)-W_g(\mathbf{0}_k)=0$. 此时, 还有

$$\sum_{X\in C_i}(-1)^{\alpha\cdot X}=2^k,$$

可得 $U(\mathbf{0}_n)=-(2^{k-1}-1)\cdot 2^k+2^{k-1}\cdot 2^k=2^k$. 由 (2.125) 式, $W_f(\mathbf{0}_n)=2^k$.

设 $C_i^{\perp}$ 是 C_i 的对偶码, $i=0,1,\cdots,2^k$, 则 $\{C_0^{\perp},C_1^{\perp},\cdots,C_{2^k}^{\perp}\}$ 也是 (n,k) 不相交码集合, 并有 $C_{2^k}^{\perp}=C_{2^k-1}$. 因此

$$\bigcup_{i=0}^{2^k-2}C_i=\bigcup_{i=0}^{2^k-2}C_i^{\perp}.$$

对任意非零向量 $\alpha\in C_j^{\perp}$, $j=0,1,\cdots,2^k$, 有

$$\sum_{X\in C_i}(-1)^{\alpha\cdot X}=\begin{cases}0, & i\neq j,\\ 2^k, & i=j,\end{cases}$$

其中 $0\leqslant i\leqslant 2^k$. 因此, 对任意 $\alpha\in\mathbb{F}_2^{n*}$, 有

$$U(\alpha)=\begin{cases}\pm 2^k, & \alpha\in C_j^{\perp*},\ 0\leqslant j\leqslant 2^k-2,\\ 0, & \alpha\in C_j^{\perp*},\ j=2^k-1,\ 2^k.\end{cases}$$

对任意 $\beta\in\mathbb{F}_2^k$, 有 $W_g(\beta)=\pm 2^{k/2}$. 对任意 $\alpha\in C_j^{\perp*}$, $j=0,1,\cdots,2^k-2$, 有

$$W_f(\alpha)\in\{\pm 2^k,\ \pm(2^k+2^{k/2+1}),\ \pm(2^k-2^{k/2+1})\}. \tag{2.126}$$

而对任意 $\alpha\in C_j^{\perp*}$, $j=2^k-1,2^k$, 有

$$W_f(\alpha)\in\{0,\ \pm 2^{k/2+1}\}. \tag{2.127}$$

综上可得

$$\max_{\alpha\in\mathbb{F}_2^n}|W_f(\alpha)|=2^k+2^{k/2+1}.$$

由 (2.27) 式, $N_f=2^{n-1}-2^{k-1}-2^{k/2}=2^{n-1}-2^{n/2-1}-2^{n/4}$. □

构造 2.77 得到的函数 f 不是平衡函数, 更不是弹性函数. 下面, 我们把 f 变换为 1 阶弹性函数. 设

$$\mathcal{O}_f = \{\alpha \mid W_f(\alpha) = 0,\ \alpha \in \mathbb{F}_2^n\}. \tag{2.128}$$

结合 (2.126) 式和 (2.127) 式, 得

$$\mathcal{O}_f \subseteq C_{2^k-1}^* \cup C_{2^k}^*.$$

当 $\alpha \in C_{2^k-1}^* \cup C_{2^k}^*$ 时, $U(\alpha) = 0$. 结合 (2.125) 式, 可得

$$\mathcal{O}_f = \{\alpha \mid W_g(\alpha') = W_g(\alpha''),\ \alpha \in C_{2^k-1}^* \cup C_{2^k}^*\}.$$

当 $\alpha \in C_{2^k-1}^*$ 时, $\alpha' \in \mathbb{F}_2^{k^*}$, $\alpha'' = \mathbf{0}_k$; 而当 $\alpha \in C_{2^k}^*$ 时, $\alpha' = \mathbf{0}_k$, $\alpha'' \in \mathbb{F}_2^{k^*}$. 于是有

$$\mathcal{O}_f = M_0 \cup M_1,$$

其中

$$\begin{aligned} M_0 &= \{\alpha \mid W_g(\alpha') = W_g(\mathbf{0}_k),\ \alpha' \in \mathbb{F}_2^{k^*}\}, \\ M_1 &= \{\alpha \mid W_g(\alpha'') = W_g(\mathbf{0}_k),\ \alpha'' \in \mathbb{F}_2^{k^*}\}. \end{aligned}$$

由于 g 是一个 k 元 PS$^-$ 型 Bent 函数, 知 $W_g(\mathbf{0}_k) = +2^k$, 进而有

$$|M_0| = |M_1| = \#\{\beta \mid W_g(\beta) = +2^k,\ \beta \in \mathbb{F}_2^{k^*}\}.$$

下面算一下 M 中向量的个数. 设

$$\begin{aligned} N^{(+)} &= \#\{\beta \mid W_g(\beta) = +2^k,\ \beta \in \mathbb{F}_2^k\}, \\ N^{(-)} &= \#\{\beta \mid W_g(\beta) = -2^k,\ \beta \in \mathbb{F}_2^k\}. \end{aligned}$$

可得

$$\begin{aligned} N^{(+)} - N^{(-)} &= \sum_{\beta \in \mathbb{F}_2^k} W_g(\beta) \\ &= \sum_{\beta \in \mathbb{F}_2^k} \sum_{y \in \mathbb{F}_2^k} (-1)^{g(y)+\beta \cdot y} \\ &= \sum_{y \in \mathbb{F}_2^k} (-1)^{g(y)} \sum_{\beta \in \mathbb{F}_2^k} (-1)^{y \cdot \beta} \\ &= (-1)^{g(\mathbf{0}_k)} \cdot 2^{k/2}. \end{aligned}$$

注意到 $g(\mathbf{0}_k)=0$, 于是有

$$N^{(+)}-N^{(-)}=2^{k/2}. \tag{2.129}$$

注意到 $N^{(+)}+N^{(-)}=2^k$, 由 (2.129) 式, 可得 $N^{(+)}=2^{k-1}+2^{k/2-1}$. 不难看出

$$|M_0|=|M_1|=N^{(+)}-1=2^{k-1}+2^{k/2-1}-1. \tag{2.130}$$

顺便指出, 由于 $M_0\cap M_1=\varnothing$, 知 M_0 和 M_1 作成 $\mathcal{O}_f$ 的一个划分. 因而有

$$|\mathcal{O}_f|=|M_0|+|M_1|=2^k+2^{k/2}-2.$$

由于 $|M_0|=|M_1|>2^{k-1}$, 必定能在 M_0 和 M_1 中分别找到 k 个线性无关的向量; 如若不然, 对 $i=0,1$, M_i 中的任意向量都可由其中 k' 个线性无关的向量生成, $k'<k$, 则有 $|M_0|=|M_1|\leqslant 2^{k'}\leqslant 2^{k-1}$, 这与 (2.130) 式矛盾. 设 $\alpha_1,\alpha_2,\cdots,\alpha_k$ 是 M_0 中 k 个线性无关的向量, 则必定存在

$$\delta=a_1\alpha_1+a_2\alpha_2+\cdots+a_k\alpha_k\in M_0$$

使得 $(a_1,a_2,\cdots,a_k)\in\mathbb{F}_2^{k^*}$ 且

$$\mathrm{wt}(a_1,a_2,\cdots,a_k)\equiv 0 \bmod 2. \tag{2.131}$$

如若不然, M_0 中的任一向量都可表达为 $a_1\alpha_1+a_2\alpha_2+\cdots+a_k\alpha_k$, 且满足

$$\mathrm{wt}(a_1,a_2,\cdots,a_k)\equiv 1 \bmod 2.$$

于是有 $|M_0|\leqslant 2^{k-1}$, 这又与 (2.130) 式矛盾. 设 $\alpha_{k+1},\alpha_{k+2},\cdots,\alpha_n$ 是 M_1 中 k 个线性无关的向量, 这些向量都不能由 $\alpha_1,\alpha_2,\cdots,\alpha_k$ 线性表示. 因而, $\alpha_1,\alpha_2,\cdots,\alpha_n$ 是 $\mathcal{O}_f$ 中 n 个线性无关的向量. 进而可得 $A=\left(\alpha_1^{\mathrm{T}},\alpha_2^{\mathrm{T}},\cdots,\alpha_k^{\mathrm{T}}\right)^{\mathrm{T}}$ 是一个可逆矩阵. 下面构造平衡函数

$$f_0(X)=f(X)+\delta\cdot X. \tag{2.132}$$

由 $\delta\in M_0\subset\mathcal{O}_f$, 结合 (2.128) 式, 可知 $W_f(\delta)=0$, 亦即 $W_{f_0}(\mathbf{0}_n)=0$. 由引理 2.5, f_0 是平衡的. 不难得到, f_0 的谱值为 0 的点的集合为 $\mathcal{O}_{f_0}=\{\delta+\alpha\mid\alpha\in\mathcal{O}_f\}$. 把 $\delta=a_1\alpha_1+a_2\alpha_2+\cdots+a_k\alpha_k$ 代入

$$R=\begin{pmatrix}\delta+\alpha_1\\ \delta+\alpha_2\\ \vdots\\ \delta+\alpha_n\end{pmatrix}. \tag{2.133}$$

可得

$$R=\begin{pmatrix} a_1+1 & a_2 & \cdots & a_n \\ a_1 & a_2+1 & \cdots & a_n \\ \vdots & \vdots & \ddots & \vdots \\ a_1 & a_2 & \cdots & a_n+1 \end{pmatrix}\begin{pmatrix} \alpha_1 \\ \alpha_2 \\ \vdots \\ \alpha_n \end{pmatrix}.$$

不难判断

$$\begin{pmatrix} a_1+1 & a_2 & \cdots & a_n \\ a_1 & a_2+1 & \cdots & a_n \\ \vdots & \vdots & \ddots & \vdots \\ a_1 & a_2 & \cdots & a_n+1 \end{pmatrix}$$

是可逆矩阵当且仅当 (2.131) 式成立. 可以看出, R 是两个 n 阶可逆矩阵相乘, 因而也是一个可逆矩阵, 即 $\delta+\alpha_1$, $\delta+\alpha_2$, $\cdots$, $\delta+\alpha_n$ 也是线性无关的.

再进一步, 通过对 f_0 进行仿射变换构造 1 阶弹性函数

$$f_1(X)=f_0\big(X(R^{-1})^{\mathrm{T}}\big). \tag{2.134}$$

f_1 在 $\alpha\in\mathbb{F}_2^n$ 的谱值为

$$\begin{aligned} W_{f_1}(\alpha)&=\sum_{X\in\mathbb{F}_2^n}(-1)^{f_0\left(X(R^{-1})^{\mathrm{T}}\right)+\alpha\cdot X}\\ &=\sum_{Y\in\mathbb{F}_2^n}(-1)^{f_0(Y)+\alpha\cdot(YR^{\mathrm{T}})}\ (令\ Y=XR^{-1})\\ &=\sum_{Y\in\mathbb{F}_2^n}(-1)^{f_0(Y)+(\alpha R)\cdot Y}\\ &=W_{f_0}(\alpha R). \end{aligned}$$

显然, $W_{f_1}(\mathbf{0}_n)=W_{f_0}(\mathbf{0}_n)=0$. 而当 $\mathrm{wt}(\alpha)=1$ 时, 有

$$\alpha R\in\{\delta+\alpha_1,\delta+\alpha_2,\cdots,\delta+\alpha_n\}\subset\mathcal{O}_{f_0}.$$

此时, $W_{f_1}(\alpha)=0$. 由定理 2.10, f_1 是 1 阶弹性的. 同时, $N_{f_1}=N_{f_0}=N_f$.

行文至此, 我们完整地论证了把 PS^- 型 n 元 Bent 函数 ($n\equiv 0 \bmod 4$) 改造为非线性度是 $2^{n-1}-2^{n/2-1}-2^{n/4}$ 的 1 阶弹性函数的可行性.

当 $n\equiv 2 \bmod 4$ (k 为奇数) 时, 为了使所构造的函数 f 具有高非线性度, 可以把构造 2.77 中的 PS^- 型 Bent 函数 g 替换为 k 元半 Bent 函数. 但是, 此时可能发生的情形是, 对任意 $\delta\in\mathcal{O}_f$, $f_0(X)=f(X)+\delta\cdot X$, 在 $\mathcal{O}_{f_0}$ 中都找不到 n 个线性无关的向量, 也就不能进一步按 (2.134) 式把 f_0 仿射变换为 1 阶弹性函数

f_1. 为了避免这种情形发生, 可以要求半 Bent 函数 g 是 1 阶弹性函数. 这时, 可以得到非线性度是 $2^{n-1}-2^{n/2-1}-2^{(n+2)/4}$ 的 1 阶弹性函数 f_1.

综合以上讨论, 可得如下结论.

定理 2.79 当 $n \geqslant 8$ 为偶数时, 必定存在非线性度是 $2^{n-1}-2^{n/2-1}-2^{\lceil n/4 \rceil}$ 的 n 元 1 阶弹性函数.

按照定理 2.79, 1 阶弹性函数 $f \in \mathcal{B}_n$ 在 n 分别为 8, 10, 12, 14 和 16 时, 非线性度可以分别达到 116, 488, 2008, 8112 和 32624. 下面给出非线性度是 116 的 8 元 1 阶弹性函数的构造细节.

例 2.80 设 $n=8$. $\mathcal{C}=\{C_0, C_1, \cdots, C_8\}$ 是一个 $(8,4)$ 不相交码集合, 其中 $C_0, C_1, \cdots, C_7$ 由构造 2.70 得到, C_8 由生成矩阵 $(\mathbf{0}_{4\times 4}\ I_4)$ 生成. 设

$$X=(X', X'') \in \mathbb{F}_2^4 \times \mathbb{F}_2^4.$$

按构造 2.77 可得函数 $f(X) \in \mathcal{B}_8$ 如下:

$$f(X)=\begin{cases} 1, & X \in C_i^*,\ 0 \leqslant i \leqslant 6, \\ 0, & X \in C_i^*,\ 7 \leqslant i \leqslant 14, \\ g(X'), & X \in C_{15}, \\ g(X'')+1, & X \in C_{16}^*, \end{cases}$$

其中 $g(x_1, x_2, x_3, x_4)=x_1x_2+x_3x_4$. 这样就确定了 f 的真值表

```
6EE1 562C 722C 9527 7A0C 05D3 1726 A9D1
7A88 6AC8 0573 E8D8 962E 8537 89D3 68D1
```

可得其频谱振幅值分布为

$$|W_f(\omega)|=\begin{cases} 0, & 18\text{ 次}, \\ 8, & 66\text{ 次}, \\ 16, & 118\text{ 次}, \\ 24, & 54\text{ 次}. \end{cases}$$

使 $W_f(\omega)=0$ 的 18 个向量如下:

00000001	00010000
00000010	00100000
00000100	01000000
00000101	01010000
00000110	01100000

00001000	10000000
00001001	10010000
00001010	10100000
00001111	11110000

其中第一列中的 9 个向量构成 M_1, 前四位都是 0, 都是 C_{16}^* 中的向量; 第二列中的 9 个向量构成 M_0, 后四位都是 0, 都是 C_{15}^* 中的向量. 由 $9 > 2^3$, 在两列向量中必定可以分别找到 4 个线性无关的向量. 可选 8 个线性无关的向量如下:

$$\begin{aligned}
\alpha_1 &= 00000001,\\
\alpha_2 &= 00000010,\\
\alpha_3 &= 00000100,\\
\alpha_4 &= 00001000,\\
\alpha_5 &= 00010000,\\
\alpha_6 &= 00100000,\\
\alpha_7 &= 01000000,\\
\alpha_8 &= 10000000.
\end{aligned}$$

接下来, 在这 8 个线性无关的向量之外, 且在上面 18 个向量之内, 选一个向量 $\delta = 00001111$, 它必可表示为 $\delta = a_1\alpha_1 + a_2\alpha_2 + \cdots + a_8\alpha_8$, 其中 $a_i \in \mathbb{F}_2$, $i = 1, 2, \cdots, 8$. 显然 $\mathrm{wt}(a_1, \cdots, a_8) = 4 \equiv 0 \bmod 2$ 满足 (2.131) 式. 按 (2.133) 式, 可得

$$R = \begin{pmatrix} \delta + \alpha_1 \\ \delta + \alpha_2 \\ \vdots \\ \delta + \alpha_n \end{pmatrix} = \begin{pmatrix} 00001110 \\ 00001101 \\ 00001011 \\ 00000111 \\ 00011111 \\ 00101111 \\ 01001111 \\ 10001111 \end{pmatrix}.$$

进而得

$$R^{-1} = \begin{pmatrix} 11110001 \\ 11110010 \\ 11110100 \\ 11111000 \\ 11100000 \\ 11010000 \\ 10110000 \\ 01110000 \end{pmatrix}.$$

按 (2.132) 式, 可得平衡函数

$$f_0(X) = f(X) + \delta \cdot X = f(X) + x_5 + x_6 + x_7 + x_8.$$

f_0 的真值表为

0777 3FBA 1BBA FCB1 139A 6C45 7EB0 C047

131E 035E 6CE5 814E FFB8 ECA1 E045 0147

再按 (2.134) 式, 得 1 阶弹性函数 $f_1(X) = f_0\big(X(R^{-1})^{\mathrm{T}}\big)$, 其真值表为

111E A31F 135F 78C4 E6A3 9E98 FAC0 5CE8

E317 8567 96B8 1DE8 7A88 1D78 197C 853B

经验证, f_1 是 1 阶弹性函数, 其非线性度 $N_{f_1} = 116$ (最优)、代数次数 $\deg(f_1) = 6$ (最优)、代数免疫阶 $\mathrm{AI}(f_1) = 4$ (最优)、快速代数免疫阶 $\mathrm{FAI}(f_1) = 7$.

例 2.81 构造非线性度是 2008 的 12 元 1 阶弹性函数, 代数次数是 9, 代数免疫阶是 6, 快速代数免疫阶是 9. 具有这些参数的函数的一个真值表如下:

24CF 2BA3 C06E 6D47 AE21 59E4 2A6F 1700 3FCF 38AB D86E 6D8A AE49 89A1 216B 0C16

9FC6 B8EB D82E 798A 8749 89A1 316B 0C5F 8730 F47B 7AAF 328A 4149 891B 95E3 8C7E

81CF 0B56 625C CD7C BEF3 8BE4 6AD2 D401 FECF 0BA9 D854 CD82 BE4C F5E4 6A2D 0C81

00CF 0B54 275E CD75 BEB3 7AE4 2AD0 F300 FA54 B48C 852F 30E1 C196 76B9 951C 637F

E839 4784 85D1 8E75 78B6 765E CE14 F3A0 FE31 C7A9 9891 9683 594C F55E DE2D 28A1

8114 B453 72AF 325E C171 8B99 95E2 DC7F 7E2B 4BA9 99D1 CF83 7E0C F446 6A2D 2A81

1734 B46B F8AF 328A C149 8919 95EB 0C7F C0D4 B814 272E 3175 85B6 76B1 3594 F37E

81AB 4B53 7AD1 CF1E 3E71 8B46 6AE2 DC80 E8EB 4B84 0750 CF75 3EB6 7666 6A14 F380

8039 C754 2791 967D 59B3 3A5E CED0 F3A1 01CF 4B56 6250 CD7E 3E73 8BE6 6AD2 D481

853B 4773 7AD1 8E9A 7869 895E CEE3 8C81 FE31 C7A8 9D91 92A1 518C 745E DE0D 2BE8

17CF 0B7B 786E ED8A AE49 89E4 2AEB 0C01 01C6 3856 276E 797C 87B3 0AA1 31D2 F35F

E030 F414 0791 9275 51B6 761B D594 F3FF 013B 4753 62D1 CE5E 7A73 8B4E CAF2 D480

85CF 0B73 7A7E CD1A AE69 89E4 2AE3 9C00 FE30 F4AC 8591 32A1 518E 741B D51D 23FF

FE54 B4A8 9DAF 3081 C18C 7499 952D 2B7E 7839 C784 85D1 8665 78B6 765E CE1C 73A0

852B 4F7B 7AD1 CE9A 7A49 894E CAE3 8C80 00D4 B456 272E 317D 85B3 2AB9 15D0 F37F

1730 D6EB F891 928A 5149 891B D56B 0CFE 0130 D773 7A91 921E 5171 8B1F D7E2 9CE8

该函数的频谱振幅值分布为

$$|W_f(\omega)| = \begin{cases} 0, & 70\ \text{次}, \\ 16, & 56\ \text{次}, \\ 48, & 980\ \text{次}, \\ 64, & 2010\ \text{次}, \\ 80, & 980\ \text{次}. \end{cases}$$

由构造 2.77 得到的函数 f 具有很高的非线性度, 但快速代数免疫阶 $\mathrm{FAI}(f)$ 相对较低. 要提高 $\mathrm{FAI}(f)$ 可通过少量修改 f 的真值表实现. 设 $\Delta(X)\in\mathcal{B}_n$ 是一个重量尽可能小地 “调节” 函数, 按下面的规则寻找这样的 $\Delta(X)$:

(1) 对 $i=0,1,\cdots,2^k$, 使 $\Gamma_i=\mathrm{supp}(\Delta)\cap C_i^*$ 满足 $\#\Gamma_i\in\{\tau_i,\tau_i+1\}$, 其中 $\tau_i=\lfloor N/(2^k+1)\rfloor$;

(2) $f'(X)=f(X)+\Delta(X)$ 满足 $\mathrm{FAI}(f')=n-1$, 且存在 $\theta\in\mathbb{F}_2^n$ 使 $W_{f'}(\theta)=0$;

(3) 使 $\mathrm{wt}(\overline{\Delta})$ 尽可能小, 以使 $N_{f'}$ 尽可能大.

f' 的真值表是把 f 的真值表修改了 $\mathrm{wt}(\overline{\Delta})$ 位. 规则 (1) 的目的是使这 $\mathrm{wt}(\overline{\Delta})$ 位尽可能 “均匀” 地分布在 2^k+1 个不相交码中. 在保证 $\mathrm{FAI}(f')=n-1$ 的前提下使 $\mathrm{wt}(\overline{\Delta})$ 尽量小, 可以使 N_f 和 $N_{f'}$ 之间不至于差距过大.

把 f 修改为 f', 并不能保证 f' 是平衡的. 由于存在 $\theta\in\mathbb{F}_2^n$ 使 $W_{f'}(\theta)=0$, 基于 f' 可进一步构造出平衡函数 $f''(X)=f'(X)+\theta\cdot X$. 大量例子表明, f'' 可以在各种密码学指标之间实现折中. 例如, 当 $n=8$, 10, 12, 14, 16 时, 在保证 f'' 具有平衡性、最优代数次数、最优代数免疫, $\mathrm{FAI}(f'')=n-1$ 的前提下, $N_{f''}$ 和 $\mathrm{wt}(\overline{\Delta})$ 数值如表 2.15 所示. 下面给出两个例子供读者验证.

表 2.15 $f''\in\mathcal{B}_n$ 的非线性度 ($n=8,10,12,14,16$)

n	8	10	12	14	16
$N_{f''}$	116	486	1994	8084	32554
$\mathrm{wt}(\overline{\Delta})$	0	6	36	134	518

例 2.82 本例给出一个 10 元平衡布尔函数 f'' 的真值表, $N_{f''}=486$, $\deg(f'')=9$, $\mathrm{AI}(f'')=5$, $\mathrm{FAI}(f'')=9$.

```
16A5 99C3 3ACD B426 E532 4B59 873A 4BD9 ED32 4B19 E8E5 B826 3AC5 B426 6CF6 CA08
6DB0 4B09 120D 35F7 073A 43D9 6CE5 BA24 9ACD B426 930B 15F7 930B 15D7 B31A 47DB
6DB2 CB08 6CF4 BA24 ECF2 EA08 931B 45DB 053A 4BD9 173A 43D9 931A 47D9 EDF2 EA08
12CD B4A6 EDB2 4B19 ECF5 EA20 6DB2 CB09 930B 1DDB 130B 55DB 68E5 B826 EDF2 CB08
```

例 2.83 本例给出一个 12 元平衡布尔函数 f'' 的真值表, $N_{f''}=1994$, $\deg(f'')=11$, $\mathrm{AI}(f'')=6$, $\mathrm{FAI}(f'')=11$.

```
4355 660F CC96 FF5A BD3A C2BF 8685 53DD 9D3A C29F 8685 53DD 3F32 C22F 8683 D1D9
953E C29F 8685 5BDD 2F12 DB2F 8403 91C9 3D32 C22F 8605 D1D9 AB81 1D60 A13A B422
55FE C29F 8685 DBDD 2A81 3D70 797A A422 2F32 CB2F 8403 95C9 54ED 6690 7BF4 4E7E
3D1A C22F 8685 D1DD 42D1 3D40 797A AC22 2B03 9D60 A03A B422 2B02 D96D 840B B581
D5FE 629F 8685 5BDD AB03 5D69 A03B B4A3 2A01 1D60 797A A422 50ED 34D0 7BFC 6E16
AF33 C32F 8603 91C9 D4FC 2692 7BD4 5B7E 54ED 2490 7BF4 4E76 50CD 3DD0 7978 2F26
3D3A C2BF 8685 F1DD AB12 DB2F 840B B189 02C1 3D60 797A AC22 C2C5 3DC0 797A 2E22
```

```
AB07 9D68 A03B B422 54FC 2292 7FC4 4B5E AB02 D96F 850B B181 54FC 6296 5FC4 4B5C
55FE 629F 0E85 5BDD D5FE 629F 4EC5 5BDD AB03 DD69 803B B4A1 57FE 629F 5EC7 4BDD
2A01 9D60 717A A422 EB03 DD6D 843B B4A1 D0CD 34D0 79FC 6E36 54FE 629F 5FC5 4BDD
AF32 C32F 8687 91C8 AA01 9D60 F13A A422 54FC 2692 7BF4 4A7E 2B03 DD6D 842B B481
54ED 24D0 7BFC 4E76 50CD 3CD0 79F8 6E37 C0CD 3DD0 797A 2E26 D4FC 629F 5FC4 4BD9
3D3A C6BF 8685 53F5 AF30 C32F 8687 D1D9 2B12 DB2F 8403 9189 AA01 9D60 B13A B422
22C1 3D60 797A A422 D4FD 2692 7BF4 4E7E 42C5 3940 797A 2C22 AB03 D96D 842B B581
2B03 9D68 A03B B4A3 54ED 24D0 7BFC 6E36 54FC 2292 7BC4 4B7E 50CD 3CD0 7978 6E26
AB12 D96F 840B B189 C2CD 3DD0 797A 2E20 D4FC 2296 5FC4 0B5E D4FC 6297 5FC4 4BDC
```

需要指出的是, 借助函数 $\Delta(X)$ 可以比较有效地提高函数的代数次数、代数免疫和快速代数免疫等性质, 但需要损失少量非线性度, 同时失去了 1 阶弹性.

2.9 Bent 函数的正规性判定

布尔函数的正规性 (normaity) 是由 Dobbertin[287] 为了描述 Bent 函数的一种结构特点而引入的, 其时只在变元个数为偶数时被定义. 设 n 为偶数, 若存在一个 $n/2$ 维仿射子空间 $U=b+C$ ($b\in\mathbb{F}_2^n$, C 是 $\mathbb{F}_2^n$ 的一个 $n/2$ 维线性子空间), 使得 $f\in\mathcal{B}_n$ 在 U 上是常数, 则称 f 是正规的. 此时, 称 U 为 f 的正规点.

当变元个数 n 为奇数时, 也可以定义正规布尔函数和弱正规布尔函数. 还可在 k 维仿射子空间上定义 k-正规布尔函数和弱 k-正规布尔函数.

定义 2.84 *若 $f\in\mathcal{B}_n$ 在 $\mathbb{F}_2^n$ 的一个 $\lceil n/2\rceil$ 维仿射子空间 U 上是常数, 则称 f 是正规的. 此时, 称 U 为 f 的正规点. 若 f 在 U 上是仿射的且不是常数, 则称 f 是弱正规的. 此时, 称 U 为 f 的弱正规点.*

若上述定义中仿射子空间 U 的维数不局限于 $\lceil n/2\rceil$, 还可进一步定义 k-正规布尔函数和弱 k-正规布尔函数.

定义 2.85 *若 $f\in\mathcal{B}_n$ 在 $\mathbb{F}_2^n$ 的一个 k 维仿射子空间 U 上是常数, 则称 f 是 k-正规的. 此时, 称 U 为 f 的 k-正规点. 若 f 在 U 上是仿射的且不是常数, 则称 f 是弱 k-正规的. 此时, 称 U 为 f 的弱 k-正规点.*

Dobbertin 曾猜想任何 Bent 函数都是正规的[287], 但后来有人找到了非正规 Bent 函数的例子[150,151]. 有些 Bent 函数类很容易判断它们是正规的, 比如 MM 型 Bent 函数和 PS 型 Bent 函数都显然是正规的, 但有些 Bent 函数是不是正规的在理论逻辑上并不容易判断. 此时, 就需要借助快速有效的算法来判断 Bent 函数的正规性. 下面我们给出一种判定 Bent 函数正规性的算法.

在给出这一算法之前, 先解决下面两个问题:

(1) 如何在 $\mathbb{F}_2^n$ 中确定所有的 k 维仿射子空间?

(2) 判定 n 元 Bent 函数的正规性是否有必要遍历所有的 $n/2$ 维仿射子空间?

确定 $\mathbb{F}_2^n$ 中所有的 k 维仿射子空间, 要先确定所有的 k 维线性子空间. 每个 k 维线性子空间可由一组基底生成, 但这样的基底不是唯一的, 也就是说, 不同的基底有可能生成同一个线性子空间. 为了由不同的基底区分出不同的线性子空间, 下面引入 Gauss-Jordan 基的定义.

设 $n,k\in\mathbb{Z}^+$, $k<n$. 对 $\mathbb{F}_2^{n*}$ 中的任一向量 $\alpha=(\alpha_1,\alpha_2,\cdots,\alpha_n)$, 其最左边为 1 的那个位置表示为

$$v(\alpha)=\min\left\{i\mid \alpha_i=1,\ i\in\{1,2,\cdots,n\}\right\}.$$

对 $\mathbb{F}_2^n$ 中任意两个不同的向量 $\alpha^{(1)}$ 和 $\alpha^{(2)}$, 约定

$$\alpha^{(1)}>\alpha^{(2)}\Leftrightarrow[\alpha^{(1)}]>[\alpha^{(2)}],$$

其中 $[\alpha^{(1)}]$ 和 $[\alpha^{(2)}]$ 分别是 $\alpha^{(1)}$ 和 $\alpha^{(2)}$ 的十进制表示.

定义 2.86　设 C 是 $\mathbb{F}_2^n$ 的一个 k 维线性子空间. 再设 $\{\alpha^{(1)},\alpha^{(2)},\cdots,\alpha^{(k)}\}$ 是 C 的一组基底, 且 $\alpha^{(1)}>\alpha^{(2)}>\cdots>\alpha^{(k)}$. 若对任意 $i\neq j$, 总有 ${\alpha^{(j)}}_{v(\alpha^{(i)})}=0$, 则称这组基底是 C 的 Gauss-Jordan 基 (GJB).

该定义中 "${\alpha^{(j)}}_{v(\alpha^{(i)})}=0$" 表达的意思是: 把这组基底中的向量从大到小排成一列, 得一个 $k\times n$ 矩阵

$$A=\begin{pmatrix}\alpha^{(1)}\\ \alpha^{(2)}\\ \vdots\\ \alpha^{(k)}\end{pmatrix}.$$

矩阵 A 的第 i 行最左边那个 "1" 所在的列向量中其余分量都是 0. 也就是说, 把 A 的第 $v(\alpha^{(i)})$ 列, $i=1,2,\cdots,k$, 提取出来恰好排成一个 k 阶单位阵. 在表 2.16 中, 我们列出 $\mathbb{F}_2^6$ 中生成所有 3 维子空间的 GJB, 也就是生成所有 $[6,3]$ 码的 GJB. 在 GJB 排成的矩阵中, 第 i 行和第 $v(\alpha^{(i)})$ 列位置是 1, 这个 "1" 左边的行向量分量和上下的列向量分量都是 0.

引理 2.87　设 C 是 $\mathbb{F}_2^n$ 的 k 维线性子空间, 则生成 C 的 GJB 是唯一的.

这一引理的证明留给读者.

在表 2.16 的任意一组 GJB 中, "$*$" 表示这一位置可以任取 0 或 1. 这 20 组 GJB 中 "$*$" 的数目分别是 9, 8, 7, 6, 7, 6, 5, 5, 4, 3, 6, 5, 4, 4, 3, 2, 3, 2, 1, 0. 可以计算出 $\mathbb{F}_2^6$ 的所有 3 维线性子空间的数量是 1395, 这与由习题 1.32 中公式计算的二元 $[6,3]$ 码的数量是相同的. 作为习题, 请读者列出生成所有 $[8,4]$ 码的 GJB, 并统计所有 $[8,4]$ 码的数量.

表 2.16 生成所有 [6, 3] 码的 GJB

第 1 组 GJB (123)						第 2 组 GJB (124)						第 3 组 GJB (125)						第 4 组 GJB (126)					
1	0	0	*	*	*	1	0	*	0	*	*	1	0	*	*	0	*	1	0	*	*	*	0
0	1	0	*	*	*	0	1	*	0	*	*	0	1	*	*	0	*	0	1	*	*	*	0
0	0	1	*	*	*	0	0	0	1	*	*	0	0	0	0	1	*	0	0	0	0	0	1
第 5 组 GJB (134)						第 6 组 GJB (135)						第 7 组 GJB (136)						第 8 组 GJB (145)					
1	*	0	0	*	*	1	*	0	*	0	*	1	*	0	*	*	0	1	*	*	0	0	*
0	0	1	0	*	*	0	0	1	*	0	*	0	0	1	*	*	0	0	0	0	1	0	*
0	0	0	1	*	*	0	0	0	0	1	*	0	0	0	0	0	1	0	0	0	0	1	*
第 9 组 GJB (146)						第 10 组 GJB (156)						第 11 组 GJB (234)						第 12 组 GJB (235)					
1	*	*	0	*	0	1	*	*	*	0	0	0	1	0	0	*	*	0	1	0	*	0	*
0	0	0	1	*	0	0	0	0	0	1	0	0	0	1	0	*	*	0	0	1	*	0	*
0	0	0	0	0	1	0	0	0	0	0	1	0	0	0	1	*	*	0	0	0	0	1	*
第 13 组 GJB (236)						第 14 组 GJB (245)						第 15 组 GJB (246)						第 16 组 GJB (256)					
0	1	0	*	*	0	0	1	*	0	0	*	0	1	*	0	*	0	0	1	*	*	0	0
0	0	1	*	*	0	0	0	0	1	0	*	0	0	0	1	*	0	0	0	0	0	1	0
0	0	0	0	0	1	0	0	0	0	1	*	0	0	0	0	0	1	0	0	0	0	0	1
第 17 组 GJB (345)						第 18 组 GJB (346)						第 19 组 GJB (356)						第 20 组 GJB (456)					
0	0	1	0	0	*	0	0	1	0	*	0	0	0	1	*	0	0	0	0	0	1	0	0
0	0	0	1	0	*	0	0	0	1	*	0	0	0	0	0	1	0	0	0	0	0	1	0
0	0	0	0	1	*	0	0	0	0	0	1	0	0	0	0	0	1	0	0	0	0	0	1

设 $C \subset \mathbb{F}_2^n$ 是一个 k 维线性子空间, $\{\alpha^{(1)}, \alpha^{(2)}, \cdots, \alpha^{(k)}\}$ 是 C 的 GJB. 设

$$\Theta(C) = \{v(\alpha^{(i)}) \mid i = 1, 2, \cdots, k\}.$$

确定 C 的一个补空间

$$\overline{C} = \{\beta \in \mathbb{F}_2^n \mid \beta_i = 0, \text{ 对任意 } i \in \Theta(C)\}.$$

显然, $\overline{C}$ 是 $\mathbb{F}_2^n$ 的一个 $n-k$ 维线性子空间, 并且 $C \cap \overline{C} = \{\mathbf{0}_n\}$, 因而有 $C \oplus \overline{C} = \mathbb{F}_2^n$. 下面再给 $\overline{C}$ 选择一组简洁的基底 $\{\beta^{(1)}, \beta^{(2)}, \cdots, \beta^{(n-k)}\} \subset \overline{C}$, 使得 $\mathrm{wt}(\beta^{(j)}) = 1$, $j = 1, 2, \cdots, n-k$, 并有 $\beta^{(1)} > \beta^{(2)} > \cdots > \beta^{(n-k)}$. 表 2.17 给出相应于表 2.16 中的第 k 组 GJB 生成的 [6, 3] 码的补空间的基底, $k = 1, 2, \cdots, 20$.

有了上面的铺垫, $\mathbb{F}_2^n$ 中所有的 k 维仿射子空间都可以表示成如下形式:

$$U_{e,C} = e + C, \quad e \in \overline{C}.$$

结合习题 1.32 中计算 $[n, k]$ 码数量的公式, 可得 $\mathbb{F}_2^n$ 中 k 维仿射子空间的数量为

$$2^{n-k} \cdot \frac{\prod_{i=0}^{k-1}(2^n - 2^i)}{\prod_{i=0}^{k-1}(2^k - 2^i)}.$$

表 2.17 各组 [6, 3] 码的补空间基底

第 1 组补空间基底 (456)						第 2 组补空间基底 (356)						第 3 组补空间基底 (346)						第 4 组补空间基底 (345)					
0	0	0	1	0	0	0	0	1	0	0	0	0	0	1	0	0	0	0	0	1	0	0	0
0	0	0	0	1	0	0	0	0	0	1	0	0	0	0	1	0	0	0	0	0	1	0	0
0	0	0	0	0	1	0	0	0	0	0	1	0	0	0	0	0	1	0	0	0	0	1	0
第 5 组补空间基底 (256)						第 6 组补空间基底 (246)						第 7 组补空间基底 (245)						第 8 组补空间基底 (236)					
0	1	0	0	0	0	0	1	0	0	0	0	0	1	0	0	0	0	0	1	0	0	0	0
0	0	0	0	1	0	0	0	0	1	0	0	0	0	0	1	0	0	0	0	1	0	0	0
0	0	0	0	0	1	0	0	0	0	0	1	0	0	0	0	1	0	0	0	0	0	0	1
第 9 组补空间基底 (235)						第 10 组补空间基底 (234)						第 11 组补空间基底 (156)						第 12 组补空间基底 (146)					
0	1	0	0	0	0	0	1	0	0	0	0	1	0	0	0	0	0	1	0	0	0	0	0
0	0	1	0	0	0	0	0	1	0	0	0	0	0	0	0	1	0	0	0	0	1	0	0
0	0	0	0	1	0	0	0	0	1	0	0	0	0	0	0	0	1	0	0	0	0	0	1
第 13 组补空间基底 (145)						第 14 组补空间基底 (136)						第 15 组补空间基底 (135)						第 16 组补空间基底 (134)					
1	0	0	0	0	0	1	0	0	0	0	0	1	0	0	0	0	0	1	0	0	0	0	0
0	0	0	1	0	0	0	0	1	0	0	0	0	0	1	0	0	0	0	0	1	0	0	0
0	0	0	0	1	0	0	0	0	0	0	1	0	0	0	0	1	0	0	0	0	1	0	0
第 17 组补空间基底 (126)						第 18 组补空间基底 (125)						第 19 组补空间基底 (124)						第 20 组补空间基底 (123)					
1	0	0	0	0	0	1	0	0	0	0	0	1	0	0	0	0	0	1	0	0	0	0	0
0	1	0	0	0	0	0	1	0	0	0	0	0	1	0	0	0	0	0	1	0	0	0	0
0	0	0	0	0	1	0	0	0	0	1	0	0	0	0	1	0	0	0	0	1	0	0	0

由上式可知, $\mathbb{F}_2^6$ 中共有 11160 个 3 维仿射子空间, $\mathbb{F}_2^8$ 中共有 3212544 个 4 维仿射子空间. 这就解决了本节开始提到的第一个问题.

引理 2.88 设 C 是 $\mathbb{F}_2^n$ 的 k 维线性子空间, $\overline{C}$ 是 C 的补空间, 并设 $f \in \mathcal{B}_n$, $h_e(X) = f(e+X)$, 其中 $X \in C$, 则有

$$\sum_{\alpha \in C^{\perp}} \left(W_f(\alpha)\right)^2 = 2^{n-k} \sum_{e \in \overline{C}} \left(2^k - 2\mathrm{wt}(\overline{h_e})\right)^2.$$

确定了 $\mathbb{F}_2^n$ 中所有 k 维仿射子空间之后, 可以通过遍历所有的这些仿射子空间来判断布尔函数 $f \in \mathcal{B}_n$ 的 k-正规性. 这种方法直白而朴实, 但有时并无必要. 当 f 为 Bent 函数时, 它在每一组仿射子空间$e + C$ ($e \in \overline{C}$) 上的真值分布有可被利用的特征, 使得判定 f 的正规性时没有必要遍历所有的 $n/2$ 维仿射子空间.

引理 2.88 的证明可参考文献 [147, Theorem V.1]. 下面, 利用引理 2.88 可得到正规 Bent 函数的一个重要性质.

定理 2.89 设 $n \geqslant 4$ 为偶数, C 是 $\mathbb{F}_2^n$ 的 $n/2$ 维线性子空间, $\overline{C}$ 是 C 的补空间. 若 Bent 函数 $f \in \mathcal{B}_n$ 在仿射子空间 $e_0 + C$ 上为常数, 其中 $e_0 \in \overline{C}$, 则 f 在仿射子空间 $e_1 + C$ 上都是平衡的, 其中 $e_1 \in \overline{C}$, $e_1 \neq e_0$.

证明 由于 f 是 Bent 函数, 因而对任意 $\alpha \in C^{\perp}$, 都有 $\left(W_f(\alpha)\right)^2 = 2^n$, 进而可得

$$\sum_{\alpha\in C^{\perp}}\left(W_f(\alpha)\right)^2=2^{3n/2}.$$

设 $h_e(X)=f(e+X)$, 其中 $X\in C$. 由引理 2.88,

$$\sum_{e\in\overline{C}}\left(2^{n/2}-2\mathrm{wt}(\overline{h_e})\right)^2=2^n. \tag{2.135}$$

由于 f 在 e_0+C 上为常数, 可知 $\left(2^{n/2}-2\mathrm{wt}(\overline{h_{e_0}})\right)^2=2^n$. 结合 (2.135) 式, 当 $e_1\neq e_0$ 时, 必有 $\left(2^{n/2}-2\mathrm{wt}(\overline{h_{e_1}})\right)^2=0$, 即 $\mathrm{wt}(\overline{h_{e_1}})=2^{n/2-1}$. 这就证明了 f 在仿射子空间 e_1+C 上都是平衡的. □

定理 2.89 的逆否命题可描述为如下推论.

推论 2.90 设 $n\geqslant 4$ 为偶数, $f\in\mathcal{B}_n$ 为 Bent 函数. 设 C 是 $\mathbb{F}_2^n$ 的 $n/2$ 维线性子空间, $\overline{C}$ 是 C 的补空间. 对确定的 C, 若 f 在 e_0+C ($e_0\in\overline{C}$) 上是不平衡的, 则对任意 $e_1\in\overline{C}$ 且 $e_1\neq e_0$, f 在 e_1+C 上都不是常数.

由这一结论可知, 若 Bent 函数 f 在某个仿射子空间 $e+C$ 上不是平衡的, 则 f 在 $\{e+C\mid e\in\overline{C}\}$ 中的其他仿射子空间上都不会是常数. 利用 Bent 函数的这一性质, 我们给出下面的判定 Bent 函数正规性的算法.

算法 2.91 判定 Bent 函数正规性的算法. 用 $\mathbf{S}$ 表示 $\mathbb{F}_2^n$ 中所有 $n/2$ 维线性子空间的集合; $h_e(X)=f(e+X)$, $X\in C$. 输入: Bent 函数 $f\in\mathcal{B}_n$ 的真值表.

输出: f 的所有正规点.

```
for all C ∈ S do
    for all e ∈ C̄ do
        if wt(h̄_e) = 0 || 2^{n/2} then do
            output e + C;
        else if wt(h̄_e) ≠ 2^{n/2-1} then break;
    end
end
```

Daum 等曾给出一个判定布尔函数正规性的算法, 当然也可用来判定 Bent 函数的正规性. 这里不再介绍这一算法, 感兴趣的读者可以参考文献 [268].

2.10 评 注

2.10.1 Xiao-Massey 定理: 历史背景、学术影响和原创性

1985 年, 肖国镇在第 23 届 IEEE 信息论国际研讨会 (IEEE International Symposium on Information Theory, 简称 ISIT) 上提出非线性组合函数的 “线性

统计独立" 的概念, 用频谱方法刻画了线性统计独立函数的特征. 线性统计独立与同一时期 Siegenthaler 提出的"相关免疫"是同一概念. 1988 年, 肖国镇和 Massey 以 "A spectral characterization of correlation-immune combining functions" 为题把这一结论发表在 *IEEE Trans. Inf. Theory* (TIT) 上, 后人称之为 "Xiao-Massey 定理". Xiao-Massey 定理的提出是流密码发展史上的重要事件, 对流密码的设计和分析具有重要指导意义. 本部分内容阐述了 Xiao-Massey 定理的历史背景、学术影响和原创性. 同时指出, Golomb 在 1959 年定义的"不变量"本质上是刻画了特定群不变关系下所划分的等价类中布尔函数的频谱共同特征, 它和相关免疫是两个不同的概念, 更没有刻画出相关免疫函数的频谱特征.

1. Xiao-Massey 定理的历史背景与命题本质

第二次世界大战后, 数字电路技术在工程中逐渐被广泛应用, 流密码的发展也逐渐从机械密码时代过渡到数字电路密码时代. 20 世纪 50 年代至 70 年代, 是移位寄存器序列 (shift register sequence) 理论蓬勃发展的时期, 有关线性反馈移位寄存器 (linear feedback shift register, LFSR) 的理论成果逐渐成熟 [365, 788, 971]. 同一时期, 编码理论和技术也得到较为充分的发展[74, 699]. 在 20 世纪 60 年代后期, Berlekamp[73, 74] 在 BCH 码的译码方案中给出一种从校验子找出错位多项式的迭代算法, 这种算法的实质是运用归纳法确定一系列 LFSR 的结构. Massey[555] 也独立地给出同一算法, 解决了 LFSR 的综合问题. 所谓 LFSR 的综合, 是指对一个给定的二元周期序列, 找出产生该序列的最少级数的 LFSR. 后人称这一算法为 Berlekamp-Massey 算法 (BM 算法). BM 算法的提出, 对流密码的发展产生了深远影响, 它提示人们用于加解密的二元序列应该具有较高的线性复杂度[753]; 后来又进一步考虑了序列线性复杂度的稳定性问题, 引入序列的重量复杂度和球体复杂度等度量指标[1, 2, 285].

在生成伪随机序列的方式中, 利用非线性反馈移位寄存器生成序列是非常吸引人的方式, 可以实现具有优良随机性质 (包括高线性复杂度) 的序列的生成. 遗憾的是, 时至今日对这种生成序列的方式的研究仍不成熟. BM 算法问世之后, 人们对生成"复杂" (不只是高线性复杂度) 序列的流密码系统的研究走向了另一方向.

1971 年, Groth[380] 在一个 LFSR 生成序列中置入乘法运算, 这实际上是给序列生成器加入了非线性逻辑结构. 这种非线性前馈 (feedforward) 结构和"非线性反馈移位寄存器"结构有本质的不同, 所生成的序列不再反馈到寄存器参与下一次非线性运算. 非线性前馈结构的引入对于提高生成序列的线性复杂度有明显效果[474]. 经过十多年的发展, 逐渐形成了一系列基于 LFSR 的非线性序列生成器[69, 117, 350, 712, 751, 753]. 非线性组合模式和非线性滤波 (前馈) 模式这两种非线性序列生成器成为最经典的流密码体制, 见图 2.5. 在图 2.5 中, $f : \mathbb{F}_2^n \to \mathbb{F}_2$ 是一个 n

元布尔函数. f 的性质直接影响系统的安全性, 它应是一个非线性布尔函数. 系统经由 f 所生成的序列一般称为非线性序列.

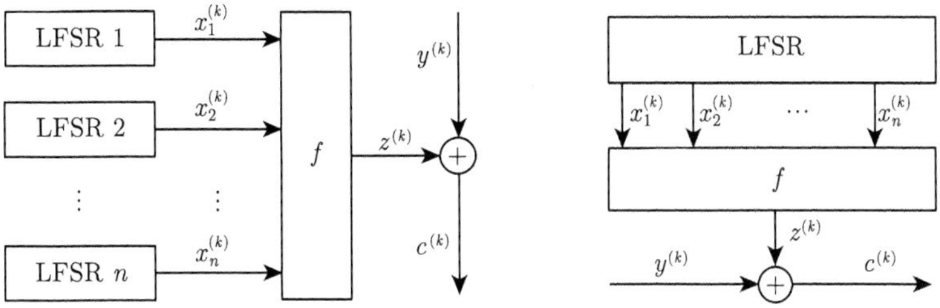

(a) 非线性组合模式　　(b) 非线性滤波模式

图 2.5　非线性组合模式和非线性滤波模式的流密码系统

与此同时, 对非线性序列的分析理论也逐渐成熟, 参见文献 [2,77,285,353,407–409, 474,493,750,753,754,972]. 对多个 LFSR 序列进行布尔组合的方式最早由 Golomb[364] 提出, 但当时的目的并不是密码应用, 而是为了测距, 见文献 [864, p.19].

假设图 2.5 (a) 中第 i 个 LFSR 的级数为 r_i, $i=1,2,\cdots,n$, 这 n 个 LFSR 的初始状态和线性反馈系数共同构成密码系统的密钥. 为了最大化生成序列的周期, 线性反馈系数一般选择本原多项式对应的系数以生成周期为 $2^{r_i}-1$ 的 m 序列. 同时, LFSR 初始状态避免取全零向量. 用 $R_i=\varphi(2^{r_i}-1)/r_i$ 表示 $\mathbb{F}_2$ 上 r_i 次本原多项式的个数, 其中 $\varphi(n)$ 是 Euler 函数, 定义为与正整数 n 互素且不大于 n 的正整数的个数. 该系统可能的密钥总量为

$$K=\prod_{i=1}^{n}R_i(2^{r_i}-1),$$

在 $r_1+r_2+\cdots+r_n$ 足够大时, K 可大至无法穷举.

Blaser 和 Heinzmann[89] 最早注意到, 非线性组合函数 f 有可能泄露其第 i 个输入变量 x_i 的输入信息, 使得密钥流序列 $(z^{(k)})=z^{(1)}, z^{(2)}, z^{(3)}, \cdots$ 与至少一个 LFSR 序列 $(x_i^{(k)})=x_i^{(1)}, x_i^{(2)}, x_i^{(3)}, \cdots$ 有相关性 (而不是统计独立), 这里 $z^{(k)}=f(x_1^{(k)},\cdots,x_n^{(k)})$. 利用 $(z^{(k)})$ 和 $(x_i^{(k)})$ 的相关性, 可确定第 i 个 LFSR 所携带的 “子密钥” 信息, 从而大大降低攻击密码系统的难度. Blaser 和 Heinzmann 这一工作发表于 1982 年, 是 “分别征服” 相关攻击的最早雏形. 基于这一工作, Siegenthaler[800] 在 1983 年的 ISIT 上, 发展了这种针对非线性组合模式流密码系统的相关攻击, 后来被称之为分别征服攻击, 见文献 [803]. 这种 “分而治之” 的思想使得攻击者可以独立于其他 $n-1$ 个 LFSR 而最多尝试 $R_i(2^{r_i}-1)$ 次来确定第 i 个 LFSR 中的子密钥. 这样, 穷举次数就从 K 大幅度降为 $\sum_{i=1}^{n}R_i(2^{r_i}-1)$. 在 R_i 足够小时, 穷举

这个数量的密钥对系统进行攻击在实践中是完全可行的.

Siegenthaler[802] 比较系统地给出分别征服攻击的统计模型, 发展成一种科学化的理论体系. 设二元序列 $(x_i^{(k)})$ 是由独立同分布的随机变量 x_i 所产生的, 并有

$$P(x_i = 0) = P(x_i = 1) = 1/2, \quad i = 1, 2, \cdots, n,$$

其中 $P(A)$ 表示事件 A 发生的概率. 设上述 n 个序列经由 f 后所生成的密钥流序列 $(z^{(k)}) = z^{(1)}, z^{(2)}, z^{(3)}, \cdots$ 是由独立同分布的随机变量 z 所产生的, 并有

$$P(z = 0) = P(z = 1) = 1/2.$$

设密钥流序列 $(z^{(k)})$ 与第 i 个 LFSR 生成序列 $(x_i^{(k)})$ 的相符程度用概率 p_i^z 表示, 并设 $P(z = x_i) = p_i^z$. 若 $p_i^z \neq 1/2$, 则密钥流序列泄露了第 i 个 LFSR 关于密钥的相关信息. 最后, 还要假定明文序列 $(y^{(k)})$ 是一个二元无记忆信源输出, 由随机变量 y 产生, 并有 $P(y = 0) = q$. 设密文序列 $(c^{(k)}) = (y^{(k)} + z^{(k)})$ 由变量 c 产生.

Siegenthaler 建立的攻击模型是一种唯密文攻击. 通过选择第 i 个 LFSR 的初始状态和确定线性反馈系数, 可以判断 $(x_i^{(k)})$ 与密文 $(c^{(k)})$ 的相关程度. 假设密文长度为 N, 则密文 $c^{(1)}, c^{(2)}, \cdots, c^{(N)}$ 与 $x_i^{(1)}, x_i^{(2)}, \cdots, x_i^{(N)}$ 的相关程度可通过计算互相关函数值 $C_{x_i,c}$ 来度量

$$C_{x_i,c} = \frac{1}{N}\sum_{k=1}^{N}(-1)^{c^{(k)}}(-1)^{x_i^{(k)}} = 1 - \frac{2}{N}\sum_{k=1}^{N}(c^{(k)} + x_i^{(k)}). \tag{2.136}$$

设 $(x_i^{(k)})$ 与 $(c^{(k)})$ 的符合率 p_i^c 是 $c^{(k)}$ 与 $x_i^{(k)}$ 相等的概率, 则有

$$\begin{aligned} p_i^c &= P(c = x_i) \\ &= P(z + y = x_i) \\ &= P(z = x_i)P(y = 0) + P(z \neq x_i)P(y = 1) \\ &= p_i^z q + (1 - p_i^z)(1 - q) \\ &= 1 - p_i^z - q + 2p_i^z q. \end{aligned} \tag{2.137}$$

可以看出, 当 $p_i^c \neq 1/2$ 时, 该唯密文攻击才可能有效. 因而, 当 $p_i^z = 1/2$ 或 $q = 1/2$ 时, 攻击都不能有效实施. p_i^c 偏离 1/2 越远, 说明 $(x_i^{(k)})$ 与 $(c^{(k)})$ 的相关程度越大, 密文 $(c^{(k)})$ 包含第 i 个 LFSR 的子密钥信息量也就越大, 由 (2.136) 式和 (2.137) 式, 这个信息量是由 p_i^z, q, 以及密文量 N 共同决定的.

为了建立分别征服攻击的理论基础和实施攻击的可操作性, Siegenthaler 在建立模型时还有更细致的工作, 这里不再介绍, 可参阅文献 [2, 8, 9, 802]. 后来, 分别征服相关攻击被进一步发展[236,603,913,915].

由上面的讨论, 若对任意 $i=1,2,\cdots,n$ 都有 $p_i^z=1/2$, 则 $p_i^c=1/2$, $i=1,2,\cdots,n$. 这种情况下, 通过 $(c^{(k)})$ 与 $(x_i^{(k)})$ 的相关程度, 不能获得第 i 个 LFSR 中关于密钥的任何信息量, 从而使攻击无效. 而若使 $p_i^z=1/2$, 只需布尔函数 f 满足如下条件: 对任意 $1\leqslant i\leqslant n$, x_i 都与 f 统计独立. 亦即对任意 $\mu,\nu\in\mathbb{F}_2$, 总有

$$P(f=\nu\mid x_i=\mu)=P(f=\nu).$$

上面讨论的分别征服攻击只考虑了单个 LFSR 所产生的序列与密文序列的相关性, 这一攻击当然可以进一步考虑多个 LFSR 的输出序列进行叠加 (模 2 加法运算) 后所得到的序列与密文序列的相关性. 这就引出 Siegenthaler 对 t 阶相关免疫函数的定义[801]. 设 $X=(x_1,x_2,\cdots,x_n)$, 其中 x_1, x_2, $\cdots$, x_n 是 n 个独立同分布二元随机变量. 设 $\mathcal{B}_n$ 是所有 n 元布尔函数的集合. 若 $f(X)\in\mathcal{B}_n$ 和 x_1, x_2, $\cdots$, x_n 中的任意 t 个变量都是统计独立的, 则称 $f(X)$ 是 t 阶相关免疫函数. Siegenthaler 在文献 [801] 中还给出一种 t 阶相关免疫函数的递归构造方法, 并给出 t 阶相关免疫函数代数次数的上界. Siegenthaler[803] 还曾给出抵抗分别征服攻击的组合部件的设计方案, 但并没有产生多大影响. Siegenthaler 的贡献在于他基于 Blaser 和 Heinzmann 的思想给出分别征服攻击的统计模型, 并定义了布尔函数的相关免疫性. 他给出的相关免疫函数的递归构造法, 虽然可以保证每一步得到的函数都是 t 阶相关免疫, 但函数的非线性度很差. Siegenthaler 对相关免疫性的定义看起来严谨清晰, 但对函数设计和分析的指导意义较弱.

20 世纪 80 年代中期, 肖国镇提出了 “线性统计独立” (linear statistical independence) 的概念, 并用频谱方法对非线性生成器进行了分析, 刻画了线性统计独立函数的频谱特征. 肖国镇的这一研究成果形成于 Siegenthaler 在第 22 届 ISIT (1983 年 9 月) 报告他的研究成果 [800] 之后, 两人分别独立提出的线性统计独立和相关免疫[801] 在本质上是同一概念.

线性统计独立概念的提出动机是为了研究图 2.5 中流密码系统产生的密文序列与系统中一个或多个 LFSR 所产生的序列的线性统计关联性. 下面我们先描述一下线性统计独立的概念.

定义 2.92 设 f 是关于随机变量 x_1, x_2, $\cdots$, x_n 的 n 元布尔函数, 并设 $1\leqslant t\leqslant n-1$, $\nu\in\mathbb{F}_2$, $a_j\in\mathbb{F}_2$, $j=1,2,\cdots,t$. 若任取 t 个随机变元 x_{i_1}, x_{i_2}, $\cdots$, x_{i_t}, $1\leqslant i_1<i_2<\cdots<i_t\leqslant n$, 恒有

$$P\left(f=\nu\left|\sum_{j=1}^{t}a_jx_{i_j}=0\right.\right)=P\left(f=\nu\left|\sum_{j=1}^{t}a_jx_{i_j}=1\right.\right)=P(f=\nu),\qquad(2.138)$$

其中线性组合运算是在 $\mathbb{F}_2$ 上进行的, 且 t 是具有上述性质的最大正整数, 则称 f

是 t 阶线性统计独立的. 否则, 若对任意 $t, 1 \leqslant t \leqslant n-1$, f 都不是线性统计独立的, 则称 f 为完全线性相关的.

下面的定理由肖国镇于 1985 年 6 月在第 23 届 ISIT 的报告 "The spectrum method in correlation analysis of non-linear generator" 中给出[902].

定理 2.93　$f \in \mathcal{B}_n$ 是 t 阶线性统计独立函数当且仅当对 $\mathbb{F}_2^n$ 中任意满足 $1 \leqslant \mathrm{wt}(\alpha) \leqslant t$ 的 α, 都有 $S_f(\alpha)=0$, 其中 $S_f(\alpha)$ 是 f 在点 α 的 Fourier 变换, 即

$$S_f(\alpha)=\sum_{\alpha \in \mathbb{F}_2^n} f(X)(-1)^{\alpha \cdot X}.$$

证明　设 $\alpha \in \mathbb{F}_2^n, 1 \leqslant \mathrm{wt}(\alpha) \leqslant t$, 并设

$$N_\alpha^{(0)}=\#\{X \mid f(X)=1,\ \alpha \cdot X=0\}, \tag{2.139}$$

$$N_\alpha^{(1)}=\#\{X \mid f(X)=1,\ \alpha \cdot X=1\}. \tag{2.140}$$

不难看出

$$S_f(\alpha)=N_\alpha^{(0)}-N_\alpha^{(1)}. \tag{2.141}$$

由 (2.139) 式和 (2.140) 式, 可知

$$P(f=1 \mid \alpha \cdot X=0)=\frac{N_\alpha^{(0)}}{2^{n-1}}, \tag{2.142}$$

$$P(f=1 \mid \alpha \cdot X=1)=\frac{N_\alpha^{(1)}}{2^{n-1}}. \tag{2.143}$$

由于 f 是 t 阶线性统计独立函数, 由 (2.138) 式, 可知 (2.143) 式等号左边和 (2.142) 式等号左边是相等的. 因而, $N_\alpha^{(0)}=N_\alpha^{(1)}$. 再由 (2.141) 式, 可得 $S_f(\alpha)=0$.

反之, 若对任意 $\alpha \in \mathbb{F}_2^n, 1 \leqslant \mathrm{wt}(\alpha) \leqslant t$, 总有 $S_f(\alpha)=0$, 由 (2.141) 式, 可得

$$N_\alpha^{(0)}=N_\alpha^{(1)}. \tag{2.144}$$

由 (2.139) 式和 (2.140) 式, 可得

$$N_\alpha^{(0)}+N_\alpha^{(1)}=\#\{X \mid f(X)=1\}=S_f(\mathbf{0}_n).$$

故有

$$P(f=1)=\frac{N_\alpha^{(0)}+N_\alpha^{(1)}}{2^n}. \tag{2.145}$$

综合 (2.142)—(2.145) 等四个式子, 可得

$$P(f=1 \mid \alpha \cdot X=0)=P(f=1 \mid \alpha \cdot X=1)=P(f=1). \tag{2.146}$$

又因

$$
\begin{aligned}
P(f=0 \mid \alpha\cdot X=0)&=1-P(f=1 \mid \alpha\cdot X=0),\\
P(f=0 \mid \alpha\cdot X=1)&=1-P(f=1 \mid \alpha\cdot X=1),\\
P(f=0)&=1-P(f=1),
\end{aligned}
$$

结合 (2.146) 式, 得

$$P(f=0 \mid \alpha\cdot X=0)=P(f=1 \mid \alpha\cdot X=0)=P(f=0). \tag{2.147}$$

由 (2.146) 式和 (2.147) 式, 可知对任意 $\nu\in\mathbb{F}_2$, 都有

$$P(f=\nu \mid \alpha\cdot X=0)=P(f=\nu \mid \alpha\cdot X=1)=P(f=\nu).$$

这就满足了 (2.138) 式. 因而, f 是 t 阶线性统计独立函数. □

这一成果是流密码发展史上最重要的成果之一, 开创性地用布尔函数的频谱特征简洁地刻画出布尔函数为 t 阶线性统计独立 (t 阶相关免疫) 的充要条件. 这一成果开辟了流密码研究的新领域, 对密码函数的设计和分析产生了深远影响.

肖国镇在 ISIT'85 宣读的研究成果引起国际同行的极大兴趣. 很多学者就这些成果提出自己的观点和建议, 这些学者有 Massey, Siegenthaler, Duella, Golomb 等, 其中以 Massey 在会议期间提供的修改建议最具建设性. 1985 年 8 月肖国镇与 Massey 共同署名将论文提交至 TIT 评审. 这一论文的最终版本中没有使用"线性统计独立"这一概念, 而是使用了"相关免疫"这一概念. 1988 年 5 月论文以"A spectral characterization of correlation-immune combining functions"为题目正式发表[903].

这一论文的首页有一个引理, 后人称之为 Xiao-Massey 引理[118,603]. 有了这一引理, 就建立起从相关免疫这一概念到 Xiao-Massey 定理的桥梁. 同时, 这一引理既给出了概率统计上的一个重要结论, 也为密码分析技术提供了指引.

引理 2.94 (Xiao-Massey 引理)　离散随机变量 Z 和 t 个相互独立的二元随机变量 $Y_1, Y_2, \cdots, Y_t$ 都是相互独立的, 当且仅当 Z 和 $c_1Y_1+c_2Y_2+\cdots+c_tY_t$ 是相互独立的, 其中 $(c_1,c_2,\cdots,c_t)\in\mathbb{F}_2^{t^*}$.

这一引理的证明, 可参阅文献 [118, 586]. 由这一引理比较容易地推出 Xiao-Massey 定理. 文献 [903] 中还有一些其他结论, 这里不再介绍.

弹性函数的提出时间稍晚于相关免疫函数, 最早由 Chor 等提出[240], 是一种多输出布尔函数 $\mathbb{F}_2^n\to\mathbb{F}_2^m$, 用 F 表示. F 的 m 个分量函数的任意非零线性组合都是平衡的相关免疫函数. 由于平衡性是密码函数设计时总要考虑的, 人们所设计的 (多输出) 相关免疫函数都是弹性函数. 线性统计独立、相关免疫、弹性

这些概念是在同一时期被独立提出的, 它们的定义都是从概率统计的观点给出的. Xiao-Massey 定理用代数的观点从频谱的角度给出这些定义的等价描述.

设 $\alpha \in \mathbb{F}_2^n$, $f \in \mathcal{B}_n$. f 在 α 点的 Walsh 变换已在 (2.21) 式中定义, 即

$$W_f(\alpha) = \sum_{X \in \mathbb{F}_2^n} (-1)^{f(X)+\alpha \cdot X}.$$

借助关系 $(-1)^{f(X)} = 1 - 2f(X)$, 可得到 $S_f(\alpha)$ 和 $W_f(\alpha)$ 的关系:

$$W_f(\alpha) = \begin{cases} -2S_f(\alpha), & \alpha \neq \mathbf{0}_n, \\ 2^n - 2S_f(\alpha), & \alpha = \mathbf{0}_n. \end{cases} \tag{2.148}$$

由 (2.148) 式可以看出, 在 $\alpha \neq \mathbf{0}_n$ 的前提下, $W_f(\alpha) = 0$ 当且仅当 $S_f(\alpha) = 0$. 同时, 注意到 f 是平衡布尔函数当且仅当 $W_f(\mathbf{0}_n) = 0$. 因而, Xiao-Massey 定理如今也常被描述成如下命题 (定理 2.10): $f \in \mathcal{B}_n$ 是 t 阶弹性布尔函数当且仅当对 $\mathbb{F}_2^n$ 中使 $0 \leqslant \mathrm{wt}(\alpha) \leqslant t$ 的 α, 都有 $W_f(\alpha) = 0$.

2. Xiao-Massey 定理的学术价值和学术影响

下面从四个角度, 进一步阐述 Xiao-Massey 定理的学术价值和学术影响.

(1) Xiao-Massey 定理对相关免疫 (弹性) 函数的刻画简洁而深刻, 已成为研究密码函数的奠基性定理. 该定理的提出使频谱理论方法从此成为研究密码函数的最重要的代数工具之一.

从 20 世纪 80 年代中期至今, Xiao-Massey 定理被国内外同行广泛引用, 深远地影响着流密码理论的发展. 密码学家 Rueppel[752] 最早在 1985 年的国际密码学会议 (Annual International Cryptology Conference, 简称美密会) 上引用了 Xiao-Massey 定理, 并把这一定理写进他在 1986 年出版的著名专著 *Analysis and Design of Stream Ciphers* 中[753]. Pichler[708] 在 1986 年的欧洲密码会议 (Annual International Conference on the Theory and Applications of Cryptographic Techniques, 简称欧密会) 用 Walsh-Fourier 分析方法实现了具有相关免疫性的开关函数的设计, Mund 等[648] 在 1987 年欧密会利用频谱方法研究了 DES 体制中的 S 盒, Forrié[325] 在 1988 年美密会用布尔函数的频谱特征给出其满足 SAC 的充要条件, Preneel 等[721] 在 1990 年欧密会利用布尔函数的 Walsh 变换和自相关函数的关系研究了函数的扩散特征. 刘育人是较早注意到 Xiao-Massey 定理的中国台湾学者, 1988 年他在文献 [546] 中用频谱方法研究了非线性反馈移位寄存器及其线性等价系统问题. 更多引用 Xiao-Massey 定理的文献可参阅文献 [5, 6, 13, 15, 19, 32, 33, 36, 37, 50, 59, 70, 71, 90, 98, 99, 105–107, 111, 112, 131–133,

141–144, 147, 148, 157, 165, 168, 171–173, 176, 198, 203, 205, 216, 218, 219, 231, 238, 246, 252–254, 260, 263, 267, 277, 294, 296, 308, 309, 313, 323, 368, 370, 371, 381, 382, 386, 396, 398, 419, 454, 473, 476, 477, 480, 484, 487, 491, 506, 516, 517, 519, 520, 523, 537, 543, 544, 547, 548, 559, 561, 567, 568, 581, 633, 640–642, 646, 647, 668, 676, 687, 692, 704, 706, 722, 723, 728, 732, 735, 748, 757, 759, 760, 767, 778, 779, 797, 809, 818–824, 835, 838, 842, 843, 860, 861, 886, 890, 891, 898, 904, 911, 928, 956, 959–961, 964].

(2) Xiao-Massey 定理在布尔函数多密码指标折中优化中具有重要价值, 在构造高非线性度的相关免疫 (弹性) 函数这一研究课题中扮演了 “方向盘” 的作用, 指导了一大批优秀密码函数构造方法的提出.

Meier 和 Staffelbach[604] 在 1989 年欧密会从频谱的角度给出了非线性度的计算公式, 并借助 Parseval 恒等式和 Xiao-Massey 定理, 明确了非线性度和相关免疫性 (弹性) 之间存在制约关系. 由于弹性和非线性度都可以通过计算布尔函数的频谱得到, Xiao-Massey 定理在高非线性度弹性函数设计这一研究课题中扮演着举足轻重的角色. 基于 Xiao-Massey 定理和频谱分析方法, 一大批密码函数构造方法被提出, 弹性阶和非线性度等多种密码指标之间的优化折中得以实现, 参见文献 [138, 140, 163, 167, 170, 174, 175, 177, 178, 182, 185, 188, 191, 220, 226, 227, 229, 230, 238, 244, 245, 255, 262, 270, 295, 315, 331, 333, 347, 348, 379, 385, 388, 390, 391, 418, 430, 436, 437, 441, 451, 452, 457, 458, 464, 467–469, 490, 498, 527, 528, 545, 550, 560, 562–564, 566, 569–575, 637, 639, 675, 680–684, 705, 707, 718, 749, 756, 761, 766, 784, 791, 807, 808, 836, 839, 841, 852, 854, 867, 875, 892, 896, 897, 920, 923, 930–935, 938–940, 948, 949, 958, 963].

(3) Xiao-Massey 引理和 Xiao-Massey 定理对密码分析的价值.

1989 年, Meier 和 Staffelbach[603] 在 *Journal of Cryptology* 发表论文 “Fast correlation attacks on certain stream ciphers”, 提出针对流密码系统的快速相关攻击. 在该文中用 Xiao-Massey 引理解释攻击在特定情况下的可行性. Maurer 和 Massey[591] 在 1989 年美密会用 Xiao-Massey 引理解释了伪随机序列中的完全局部随机性中的安全性问题. Xiao-Massey 引理也被 Colić[354] 在 1992 年欧密会用来研究带记忆非线性组合器的相关性质, 进而考虑了多种非线性组合模式下的安全问题[355]. Heys[411] 定义了对线性分析 (m, n)-免疫的概念, 基于 Xiao-Massey 引理给出分组密码系统对线性分析 (m, n)-免疫的充要条件. 更多相关引用文献可参阅文献 [56, 57, 97, 241, 320, 356–360, 377, 410, 424, 592, 674, 763, 764, 772, 925–927, 966].

(4) Xiao-Massey 定理的发展以及在其他领域的应用.

Forré[326] 从条件熵的角度考虑了 S 盒输入和输出之间的 “垂直独立”, 不同输出之间的 “水平” 独立. 把肖国镇提出的 “线性统计独立” 推广到非线性函数之间的统计独立.

冯登国[4,7] 用广义一阶 Walsh 谱刻画了多输出相关免疫函数的特征, 用离散 Fourier 谱刻画了有限域上的相关免疫函数的特征, 用 Chrestenson 谱刻画了剩余类环上的相关免疫函数的频谱特征, 系统全面地发展了 Xiao-Massey 定理.

Stinson[826,827] 从正交阵列的角度刻画了弹性函数的特征, 进而在 1995 年和 Gopalakrishnan 进一步从相伴矩阵、Fourier 变换、正交阵列等角度刻画了非二元相关免疫和弹性函数的特征[376]. 后来, Xiao-Massey 定理又在交换群和复数域上被推广[139,893].

Xiao-Massey 定理以充要条件的形式刻画了相关免疫 (弹性) 函数的频谱特征, 确定了哪些点的谱值必定为 0. 但是, 由 Xiao-Massey 定理并不知道那些非零谱值有何特征. 2000 年, 人们发现 t 阶相关免疫 (弹性) 函数 $f \in \mathcal{B}_n$ 的频谱必定被 2^{t+1} (2^{t+2}) 整除[762,859,962]. 这一结论是 t 阶相关免疫 (弹性) 函数频谱特征的进一步刻画, 是对 Xiao-Massey 定理的发展.

Lacharme[502,503] 从布尔函数角度研究了真随机数生成器的校正器的分析和设计问题, 给出 t 阶校正器的频谱特征. 对单输出布尔函数 $f \in \mathcal{B}_n$ 而言, 它是 t 阶校正器的充要条件是

$$\sum_{\alpha \in \mathbb{F}_2^n, \mathrm{wt}(\alpha)=t'} W_f(\alpha) = 0, \quad 0 \leqslant t' \leqslant t.$$

结合 Xiao-Massey 定理可知, 任意 t 阶弹性函数必定是 t 阶校正器, 反之不然.

Xiao-Massey 定理还在下面研究课题中发挥着作用: 二元 (双极) 序列的量子纠缠态相关指标的度量[677]; 决策 (投票) 规则的敏感性指标度量[65]; 欺骗免疫秘密共享方案的设计[710]; 抗病毒行为检测策略模型[321] 等.

关于 Xiao-Massey 定理的意义和作用, 读者还可参阅文献 [10].

3. Golomb 不变量的历史背景与概念本质

“相关免疫函数的频谱化特征定理” 这一研究成果在国际上公认是肖国镇和 Massey 首先提出, 并称之为 “Xiao-Massey 定理”. 但是, 在 2018 年第 4 期 TIT 纪念 Golomb 的专刊上却有观点认为这一成果的首创应属 Golomb, 过度解读了 Golomb 提出的 “不变量” (invariant) 的概念, 见文献 [372, Section VIII]. 受到这一错误观点的影响, 在 2021 年出版的专著 *Boolean Functions for Cryptography and Coding Theory*, 见参考文献 [204, p. 80] 中又把 “Xiao-Massey 定理” 误称为 Golomb-Xiao-Massey characterization. 这一研究成果的归属问题在肖国镇、Massey、Golomb 三位学者都在世时没有争议, 近年来在这一问题上出现的错误观点既不符合学术事实, 也不符合三位学者生前达成的共识.

每一个概念或定理的产生, 都不是凭空而来的, 都有其特定的历史背景. 下面通过梳理 Golomb 提出 “不变量” 的历史背景, 揭示其概念本质. 这一概念本质上

描述了在特定等价关系下不同布尔函数具有某种共同的频谱特征, 它既不等同于相关免疫这一概念, 更没有揭示 Xiao-Massey 定理所描述的规律.

1938 年, Shannon 发表了重要论文 “A symbolic analysis of relay and switching circuits”[793], 阐述了他在 1937 年提交的硕士学位论文中的主要工作. 他创造性地在布尔代数[94, 95] 和开关电路之间建立了关联, 实现了从布尔逻辑到电路功能的转化, 创建了开关电路理论. Shannon 把开关电路理论中的问题分为两类: “分析问题” (analysis problem) 和 “综合问题” (synthesis problem). 分析问题是对确定的开关电路分析其性质功能, 综合问题是寻找具有特定性质功能的电路. 前者是相对容易的问题, 而后者是非常困难的问题[49, 733, 734, 794]. 这一时期, 一系列开关电路的分析和综合问题被转化为数学问题进行研究[362, 423, 551, 552, 556, 656, 736, 739, 745, 790, 872]. 到了 20 世纪 70 年代中期, 由开关电路的综合问题逐渐发展出电子设计自动化 (electronic design automation, EDA) 技术. 综合问题的困难之处在于如何以最低的代价实现电路功能, 同时考虑电路的功耗、速度等因素. 早期的综合问题主要考虑如何用相对简单的方式实现具有特定功能的电路. 1949 年, Shannon 又进一步发展了开关电路综合问题的理论和方法[794]. Shannon 指出变元个数相对较大的 n 元布尔函数绝大多数实现起来都是相当复杂的. 另一方面, 现实中使用的 n 个变元的电路都是非常简单的. 对产生这个 “矛盾” 的原因, Shannon 是这样解释的: 电路设计实践中使用的布尔函数不是随机选择的. 为了有助于在实现电路功能时能选择到结构相对简单的布尔函数, Shannon 给出两种函数关系 (functional relation): 一种叫函数可分关系 (functional separability), 另一种是特殊情形下的群不变关系 (group invariance). 对前一种函数关系, 这里不作介绍. 后一种函数关系是指函数 $f \in \mathcal{B}_n$ 满足如下群不变性质: 对任意 $x_i, a_i \in \mathbb{F}_2$, $0 \leqslant i \leqslant n$, 总有

$$f(x_1, x_2, \cdots, x_n) = f(x_{i_1} + a_1, x_{i_2} + a_2, \cdots, x_{i_n} + a_n), \tag{2.149}$$

其中 $(i_1 i_2 \cdots i_n)$ 是 $(12 \cdots n)$ 的置换. 需要说明的是, Shannon 当时研究的布尔函数中的乘法运算规则与普通乘法规则相同, 而加法运算规则为 $0+0=0$, $0+1=1$, $1+0=1$, $1+1=1$, 但这不影响讨论的结果. (2.149) 式等号左右两边变元的变换关系是由两种运算复合而成的: 一种是对 $(x_1, x_2, \cdots, x_n)$ 进行置换运算; 另一种是对 x_1, x_2, $\cdots$, x_n 中的 k 个变元进行取反运算, $0 \leqslant k \leqslant n$. 复合后的运算共有 $2^n n!$ 种可能, 构成一个群 G.

1953 年, Slepian[804] 把 Shannon 在 (2.149) 式中给出的群不变关系推广到两个不同函数之间, 定义了一种等价关系. 设 $f_1, f_2 \in \mathcal{B}_n$. 称 f_1 和 f_2 是等价的, 若对任意 $x_i, a_i \in \mathbb{F}_2$, $0 \leqslant i \leqslant n$, 总有

$$f_1(x_1, x_2, \cdots, x_n) = f_2(x_{i_1} + a_1, x_{i_2} + a_2, \cdots, x_{i_n} + a_n), \tag{2.150}$$

其中 $(i_1i_2\cdots i_n)$ 是 $(12\cdots n)$ 的置换. 这一等价关系把 n 元布尔函数划分为 N_n 个等价类, Slepian 利用群论相关方法和结论, 计算了 N_n 的数量, 见文献 [717], [740, p.131]. 同一等价类中的布尔函数被设计成电路后看作是功能等价的电路, 而 N_n 的值代表功能不等价电路的数量. 在这个意义上, 对等价类进行计数是有现实意义的. 注意到, Golomb 在 1958 年也撰写过一篇研究等价类计数的技术报告[361].

1959 年, Golomb[362, 363] 又进一步推广了 (2.150) 式中 Slepian 所定义的等价关系: 对 $b\in\mathbb{F}_2$, 若对任意 $x_i, a_i\in\mathbb{F}_2$, $0\leqslant i\leqslant n$, 总有

$$f_1(x_1,x_2,\cdots,x_n)+f_2(x_{i_1}+a_1,x_{i_2}+a_2,\cdots,x_{i_n}+a_n)=b,$$

其中 $(i_1i_2\cdots i_n)$ 是 $(12\cdots n)$ 的置换, 则称 $f_1\in\mathcal{B}_n$ 和 $f_2\in\mathcal{B}_n$ 是等价的. 这可以看作是一种更广义的群不变关系. 由这一等价关系把 n 元布尔函数划分的等价类数量可以参考 Slepian 的计算方法得到. 等价类的具体数量对我们下面的讨论并不重要. 假设等价类的数量是 ν, 并把 ν 个等价类记为 E_1, E_2, $\cdots$, E_ν. 可知, $E_1\cup E_2\cup\cdots\cup E_\nu=\mathbb{F}_2^n$ 且 $E_i\cap E_j=\varnothing$, $1\leqslant i<j\leqslant\nu$.

Golomb 发现, 对同一等价类 E_i 中的所有布尔函数而言, 它们具有共同的 “不变量” (invariant). Golomb 具体地描述了 0 阶和 1 阶不变量的定义, 并以 2 阶不变量为例定义了高阶不变量. 为了清晰地阐释不变量的实质, 下面用一种较为简洁的方式来一般性地描述 t 阶不变量.

设 $0\leqslant t\leqslant n$. t 阶不变量的一般性定义描述如下: 设 $f\in E_i$, $1\leqslant i\leqslant\nu$. 对 $\alpha\in\mathbb{F}_2^n$, 定义 $R_\alpha=\max\{c_\alpha, 2^n-c_\alpha\}$, 其中

$$c_\alpha=\sum_{X\in\mathbb{F}_2^n}\big(f(X)+\alpha\cdot X\big). \tag{2.151}$$

显然, $2^{n-1}\leqslant R_\alpha\leqslant 2^n$. 设多重集

$$R_f^{(t)}=\{R_\alpha\mid \mathrm{wt}(\alpha)=t,\alpha\in\mathbb{F}_2^n\}.$$

把 $R_f^{(t)}$ 中的 $\dbinom{n}{t}$ 个整数按从大到小排列, 得正整数序列

$$U_f^{(t)}=\big(T_t^1,\ T_t^2,\ \cdots,\ T_t^{\lambda_t}\big),$$

其中 $\lambda_t=\dbinom{n}{t}$. 设 f' 是 f 所在等价类 E_i 中的任一布尔函数, 很容易证明

$$U_{f'}^{(t)}=U_f^{(t)}.$$

$U_f^{(t)}$ 中的这 $\dbinom{n}{t}$ 个整数就是 Golomb 所定义的 f 所在等价类 E_i 的 t 阶不变量. 当 t 取遍从 0 到 n 这 $n+1$ 个数, 就可得到了 E_i 的 $n+1$ 个不变量.

我们从频谱角度分析一下, 对同一等价类 E_i 中的布尔函数而言, 为什么它们会有相同的 t 阶不变量? 在 Golomb 给出的这一等价关系下, $f \in \mathcal{B}_n$ 所属等价类中的任一函数 $g \in \mathcal{B}_n$ 和 f 都是 EA 等价的, 并满足 $g(X) = f(XA + \alpha) + b$, 其中 $\alpha = (a_1, a_2, \cdots, a_n) \in \mathbb{F}_2^n$, $b \in \mathbb{F}_2$, A 是把 n 阶单位阵的列向量进行某一置换得到的. 不难推导出如下关系:

$$W_f(\omega) = (-1)^{\omega \cdot a + b} W_g\big(\omega A^{\mathrm{T}}\big).$$

设有序多重集

$$\mathcal{W}_f^{(t)} = \big\{ |W_f(\omega)| \;\big|\; \mathrm{wt}(\omega) = t,\, \omega \in \mathbb{F}_2^n \big\}, \quad 0 \leqslant t \leqslant n,$$

其中元素 (谱值绝对值) 的排序是按 ω 的字典序排列的. 不妨把 $\mathcal{W}_f^{(t)}$ 看作是一个向量. 矩阵 A 的结构决定了 ω 和 ωA^{T} 重量相同, 因而 $\mathcal{W}_g^{(t)}$ 是 $\mathcal{W}_f^{(t)}$ 的一个置换. 把 $\mathcal{W}_f^{(t)}$ 和 $\mathcal{W}_g^{(t)}$ 中的元素从大到小排序, 就得到同一整数序列

$$M_f^{(t)} = \big(N_t^1,\ N_t^2,\ \cdots,\ N_t^{\lambda_t}\big),$$

其中 $\lambda_t = \dbinom{n}{t}$. 进而可推出, $T_t^j = 2^{n-1} - N_t^j$, $1 \leqslant j \leqslant \lambda_t$, $0 \leqslant t \leqslant n$. 这就从频谱角度解释了 Golomb 定义的不变量. Golomb 发现的不变量是定义在特定等价关系所划分的等价类上的, 因而只能基于等价类讨论它们. 离开所划分的等价类讨论不变量, 这种 “不变” 性质一般情况是不能满足的.

Golomb 发现不变量的历史背景还与他在 20 世 50 年代后期在喷气推进实验室 (Jet Propulsion Laboratory, JPL) 的工作经历密切相关. 这一时期, Golomb 和他的同事们在星际测距系统设计方面做了一系列前沿性工作[864]. 星际测距要求所使用的伪随机序列具有很大的周期且便于实现测距. Golomb[364] 建议对周期两两互素的分量序列进行非线性布尔组合, 用以生成周期为分量序列周期之积的长周期组合序列. Easterling[298] 按这一建议建立了的布尔组合运作模式. 最终 Golomb 和他的同事们实现了地球到金星的测距[298–300, 871].

在 Golomb 和他的同事们的上述工作中, 为了实现测距, 需要把分量序列从组合序列中区分出来, 这可通过计算组合序列和分量序列的互相关值来实现[864]. 这就解释了 (2.151) 式中 Golomb 为什么要用一个非线性布尔函数 f 和一个线性函数 $\alpha \cdot X$ 进行叠加的工程背景. 在工程实践中, 每个分量序列对应于某个变元 x_i, 这相当于只考虑了 α 重量为 1 时的情形. 事实上, 考虑 $\mathrm{wt}(\alpha) \geqslant 2$ 时的情形对测距而言也无必要. 为了区分出分量序列和组合序列, 需要它们的互相关值尽可能大. 这和 1 阶线性统计独立 (或 1 阶相关免疫) 性质对函数 f 的频谱的要求是相反的. 在文献 [903, Section V] 中, 称这两个方面的问题是 “对偶的” (dual).

肖国镇和 Massey 1988 年发表在 TIT 上的论文 [903] 于 1985 年 8 月投稿, 1986 年 6 月定稿. 在论文定稿之前, Golomb 已和肖国镇、Massey 进行过深入的交流, 比较正式的一次交流反映在 1986 年 3 月 Golomb 给他们的私人通信中[367] ([903] 的引用文献 [5]). 交流的结果体现在文献 [903] 第 V 部分的评注中.

结合文献 [903, Section V] 中的评注和我们前面的讨论, 可以作如下总结:

(1) Golomb 定义的不变量是一个概念, 而 Xiao-Massey 定理是一个命题.

(2) Golomb 定义的不变量本质上刻画了某种群不变关系下所划分的等价类中布尔函数的频谱特征 (具有排序后的不变性), 它和相关免疫是两个不同的概念.

(3) 相关免疫函数的定义是从概率统计的角度被描述的. Xiao-Massey 定理用频谱观点把一个概率统计概念等价地转化为代数方式的描述, 而 Golomb 所定义的不变量只是一个与 Walsh 变换相关的纯粹代数概念.

(4) Golomb 给出的计算不变量的方法 (算法) 本质上是一种频谱计算, 后人借助不变量这个概念去重新阐述 Xiao-Massey 定理这个命题是一种 "后知后觉".

(5) Golomb 和他的同事们在 JPL 所做的测距方面的工作对组合函数的要求与 1 阶相关免疫函数对组合函数的要求恰恰相反. 前者要求经过组合函数所生成的非线性序列与每一个 LFSR 序列高度相关, 而后者要求二者之间的相关值为 0 [369, 864, 903]. 由于时代背景和工程背景不同, Golomb 并没有刻画出 1 阶相关免疫函数的频谱特征, 高阶不变量也只是停留在概念层面.

2.10.2 弹性和非线性度的折中问题: 单输出情形

弹性 (具有平衡性和相关免疫性) 和非线性度这两个密码学指标的折中问题, 源于人们对相关攻击和最佳仿射逼近攻击这两种攻击方式从频谱角度的思考. 较早综合考虑这两种攻击方式的学者是 Rueppel ([753, Chapter 5]), 明确指出布尔函数的非线性度和相关免疫阶存在制约关系这一问题的学者是 Meier 和 Staffelbach[604], 丁存生等[285].

最早用来构造 Bent 函数的 MM 构造法, 被 Camion 等[138] 改造后用于构造相关免疫函数. 关于 MM 型弹性函数的非线性度的分析, 可参考 Seberry 等[784], Chee 等[226, 227], Cusick[255], Carlet[170, 177]. 当 (2.36) 式的 MM 型 n 元弹性函数中的映射 ϕ 为单射时, 其非线性度不超过 $2^{n-1}-2^{n/2}$. MM 型 n 元弹性函数的代数次数一般情况不是最优的. Pasalic[683, 684] 给出一种优化 MM 型弹性函数的代数次数的方法, 可以在不牺牲非线性度的前提下使函数的代数次数达到 Siegenthaler 界. MM 型函数用作 LFSR 的非线性组合函数时具有潜在的密码学缺陷, 见 Khoo 等[478]. Carlet[170] 把 MM 构造法进行了推广, 本质上是级联 2^s 个 $n-s$ 元二次布尔函数, 要使函数在非线性度和弹性之间实现较好的折中需要很复杂的条件.

1999 年的美密会上, Maitra 和 Sarkar[560] 用递归级联的方式构造了弹性函数, 在弹性、代数次数和非线性度三者之间实现密码指标的优化折中. 同年, Pasalic 和 Johansson[679] 提出一个猜想: n 元 1 阶弹性布尔函数的最大非线性度 $\leqslant 2^{n-1}-2^{\lfloor n/2\rfloor}$. 从 2000 年开始, 这一情况发生很大的变化, 一系列非线性度严格几乎最优的弹性函数被构造出来. 需要指出的是, 变元个数 n 分别为偶数和奇数时, 为得到严格几乎最优弹性函数所采用的方法有很大不同.

1987 年, 单炜娟[17] 证明了如下结论: 若 $f\in\mathcal{B}_n$ 是 t 阶相关免疫函数, 则有 $2^m\mid \mathrm{wt}(f)$. 这一结论于 1997 年被 Schneider[778] 重新发现. 2000 年, 一个关于弹性函数的重要结论被 Sarkar 和 Maitra[762], Zheng 和 Zhang[962], Tarannikov[859] 分别独立发现, 被称为弹性函数的频谱整除特征.

引理 2.95 *若 $f\in\mathcal{B}_n$ 为 t 阶弹性函数, 则对任意 $\alpha\in\mathbb{F}_2^n$ 总有 $2^{t+2}\mid W_f(\alpha)$; 若 $f\in\mathcal{B}_n$ 为 t 阶相关免疫函数, 则对任意 $\alpha\in\mathbb{F}_2^n$ 总有 $2^{t+1}\mid W_f(\alpha)$.*

由这一整除关系, 可以得到 t 阶弹性函数 $f\in\mathcal{B}_n$ 的非线性度的一个上界, 即 $N_f\leqslant 2^{n-1}-2^{t+1}$. 这一上界在严格小于 $2^{n-1}-2^{n/2-1}$ 时才有价值, 此时要求 $t>n/2-2$. 文献 [762, 859, 962] 都在这一前提下讨论了达到非线性度上界的高阶弹性 (相关免疫) 函数的构造问题. 文献 [859] 中证明了这一上界在 $(2n-7)/3\leqslant t\leqslant n-2$ 时可达到, 文献 [962] 中证明了这一上界在 $t\geqslant 0.6n-0.4$ 时可达到, 达到这一非线性度上界的高阶弹性函数必为 Plateaued 函数. 在这种情况下, 不可能存在非线性度严格几乎最优的弹性函数. Tarannikov 等[312,862] 进一步改进了达到弹性函数达到这一非线性度上界时, 弹性阶 t 的取值范围. 由引理 2.95, t 阶弹性函数 $f\in\mathcal{B}_n$ 的非线性度一个上界为

$$\mathcal{N}_n=\left\{\mathcal{N}\mid\mathcal{N}\equiv 0 \bmod 2^{t+1}\text{ 且 }\mathcal{N}<2^{n-1}-2^{n/2-1}\right\}.$$

特别地, 在变元个数 n 为偶数且弹性阶 $t\leqslant n/2-2$ 时, t 阶弹性函数 $f\in\mathcal{B}_n$ 的非线性度上界为

$$N_f\leqslant 2^{n-1}-2^{n/2-1}-2^{t+1}.$$

非平凡上界 $\mathcal{N}_n$ 对非线性度严格几乎最优的弹性函数的设计具有重要指导意义. 在表 2.18 中列出了 n 元 t 阶弹性函数的非线性度上界, 其中 $8\leqslant n\leqslant 16$, $0\leqslant t\leqslant 3$. 表中标 $*$ 的上界值表示达到这一非线性度的 n 元 t 阶弹性函数已经被发现, 但这并不代表 $\mathcal{N}_n$ 这一非线性度上界一定能达到. “弹性布尔函数非线性度的紧上界” 仍是流密码理论中尚未解决的公开难题.

Carlet 等[168,172] 进一步扩展了引理 2.95 中的结论, 在频谱整除特征关系中考虑了代数次数 d, 得到结论: 若 $f\in\mathcal{B}_n$ 为 t 阶弹性函数, 则对任意 $\alpha\in\mathbb{F}_2^n$ 总有

$$W_f(\alpha)\equiv 0 \bmod 2^{t+2+\lfloor\frac{n-t-2}{d}\rfloor}.$$

表 2.18 n 元 t 阶弹性函数的非线性度上界 $\mathcal{N}_n$

t	n=8	n=9	n=10	n=11	n=12	n=13	n=14	n=15	n=16
0	118	244	494	1000	2014	4050	8126	16292	32638
1	116*	244	492*	1000	2012	4048	8124	16292	32636
2	112*	240*	488*	1000	2008	4048	8120	16288	32632
3	104*	240*	480*	1000	2000	4048	8112	16288	32624

由这一结论, 可以进一步改进代数次数未达到 Siegenthaler 界的 t 阶弹性函数的非线性度上界. 同时也可以看出, 在构造弹性函数时, 代数次数过低有可能对提高弹性函数的非线性度产生影响.

过高的弹性阶严重制约布尔函数非线性度的提高. 无论是从理论角度还是从实践角度, 我们更关心具有高非线性度低阶弹性函数的构造问题. 2000 年, Sarkar 和 Maitra[761] 首先证明了 t 阶弹性函数 ($t \geqslant 1$) 的非线性度可以严格几乎最优 ($> 2^{n-1} - 2^{\lfloor n/2 \rfloor}$). 他们在 $n \geqslant 12$ 为偶数时, 在特定条件下构造出非线性度是 $2^{n-1} - 2^{n/2-1} - 2^{n/2-2}$ 的 n 元 1 阶弹性函数; 在 $n \geqslant 41$ 为奇数时, 可以构造出非线性度 $> 2^{n-1} - 2^{(n-1)/2}$ 的 t 阶弹性函数, 这里 t 至少为 1. Sarkar 和 Maitra 在文献 [766] 中进一步构造出特定条件下非线性度是 $2^{n-1} - 2^{n/2-1} - 2^{n/2-2}$ 的 n 元 t 阶弹性函数. 2002 年, Maitra 和 Pasalic[564] 首次发现参数是 $(8, 1, 6, 116)$ 和 $(10, 1, 8, 488)$ 的布尔函数, 并借助 $(8, 1, 6, 116)$ 函数进一步构造出非线性度是 $2^{n-1} - 2^{n/2-1} - 2^{n/2-2}$ 的 n 元 1 阶弹性函数 ($n \geqslant 10$). 2006 年, Pasalic 和 Maitra[569] 首次构造出非线性度 $> 2^{n-1} - 2^{n/2-1} - 2^{n/2-2}$ 的 n 元 t 阶弹性函数. 具体而言, 在 $n \geqslant 8t+6$ 时构造出非线性度为 $2^{n-1} - 2^{n/2-1} - 2^{n/2-3} - 2^{n/2-4}$ 的 n 元 t 阶弹性函数. 借助已知的 $(10, 1, 8, 488)$ 函数, 可以得到非线性度是 8104 的 14 元 1 阶弹性函数; 若借助后来发现的 $(10, 1, 8, 492)$ 函数[469], 则可以得到非线性度是 8108 的 14 元 1 阶弹性函数. 对足够大的变元个数 n, 采用递归的方式可得到非线性度约为 $2^{n-1} - 2^{n/2-1} - \dfrac{2}{3}2^{n/2-2}$ 的 n 元 t 阶弹性函数.

2009 年, 张卫国和肖国镇[931] 定义了正交谱函数集, 提出正交谱函数集构造法, 见 2.3 节. 这一构造法利用多组正交谱函数集 (每个函数集中频谱两两正交的函数数量尽可能多), 构造了一大类非线性度严格几乎最优且代数次数最优的弹性函数. 从表 2.2 和表 2.2 中的数据可以看出, 正交谱函数集构造法得到的弹性函数具有很高的非线性度. 在弹性阶 $t \geqslant 2$ 时, 所构造的一些 t 阶弹性函数仍然具有目前已知最高的非线性度. 值得一提的是, Pasalic 等[680] 在 2001 年也曾明确地使用了两个频谱正交的函数进行密码函数构造, 这两个函数构成基数为 2 的正交谱函数集. MM 型 Bent 函数就可以看作是对一组频谱两两正交的仿射函数进行级联, 被级联的这些仿射函数就构成一个特殊的正交谱函数集. 文献 [931] 中定义了 "部分线性函数", 证明了满足特定条件的一组部分线性函数可以构成正交谱函数集. 正交谱函数集在高非线性度密码函数设计中扮演着重要角色, 如何设计新型大正交谱函数集也值得进一步研究.

2014 年, 张卫国和 Pasalic[935] 提出另一种密码函数构造法: GMM 构造法, 见本书 2.4 节和 2.5 节. 这种构造法是对 MM 构造法的推广. 在 MM 构造法中, 被级联的仿射函数都是定义在同一向量空间 $\mathbb{F}_2^k$ 上的; 而在 GMM 构造法中, 被广义级联的仿射函数可以定义在 λ 个不同的向量空间 $\mathbb{F}_2^{k_i}$ 上, 其中 $k_1 > k_2 > \cdots > k_\lambda$. 在 GMM 构造法中, 只要被广义级联的仿射函数都至少有 $t+1$ 个变元, 就可得到 t 阶弹性函数; 只要被级联的同一向量空间上的仿射函数的线性项部分两两互不相同, 所构造函数的最大频谱绝对值就不超过 $2^{k_1}+2^{k_2}+\cdots+2^{k_\lambda}$. 这在很大程度上实现了弹性和非线性度之间的优化折中, 同时代数次数也相对较大并易于最优化. 同样是构造 n 元 t 阶弹性函数 (n 为偶数), 由 GMM 构造法所得函数的非线性度总是不低于由正交谱函数集构造法所得函数的非线性度. GMM 型布尔函数还可以具有优良的代数免疫性质和快速代数免疫性质, 这可以通过控制广义级联的不同向量空间的仿射函数所占比例等方法来控制, 代价是牺牲一定的非线性度. GMM 构造法还适用于奇变元非线性度严格几乎最优弹性密码函数的构造. 把已知非线性度严格几乎最优布尔函数, 如 PW 函数、KY 函数, "嵌入" 到 GMM 型映射结构中, 实现了所构造函数的弹性和非线性度的优化折中.

2017 年, 张卫国和 Pasalic[938] 通过修改 n 元 PS 型 Bent 函数, 得到非线性度为 $2^{n-1}-2^{n/2-1}-2^{\lceil n/4\rceil}$ 的 1 阶弹性函数, 见 2.8 节. 表 2.19 中列出该构造方法与前人所得 1 阶弹性函数的非线性度的比较. 把所得函数的真值表修改 N 位, 可以使代数次数达到 $n-1$, 代数免疫达到最优, 快速代数免疫阶达到 $n-1$, 代价是失去 1 阶弹性 (仍保持平衡性), 非线性度有所降低, 见表 2.20.

表 2.19　n 元 1 阶弹性函数的非线性度

	$n=8$	$n=10$	$n=12$	$n=14$	$n=16$
[938, IS 2017] (2.8 节)	116	488	2008	8112	32624
[563, TIT 2002]	116	488	1996	8096	32576
[931, TIT 2009]	—	484	2000	8096	32608
[867, DAM 2012]	112	484	1996	8100	32588
[857, ePrint 2010]	108	484	2000	8108	32604
[475, IS 2014]	112	484	1996	8100	32588
[935, TIT 2014]	—	484	2000	8104	32608

2019 年, 张卫国[940] 定义了 "残缺布尔函数", 并对残缺布尔函数进行 "残缺 Walsh 变换", 得到 "残缺 Walsh 谱", 进而在函数构造时使不同残缺布尔函数的残缺 Walsh 谱叠加时高低交错, 实现完整布尔函数 Walsh 谱分布相对均匀的

表 2.20　具有优良代数性质的 n 元平衡布尔函数的非线性度

	$n=8$	$n=10$	$n=12$	$n=14$	$n=16$
[938, IS 2017] (2.8 节)	116	486	1994	8084	32554
(修改 N 位)	(0)	(6)	(36)	(134)	(518)
[190, Asiacrypt 2008]	112	478	1970	8036	32530
[916, TIT 2011]	114	480	1988	8072	32530
[857, ePrint 2010]	108	476	1982	8028	32508
[596, ePrint 2013]	116	486	1994	8082	32536

注: 代数次数 $n-1$、代数免疫阶 $n/2$、快速代数免疫阶 $n-1$.

效果; 同时, 可保证特定点的谱值为 0, 达到同时具有弹性和高非线性度的目的, 首次使奇数个变元的弹性布尔函数的非线性度大幅提高到 $2^{n-1}-2^{(n-1)/2}+5\cdot 2^{(n-11)/2}$, 同时在保持非线性度量级不变的前提下使弹性阶随变元个数增长而增长, 见表 2.10. 这一密码函数构造技术被称为 "High-Meets-Low" (HML) 构造法, 见 2.6 节. HML 构造法的提出, 进一步改进了 GMM 构造法得到的结果, 实现了布尔函数的非线性度和弹性阶之间更好的折中. HML 构造法基于已知的高非线性度的少变元布尔函数 (如 PW 函数、KY 函数) 而实现的. 今后, 若发现具有更高非线性度的少变元布尔函数, 比如发现非线性度 >16276 的 15 元布尔函数, 则 2.6 节的结果还能进一步改进. 表 2.21 给出 2.6 节结果与已知结果的比较.

表 2.21　21 元和 43 元布尔函数的弹性阶和非线性度

	$n=21$	$n=43$
[940, TIT 2019] (2.6 节)	$(21,1,2^{20}-2^{10}+128)$	$(43,3,2^{42}-2^{21}+327680)$
		$(43,5,2^{42}-2^{21}+262144)$
[782, Crypto 1993]	仅适用于 $n\geqslant 29$	$(43,0,2^{42}-2^{21}+312128)$
[761, Eurocrypt 2000]	$(21,1,2^{20}-2^{10}+48)$	$(43,0,2^{42}-2^{21}+98304)$
[563, TIT 2002]	$(21,1,2^{20}-2^{10}+104)$	$(43,0,2^{42}-2^{21}+212992)$
[766, TIT 2004]	仅适用于 $n\geqslant 41$	$(43,1,2^{42}-2^{21}+106496)$
[768, DCC 2008]	$(21,0,2^{20}-2^{10}+128)$	$(43,0,2^{42}-2^{21}+262144)$
	$(21,1,2^{20}-2^{10}+64)$	$(43,1,2^{42}-2^{21}+131072)$
		$(43,1,2^{42}-2^{21}+272384)$
[935, TIT 2014]	仅适用于 $n\geqslant 31$	$(43,2,2^{42}-2^{21}+204800)$
		$(43,3,2^{42}-2^{21}+32768)$
[923, TIT 2018]	仅适用于 $n\geqslant 35$	$(43,2,2^{42}-2^{21}+217088)$

采用计算机搜索技术来设计满足多种密码指标的布尔函数, 在变元个数较小时也是一种值得关注的方法. Filiol 等[319] 通过搜索变元个数较小的幂等函数, 找到一些具有较高非线性度的弹性函数. 采用爬山算法、模拟退火算法、遗传算法可以搜索到一些高非线性度平衡 (弹性) 函数, 有些工作同时考虑了其他密码指标, 见文献 Millan 等[636–638], Clark 等[244], Mazumdar 等[593], Picek 等[700–705]. McLaughlin 等[596] 使用模拟退火算法同时优化了布尔函数的多项密码学指标, 使函数同时具有平衡性、高代数次数、最优代数免疫、优良快速代数免疫、高非

线性度等性质. 前人搜索到的这些函数都不是 1 阶弹性函数. 杨俊坡和张卫国[875] 在变元个数为 $8 \leqslant n \leqslant 14$ 时找到了达到 Siegenthaler 界的 n 元 1 阶弹性函数, 同时兼顾了非线性度、代数免疫和快速代数免疫等性质. 所得函数参数为 $(8,1,6,116,4,7)$, $(9,1,7,236,4,8)$, $(10,1,8,484,5,9)$, $(11,1,9,984,5,10)$, $(12,1,10,1988,6,11)$, $(13,1,11,4012,6,12)$, $(14,1,12,8072,7,13)$. 上述函数的 6 个参数值依次分别是: 变元个数、弹性阶、代数次数、非线性度、代数免疫度、快速代数免疫度. 王维琼等[24] 在变元个数为 $8 \leqslant n \leqslant 14$ 时, 进一步优化了部分函数参数, 并同时兼顾了函数 GAC 性质的绝对值指标.

在 2019 年第 22 届欧洲遗传编程会议 (EuroGP 2019) 上, Husa[440] 把遗传算法搜索密码函数的方法与我们在文献 [938] 中的方法进行了比较. 结果表明, 即使是对变元个数较小的布尔函数, 采用遗传算法都不能得到文献 [938] 中得到的弹性函数.

Zhang 和 Zheng[947] 曾于 1995 年猜想平衡布尔函数 $f \in \mathcal{B}_n$ 的 GAC 绝对值指标 $\Delta_f \geqslant 2^{\lfloor (n+1)/2 \rfloor}$, 但这一猜想被一些反例证伪[130, 336, 469, 471, 563]. 唐灯和 Maitra[855] 给出使 $\Delta_f < 2^{n/2} - 2^{(n+6)/4}$ 的平衡布尔函数 $f \in \mathcal{B}_n$ 的一般性构造方法, 适用于 $n \geqslant 46$ 且 $n \equiv 2 \bmod 4$ 时的情形, 并有 $\deg(f) = n-1$ 且 $N_f > 2^{n-1} - 7 \cdot 2^{n/2-3} - 5 \cdot 2^{(n-2)/4}$. 这一问题在 n 为偶数情形下的研究进展还可参阅文献 [472, 856, 924]. 当 n 为奇数时, 如何构造平衡布尔函数 $f \in \mathcal{B}_n$ 使 $\Delta_f < 2^{(n+1)/2}$, 是一个值得研究的问题.

公开问题 2.1 *是否存在非线性度严格几乎最优的 t 阶弹性函数 $f \in \mathcal{B}_n$, $t \geqslant 1$, 使得 $\Delta_f < 2^{\lfloor (n+1)/2 \rfloor}$?*

基于 LFSR 的流密码系统 (非线性滤波模式和非线性组合模式) 遭受很多攻击. 通过精心设计非线性部分 (布尔函数) 的结构, 可以实现有效抵抗已知攻击[109]. 作者认为, 基于 LFSR 的流密码系统仍然具有良好的应用前景, 但需要对关键的部件进行创新性改进. 布尔函数的硬件实现问题, 也是一个值得研究的课题. Sarkar 和 Maitra[765] 研究了具有大变元个数的密码函数的硬件实现问题, 他们实现的函数是文献 [560] 中用递归方式构造的高非线性度弹性布尔函数. GMM 型布尔函数也便于硬件实现, 文献 [687] 分析了 GMM 型布尔函数硬件实现的复杂度, 结果表明这类函数具有较低的硬件实现代价, 在流密码设计中具有实用价值.

2.10.3 布尔函数的代数免疫问题

2003 年, Courtois 和 Meier[250] 提出针对基于 LFSR 的流密码系统的代数攻击, 并有效地攻击了流密码算法 Toyocrypt 和 LILI-128. 同年, Courtois[251] 又提出针对基于 LFSR 的流密码系统的快速代数攻击. 为了度量用于流密码中的布尔函数抵抗代数攻击的能力, Meier 等[605] 提出了代数免疫 (algebraic immunity) 这一布尔函数的密码学指标. Courtois 和 Meier[250] 已证明 n 元布尔函数的代数免疫阶上界是 $\lceil n/2 \rceil$, 称代数免疫阶达到这一上界的布尔函数为代数免疫最优的函数. 如何设计具有最优代数免疫的布尔函数 (并兼顾其他密码学性质) 作为重要热点问题被研究了大约十年的时间.

较早被发现且研究较为充分的代数免疫最优的布尔函数是择多对称布尔函数[108, 233, 265, 529, 695, 726, 727]. 这类函数虽然代数免疫性质很好, 但是其抵抗快速代数攻击的能力较差[58, 541], 其非线性度和弹性性质也不能保证.

在代数免疫被研究的早期, 没有出现同时兼顾函数的代数免疫、非线性度、平衡性/弹性、代数次数等性质的密码函数构造方法[183, 186, 264]. 直到 2008 年, Carlet 和冯克勤[190] 给出一种构造具有最优代数免疫布尔函数的方法, 所构造的函数还可以具有平衡性、最优代数次数和较高的非线性度下界. 这类函数的结构非常简单, 描述如下: 设 α 是 $\mathbb{F}_{2^n}$ 中的一个本原元. 函数 $f: \mathbb{F}_{2^n} \to \mathbb{F}_2$ 的支撑为 $\{0, 1, \alpha, \cdots, \alpha^{2^{n-1}-2}\}$. 可以证明 f 是平衡的, 具有最优代数免疫阶 $\lceil n/2 \rceil$, 代数次数为 $n-1$, 较好的抵抗快速代数攻击的能力, 还可以估计出 f 具有较好的非线性度下界. 在这一工作基础上, 还有一些推广改进的工作, 可参阅文献 [524, 742, 888, 916].

2011 年, 涂自然和邓映蒲[866] 通过修改 PS_{ap} 型 Bent 函数, 得到一类具有最优代数免疫和最优代数次数的高非线性度平衡布尔函数. 在所得函数各种密码学性质中, 代数免疫最优性的证明基于一个组合猜想的正确性. 但是, 这一组合猜想的正确性至今还没得到完全证明. 这一猜想描述如下: 设 $k > 1$ 为正整数. 对整数 a, $0 \leqslant a \leqslant 2^k - 1$, 用 $\overline{a} = (a_{k-1}, \cdots, a_1, a_0) \in \mathbb{F}_2^k$ 表示 a 的 k 长二进制展开, 有关系 $a = \sum_{i=0}^{k-1} 2^i a_i$. 对 $t \in \mathbb{Z}^+$, $0 < t < 2^k - 1$, 猜想 $|S_t| \leqslant 2^{k-1}$ 恒成立, 其中

$$S_t = \left\{(a, b) \mid 0 \leqslant a, b < 2^k - 1,\ a + b \equiv t \bmod 2^k - 1,\ \mathrm{wt}(\overline{a}) + \mathrm{wt}(\overline{b}) \leqslant k - 1\right\}.$$

这一猜想已被验证了在 $k \leqslant 29$ 时都成立[866], 这说明当 $n = 2k \leqslant 58$ 时, 存在具有上述性质的 n 元布尔函数. 后来又出现一系列同类工作, 使所构造的函数同时具有最优代数免疫、平衡性或 1 阶弹性、最优代数次数、高非线性度、抵抗快速代数攻击等性质, 可参阅文献 [20, 192, 318, 475, 542, 686, 851, 857, 867, 889].

2.10.4 漫谈 Bent 函数

Bent 函数是由 Rothaus 在 1966 年提出的一种特殊的布尔函数[746], 这一成果直到 1976 年才被正式发表[747]. 据说, 这种函数早在 1962 年就已被苏联学者 Elissv 和 Stepchenkov 发现, 被他们称为 “最小函数” (minimal function). 他们证明了 Bent 函数的代数次数在变元个数 $n \geqslant 4$ 时不超过 $n/2$, 并给出一种构造最小函数的方案, 这种方案就是本章前面讲过的 MM 构造法. Elissv 和 Stepchenkov 的技术报告至今尚未公开, 他们在 1962 年所做的工作可以在一些俄罗斯学者的

论著或报告里零星地看到一些介绍[351, 501, 865]. 学术界目前并不广泛认可 Elissv 和 Stepchenkov 更早发现了 Bent 函数.

Bent 函数与差集密切相关: $f \in \mathcal{B}_n$ 是 Bent 函数当且仅当 f 的支撑是 $(2^n, 2^{n-1} \pm 2^{n/2-1}, 2^{n-2} \pm 2^{n/2-1})$ 差集. 从这个角度, 早期由 Menon (1960—1962)[607, 608] 和 Turyn[869] 所给差集都与 Bent 函数相对应. 在 Bent 函数和差集之间建立联系的最早记载出现在美国国家安全局 (National Security Agency, NSA) 1970 年的技术报告中[224], 而这篇技术报告的作者之一 Dillon 于 1972 年在文献 [280] 中称 G. F. Stahly 是最早洞察到这一联系的人. McFarland[595] 在 1973 年给出非循环群上的一类差集的构造方法. 当把这一方法用于 $\mathbb{F}_2^n$ 的加法群时, 实际上与 Maiorana 在 1969 年采用的方法是等价的. Maiorana 的这一成果没有正式发表, 据说他在和 Dillon 的私人通信中阐述过这一方法. 采用 Maiorana 和 McFarland 的方法, 可以得到一类经典的 Bent 函数, 后人称之为 Maiorana-McFarland (MM) 型 Bent 函数.

Dillon[281] 在他的博士学位论文中提出另一大类重要的 Bent 函数: PS 型 Bent 函数. Dillon 把 PS 型 Bent 函数区分为 PS^+ 型、PS^- 型和 PS_{ap} 型, 其中 PS_{ap} 型是特殊的 PS^- 型. PS_{ap} 型 Bent 函数 f 可表示如下:

$$f(x, y) = g(xy^{2^{n/2}-2}),$$

其中 $x, y \in \mathbb{F}_{2^{n/2}}$, $g : \mathbb{F}_{2^{n/2}} \to \mathbb{F}_2$ 是平衡函数, 并有 $g(0) = 0$. 值得一提的是, PS^- 型 Bent 函数未必可以扩展成 PS^+ 型 Bent 函数; 若 f 是 PS^+ 型 Bent 函数, $f+1$ 未必是 PS^- 型 Bent 函数. PS^- 型 Bent 函数的代数次数都是 $n/2$, 而当 $n = 2$ 或 $n \equiv 0 \bmod 4$ 时, n 元二次 Bent 函数都是 PS^+ 型 Bent 函数. Dillon 还指出, PS 型 Bent 函数和 MM 型 Bent 函数是不等价的两类 Bent 函数. 关于 PS 型 Bent 函数的构造, 可参考文献 [335].

Bent 函数这些早期的研究成果, 不仅深远地影响着之后密码函数理论的发展, 也对编码理论和序列设计理论的发展产生影响.

从 1976 年到 20 世纪 80 年代中期, Bent 函数理论本身并没有多大的发展, 但人们发现了 Bent 函数在编码理论和序列设计中的价值. 这一时期, Bent 函数与编码理论之间建立的关联主要集中在 1 阶 Reed-Muller 码 $R(1, n)$ 的覆盖半径问题上, 见文献 [247, 305, 378, 399, 460, 557, 558, 597]. 值得指出的是, $R(1, n)$ 的覆盖半径问题和 n 元布尔函数的最大非线性度问题, 二者本质上是同一问题[324]. 后来, Bent 函数也在纠错码技术中有应用, 见文献 [461, 899]. 从 20 世纪 70 年代末期至今, Bent 函数的另一个重要应用是被用于序列设计, 见文献 [45, 334, 518, 587, 588, 657, 658, 670, 693, 776, 780, 876, 877, 880, 967].

1985 年, Kumar 等[494] 把 Bent 函数推广到非二元情形, 提出广义 Bent 函数的概念, 并研究了其性质. Kumar[495,496], Kumar 和 Moreno[497] 进一步把广义 Bent 函数用于非二元序列的设计. 广义 Bent 函数的构造和性质等问题还可参阅文献 [30,54,55,166,179,206,207,228,234,242,248,310,311,316,400,402,403,405, 413–417,427,429,431,434,435,449,483,508,538,549,578,582–584,599,601,602,625, 626,659,713,714,738,775,812,844,847,849,887,906]. 还有学者研究了广义 Bent 函数的存在性问题, 见文献 [317,443,450,521,522,525,540,553]. 广义 Bent 的函数的研究还涉及函数的弱正则性 (weakly regular) 和非弱正则性 (non-weakly regular), 而任意二元 Bent 函数都是正则的. 关于 (非) 弱正则 Bent 函数的相关研究工作可参考文献 [208, 373, 401, 443, 599, 628, 671, 719, 845, 849, 850]. $\mathbb{Z}$-Bent 函数也是 Bent 函数的一种推广, 由 Dobbertin 和 Leander[292] 于 2008 年提出. 关于 $\mathbb{Z}$-Bent 函数的相关研究工作可参考文献 [339, 340, 420]. Klapper[485] 引入布尔函数的 q-变换 (q-transform), 函数在这种变换下得到 q-频谱 (q-spectrum). 基于 q-频谱, Klapper 定义了 q-Bent 函数. 但是, Klapper 和陈智雄[486] 后来又证明了 q-Bent 函数是不存在的. 二元 Bent 函数的对偶函数仍是 Bent 函数, 但对广义 Bent 函数而言却未必如此[210]. 一个 Bent 函数的对偶函数有可能是自身, 称这样的 Bent 函数为自对偶 (self-dual) Bent 函数[193]. 有关 Bent 函数的对偶和自对偶 Bent 函数的研究, 可参阅文献 [194,208,211,373,417,434,442,499,500,600,616,621,833,887].

Riera 和 Parker[737] 在某种广义 Bent 准则 (generalized Bent criteria) 下定义了布尔函数的 nega-Hadamard 变换. 若布尔函数在该变换下, 其 nega-Hadamard 频谱绝对值为常数, 则称之为 negabent 函数. 由于 negabent 函数未必也是 Bent 函数, 很自然的一个问题是: 如何构造既是 negabent 函数又是 Bent 函数的布尔函数 (称之为 Bent-negabent 函数)? Parker 和 Pott[678] 较早考虑了这一问题. 有关 negabent 函数和 Bent-negabent 函数的研究, 读者可参阅文献 [52, 337, 387, 577, 579, 691, 769, 770, 777, 810, 811, 814, 834, 837, 900, 921, 970]. 后来, Stănică[813] 又基于 2^k-Hadamard 变换定义了 2^k-Bent 函数, Medina 等[598] 基于更具一般性的 root-Hadamard 变换定义了 root-Bent 函数.

布尔函数的频谱分析问题看作是 Gayley 图特征值问题[78]. 除了可从频谱和差集的角度刻画 Bent 函数的特征, 还可以从图论的角度描述 Bent 函数的特征. 强正则图 (strongly regular graph) 是 Bose 在 1963 年提出的[100], 它和线性码的联系较早被 Delsarte[275,276] 和 Berlekamp [76] 所研究. 由于当时 Bent 函数并不广为人知, 直到 20 世纪 80 年代中期, 人们意识到强正则图与 Bent 函数也密切相关[134]. Hyun 和 Lee[444] 用强正则图刻画了广义 Bent 函数的特征. 从这一角度研究 Bent 函数的工作还可参考文献 [438].

除了广义 Bent 函数的概念, Bent 函数的概念还被扩展到另一个方向. Preneel 等[722] 提出如下猜想: 对任意 $f \in \mathcal{B}_n$, 恒有

$$(2^n - \mathcal{N}_w)(2^n - \mathcal{N}_c) \geqslant 2^n, \tag{2.152}$$

其中 $\mathcal{N}_w = |\{\alpha \mid W_f(\alpha) = 0, \ \alpha \in \mathbb{F}_2^n\}|$, $\mathcal{N}_c = |\{\alpha \mid C_f(\alpha) = 0, \ \alpha \in \mathbb{F}_2^n\}|$. Carlet[157,158] 证明了这一猜想是正确的, 并把使 (2.152) 式取等号的布尔函数定义为部分 Bent 函数 (partially-Bent function). 部分 Bent 函数可理解为是仿射函数和 Bent 函数的 "耦合体". 对部分 Bent 函数 $f \in \mathcal{B}_n$ 而言, 必定存在一个 n 阶可逆矩阵 A 使得 $f(X \cdot A) = l(X') + g(X'')$, 其中 $X = (X', X'')$, $X' \in \mathbb{F}_2^s$, $X'' \in \mathbb{F}_2^t$, $l \in \mathcal{B}_s$ 是仿射函数, $g \in \mathcal{B}_t$ 是 Bent 函数, $s + t = n$. 仿射函数和 Bent 函数都可以看作是特殊的部分 Bent 函数. 部分 Bent 函数拓展了 Bent 函数的概念, 它可以是平衡的, 也可以具有相关免疫性. Wang[886] 从线性核 (linear kernel) 的角度分析了部分 Bent 函数的性质. 当部分 Bent 函数不是 Bent 函数时, 存在 $2^s - 1$ 个非零线性结构, 这是很大的密码学缺陷. Zheng 和 Zhang[956,963] 定义了 Plateaued 函数, 进一步拓展了部分 Bent 函数的概念. 半 Bent 函数是 Plateaued 函数中一类重要的函数, 在密码函数中具有重要的研究价值, 读者可参考文献 [181, 196, 199, 221, 225, 417, 479, 613, 622, 689, 942]. Plateaued 函数的概念还被推广为 p 值广义 Plateaued 函数[623,635] 和多输出 Plateaued 函数. 对 (n, m) 函数 F 而言, 若对任意 $c \in \mathbb{F}_2^{m*}$, $c \cdot F$ 都是 Plateaued 函数, 则称 F 是向量 Plateaued 函数或 (n, m) Plateaued 函数. 关于向量 Plateaued 函数的相关性质和构造及其与 APN 函数的联系, 可参考文献 [201].

到了 20 世纪 70 年代, 频谱技术在布尔逻辑和多值逻辑理论中已被广泛应用, 见 Edwards[304], Karpovsky[459], Moraga[643,644], 这极大地促进了电路设计技术的发展. 80 年代中期, Moraga[645] 和 Rueppel[753] 提出用线性 (仿射) 布尔函数去逼近非线性函数的思想. Rueppel 明确指出可通过计算非线性函数的频谱来找到其最佳线性 (仿射) 逼近 (best linear/affine approximation), 并用这种思想方法分析了数据加密标准 (Data Encryption Standard, DES) 中的 S 盒 (substitution box). 后来, 丁存生等[285] 和 Matsui[589] 进一步发展了这一思想方法, 前者提出一种攻击流密码的方法: 最佳仿射逼近攻击 (best affine approximation attack), 后者系统地对 DES 进行了线性分析. 这一思想方法对于对称密码的分析和设计产生了深远影响. 与最佳仿射逼近攻击同一时期, Biham 和 Shamir[81–84] 提出针对分组密码的差分攻击, 这一攻击方式的提出对分组密码的非线性结构的差分性质提出要求. Meier 和 Staffelbach[604] 用非线性度这一指标来量化一个布尔函数的非线性程度, 并从布尔函数的自相关函数角度 (差分性质) 定义了完全非线性函数 (perfect nonlinear function). 在这样的历史背景下, 从 20 世纪 80 年代末开始, (多输出) Bent 函数作为非线性度最高的布尔函数, 也是差分性质最优的布尔函数, 开始在密码函数理论的发展中显示其重要价值, 见文献 [46–48, 116, 143, 165, 326, 389, 481, 659, 660, 664, 669, 721–723, 761, 771, 781–783, 787, 955, 957, 959].

张木想和肖国镇[925] 探讨了 Bent 函数与其变元的非线性组合之间的相关性, 得到相关系数比较紧的上下界. 冯登国和肖国镇[5]又改进了这一结果, 并给出求布尔函数与其变元的非线性组合之间相关系数的一个算法. 张木想[926,927] 进一步的工作表明, Bent 函数和多输出 Bent 函数能够抵抗最大相关分析.

新型 Bent 函数的构造问题是重要的研究课题, 可分为直接构造和间接构造. Bent 函数的间接构造是基于已知 Bent 函数的构造, 而 Bent 函数的直接构造是不依赖已知 Bent 函数的构造. MM 型 Bent 函数和 PS 型 Bent 函数就是典型的直接构造法得到的 Bent 函数, 最简单的 Bent 函数间接构造是把两个 Bent 函数进行直和. 判断所构造的 Bent (布尔) 函数是否是 "新型", 要看其是否与已知的 Bent 函数 EA 等价.

最早的 Bent 函数间接构造法是 Rothaus[746,747] 给出的. Rothaus 基于三个已知 n 元 Bent 函数 $h_1(X)$, $h_2(X)$, $h_3(X)$ 构造出 $(n+2)$ 元 Bent 函数

$$f(y_1, y_2, X) = h_1h_2 + h_2h_3 + h_1h_3 + y_1\big(h_1 + h_2\big) + y_2\big(h_1 + h_3\big) + y_1y_2,$$

其中 $X \in \mathbb{F}_2^n$, $y_1, y_2 \in \mathbb{F}_2$, 并要求 $h_1+h_2+h_3$ 也是 Bent 函数. 该构造法后来有所发展, 我们统称之为 "Rothaus 型复合构造法". 高光普等[345] 指出这类间接构造方法的本质: f 本质上是一个单输出布尔函数 $g \in \mathcal{B}_k$ 和一个 (n', k) 函数 H 复合而成的 n' 元布尔函数, 表示为 $f = g \circ H$. 在 g 和 H 满足特定条件时, f 可以具有特定的某种性质. 在 Rothaus 所给的间接构造中 $g \in \mathcal{B}_5$, H 是一个 $(n+2, 5)$ 函数. 采用 Rothaus 型复合构造法的部分相关工作可见文献 [185,622,848,921,922]. 和所有 MM 型 Bent 函数 EA 等价的函数的集合称为 MM 型 Bent 函数的完全类 (complete class), 用记号 $\mathcal{M}^{\#}$ 表示. Carlet[159] 通过修改 MM 型 Bent 函数, 得到两类 Bent 函数 $\mathcal{D}$ 类和 $\mathcal{C}$ 类. Nyberg[664] 给出这两类 Bent 函数的非平凡情形的例子, 并构造出适合快速执行的完全非线性映射. $\mathcal{D}$ 类和 $\mathcal{C}$ 类 Bent 函数是通过对已知 Bent 函数的结构 (或真值表) 进行 "局部破坏重建" 而间接得到新的 Bent 函数. 这种构造函数的思路还可见于文献 [831,832]. 关于 Bent 函数的间接构造不再多介绍, 读者可参阅文献 [60,150,162,178,184,185,199,200,210,249,292, 339,346,421,425,428,600,616,621,624,688,785,833,950].

利用间接构造法可以得到新型 Bent 函数, 但更重要的是提出新的直接构造法得到新型 Bent 函数, 以拓展 Bent 函数的基本种类. MM 型和 PS 型 Bent 函数作为由直接构造法得到的 Bent 函数, 具有得到具体函数的可操作性 (获得代数表达式或真值表), 因而在实践中易于应用, 在理论上便于区分函数种类. 一个好的直接构造应该不受条件所限而能确定所得函数类中所有的函数. 从这个角度上讲, Bent 函数的 MM 型构造是比 PS 型构造更 "好" 的直接构造法. 已知的 Bent 函数类型并不是都像 MM 型和 PS_{ap} 型 Bent 函数那样, 可以在 Bent 函数的 "版

图”上占有完全清晰的“区域”, 有一些 Bent 函数类型的条件是“模糊的”, 甚至对 Bent 函数构造不具有指导意义. Carlet[160] 提出的 GPS (generalized partial spreads) 型 Bent 函数就是最典型的条件模糊的函数类. Guillot[383, 384] 证明了任一 Bent 函数都属于 GPS 型 Bent 函数完全类. 因而, GPS 型 Bent 函数在某种意义上是“无用”的 Bent 函数类, 归为该类型函数的条件也就成了一种不实用的 Bent 函数特征刻画[161]. Dobbertin[287] 提出一种“三合一”构造法 (triple construction), 用三重映射把 MM 型和 PS_{ap} 型 Bent 函数的两种构造方式糅合在一起. 这也是一种条件相对清晰的 Bent 函数直接构造法. Hou 等[425] 给出 Bent 函数的一种设计思路, 讨论了特定情形下 Bent 函数的性质, 给出 Bent 函数的一个特征. Hou[426] 还给出有关三次 Bent 函数的一些结果, 并确定了所有的 8 元三次 Bent 函数. Gangopadhyay 研究了特定三次 MM 型 Bent 函数的仿射不等价性[338], 并进一步讨论了其 2 阶非线性度[341].

Dillon [281] 引入 H 型 Bent 函数, 其条件也是相对模糊的. Dillon 给出的 H 型 Bent 函数都是 MM 型 Bent 函数, 直到 2012 年才发现不属于 $\mathcal{M}^{\#}$ 的 H 型 Bent 函数, 见 Budaghyan 等[125]. Carlet 和 Mesnager[195] 把 Bent 函数 H 型推广为 $\mathcal{H}$ 型, 并发现 Dobbertin 等[291] 引入的 Niho 型 Bent 函数都属于 $\mathcal{H}$ 型 Bent 函数. 有关 $\mathcal{H}$ 型 Bent 函数 (尤其是 Niho 型 Bent 函数) 的相关工作, 读者还可参阅文献 [43, 44, 126, 127, 193, 194, 209, 269, 404, 514, 617].

若有限域上形如 $\mathrm{Tr}(ax^d)$ 的单项式迹函数是 Bent 函数, 则称之为单项式 Bent 函数 (monomial Bent function). 单项式 Bent 函数, 以及多个单项式函数的线性组合构成的 Bent 函数, 之中有不少是 $\mathcal{M}^{\#}$ 型或 PS 型 Bent 函数. 比如, 这些函数中凡是二次 Bent 函数, 都是 $\mathcal{M}^{\#}$ 型 Bent 函数. 有关二次 Bent 函数的相关研究可参考文献 [221, 433, 463, 479, 483, 531, 554, 880]. 还有一些非二次的单项式 Bent 函数也被证明是 $\mathcal{M}^{\#}$ 型 Bent 函数, 见文献 [154, 222, 515]. 相关工作还可参阅文献 [124, 223, 282, 284, 290, 291, 338, 492, 530, 609, 610, 612, 614, 615, 715]. 一些双变量迹函数表示的 Bent 函数可见文献 [195, 281, 406, 618, 621].

对称布尔函数是一类特殊的布尔函数[137, 153, 271, 342, 344, 375, 565]. 若对任意两个重量相同的向量 $X, X' \in \mathbb{F}_2^n$, 总有 $f(X) = f(X')$, 则称 $f \in \mathcal{B}_n$ 是对称的. 一个布尔函数可以同时是对称布尔函数和 Bent 函数. Savický[773] 最早研究了对称 Bent 函数, 证明了所有的 n 元对称 Bent 函数都是二次布尔函数. 对偶数 n, n 元对称 Bent 函数共有 4 个, 它们形如

$$f(X) = \sum_{i<j} x_i x_j + a(x_1 + x_2 + \cdots + x_n) + b,$$

其中 $X = (x_1, x_2, \cdots, x_n) \in \mathbb{F}_2^n$, $a, b \in \mathbb{F}_2$. 赵英等[952] 研究了关于两个变元对

称的 Bent 函数, 刻画了这类 Bent 函数代数表达式的特征. 旋转对称 Bent 函数是对称 Bent 函数概念的扩展, 也是一种特殊的旋转对称布尔函数. 关于旋转对称布尔函数和旋转对称 Bent 函数的研究, 可参考文献 [11, 199, 237, 256–259, 261, 266, 293, 319, 330, 332, 343, 466, 469, 533, 577, 634, 709, 806, 808, 809, 830, 831, 836, 838, 892, 929, 951, 968]. 旋转对称布尔函数和旋转对称 Bent 函数的概念分别进一步被推广到 k-旋转对称布尔函数和 k-旋转对称 Bent 函数, 相关工作可见文献 [259, 470, 831, 832].

Qu 等[724,725] 较早研究了齐次 Bent 函数. Charnes 等[217] 研究了不变量理论和齐次 Bent 函数之间的联系. Xia 等[901] 证明了在 $n \geqslant 8$ 时, 不存在代数次数为 $n/2$ 的 n 元齐次 Bent 函数. Meng 等[606] 研究了齐次旋转对称 Bent 函数.

Dobbertin[287] 提出正规 Bent 函数的概念, 通过递归地修改正规 Bent 函数真值表得到至今为止非线性度最高的平衡布尔函数, 这一方法也被 Seberry 等[782] 更早使用过. Dobbertin 曾经猜想所有的 Bent 函数都是正规的, 但是后来人们发现了非正规的 Bent 函数, 见文献 [150, 151]. 有关布尔函数 (Bent 函数) 正规性的工作还可参考文献 [169, 180].

多输出 Bent 函数 (或称向量 Bent 函数) 是 Bent 函数概念的自然推广, 首先考虑这类函数的学者是 Nyberg[660]. 关于多输出 Bent 函数的相关研究结果, 可参阅文献 [60, 61, 124, 211–214, 286, 318, 512, 513, 535, 619, 649, 685, 690, 716, 908, 954]. 已经知道, 在 n 为偶数且 $m > n/2$ 时, (n, m) 函数 F 不可能是多输出 Bent 函数[660]. 但这种情况下, 对某个确定的 $c \in \mathbb{F}_2^{m*}$, $c \cdot F$ 仍有可能是 Bent 函数, 称之为一个 Bent 组合 (Bent component). 这里可以引出一个问题: 在 n 为偶数且 $m > n/2$ 时, (n, m) 函数最多有多少个 Bent 组合呢? Pott 等[720] 证明了 (n, n) 函数的 Bent 组合数量的上界是 $2^n - 2^{n/2}$, 并构造出 Bent 组合数量达到这一上界的 (n, n) 函数 $F(x) = x^{2^i}(x + x^{2^k})$, $n = 2k$, $0 \leqslant i \leqslant n-1$. Mesnager 等[627] 给出另一类具有最大 Bent 组合数量的 (n, n) 函数, 并证明了 APN Plateaued 函数不可能具有最大 Bent 组合数量. Anbar 等[52,53] 也研究了具有最大 Bent 组合数量的 (n, n) 函数的构造问题. 郑立景等[953] 进一步研究了当 (n, m) 函数的代数次数 $k \leqslant m$ 时其 Bent 组合数量的上界问题, 并构造了具有最大 Bent 组合数量的 (n, m) 函数. 若一个 n 元布尔函数集合 S 中的任意两个函数之和都是 Bent 函数, 则称 S 为 Bent 集 (Bent set). Bey 等[80] 研究了 Bent 集的性质和非二次 Bent 集的存在性等问题.

Canteaut 等[147,152] 研究了 Bent 函数的分解, 指出当 Bent 函数限定在高维仿射子空间时, 仍具有高非线性度. 当 Bent 函数被分解为 2 个或 4 个函数时, 各种情形已被讨论的比较充分.

在 n 较大时, n 元 Bent 函数在 $\mathcal{B}_n$ 中的相对数量很少, 但其绝对数量很大. Bent 函数的等价分类看起来是一个短时期难以完全解决的难题. Langevin 等[509,510] 在 8 元 Bent 函数的计数问题上有一些进展.

Youssef 等[879] 提出 hyper-Bent 函数的概念. 关于 hyper-Bent 函数的相关研究工作, 可参阅文献 [156, 187, 322, 501, 583, 609–612, 614, 615, 630, 631, 650, 846].

关于 Bent 函数相关研究成果的介绍, 读者还可参阅文献 [202, 204, 620].

2.11 习　题

习题 2.1 证明: 设 $f \in \mathcal{B}_n$. $\deg(f) = n$ 当且仅当 $\mathrm{wt}(\overline{f})$ 为奇数.

习题 2.2 设 $f \in \mathcal{B}_4$ 的真值表是 1110111011100001. 写出 f 的小项表示和代数正规型表示, 并求 f 的代数次数和非线性度.

习题 2.3 仿射函数、Bent 函数、部分 Bent 函数、半 Bent 函数、Plateaued 函数, 这五类函数之间有什么关系?

习题 2.4 证明引理 2.17 (p. 62).

习题 2.5 证明引理 2.18 (p. 62).

习题 2.6 证明引理 2.20 (p. 62).

习题 2.7 用构造 2.22 (p. 64) 中的方法构造一个满足 SAC 的 10 元半 Bent 函数, 并指出其弹性阶最大是多少?

习题 2.8 设 $n_3 = n_1 + n_2$, $f_i \in \mathcal{B}_{n_i}$ 满足 $\mathrm{PC}(k_i)$ 且不满足 $\mathrm{PC}(k_i+1)$, $i = 1, 2, 3$. 若 f_3 是 f_1 和 f_2 的直和, 则 k_3 和 k_1, k_2 之间有什么关系?

习题 2.9 用构造 2.32 (p. 70) 中的方法构造一个 $(22, 3, 2^{21} - 2^{10} - 2^9)$ 弹性函数, 并进一步用构造 2.38 (p. 78) 中的方法优化其代数次数.

习题 2.10 用构造 2.44 (p. 83) 中的方法构造一个 $(20, 3, 2^{19} - 2^9 - 2^8)$ 弹性函数, 并进一步用构造 2.47 (p. 86) 中的方法优化其代数次数.

习题 2.11 用构造 2.56 (p. 94) 中的方法构造一个 $(31, 1, 2^{30} - 2^{15} + 2^{11})$ 弹性函数, 并优化其代数次数.

习题 2.12 设 $S = \{001, 011, 110, 111\} \subset \mathbb{F}_2^3$, f_S 是定义在 S 上的 3 元残缺布尔函数, 其真值表为 $(*, 0, *, 1, *, *, 0, 1)$. 计算 f_S 的残缺 Walsh 频谱 $\mathcal{W}_{f_S}$.

习题 2.13 用构造 2.64 (p. 112) 中的方法构造一个 $(31, 1, 2^{30}-2^{15}+2^{12}+2^{10})$ 弹性函数, 并优化其代数次数.

习题 2.14 比较一下 HML 构造中镶嵌函数 g 分别使用 KY 函数和使用例 2.68 中的 $(21, 1, 2^{20} - 2^{10} + 2^7)$ 弹性函数所得 n 元弹性函数的弹性阶.

习题 2.15 利用 HML 构造法构造一个非线性度至少是 2095616 的 22 元 4 阶弹性函数.

习题 2.16 构造基数是 33 的 $(8, 3)$ 不相交码.

习题 2.17　构造 14 元 PS^- 型 Bent 函数, 并把它修改为非线性度是 8112 的 1 阶弹性函数 $f \in \mathcal{B}_{14}$. 按照 2.8 节 (p. 134) 中的规则搜索一个函数 $\Delta \in \mathcal{B}_{14}$, 使 $f' = f + \Delta$ 的代数次数为 13, 代数免疫阶为 7, 快速代数免疫阶为 13, 非线性度 $\geqslant 8084$, 并存在 $\delta \in \mathbb{F}_2^{14}$ 使得 $W_{f'}(\delta) = 0$. 给出函数 $f'' = f' + \delta \cdot X$ 的真值表.

习题 2.18　证明引理 2.87 (p. 136).

习题 2.19　参照表 2.16 (p. 137) 列出生成所有二元 [8, 4] 码的 GJB.

习题 2.20　编程实现算法 2.91 (p. 139), 并用该算法找出一个 8 元 MM 型 Bent 函数的所有正规点.

习题 2.21　编程实现 Daum 等[268] 的算法, 并用该算法找出一个 12 元 MM 型 Bent 函数的所有正规点和所有弱 5-正规点.

习题 2.22　设 $f : \mathbb{F}_{2^{14}} \to \mathbb{F}_2$, 且 $f(x) = \mathrm{Tr}(\alpha x^{57})$, 其中 $\alpha \in \mathbb{F}_{2^2} \backslash \mathbb{F}_2 \subset \mathbb{F}_{2^{14}}$.

(1) 把 f 转换为 $\mathbb{F}_2^{14}$ 上的布尔函数 f', 以真值表形式表示 f';

(2) 验证 f' 是非弱正规布尔函数.

习题 2.23　证明: 若 $f \in \mathcal{B}_n$ 是 k-正规的, 则 $\mathrm{AI}(f) \leqslant n - k$.

习题 2.24　证明: $f \in \mathcal{B}_n$ 是 t 阶线性统计独立函数当且仅当对任意 $\alpha \in \mathbb{F}_2^n$, $1 \leqslant \mathrm{wt}(\alpha) \leqslant t$, 都有 $N_\alpha^{(0)} = N_\alpha^{(1)} = S_f(\mathbf{0}_n)/2$.

习题 2.25　证明 Xiao-Massey 引理, 并基于该引理证明 Xiao-Massey 定理.

习题 2.26　设 $f \in \mathcal{B}_n$ 的代数正规型表示为 (2.17) 式 (p. 54) 中的形式. 证明: 若 f 为 t 阶线性统计独立函数, $1 \leqslant t \leqslant n-1$, 则当 $|I| > n - t$ 时, 总有 $\lambda_I = 0$, 即 $\deg(f) \leqslant n - t$; 若 f 是平衡的且 $1 \leqslant t \leqslant n-2$, 则有 $\deg(f) \leqslant n - t - 1$; 若 $t = n - 1$, 则有 $\deg(f) = 1$, 且 $f(X) = a_0 + x_1 + x_2 + \cdots + x_n$, 其中 $a_0 \in \mathbb{F}_2$.

习题 2.27 (公开问题)　设 $n \geqslant 9$ 为奇数. 确定 n 元布尔函数的最大非线性度. 构造非线性度优于已知结果的 n 元布尔函数. 特别地, 是否存在非线性度为 243 或 244 的 9 元布尔函数? 是否存在非线性度 > 16276 的 15 元布尔函数?

习题 2.28 (公开问题)　设 $n \geqslant 8$. 确定 n 元平衡布尔函数的最大非线性度. 构造非线性度优于已知结果的 n 元平衡布尔函数. 特别地, 是否存在非线性度是 118 的 8 元平衡布尔函数? 是否存在非线性度是 242 或 244 的 9 元平衡布尔函数? 是否存在非线性度是 494 的 10 元平衡布尔函数?

习题 2.29 (公开问题)　设 $n \geqslant 9$, $t \geqslant 1$. 确定 n 元 t 阶弹性布尔函数的最大非线性度. 构造非线性度优于已知结果的 n 元 t 阶弹性布尔函数. 特别地, 是否存在非线性度是 244 的 9 元 1 阶弹性布尔函数?

第 3 章　多输出密码函数

3.1　多输出布尔函数及其密码学性质

我们把 2.1 节定义过的 (n,m) 函数

$$F:\ \mathbb{F}_{q^n}\to\mathbb{F}_{q^m} \tag{3.1}$$

和

$$F:\ \mathbb{F}_q^n\ \to\mathbb{F}_q^m$$

统称为多输出函数. 当 $q=2$ 时, 称 F 为多输出布尔函数. 实践中常用的多输出密码函数是从 $\mathbb{F}_2^n$ 到 $\mathbb{F}_2^m$ 的映射, 可以用 m 个 n 元布尔函数表达, 即

$$F(X)=\big(f_1(X),f_2(X),\cdots,f_m(X)\big), \tag{3.2}$$

其中 $X\in\mathbb{F}_2^n$, $f_i\in\mathcal{B}_n$, $i=1,2,\cdots,m$. 今后称 f_i 为 F 的第 i 个分量函数, 简称分量函数. 对 (3.2) 式中多输出函数 F 的研究往往归结为对其 m 个分量函数的所有非零线性组合

$$f_c=c\cdot F=\sum_{i=1}^{m}c_if_i$$

的研究, 其中 $c=(c_1,\cdots,c_m)\in\mathbb{F}_2^{m*}$. F 的密码学性质 (指标) 可通过 f_c 来刻画.

今后提到 (n,m) 函数时, 一般是指多输出布尔函数 F: $\mathbb{F}_2^n\to\mathbb{F}_2^m$. 在评注 3.7.2 中, (n,m) 函数有时也指 (3.1) 式中 $q=2$ 情形下的函数 $F:\ \mathbb{F}_{2^n}\to\mathbb{F}_{2^m}$, 或笼统地指上述两种情形.

下面介绍多输出布尔函数最基本的一个密码学性质——平衡性. (n,m) 函数 F 的输出值都是 $\mathbb{F}_2^m$ 中的向量. 若这 2^m 个向量均匀地出现在 F 的真值表中, 即对任意 $\beta\in\mathbb{F}_2^m$, 总有

$$\#\{X\mid F(X)=\beta\}=2^{n-m}, \tag{3.3}$$

则称 F 是平衡的. 当 $m=n$ 时, 平衡 (n,m) 函数就是一个置换函数.

引理 3.1　(n,m) 函数 F 是平衡的当且仅当对任意 $c\in\mathbb{F}_2^{m*}$ 都有 $f_c=c\cdot F$ 是平衡的, 即 $W_{f_c}(\mathbf{0}_n)=0$.

这一引理的证明留给读者.

例 3.2　设 G 是 $(3,3)$ 函数, G 可表达为 $G(X)=\big(g_1(X),\ g_2(X),\ g_3(X)\big)$, 其中 $X=(x_1,x_2,x_3)\in\mathbb{F}_2^3$, $g_1,g_2,g_3\in\mathcal{B}_3$. 进一步设

$$g_1(X)=x_1+x_2x_3,$$

$$g_2(X)=x_2+x_1x_3+x_2x_3,$$

$$g_3(X)=x_1+x_2+x_3+x_1x_2,$$

可得 g_1, g_2, g_3 的真值表如下:

$$\overline{g_1}=00011110,$$

$$\overline{g_2}=00100111,$$

$$\overline{g_3}=01101010.$$

从 g_1, g_2, g_3 的真值表, 可看出它们分别都是平衡的, 但这不能保证 G 是平衡的. 注意到, g_1, g_2, g_3 的其他非零线性组合也是平衡的, 如下所示:

$$\overline{g_1+g_2}=00111001,$$

$$\overline{g_1+g_3}=01110100,$$

$$\overline{g_2+g_3}=01001101,$$

$$\overline{g_1+g_2+g_3}=01010011.$$

由引理 3.1, G 是平衡的. 事实上, $G(000)=000$, $G(001)=001$, $G(010)=011$, $G(011)=100$, $G(100)=101$, $G(101)=110$, $G(110)=111$, $G(111)=010$. 显然, G 是一个置换函数, 满足 (3.3) 式. 当然, 从 g_1,g_2,g_3 任选两个布尔函数构成的 $(3,2)$ 函数 $G'=(g_i,g_j)$, $1\leqslant i<j\leqslant 3$, 也必然是平衡函数.

对 $X\in\mathbb{F}_2^n$, 固定 X 中任意 t 个变元, 若 $\mathbb{F}_2^m$ 中的向量在 (n,m) 函数 $F(X)$ 的 2^{n-t} 个输出函数值中出现的次数都相同, 则称 F 是 t 阶弹性的. 更准确地, 可将 (n,m) 函数的弹性定义如下.

定义 3.3　设 F 是平衡 (n,m) 函数, $t\geqslant 1$, $1\leqslant i_1<\cdots<i_t\leqslant n$. 若对任意确定的 $Y\in\mathbb{F}_2^m$, $b\in\mathbb{F}_2^t$, $\{i_1,\cdots,i_t\}\subset\{1,\cdots,n\}$, 总有

$$\#\{X\mid F(X)=Y,\ X=(x_1,\cdots,x_n)\in\mathbb{F}_2^n,\ (x_{i_1},\cdots,x_{i_t})=b\}=2^{n-m-t},\quad (3.4)$$

则称 F 是 t 阶弹性 (n,m) 函数, 或者称 F 是 (n,m,t) 弹性函数.

由上述定义, 若 F 是 (n,m,t) 弹性函数, 则也是 $(n,m,t-1)$ 弹性函数. 规定平衡 (n,m) 函数的弹性阶为 0. 由 (3.4) 式, 对 (n,m,t) 弹性函数, 有 $t\leqslant n-m$.

因而, (n,n) 函数的弹性阶不可能大于 0. (n,n) 函数 F 是 0 阶弹性的, 当且仅当 F 是置换函数. 刻画 (n,m) 函数的弹性性质仍然可以用 Xiao-Massey 定理.

引理 3.4 设 (n,m) 函数 $F=(f_1,f_2,\cdots,f_m)$, 其中 $f_i\in\mathcal{B}_n$, $i=1,2,\cdots,m$. F 是 (n,m,t) 弹性函数当且仅当对任意 $c\in\mathbb{F}_2^{m*}$ 都有 $f_c=c\cdot F$ 是 t 阶弹性布尔函数, 即对 $\alpha\in\mathbb{F}_2^n$, $0\leqslant \mathrm{wt}(\alpha)\leqslant t$, 总有 $W_{f_c}(\alpha)=0$.

下面一并给出多输出函数 F 的代数次数、代数免疫、非线性度等概念的定义.

定义 3.5 设 (n,m) 函数 $F=(f_1,f_2,\cdots,f_m)$, 其中 $f_i\in\mathcal{B}_n$, $i=1,2,\cdots,m$. 设 $f_c=c\cdot F$, $c\in\mathbb{F}_2^{m*}$. F 的最大代数次数, 用 $\mathrm{Deg}(F)$ 表示, 定义为

$$\mathrm{Deg}(F)=\max_{c\in\mathbb{F}_2^{m*}}\deg(f_c).$$

F 的最小代数次数, 简称代数次数, 用 $\deg(F)$ 表示, 定义为

$$\deg(F)=\min_{c\in\mathbb{F}_2^{m*}}\deg(f_c).$$

F 的代数免疫, 用 $\mathrm{AI}(F)$ 表示, 定义为

$$\mathrm{AI}(F)=\min_{c\in\mathbb{F}_2^{m*}}\mathrm{AI}(f_c).$$

F 的非线性度, 用 N_F 表示, 定义为

$$N_F=\min_{c\in\mathbb{F}_2^{m*}}N_{f_c}. \tag{3.5}$$

若

$$\mathcal{N}_F\geqslant\begin{cases}2^{n-1}-2^{(n-1)/2}, & n\text{ 为奇数},\\ 2^{n-1}-2^{n/2}, & n\text{ 为偶数},\end{cases} \tag{3.6}$$

则称 F 为多输出几乎最优函数. 若 (3.6) 式中 “$>$” 成立, 则称 F 为多输出严格几乎最优函数.

n 元布尔函数的非线性度上界 $2^n-2^{n/2-1}$ 也适用于 (n,m) 函数. 这一上界当且仅当在 n 为偶数, 且 $m\leqslant n/2$ 时达到[660]. 我们称达到这一上界的 (n,m) 函数为多输出 Bent 函数, 或 (n,m) Bent 函数. 显然, F 是 (n,m) Bent 函数当且仅当对任意 $c\in\mathbb{F}_2^{m*}$, $f_c=c\cdot F$ 都是 Bent 函数.

当 n 为偶数且 $n/2<m\leqslant n$ 时, (n,m) 函数已知最高非线性度是 $2^{n-1}-2^{n/2}$; 当 n 为奇数且 $2\leqslant m<n$ 时, (n,m) 函数已知最高非线性度是 $2^{n-1}-2^{(n-1)/2}$. 在上述条件下, 是否存在非线性度严格几乎最优的 (n,m) 函数呢? 这是一个尚未解决的公开问题.

低差分性质是多输出布尔函数用于分组密码时应具有的最重要的密码学性质之一, 用以抵抗差分攻击[81]. 下面引入差分均匀度这一密码学指标, 并定义完全非线性函数和几乎完全非线性函数.

定义 3.6 设 $n, m \in \mathbb{Z}^+$, $n \geqslant m$, F 是一个 (n, m) 函数. 再设 $X \in \mathbb{F}_2^n$. 对确定的 $\alpha \in \mathbb{F}_2^{n*}$, $\beta \in \mathbb{F}_2^m$, 用 $\delta(\alpha, \beta)$ 表示方程 $F(X+\alpha)+F(X)=\beta$ 的解的个数, 即

$$\delta(\alpha, \beta) = \#\{X \in \mathbb{F}_2^n \mid F(X)+F(X+\alpha)=\beta\}. \tag{3.7}$$

定义

$$\delta_F = \max_{\alpha \in \mathbb{F}_2^{n*}, \beta \in \mathbb{F}_2^m} \delta(\alpha, \beta)$$

为 F 的差分均匀度 (differential uniformity), 并称 F 为 δ_F 差分函数. 当 $\delta_F = 2^{n-m}$ 时, 称 F 为完全非线性 (perfect nonlinear) 函数, 简称 PN 函数. 当 $m = n$ 时, 若 $\delta_F = 2$, 则称 F 为几乎完全非线性 (almost perfect nonlinear) 函数, 简称 APN 函数. 特别地, 当 $n \geqslant 3$ 为奇数时, 若 $\mathbb{F}_2^n$ 上 APN 函数 F 的非线性度为 $2^{n-1} - 2^{(n-1)/2}$, 则称 F 为几乎 Bent (almost Bent) 函数, 简称 AB 函数.

为了度量 $\delta(\alpha, \beta)$ 值与 2^{n-m} 的偏离程度, 我们提出用 $\delta(\alpha, \beta)$ 的最大偏差 (maximum deviation) 和标准差 (standard deviation) 来度量 (n, m) 函数 F 的差分均匀程度. 这两个指标分别称为 F 的差分最大偏差指标和差分标准差指标.

定义 3.7[936] 设 F 是一个 (n, m) 函数, $\alpha \in \mathbb{F}_2^{n*}$, $\beta \in \mathbb{F}_2^m$. $\delta(\alpha, \beta)$ 的定义如 (3.7) 式所示. 定义 F 的差分最大偏差指标为

$$\delta(F) = \max_{\alpha \in \mathbb{F}_2^{n*}, \beta \in \mathbb{F}_2^m} |\delta(\alpha, \beta) - 2^{n-m}|.$$

定义 F 的差分标准差指标为

$$\mathrm{sd}(F) = \sqrt{\frac{\sum\limits_{\alpha \in \mathbb{F}_2^{n*}, \beta \in \mathbb{F}_2^m} \left(\delta(\alpha, \beta) - 2^{n-m}\right)^2}{2^m(2^n-1)}}.$$

(n, m) Bent 函数是完全非线性函数, 其差分标准差为 0, 而 APN 函数的差分标准差为 1. 比较不同 (n, m) 函数的差分标准差, 要在 n 和 m 都分别相等的前提下进行比较才有意义. $\mathrm{sd}(F)$ 数值越小, (n, m) 函数的差分均匀程度越好.

下面介绍 $\mathbb{F}_{2^n}$ 上的两个有用的低差分幂函数: x^3 和 x^{-1}.

(1) 对任意 $n \geqslant 3$, $n \in \mathbb{Z}^+$, 幂函数 x^3 是 $\mathbb{F}_{2^n}$ 上的 APN 函数. 当 $n \geqslant 3$ 为奇数时, x^3 是 AB 置换函数, 具有最优非线性度 $2^{n-1} - 2^{(n-1)/2}$; 当 $n \geqslant 4$ 为偶数时, x^3 不是置换函数, 非线性度为 $2^{n-1} - 2^{n/2}$.

(2) 当 $n \geqslant 3$ 为奇数时, x^{-1} 是 APN 置换函数, 当 $n \neq 3$ 时非线性度都不是几乎最优的; 当 $n \geqslant 4$ 为偶数时, x^{-1} 是 4 差分置换函数, 并具有目前已知最高的非线性度 $2^{n-1}-2^{n/2}$.

计算幂函数 x^3 和 x^{-1} 的非线性度, 要先把它们转化为 $\mathbb{F}_2^n$ 上的 (n,n) 函数.

例 3.8 设 $n=3$, γ 是 $\mathbb{F}_2$ 上本原多项式 x^3+x+1 的根, 则 $\gamma^3=\gamma+1$. 再设 $\{1,\gamma,\gamma^2\}$ 是 $\mathbb{F}_{2^3}$ 的一组基, $\{001,010,100\}$ 是 $\mathbb{F}_2^3$ 的一组基底. 建立 $\mathbb{F}_{2^3}$ 和 $\mathbb{F}_2^3$ 之间的同构映射 π, 使得 $\pi(c_1\cdot 1+c_2\cdot\gamma+c_3\cdot\gamma^2)=c_1(001)+c_2(010)+c_3(100)$, 其中 $(c_1,c_2,c_3)\in\mathbb{F}_2^3$. 这就得到了 $\mathbb{F}_{2^3}$ 中元素和 $\mathbb{F}_2^3$ 中向量的一一对应: $\pi(0)=(000)$, $\pi(1)=(001)$, $\pi(\gamma)=(010)$, $\pi(\gamma^2)=(100)$, $\pi(\gamma^3)=(011)$, $\pi(\gamma^4)=(110)$, $\pi(\gamma^5)=(111)$, $\pi(\gamma^6)=(101)$. 设与 x^3 相对应的 $\mathbb{F}_2^3$ 上的函数为 G, 则有 $G(000)=000$, $G(001)=001$, $G(010)=011$, $G(011)=100$, $G(100)=101$, $G(101)=110$, $G(110)=111$, $G(111)=010$. 这就得到了例 3.2 中的函数. 可以验证 G 是 APN 置换函数, 非线性度为 2, 因而是 AB 函数.

例 3.9 设 $n=4$, γ 是 $\mathbb{F}_2$ 上本原多项式 x^4+x+1 的根. 类似例 3.8, 可以得到与 x^{-1} 相对应的 $\mathbb{F}_2^4$ 上的函数 $H=(h_1,h_2,h_3,h_4)$, 其中

$$
\begin{aligned}
\overline{h_1}&=0110101110100100\ (\text{十六进制 6BA4}),\\
\overline{h_2}&=0101001101101010\ (\text{十六进制 536A}),\\
\overline{h_3}&=0110011000011110\ (\text{十六进制 661E}),\\
\overline{h_4}&=0111110000101001\ (\text{十六进制 7C29}).
\end{aligned}
$$

可以验证, H 是 4 差分置换函数, $N_H=4$, $\deg(H)=3$.

若两个不同的 (n,m) 函数 F 和 F' 在某种规定的变换规则下可由其中一个函数变换成另一个函数, 则称 F 和 F' 在这种变换规则下是等价的, 同时称这种变换规则是一种等价变换. 下面给出 (n,m) 函数的几种等价变换.

在定义这些等价变换之前, 先给出仿射函数、仿射置换和复合函数的定义.

若 (n,m) 函数 $L(X)=XA+\alpha$, 其中 $X\in\mathbb{F}_2^n$, A 是 $\mathbb{F}_2$ 上的 $n\times m$ 矩阵, $\alpha\in\mathbb{F}_2^m$, 则称 L 为 (n,m) 仿射函数. 特别地, 若 $m=n$, A 为 n 阶可逆矩阵, 则称 L 为 (n,n) 仿射置换. (n,n) 仿射置换在 2.1 节定义函数 $f\in\mathcal{B}_n$ 的仿射变换 (等价) 和 EA 变换 (等价) 时曾出现过, 见 (2.34) 式和 (2.35) 式 (p. 62).

设 $G(X)$ 和 $H(Y)$ 分别是 (n_1,n_2) 函数和 (n_2,n_3) 函数, $X\in\mathbb{F}_2^{n_1}$, $Y\in\mathbb{F}_2^{n_2}$. 称 (n_1,n_3) 函数 $F(X)=H\big(G(X)\big)$ 为 G 与 H 的复合函数, 这种复合关系用 $F=H\circ G$ 表示.

定义 3.10 设 F 和 F' 是两个 (n,m) 函数. 若存在 (n,n) 仿射置换 L_1 和 (m,m) 仿射置换 L_2, 使 $F'=L_2\circ(F\circ L_1)$, 则称 F 和 F' 是仿射等价的.

定义 3.11　设 F 和 F' 是两个 (n,m) 函数. 若存在 (n,n) 仿射置换 L_1, (m,m) 仿射置换 L_2 和 (n,m) 仿射函数 L_3, 使 $F' = L_2 \circ (F \circ L_1) + L_3$, 则称 F 和 F' 是扩展仿射 (EA) 等价的.

定义 3.12[164]　设 F 和 F' 是两个 (n,m) 函数. 定义两个 $(n,n+m)$ 函数 $\mathcal{F}(X) = \big(X, F(X)\big)$, $\mathcal{F}'(X) = \big(X, F'(X)\big)$, $X \in \mathbb{F}_2^n$. 若存在 $(n+m,n+m)$ 仿射置换 $\mathcal{L}$, 使 $\mathcal{F}' = \mathcal{L} \circ \mathcal{F}$, 则称 F 和 F' 是 Carlet-Charpin-Zinoviev (CCZ) 等价的.

仿射等价是 EA 等价的特殊情形. EA 等价的两个 (n,m) 函数具有相同的代数次数、非线性度、差分均匀度等性质. CCZ 等价的两个 (n,m) 函数具有相同的非线性度和差分均匀度.

3.2　从多输出 Bent 函数到多输出平衡函数

设 F 为 (n,m) 函数, 其中 $n \geqslant 4$ 为偶数, $2 \leqslant m \leqslant n/2$. 若对任意 $c \in \mathbb{F}_2^{m*}$, $f_c = c \cdot F$ 都是 PS 型 (MM 型) Bent 函数, 则称 F 为 PS 型 (MM 型) 多输出 Bent 函数. 本节给出 PS 型 $(n,n/2)$ Bent 函数的构造方法, 并进一步把所构造的函数修改为具有高非线性度的多输出平衡函数.

由定理 2.71 (p. 120), 当 n 为偶数时, 存在基数为 $2^{n/2}+1$ 的 $(n,n/2)$ 不相交码集合 $\mathcal{C} = \{C_0, C_1, \cdots, C_{2^{n/2}}\}$, 可使得 $\{C_0^*, C_1^*, \cdots, C_{2^{n/2}}^*\}$ 是 $\mathbb{F}_2^{n*}$ 的一个划分. 在引理 2.76 (p. 125) 中, 由不相交码构造出 PS 型单输出 Bent 函数. 下面基于不相交码实现 PS 型多输出 Bent 函数的构造.

构造 3.13　设 $n \geqslant 4$ 为偶数, $\mathcal{C} = \{C_0, C_1, \cdots, C_{2^{n/2}}\}$ 是一个 $(n,n/2)$ 不相交码集合, $H = (h_1, h_2, \cdots, h_{n/2})$ 是 $\mathbb{F}_2^{n/2}$ 上的任一置换函数. 对 $i = 1, 2, \cdots, n/2$, 使函数 $f_i \in \mathcal{B}_n$ 的支撑为

$$\mathrm{supp}(f_i) = \bigcup_{\beta \in \mathrm{supp}(h_i)} C_{[\beta]}^*, \tag{3.8}$$

其中 $[\beta]$ 是 $\beta \in \mathbb{F}_2^{n/2}$ 的十进制表示. 构造 $(n,n/2)$ 函数 $F = \big(f_1, f_2, \cdots, f_{n/2}\big)$.

定理 3.14　由构造 3.13 得到的 $(n,n/2)$ 函数 F 是多输出 Bent 函数.

证明　由引理 2.76 (p. 125), 对 $i = 1, 2, \cdots, n/2$, f_i 是 PS^- 型 Bent 函数. 由于 H 是 $\mathbb{F}_2^{n/2}$ 上的置换函数, 则 $h_c = c \cdot H$ 是平衡函数, 即 $|\mathrm{supp}(h_c)| = 2^{n/2-1}$, 其中 $c \in \mathbb{F}_2^{n/2*}$. 对任意 $c \in \mathbb{F}_2^{n/2*}$, 设 $f_c = c \cdot F$. 由 (3.8) 式, 有

$$\mathrm{supp}(f_c) = \bigcup_{\beta \in \mathrm{supp}(h_c)} C_{[\beta]}^*.$$

由引理 2.76, f_c 也是 PS^- 型 Bent 函数. 因而 F 是 $(n,n/2)$ Bent 函数. □

例 3.15 由构造 2.70 (p. 119), 可以得到 $(8,4)$ 不相交码集合 $\{C_0, C_1, \cdots, C_{16}\}$. 设 $Y=(y_1,y_2,y_3,y_4)\in\mathbb{F}_2^4$, 构造 $(8,4)$ 函数 $F=(f_1,f_2,f_3,f_4)$, 使 f_i 满足

$$\operatorname{supp}(f_i)=\bigcup_{Y\in\mathbb{F}_2^4,\, y_i=1} C^*_{[Y]},\quad i=1,2,3,4.$$

设 $f_c=c\cdot F$, 其中 $c\in\mathbb{F}_2^{4^*}$. 不难看出,

$$\operatorname{supp}(f_c)=\bigcup_{Y\in\mathbb{F}_2^4,\, c\cdot Y=1} C^*_{[Y]}.$$

可得, 对任意 $c\in\mathbb{F}_2^{4^*}$, f_c 是 PS^- 型 Bent 函数, 因而 F 是 $(8,4)$ Bent 函数. 下面是一个 $(8,4)$ Bent 函数 $F=(f_1,f_2,f_3,f_4)$ 的十六进制真值表.

f_1: 0000 6794 386B 5A63 4F94 35B8 279C 31BA 30EB 4F54 4A67 30BB 586B 359C 4E47 4F45;

f_2: 0000 2E39 49AD 0BAD 71C6 41EE 51CE 3E13 3E52 0EB9 7456 41ED 7652 3E31 0FA9 7156;

f_3: 0000 3CE4 1AF4 670B 12DD 12F5 6D2A 2CE6 5359 631B 135D 6D0B 6CA6 531B 1CF4 6DA2;

f_4: 0000 29D3 0DD3 6AD8 05F3 7A2C 68D9 562E 0577 1537 7A8C 1727 69D1 7AC8 762C 172E.

注意到在构造 3.13 中, 对任意 $v\in C_{2^{n/2}}$ 和 $c\in\mathbb{F}_2^{n/2^*}$, 总有 $v\notin\operatorname{supp}(f_c)$. 设 $f_i^+\in\mathcal{B}_n$, $i=1,2,\cdots,n/2$, 并有 $\operatorname{supp}(f_i^+)=C_{2^{n/2}}\cup\operatorname{supp}(f_i)$, 则 f_i^+ 是 PS^+ 型 Bent 函数. 设 $2\leqslant m\leqslant n/2$. 设 $G=(g_1,g_2,\cdots,g_m)$, 其中 $g_i=f_i$ 或 f_i^+. 若存在 i, $1\leqslant i\leqslant m$, 使得 $g_i=f_i^+$, 则 $\{f_c\mid c\in\mathbb{F}_2^{m*}\}$ 中有 2^{m-1} 个函数是 PS^+ 型 Bent 函数, 其余是 PS^- 型 Bent 函数. 鉴于线性码 $C_{2^{n/2}}$ 在 PS 型 Bent 函数支撑中这种“可有可无”的性质, 我们称之为不相交码集合 $\mathcal{C}$ 中的“自由码”. 在例 3.15 中, C_{16} 扮演的就是自由码的角色. 为了讨论方便, 不妨设 $\mathcal{C}$ 中自由码 $C_{2^{n/2}}=\{\mathbf{0}_{n/2}\}\times\mathbb{F}_2^{n/2}$. 可把函数 $g: C_{2^{n/2}}\to\mathbb{F}_2$ 等同地看作是 $\mathcal{B}_{n/2}$ 中的函数, 而把函数 $G: C_{2^{n/2}}\to\mathbb{F}_2^m$ 看作是一个 $(n/2,m)$ 函数.

通过修改 (n,m) Bent 函数 $F=(f_1,f_2,\cdots,f_m)$ 各分量函数的真值表, 可以把 F 修改为平衡的 (n,m) 函数, 也称为 $(n,m,0)$ 弹性函数. 进行真值表修改时, 我们只修改自由码 $C_{2^{n/2}}$ 中向量对应的函数值.

构造 3.16 设 $n=2^k m$, 其中 $k,m\in\mathbb{Z}^+$, $m\geqslant 3$. 设

$$F^{(0)}=\left(f_1^{(0)},f_2^{(0)},\cdots,f_m^{(0)}\right)$$

是 $\mathbb{F}_2^m$ 上的置换函数, 其非线性度为

$$N_{F^{(0)}}=\begin{cases}2^{m-1}-2^{m/2}, & m\text{ 为偶数},\\ 2^{m-1}-2^{(m-1)/2}, & m\text{ 为奇数}.\end{cases}$$

设 $u_j=2^j m$. 对 $j=0,1,\cdots,k-1$, 设 $Y^{(j)}=(y_1^{(j)},y_2^{(j)},\cdots,y_{u_j}^{(j)})\in\mathbb{F}_2^{u_j}$, $\mathcal{C}^{(j)}=\{C_0^{(j)},C_1^{(j)},\cdots,C_{2^{u_j}}^{(j)}\}$ 是 (u_{j+1},u_j) 不相交码集合. 构造 (u_{j+1},m) 函数 $F^{(j+1)}=(f_1^{(j+1)},f_2^{(j+1)},\cdots,f_m^{(j+1)})$, 使得

$$\mathrm{supp}(f_i^{(j+1)})=\widehat{\mathrm{supp}(f_i^{(j)})}\cup\bigcup_{Y^{(j)}\in\mathbb{F}_2^{u_j},\,y_i^{(j)}=1}C_{[Y^{(j)}]}^{(j)*},\quad i=1,2,\cdots,m,\tag{3.9}$$

其中 $\widehat{\mathrm{supp}(f_i^{(j)})}=\{\mathbf{0}_{u_j}\}\times\mathrm{supp}(f_i^{(j)})$. 使 j 从 0 到 $k-1$ 递增, 可依次得到 $F^{(1)}$, $F^{(2)}$, $\cdots$, $F^{(k)}$. $F^{(k)}$ 即为所要构造的 (n,m) 函数.

定理 3.17 设 $n=2^k m$, 其中 $k,m\in\mathbb{Z}^+$, $m\geqslant 3$. 若 $F^{(k)}$ 是由构造 3.16 得到的 (n,m) 函数, 则 $F^{(k)}$ 是平衡函数, 非线性度满足

$$N_F\geqslant 2^{n-1}-\sum_{j=1}^{k}2^{n/2^j-1}-2^{\lfloor m/2\rfloor}.\tag{3.10}$$

证明 对 $c\in\mathbb{F}_2^{m*}$, 设 $f_c^{(k)}=c\cdot F^{(k)}$. 由于 $F^{(0)}$ 是置换函数, 可知 $f_c^{(0)}\in\mathcal{B}_{u_0}$ 是平衡函数. 由 (3.9) 式, 在不相交码集合 $\mathcal{C}^{(j)}$ 中的线性码 $C_0^{(j)}$, $C_1^{(j)}$, $\cdots$, $C_{2^{u_j}-1}^{(j)}$ 中 (不包括自由码 $C_{2^{u_j}}^{(j)}$), 恰有 2^{u_j-1} 个线性码的所有非零码字都是 $\mathrm{supp}(f_i^{(j+1)})$ 中的向量. 可依次推导出 $f_c^{(1)}\in\mathcal{B}_{u_1}$, $f_c^{(2)}\in\mathcal{B}_{u_2}$, $\cdots$, $f_c^{(k)}\in\mathcal{B}_{u_k}$ 都是平衡函数, 即 $|\mathrm{supp}(f_c^{(j+1)})|=2^{u_{j+1}-1}$, $j=0,1,\cdots,k-1$. 因而, $F^{(k)}$ 是平衡的 (n,m) 函数. 通过推导 $f_c^{(k)}$ 在 $\alpha\in\mathbb{F}_2^n$ 的频谱值 $W_{f_c^{(k)}}(\alpha)$, 可以得到

$$\max_{\alpha\in\mathbb{F}_2^n}W_{f_c^{(k)}}(\alpha)\leqslant 2^{\lfloor m/2\rfloor+1}+\sum_{j=0}^{k-1}2^{u_j}.\tag{3.11}$$

结合 (2.27) 式 (p. 57) 和 (3.5) 式, 可得 (3.10) 式成立. □

例 3.18 构造一个非线性度是 2010 的平衡 (12, 3) 函数. 注意到 $12=2^2\cdot 3$, 令构造 3.16 中 $k=2$, $m=3$.

第 1 步 选一个 $\mathbb{F}_2^3$ 上的几乎 Bent 置换函数 $F^{(0)}=(f_1^{(0)},f_2^{(0)},f_3^{(0)})$, 其中

$$\begin{aligned}f_1^{(0)}&=x_1+x_2x_3,\\f_2^{(0)}&=x_2+x_1x_3+x_2x_3,\\f_3^{(0)}&=x_1+x_2+x_3+x_1x_2.\end{aligned}$$

第 2 步 设 $Y^{(0)}=(y_1^{(0)},y_2^{(0)},y_3^{(0)})\in\mathbb{F}_2^3$, $\mathcal{C}^{(0)}=\{C_0^{(0)},C_1^{(0)},\cdots,C_{2^3}^{(0)}\}$ 是

$(6,3)$ 不相交码集合. 构造 $F^{(1)}=(f_1^{(1)},f_2^{(1)},f_3^{(1)})$, 使得对 $i=1,2,3$, 有

$$\mathrm{supp}(f_i^{(1)})=\widehat{\mathrm{supp}(f_i^{(0)})}\cup\bigcup_{Y^{(0)}\in\mathbb{F}_2^3,\,y_i^{(0)}=1}C_{[Y^{(0)}]}^{(0)*},$$

其中 $\widehat{\mathrm{supp}(f_i^{(0)})}=\{\mathbf{0}_3\}\times\mathrm{supp}(f_i^{(0)})$.

第 3 步 设 $Y^{(1)}=(y_1^{(1)},y_2^{(1)},\cdots,y_6^{(1)})\in\mathbb{F}_2^6$, $\mathcal{C}^{(1)}=\{C_0^{(1)},C_1^{(1)},\cdots,C_{2^9}^{(1)}\}$ 是 $(12,6)$ 不相交码集合. 构造 $F^{(2)}=(f_1^{(2)},f_2^{(2)},f_3^{(2)})$, 使得对 $i=1,2,3$, 有

$$\mathrm{supp}(f_i^{(2)})=\widehat{\mathrm{supp}(f_i^{(1)})}\cup\bigcup_{Y^{(1)}\in\mathbb{F}_2^6,\,y_i^{(1)}=1}C_{[Y^{(1)}]}^{(1)*},$$

其中 $\widehat{\mathrm{supp}(f_i^{(1)})}=\{\mathbf{0}_6\}\times\mathrm{supp}(f_i^{(1)})$. $F^{(2)}$ 就是要构造的 $(12,3)$ 函数.

由于第 1 步选的 $F^{(0)}$ 是置换函数, 可以保证第 2 步和第 3 步得到的 $F^{(1)}$ 和 $F^{(2)}$ 分别都是平衡函数. 设 $f_c^{(2)}=c\cdot F^{(2)}$, $c\in\mathbb{F}_2^{3*}$, 可得

$$\max_{\alpha\in\mathbb{F}_2^{12}}W_{f_c^{(2)}}(\alpha)=2^6+2^3+2^2=76.$$

因此, $N_F=2^{11}-\dfrac{1}{2}\cdot 76=2010$.

注 3.19 对任意偶数 $n\geqslant 6$, $m\geqslant 2$, 且 $n\geqslant 2m$, 都可由构造 3.16 直接或间接得到一个具有目前已知最高非线性度的平衡 (n,m) 函数. 对确定的 m, 若 n 不能表达为 2^km 的形式, 则必定存在使 $\dfrac{n}{2^{k_0}}>m$ 的最大正整数 k_0. 令 $m_0=\dfrac{n}{2^{k_0}}$. 先由构造 3.16 得到 (n,m_0) 函数, 再从该函数的 m_0 个分量函数中删去任意 m_0-m 个函数, 即得想要的 (n,m) 函数. 比如, $(24,5)$ 函数和 $(24,4)$ 函数可由构造 3.16 构造的 $(24,6)$ 函数分别删去 1 个或 2 个分量函数得到.

在构造 3.16 的构造过程中所得到的函数 $F^{(j)}$ $(j=1,2,3,\cdots)$ 都是高非线性度平衡函数. 随着 j 的递增, $F^{(j)}$ 的输出维数和输入维数的比值 $\dfrac{m}{2^{u_j}}$ 构成一个公比为 $\dfrac{1}{2}$ 的等比数列: $\dfrac{1}{2},\dfrac{1}{4},\dfrac{1}{8},\cdots$. 在实践中, 我们对比值为 $\dfrac{1}{2}$ 的情形 $(n=2m)$ 比较感兴趣. 下面把这种情形单独作为一个推论表达出来.

推论 3.20 设 $n\geqslant 6$ 为偶数. 存在平衡 $(n,n/2)$ 函数 $F^{(1)}$, 其非线性度为

$$N_{F^{(1)}}=2^{n-1}-2^{n/2-1}-2^{\lfloor n/4\rfloor}. \tag{3.12}$$

这个推论表达的是定理 3.17 中 $k=1$ 时的情形. (3.10) 式中的“$\geqslant$”在 (3.12) 式中变成“$=$”. 请读者思考一下, 在 k 足够大时, (3.10) 式中的“$>$”是否可能成立? 为什么? 见习题 3.6.

由推论 3.20, 当 $n=10$ 时, 可以得到非线性度是 492 的平衡 (10, 5) 函数; 当 $n=12$ 时, 可以得到非线性度是 2008 的平衡 (12, 6) 函数. 后者与例 3.18 中的平衡 (12, 3) 函数相比, 输出维数倍增, 代价是非线性度减小了 2.

例 3.21　设 $n=8$. 把例 3.15 中 (8, 4) Bent 函数 F 的分量函数 f_i 的真值表前 4 位 (十六进制) 分别替换为例 3.9 中 (4, 4) 函数 H 的分量函数 h_i 的真值表, $i=1,2,3,4$, 即得非线性度为 116 的平衡 (8, 4) 函数 $F^{(1)}=(f_1^{(1)},f_2^{(1)},f_3^{(1)},f_4^{(1)})$.

$f_1^{(1)}$: 6BA4 6794 386B 5A63 4F94 35B8 279C 31BA 30EB 4F54 4A67 30BB 586B 359C 4E47 4F45;

$f_2^{(1)}$: 536A 2E39 49AD 0BAD 71C6 41EE 51CE 3E13 3E52 0EB9 7456 41ED 7652 3E31 0FA9 7156;

$f_3^{(1)}$: 661E 3CE4 1AF4 670B 12DD 12F5 6D2A 2CE6 5359 631B 135D 6D0B 6CA6 531B 1CF4 6DA2;

$f_4^{(1)}$: 7C29 29D3 0DD3 6AD8 05F3 7A2C 68D9 562E 0577 1537 7A8C 1727 69D1 7AC8 762C 172E.

可以验证 $N_{F^{(1)}}=116$, $\deg(F^{(1)})=7$, $\delta_{F^{(1)}}=28$, $\mathrm{sd}(F^{(1)})=2.2029$.

最后, 请读者给出一种 MM 型 (n,m) Bent 函数的构造方法, 并把构造的函数修改为具有高非线性度的平衡 (n,m) 函数, 其中 $2\leqslant m\leqslant n/2$. 见习题 3.4.

3.3　DC 型多输出半 Bent 函数构造

本节将利用不相交码构造一类平衡的多输出半 Bent 函数. 我们取 "不相交" (disjoint) 和 "码" (code) 英文单词的首字母 "D" 和 "C", 给这类函数取名为 "DC 型多输出半 Bent 函数".

设 $n=s+k$, $s\geqslant k\geqslant 2$. 按照构造 2.70 (p. 119) 中的方法, 可以构造出 2^s 个两两互不相交的 $[n,k]$ 码. 下面简短地回顾一下这个构造.

设 γ 为 $\mathbb{F}_{2^s}$ 中的本原元, 且$\{\gamma,\gamma^2,\cdots,\gamma^s\}$ 是 $\mathbb{F}_{2^s}$ 的一组基底. 定义双射 $\pi:\mathbb{F}_{2^s}\to\mathbb{F}_2^s$ 如下:

$$\pi(c_1\gamma+c_2\gamma^2+\cdots+c_s\gamma^s)=(c_1,c_2,\cdots,c_s). \tag{3.13}$$

对 $z\in\mathbb{F}_2^s$, 设 $G_z=(I_k,M_z)$ 为 $[n,k]$ 码 C_z 的生成矩阵, 这里规定: 当 $z=\mathbf{0}_s$ 时, M_z 是 $k\times(n-k)$ 的全零矩阵; 当 $z\in\mathbb{F}_2^{s*}$ 时,

$$M_z=\begin{pmatrix}\pi(\gamma^{[z]})\\ \pi(\gamma^{[z]+1})\\ \vdots\\ \pi(\gamma^{[z]+k-1})\end{pmatrix}_{k\times s}, \tag{3.14}$$

其中 $[z]$ 是 z 的十进制表示. $\{C_z\mid z\in\mathbb{F}_2^s\}$ 是基数为 2^s 的 (n,k) 不相交码集合.

设 E 是 $[n,s]$ 码, 其每个码字的前 k 位都是 0, 后 s 位两两不同, 即

$$E=\{\mathbf{0}_k\}\times\mathbb{F}_2^s.$$

由于 C_z $(z \in \mathbb{F}_2^s)$ 中任一非零码字的前 k 位都不等于 $\mathbf{0}_k$, 可知

$$E \cap C_z = \{\mathbf{0}_n\}. \tag{3.15}$$

同时, 注意到

$$|E| + \sum_{z \in \mathbb{F}_2^s} |C_z^*| = 2^n.$$

可得

$$\left(\bigcup_{z \in \mathbb{F}_2^s} C_z^* \right) \cup E = \mathbb{F}_2^n. \tag{3.16}$$

可以看出, $\mathbb{F}_2^n$ 被划分成 $2^s + 1$ 个互不相交的集合: E, C_z^*, $z \in \mathbb{F}_2^s$.

当 n 为偶数且 $s = k$ 时, E 也是一个 $[n, k]$ 码. $\{E\} \cup \{C_z \mid z \in \mathbb{F}_2^s\}$ 构成基数为 $2^{n/2} + 1$ 的 $(n, n/2)$ 不相交码集合, 它是 $\mathbb{F}_2^n$ 的一个扩散.

当 n 为奇数且 $s = k + 1$ 时, 可得 2^{k+1} 个互不相交的 $[n, k]$ 码 C_z, $z \in \mathbb{F}_2^{k+1}$. 此时, E 是一个 $[n, k+1]$ 码. 这 $2^{k+1} + 1$ 个线性码是本节构造 $(n, k+1)$ 半 Bent 函数的基础. E 作为一个完整的向量空间将在构造 3.24 中扮演重要角色.

例 3.22 设 $n = 5$, $s = 3$, $k = 2$. 设 γ 为本原多项式 $z^3 + z + 1$ 的根, 因而它也是 $\mathbb{F}_{2^3}$ 的本原元. 由 (3.13) 式, 可得 $\pi(\gamma) = (100)$, $\pi(\gamma^2) = (010)$, $\pi(\gamma^3) = (001)$, $\pi(\gamma^4) = (110)$, $\pi(\gamma^5) = (011)$, $\pi(\gamma^6) = (111)$, $\pi(\gamma^7) = \pi(1) = (101)$. 按照前面的构造规则, 如下可得 8 个线性码的生成矩阵:

$$G_{000} = \begin{pmatrix} 10\ 000 \\ 01\ 000 \end{pmatrix}, \quad G_{001} = \begin{pmatrix} 10\ 100 \\ 01\ 010 \end{pmatrix}, \quad G_{010} = \begin{pmatrix} 10\ 010 \\ 01\ 001 \end{pmatrix},$$

$$G_{011} = \begin{pmatrix} 10\ 001 \\ 01\ 110 \end{pmatrix}, \quad G_{100} = \begin{pmatrix} 10\ 110 \\ 01\ 011 \end{pmatrix}, \quad G_{101} = \begin{pmatrix} 10\ 011 \\ 01\ 111 \end{pmatrix},$$

$$G_{110} = \begin{pmatrix} 10\ 111 \\ 01\ 101 \end{pmatrix}, \quad G_{111} = \begin{pmatrix} 10\ 101 \\ 01\ 100 \end{pmatrix}.$$

由这些生成矩阵可生成如下 8 个互不相交的 $[5, 2]$ 码:

$$\begin{aligned}
C_{000} &= \{00000, 10000, 01000, 11000\}, & C_{001} &= \{00000, 10100, 01010, 11110\}, \\
C_{010} &= \{00000, 10010, 01001, 11011\}, & C_{011} &= \{00000, 10001, 01110, 11111\}, \\
C_{100} &= \{00000, 10110, 01011, 11101\}, & C_{101} &= \{00000, 10011, 01111, 11100\}, \\
C_{110} &= \{00000, 10111, 01101, 11010\}, & C_{111} &= \{00000, 10101, 01100, 11001\}.
\end{aligned}$$

同时, 可知

$$E = \{00000, 00100, 00010, 00001, 00110, 00101, 00011, 00111\}.$$

显然, $\{C_z \mid z \in \mathbb{F}_2^3\}$ 是 $(5,2)$ 不相交码集合. 这些线性码使得 (3.15) 式和 (3.16) 式成立; 也就是说, $\{E,\ C_{000}^*, \cdots, C_{111}^*\}$ 是 $\mathbb{F}_2^5$ 的一个划分.

在 (n,k) 不相交码集合 $\{C_z \mid z \in \mathbb{F}_2^s\}$ 中选两个不同的线性码 C_z 和 $C_{z'}$, $z, z' \in \mathbb{F}_2^{k+1}$. 它们的对偶码 $C_z^\perp$ 和 $C_{z'}^\perp$ 都是 $[n, k+1]$ 码. 设 $C_z^\perp$ 和 $C_{z'}^\perp$ 分别由基底 $\{e_1, e_2, \cdots, e_{k+1}\}$ 和 $\{w_1, w_2, \cdots, w_{k+1}\}$ 生成. 由于 $2k+2 > n$, 可知 $e_1, e_2, \cdots, e_{k+1}, w_1, w_2, \cdots, w_{k+1}$ 必定是线性相关的. 因此, $C_z^{\perp *} \cap C_{z'}^{\perp *} \neq \varnothing$.

下面的引理指出, $C_z^\perp$ 和 $C_{z'}^\perp$ 有且只有 1 个共同的非零码字, 这一结论将被用于证明后面基于构造 3.24 的定理 3.25.

引理 3.23　设 $n = 2k+1$. 若 $\{C_z \mid z \in \mathbb{F}_2^{k+1}\}$ 是 (n,k) 不相交码集合, 则

$$|C_z^{\perp *} \cap C_{z'}^{\perp *}| = 1, \quad z \neq z'.$$

证明　由 $(C_z + C_{z'})^\perp \subseteq C_z^\perp$ 和 $(C_z + C_{z'})^\perp \subseteq C_{z'}^\perp$, 可知

$$(C_z + C_{z'})^\perp \subseteq C_z^\perp \cap C_{z'}^\perp. \tag{3.17}$$

另一方面, 对任意 $\alpha \in C_z^\perp \cap C_{z'}^\perp$, 必有 $\alpha \cdot X = 0$ 且 $\alpha \cdot X' = 0$, 其中 $X \in C_z$, $X' \in C_{z'}$. 进而, 对任意 $X \in C_z$, $X' \in C_{z'}$, 有 $\alpha \cdot (X + X') = 0$. 因此

$$\alpha \in (C_z + C_{z'})^\perp.$$

由 α 是 $C_z^\perp \cap C_{z'}^\perp$ 中的任意码字, 可得

$$C_z^\perp \cap C_{z'}^\perp \subseteq (C_z + C_{z'})^\perp. \tag{3.18}$$

综合 (3.17) 式和 (3.18) 式,

$$C_z^\perp \cap C_{z'}^\perp = (C_z + C_{z'})^\perp. \tag{3.19}$$

由于 C_z 和 $C_{z'}$ 是不相交的, 可得 $\dim(C_z + C_{z'}) = 2k$. 由 (3.19) 式,

$$\dim(C_z^\perp \cap C_{z'}^\perp) = 1.$$

这就证明了 $|C_z^{\perp *} \cap C_{z'}^{\perp *}| = 1$. □

对 $n = 2k+1$, 先构造 $(n, k+1)$ 半 Bent 函数 H, 使得对任意 $c \in {\mathbb{F}_2^{k+1}}^*$, $c \cdot F$ 的支撑是 2^k 个两两互不相交的 $[n,k]$ 码 (除去全零码字) 的并集. 但是, H 不是平衡的. 我们按照某种规则再设计一个 $(n, k+1)$ 线性函数 L, 使得 $F = H + L$ 是一个平衡 $(n, k+1)$ 半 Bent 函数.

构造 3.24 (DC 型) 设 $n=s+k$, $s=k+1$. 设 $\{C_z \mid z\in\mathbb{F}_2^s\}$ 是按构造 2.70 (p. 119) 中的方法得到的 (n,k) 不相交码集合. 设 $E=\{\mathbf{0}_k\}\times\mathbb{F}_2^s$, $X=(x_1,x_2,\cdots,x_n)\in\mathbb{F}_2^n$. 构造 (n,s) 函数 H 如下:

$$H(X)=\big(h_1(X),\cdots,h_s(X)\big)=\begin{cases} z, & X\in C_z^*,\ z\in\mathbb{F}_2^s,\\ \mathbf{0}_s, & X\in E.\end{cases}$$

对 $c=(c_1,c_2,\cdots,c_s)\in\mathbb{F}_2^{s*}$, 设 $h_c=c\cdot H$, 且

$$U_c=\{\theta \mid W_{h_c}(\theta)=0,\ \theta\in\mathbb{F}_2^n\}. \tag{3.20}$$

假设存在 $\theta_i\in\mathbb{F}_2^n$, $i=1,\cdots,s$, 使得对任意 $c\in\mathbb{F}_2^{s*}$, 都有 $\theta_c=\sum_{i=1}^s c_i\theta_i\in U_c$. 构造 (n,s) 线性函数如下:

$$L(X)=(\theta_1\cdot X,\ \cdots,\ \theta_s\cdot X).$$

最后, 把 H 和 L 相加, 得 (n,s) 函数

$$F(X)=H(X)+L(X).$$

定理 3.25 由构造 3.24 得到的函数 F 是平衡 (n,s) 半 Bent 函数.

证明 由于 $\{C_z^* \mid z\in\mathbb{F}_2^s\}$ 是 (n,k) 不相交码集合, 并且 E, C_z^*, $z\in\mathbb{F}_2^s$, 作成 $\mathbb{F}_2^n$ 的一个划分, 则对任意 $c\in\mathbb{F}_2^{s*}$, $\alpha\in\mathbb{F}_2^n$, 可把 $W_{h_c}(\alpha)$ 表达为

$$W_{h_c}(\alpha)=\sum_{x\in\mathbb{F}_2^n}(-1)^{h_c(X)+\alpha\cdot X}=S_1(\alpha)+S_2(\alpha),$$

其中

$$S_1(\alpha)=\sum_{z\in\mathbb{F}_2^s}\sum_{x\in C_z^*}(-1)^{c\cdot z+\alpha\cdot X},\quad S_2(\alpha)=\sum_{x\in E}(-1)^{\alpha\cdot X}.$$

把 $S_1(\alpha)$ 表达式中的 $X\in C_z^*$ 替换成 $X\in C_z$, 并不影响 $S_1(\alpha)$ 取值. 这是因为

$$\sum_{z\in\mathbb{F}_2^s}\sum_{X=\mathbf{0}_s}(-1)^{c\cdot z+\alpha\cdot X}=\sum_{z\in\mathbb{F}_2^s}(-1)^{c\cdot z}=0.$$

因此

$$S_1(\alpha)=\sum_{z\in\mathbb{F}_2^s}(-1)^{c\cdot z}\sum_{X\in C_z}(-1)^{\alpha\cdot X}.$$

下面, 按 α 是否为 $E^{\perp}$ 中的向量, 分两种情况讨论 $W_{h_c}(\alpha)$ 的取值.

情形 1: $\alpha \notin E^{\perp}$. 由引理 3.23, 在 $\mathbb{F}_2^s$ 中有且只有 2 个不同的向量 z 和 z' 使得 $\alpha \in C_z^{\perp *}$ 且 $\alpha \in C_{z'}^{\perp *}$. 因此, 当 $\alpha \notin E^{\perp}$ 时, 有

$$\begin{aligned}S_1(\alpha) &= (-1)^{c\cdot z}\sum_{X\in C_z}(-1)^{\alpha\cdot X} + (-1)^{c\cdot z'}\sum_{X\in C_{z'}}(-1)^{\alpha\cdot X}\\ &= \left((-1)^{c\cdot z} + (-1)^{c\cdot z'}\right)2^k\\ &= \begin{cases} 0, & c\cdot z \neq c\cdot z',\\ \pm 2^s, & c\cdot z = c\cdot z'.\end{cases}\end{aligned}$$

对任意 $\alpha \notin E^{\perp}$, 总有

$$\sum_{x\in E}(-1)^{\alpha\cdot x} = 0,$$

可得 $S_2(\alpha) = 0$. 因此

$$W_{h_c}(\alpha) \in \{0, \pm 2^s\}, \quad 当\ \alpha \notin E^{\perp}\ 时. \tag{3.21}$$

情形 2: $\alpha \in E^{\perp}$. 这种情形下, 当 $\alpha \neq 0$ 时, 对任意 $z \in \mathbb{F}_2^s$,

$$\sum_{x\in C_z}(-1)^{\alpha\cdot X} = 0.$$

可得 $S_1(\alpha) = 0$. 当 $\alpha = 0$ 时, 也有

$$S_1(\alpha) = \sum_{z\in\mathbb{F}_2^s}(-1)^{c\cdot z}\sum_{X\in C_z}(-1)^0 = 2^k\sum_{z\in\mathbb{F}_2^s}(-1)^{c\cdot z} = 0.$$

同时, 对任意 $\alpha \in E^{\perp}$, 有

$$S_2(\alpha) = \sum_{X\in E}(-1)^{\alpha\cdot X} = 2^s.$$

因此

$$W_{h_c}(\alpha) = 2^s,\ 当\ \alpha \in E^{\perp}\ 时. \tag{3.22}$$

综合以上两种情形, 由 (3.21) 式和 (3.22) 式, 对任意 $\alpha \in \mathbb{F}_2^n$, 都有

$$W_{h_c}(\alpha) \in \{0, \pm 2^s\}.$$

这证明了 H 是 (n, s) 半 Bent 函数.

由 (3.22) 式, 对任意 $c\in\mathbb{F}_2^{s*}$, $W_{h_c}(\mathbf{0}_n)=2^s\neq 0$. 由引理 3.1, H 不是平衡的. 下面, 通过给 H 叠加一个 (n,s) 线性函数, 把 H 变换成平衡 (n,s) 半 Bent 函数.

由 (3.20) 式, 对任意 $c\in\mathbb{F}_2^{s*}$, $U_c=\{\theta\mid W_{h_c}(\theta)=0,\ \theta\in\mathbb{F}_2^n\}$. 在构造 3.24 中, 已假设存在 $\theta_1,\theta_2,\cdots,\theta_s\in\mathbb{F}_2^n$, 使得对任意 $c\in\mathbb{F}_2^{s*}$, 都有 $\theta_c=\sum_{i=1}^s c_i\theta_i\in U_c$. 设 $F(X)=\big(f_1(X),\ \cdots,\ f_s(X)\big)$. 对 $c\in\mathbb{F}_2^{s*}$, 设 $f_c(X)=\sum_{i=1}^s c_if_i(X)$. 显然, $f_c(X)=h_c(X)+\theta_c\cdot X$. 由 $\theta_c\in U_c$, 可知 f_c 是平衡的. 由引理 3.1, F 是平衡的. 由于对任意 $\alpha\in\mathbb{F}_2^n$, $W_{f_c}(\alpha)\in\{0,\pm 2^s\}$, 因而 F 是平衡 (n,s) 半 Bent 函数. □

例 3.26 设 $\{C_z\mid z\in\mathbb{F}_2^3\}$ 是由例 3.22 得到的 $(5,3)$ 不相交码集合. 设 $E=\{00\}\times\mathbb{F}_2^3$. 先构造一个不平衡的 $(5,3)$ 半 Bent 函数 $H(X)=\big(h_1(X),h_2(X),h_3(X)\big)$, 其中

$$h_1(X)=\begin{cases}1, & X\in C_z^*,\ z\in\{100,101,110,111\},\\ 0, & X\in C_z^*,\ z\in\{000,001,010,011\},\ \text{或}\ X\in E,\end{cases}$$

$$h_2(X)=\begin{cases}1, & X\in C_z^*,\ z\in\{010,011,110,111\},\\ 0, & X\in C_z^*,\ z\in\{000,001,100,101\},\ \text{或}\ X\in E,\end{cases}$$

$$h_3(X)=\begin{cases}1, & X\in C_z^*,\ z\in\{001,011,101,111\},\\ 0, & X\in C_z^*,\ z\in\{000,010,100,110\},\ \text{或}\ X\in E.\end{cases}$$

可得 h_1, h_2, h_3 的真值表如下:

$\overline{h_1}$: 00000000000111010001011101101100,

$\overline{h_2}$: 00000000010011100110010101110001,

$\overline{h_3}$: 00000000001010110101110001001011.

选择 $\theta_1=(01101)$, $\theta_2=(00010)$, $\theta_3=(00001)$. 可以验证, 对任意 $c\in\mathbb{F}_2^{3*}$, 总有 $\theta_c\in U_c$, 其中 $\theta_c=c_1\theta_1+c_2\theta_2+c_3\theta_3$, U_c 在 (3.20) 式中已定义. 令

$$L(X)=\big(l_1(X),l_2(X),l_3(X)\big),$$

其中 $l_1(X)=\theta_1\cdot X=x_2+x_3+x_5$, $l_2(X)=\theta_2\cdot X=x_4$, $l_3(X)=\theta_3\cdot X=x_5$. 可得 l_1, l_2, l_3 的真值表如下:

$\overline{l_1}$: 01011010101001010101101010100101,

$\overline{l_2}$: 00110011001100110011001100110011,

$\overline{l_3}$: 01010101010101010101010101010101.

设 $f_i(X)=h_i(X)+l_i(X)$, $i=1,2,3$, 可得 f_1, f_2, f_3 的真值表如下:

$\overline{f_1}$: 01011010101110000100110111001001,

$\overline{f_2}$: 00110011011111010101011001000010,

$\overline{f_3}$: 01010101011111100000100100011110.

f_c, $c \in \mathbb{F}_2^{3*}$ 的频谱如下:

$\mathcal{W}_{f_{100}} = \{0,0,-8,-8,0,8,0,8,0,8,0,8,8,8,0,0,0,-8,8,0,-8,8,8,-8,0,0,0,0,0,8,-8,0\}$,

$\mathcal{W}_{f_{010}} = \{0,8,8,8,0,8,0,0,0,0,8,0,0,0,0,-8,-8,0,8,-8,0,-8,8,8,8,-8,8,0,0,0,-8,0\}$,

$\mathcal{W}_{f_{001}} = \{0,8,0,0,8,8,8,0,8,8,0,-8,0,-8,-8,8,-8,8,0,8,-8,0,0,0,0,8,0,0,0,0,0,-8\}$,

$\mathcal{W}_{f_{110}} = \{0,0,0,-8,8,0,-8,8,0,0,8,0,0,8,8,8,0,8,-8,8,-8,-8,0,8,0,-8,0,0,0,0,0,8\}$,

$\mathcal{W}_{f_{101}} = \{0,8,-8,8,8,0,-8,-8,8,0,0,0,8,0,8,8,0,-8,0,0,8,0,0,0,-8,0,8,-8,8,0,0,0\}$,

$\mathcal{W}_{f_{011}} = \{0,8,0,8,8,8,0,0,-8,0,0,8,0,0,0,0,8,-8,8,8,0,-8,-8,0,0,0,-8,8,-8,0,8,0\}$,

$\mathcal{W}_{f_{111}} = \{0,0,8,-8,0,0,8,-8,8,0,0,8,0,8,8,0,-8,-8,0,0,0,0,8,8,0,8,-8,0,0,-8,8,0\}$.

注意到, 对任意 $c \in \mathbb{F}_2^{3*}$, 总有 $W_{f_c}(\mathbf{0}_5) = 0$, 可得 $F(X) = \big(f_1(X), f_2(X), f_3(X)\big)$ 是 DC 型平衡 $(5,3)$ 半 Bent 函数. 另外, 可以验证 $\deg(F) = 3$.

构造 3.24 中有一个假设: "假设存在 $\theta_i \in \mathbb{F}_2^n$, $i = 1, \cdots, s$, 使得对任意 $c \in \mathbb{F}_2^{s*}$, 都有 $\theta_c = \sum_{i=1}^{s} c_i\theta_i \in U_c$." 这一条件可以保证 $H + L$ 为平衡函数. 后面的例 3.26 可以说明这样的一组 θ_i 至少当 $n = 5$ 时是存在的, 但在一般情形下的存在性证明还是一个没有解决的问题. 我们把这一问题留给读者思考.

公开问题 3.1 在构造 3.24 中, 对任意奇数 $n \geqslant 7$, 是否总存在 $\theta_i \in \mathbb{F}_2^n$, $i = 1, \cdots, s$, 使得对任意 $c \in \mathbb{F}_2^{s*}$, 都有 $\theta_c = \sum_{i=1}^{s} c_i\theta_i \in U_c$?

3.4 DS 型多输出半 Bent 函数构造

本节将通过级联一组频谱两两互不相交的函数构造一类平衡 (n, m) 半 Bent 函数. 我们取 "不相交" 和 "频谱" (spectrum) 英文单词的首字母 "D" 和 "S", 给这类函数取名为 "DS 型多输出半 Bent 函数".

构造 3.27 (DS 型) 设 $n = 2s + k$, 其中 $s \geqslant k$, k 是奇数. 再设 $x \in \mathbb{F}_2^k$, y, $z \in \mathbb{F}_2^s$,

$$G(X) = \big(g_1(X), \cdots, g_k(X)\big)$$

是 $\mathbb{F}_2^k$ 上的 AB 置换. 令 $(s + k, k)$ 函数

$$H(X, Y) = \big(h_1(X, Y), \cdots, h_k(X, Y)\big),$$

其中 $h_i(X, Y) = g_i(X)$, $i = 1, 2, \cdots, k$. 对 $z \in \mathbb{F}_2^s$, 设

$$A_z = \begin{pmatrix} I_k & M_z \\ \mathbf{0} & R_z \end{pmatrix}, \tag{3.23}$$

其中 M_z 是由 (3.14) 式定义的 $k \times s$ 矩阵, R_z 是 $\mathbb{F}_2$ 上的任意 s 阶可逆方阵. 构造 (n, k) 函数如下:

$$F(z, X, Y) = H\big((X, Y) \cdot (A_z^{\mathrm{T}})^{-1}\big). \tag{3.24}$$

定理 3.28 若 F 是由构造 3.27 所得函数, 则 F 是平衡 (n,k) 半 Bent 函数.

证明 对任意 $c\in\mathbb{F}_2^{k*}$, 设 $h_c=c\cdot H$, $g_c=c\cdot G$. 设 $\alpha\in\mathbb{F}_2^k$, $\beta\in\mathbb{F}_2^s$.

$$W_{h_c}(\alpha,\beta)=\sum_{Y\in\mathbb{F}_2^s}(-1)^{\beta\cdot Y}\sum_{X\in\mathbb{F}_2^k}(-1)^{g_c(X)+\alpha\cdot X}$$

$$=\begin{cases}2^s\cdot W_{g_c}(\alpha), & \beta=\mathbf{0}_s,\\ 0, & \beta\neq\mathbf{0}_s.\end{cases}\tag{3.25}$$

由 G 是 AB 函数, 可知 $W_{g_c}(\alpha)\in\{0,\pm2^{(k+1)/2}\}$. 由 (3.25) 式,

$$W_{h_c}(\alpha,\beta)\in\{0,\pm2^{(n+1)/2}\}.$$

设 $\{C_z\mid z\in\mathbb{F}_2^s\}$ 是由构造 2.70 (p. 119) 得到的 $(s+k,k)$ 不相交码集合. 由于 G 是置换函数, 可知 $W_{g_c}(\mathbf{0}_k)=0$. 因此

$$\mathrm{supp}(\mathcal{W}_{h_c})=\mathrm{supp}(\mathcal{W}_{g_c})\times\{\mathbf{0}_s\}\subset C_{\mathbf{0}_s}^*,\tag{3.26}$$

其中 $\mathrm{supp}(\mathcal{W}_{g_c})=\{\alpha\mid W_{g_c}(\alpha)\neq0\}$, $\mathrm{supp}(\mathcal{W}_{h_c})=\{(\alpha,\beta)\mid W_{h_c}(\alpha,\beta)\neq0\}$. 从 (3.23) 式可以看出, A_z 的上半部分正是 C_z 的生成矩阵 G_z. 不妨把 C_z 看作是一个 $2^k\times n$ 矩阵, 则有

$$C_z=C_{\mathbf{0}_s}\cdot A_z.\tag{3.27}$$

对固定的 $z\in\mathbb{F}_2^{s*}$, 设

$$H^{(z)}(X,Y)=H\big((X,Y)\cdot(A_z^{\mathrm{T}})^{-1}\big).\tag{3.28}$$

显然, $H^{(\mathbf{0}_s)}(X,Y)=H\big((X,Y)\cdot A_{\mathbf{0}_s}^{-1}\big)=H(X,Y)$. 对 $c\in\mathbb{F}_2^{k*}$, 设 $h_c^{(z)}=c\cdot H^{(z)}$. 由 (3.28) 式,

$$h_c^{(z)}(X,Y)=h_c\big((X,Y)\cdot(A_z^{\mathrm{T}})^{-1}\big).\tag{3.29}$$

可得

$$W_{h_c^{(z)}}(\alpha,\beta)=W_{h_c}\big((\alpha,\beta)\cdot A_z\big).\tag{3.30}$$

由 (3.27) 式,

$$\mathrm{supp}\big(\mathcal{W}_{h_c^{(z)}}\big)\subset C_z^*.$$

设 $f_c=c\cdot F$, $c\in\mathbb{F}_2^{k*}$. 从 (3.24) 式可以看出, f_c 是 2^s 个函数 $h_c^{(z)}$ $(z\in\mathbb{F}_2^s)$ 的级联. 设 $\gamma\in\mathbb{F}_2^s$, f_c 在点 (γ,α,β) 的谱值计算如下:

$$W_{f_c}(\gamma,\alpha,\beta)=\sum_{(z,X,Y)\in\mathbb{F}_2^n}(-1)^{f_c(z,X,Y)+(\gamma,\alpha,\beta)\cdot(z,X,Y)}$$

$$= \sum_{z\in\mathbb{F}_2^s}(-1)^{\gamma\cdot z}\sum_{(X,Y)\in\mathbb{F}_2^{k+s}}(-1)^{h_c^{(z)}(X,Y)+(\alpha,\beta)\cdot(X,Y)}$$

$$= \sum_{z\in\mathbb{F}_2^s}(-1)^{\gamma\cdot z}W_{h_c^{(z)}}(\alpha,\beta).$$

由于 $\{C_z \mid z\in\mathbb{F}_2^s\}$ 是不相交码集合, 由定义 2.30 (p. 69), $\{h_c^{(z)}(X,Y) \mid z\in\mathbb{F}_2^s\}\subset\mathcal{B}_{s+k}$ 是一个正交谱函数集, 即

$$W_{h_c^{(z)}}(\alpha,\beta)\cdot W_{h_c^{(z')}}(\alpha,\beta)=0,\quad z\neq z'.$$

因此, $W_{f_c}(\gamma,\alpha,\beta)\in\{0,\pm2^{(n+1)/2}\}$. 这就证明了 f_c 是半 Bent 函数. 由 (3.26) 式, 对任意 $z\in\mathbb{F}_2^s$, 都有 $W_{h_c^{(z)}}(\mathbf{0}_{k+s})=0$. 故有 $W_{f_c}(\mathbf{0}_n)=0$, 亦即 f_c 是平衡的. 由引理 3.1, F 是平衡的. □

构造 3.27 借助 $\mathbb{F}_2^k$ 上的一个 AB 函数 G 和一个基数为 2^s 的 $(s+k,k)$ 不相交码集合, 构造了 DS 型多输出平衡半 Bent 函数 F. 我们从任一 f_c 的结构来看这一构造的本质. 首先, 由于 G 是半 Bent 置换函数, 可知 $g_c=c\cdot G\in\mathcal{B}_k$ 是一个平衡半 Bent 函数. 其次, 把 g_c 真值表的每一位连续重复 2^s 次即得 $h_c\in\mathcal{B}_{s+k}$. 按 (3.29) 式, 对 h_c 分别进行 2^s 次仿射变换, 得到频谱相互正交的 2^s 个函数 $h_c^{(z)}$, $z\in\mathbb{F}_2^s$. 这 2^s 个函数的频谱之所以是正交的, 是因为经过仿射变换后它们的非零频谱值对应的向量都分别分布在 2^s 个不同的不相交码中. 最后, 把这 2^s 个 $s+k$ 元平衡布尔函数级联起来, 即得 $f_c\in\mathcal{B}_n$.

例 3.29 设 $n=9$, $s=k=3$. 再设 $X\in\mathbb{F}_2^3$, $G(X)=(g_1(X),g_2(X),g_3(X))$ 是 $\mathbb{F}_2^3$ 上的 AB 置换函数, 并有

$$\overline{g_1}=01010110,\quad \overline{g_2}=00110101,\quad \overline{g_3}=01111000.$$

按照构造 3.27, 构造平衡 $(6,3)$ 函数

$$H(X,Y)=\big(h_1(X,Y),h_2(X,Y),h_3(X,Y)\big)=\big(g_1(X),g_2(X),g_3(X)\big).$$

设 $\{C_z|z\in\mathbb{F}_2^3\}$ 是由构造 2.70 (p. 119) 得到的 $(6,3)$ 不相交码集合. 令 $R_z=M_z$, $z\in\mathbb{F}_2^{3*}$, 则有

$$A_{000}=\begin{pmatrix}100\ 100\\010\ 010\\001\ 001\\000\ 100\\000\ 010\\000\ 001\end{pmatrix},\quad A_{001}=\begin{pmatrix}100\ 100\\010\ 010\\001\ 001\\000\ 100\\000\ 010\\000\ 001\end{pmatrix},\quad A_{010}=\begin{pmatrix}100\ 010\\010\ 001\\001\ 110\\000\ 010\\000\ 001\\000\ 110\end{pmatrix},$$

$$A_{011}=\begin{pmatrix}100\ 001\\010\ 110\\001\ 011\\000\ 001\\000\ 110\\000\ 011\end{pmatrix},\quad A_{100}=\begin{pmatrix}100\ 110\\010\ 011\\001\ 111\\000\ 110\\000\ 011\\000\ 111\end{pmatrix},\quad A_{101}=\begin{pmatrix}100\ 011\\010\ 111\\001\ 101\\000\ 011\\000\ 111\\000\ 101\end{pmatrix},$$

$$A_{110}=\begin{pmatrix}100\ 111\\010\ 101\\001\ 100\\000\ 111\\000\ 101\\000\ 100\end{pmatrix},\quad A_{111}=\begin{pmatrix}100\ 101\\010\ 100\\001\ 010\\000\ 101\\000\ 100\\000\ 010\end{pmatrix}.$$

可得 2^3 个平衡 $(6,3)$ 函数 $H^{(z)}(X,Y)=H\big((X,Y)\cdot(A_z^{\mathrm{T}})^{-1}\big)$, $z\in\mathbb{F}_2^3$. 由前面的分析, 对任意固定的 $c\in\mathbb{F}_2^{3*}$, $\{c\cdot H^{(z)}\mid z\in\mathbb{F}_2^3\}$ 是正交谱函数集. 下面把这 8 个平衡 $(6,3)$ 函数的真值表按 z 的字典序排列起来 (3 维输出), 即得 DS 型平衡 $(9,3)$ 半 Bent 函数

$$F(z,X,Y)=\big(f_1(z,X,Y),f_2(z,X,Y),f_3(z,X,Y)\big)=H\big((X,Y)\cdot(A_z^{\mathrm{T}})^{-1}\big),$$

其中

f_1: 0000 007F 7F7F 7F00 7433 5A62 0B4C 251D 174B 6546 6834 1A39 ADB6 F195 D2C9 8EEA
D9EC 9ED4 A693 E1AB CEBC A7AA B1C3 D8D5 BAD3 8F99 C5AC F0E6 634D 7829 1C32 0756,

f_2: 0000 7F00 007F 7F7F 6356 3278 4D07 1C29 CED5 C3A7 BCD8 B1AA 1739 3465 4B1A 6846
741D 4C5A 3325 0B62 BAE6 AC8F D3F0 C599 D9AB 939E ECE1 A6D4 ADEA C9F1 B68E D295,

f_3: 007F 7F00 7F00 7F00 D9A6 D4AB E19E 93EC ADD2 95EA 8EF1 C9B6 631C 2956 0778 324D
BAC5 99E6 F08F ACD3 1768 4639 1A65 344B CEB1 AAD5 D8A7 C3BC 740B 621D 255A 4C33.

3.5 GMM 型多输出密码函数构造 (1)

本节借助不相交码把 2.4 节的 GMM 型布尔函数构造方法推广到多输出情形. 设 (n,m) 函数 $F=(f_1,\cdots,f_m)$. 我们的设计目标是: 对任意 $c\in\mathbb{F}_2^{m*}$, $f_c=c\cdot F$ 都是 GMM 型的高非线性度 t 阶弹性布尔函数, 以实现 F 的非线性度和弹性之间的优化折中.

已经知道, 有限域 $(\mathbb{F}_{2^m},\ +,\ \cdot)$ 中的所有非零元素构成的集合 $\mathbb{F}_{2^m}^*$ 关于乘法运算 "·" 作成一个循环群 $(\mathbb{F}_{2^m}^*,\cdot)$. 设 γ 是一个 m 次本原多项式的根, 则

$\mathbb{F}_{2^m}^* = \{1, \gamma, \gamma^2, \cdots, \gamma^{2^m-2}\}$. 构造一个 $(2^m-1)\times m$ 矩阵 M 如下:

$$M = \begin{pmatrix} 1 & \gamma & \cdots & \gamma^{m-1} \\ \gamma & \gamma^2 & \cdots & \gamma^m \\ \vdots & \vdots & & \vdots \\ \gamma^{2^m-2} & \gamma^{2^m-1} & \cdots & \gamma^{2^m+m-3} \end{pmatrix}.$$

M 中第 i 行第 j 列中的元素为 γ^{i+j-2}. 注意到 $\gamma^{2^m-1}=1$, 则有

$$M = \begin{pmatrix} 1 & \gamma & \cdots & \gamma^{m-1} \\ \gamma & \gamma^2 & \cdots & \gamma^m \\ \vdots & \vdots & & \vdots \\ \gamma^{2^m-2} & 1 & \cdots & \gamma^{m-2} \end{pmatrix}.$$

设 $c=(c_1, c_2, \cdots, c_m)\in \mathbb{F}_2^{m*}$, 对 M 中的列向量作非零线性组合得列向量

$$Mc^{\mathrm{T}} = \begin{pmatrix} (c_1+c_2\gamma+\cdots+c_m\gamma^{m-1})\cdot 1 \\ (c_1+c_2\gamma+\cdots+c_m\gamma^{m-1})\cdot \gamma \\ \vdots \\ (c_1+c_2\gamma+\cdots+c_m\gamma^{m-1})\cdot \gamma^{2^m-2} \end{pmatrix}.$$

由于 1, γ, $\cdots$, γ^{m-1} 是 $\mathbb{F}_{2^m}$ 的一组基底, 对确定的 $c\in\mathbb{F}_2^{m*}$, 存在唯一的 λ, $0\leqslant\lambda\leqslant 2^m-2$, 使得 $c_1+c_2\gamma+\cdots+c_m\gamma^{m-1}=\gamma^\lambda$. 于是

$$Mc^{\mathrm{T}} = \begin{pmatrix} \gamma^\lambda \\ \gamma^{\lambda+1} \\ \vdots \\ \gamma^{\lambda+2^m-2} \end{pmatrix}.$$

显然列向量 Mc^{T} 中的 2^m-1 个分量恰好构成集合 $\mathbb{F}_2^{m*}$. 换言之, M 中 m 个列向量的任意非零线性组合, 都是 M 的第一个列向量的一个置换.

下面, 在 $\mathbb{F}_{2^m}$ 和一个 $[u, m]$ 码 C 之间关于各自的加法运算建立同构映射 π. C 中的加法运算是向量加法运算. F_{2^m} 和 C 中的加法运算都用 “+” 表示.

设 θ_1, θ_2, $\cdots$, θ_m 是 C 的一组基底. 定义双射 $\pi:\mathbb{F}_{2^m}\to C$, 并有

$$\pi(c_1+c_2\gamma+\cdots+c_m\gamma^{m-1}) = c_1\theta_1+c_2\theta_2+\cdots+c_m\theta_m,$$

其中 $c=(c_1,c_2,\cdots,c_m)\in\mathbb{F}_2^{m*}$. 显然 π 是从 $(\mathbb{F}_{2^m},\ +)$ 到 $(C,\ +)$ 的同构映射. 建立 $(2^m-1)\times m$ 矩阵 A 如下:

$$A=\begin{pmatrix}\pi(1) & \pi(\gamma) & \cdots & \pi(\gamma^{m-1})\\ \pi(\gamma) & \pi(\gamma^2) & \cdots & \pi(\gamma^m)\\ \vdots & \vdots & & \vdots\\ \pi(\gamma^{2^m-2}) & \pi(1) & \cdots & \pi(\gamma^{m-2})\end{pmatrix}. \tag{3.31}$$

可以看出, 矩阵 A 中每个元素都是 u 维二元向量, 是矩阵 M 中对应元素在映射 π 下的象. 今后我们也称这样的矩阵为 "$l\times m$ 向量阵列" (l 代表向量阵列的行数, m 代表向量阵列的列数), 简称 "向量阵列". 把 A 中的 m 列进行非零线性组合, 得到列向量

$$Ac^{\mathrm{T}}=\begin{pmatrix}\pi(\gamma^{\lambda})\\ \pi(\gamma^{\lambda+1})\\ \vdots\\ \pi(\gamma^{\lambda+2^m-2})\end{pmatrix},\quad c\in\mathbb{F}_2^{m*}.$$

在同构映射 π 的作用下, 前面矩阵 M 具有的性质在向量阵列 A 中同样成立: C 的任一非零码字都在 Ac^{T} 的 2^m-1 个分量中出现且只出现一次.

设 $\{C_0,C_1,\cdots,C_{N-1}\}$ 是一个 (u,m,d) 不相交码集合. 仿照上面可建立从 $(\mathbb{F}_{2^m},\ +)$ 到 $(C_i,\ +)$ 的同构映射 π_i, $i=0,1,\cdots,N-1$. 用 π_i 替换 (3.31) 式中的 π 得向量阵列 $A_i^{(u)}$. 构造 $N(2^m-1)\times m$ 向量阵列

$$A^{(u)}=\begin{pmatrix}A_0^{(u)}\\ A_1^{(u)}\\ \vdots\\ A_{N-1}^{(u)}\end{pmatrix}. \tag{3.32}$$

由于 $C_i\cap C_j=\{\mathbf{0}_u\}$, $0\leqslant i<j\leqslant N-1$, 对任意 $c\in\mathbb{F}_2^{m*}$, $A^{(u)}c^{\mathrm{T}}$ 的所有分量组成的集合都恰好是 $C_0^*\cup C_1^*\cup\cdots\cup C_{N-1}^*$. 同时, $A^{(u)}c^{\mathrm{T}}$ 中的 $N(2^m-1)$ 个分量 (都是 $\mathbb{F}_2^u$ 中的向量) 的汉明重量都 $\geqslant d$. 向量阵列 $A^{(u)}$ 的这一性质将在后面构造 GMM 型高非线性度 $(n,m,d-1)$ 弹性函数时用到.

我们把 (3.32) 式中由不相交码生成的 "向量阵列" 称为第 1 类向量阵列. 后面, 我们还会设计其他类型的向量阵列来构造多输出弹性密码函数.

例 3.30 设 $m=3$, γ 是 $\mathbb{F}_2$ 上本原多项式 x^3+x+1 的根. 在例 2.74 (p. 124) 中选一个 $[6,3]$ 码 C_1. C_1 的生成矩阵 G_1 中的三个行向量 (100010), (010001) 和

(001110) 是 C_1 的一组基底, 可设 $\theta_1=(100010)$, $\theta_2=(010001)$, $\theta_3=(001110)$. 建立 $(\mathbb{F}_{2^3},+)$ 和 $(C_1,+)$ 之间的同构映射

$$\pi_1(c_1+c_2\gamma+c_3\gamma^2)=c_1\theta_1+c_2\theta_2+c_3\theta_3,$$

其中 $(c_1,c_2,c_3)\in\mathbb{F}_2^3$. 用 C_1 中的非零码字构造 7×3 向量阵列

$$A_1^{(6)}=\begin{pmatrix}\pi_1(1)&\pi_1(\gamma)&\pi_1(\gamma^2)\\\pi_1(\gamma)&\pi_1(\gamma^2)&\pi_1(\gamma^3)\\\pi_1(\gamma^2)&\pi_1(\gamma^3)&\pi_1(\gamma^4)\\\pi_1(\gamma^3)&\pi_1(\gamma^4)&\pi_1(\gamma^5)\\\pi_1(\gamma^4)&\pi_1(\gamma^5)&\pi_1(\gamma^6)\\\pi_1(\gamma^5)&\pi_1(\gamma^6)&\pi_1(1)\\\pi_1(\gamma^6)&\pi_1(1)&\pi_1(\gamma)\end{pmatrix}=\begin{pmatrix}100010&010001&001110\\010001&001110&110011\\001110&110011&011111\\110011&011111&111101\\011111&111101&101100\\111101&101100&100010\\101100&100010&010001\end{pmatrix}.$$

易验证, 向量阵列 $A_1^{(6)}$ 中三列向量的任意非零线性组合必然都分别是 C_1 中 7 个非零码字的一个排列. 换言之, 对任意 $c\in\mathbb{F}_2^{3*}$, C_1 中的任一非零码字在 $A_1^{(6)}c^{\mathrm{T}}$ 的分量中出现且只出现一次. 由 C_1 是 $[6,3,2]$ 码, 可知对 $A_1^{(6)}c^{\mathrm{T}}$ 中的任一分量 α, 都有 $\mathrm{wt}(\alpha)\geqslant 2$. 由例 2.74 (p. 124), 在 $\mathbb{F}_2^6$ 中可以找到基数为 7 的 $(6,3,2)$ 不相交码集合 $\{C_0,C_1,C_2,C_3,C_4,C_5,C_6\}$. 按上面的方式, 在 $\mathbb{F}_2^3$ 和这 7 个最小距离 $\geqslant 2$ 的 $[6,3]$ 码 C_i $(0\leqslant i\leqslant 6)$ 之间分别建立同构映射 π_i, 进而得到 7 个 7×3 向量阵列 $A_i^{(6)}$, $i=0,1,\cdots,6$. 把这 7 个向量阵列排成一列, 得到一个 49×3 向量阵列

$$A^{(6)}=\begin{pmatrix}A_0^{(6)}\\A_1^{(6)}\\\vdots\\A_6^{(6)}\end{pmatrix}.$$

设 $A^{(6)}c^{\mathrm{T}}(c\in\mathbb{F}_2^{3*})$ 是向量阵列 $A^{(6)}$ 各列的非零线性组合. 由于 7 个 $[6,3]$ 码互不相交且最小距离都 $\geqslant 2$, 故 $A^{(6)}c^{\mathrm{T}}$ 中的 49 个分量两两不同, 并且汉明重量都 $\geqslant 2$.

经查表 2.14 (p. 122), 可知存在基数是 16 的 $(7,3,2)$ 不相交码集合. 按上面的方式, 从 $\mathbb{F}_{2^3}$ 向这 16 个线性码分别建立 16 个同构映射, 进而得到 16 个 7×3 向量阵列 $A_i^{(7)}$, $i=0,1,\cdots,15$. 再把这 16 个 7×3 向量阵列排成 112×3 向量阵列

$$A^{(7)} = \begin{pmatrix} A_0^{(7)} \\ A_1^{(7)} \\ \vdots \\ A_{15}^{(7)} \end{pmatrix}.$$

与向量阵列 $A^{(6)}$ 性质相同, 对任意 $c \in \mathbb{F}_2^{3*}$, $A^{(7)}c^{\mathrm{T}}$ 中的 112 个分量 ($\mathbb{F}_2^7$ 中的向量) 两两互不相同, 并且汉明重量都 $\geqslant 2$.

有了向量阵列 $A^{(7)}$ 和 $A^{(6)}$, 结合 GMM 构造法可以得到一个 $(14,3,1)$ 弹性函数, 其非线性度是 $2^{13}-2^6-2^5$. 下面的例子, 描述了这一函数的构造细节.

例 3.31 设 $X=(x_1,x_2,\cdots,x_{14}) \in \mathbb{F}_2^{14}$, $X_7=(x_1,x_2,\cdots,x_7) \in \mathbb{F}_2^7$, $X_8=(x_1,x_2,\cdots,x_8) \in \mathbb{F}_2^8$, $X_7'=(x_8,x_9,\cdots,x_{14}) \in \mathbb{F}_2^7$, $X_6'=(x_9,x_{10},\cdots,x_{14}) \in \mathbb{F}_2^6$. 下面构造 $(14,3)$ 函数 $F(X)=\big(f_1(X),\, f_2(X),\, f_3(X)\big)$, 其中 f_1, f_2 和 f_3 都设计成 GMM 型 14 元布尔函数. 设 $S_1 \subset \mathbb{F}_2^7$, 并有 $|S_1|=112$. 从 S_1 向 $\mathbb{F}_2^7$ 建立三个单射 $\phi_1^{(1)}$, $\phi_2^{(1)}$, $\phi_3^{(1)}$, 使得对任意 $X_7 \in S_1$, 下面的向量

$$\big(\phi_1^{(1)}(X_7),\ \phi_2^{(1)}(X_7),\ \phi_3^{(1)}(X_7)\big) \in \mathbb{F}_2^7 \times \mathbb{F}_2^7 \times \mathbb{F}_2^7 \tag{3.33}$$

都对应向量阵列 $A^{(7)}$ 中的某行. 由于 $\phi_i^{(1)}(i=1,2,3)$ 都是单射, 不同的 X_7 必定使 (3.33) 式中的向量对应 $A^{(7)}$ 的不同行. 令 $S_2=\overline{S_1}\times\mathbb{F}_2$, 其中 $\overline{S_1}=\mathbb{F}_2^7\backslash S_1$. 易得 $|S_2|=(2^7-112)\cdot 2=32<49$. 从 S_2 向 $\mathbb{F}_2^6$ 建立三个单射 $\phi_1^{(2)}$, $\phi_2^{(2)}$, $\phi_3^{(2)}$, 使得对任意 $X_8 \in S_2$, 下面的向量

$$\big(\phi_1^{(2)}(X_8),\ \phi_2^{(2)}(X_8),\ \phi_3^{(2)}(X_8)\big) \in \mathbb{F}_2^6 \times \mathbb{F}_2^6 \times \mathbb{F}_2^6 \tag{3.34}$$

都对应向量阵列 $A^{(6)}$ 中的某行 (不同的 X_8 必定使 (3.34) 式中的向量对应 $A^{(6)}$ 的不同行). 构造 f_i, $i=1,2,3$, 如下:

$$f_i(X)=\begin{cases} \phi_i^{(1)}(X_7)\cdot X_7', & X_7 \in S_1, \\ \phi_i^{(2)}(X_8)\cdot X_6', & X_8 \in S_2. \end{cases} \tag{3.35}$$

f_1, f_2, f_3 都是定义 2.43 (p. 82) 中所定义的 GMM 型布尔函数, 其中 $\phi_i^{(1)}$ 是从 S_1 到向量阵列 $A^{(7)}$ 第 i 列所有分量 (7 维向量) 集合的双射, 而 $\phi_i^{(2)}$ 是从 S_2 到向量阵列 $A^{(6)}$ 第 i 列所有分量 (6 维向量) 集合的单射. 令 $c=(c_1,c_2,c_3)\in\mathbb{F}_2^{3*}$, 可得

$$f_c(X)=c\cdot F=\begin{cases} \big(c_1\phi_1^{(1)}+c_2\phi_2^{(1)}+c_3\phi_3^{(1)}\big)(X_7)\cdot X_7', & X_7\in S_1, \\ \big(c_1\phi_1^{(2)}+c_2\phi_2^{(2)}+c_3\phi_3^{(2)}\big)(X_8)\cdot X_6', & X_8\in S_2. \end{cases}$$

根据前面讨论的 $A^{(7)}$, $A^{(6)}$ 的性质, 可知 $c_1\phi_1^{(1)}+c_2\phi_2^{(1)}+c_3\phi_3^{(1)}$ 是 S_1 到 $A^{(7)}c^{\mathrm{T}}$ 所有分量集合的双射, 而 $c_1\phi_1^{(2)}+c_2\phi_2^{(2)}+c_3\phi_3^{(2)}$ 是 S_2 到 $A^{(6)}c^{\mathrm{T}}$ 所有分量集合的单

射. 而 $A^{(7)}c^{\mathrm{T}}$ 所有分量 (7 维向量) 和 $A^{(6)}c^{\mathrm{T}}$ 所有分量 (6 维向量) 的重量都 $\geqslant 2$. 结合 2.4 节讨论的内容, f_c 属于构造 2.44 (p. 83) 给出的 GMM 型布尔函数类. 由定理 2.45 (p. 84) 及其证明可知, f_c 是 1 阶弹性函数, 并有 $N_{f_c} = 2^{13} - 2^6 - 2^5$. 因而, F 是非线性度为 $2^{13} - 2^6 - 2^5$ 的 $(14, 3, 1)$ 弹性函数.

例 3.31 中所构造的 (14,3) 函数 F, 其任意非零线性组合 f_c 都是由 112 个 7 元线性函数和 32 个 6 元线性函数广义级联而成的. 由于 $A^{(7)}c^{\mathrm{T}}$ 和 $A^{(6)}c^{\mathrm{T}}$ 中各分量的汉明重量都 $\geqslant 2$, 这保证了 f_c 中被广义级联的函数都是 7 元 1 阶弹性线性函数或 6 元 1 阶弹性线性函数, 进而可得 f_c 是 1 阶弹性函数. 同时, 向量阵列 $A^{(7)}$ 和 $A^{(6)}$ 的设计结构决定了被广义级联的线性函数必定两两不同, 这保证了 f_c 频谱振幅的最大值是 $2^7 + 2^6$.

设 $(u, m, t+1)$ 不相交码集合中的线性码数量最多是 $M(u, m, t+1)$. 本节在 m 和 t 确定的前提下, 把这一数值简写为 $M(u)$. $M(u)$ 个不相交 $[u, m]$ 码中共有 $M(u)(2^m - 1)$ 个两两不同的非零 u 维向量, 每个非零 u 维向量对应一个以它为线性项系数的线性函数. 这些两两不同的线性函数参与广义级联可为所构造的函数真值表提供 $M(u)(2^m - 1)\cdot 2^u$ 个真值.

本节的主要目的是构造非线性度严格几乎最优的 (n, m, t) 弹性函数 F. 为了使 F 的非线性度 $> 2^{n-1} - 2^{n/2}$, 即频谱最大振幅 $< 2^{n/2+1}$, 我们可以采用两个不相交码集合, 它们一个是 $(n/2, m, t+1)$ 不相交码集合, 另一个是 $(k, m, t+1)$ 不相交码集合, 其中 $k < n/2$. 若下面不等式成立

$$M(n/2)(2^m - 1)\cdot 2^{n/2} + M(k)(2^m - 1)\cdot 2^k \geqslant 2^n, \tag{3.36}$$

则可保证 f_c 的频谱最大振幅为 $2^{n/2} + 2^k$. 在例 3.31 中, $M(7) = 16$, $M(6) = 7$, 显然使 (3.36) 式成立. 被广义级联的线性函数替换成线性项相同的常数项为 1 的仿射函数, 并不影响 F 的弹性阶和非线性度. 例如, (3.35) 式可更一般地表示为

$$f_i(X) = \begin{cases} \phi_i^{(1)}(X_7)\cdot X_7' + g_i(X_7), & X_7 \in S_1, \\ \phi_i^{(2)}(X_8)\cdot X_6' + h_i(X_8), & X_8 \in S_2, \end{cases}$$

其中 $g_i \in \mathcal{B}_7$, $h_i \in \mathcal{B}_8$, $i = 1, 2$.

上面的讨论中, 函数构造时采用的是两个不相交码集合. 而实际上采用更多不相交码集合, 在弹性阶不变的前提下, 有可能进一步提高非线性度. 例如, 要构造 $(36, 6, 3)$ 弹性函数, 经过查表 2.14 (p. 122), 可知 $M(18) = 3905$, $M(17) = 1891$. 由于 $M(18)(2^6 - 1)\cdot 2^{18} + M(17)(2^6 - 1)\cdot 2^{17} > 2^{36}$, 满足 (3.36) 式, 因而可以构造出频谱最大振幅为 $2^{18} + 2^{17}$ 的 $(36, 6, 3)$ 弹性函数. 同时, 我们也注意到 $M(16) = 886$, $M(15) = 400$, 可使不等式

$$M(18)(2^6 - 1)\cdot 2^{18} + M(16)(2^6 - 1)\cdot 2^{16} + M(15)(2^6 - 1)\cdot 2^{15} > 2^{36}$$

成立. 因而, 可采用参数分别是 $(18,6,4)$, $(16,6,4)$ 和 $(15,6,4)$ 的不相交码集合构造出频谱最大振幅为 $2^{18}+2^{16}+2^{15}$ 的 $(36,6,3)$ 弹性函数.

经过上面的描述, 我们已经把 GMM 型多输出密码函数构造思想的要旨说清楚了. 下面给出函数构造的一般性描述.

构造 3.32 设 n,m,t,u 都是整数, 并且 $n\geqslant 3$, $2\leqslant m\leqslant n-1$, $2\leqslant u\leqslant n-1$, $0\leqslant t\leqslant \lfloor(2n-2)/3\rfloor$. 设 $\mathcal{C}^{(u)}=\{C_1^{(u)},\cdots,C_{M(u)}^{(u)}\}$ 是一个基数为 $M(u)$ 的 $(u,m,t+1)$ 不相交码集合. 在 $\mathbb{F}_{2^m}$ 和 $\mathcal{C}^{(u)}$ 中的每个线性码之间都分别建立一个双射 $\pi_j^{(u)}:\mathbb{F}_{2^m}\to C_j^{(u)}$, $1\leqslant j\leqslant M(u)$, 满足

$$c_1+c_2\gamma+\cdots+c_m\gamma^{m-1}\xmapsto{\pi_j^{(u)}} c_1\theta_1^{(u,j)}+c_2\theta_2^{(u,j)}+\cdots+c_m\theta_m^{(u,j)},$$

其中 γ 是 $\mathbb{F}_{2^m}$ 的本原元, $\theta_1^{(u,j)},\theta_2^{(u,j)},\cdots,\theta_{m-1}^{(u,j)}$ 是 $C_j^{(u)}$ 的基底. 定义向量阵列

$$A^{(u)}=\begin{pmatrix} A_1^{(u)}\\ A_2^{(u)}\\ \vdots\\ A_{M(u)}^{(u)}\end{pmatrix}, \tag{3.37}$$

其中

$$A_j^{(u)}=\begin{pmatrix} \pi_j^{(u)}(1) & \pi_j^{(u)}(\gamma) & \cdots & \pi_j^{(u)}(\gamma^{m-1})\\ \pi_j^{(u)}(\gamma) & \pi_j^{(u)}(\gamma^2) & \cdots & \pi_j^{(u)}(\gamma^{m})\\ \vdots & \vdots & & \vdots\\ \pi_j^{(u)}(\gamma^{2^m-2}) & \pi_j^{(u)}(1) & \cdots & \pi_j^{(u)}(\gamma^{m-2})\end{pmatrix},\quad 1\leqslant j\leqslant M(u).$$

设 $(a_{n-1},a_{n-2},\cdots,a_\kappa)$ 是使

$$\sum_{u=2}^{n-1}\Big(a_uM(u)(2^m-1)\cdot 2^u\Big)\geqslant 2^n \tag{3.38}$$

成立的最小二进制数. 设 $U=\{u\mid a_u=1,\ 2\leqslant u\leqslant n-1\}$. 设

$$\mathcal{C}^{(u)}=C_1^{(u)*}\cup C_2^{(u)*}\cup\cdots\cup C_{M(u)}^{(u)}{}^{*}.$$

选一组集合 $\{E_u\subseteq\mathbb{F}_2^{n-u}\mid u\in U\}$, 满足如下条件:

(1) 对任意 $u\in U$, 都有 $|E_u|\leqslant|\mathcal{C}^{(u)}|=M(u)(2^m-1)$;

(2) $\{S_u\mid S_u=\mathbb{F}_2^u\times E_u,\ u\in U\}$ 是 $\mathbb{F}_2^n$ 的一个划分.

设 $X=(X_{n-u},X'_u)\in\mathbb{F}_2^n$, 其中 $X_{n-u}\in\mathbb{F}_2^{n-u}$, $X'_u\in\mathbb{F}_2^u$. 建立从 E_u 到 $\mathcal{C}^{(u)}$ 的 m 个单射 $\phi_i^{(u)}$, $i=1,2,\cdots,m$, 使得对任意 $X_{n-u}\in\mathbb{F}_2^{n-u}$,

$$\left(\phi_1^{(u)}(X_{n-u}),\ \phi_2^{(u)}(X_{n-u}),\ \cdots,\ \phi_m^{(u)}(X_{n-u})\right)$$

都对应向量阵列 $A^{(u)}$ 的某一行. 对 $i=1,2,\cdots,m$, 构造 n 元布尔函数 f_i 如下:

$$f_i(X)=\phi_i^{(u)}(X_{n-u})\cdot X'_u+g_i^{(u)}(X_{n-u}),\quad X_{n-u}\in E_u,\ u\in U, \tag{3.39}$$

其中 $g_i^{(u)}\in\mathcal{B}_{n-u}$. 进而构造出 GMM 型 (n,m) 函数

$$F(X)=\left(f_1(X),f_2(X),\cdots,f_m(X)\right).$$

定理 3.33　由构造 3.32 得到的函数 F 是 (n,m,t) 弹性函数, 其非线性度

$$N_F\geqslant 2^{n-1}-\sum_{u\in U}2^{u-1}. \tag{3.40}$$

证明　设 $c=(c_1,\cdots,c_m)\in\mathbb{F}_2^{m*}$, $f_c=c\cdot F$. 由 (3.39) 式中 f_i 的结构, 可知

$$f_c(X)=\phi_c^{(u)}(X_{n-u})\cdot X'_u+g_c^{(u)}(X_{n-u}),\quad X_{n-u}\in E_u,\quad u\in U,$$

其中

$$\begin{aligned}\phi_c^{(u)}&=c_1\phi_1^{(u)}+c_2\phi_2^{(u)}+\cdots+c_m\phi_m^{(u)},\\ g_c^{(u)}&=c_1g_1^{(u)}+c_2g_2^{(u)}+\cdots+c_mg_m^{(u)}.\end{aligned}$$

设 $\Omega=(\Omega_{n-u},\Omega'_u)\in\mathbb{F}_2^n$, 其中 $\Omega_{n-u}\in\mathbb{F}_2^{n-u}$, $\Omega'_u\in\mathbb{F}_2^u$. f_c 在 Ω 点的谱值为

$$\begin{aligned}W_{f_c}(\Omega)&=\sum_{u\in U}\sum_{X\in S_u}(-1)^{f_c(X)+\Omega\cdot X}\\&=\sum_{u\in U}\sum_{X_{n-u}\in E_u}\sum_{X'_u\in\mathbb{F}_2^u}(-1)^{\phi_c^{(u)}(X_{n-u})\cdot X'_u+(\Omega_{n-u},\Omega'_u)\cdot(X_{n-u},X'_u)+g_c^{(u)}(X_{n-u})}\\&=\sum_{u\in U}\sum_{X_{n-u}\in E_u}(-1)^{\Omega_{n-u}\cdot X_{n-u}+g_c^{(u)}(X_{n-u})}\sum_{X'_u\in\mathbb{F}_2^u}(-1)^{\left(\phi_c^{(u)}(X_{n-u})+\Omega'_u\right)\cdot X'_u}.\end{aligned}$$

由前面的讨论, 可知 $\phi_c^{(u)}$ 必定也是从 E_u 到 $\mathcal{C}^{(u)}$ 的单射. 若 Ω'_u 在映射 $\phi_c^{(u)}$ 下无原象, 则无论 X_{n-u} 取何值, 总有

$$\sum_{X'_u\in\mathbb{F}_2^u}(-1)^{\left(\phi_c^{(u)}(X_{n-u})+\Omega'_u\right)\cdot X'_u}=0. \tag{3.41}$$

否则, Ω'_u 在映射 $\phi_c^{(u)}$ 下有且只有一个原象, 并有

$$\begin{aligned}&\sum_{X_{n-u}\in E_u}(-1)^{\Omega_{n-u}\cdot X_{n-u}+g_c^{(u)}(X_{n-u})}\sum_{X'_u\in\mathbb{F}_2^u}(-1)^{\left(\phi_c^{(u)}(X_{n-u})+\Omega'_u\right)\cdot X'_u}\\ =&(-1)^{\Omega_{n-u}\cdot\left((\phi_c^{(u)})^{-1}(\Omega'_u)\right)+g_c^{(u)}\left((\phi_c^{(u)})^{-1}(\Omega'_u)\right)}\sum_{X'_u\in\mathbb{F}_2^u}(-1)^0\\ =&\pm 2^u.\end{aligned}$$

因而

$$\max_{\Omega\in\mathbb{F}_2^n}|W_{f_c}(\Omega)|\leqslant\sum_{u\in U}2^u.$$

故有

$$N_{f_c}\geqslant 2^{n-1}-\sum_{u\in U}2^{u-1}.$$

由 (3.5) 式 (p. 169), (3.40) 式成立. 当 $0\leqslant \mathrm{wt}(\Omega)\leqslant t$ 时, $0\leqslant \mathrm{wt}(\Omega'_u)\leqslant t$. 此时, 对任意 $u\in U$, Ω'_u 在映射 $\phi_c^{(u)}$ 下无原象, 可得 (3.41) 式成立, 进而 $W_{f_c}(\Omega)=0$. 由 Xiao-Massey 定理, f_c 是 t 阶弹性函数. 由引理 3.4, F 是 t 阶弹性函数. □

通过判断 (3.38) 式是否成立, 可确定具有严格几乎最优非线性度的 (n,m,t) 弹性函数是否存在, 并得到具有目前已知最高非线性度的 (n,m,t) 弹性函数.

例 3.34 存在非线性度至少为 $2^{39}-2^{19}-2^{18}-2^{16}-2^{15}$ 的 $(40,7,4)$ 弹性函数 F. 经过查表 2.14 (p. 122), 可知 $M(20)=6764$, $M(19)=2880$, $M(17)=396$, $M(16)=100$. 可验证它们使 (3.38) 式成立

$$6764\cdot 127\cdot 2^{20}+2880\cdot 127\cdot 2^{19}+396\cdot 127\cdot 2^{17}+100\cdot 127\cdot 2^{16}>2^{40}.$$

进而可知,

$$\max_{\Omega\in\mathbb{F}_2^{40}}W_{f_c}(\Omega)\leqslant 2^{20}+2^{19}+2^{17}+2^{16},$$

其中 $c\in\mathbb{F}_2^{7*}$, $f_c=c\cdot F$. 因此, $N_F\geqslant 2^{39}-2^{19}-2^{18}-2^{16}-2^{15}$.

在表 3.1 和表 3.2 中, 我们列出更多 (n,m,t) 弹性函数的最大非线性度下界. 表 3.1 中标 * 的数值, 表示 F 的构造中只用了一组 $(u,m,t+1)$ 不相交码集合, 并有 $u>n/2$. 此时, F 的非线性度必定不是严格几乎最优的.

表 3.1　(n, m, t) 弹性函数可达到的非线性度 $N_F(t = 1, 2, 3)$

m	n	$N_F(t=1)$	$N_F(t=2)$	$N_F(t=3)$
2	12	$2^{11}-2^5-2^4$	$2^{11}-2^6$ *	$2^{11}-2^7$ *
	14	$2^{13}-2^6-2^5$	$2^{13}-2^7$ *	$2^{13}-2^7$ *
	16	$2^{15}-2^7-2^5$	$2^{15}-2^8$ *	$2^{15}-2^8$ *
	18	$2^{17}-2^8-2^6$	$2^{17}-2^8-2^7$	$2^{17}-2^9$ *
	20	$2^{19}-2^9-2^6-2^5$	$2^{19}-2^9-2^8$	$2^{19}-2^{10}$ *
	22	$2^{21}-2^{10}-2^7$	$2^{21}-2^{10}-2^8$	$2^{21}-2^{11}$ *
	24	$2^{23}-2^{11}-2^7-2^6-2^4$	$2^{23}-2^{11}-2^9$	$2^{23}-2^{11}-2^{10}$
	26	$2^{25}-2^{12}-2^8$	$2^{25}-2^{12}-2^9-2^8$	$2^{25}-2^{12}-2^{11}$
	28	$2^{27}-2^{13}-2^9$	$2^{27}-2^{13}-2^{10}$	$2^{27}-2^{13}-2^{11}$
	30	$2^{29}-2^{14}-2^9$	$2^{29}-2^{14}-2^{11}$	$2^{29}-2^{14}-2^{12}$
	32	$2^{31}-2^{15}-2^{10}$	$2^{31}-2^{15}-2^{11}$	$2^{31}-2^{15}-2^{13}$
	34	$2^{33}-2^{16}-2^{10}$	$2^{33}-2^{16}-2^{12}$	$2^{33}-2^{16}-2^{13}$
	36	$2^{35}-2^{17}-2^{11}$	$2^{35}-2^{17}-2^{12}-2^{11}$	$2^{35}-2^{17}-2^{14}$
	38	$2^{37}-2^{18}-2^{11}$	$2^{37}-2^{18}-2^{13}$	$2^{37}-2^{18}-2^{14}-2^{11}$
	40	$2^{39}-2^{19}-2^{12}$	$2^{39}-2^{19}-2^{13}-2^{12}-2^{11}$	$2^{39}-2^{19}-2^{15}$
3	14	$2^{13}-2^6-2^5$	$2^{13}-2^7$ *	$2^{13}-2^8$ *
	16	$2^{15}-2^7-2^6$	$2^{15}-2^8$ *	$2^{15}-2^8$ *
	18	$2^{17}-2^8-2^6$	$2^{17}-2^9$ *	$2^{17}-2^9$ *
	20	$2^{19}-2^9-2^7$	$2^{19}-2^9-2^8$	$2^{19}-2^{10}$
	22	$2^{21}-2^{10}-2^8$	$2^{21}-2^{10}-2^9$	$2^{21}-2^{11}$
	24	$2^{23}-2^{11}-2^8$	$2^{23}-2^{11}-2^9$	$2^{23}-2^{12}$
	26	$2^{25}-2^{12}-2^8$	$2^{25}-2^{12}-2^{10}$	$2^{25}-2^{12}-2^{11}$
	28	$2^{27}-2^{13}-2^9$	$2^{27}-2^{13}-2^{10}-2^9$	$2^{27}-2^{13}-2^{12}$
	30	$2^{29}-2^{14}-2^9-2^8$	$2^{29}-2^{14}-2^{11}$	$2^{29}-2^{14}-2^{12}$
	32	$2^{31}-2^{15}-2^{10}$	$2^{31}-2^{15}-2^{12}$	$2^{31}-2^{15}-2^{13}$
	34	$2^{33}-2^{16}-2^{11}$	$2^{33}-2^{16}-2^{12}$	$2^{33}-2^{16}-2^{14}$
	36	$2^{35}-2^{17}-2^{11}$	$2^{35}-2^{17}-2^{13}$	$2^{35}-2^{17}-2^{14}$
	38	$2^{37}-2^{18}-2^{12}$	$2^{37}-2^{18}-2^{13}$	$2^{37}-2^{18}-2^{15}$
	40	$2^{39}-2^{19}-2^{12}$	$2^{39}-2^{19}-2^{14}$	$2^{39}-2^{19}-2^{15}-2^{14}$
4	18	$2^{17}-2^8-2^7$	$2^{17}-2^9$ *	$2^{17}-2^9$ *
	20	$2^{19}-2^9-2^8$	$2^{19}-2^{10}$ *	$2^{19}-2^{10}$ *
	22	$2^{21}-2^{10}-2^8-2^7$	$2^{21}-2^{10}-2^9$	$2^{21}-2^{11}$ *
	24	$2^{23}-2^{11}-2^8$	$2^{23}-2^{11}-2^{10}$	$2^{23}-2^{12}$ *
	26	$2^{25}-2^{12}-2^9$	$2^{25}-2^{12}-2^{10}$	$2^{25}-2^{13}$ *
	28	$2^{27}-2^{13}-2^{10}$	$2^{27}-2^{13}-2^{11}$	$2^{27}-2^{13}-2^{12}$
	30	$2^{29}-2^{14}-2^{10}-2^9$	$2^{29}-2^{14}-2^{11}-2^9-2^8$	$2^{29}-2^{14}-2^{13}$
	32	$2^{31}-2^{15}-2^{10}-2^8$	$2^{31}-2^{15}-2^{12}$	$2^{31}-2^{15}-2^{13}-2^{12}$
	34	$2^{33}-2^{16}-2^{11}$	$2^{33}-2^{16}-2^{12}-2^{11}-2^{10}$	$2^{33}-2^{16}-2^{14}$
	36	$2^{35}-2^{17}-2^{12}$	$2^{35}-2^{17}-2^{13}$	$2^{35}-2^{17}-2^{15}$
	38	$2^{37}-2^{18}-2^{12}-2^{11}$	$2^{37}-2^{18}-2^{14}$	$2^{37}-2^{18}-2^{15}$
	40	$2^{39}-2^{19}-2^{12}-2^{11}$	$2^{39}-2^{19}-2^{14}$	$2^{39}-2^{19}-2^{16}$
5	22	$2^{21}-2^{10}-2^9$	$2^{21}-2^{11}$ *	$2^{21}-2^{11}$ *
	24	$2^{23}-2^{11}-2^9$	$2^{23}-2^{11}-2^{10}$	$2^{23}-2^{12}$ *
	26	$2^{25}-2^{12}-2^{10}$	$2^{25}-2^{12}-2^{11}$	$2^{25}-2^{13}$ *
	28	$2^{27}-2^{13}-2^{11}$	$2^{27}-2^{13}-2^{11}-2^9$	$2^{27}-2^{14}$ *

续表

m	n	$N_F(t=1)$	$N_F(t=2)$	$N_F\ (t=3)$
5	30	$2^{29}-2^{14}-2^{10}$	$2^{29}-2^{14}-2^{12}$	$2^{29}-2^{14}-2^{13}$
	32	$2^{31}-2^{15}-2^{11}$	$2^{31}-2^{15}-2^{12}$	$2^{31}-2^{15}-2^{14}$
	34	$2^{33}-2^{16}-2^{11}-2^{10}-2^{9}$	$2^{33}-2^{16}-2^{13}$	$2^{33}-2^{16}-2^{14}-2^{13}$
	36	$2^{35}-2^{17}-2^{12}-2^{11}$	$2^{35}-2^{17}-2^{13}-2^{12}-2^{10}-2^{9}$	$2^{35}-2^{17}-2^{15}$
	38	$2^{37}-2^{18}-2^{13}-2^{12}$	$2^{37}-2^{18}-2^{14}$	$2^{37}-2^{18}-2^{16}$
	40	$2^{39}-2^{19}-2^{13}$	$2^{39}-2^{19}-2^{15}$	$2^{39}-2^{19}-2^{16}$
6	26	$2^{25}-2^{12}-2^{11}$	$2^{25}-2^{12}-2^{11}$	$2^{25}-2^{13}$ *
	28	$2^{27}-2^{13}-2^{11}$	$2^{27}-2^{13}-2^{12}$	$2^{27}-2^{14}$ *
	30	$2^{29}-2^{14}-2^{12}$	$2^{29}-2^{14}-2^{12}$	$2^{29}-2^{15}$ *
	32	$2^{31}-2^{15}-2^{12}-2^{11}$	$2^{31}-2^{15}-2^{13}$	$2^{31}-2^{15}-2^{14}$
	34	$2^{33}-2^{16}-2^{13}-2^{11}$	$2^{33}-2^{16}-2^{14}$	$2^{33}-2^{16}-2^{15}$
	36	$2^{35}-2^{17}-2^{12}$	$2^{35}-2^{17}-2^{14}$	$2^{35}-2^{17}-2^{15}-2^{14}$
	38	$2^{37}-2^{18}-2^{13}$	$2^{37}-2^{18}-2^{14}-2^{13}$	$2^{37}-2^{18}-2^{16}$
	40	$2^{39}-2^{19}-2^{13}-2^{12}$	$2^{39}-2^{19}-2^{15}$	$2^{39}-2^{19}-2^{17}$
7	30	$2^{29}-2^{14}-2^{13}$	$2^{29}-2^{14}-2^{13}$	$2^{29}-2^{15}$ *
	32	$2^{31}-2^{15}-2^{13}$	$2^{31}-2^{15}-2^{13}$	$2^{31}-2^{16}$ *
	34	$2^{33}-2^{16}-2^{13}$	$2^{33}-2^{16}-2^{14}$	$2^{33}-2^{16}-2^{15}$
	36	$2^{35}-2^{17}-2^{14}$	$2^{35}-2^{17}-2^{14}-2^{13}$	$2^{35}-2^{17}-2^{16}$
	38	$2^{37}-2^{18}-2^{15}$	$2^{37}-2^{18}-2^{15}$	$2^{37}-2^{18}-2^{16}-2^{15}$
	40	$2^{39}-2^{19}-2^{16}$	$2^{39}-2^{19}-2^{16}$	$2^{39}-2^{19}-2^{17}$
8	34	$2^{33}-2^{16}-2^{15}$	$2^{33}-2^{16}-2^{15}$	$2^{33}-2^{17}$ *
	36	$2^{35}-2^{17}-2^{15}$	$2^{35}-2^{17}-2^{15}$	$2^{35}-2^{17}-2^{16}$
	38	$2^{37}-2^{18}-2^{15}$	$2^{37}-2^{18}-2^{15}$	$2^{37}-2^{18}-2^{17}$
	40	$2^{39}-2^{19}-2^{16}$	$2^{39}-2^{19}-2^{16}$	$2^{39}-2^{19}-2^{18}$

表 3.2 (n,m,t) 弹性函数可达到的非线性度 $N_F(t=4,5)$

t	(n,m,N_F)	(n,m,N_F)
4	$(28,2,2^{27}-2^{13}-2^{12})$	$(30,2,2^{29}-2^{14}-2^{13})$
	$(32,2,2^{31}-2^{15}-2^{13}-2^{12}-2^{11})$	$(34,2,2^{33}-2^{16}-2^{14})$
	$(36,2,2^{35}-2^{17}-2^{15})$	$(38,2,2^{37}-2^{18}-2^{15}-2^{14})$
	$(40,2,2^{39}-2^{19}-2^{16})$	$(30,3,2^{29}-2^{14}-2^{13})$
	$(32,3,2^{31}-2^{15}-2^{14})$	$(34,3,2^{33}-2^{16}-2^{15})$
	$(36,3,2^{35}-2^{17}-2^{15})$	$(38,3,2^{37}-2^{18}-2^{16})$
	$(40,3,2^{39}-2^{19}-2^{16}-2^{15})$	$(34,4,2^{33}-2^{16}-2^{15})$
	$(36,4,2^{35}-2^{17}-2^{16})$	$(38,4,2^{37}-2^{18}-2^{16})$
	$(40,4,2^{39}-2^{19}-2^{17})$	$(36,5,2^{35}-2^{17}-2^{16})$
	$(38,5,2^{37}-2^{18}-2^{17})$	$(40,5,2^{39}-2^{19}-2^{17})$
	$(38,6,2^{37}-2^{18}-2^{17})$	$(40,6,2^{39}-2^{19}-2^{18})$
5	$(34,2,2^{33}-2^{16}-2^{15})$	$(36,2,2^{35}-2^{17}-2^{16})$
	$(38,2,2^{37}-2^{18}-2^{16}-2^{14})$	$(40,2,2^{39}-2^{19}-2^{17})$
	$(36,3,2^{35}-2^{17}-2^{16})$	$(38,3,2^{37}-2^{18}-2^{17})$
	$(40,3,2^{39}-2^{19}-2^{17}-2^{16}-2^{15})$	$(38,4,2^{37}-2^{18}-2^{17})$
	$(40,4,2^{39}-2^{19}-2^{18})$	$(40,5,2^{39}-2^{19}-2^{18}-2^{17})$

前面给出的都是 n 为偶数的例子. 构造 3.32 也适用于 n 为奇数的情形, 可以得到非线性度是 $2^{n-1}-2^{(n-1)/2}$ 的 (n,m,t) 弹性函数. 当 n 为奇数且 $2\leqslant m<n$ 时, 非线性度严格几乎最优的 (n,m) 函数是否存在还是一个尚未解决的难题.

构造 3.32 也适用于 $t=0$ 的情形, 也就是可以构造平衡 (n,m) 函数. 读者可以仿照 $t\geqslant 1$ 的情形, 使用多组 $(u,m,1)$ 不相交码集合构造出 $(n,m,0)$ 弹性函数 (本章习题 3.12 留给读者完成).

最后, 简单讨论一下本节所构造函数的代数次数和代数免疫. 在表 3.3 中, 给出一些 (n,m,t) 弹性函数所能达到的代数次数、代数免疫阶和非线性度.

表 3.3　一些 (n,m,t) 弹性函数的密码学指标

$(n,\ m,\ t)$	$\deg(F)$	$\mathrm{AI}(F)$	N_F
(10, 2, 0)	7	5	488
(12, 2, 0)	9	5	2008
(12, 2, 1)	8	5	2000
(14, 3, 1)	9	6	8096
(10, 5, 0)	8	5	492
(12, 3, 0)	11	6	2010
(12, 6, 0)	11	6	2008
(14, 7, 0)	11	7	8120

定理 3.35　由构造 3.32 得到的函数 (n,m,t) 弹性函数 F 的代数次数

$$\deg(F)\leqslant n-\mu+1,\quad \text{其中 } \mu=\min\{u\mid u\in U\}.$$

3.6　GMM 型多输出密码函数构造 (2)

在构造 3.32 中, 要使构造的 t 阶弹性函数的非线性度是严格几乎最优的, 采用的 $(u,m,t+1)$ 不相交码集合需满足 $u\leqslant n/2$; 由于使用了多组 (至少两组) 具有不同码长的不相交码集合, 则必定使用了码长 $\mu<n/2$ 的 $(\mu,m,t+1)$ 不相交码集合. 同时, 若存在基数至少为 2 的 (u,m) 不相交码集合, 则必有 $u\geqslant 2m$. 以上因素使得由构造 3.32 得到的严格几乎最优 (n,m,t) 弹性函数的输出维数 $m<n/4$. 当 n 为偶数且 $t\geqslant 1$ 时, 是否存在非线性度严格几乎最优且 $m\geqslant n/4$ 的 (n,m,t) 弹性函数呢? 回答是肯定的. 本节在构造 3.36 中给出这类函数的构造方案.

构造 GMM 型 (n,m,t) 弹性函数的关键在于向量阵列的设计. 在 3.5 节, 我们使用 $(u,m,t+1)$ 不相交码集合作成第 1 类向量阵列 $A^{(u)}$, 见 (3.32) 式. 今后再表示第 1 类向量阵列时, 用 $A^{(u,m,t)}$ 表示. 本节将引入第 2 类和第 3 类向量阵

列 $D^{(u,m,t)}$ 和 $L^{(u,m,t)}$, 分别在 $m > \lfloor n/4 \rfloor$ 和 $m \leqslant \lfloor n/4 \rfloor$ 时, 构造出非线性度严格几乎最优的 (n,m,t) 弹性函数.

设 α 是一个 u 次本原多项式 $p(x) = 1 + p_1 x + \cdots + p_{u-1}x^{u-1} + x^u \in \mathbb{F}_2[x]$ 的根, $\{1, \alpha, \cdots, \alpha^{u-1}\}$ 是 $\mathbb{F}_{2^u}$ 的一组基底. 定义双射 $\pi : \mathbb{F}_{2^u} \to \mathbb{F}_2^u$, 并有

$$\pi(a_1 + a_2\alpha + \cdots + a_u\alpha^{u-1}) = (a_1, a_2, \cdots, a_u).$$

其中 $a_i \in \mathbb{F}_2$, $i = 1, 2, \cdots, u$. 建立向量阵列

$$D^{(u)} = \begin{pmatrix} \pi(1) & \pi(\alpha) & \cdots & \pi(\alpha^{u-1}) \\ \pi(\alpha) & \pi(\alpha^2) & \cdots & \pi(\alpha^u) \\ \vdots & \vdots & & \vdots \\ \pi(\alpha^{2^u-2}) & \pi(1) & \cdots & \pi(\alpha^{u-2}) \end{pmatrix}.$$

从 $D^{(u)}$ 中任取 m 列作成 $(2^u-1)\times m$ 向量阵列 $D^{(u,m)}$ $\left(共有 \dbinom{u}{m} 种取法\right)$. 取 $D^{(u)}$ 的前 m 列作成向量阵列 $D^{(u,m)}$, 表示如下:

$$D^{(u,m)} = \begin{pmatrix} \pi(1) & \pi(\alpha) & \cdots & \pi(\alpha^{m-1}) \\ \pi(\alpha) & \pi(\alpha^2) & \cdots & \pi(\alpha^m) \\ \vdots & \vdots & & \vdots \\ \pi(\alpha^{2^u-2}) & \pi(1) & \cdots & \pi(\alpha^{m-2}) \end{pmatrix} = \begin{pmatrix} D_0^{(u,m)} \\ D_1^{(u,m)} \\ \vdots \\ D_{2^u-2}^{(u,m)} \end{pmatrix},$$

其中 $D_j^{(u,m)} = \left(\pi(\alpha^{j+1}),\ \pi(\alpha^{j+2}),\ \cdots,\ \pi(\alpha^{j+m})\right)$, $j = 0, 1, \cdots, 2^u - 2$.

前面已经知道, $\mathbb{F}_2^{u*}$ 中的每一个向量都在 $D^{(u,m)}$ 列向量的任意非零线性组合中出现 1 次. 为了构造 t 阶弹性函数, 我们只考虑 $D^{(u,m)}$ 中满足条件

$$\mathrm{wt}(c \cdot D_j^{(u,m)}) \geqslant t + 1, \quad c \in \mathbb{F}_2^{m*} \tag{3.42}$$

的行向量. 若 $D_j^{(u,m)}$ 的 m 个分量中存在重量 $\leqslant t$ 的 u 维向量, 则从 $D^{(u,m)}$ 中删去 $D_j^{(u,m)}$ 这一行. 设向量阵列 $D^{(u,m)}$ 中所有满足 (3.42) 式的行向量构成向量阵列 $D^{(u,m,t)}$, 则向量阵列 $D^{(u,m,t)}$ 的行数是

$$N(u,m,t) = \#\left\{D_j^{(u,m)} \mid \mathrm{wt}(c \cdot D_j^{(u,m)}) \geqslant t+1,\ c \in \mathbb{F}_2^{m*},\ j = 0, 1, \cdots, 2^u - 2\right\}.$$

向量阵列 $D^{(u,m,t)}$ 是一个 $N(u,m,t)\times m$ 矩阵, 可表示为

$$D^{(u,m,t)}=\begin{pmatrix} D_{l_1}^{(u,m)} \\ D_{l_2}^{(u,m)} \\ \vdots \\ D_{l_{N(u,m,t)}}^{(u,m)} \end{pmatrix}, \tag{3.43}$$

其中 $0\leqslant l_1<l_2<\cdots<l_{N(u,m,t)}\leqslant 2^u-2$. 我们称 $D^{(u,m,t)}$ 为第 2 类向量阵列.

我们先由表 3.4 中的 u 次本原多项式得到向量阵列 $D^{(u)}$, 再从 $D^{(u)}$ 中取前 m 列得到向量阵列 $D^{(u,m)}$, 然后从 $D^{(u,m)}$ 中选取那些满足 (3.42) 式的行向量作成向量阵列 $D^{(u,m,t)}$, 最后计算 $D^{(u,m,t)}$ 的行数即得 $N(u,m,t)$ 的数值, 见表 3.5.

表 3.6 中向量阵列的前三列构成 $D^{(5,\ 3)}$, 全部七列是 $D^{(5,3)}$ 各列的所有非零线性组合. $D^{(5,3)}$ 中不满足 (3.42) 式的行向量共有 20 个, 从 $D^{(5,3)}$ 中删去这 20 行后剩下行向量构成 11×3 向量阵列 $D^{(5,\ 3,\ 1)}$.

表 3.4　u 次本原多项式 $p(x)(5\leqslant u\leqslant 20)$

u	$p(x)$	u	$p(x)$
5	x^5+x^2+1	13	$x^{13}+x^4+x^3+x+1$
6	x^6+x+1	14	$x^{14}+x^{12}+x^{11}+x+1$
7	x^7+x+1	15	$x^{15}+x+1$
8	$x^8+x^6+x^5+x+1$	16	$x^{16}+x^5+x^3+x^2+1$
9	x^9+x^4+1	17	$x^{17}+x^3+1$
10	$x^{10}+x^3+1$	18	$x^{18}+x^7+1$
11	$x^{11}+x^2+1$	19	$x^{19}+x^6+x^5+x+1$
12	$x^{12}+x^7+x^4+x^3+1$	20	$x^{20}+x^3+1$

表 3.5　$N(u,m,t)$

t	m	$u=5$	$u=6$	$u=7$	$u=8$	$u=9$	$u=10$	$u=11$	$u=12$
	2	20	51	113	238	492	1002	2024	4070
	3	10	39	99	220	472	980	2002	4044
	4	—	18	71	187	432	939	1957	3992
	5	—	—	29	123	356	855	1867	3888
	6	—	—	—	45	231	692	1687	3686
1	7	—	—	—	—	70	416	1350	3290
	8	—	—	—	—	—	115	791	2572
	9	—	—	—	—	—	—	178	1438
	10	—	—	—	—	—	—	—	307
	11	—	—	—	—	—	—	—	—
	12	—	—	—	—	—	—	—	—

续表

	13	—	—	—	—	—	—	—	—
	14	—	—	—	—	—	—	—	—
t	m	$u=13$	$u=14$	$u=15$	$u=16$	$u=17$	$u=18$	$u=19$	$u=20$
	2	8164	16354	32737	65502	131036	262106	524248	1048534
	3	8136	16324	32707	65468	131000	262068	524208	1048492
	4	8080	16267	32647	65400	130931	261992	524128	1048411
	5	7972	16151	32527	65264	130791	261840	523968	1048247
	6	7753	15919	32287	64997	130511	261536	523648	1047919
	7	7315	15455	31802	64459	129951	260928	523014	1047263
1	8	6466	14534	30847	63383	128831	259719	521741	1045951
	9	4912	12760	28957	61239	126591	257295	519195	1043327
	10	2660	9555	25327	57028	122146	252456	514103	1038079
	11	487	4760	18842	49008	113437	242864	503958	1027593
	12	—	809	9327	35502	96951	224438	483872	1006716
	13	—	—	1364	16576	68432	189897	444768	965443
	14	—	—	—	2064	29618	131527	373576	885327
t	m	$u=5$	$u=6$	$u=7$	$u=8$	$u=9$	$u=10$	$u=11$	$u=12$
	2	6	28	79	189	429	922	1926	3948
	3	—	4	40	133	356	831	1821	3808
	4	—	—	2	51	219	651	1606	3526
	5	—	—	—	—	63	362	1205	3016
	6	—	—	—	—	—	67	587	2135
	7	—	—	—	—	—	—	56	915
2	8	—	—	—	—	—	—	—	74
	9	—	—	—	—	—	—	—	—
	10	—	—	—	—	—	—	—	—
	11	—	—	—	—	—	—	—	—
	12	—	—	—	—	—	—	—	—
	13	—	—	—	—	—	—	—	—
	14	—	—	—	—	—	—	—	—
t	m	$u=13$	$u=14$	$u=15$	$u=16$	$u=17$	$u=18$	$u=19$	$u=20$
	2	8020	16185	32543	65276	130781	261818	523924	1048174
	3	7861	16002	32336	65032	130508	261508	523576	1047793
	4	7545	15637	31916	64535	129952	260873	522867	1047018
	5	6932	14914	31092	63556	128865	259627	521485	1045499
	6	5741	13472	29425	61582	126667	257105	518682	1042428
	7	3759	10871	26231	57724	122338	252134	513121	1036329
2	8	1311	6590	20457	50374	113863	242313	502037	1024122
	9	53	1964	11606	37688	97826	223241	480169	999909
	10	—	59	2838	19258	70523	187967	438154	952192
	11	—	—	16	3574	33050	129858	361553	861031
	12	—	—	—	—	4929	55719	238452	696721
	13	—	—	—	—	—	6215	90566	439795
	14	—	—	—	—	—	—	7864	150083

表 3.6　从 $D^{(5,3)}$ 到 $D^{(5,3,1)}$

行号	$D^{(5,3)}$ 列向量的非零线性组合						
1	~~10000~~	~~01000~~	~~00100~~	~~11000~~	~~10100~~	~~01100~~	~~11100~~
2	~~01000~~	~~00100~~	~~00010~~	~~01100~~	~~01010~~	~~00110~~	~~01110~~
3	~~00100~~	~~00010~~	~~00001~~	~~00110~~	~~00101~~	~~00011~~	~~00111~~
4	~~00010~~	~~00001~~	~~11110~~	~~00011~~	~~11100~~	~~11111~~	~~11101~~
5	~~00001~~	~~11110~~	~~01111~~	~~11111~~	~~01110~~	~~10001~~	~~10000~~
6	~~11110~~	~~01111~~	~~11001~~	~~10001~~	~~00111~~	~~10110~~	~~01000~~
7	~~01111~~	~~11001~~	~~10010~~	~~10110~~	~~11101~~	~~01011~~	~~00100~~
8	~~11001~~	~~10010~~	~~01001~~	~~01011~~	~~10000~~	~~11011~~	~~00010~~
9	~~10010~~	~~01001~~	~~11010~~	~~11011~~	~~01000~~	~~10011~~	~~00001~~
10	~~01001~~	~~11010~~	~~01101~~	~~10011~~	~~00100~~	~~10111~~	~~11110~~
11	~~11010~~	~~01101~~	~~11000~~	~~10111~~	~~00010~~	~~10101~~	~~01111~~
12	~~01101~~	~~11000~~	~~01100~~	~~10101~~	~~00001~~	~~10100~~	~~11001~~
13	11000	01100	00110	10100	11110	01010	10010
14	01100	00110	00011	01010	01111	00101	01001
15	00110	00011	11111	00101	11001	11100	11010
16	00011	11111	10001	11100	10010	01110	01101
17	11111	10001	10110	01110	01001	00111	11000
18	10001	10110	01011	00111	11010	11101	01100
19	~~10110~~	~~01011~~	~~11011~~	~~11101~~	~~01101~~	~~10000~~	~~00110~~
20	~~01011~~	~~11011~~	~~10011~~	~~10000~~	~~11000~~	~~01000~~	~~00011~~
21	~~11011~~	~~10011~~	~~10111~~	~~01000~~	~~01100~~	~~00100~~	~~11111~~
22	~~10011~~	~~10111~~	~~10101~~	~~00100~~	~~00110~~	~~00010~~	~~10001~~
23	~~10111~~	~~10101~~	~~10100~~	~~00010~~	~~00011~~	~~00001~~	~~10110~~
24	~~10101~~	~~10100~~	~~01010~~	~~00001~~	~~11111~~	~~11110~~	~~01011~~
25	10100	01010	00101	11110	10001	01111	11011
26	01010	00101	11100	01111	10110	11001	10011
27	00101	11100	01110	11001	01011	10010	10111
28	11100	01110	00111	10010	11011	01001	10101
29	01110	00111	11101	01001	10011	11010	10100
30	~~00111~~	~~11101~~	~~10000~~	~~11010~~	~~10111~~	~~01101~~	~~01010~~
31	~~11101~~	~~10000~~	~~01000~~	~~01101~~	~~10101~~	~~11000~~	~~00101~~

向量阵列 $D^{(u,m,t)}$ 可用来构造 m 维输出 t 阶弹性函数. $N(u,m,t)$ 是度量 $D^{(u,m,t)}$ 价值的重要参数, 其数值越大, 所得弹性函数的非线性度提升空间越大. 在 $N(u,m,t)>0$ 的前提下, 我们没有采用以下两种情形的 $D^{(u,m,t)}$.

情形 1: $m \leqslant u/2$. 在这种情形下, 存在基数是 $M(u)$ 的 (u,m,t) 不相交码, 可排成一个 $M(u)(2^m-1)$ 行 m 列的向量阵列, 见 (3.37) 式. 已有的数据显示, 总有如下关系:

$$N(u,m,t) < M(u)(2^m-1). \tag{3.44}$$

在介绍情形 2 之前, 我们引入第 3 类向量阵列 $L^{(u,m,t)}$. $L^{(u,m,t)}$ 是由一个 $[u,s,\geqslant t+1]$ 码 $\mathcal{L}$ 中的非零向量排成的 $(2^s-1)\times m$ 向量阵列, 其中 $u/2<m\leqslant s$. 在 $\mathbb{F}_{2^s}$ 和线性码 $\mathcal{L}$ 之间建立一个双射 $\rho:\mathbb{F}_{2^s}\to\mathcal{L}$, 满足

$$b_1+b_2\beta+\cdots+b_s\beta^{s-1}\stackrel{\rho}{\longmapsto}b_1\omega_1+b_2\omega_2+\cdots+b_s\omega_s,$$

其中 β 是 $\mathbb{F}_{2^s}$ 的本原元, $\omega_1,\omega_2,\cdots,\omega_s$ 是 $\mathcal{L}$ 的基底. 定义第 3 类向量阵列

$$L^{(u,m,t)}=\begin{pmatrix}\rho(1) & \rho(\beta) & \cdots & \rho(\beta^{m-1})\\ \rho(\beta) & \rho(\beta^2) & \cdots & \rho(\beta^m)\\ \vdots & \vdots & & \vdots\\ \rho(\beta^{2^s-2}) & \rho(1) & \cdots & \rho(\beta^{m-2})\end{pmatrix}. \tag{3.45}$$

情形 2: $u/2<m\leqslant s$, 并且存在 $[u,s,\geqslant t+1]$ 码使得

$$N(u,m,t)<2^s-1.$$

在这种情形下, 当构造 m 维输出 t 阶弹性函数时, 我们倾向于采用由 $[u,s,t+1]$ 码按 (3.45) 式得到的 $(2^s-1)\times m$ 向量阵列 $L^{(u,m,t)}$, 而不是向量阵列 $D^{(u,m,t)}$. 例如, 由于存在 $[5,4,2]$ 码 $\mathcal{L}$, 可以把 $\mathcal{L}$ 中的非零向量按 (3.45) 式中的规则排成一个 15×4 向量阵列 $L^{(5,4,1)}$, 取其前三列得一个 15×3 向量阵列 $L^{(5,3,1)}$. 注意到 $N(5,3,1)=11<15$, 表 3.6 中的例子符合情形 2.

那么, 是否存在 u, m, t 在 $u/2\leqslant m\leqslant s$ 时, 对任意 $[u,s,t+1]$ 码, 总有 $N(u,m,t)\geqslant 2^s-1$? 这样的 u, m, t 是大量存在的, 我们把这样的 $N(u,m,t)$ 从表 3.5 中挑出来列在表 3.7.

在 $D^{(u,m)}$ 确定的前提下, 从理论上精确地确定 $N(u,m,t)$ 的取值比较困难. 对固定的 $c\in\mathbb{F}_2^{m*}$, 总有

$$\#\{D_j^{(u,m)}\mid \mathrm{wt}(c\cdot D_j^{(u,m)})\leqslant t,\ j=0,1,\cdots,2^u-2\}=\sum_{j=1}^{t}\binom{u}{j}.$$

由此可以得到 $N(u,m,t)$ 的一个粗糙的取值范围:

$$(2^u-1)-(2^m-1)\sum_{i=1}^{t}\binom{u}{i}\leqslant N(u,m,t)\leqslant(2^u-1)-(2^m-1)-\sum_{i=1}^{t}\binom{u}{i}.$$

严谨地说, 表 3.7 中所列 $N(u,m,t)$ 的取值是有前提的: (a) $N(u,m,t)$ 是相对具体的 u 元本原多项式 $p(x)$ 而言的, $p(x)$ 共有 $\varphi(u)/u$ 种选择; (b) $D^{(u,m)}$ 可

从 $D^{(u)}$ 中任选 m 列构成, 共有 $\binom{u}{m}$ 种选择. 读者可以考虑上述影响 $N(u,m,t)$ 取值的因素, 改进表 3.7 乃至表 3.5 中 $N(u,m,t)$ 的取值.

表 3.7　一些有用的 $N(u,m,t)$ 值

$N(7,4,1)=71$	$N(14,8,1)=14534$	$N(16,12,1)=35502$	$N(18,14,1)=131527$
$N(9,5,1)=356$	$N(14,9,1)=12760$	$N(17,9,1)=126591$	$N(19,10,1)=514103$
$N(10,6,1)=692$	$N(14,10,1)=9555$	$N(17,10,1)=122146$	$N(19,11,1)=503958$
$N(11,6,1)=1687$	$N(15,8,1)=30847$	$N(17,11,1)=113437$	$N(19,12,1)=483872$
$N(11,7,1)=1350$	$N(15,9,1)=28957$	$N(17,12,1)=96951$	$N(19,13,1)=444768$
$N(12,7,1)=3290$	$N(15,10,1)=25327$	$N(17,13,1)=68432$	$N(19,14,1)=373576$
$N(12,8,1)=2572$	$N(15,11,1)=18842$	$N(18,10,1)=252456$	$N(20,11,1)=1027593$
$N(13,7,1)=7315$	$N(16,9,1)=61239$	$N(18,11,1)=242864$	$N(20,12,1)=1006716$
$N(13,8,1)=6466$	$N(16,10,1)=57028$	$N(18,12,1)=224438$	$N(20,13,1)=965443$
$N(13,9,1)=4912$	$N(16,11,1)=49008$	$N(18,13,1)=189897$	$N(20,14,1)=885327$
$N(9,5,2)=63$	$N(14,9,2)=1964$	$N(17,9,2)=97826$	$N(19,10,2)=438154$
$N(10,6,2)=67$	$N(15,8,2)=20457$	$N(17,10,2)=70523$	$N(19,11,2)=361553$
$N(11,6,2)=587$	$N(15,9,2)=11606$	$N(17,11,2)=33050$	$N(19,12,2)=238452$
$N(12,7,2)=915$	$N(15,10,2)=2838$	$N(17,12,2)=4929$	$N(19,13,2)=90566$
$N(13,7,2)=3759$	$N(16,9,2)=37688$	$N(18,10,2)=187967$	$N(20,11,2)=861031$
$N(13,8,2)=1311$	$N(16,10,2)=19258$	$N(18,11,2)=129858$	$N(20,12,2)=696721$
$N(14,8,2)=6590$	$N(16,11,2)=3574$	$N(18,12,2)=55719$	$N(20,13,2)=439795$

下面, 我们使用第 2 类向量阵列或混合使用第 2 类和第 3 类向量阵列, 构造非线性度严格几乎最优的 (n,m,t) 弹性函数, 并满足 $m>n/4$. 在该 GMM 构造中, 函数的主要部分采用第 2 类向量阵列 $D^{(n/2,m,t)}$, 其余的向量阵列视情况采用第 2 类向量阵列或第 3 类向量阵列.

构造 3.36　设 n 为偶数, $m,t\in\mathbb{Z}^+$, 且 $\lfloor n/4\rfloor<m<n/2$. 设 $D^{(u,m,t)}$ 是由 (3.43) 式定义的第 2 类向量阵列, 有 $N(u,m,t)$ 行 m 列. 设 s 是使 $[u,s,\geqslant t+1]$ 码 $\mathcal{L}$ 存在的最大正整数, 并满足 $s\geqslant m$. 把 $\mathcal{L}$ 按 (3.45) 式中的规则排列成第 3 类向量阵列 $L^{(u,m,t)}$, 有 (2^s-1) 行 m 列. 设

$$N_u=\max\left\{N(u,m,t),\ 2^s-1\right\}.$$

设 $(a_{n/2-1},a_{n/2-2},\cdots,a_{m+1})\in\mathbb{F}_2^{n/2-m-1}$ 是使

$$N(n/2,m,t)\cdot 2^{n/2}+\sum_{u=m+1}^{n/2-1}(a_uN_u2^u)\geqslant 2^n \tag{3.46}$$

成立的最小二进制数. 设

$$U = \{u \mid a_u = 1,\ n/2-1 \geqslant u \geqslant m\},$$

$U^+ = U \cup \{n/2\}$. 选一组集合 $\{E_u \subseteq \mathbb{F}_2^{n-u} \mid u \in U^+\}$, 满足如下条件:

(1) 对任意 $u \in U^+$, 都有 $|E_u| \leqslant N_u$;

(2) $\{S_u \mid S_u = E_u \times \mathbb{F}_2^u,\ u \in U^+\}$ 是 $\mathbb{F}_2^n$ 的一个划分.

设

$$\mathcal{B}^{(u)} = \begin{cases} D^{(u,m,t)}, & u = n/2, \\ D^{(u,m,t)}, & u \in U,\ N(u,m,t) > 2^s - 1, \\ L^{(u,m,t)}, & u \in U,\ N(u,m,t) \leqslant 2^s - 1. \end{cases}$$

设 $X = (X_{n-u}, X'_u) \in \mathbb{F}_2^n$, 其中 $X_{n-u} \in \mathbb{F}_2^{n-u}$, $X'_u \in \mathbb{F}_2^u$, $u \in U^+$. 对 $u \in U^+$, 建立从 E_u 到 $\mathbb{F}_2^u$ 的 m 个单射 $\phi_i^{(u)}$, $i = 1, 2, \cdots, m$, 使得对任意 $X_{n-u} \in E_u$,

$$\left(\phi_1^{(u)}(X_{n-u}),\ \phi_2^{(u)}(X_{n-u}),\ \cdots,\ \phi_m^{(u)}(X_{n-u})\right)$$

都对应 $\mathcal{B}^{(u)}$ 中的某一行. 对 $i = 1, 2, \cdots, m$, 构造 m 个 n 元布尔函数如下:

$$f_i(X) = \phi_i^{(u)}(X_{n-u}) \cdot X'_u, \quad 若\ X_{n-u} \in E_u,\ u \in U^+.$$

构造 GMM 型 (n, m) 函数如下:

$$F(X) = \left(f_1(X), f_2(X), \cdots, f_m(X)\right).$$

定理 3.37 由构造 3.36 所得 (n, m) 函数 F 是 t 阶弹性函数, 非线性度为

$$N_F = 2^{n-1} - 2^{n/2-1} - \sum_{u \in U} 2^{u-1}.$$

定理的证明留给读者. 这里只简单地分析一下 F 的代数次数. 设 $c = (c_1, \cdots, c_m) \in \mathbb{F}_2^{m*}$, $f_c = c \cdot F$. 根据构造 3.36 中 f_i 的设计结构, 可得

$$f_c(X) = \phi_c^{(u)}(X_{n-u}) \cdot X'_u, \quad X_{n-u} \in E_u,\ u \in U^+,$$

其中 $\phi_c^{(u)} = c_1\phi_1^{(u)} + c_2\phi_2^{(u)} + \cdots + c_m\phi_m^{(u)}$. 易知, f_c 的代数次数与 U 中元素的最小值密切相关, 即 $\deg(f_c) \leqslant n - \min U + 1$, 进而有 $\deg(F) \leqslant n - \min U + 1$.

例 3.38 (1) 设 $n=36$, $m=12$, $t=1$. 由构造 3.36, 采用向量阵列 $D^{(18,12,1)}$ 和 $D^{(17,12,1)}$ 构造 (36, 12, 1) 弹性函数. 由 $N_{18}=N(18,12,1)=224438$, $N_{17}=N(17,12,1)=96951$, 可得 $N_{18}\cdot 2^{18}+N_{17}\cdot 2^{17}\geqslant 2^{36}$. 根据定理 3.37, 可得 $(36,12,1,2^{35}-2^{17}-2^{16})$ 弹性函数 F. 从这一例子可以看出, 非线性度严格几乎最优的 (n,m,t) 弹性函数, 输出维数 m 可达到 $n/3$. 另外, $\deg(F)\leqslant 20$.

(2) 设 $n=36$, $m=10$, $t=1$. 由 $N(18,10,1)\cdot 2^{18}+N(16,10,1)\cdot 2^{16}\geqslant 2^{36}$, 可得 $(36,10,1,2^{35}-2^{17}-2^{15})$ 弹性函数. 这说明, 在弹性阶不变的前提下, 减少输出维数, 有可能换取非线性度的提高. 另外, $\deg(F)\leqslant 21$.

(3) 设 $n=36$, $m=11$, $t=2$. 由 $N(18,11,2)\cdot 2^{18}+N(17,11,2)\cdot 2^{17}\geqslant 2^{36}$, 可得 $(36,11,2,2^{35}-2^{17}-2^{16})$ 弹性函数 F. 另外, $\deg(F)\leqslant 20$.

例 3.38 中的三个函数, $\mathcal{B}^{(u)}$ 采用的都是第 2 类向量阵列 $D^{(u,m,t)}$. 在某些情形下, 有第 3 类向量阵列参与的构造, 可得到参数更好的 (n,m,t) 弹性函数.

当 $t=1$ 时, 由 $[u,s,2]$ 码生成的第 3 类向量阵列 $B^{(u,m,1)}$ 可以用来构造 $(n,m,1)$ 弹性函数, 其中 $s\geqslant m$. 令 $s=u-1$, 这是 s 能达到的最大值 (此时 $[u,s,2]$ 为 MDS 码). 每个 $[u,u-1,2]$ 码中有 $2^{u-1}-1$ 个非零向量. 在表 3.8 中, 列出 $20\geqslant u>2m$ 范围内使 $N(u,m,1)<2^{u-1}-1$ 的 (u,m) 值.

表 3.8　使 $N(u,m,1)<2^{u-1}-1$ 的 (u,m) 值 $(m>\lfloor u/2\rfloor)$

(u,m)	$2^{u-1}-1$	(u,m)	$2^{u-1}-1$	(u,m)	$2^{u-1}-1$	(u,m)	$2^{u-1}-1$
(5, 3)	15	(10, 7)	511	(14, 11)	8191	(18, 15)	131071
(5, 4)	15	(10, 8)	511	(14, 12)	8191	(18, 16)	131071
(6, 4)	31	(10, 9)	511	(14, 13)	8191	(18, 17)	131071
(6, 5)	31	(11, 8)	1023	(15, 12)	16383	(19, 15)	262143
(7, 5)	63	(11, 9)	1023	(15, 13)	16383	(19, 16)	262143
(7, 6)	63	(11, 10)	1023	(15, 14)	16383	(19, 17)	262143
(8, 5)	127	(12, 9)	2047	(16, 13)	32767	(19, 18)	262143
(8, 6)	127	(12, 10)	2047	(16, 14)	32767	(20, 15)	524287
(8, 7)	127	(12, 11)	2047	(16, 15)	32767	(20, 16)	524287
(9, 6)	255	(13, 10)	4095	(17, 14)	65535	(20, 17)	524287
(9, 7)	255	(13, 11)	4095	(17, 15)	65535	(20, 18)	524287
(9, 8)	255	(13, 12)	4095	(17, 16)	65535	(20, 19)	524287

当 $t=2$ 时, 由 $[u,s,3]$ 码生成的第 3 类向量阵列 $L^{(u,m,2)}$ 可以用来构造 $(n,m,2)$ 弹性函数, 其中 $s\geqslant m$. 设 s 是使 $[u,s,3]$ 码存在的最大正整数. 在表 3.9 中, 标注 * 的 $[u,s,3]$ 码满足 $N(u,m,2)<2^s-1$, 其中 $s\geqslant m>\lfloor u/2\rfloor$.

例 3.39 设 $n=22$, $m=6$, $t=1$. 按照构造 3.36, 构造采用的向量阵列是 $D^{(11,6,1)}$, $D^{(10,6,1)}$ 和 $L^{(8,6,1)}$. 由 $N(11,6,1)\cdot 2^{11}+N(10,6,1)\cdot 2^{10}+(2^6-1)\cdot 2^8>2^{22}$, 满足 (3.46) 式, 可构造出 $(22,6,1,2^{21}-2^{10}-2^9-2^7)$ 弹性函数. 可验证, 全部采

用第 2 类向量阵列不能得到这一函数. 另外, $\deg(F) \leqslant 15$.

表 3.9 使 $N(u,m,2) < 2^s-1$ 的 $[u,s,\geqslant 3]$ 码, $s \geqslant m > \lfloor u/2 \rfloor$

$[u,s,t+1]$	m	2^s-1	$[u,s,t+1]$	m	2^s-1
$[7,4,3]^*$	4	15	$[14,10,3]^*$	10	1023
~~$[8,4,4]$~~	—	—	$[15,11,3]^*$	11	2047
$[9,5,3]$	—	31	$[16,11,4]$	—	2047
$[10,6,3]$	—	63	$[17,12,3]$	—	4095
$[11,7,3]^*$	7	127	$[18,13,3]^*$	13	8191
$[12,8,3]^*$	8	255	$[19,14,3]^*$	14	16383
$[13,9,3]^*$	9	511	$[20,15,3]^*$	14, 15	32767

表 3.10 给出一些满足 $m > \lfloor n/4 \rfloor$ 的 (n,m,t,N_F) 弹性函数, 每个函数后面的数字串代表所使用的向量阵列 $\mathcal{B}^{(u)}$ 的种类 (按 u 值从大到小排列).

表 3.10 满足 $m > \lfloor n/4 \rfloor$ 的 (n,m,t,N_F) 弹性函数

函数参数	阵列类型	函数参数	阵列类型
$(22,6,1,2^{21}-2^{10}-2^9-2^7)$	223	$(36,10,1,2^{35}-2^{17}-2^{15})$	22
$(24,7,1,2^{23}-2^{11}-2^{10}-2^9-2^7)$	2233	$(36,11,1,2^{35}-2^{17}-2^{16})$	22
$(26,7,1,2^{25}-2^{12}-2^{11})$	22	$(36,12,1,2^{35}-2^{17}-2^{16})$	22
$(28,8,1,2^{27}-2^{13}-2^{12})$	22	$(38,11,1,2^{37}-2^{18}-2^{16})$	22
$(30,8,1,2^{29}-2^{14}-2^{12}-2^{11})$	222	$(38,12,1,2^{37}-2^{18}-2^{17})$	22
$(30,9,1,2^{29}-2^{14}-2^{13})$	22	$(38,13,1,2^{37}-2^{18}-2^{17})$	22
$(32,10,1,2^{31}-2^{15}-2^{14})$	22	$(40,12,1,2^{39}-2^{19}-2^{17})$	22
$(34,9,1,2^{33}-2^{16}-2^{14})$	22	$(40,14,1,2^{39}-2^{19}-2^{18})$	22
$(34,10,1,2^{33}-2^{16}-2^{15})$	22	$(38,10,2,2^{37}-2^{18}-2^{17})$	22
$(34,11,1,2^{33}-2^{16}-2^{15})$	22	$(40,11,2,2^{39}-2^{19}-2^{18})$	22

下面给出一种非线性度严格几乎最优, 输出维数 $m \leqslant \lfloor n/4 \rfloor$ 的 (n,m,t) 弹性函数的构造. 此时, 可以综合使用第 1 类、第 2 类和第 3 类向量阵列, 得到一系列目前已知最高非线性度的 (n,m,t) 弹性函数. 考虑到 (3.44) 式, 我们在下面的构造中总是使用第 1 类向量阵列 $A^{(n/2,m,t)}$.

构造 3.40 设 $t \geqslant 1$, $n \geqslant 16$, $m \leqslant \lfloor n/4 \rfloor$, $\mathcal{C}^{(u)} = \{C_1,\cdots,C_{M(u)}\}$ 是基数为 $M(u)$ 的 $(u,\ m,\ t+1)$ 不相交码集合, $A^{(u,m,t)}$ 是由 $\mathcal{C}^{(u)}$ 中的不相交码排成的 $M(u)(2^m-1)$ 行 m 列的第 1 类向量阵列. $D^{(u,m,t)}$ 是 $N(u,m,t)$ 行 m 列的第 2 类向量阵列, $L^{(u,m,t)}$ 是 (2^s-1) 行 m 列的第 3 类向量阵列, $u/2 < m \leqslant s$. 设 $N_u = \max\left\{M(u)(2^m-1),\ N(u,m,t),\ 2^s-1\right\}$. 设 $(a_{n/2},\cdots,a_{m+1})$ 是满足

$$M(n/2)(2^m-1)\cdot 2^{n/2} + \sum_{u=m+1}^{n/2}(a_u N_u 2^u) \geqslant 2^n \tag{3.47}$$

的最小二进制数, $U=\{u\mid a_u=1,\ n/2-1\geqslant u\geqslant m\}$, $U^+=\{n/2\}\cup U$,

$$\mathcal{R}^{(u)}=\begin{cases}A^{(n/2,m,t)}, & u=n/2,\\ A^{(u,m,t)}, & u\in U \text{ 且 } N_u=M(u)(2^m-1),\\ D^{(u,m,t)}, & u\in U \text{ 且 } N_u=N(u,m,t),\\ L^{(u,m,t)}, & u\in U \text{ 且 } N_u=2^s-1.\end{cases}$$

选一组集合 $E_u\subseteq\mathbb{F}_2^{n-u}$, $u\in U^+$, 使得对任意 $u\in U^+$, 都有 $|E_u|\leqslant N_u$, 并且 $\{S_u\mid S_u=E_u\times\mathbb{F}_2^u,\ u\in U^+\}$ 是 $\mathbb{F}_2^n$ 的一个划分. 设 $X=(X_{n-u},X_u')\in\mathbb{F}_2^n$, 其中 $X_{n-u}\in\mathbb{F}_2^{n-u}$, $X_u'\in\mathbb{F}_2^u$, $u\in U$. 对 $u\in U^+$, 建立从 E_u 到 $\mathbb{F}_2^u$ 的 m 个单射 $\phi_i^{(u)}$, $i=1,2,\cdots,m$, 使得对任意的 $X_{n-u}\in E_u$, $\big(\phi_1^{(u)}(X_{n-u}),\cdots,\phi_m^{(u)}(X_{n-u})\big)$ 都对应 $\mathcal{R}^{(u)}$ 中的某一行. 构造 GMM 型 (n,m) 函数 $F(X)=\big(f_1(X),f_2(X),\cdots,f_m(X)\big)$, 其中对 $i=1,2,\cdots,m$,

$$f_i(X)=\phi_i^{(u)}(X_{n-u})\cdot X_u',\quad X_{n-u}\in E_u,\ u\in U^+.$$

定理 3.41 由构造 3.40 所得 (n,m) 函数 F 的弹性阶为 t, 非线性度为

$$N_F=2^{n-1}-2^{n/2-1}-\sum_{u\in U}2^{u-1}.$$

这一结论的证明留给读者.

例 3.42 基于第 1 类和第 3 类向量阵列构造非线性度是 $2^{15}-2^7-2^6$ 的 $(16,4,1)$ 弹性函数. 查表 2.14 (p. 122), 存在基数是 15 的 $(8,4,2)$ 不相交码集合. 设 $\mathcal{C}$ 是这 15 个线性码中所有非零码字的集合, 则 $|\mathcal{C}|=15\cdot(2^4-1)=225$. 在 $\mathbb{F}_2^8$ 中选 225 个向量构成集合 E_0, $\overline{E_0}$ 是剩下的 $2^8-225=31$ 个向量构成的集合. 设 $E_1=\overline{E_0}\times\mathbb{F}_2$, $\mathcal{L}$ 是一个 $[7,6,2]$ 码. 按构造 3.40, 把 $\mathcal{C}$ 中的向量排成第 1 类向量阵列 $A^{(8,4,1)}$, 把 $\mathcal{L}$ 中的非零向量排成第 3 类向量阵列 $L^{(7,4,1)}$. 设 $X=(X_8,X_8')=(X_9,X_7')\in\mathbb{F}_2^{16}$, 其中 $X_8\in\mathbb{F}_2^8$, $X_8'\in\mathbb{F}_2^8$, $X_9\in\mathbb{F}_2^9$, $X_7'\in\mathbb{F}_2^7$. 建立从 E_0 到 $\mathcal{C}$ 的 4 个双射 $\phi_1,\phi_2,\phi_3,\phi_4$, 使得对任意 $X_8\in E_0$, $\big(\phi_1(X_8),\phi_2(X_8),\phi_3(X_8),\phi_4(X_8)\big)$ 都对应 $A^{(8,4,1)}$ 中的某一行; 建立从 E_1 到 $\mathcal{L}^*$ 的 4 个单射 $\psi_1,\psi_2,\psi_3,\psi_4$, 使得对任意 $X_9\in E_1$, $\big(\psi_1(X_9),\psi_2(X_9),\psi_3(X_9),\psi_4(X_9)\big)$ 都对应 $L^{(7,4,1)}$ 中的某一行. 构造 $(16,4)$ 函数 $F(X)=\big(f_1(X),f_2(X),f_3(X),f_4(X)\big)$, 其中

$$f_i(X)=\begin{cases}\phi_i(X_8)\cdot X_8', & X_8\in E_0,\\ \psi_i(X_9)\cdot X_7', & X_9\in E_1,\end{cases}\quad i=1,2,3,4.$$

易证 F 是一个 1 阶弹性函数, $N_F=2^{15}-2^7-2^6$. 另外, $\deg(F)\leqslant 10$.

用构造 3.40 中的方法, 还可得到如下参数的弹性函数: $(20,5,1,2^{19}-2^{9}-2^{8})$, $(24,6,1,2^{23}-2^{11}-2^{9})$, $(28,7,1,2^{27}-2^{13}-2^{11})$, $(32,8,1,2^{33}-2^{15}-2^{12})$, $(36,9,1,2^{35}-2^{17}-2^{14})$, $(40,10,1,2^{39}-2^{19}-2^{15})$.

上面都是弹性阶为 1 的 $(n,n/4)$ 函数, 在满足非线性度严格几乎最优的前提下, 只要 n 足够大, 还可以构造弹性阶 $t>1$ 的 $(n,n/4,t)$ 弹性函数. 比如, 当 $n=48$ 时, 由 (2.122) 式 (p. 121), 存在基数为 $2^{12}-24$ 的 $(24,12,3)$ 不相交码集合, 再由 $[23,18,3]$ 码是存在的, 进而可构造出 $(48,12,2,2^{47}-2^{23}-2^{22})$ 弹性函数.

在某些情形下, 若采用一组 $(n/2,n/4,t+1)$ 不相交码集合和多组不同长度的 $[k_i,s_i,t+1]$ 码 $\mathcal{L}_i$, 其中 $n/4\leqslant s_i<k_i<n/2$, 可对构造 3.40 进行进一步的优化. 下面给出一个例子说明这种优化方案的可行性.

例 3.43 构造 $(64,16,2,2^{63}-2^{31}-2^{28}-2^{26})$ 弹性函数. 由 (2.122) 式, 存在基数为 $2^{16}-32$ 的 $(32,16,3)$ 不相交码集合, 设 $\mathcal{C}$ 是这些线性码中所有非零码字的集合, 则 $|\mathcal{C}|=(2^{16}-32)(2^{16}-1)$. 把 $\mathcal{C}$ 中的向量排列成第 1 类向量阵列 A_0 ($|\mathcal{C}|$ 行 16 列). 已知存在 $[29,24,3]$ 码 $\mathcal{L}_1$ 和 $[27,22,3]$ 码 $\mathcal{L}_2$. 把 $\mathcal{L}_1^*$ 和 $\mathcal{L}_2^*$ 中的向量分别排列成第 3 类向量阵列 B_1 ($2^{29}-1$ 行 16 列) 和 B_2 ($2^{27}-1$ 行 16 列). 选择 $E_0\subset\mathbb{F}_2^{32}$ 使得 $|E_0|=|\mathcal{C}|$. 设 $\Delta=\overline{E_0}\times\mathbb{F}_2^3$, 其中 $\overline{E_0}=\mathbb{F}_2^{32}\backslash E_0$, 可以算出 $|\Delta|=17301248$. 选择 $E_1\subset\Delta$ 使得 $|E_1|=|\mathcal{L}_1|=2^{24}-1=16777215$. 设 $E_2=\overline{E_1}\times\mathbb{F}_2^2$, 其中 $\overline{E_1}=\Delta_0\backslash E_1$, 可以算出 $|E_2|=2096132<2^{22}-1=|\mathcal{L}_2^*|$. 设 $X=(X_{32},X_{32}')=(X_{35},X_{29}')=(X_{37},X_{27}')\in\mathbb{F}_2^{64}$, 其中 $X_{32}\in\mathbb{F}_2^{32}$, $X_{32}'\in\mathbb{F}_2^{32}$, $X_{35}\in\mathbb{F}_2^{35}$, $X_{29}'\in\mathbb{F}_2^{29}$, $X_{37}\in\mathbb{F}_2^{37}$, $X_{27}'\in\mathbb{F}_2^{27}$. 建立从 E_0 到 $\mathcal{C}$ 的 16 个双射 $\phi_i^{(0)}$, $i=1,2,\cdots,16$, 使得对任意 $X_{32}\in E_0$, $\big(\phi_1^{(0)}(X_{32}),\phi_2^{(0)}(X_{32}),\cdots,\phi_{16}^{(0)}(X_{32})\big)$ 都对应矩阵 A_0 中的某一行. 对 $j=1,2$, 建立从 E_j 到 $\mathcal{L}_j^*$ 的 16 个双射 $\phi_i^{(j)}$, $i=1,2,\cdots,16$, 使得对任意 $X_{35}\in E_j$, $\big(\phi_1^{(j)}(X_{35}),\phi_2^{(j)}(X_{35}),\cdots,\phi_{16}^{(j)}(X_{35})\big)$ 都对应矩阵 B_j 中的某一行. 对 $i=1,2,\cdots,16$, 构造 $f_i\in\mathcal{B}_{64}$ 如下:

$$f_i(X)=\begin{cases}\phi_i^{(0)}(X_{32})\cdot X_{32}', & X_{32}\in E_0,\\ \phi_i^{(1)}(X_{35})\cdot X_{29}', & X_{35}\in E_1,\\ \phi_i^{(2)}(X_{37})\cdot X_{27}', & X_{37}\in E_2.\end{cases}$$

易证 $(64,16)$ 函数 $F(X)=\big(f_1(X),f_2(X),\cdots,f_{16}(X)\big)$ 是一个 2 阶弹性函数, 并有 $N_F=2^{63}-2^{31}-2^{28}-2^{26}$. 另外, $\deg(F)\leqslant 38$.

对特定的 n, m, t 值, 同时使用第 1 类、第 2 类、第 3 类向量阵列, 可以构造出更高非线性度的弹性函数. 下面给一个例子.

例 3.44 构造 $(28,6,1,2^{27}-2^{13}-2^{10}-2^{9}-2^{7})$ 弹性函数. 由于

$$M(14)(2^6-1)\cdot 2^{14}+N(11,6,1)\cdot 2^{11}+N(10,6,1)\cdot 2^{10}+(2^7-1)\cdot 2^8>2^{28}$$

满足 (3.47) 式, 函数构造可采用向量阵列 $A^{(14,6,1)}$, $D^{(11,6,1)}$, $D^{(10,6,1)}$, $L^{(8,6,1)}$. 已知存在基数为 256 的 $(14,6,2)$ 不相交码集合, 设 $\mathcal{C}$ 是这些线性码中所有非零码字的集合, 则 $|\mathcal{C}|=256\times 63$. 选择 $E_0\subset\mathbb{F}_2^{14}$ 使得 $|E_0|=|\mathcal{C}|$. 设 $\triangle=\overline{E_0}\times\mathbb{F}_2^3$, 其中 $\overline{E_0}=\mathbb{F}_2^{14}\backslash E_0$, 可以算出 $|\triangle|=2048$. 选择 $E_1\subset\triangle$ 使得 $|E_1|=|N(11,6,1)|=1687$. 选择 $E_2\subset\overline{E_1}\times\mathbb{F}_2$, 使得 $|E_2|=|N(10,6,1)|=692$, 其中 $\overline{E_1}=\triangle\backslash E_1$. 选择 $E_3=\overline{E_2}\times\mathbb{F}_2^2$, 其中 $\overline{E_2}=\overline{E_1}\times\mathbb{F}_2\backslash E_2$. 设 $X=(X_{14},X'_{14})=(X_{17},X'_{11})=(X_{18},X'_{10})=(X_{20},X'_8)\in\mathbb{F}_2^{28}$, 其中 $X_{14}\in\mathbb{F}_2^{14}$, $X'_{14}\in\mathbb{F}_2^{14}$, $X_{17}\in\mathbb{F}_2^{17}$, $X'_{11}\in\mathbb{F}_2^{11}$, $X_{18}\in\mathbb{F}_2^{18}$, $X'_{10}\in\mathbb{F}_2^{10}$, $X_{20}\in\mathbb{F}_2^{20}$, $X'_8\in\mathbb{F}_2^8$. 建立从 E_0 到 $\mathcal{C}$ 的 6 个双射 $\phi_i^{(0)}$, $i=1,2,\cdots,6$, 使得对任意 $X_{14}\in E_0$, $\left(\phi_1^{(0)}(X_{14}),\phi_2^{(0)}(X_{14}),\cdots,\phi_6^{(0)}(X_{14})\right)$ 都对应矩阵 $A^{(14)}$ 中的某一行; 建立从 E_1 到 $\mathbb{F}_2^u$ 的 6 个双射 $\phi_i^{(1)}$, $i=1,2,\cdots,6$, 使得对任意 $X_{17}\in E_1$, $\left(\phi_1^{(1)}(X_{17}),\phi_2^{(1)}(X_{17}),\cdots,\phi_6^{(1)}(X_{17})\right)$ 都对应矩阵 $D^{(11,6,1)}$ 中的某一行; 建立从 E_2 到 $\mathbb{F}_2^u$ 的 6 个双射 $\phi_i^{(2)}$, $i=1,2,\cdots,6$, 使得对任意 $X_{18}\in E_2$, $\left(\phi_1^{(2)}(X_{18}),\phi_2^{(1)}(X_{18}),\cdots,\phi_6^{(1)}(X_{18})\right)$ 都对应矩阵 $D^{(10,6,1)}$ 中的某一行. 建立从 E_3 到 $\mathbb{F}_2^u$ 的 6 个单射 $\phi_i^{(2)}$, $i=1,2,\cdots,6$, 使得对任意 $X_{20}\in E_2$, $\left(\phi_1^{(2)}(X_{20}),\phi_2^{(1)}(X_{20}),\cdots,\phi_6^{(1)}(X_{20})\right)$ 都对应矩阵 $L^{(8,6,1)}$ 中的某一行. 对 $i=1,2,\cdots,6$, 构造 $f_i\in\mathcal{B}_{28}$ 如下:

$$f_i(X)=\begin{cases}\phi_i^{(0)}(X_{14})\cdot X'_{14}, & X_{14}\in E_0,\\ \phi_i^{(1)}(X_{17})\cdot X'_{11}, & X_{17}\in E_1,\\ \phi_i^{(2)}(X_{18})\cdot X'_{10}, & X_{18}\in E_2,\\ \phi_i^{(3)}(X_{20})\cdot X'_8, & X_{20}\in E_3.\end{cases}$$

易证 $(28,6)$ 函数 $F(X)=\left(f_1(X),f_2(X),\cdots,f_6(X)\right)$ 是一个 1 阶弹性函数, 并有 $N_F=2^{27}-2^{13}-2^{10}-2^9-2^7$. 另外, $\deg(F)\leqslant 21$.

表 3.11 给出一些满足 $m\leqslant\lfloor n/4\rfloor$ 的 (n,m,t,N_F) 弹性函数. 这些函数在 n, m, t 确定的前提下, 非线性度 N_F 都优于构造 3.32 所得函数的非线性度.

当 $n\equiv 2\bmod 4$ 时, 由于同时存在 $\left(n/2,(n-2)/4\right)$ 不相交码集合 $\mathcal{C}_1$ 和 $\left((n-2)/2,(n-2)/4\right)$ 不相交码集合 $\mathcal{C}_2$, 在构造 3.32 中同时使用 $\mathcal{C}_1$ 和 $\mathcal{C}_2$ 可以构造出非线性度是 $2^{n-1}-2^{n/2-1}-2^{n/2-2}$ 的 $\left(n,(n-2)/4,t\right)$ 弹性函数. 在表 3.1 中可以找到不少这种例子. 若要得到非线性度 $>2^{n-1}-2^{n/2-1}-2^{n/2-2}$ 的 $\left(n,(n-2)/4,t\right)$ 弹性函数, 可放弃使用 $\mathcal{C}_2$, 而在函数结构中采用一组或多组不同长度的 $[k_i,s_i,t+1]$ 码 $\mathcal{L}_i$, 其中 $(n-2)/4\leqslant s_i<k_i<n/2-2$.

例 3.45 利用一组基数为 256 的 $(15,7,2)$ 不相交码集合、一个 $[12,11,2]$ 码、一个 $[8,7,2]$ 码, 可构造出 $(30,7,1,2^{29}-2^{14}-2^{11}-2^7)$ 弹性函数. 构造过程与例 3.43 类似.

表 3.11 满足 $m \leqslant \lfloor n/4 \rfloor$ 的 (n,m,t,N_F) 弹性函数

函数参数	阵列类型	函数参数	阵列类型
$(16,4,1,2^{15}-2^7-2^6)$	13	$(32,7,1,2^{31}-2^{15}-2^{12})$	12
$(18,4,1,2^{17}-2^8-2^6-2^5)$	133	$(32,8,1,2^{31}-2^{15}-2^{12})$	12
$(20,5,1,2^{19}-2^9-2^8)$	12	$(34,8,1,2^{33}-2^{16}-2^{13})$	12
$(22,5,1,2^{21}-2^{10}-2^8)$	12	$(36,8,1,2^{35}-2^{17}-2^{13}-2^{12})$	122
$(24,5,1,2^{23}-2^{11}-2^9)$	12	$(36,9,1,2^{35}-2^{17}-2^{14})$	12
$(24,6,1,2^{23}-2^{11}-2^9)$	12	$(28,7,2,2^{27}-2^{13}-2^{12}-2^{11})$	122
$(26,6,1,2^{29}-2^{12}-2^{10})$	12	$(32,8,2,2^{31}-2^{15}-2^{14})$	12
$(28,6,1,2^{27}-2^{13}-2^{10}-2^9-2^7)$	1223	$(34,8,2,2^{33}-2^{16}-2^{14})$	12
$(28,7,1,2^{27}-2^{13}-2^{11})$	12	$(36,9,2,2^{35}-2^{17}-2^{15}-2^{14})$	122
$(30,7,1,2^{29}-2^{14}-2^{11})$	12	$(40,9,2,2^{39}-2^{19}-2^{16}-2^{14})$	122

对 (n,m,t,N_F) 弹性函数 F 而言, 其弹性阶 t、输出维数 m、非线性度 N_F 三者之间存在制约关系. 下面给出一个它们之间制约关系的猜想.

猜想 3.46 设 $n \geqslant 8$, $t \geqslant 0$, $2 \leqslant m \leqslant n$. 具有严格几乎最优非线性度的 (n,m,t) 弹性函数满足 $m+t \leqslant n/2$.

3.7 评　注

3.7.1 弹性和非线性度的折中问题: 多输出情形

对称密码系统的核心非线性逻辑结构可抽象为代数上的布尔函数, 常称这种场景下的布尔函数称为密码函数. 布尔函数的密码性质决定着系统的安全性, 其代数结构也影响着系统实现的简易性. 对称密码系统分为流密码系统和分组密码系统. 在分组密码系统中, 主要非线性结构被称为 S 盒, 看作是多输出布尔函数. 多输出布尔函数还可用于流密码系统中, 对提高系统的加解密速度具有显著效果.

用于流密码系统中的布尔函数应具有多种密码学性质, 以抵抗现有各种主流攻击: Berlekamp-Massey 算法攻击[74, 555]、线性攻击[285, 589]、相关攻击[603, 802]、(快速) 代数攻击[250, 251] 等. 为了抵抗这些攻击, 要求布尔函数具有高代数次数、高非线性度、适当的弹性阶、高 (快速) 代数免疫阶等密码性质. 同时实现这些性质的优化折中是一个困难的问题, 尤其是在弹性和非线性度之间存在很强的制约关系, 弹性布尔函数的非线性度的紧上界是尚未解决的公开难题. 若在多输出布尔函数上考虑各种密码性质, 这一问题将变得更加复杂.

3.5 节和 3.6 节主要围绕多输出布尔函数的弹性和非线性度这两种密码性质, 对多输出密码函数的构造问题进行了探讨, 构造出目前已知最高非线性度的多输出弹性函数, 并可同时具有高代数次数、高 (快速) 代数免疫阶等密码性质.

1985 年, Chor 等[240] 和 Bennett 等[67] 分别提出弹性函数和 (N,J,K)-函数的概念. 这两个概念是等价的, 是在比特提取问题[239, 870]、容错分布式计算、减少

信道窃听者信息、量子密钥分发[68] 等应用背景下被提出和应用的. 在流密码领域, Siegenthaler[801] 于 1984 年提出相关免疫函数的概念. 相关免疫函数被提出时是定义在 $\mathbb{F}_2^n$ 上的单输出布尔函数, 这一概念后来被推广到多输出情形. 当提到平衡 (多输出) 相关免疫函数时, 它和弹性函数是一回事, 如今一般采用弹性函数这一概念. 其具体定义如下: 设 F: $\mathbb{F}_2^n \to \mathbb{F}_2^m$, 其中 $n \geqslant m \geqslant 1$. 对 $X \in \mathbb{F}_2^n$, 固定 X 中任意 t 个变元, 若 $\mathbb{F}_2^m$ 中的向量在 (n,m) 函数 $F(X)$ 的 2^{n-t} 个输出函数值中出现的次数都相同, 则称 F 是 t 阶弹性的, 或 (n,m,t) 弹性函数.

最早被发现的 (n,m,t) 弹性函数, $m \geqslant 2$ 是线性弹性函数, 可由 $[n,m,t+1]$ 码构造而得. 文献 [67, 240] 证明了线性 (n,m,t) 弹性函数是存在的当且仅当 $[n,m,t+1]$ 码是存在的, 并猜想若存在非线性 (n,m,t) 弹性函数, 则必存在同一参数的线性弹性函数. 1995 年, Stinson 和 Massey[828] 证明了这一猜想是错误的, 找到了一些反例. 例如, 存在非线性 $(2^{r+1}, 2^{r+1}-2r-2, 5)$ 弹性函数 ($r \geqslant 3$ 为奇数) 和非线性 $(64, 12, 27)$ 弹性函数, 但不存在同样参数的线性弹性函数.

1997 年, Zhang 和 Zheng[949] 较早考虑了高非线性度弹性函数的构造问题. 他们证明了把 (n,m,t) 弹性函数 F 和 $\mathbb{F}_2^m$ 上的置换函数 G 进行复合运算, 所得函数 $P = G \circ F$ 也是 (n,m,t) 弹性函数. 当 F 是线性 (n,m,t) 弹性函数时, 上述结论当然也成立. 此时, P 和 G 的代数次数相同 (总可达到 $m-1$), P 的非线性度 N_P 是 G 的非线性度 N_G 的 2^{n-m} 倍, 即 $N_P = 2^{n-m}N_G$. 为了使 P 的非线性度尽可能高, 可选择 G 为 $\mathbb{F}_2^m$ 上非线性度是 $2^{m-1} - 2^{\lfloor m/2 \rfloor}$ 的置换函数. 此时, $N_P = 2^{n-1} - 2^{n-\lceil m/2 \rceil}$, 可以看出 N_P 随着 m 的增大而增大. 由于当 $m \geqslant 3$ 时 $\mathbb{F}_2^m$ 上才有非线性置换, 可知当 $t \geqslant 1$ 时, $2^{n-2} \leqslant N_P \leqslant 2^{n-1} - 2^{\lfloor (n+1)/2 \rfloor}$.

2000 年, Johansson 和 Pasalic[451, 452] 借助 (u,m,d) 不相交码构造出代数次数不超过 $n-u+1$, 非线性度是 $2^{n-1} - 2^{n-u}$ 的 Maiorana-McFarland (MM) 型 $(n,m,d-1)$ 弹性函数, 其中 $n > u > m \geqslant 2$. 这一构造方法可以实现非线性度和弹性的较好折中, 但要依赖于能找到的 (u,m,d) 不相交码的数量. 文献 [451, 452] 中没能解决不相交码的构造问题, 而是建议用搜索的方式, 但在 u 和 m 相对较大时是不可行的. 2004 年, Niederreiter 和 Xing[654] 基于代数函数域构造了不相交码, 得到 $\mathbb{F}_q$ 上 (u,m,d) 不相交码的一个下界. 这种办法得到的 (u,m,d) 不相交码相对较少. 例如, 只得到 24 个二元 $(18,4,6)$ 不相交码. 2005 年, Charpin 和 Pasalic[220] 在射影空间上构造出 (u,m,d) 不相交码, 这种方法只在 $m \mid u$ 时可行. 例如, 可以构造出 249 个 $(12,4,3)$ 不相交码, 8 个 $(8,4,3)$ 不相交码. 进一步可由这两组不相交码 "拼接" 出 $249 \cdot 8 = 1992$ 个 $(20,8,3)$ 不相交码, 按照文献 [452] 中的方法就可以得到非线性度是 $2^{37} - 2^{19}$ 的 $(38,8,2)$ 弹性函数.

2001 年, 鉴于当时还不能构造足够多的不相交码实现弹性和非线性度的之间的优化折中, Pasalic 和 Maitra[681, 682] 回避了这一问题, 只采用单个 $[u,m,t+1]$

码通过 MM 构造法得到非线性度是 $2^{n-1}-2^{\lceil (n+u-m-1)/2\rceil}$ 的 (n,m,t) 弹性函数,这里要求 $n \geqslant u+3m$. 例如, 可以构造出非线性度是 $2^{35}-2^{18}$ 的 $(36,8,1)$ 弹性函数和非线性度是 $2^{35}-2^{19}$ 的 $(36,8,2)$ 弹性函数. 同年, Cheon[235] 借助一个 $[u,m,d]$ 码构造出 $(u+D+1,m,d-1)$ 弹性函数, 其中 D 为非负整数. 此时, 函数的代数次数为 D, 非线性度至少为 $2^{u+D}-2^n\lfloor\sqrt{2^{u+D+1}}\rfloor+2^{u-1}$. 当 $D\leqslant u$ 时, 这一非线性度下界总是负数, 因而只有在 D 足够大时才有参考价值. 值得一提的是, 由这一方法得到的弹性函数的代数次数 D 可以超过输出维数 m.

2002 年, Gupta 和 Sarkar[388,390] 通过简单修改文献 [949] 中方法所构造的弹性函数, 得到代数次数大于 m 的 (n,m,t) 弹性函数. 通过改进文献 [681,682] 中的方法, 构造出较高非线性度的 (n,m,t) 弹性函数. 例如, 可以得到非线性度是 $2^{35}-\dfrac{9}{16}2^{20}$ 的 $(36,8,2)$ 弹性函数.

2002 年之后的十多年里, 弹性函数的构造问题陷入低潮. 这一时期和之前所有的构造方法所得 (n,m,t) 弹性函数的非线性度都不会超过 $2^{n-1}-2^{\lfloor n/2\rfloor}$. 当 $t\geqslant 1$ 时, 是否存在非线性度 $>2^{n-1}-2^{\lfloor n/2\rfloor}$ 的 (n,m,t) 弹性函数?

2014 年, 张卫国和 Pasalic[934] 把非线性度 $>2^{n-1}-2^{\lfloor n/2\rfloor}$ 的 (多输出) 布尔函数称为是严格几乎最优的. 他们解决了不相交码的构造问题, 进而借助不相交码首次构造出严格几乎最优的 (n,m,t) 弹性函数. 用不相交码的方式构造弹性 S 盒, 其非线性度高度依赖于不相交码的数量. 文献 [934] 中所得 $(u,m,t+1)$ 不相交码的数量是目前已知最多的, 见表 2.7. 例如, 可以得到 12882 个 $(18,4,6)$ 不相交码, 4076 个 $(20,8,3)$ 不相交码. 有了足够多的 $(u,m,t+1)$ 不相交码, 可以用足够小的 u 实现 Johansson 和 Pasalic[452] 的构造方案, 得到非线性度为 $2^{n-1}-2^{u-1}$ 的 (n,m,t) 弹性函数. 但是, 这仍不能使所构造的弹性函数是严格几乎最优的. 同年, 张卫国和 Pasalic[935] 提出 GMM 型密码函数构造法, 这一构造法克服了 MM 型密码函数的一些缺陷, 可以更好地实现非线性度、弹性、代数次数、代数免疫、快速代数免疫等多种密码学指标之间的优化折中. 文献 [934] 中的构造方案, 是把不相交码技术和 GMM 构造法相结合实现的. 由该构造法得到的 (n,m,t) 弹性函数的非线性度可以是严格几乎最优的, $m<n/4$. 这一成果已在 3.5 节介绍过.

2017 年, 张卫国等[939] 又提出一种密码函数构造方法, 克服了文献 [934] 中方法对输出维数的局限, 在非线性度严格几乎最优的前提下使弹性函数的输出维数突破 $n/4$, 甚至可以超过 $n/3$. 在 3.6 节, 作者进一步改进了这一结果, 定义了第 3 类向量阵列, 同时把文献 [934,939] 中采用的向量阵列分别定义为第 1 类和第 2 类向量阵列. 在 $m>n/4$ 时综合使用第 2 类和第 3 类向量阵列, 在 $m\leqslant n/4$ 时综合使用三类向量阵列, 可以比只使用其中一类向量阵列得到更高非线性度的 (n,m,t) 弹性函数. 借助第 2 类向量阵列, 文献 [28] 中构造了具有高维输出的半

Bent 弹性函数, 弹性阶和输出维数与已知结果相比有很大提高.

在表 3.12 中, 对比了由不同方法所得到的 $(36, 8, t)$ 弹性函数的非线性度.

表 3.12 (36, 8, t) 弹性函数的非线性度比较

t	1	2	3
Kurosawa 等[498]	$2^{35}-2^{22}$	$2^{35}-2^{23}$	$2^{35}-2^{24}$
Johansson 等[452]	$2^{35}-2^{21}$	$2^{35}-2^{21}$	$2^{35}-2^{22}$
Pasalic 等[682]	$2^{35}-2^{18}$	$2^{35}-2^{20}$	$2^{35}-2^{20}$
Gupta 等[390]	$2^{35}-2^{18}$	$2^{35}-\frac{9}{16}2^{20}$	$2^{35}-2^{20}$
张卫国等[934] (3.5 节)	$2^{35}-2^{17}-2^{15}$	$2^{35}-2^{17}-2^{15}$	$2^{35}-2^{17}-2^{16}$
张卫国等[939] (3.6 节)	$2^{35}-2^{17}-2^{14}$	$2^{35}-2^{17}-2^{16}$	—
张卫国等[41] (3.6 节)	$2^{35}-2^{17}-2^{13}-2^{12}$	$2^{35}-2^{17}-2^{15}$	$2^{35}-2^{17}-2^{16}$

(n, m, t) 弹性函数的非线性度的紧上界问题是尚未解决的难题. 即使不考虑 (n, m) 函数的弹性, (n, m, t) 函数的非线性度的紧上界问题也是没有完全解决的难题 [189, 882]. 值得进一步研究的问题见习题 3.23.

3.7.2 低差分密码函数相关问题

20 世纪 70 年代, 在密码学领域发生两件大事. 1976 年 Diffie 和 Hellman 在 TIT 发表了论文 “New directions in cryptography”[279], 直接促使了公钥密码算法 RSA 的诞生[741]; 另一件事是 1977 年美国数据加密标准 (Data Encryption Standard, DES) 的诞生[653]. 这两件事标志着商用密码时代的到来. DES 是在分组密码 Lucifer 基础上改进而成的算法, 而 Lucifer 是密码学家 Feistel 于 1968 年入职 IBM 后主导设计的, 并于 1971 年获得发明专利 (US#3798359A). 20 世纪 90 年代, 人们提出对 DES 型分组密码的线性攻击[589, 590] 和差分攻击[81–85], 使得分组密码的理论和技术得到飞速发展. 这一时期出现了一批有影响力的分组密码算法, 如 FEAL[796]、GOST[910]、IDEA[504]、LOKI[115, 116]. 经历了 90 年代, DES 逐渐从兴盛走向衰落.

1997 年 1 月, 美国国家标准与技术研究所 (National Institute of Standards and Technology, NIST) 发布公告, 面向全世界公开征集替代 DES 和三重 DES 的新的加密标准, 称之为高级加密标准 (Advanced Encryption Standard, AES). 2000 年 10 月, NIST 宣布由比利时密码学家 Daemen 和 Rijmen 所设计的算法 Rijndael 被选用为 AES, 并于 2001 年 11 月对外公布. 从此, 分组密码的发展进入 AES 时代.

分组密码算法使用多轮迭代运算来实现 Shannon 提出的扩散和混淆的思想. DES 采用的迭代运算结构是 Feistel 网络. 这种网络是对称结构, 加密过程和解密过程几乎完全相同, 这使得在算法在实施的过程中较为节省资源. AES 采用的结构是 SP (substitution-permutation) 网络, 每轮的迭代结构由一个轮密钥控制的

非线性可逆变换 S 和一个线性可逆变换 P 构成. 变换 S 主要起混淆作用, 被称为混淆层; 变换 P 主要起扩散作用, 被称为扩散层.

S 盒是许多分组密码中唯一的非线性部件, 在密码系统中起混淆作用, 其密码性质直接影响分组密码的安全程度. S 盒一般被看作是一个 (n,m) 函数 F. Feistel 型分组密码不要求 S 盒是单射, 甚至不要求是平衡的, 却能因其对称结构而顺利解密. 但是, SP 型分组密码为了保证解密, 所使用的 S 盒必须是可逆的. 这就要求所使用的 S 盒是一个置换, 此时有 $n=m$. 置换函数是一种多输出平衡函数, Nyberg[661] 较早考虑了高非线性置换函数的密码学价值.

当 (n,m) 函数 F 作为 S 盒用于分组密码系统, 为了抵抗差分攻击, 要求 F 具有低的差分均匀度 δ_F (见定义 3.6 (p. 170)). 差分均匀度这一概念形成于 20 世纪 90 年代初期, 主要贡献者是 Nyberg[660, 662, 663, 666]. Nyberg 在定义差分均匀度时, 是在更一般的代数结构有限交换群上定义的[663]: 设 A 和 B 是有限交换群. 称函数 $F: A\to B$ 为 δ_F 差分 (differentially δ_F-uniform) 函数, 若

$$\max_{\alpha\in A^*,\,\beta\in B} \#\big\{X\in\mathbb{F}_2^n \mid F(X+\alpha)-F(X)=\beta\big\}=\delta_F.$$

易知, $\delta_F\geqslant\left\lceil\dfrac{|A|}{|B|}\right\rceil$. 当 $\delta_F=\dfrac{|A|}{|B|}$ 时, 称 F 是 PN (perfect nonlinear) 函数. 特别地, 当 $|A|=|B|$ 时 ($\delta_F=1$), PN 函数 F 也被称为平面函数 (planar function), 这类函数早在 1968 年就被 Dembowski 和 Ostrom 研究过[273].

PN 函数这一概念在密码学领域最早出现在文献 [603] 中, 是指距离线性结构 "最远" 的布尔函数, 实际上就是单输出 Bent 函数. 具体而言, 称 $f\in\mathcal{B}_n$ 是 PN 函数, 若对任意 $\alpha\in\mathbb{F}_2^{n*}$, $f(X+\alpha)+f(X)$ 都是平衡函数. Nyberg[660] 进一步把 PN 函数的概念推广: 设 $F:\mathbb{Z}_q^n\to\mathbb{Z}_q^m$, 其中 $q\geqslant 2$ 为正整数. 若对任意 $\alpha\in\mathbb{Z}_q^{n*}$, $F(X+\alpha)-F(X)$ 都是平衡函数, 即在 $\mathbb{Z}_q^n$ 中有 q^{n-m} 个 X 取值使 $F(X+\alpha)-F(X)$ 等于 $\mathbb{Z}_q^m$ 中任一确定向量 ($\delta_F=q^{n-m}$), 则称 F 为 PN 函数. Nyberg 定义的 PN 函数是多输出广义 Bent 函数, 是有限环上的 n 输入 m 输出 Bent 函数. Nyberg 还证明了如下结论: 若存在 PN 函数 $F:\mathbb{F}_p^n\to\mathbb{F}_p^m$ (p 为素数) 使得 $c\cdot F$ 为正则 Bent (regular Bent) 函数, 其中 $c\in\mathbb{Z}_p^{m*}$, 则必有 $n\geqslant 2m$. 正则 Bent 函数的定义可见文献 [494, 660]. 已经知道, 当 $p=2$ 时, 所有 Bent 函数 $f\in\mathcal{B}_n$ 都是正则 Bent 函数. 由上述结论的逆否命题可知, 任意 (n,n) 函数 $F:\mathbb{F}_2^n\to\mathbb{F}_2^n$ 不可能是 PN 函数. 换一个角度, 若 X_0 是方程 $F(X+\alpha)+F(X)=\beta$ 的解, 则 $X_0+\alpha$ 必定也是该方程的解. 这说明对这样的函数 F 而言, $\delta_F\geqslant 2$. 当 $\delta_F=2$ 时, F 是差分均匀度最优的 (n,n) 函数, 被称为 APN (almsot perfect nonlinear) 函数[662]. 早期研究 APN 函数的工作可参阅文献 [79, 215, 314, 662, 663, 786].

下面是一些刻画 APN 函数特征的重要结论.

定理 3.47[665] 设 F 是 (n,n) 函数, $f_c = c\cdot F$, $c\in\mathbb{F}_2^n$. 对 $\alpha\in\mathbb{F}_2^{n*}$, 有

$$\sum_{c\in\mathbb{F}_2^n} C_{f_c}^2(\alpha) \geqslant 2^{2n+1}.$$

F 是 APN 函数, 当且仅当上式等号成立.

由这一结论, 结合布尔函数的平方和指标, 可得如下推论.

推论 3.48[72] 设 F 是 (n,n) 函数, $f_c = c\cdot F$, $c\in\mathbb{F}_2^{n*}$, 则有

$$\sum_{c\in\mathbb{F}_2^{n*}} \sigma_{f_c} \geqslant (2^n-1)2^{2n+1}.$$

F 是 APN 函数, 当且仅当上式等号成立.

结合引理 2.18 (p. 62) 和推论 3.48, 又可得如下结论.

推论 3.49[215] 设 F 是 (n,n) 函数, $f_c = c\cdot F$, $c\in\mathbb{F}_2^{n*}$, 则有

$$\sum_{c\in\mathbb{F}_2^{n*}}\sum_{\omega\in\mathbb{F}_2^n} W_{f_c}^4(\omega) \geqslant (2^n-1)2^{3n+1}.$$

F 是 APN 函数, 当且仅当上式等号成立.

由推论 3.48, 可得到 F 是 APN 函数的一个充分条件: 对任意 $c\in\mathbb{F}_2^{n*}$, 都有 $\sigma_{f_c} = 2^{2n+1}$. 当 n 为奇数时, 这一条件是不是 F 为 APN 函数的必要条件, 目前还不清楚. 已经知道, 当 n 为偶数时, 这一条件并不必要.

例 3.50[119] 设 n 为偶数. F 是 $\mathbb{F}_{2^n}$ 上的 APN 函数, 定义如下:

$$F: x\to x^{2^i+1} + (x^{2^i}+x+1)\mathrm{Tr}_n(x^{2^i+1}),\quad 1\leqslant i< n/2,\ \gcd(i,n)=1.$$

令 $n=6$, $i=1$, $f_c: x\to \mathrm{Tr}_6\big(cF(x)\big)$, $c\neq 0$. 当 c 遍历 $\mathbb{F}_{2^6}^*$ 时, 有 30 个 σ_{f_c} 取值为 2^{12}, 有 9 个 σ_{f_c} 取值为 2^{14}, 有 24 个 σ_{f_c} 取值为 $2^{13}+2^{11}$.

已经发现的 $\mathbb{F}_{2^n}$ 上的 APN 幂函数: Gold 函数[352]、Kasami 函数[462, 463]、Welch 函数[145, 146, 289, 366]、Niho 函数[655]、逆函数[79, 663]、Dobbertin 函数[288] 等六类. 在表 3.13 中, 列出这六类 APN 幂函数的参数及成立条件.

Dobbertin 曾猜想上述六类幂函数是 $\mathbb{F}_{2^n}$ 上的所有 APN 幂函数. 这一猜想至今还未得到证实. 后来人们又在 $\mathbb{F}_{2^n}$ 上发现一些与上述 APN 幂函数 CCZ 不等价的 APN 多项式函数, 读者可参阅文献 [110, 120–123, 128, 129, 302, 303, 858, 878, 881, 970].

表 3.13 $\mathbb{F}_{2^n}$ 上的 APN 幂函数 $x \mapsto x^d$

函数类型	d	条件	代数次数
Gold 函数	2^k+1	$\gcd(k,n)=1$	2
Kasami 函数	$2^{2k}-2^k+1$	$\gcd(k,n)=1$	$k+1$
Welch 函数	2^k+3	$n=2k+1$	3
Niho 函数 I 类	$2^k+2^{k/2}-1$	$n=2k+1$, k 为偶数	$k/2+1$
Niho 函数 II 类	$2^k+2^{(3k+1)/2}-1$	$n=2k+1$, k 为奇数	$k+1$
逆函数	$2^{2k}-1$	$n=2k+1$	$n-1$
Dobbertin 函数	$2^{4k}+2^{3k}+2^{2k}+2^k-1$	$n=5k$	$k+3$

例 3.51[122] 设 $F(x)=x^3+\mathrm{Tr}_n(x^9)$ 是 $\mathbb{F}_{2^n}$ 上的函数. 当 n 为奇数时, $F(x)$ 是 AB 函数; 当 n 为偶数时, $F(x)$ 是 APN 函数.

在 $n \geqslant 3$ 为奇数时, 上述六类 APN 幂函数都是置换函数, 其中 Gold 函数、Kasami 函数、Welch 函数、Niho 函数同时还是 AB (almost Bent) 函数. AB 函数 F 是 $\mathbb{F}_2^n$ ($n \geqslant 3$ 为奇数) 上特殊的 APN 函数[215], 也是 n 为奇数时非线性度最高的 (n,n) 函数 (更具体地说, 对 $c \in \mathbb{F}_2^{n*}$, $c \cdot F$ 都是半 Bent 函数). 有两个因素限制了 AB 函数在分组密码中的应用: 一是 AB 函数的代数次数不超过 $(n+1)/2$[164], 作为轮函数用于分组密码易遭受高阶差分攻击[149]; 二是 AB 函数的输入和输出都是奇数个变元, 这给密码算法的快速实现带来障碍.

在 n 为偶数时, Gold 函数、Kasami 函数、Dobbertin 函数都是 APN 函数, 但都不是置换函数. Berger 等[72] 证明了如下结论: 设 n 为偶数. 若 (n,n) 函数 F 是 APN 函数, 并且 $c \cdot F$, $c \in \mathbb{F}_2^{n*}$, 都是 Plateaued 函数, 则必定存在 $c \in \mathbb{F}_2^{n*}$ 使 $c \cdot F$ 为 Bent 函数. 由于 Bent 函数不是平衡的, 因而 F 也不会是置换函数.

例 3.52[113] $F(x)=x^3+\alpha^{11}x^5+\alpha^{13}x^9+x^{17}+\alpha^{11}x^{33}+x^{48}$ 是 $\mathbb{F}_{2^6}$ 上的 APN 函数, 其中 α 是 $\mathbb{F}_{2^6}$ 中的本原元. 函数集 $\{\mathrm{Tr}_6(cF(x)) \mid c \in \mathbb{F}_{2^6}^*\}$ 中有 46 个函数是 Bent 函数, 有 16 个 Plateaued 函数其谱值取自 $\{0, \pm 16\}$, 还有 1 个 Plateaued 函数其谱值取自 $\{0, \pm 32\}$.

1995 年, Seberry 等[786] 证明了在 n 为偶数时, $\mathbb{F}_2^n$ 上不存在二次 APN 置换. 同年, Nyberg[665] 进一步证明了下述结论: 在 n 为偶数时, $\mathbb{F}_2^n$ 上的函数 F 不可能是 APN 置换, 若存在 $c \in \mathbb{F}_2^{n*}$ 使得 $c \cdot F$ 为部分 Bent 函数. 2006 年, Hou[432] 证实了在 $\mathbb{F}_2^4$ 上不存在 APN 置换, 并提出猜想: 若 n 是偶数且 σ 是 $\mathbb{F}_2^n$ 上的置换, 则 σ 不是 APN 函数. 同年, Dillon[283] 提出同一猜想, 并称之为“大 APN 问题” (big APN problem). 2010 年, Dillon 等[114] 发现了一个 $\mathbb{F}_2^6$ 上的 APN 置换函数, 以下称为 6 元 APN 置换. 这一函数可表示为 $F=(f_1, f_2, \cdots, f_6)$, 其中 $f_i (i=1,2,\cdots,6)$, 的真值表如下:

$\overline{f_1}$: 01100011011100111101001110101010100000001111101110000110100010010,

$\overline{f_2}$: 011001101101010010000001011001111011111101001100001001100100101011,

$\overline{f_3}$: 0001100011100010100011101011011101000101110101101101110010001100,
$\overline{f_4}$: 0101101001110100010000011001000010100101100010111011111001101111,
$\overline{f_5}$: 0100110101001000101110000111111011000001101011011100010001101011,
$\overline{f_6}$: 0001101111101011100000110100000001111011010101100110010111010010.
设 $f_c = c \cdot F$, $c \in \mathbb{F}_2^{6*}$. 当 $c \in \{000100, 001010, 001110, 010000, 010100, 011010, 011110\}$ 时, f_c 是三谱值函数, 其谱值取自 $\{0, \pm 16\}$, 代数次数是 3; 当 c 取 $\mathbb{F}_2^{6*}$ 中其余 56 个非零向量时, f_c 的谱值取自 $\{0, \pm 8, \pm 16\}$, 代数次数是 4.

6 元 APN 置换函数的发现具有里程碑式的理论意义, 迄今还没有发现 n 为其他偶数的 n 元 APN 置换. 6 元 APN 置换函数的实用价值有一定局限性, Bilgin 等[87] 曾在他们所设计的密码系统 Fides 中使用了这种函数, 但很快被攻破了.

无论是从理论还是从实践角度, 人们希望找到更多具有高非线性度的偶数元 APN 置换函数. 当这一目标难以实现时, 人们转向寻找新的偶数元 (高非线性度) 4 差分置换函数. 以目前的研究现状来看, "最好" 的偶数元 4 差分置换函数仍是逆函数, 它具有最优的代数次数和已知最高的非线性度, 并易于实现. 关于偶数元 4 差分置换函数的相关工作, 读者可参阅文献 [91, 103, 104, 136, 197, 232, 329, 447, 448, 534, 696, 729–731, 798, 799, 853, 907, 909, 917, 918].

Perrin 等[698] 通过分解上面的 6 元 APN 置换, 发现其仿射等价于一个对合 (involution) 结构. 他们把这种结构推广到 $n = 4k + 2$ 的情形, $k \in \mathbb{Z}^+$, 称之为 "蝴蝶结构" (butterfly structure), 并证明了具有这种结构的置换其差分均匀度至多为 4. Canteaut 等[155] 在 $\mathbb{F}_2^{4k+2}$ ($k \in \mathbb{Z}^+$) 上推广了蝴蝶结构, 给出一类具有 "广义蝴蝶结构" (generalised butterflies) 的函数, 证明了这类函数在 $k \geqslant 2$ 时都是 4 差分置换, 具有已知最高的非线性度 $2^{n-1} - 2^{n/2}$, 并分析了其代数次数. Fu 等[327,328] 也较早研究了具有蝴蝶结构的 4 差分置换函数.

自从经典差分攻击[81,84] 被提出后, 人们也发展出一些变种的差分攻击方式[86,96,488,505,511,883]. 回旋镖攻击 (boomerang attack) 是 Wagner 在 1999 年提出的一种差分攻击[883]. 2018 年, Cid 等[243] 提出利用双射 S 盒的回旋镖连接表 (boomerang connectivity table, BCT) 作为分析工具, 以简化回旋镖攻击的复杂度分析. 同年, Boura 和 Canteaut[102] 基于 BCT 定义了 S 盒 F 的回旋镖均匀度 β_F 的概念, 定义如下:

$$\beta_F = \max_{a,b \in \mathbb{F}_{2^n},\, ab \neq 0} \mathrm{BCT}_F(a, b),$$

其中 $\mathrm{BCT}_F(a,b) = \#\{x \in \mathbb{F}_{2^n} \mid F^{-1}(F(x)+b) + F^{-1}(F(x+a)+b) = a\}$ 表示 F 的 BCT 中 $(a, b) \in \mathbb{F}_{2^n} \times \mathbb{F}_{2^n}$ 对应的值. BCT 概念的提出启发了一系列研究差分攻击的工具的提出, 比如 Bar-On 等[62] 提出差分-线性分析 (differential-linear cryptanalysis) 的工具: 差分-线性链接表 (differential-linear connectivity table, DLCT). 由 BCT 也发展出一些新的变种, 并基于它们定义出一些新的回旋镖均匀度概念. Boukerrou 等[101] 基于 Feistel 回旋镖链接表 (Feistel boomerang connectivity table, FBCT) 定义了 S 盒 F 的 Feistel 回旋镖均匀度

$$\beta^F = \max_{a,b\in\mathbb{F}_{2^n},\, ab(a+b)\neq 0} \mathrm{FBCT}_F(a,b),$$

其中 $\mathrm{FBCT}_F(a,b) = \#\{x\in\mathbb{F}_{2^n} | F(x)+F(x+a)+F(x+b)+F(x+a+b)=0\}$. Boukerrou 等[101] 还拓展了由 Wang 和 Peyrin[885] 引入的回旋镖差分表 (boomerang difference table, BDT), 提出 Feistel 回旋镖差分表 (Feistel boomerang difference table, FBDT). S 盒 F 的 FBDT 是一个 $2^n\times 2^n\times 2^n$ 表, 在 $(a,b,c)\in\mathbb{F}_{2^n}^3$ 的值定义为 $\mathrm{FBDT}_F(a,c,b) = \#\{x\in\mathbb{F}_{2^n} | F(x)+F(x+a)+F(x+b)+F(x+a+b)=0, F(x)+F(x+a)=c\}$. 基于 FBDT, Eddahmani 和 Mesnager[301] 提出 Feistel 回旋镖差分均匀度

$$\gamma_F = \max_{(a,b,c)\in\mathbb{F}_{2^n}^3,(a,c)\neq(0,0)} \mathrm{FBDT}_F(a,c,b).$$

2020 年, Ellingsen 等[307] 定义了 (n,m) 函数 $F:\mathbb{F}_{p^n}\to\mathbb{F}_{p^m}$ 的 c-导数的概念. 设 $c\in\mathbb{F}_{p^m}$. F 关于 $a\in\mathbb{F}_{p^n}$ 的 c-导数定义为函数

$${}_cD_aF(x) = F(x+a)-cF(x),\quad x\in\mathbb{F}_{p^n}.$$

对 (n,n) 函数 F, $a,b\in\mathbb{F}_{p^n}$, 设 ${}_c\Delta_F(a,b) = \#\{x\in\mathbb{F}_{p^n} \mid F(x+a)-cF(x)=b\}$. F 的 c-差分均匀度定义为

$${}_c\Delta_F = \max\{{}_c\Delta_F(a,b) \mid a,b\in\mathbb{F}_{p^n},\ a\neq 0 \text{ 若 } c=1\}.$$

结合经典回旋镖均匀度和 c-差分均匀度的概念, Stănică[815] 进一步提出 c-回旋镖均匀度 (c-boomerang uniformity) 的概念. 有关 c-差分均匀度和各种变种回旋镖均匀度的研究工作, 读者可参阅文献 [63, 64, 135, 393, 394, 482, 526, 532, 629, 632, 667, 816, 817, 863, 868, 919].

3.8 习　题

习题 3.1　证明引理 3.1 (p. 167).

习题 3.2　设 F 是 (n,n) 置换函数. 证明: F 和它的逆函数 F^{-1} 具有相同的非线性度.

习题 3.3　设 $n=8$, γ 是 $\mathbb{F}_2$ 上本原多项式 $x^8+x^6+x^5+x+1$ 的根. 用例 3.8 (p. 171) 中的方法, 可以得到与 x^{-1} 相对应的 $\mathbb{F}_2^8$ 上的置换函数 $H=(h_1,h_2,\cdots,h_8)$. 设 $H'=(h_{i_1},h_{i_2},h_{i_3},h_{i_4})$, 其中 $1\leqslant i_1<i_2<i_3<i_4\leqslant 8$.

(1) 请写出 h_i 的真值表, $i=1,2,\cdots,8$, 并计算 H 的非线性度和差分均匀度.

(2) 计算 H' 的差分最大偏差指标 $\delta(H')$ 和差分标准差指标 $\mathrm{sd}(H')$, 并与例 3.21 (p. 176) 中 $(8,4)$ 函数 $F^{(1)}$ 的相应指标 $\delta(F^{(1)})$ 和 $\mathrm{sd}(F^{(1)})$ 进行对比.

习题 3.4　给出 MM 型 (n,m) Bent 函数 $F=(f_1,f_2,\cdots,f_m)$ 的构造方法, 并进一步把 F 修改为具有高非线性度的平衡 (n,m) 函数 F_0, 其中 $n\geqslant 4$ 为偶数, $2\leqslant m\leqslant n/2$. 分析 F_0 的非线性度可能达到的最大值.

习题 3.5　构造 $(12,6)$ Bent 函数 (MM 型或 PS 型) F, 并把 F 分别修改为非线性度是 2010 的平衡 $(12,3)$ 函数和非线性度是 2008 的平衡 $(12,6)$ 函数.

习题 3.6　在定理 3.17 (p. 174) 的证明中, 请详细推导出 (3.11) 式 (p. 174). 在 k 足够大时, (3.10) 式 (p. 174) 中的“$>$”是否有可能成立? 为什么?

习题 3.7　构造 DC 型 $(7,4)$, $(9,5)$, $(11,6)$ 半 Bent 函数.

习题 3.8　(公开问题) 解决公开问题 3.1 (p. 182).

习题 3.9　由 (3.29) 式 (p. 183) 推导出 (3.30) 式 (p. 183).

习题 3.10　构造 DS 型 $(11,3)$, $(12,4)$, $(14,4)$ 半 Bent 函数.

习题 3.11　基于例 3.21 (p. 176) 中的 $(5,2)$ 不相交码集合 $\{C_z \mid z\in\mathbb{F}_2^3\}$ 和 E, 构造一个 24×2 的第 1 类向量阵列 $A^{(5,2,1)}$.

习题 3.12　利用构造 3.32 (p. 191) 给出的方法, 构造一个非线性度是 32628 的 $(16,2,0)$ 弹性函数.

习题 3.13　由构造 3.32 (p. 191) 得到的 (n,m,t) 弹性函数的代数次数什么情形下可以达到最优?

习题 3.14　证明定理 3.35 (p. 196). 给出等号成立的条件, 并举一个例子.

习题 3.15　证明定理 3.41 (p. 206).

习题 3.16　当 $t\in\{1,2\}$ 时, 证明 (3.44) 式 (p. 200).

习题 3.17　改进表 3.7 (p. 202) 中 $N(u,m,t)$ 的取值.

习题 3.18　证明定理 3.37 (p. 203).

习题 3.19　构造参数为 $(24,7,1,2^{23}-2^{11}-2^{10}-2^9-2^7)$ 的弹性函数.

习题 3.20　构造参数为 $(48,12,2,2^{47}-2^{23}-2^{22})$ 的弹性函数.

习题 3.21　构造参数为 $(30,7,1,2^{29}-2^{14}-2^{11}-2^7)$ 的弹性函数.

习题 3.22　设 $n=4k$, $11\leqslant k\leqslant 16$, $t\in\{1,2\}$. 运用构造 3.40 (p. 205) 中的方法列出所有非线性度严格几乎最优的多输出弹性函数 F 的参数 (n,k,t,N_F), 并指出哪些函数可以用例 3.43 (p. 207) 中的方案进行优化.

习题 3.23　(公开问题) 设 n 和 m 满足下列两种情形之一:

(1) $n \geqslant 9$ 为奇数, $2 \leqslant m \leqslant n-1$;

(2) $n \geqslant 8$ 为偶数, $n/2 < m \leqslant n$.

是否存在非线性度严格几乎最优的 (n, m) 函数?

习题 3.24 证明定理 3.47 (p. 214).

习题 3.25 证明推论 3.48 (p. 214).

习题 3.26 (公开问题) 是否存在 $\mathbb{F}_2^n$ 上的 APN 函数, 满足如下条件之一?

(1) n 为偶数, 对任意 $c \in \mathbb{F}_2^{n*}$, 都有 $\sigma_{f_c} \neq 2^{2n+1}$;

(2) n 为奇数, 存在 $c \in \mathbb{F}_2^{n*}$, 使得 $\sigma_{f_c} \neq 2^{2n+1}$.

习题 3.27 (公开问题) $\mathbb{F}_2^n$ 上的 APN 函数的最大代数次数是多少?

习题 3.28 (大 APN 问题) 当 $n \geqslant 8$ 为偶数时, 是否存在 $\mathbb{F}_2^n$ 上的 APN 置换?

第 4 章　密码函数的应用

4.1　密码函数和伪随机序列

伪随机序列的应用领域十分广泛, 它可用于扩频通信、测距与导航系统、多址通信、自动测试与系统校验、扰码、流密码算法设计等领域. 伪随机序列的 "伪", 包含两方面的意思: 一是序列不是真正的随机序列, 但是具有类似随机序列的性质; 二是序列具有预先可确定性, 能够重复实现.

设 $\mathbf{u}=(u_1,u_2,u_3,\cdots)$ 是一条二元序列, 其中 $u_i\in\{+1,-1\}$, $i=1,2,3,\cdots$. 需要说明的是, 在 1.6 节中二元序列的每一位取 0 或 1, 与这里取 +1 或 −1 本质上是一样的. 我们再回忆一下序列周期的概念. 若存在 $N\in\mathbb{Z}^+$ 使得 $a_{i+N}=a_i$, 则称 N 为序列 u 的一个周期, 此时称序列 $\mathbf{u}$ 为周期序列. 序列 $\mathbf{u}$ 的周期通常是指使 $u_{i+N}=u_i$ 成立的最小正整数 N.

设 $\mathbf{u}=(u_1,u_2,u_3,\cdots)$ 是一条周期为 N 的二元序列, 其中 $u_i\in\{+1,-1\}$, $i=1,2,\cdots$. 关于单条二元序列 $\mathbf{u}$ 的随机性, 早期常用 Golomb[365] 提出的三条随机性假设来度量.

(1) 平衡性质. 序列中 +1 和 −1 出现的次数大致相等. 在理想情况下, 当 N 为偶数时, +1 和 −1 在序列中出现的次数各占一半; 当 N 为奇数时, +1 和 −1 在序列中出现的次数相差为 1.

(2) 游程性质. 截取周期序列 $\mathbf{u}$ 的一个完整周期 $(u_1,\cdots,u_N)$, 将其首尾相接形成一个序列圈. 若在这个序列圈上有一段连续的 k 长序列全是 +1 (或 −1), 并且与这段序列两端相接的都是 −1 (或 +1), 则称之为长为 k 的 +1 (或 −1) 的游程. 这条随机性假设要求序列中的长为 k 的游程约占游程总数的 $\dfrac{1}{2^k}$, 并且在同样长度的游程中 +1 的游程与 −1 的游程大约各占一半.

(3) 自相关性质. 设 $0<\tau<N$. 把周期序列 $\mathbf{u}$ 的一个完整周期 $(u_1,\cdots,u_N)$ 和它循环左移转 τ 位后进行逐位对比, 相同的对应位个数与不同的对应位个数大致相等. 在理想情况下, 最多相差为 1.

随机性是偶然性和必然性相统一的产物. 以上三条随机性假设不是凭空臆想出来的, 我们可以用伯努利 (Bernoulli) 试验概型解释这三条假设的合理性. 假如抛一枚硬币, 每抛一次算一次试验. 若试验结果出现正面就记为 +1, 若试验结果出现反面就记为 −1. 反复抛硬币 N 次, 就得到一条长为 N 的二元随机变量序列

$u_1, u_2, \cdots, u_N$. 由于每次试验的结果不受以前各次试验的任何影响, 因此这条序列是独立试验序列. 当试验次数 N 足够大时, 这条序列便显示出上述假设中的三条随机性质. 这也是伯努利大数定律揭示的规律: 随着试验次数的增加, 事件发生的频率趋于稳定.

在这三条性质中, 第 3 条性质最为重要. 我们用自相关函数或自相关系数来度量序列自相关性质的优劣. 序列 $\mathbf{u}$ 的自相关函数和自相关系数分别定义为

$$C_{\mathbf{u}}(\tau) = \sum_{i=1}^{N} u_i u_{i+\tau}$$

和

$$\rho_{\mathbf{u}}(\tau) = \frac{1}{N}\sum_{i=1}^{N} u_i u_{i+\tau}.$$

自相关函数和自相关系数没有本质的区别, 后者是对前者进行了归一化处理. 具有优良自相关性质的序列, 其自相关系数具有如下特征:

$$\rho_{\mathbf{u}}(\tau) = \begin{cases} 1, & \tau = 0, \\ \dfrac{A-D}{N} \approx 0, & \tau \neq 0, \end{cases} \tag{4.1}$$

其中 A 是 u_i 和 $u_{i+\tau}$ 相同的个数, D 是 u_i 和 $u_{i+\tau}$ 不同的个数. 注意到 (4.1) 式中自相关函数的主峰高度 ($\tau = 0$ 时) 远远大于副峰的高度 ($\tau \neq 0$ 时). 这一特征非常类似白噪声的相关特性, 所以伪随机序列也叫伪噪声码.

在本章有关序列设计的部分, 我们把具有特定性质的密码函数用于序列设计, 给所设计的序列集带来相应优良性质. 以用于码分多址 (CDMA) 系统的序列集为例, 制约系统用户容量提高的主要原因是多址干扰, 这是由序列之间的相关性造成的. 利用具有高非线性度的密码函数来设计大量正交序列集, 可以使序列集之间具有正交性或低互相关性, 实现 CDMA 通信中用户多且干扰小的目的. 这种序列集还可以用于很多其他场景, 例如, 可用于降低上行多站联合接收场景中导频间的干扰. 低互相关性 (或正交性) 是序列 "随机性" 的一种重要特征, 具有这种性质的序列易于从干扰中分离出来.

设 $\mathbf{u} = (u_1, u_2, u_3, \cdots)$ 和 $\mathbf{v} = (v_1, v_2, v_3, \cdots)$ 是两条周期为 N 的二元序列, 其中 $u_i, v_i \in \{+1, -1\}$, $i = 1, 2, 3, \cdots$. 设 $0 \leqslant \tau < N$. 序列 $\mathbf{u}$ 和 $\mathbf{v}$ 的互相关函数和互相关系数分别定义为

$$C_{\mathbf{u},\mathbf{v}}(\tau) = \sum_{i=1}^{N} u_i v_{i+\tau}$$

和

$$\rho_{\mathbf{u},\mathbf{v}}(\tau)=\frac{1}{N}\sum_{i=1}^{N}u_iv_{i+\tau}.$$

本章用互相关函数度量序列之间的互相关性, 主要讨论 $\tau=0$ 时序列 $\mathbf{u}$ 和 $\mathbf{v}$ 的互相关值 $C_{\mathbf{u},\mathbf{v}}(0)$. 设 $\mathbf{u}=(u_1,\cdots,u_N)$, $\mathbf{v}=(v_1,\cdots,v_N)$. 今后用 $C(\mathbf{u},\mathbf{v})$ 表示 $C_{\mathbf{u},\mathbf{v}}(0)$, 它是两条长度为 N 的序列 $\mathbf{u}$ 和 $\mathbf{v}$ 的内积, 即

$$C(\mathbf{u},\mathbf{v})=C_{\mathbf{u},\mathbf{v}}(0)=\mathbf{u}\cdot\mathbf{v}=\sum_{i=1}^{N}u_iv_i.$$

若 $C(\mathbf{u},\mathbf{v})=0$, 则称 $\mathbf{u}$ 和 $\mathbf{v}$ 是正交的, 记作 $\mathbf{u}\perp\mathbf{v}$. 设

$$S=\{\mathbf{s}_i\mid i=1,2,\cdots,d\}$$

是 d 条长度为 N 的序列作成的集合. 若对任意 $1\leqslant i_1<i_2\leqslant d$, 总有 $\mathbf{s}_{i_1}\perp\mathbf{s}_{i_2}$, 则称 S 是一个正交序列集. 设 S_1 和 S_2 是两个序列集. 若对任意 $\mathbf{s}_i\in S_1$, $\mathbf{s}_j\in S_2$, 总有 $C(\mathbf{s}_i,\mathbf{s}_j)=0$, 即 $\mathbf{s}_i\perp\mathbf{s}_j$, 则称 S_1 和 S_2 是正交的, 记作 $S_1\perp S_2$. 这种前提下, 若 S_1 和 S_2 分别都是正交序列集, 则 $S_1\cup S_2$ 也是一个正交序列集.

把布尔函数真值表中的 0 和 1 分别转换为 +1 和 −1, 就实现了布尔函数的"序列化". $f\in\mathcal{B}_n$ 对应的长度为 $N=2^n$ 的二元序列 $\underline{f}$ 定义为

$$\underline{f}=\left((-1)^{f(0,\cdots,0,0)},(-1)^{f(0,\cdots,0,1)},\cdots,(-1)^{f(1,\cdots,1,1)}\right).$$

把所有 n 元线性函数 $\alpha\cdot X$, $\alpha\in\mathbb{F}_2^n$ 的真值表 (列向量) 按 α 的字典序从左向右排成一个 $2^n\times 2^n$ 矩阵 W_n. 以 $n=3$ 为例, W_3 就是由表 2.1(p. 55) 中 l_0, l_1, $\cdots$, l_7 的真值表排成的矩阵, 即

$$W_3=\begin{pmatrix}0&0&0&0&0&0&0&0\\0&1&0&1&0&1&0&1\\0&0&1&1&0&0&1&1\\0&1&1&0&0&1&1&0\\0&0&0&0&1&1&1&1\\0&1&0&1&1&0&1&0\\0&0&1&1&1&1&0&0\\0&1&1&0&1&0&0&1\end{pmatrix}.$$

把 W_3 中的 0 和 1 分别转换为 +1 和 −1, 得矩阵

$$\mathcal{H}_3 = \begin{pmatrix} + & + & + & + & + & + & + & + \\ + & - & + & - & + & - & + & - \\ + & + & - & - & + & + & - & - \\ + & - & - & + & + & - & - & + \\ + & + & + & + & - & - & - & - \\ + & - & + & - & - & + & - & + \\ + & + & - & - & - & - & + & + \\ + & - & - & + & - & + & + & - \end{pmatrix},$$

其中 “+” 和 “−” 分别表示 “+1” 和 “−1”. $\mathcal{H}_3$ 是一个 $2^3 \times 2^3$ Hadamard 矩阵. 一般地, $2^n \times 2^n$ Hadamard 矩阵 $\mathcal{H}_n$ 可由如下方式递归生成:

$$\mathcal{H}_0 = (1), \quad \mathcal{H}_n = \begin{pmatrix} \mathcal{H}_{n-1} & \mathcal{H}_{n-1} \\ \mathcal{H}_{n-1} & -\mathcal{H}_{n-1} \end{pmatrix}, \quad n = 1, 2, \cdots.$$

由于 $\mathcal{H}_n$ 中的任一行向量 (列向量) 都是由 n 元线性函数的真值表变换而来的, 我们称 $\mathcal{H}_n$ 的行向量 (列向量) 为长是 2^n 的线性序列. 注意到 $\mathcal{H}_n$ 是对称矩阵, 今后用 $\mathcal{H}_n$ 中的行向量表示线性序列. 在工程上, 线性序列也被称为 Walsh 码.

设 $\mathbf{h}_j, 0 \leqslant j \leqslant 2^n - 1$ 是 $\mathcal{H}_n$ 的第 $j+1$ 行. 若 $\mathbf{h}_j$ 是线性函数 $\omega \cdot X, \omega \in \mathbb{F}_2^n$ 对应的线性序列, 则有 $[\omega] = j$, 其中 $[\omega]$ 是 ω 的十进制表示. 把 $\mathcal{H}_n$ 中的所有行向量作成一个集合, 就得到一个基数为 2^n 的线性序列集

$$\mathbf{H} = \{\mathbf{h}_j \mid 0 \leqslant j \leqslant 2^n - 1\}.$$

设 $\mathcal{L}_n \subset \mathcal{B}_n$ 是所有 n 元线性函数的集合. 不难看出

$$\mathbf{H} = \{\underline{l} \mid l \in \mathcal{L}_n\}.$$

设 $l, l' \in \mathcal{L}_n$, 其中 $l = \omega \cdot X$, $l' = \omega' \cdot X$, 可得

$$\underline{l} \cdot \underline{l'} = \sum_{X \in \mathbb{F}_2^n} (-1)^{(\omega+\omega')\cdot X} = \begin{cases} 2^n, & \omega = \omega', \\ 0, & \omega \neq w'. \end{cases}$$

这说明, 当 l 和 l' 是 $\mathcal{L}_n$ 中不同的线性函数时, 必有 $\underline{l} \perp \underline{l'}$. 从而, $\mathbf{H}$ 是一个由 2^n 条两两互不相同的线性序列构成的正交序列集.

线性序列 (Walsh 码) 在工程领域中已有广泛的应用. 但这类正交序列集也有一些局限性, 其中之一就是数量较少. 长度为 2^n 的二元序列数量极多, 从表 4.1 中可以看出, 线性序列只是其中微不足道的一小部分.

表 4.1 n 元线性函数和 n 元布尔函数的数量比较

n	n 元线性函数的数量 2^n	n 元布尔函数的数量 2^{2^n}
2	4	2^4=16
3	8	2^8=256
4	16	2^{16}=65536
5	32	$2^{32} \approx 4.3 \times 10^9$
6	64	$2^{64} \approx 1.8 \times 10^{19}$
7	128	$2^{128} \approx 3.4 \times 10^{38}$
8	256	$2^{256} \approx 1.2 \times 10^{77}$
9	512	$2^{512} \approx 1.3 \times 10^{154}$
10	1024	$2^{1024} \approx 1.8 \times 10^{308}$

与线性序列相对应, 把由非线性布尔函数的真值表转换而来的二元序列称为非线性序列. 由两两正交的非线性序列作成的集合, 称为非线性正交序列集. 要设计非线性正交序列集, 可以用一条或多条非线性序列去 "覆盖" 线性序列集 $\mathbf{H}$.

下面定义向量之间分量乘法 (componentwise product) 运算, 用符号 ".*" 表示. 设 $u = (u_1, u_2, \cdots, u_N)$, $\mathbf{v} = (v_1, v_2, \cdots, v_N)$. u 和 v 的分量乘积定义为

$$\mathbf{u} .* \mathbf{v} = (u_1v_1, u_2v_2, \cdots, u_Nv_N).$$

当 $\underline{f_1}$ 和 $\underline{f_2}$ 分别是 $f_1 \in \mathcal{B}_n$ 和 $f_2 \in \mathcal{B}_n$ 对应的序列时, 显然有

$$\underline{f_1} .* \underline{f_2} = \underline{f_1 + f_2}.$$

进一步定义一条序列和一个序列集之间的分量乘法运算. 设 $\mathbf{u}$ 是一条长度为 N 的序列, $S = \{\mathbf{s}_i \mid i = 1, 2, \cdots, d\}$ 是 d 条长度为 N 的序列作成的集合. $\mathbf{u}$ 和 S 的分量乘积定义为

$$\mathbf{u}. * S = \{\mathbf{u}. * \mathbf{s}_i \mid \mathbf{s}_i \in S\}.$$

设 $f \in \mathcal{B}_n$ 是一个非线性布尔函数, 可构造非线性序列集 S_f 如下:

$$S_f = \underline{f}. * \mathbf{H} = \{\underline{f + l} \mid l \in \mathcal{L}_n\}.$$

对 S_f 中任意两条不同序列 $\underline{f + l}$ 和 $\underline{f + l'}$, 其中 $l(X) = \omega \cdot X$, $l'(X) = \omega' \cdot X$, 有

$$\underline{f + l} \perp \underline{f + l'} \Leftrightarrow \underline{l} \perp \underline{l'}.$$

这是因为

$$\underline{f + l} \cdot \underline{f + l'} = \sum_{X \in \mathbb{F}_2^n} (-1)^{(f+l)(X)+(f+l')(X)}$$

$$= \sum_{X\in\mathbb{F}_2^n} (-1)^{(\omega+\omega')\cdot X}$$
$$= \underline{l}\cdot\underline{l'}.$$

因而, $C(\underline{f+l},\underline{f+l'})=0$, S_f 是一个非线性正交序列集.

这样看来, 利用一个非线性布尔函数 f 得到一个非线性正交序列集 S_f 是很容易的. 在实际应用中往往需要同时使用多组基数较大的正交序列集, 并要求不同正交序列集之间是低互相关的. 这就对采用的非线性布尔函数提出特定的要求.

设 $S_f=\underline{f}.*\mathbf{H}=\{\underline{f+l}\mid l\in\mathcal{L}_n\}$, $S_g=\underline{g}.*H=\{\underline{g+l'}\mid l'\in\mathcal{L}_n\}$, 其中 $f,g\in\mathcal{B}_n$. 在 S_f 和 S_g 中分别任选一条序列 $\underline{f+l}$ 和 $\underline{g+l'}$, 其中 $l(X)=\omega\cdot X$, $l'(X)=\omega'\cdot X$. 下面计算 $C(\underline{f+l},\underline{g+l'})$.

$$\begin{aligned}C(\underline{f+l},\underline{g+l'})&=\sum_{X\in\mathbb{F}_2^n}(-1)^{(f+l)(X)+(g+l')(X)}\\&=\sum_{X\in\mathbb{F}_2^n}(-1)^{(f+g)(X)+(\omega+\omega')\cdot X}\\&=W_{f+g}(\omega+\omega').\end{aligned}$$

可以看出, $\underline{f(X)+\omega\cdot X}$ 和 $\underline{g(X)+\omega'\cdot X}$ 的互相关值就是布尔函数 $f+g$ 在点 $\omega+\omega'$ 的 Walsh 谱值. 特别地, $C(\underline{f},\underline{g})=W_{f+g}(\mathbf{0}_n)$, $C(\underline{f},\underline{l})=W_f(\omega)$.

引理 4.1 设 $f,g\in\mathcal{B}_n$. $\underline{f}\perp\underline{g}$ 当且仅当 $W_{f+g}(\mathbf{0}_n)=0$.

本节的最后, 我们定义序列集之间的互相关值, 并建立高非线性度布尔函数和低互相关序列集之间的联系. 设 S_1 和 S_2 都是长度为 N 的二元序列构成的序列集. S_1 和 S_2 的互相关值定义为

$$C(S_1,S_2)=\max_{\mathbf{s}_1\in S_1,\mathbf{s}_2\in S_2}\left|C(\mathbf{s}_1,\mathbf{s}_2)\right|.$$

按这个定义, 非线性正交序列集 S_f 和 S_g 之间的互相关值为

$$C(S_f,S_g)=\max_{\omega\in\mathbb{F}_2^n,\omega'\in\mathbb{F}_2^n}\left|W_{f+g}(\omega+\omega')\right|=\max_{\alpha\in\mathbb{F}_2^n}\left|W_{f+g}(\alpha)\right|.$$

结合 (2.27) 式中布尔函数的非线性度和 Walsh 谱的关系, 可得

$$C(S_f,S_g)=2^n-2N_{f+g}. \tag{4.2}$$

特别地, 若 $g\in\mathcal{L}_n$, 则 $S_g=\mathbf{H}$. 由 (4.2) 式, $C(S_f,\mathbf{H})=2^n-2N_f$.

这样, 正交序列集 S_f 和 S_g 之间的互相关值问题就转化为非线性布尔函数 $f+g$ 的非线性度问题. 下面用两个例子验证这种联系.

例 4.2 设 $F=(f_1,f_2)$ 是一个 $(4,2)$ Bent 函数, 其中 f_1 和 f_2 的真值表为

$$f_1\colon 0000011000110101,$$
$$f_2\colon 0000010101100011.$$

设 $f_3=f_1+f_2$. f_3 也是 Bent 函数, 其真值表为

$$f_3\colon 0000001101010110.$$

设 $\mathbf{H}=\{\underline{l}\mid l\in\mathcal{L}_4\}$. 设 $S_0=\mathbf{H}$, $S_1=\underline{f_1}.*\mathbf{H}$, $S_2=\underline{f_2}.*\mathbf{H}$, $S_3=\underline{f_3}.*\mathbf{H}$. 容易验证, $C(S_i,S_j)=4$, 其中 $0\leqslant i<j\leqslant 3$.

例 4.2 中的 S_0 是线性正交序列集, 由 $\mathcal{H}_4$ 中的 16 个行向量组成. S_1, S_2, S_3 都是非线性正交序列集. 由于 f_1, f_2, f_3 都是 Bent 函数, 我们称 S_1, S_2, S_3 为 Bent 正交序列集. 序列集之间的互相关值恰好是 4 元 Bent 函数的谱值绝对值, 该值为 4. 具体而言, 对任意 $u\in S_i$, $v\in S_j$, $0\leqslant i<j\leqslant 3$, 总有 $C(u,v)\in\{4,-4\}$.

例 4.3 设 $F=(f_1,f_2,f_3,f_4,f_5)$ 是 $\mathbb{F}_2^5$ 上的几乎 Bent 函数, 其中

$$f_1\colon 00000011001111111010100110010101,$$
$$f_2\colon 01111000011110000100101110110100,$$
$$f_3\colon 01000001010011100001101111101011,$$
$$f_4\colon 01101111100100000011101011000101,$$
$$f_5\colon 00100100010011010111111000010111.$$

设 $f_c=c\cdot F$, $S_c=\underline{f_c}.*\mathbf{H}$, 其中 $c\in\mathbb{F}_2^5$, $\mathbf{H}=\{\underline{l}\mid l\in\mathcal{L}_5\}$. 容易验证, 对任意 $c,c'\in\mathbb{F}_2^5$ 且 $c\neq c'$, $C(S_c,S_{c'})=8$.

在例 4.3 中, 当 $c\in\mathbb{F}_2^{5*}$ 时, f_c 是半 Bent 函数. 用这些半 Bent 函数分别 “覆盖” 线性序列集 $\mathbf{H}$, 得到 31 个基数为 2^5 的非线性正交序列集. 对任意 $u\in S_c$, $v\in S_{c'}$, $c\neq c'$, 总有 $C(u,v)\in\{0,\pm 8\}$. 更具体地说, 从 S_c 中任选一条序列 u, 它和 $S_{c'}$ 中的所有序列之间有一半是正交的, 有一半是非正交的.

4.2 Plateaued 正交序列集设计

在 CDMA 无线通信中, 单个基站发射的信号覆盖范围有限, 需要采用许多基站以扩大无线通信的服务范围. 在服务区域面积确定的前提下, 如何用最少的基站实现信号全覆盖呢? 最优的方式是把信号覆盖区域划分成 “无缝拼接” 的正六边形, 如图 4.1 所示, 把基站安装在每个正六边形的中心位置. 每一个正六边形叫做一个蜂窝 (cell) 或小区, 许多蜂窝拼接成的网络, 叫做蜂窝网络 (cellular network). 为了实现低干扰高质量的通信, 给每个小区的每个用户分配一条序列

(同一小区的用户序列构成一个序列集), 这些序列 (集) 在分配到蜂窝网络中时应遵循以下原则:

(1) 同一小区内的用户序列两两正交;

(2) 分别取自相邻两个小区的用户序列也两两正交;

(3) 分别取自不相邻但距离较近的两个小区的用户序列是正交或低互相关的;

(4) 每个序列集中的序列数量尽量多以使每个小区容纳更多用户;

(5) 相同的序列 (集) 在相距较远的两个小区被重复使用.

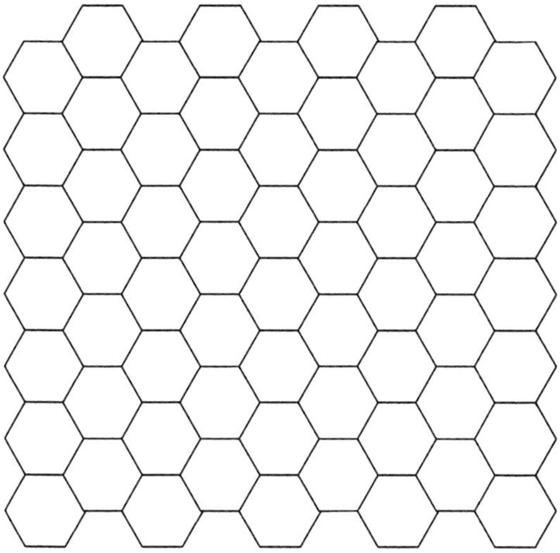

图 4.1 蜂窝网络

上面的要求似乎有些苛刻. 只使用线性序列不能同时满足这些设计原则, 非线性序列的引入, 使解决这个问题成为可能. 本节将设计一类重要的非线性正交序列集——Plateaued 正交序列集, 其定义如下.

定义 4.4 若 $f \in \mathcal{B}_n$ 是 Plateaued 函数, 则它对应的序列 $\underline{f}$ 被称为 Plateaued 序列. 由 Plateaued 序列构成的集合, 称为 Plateaued 序列集. 若 Plateaued 序列集中的序列是两两正交的, 则称之为 Plateaued 正交序列集.

类似地, 可定义半 Bent 序列、半 Bent 序列集和半 Bent 正交序列集. 由前面的章节可知, 除了 Bent 函数, 半 Bent 函数是非线性度最高的 Plateaued 函数. 在这一节我们特别关心如何把半 Bent 正交序列集按一定规则“填入”蜂窝网络中去, 并使其满足上面五条原则.

要满足第 1 条原则, 只要给同一个小区内的用户分配同一个正交序列集中的序列即可. 例 4.3 中构造的非线性序列集是半 Bent 正交序列集, 可以很好地实现第 3 条原则. 在这个例子中, 取自不同序列集中的序列之间是正交或低互相关的,但这些正交序列集之间不是正交的. 只有把每个序列集划分成若干子集, 用这些正交序列集的子集去填充蜂窝网络才有可能满足第 2 条原则. 这里有一个很难处理的问题: 划分的子集越多, 每个小区容纳的用户越少, 就不能很好地满足第 4 条原则; 而划分的子集越少, 在蜂窝网络中分配序列集时第 2 条原则就越难满足. 与此同时, 由于第 4 条原则的限制, 很难保证分别取自不相邻但距离较近的两个小区的用户序列也全都是正交的. 而第 5 条原则又要求有较多的正交序列集可以使用, 这样才能保证相同的序列集在较远处被使用.

下面利用 MM 型多输出 Plateaued 函数 $F:\mathbb{F}_2^n\to\mathbb{F}_2^t$ 构造出 2^{2t} 个基数为 2^{n-t} 的正交序列集, 可使每个正交序列集都有很多其他的正交序列集与它正交, 不正交的序列集之间的互相关值是 2^t.

构造 4.5　设 $n,s,t\in\mathbb{Z}^+$, 并满足 $n=s+t$, $s<t$. 设 π 是从 $\mathbb{F}_{2^t}$ 到 $\mathbb{F}_2^t$ 的双射, 并满足 $\pi(b_1+b_2\gamma+\cdots+b_t\gamma^{t-1})=(b_1,b_2,\cdots,b_t)$, 其中 γ 是 t 次本原多项式 $p(z)=1+p_1z+\cdots+p_{t-1}z^{t-1}+z^t\in\mathbb{F}_2[z]$ 的根. 用 $[Y]$ 代表 $Y=(y_1,\cdots,y_s)\in\mathbb{F}_2^s$ 的十进制表示, 即 $[Y]=\sum_{j=1}^{s}y_j2^{s-j}$. 对 $i=1,2,\cdots,t$, 构造 MM 型布尔函数

$$f_i(Y,X)=\phi_i(Y)\cdot X,\quad X\in\mathbb{F}_2^t,\ Y\in\mathbb{F}_2^s,$$

其中 $\phi_i:\mathbb{F}_2^s\to\mathbb{F}_2^t$ 是一个单射, 并有 $\phi_i(Y)=\pi(\gamma^{[Y]+i})$. 定义多输出布尔函数 $F:\mathbb{F}_2^n\to\mathbb{F}_2^t$ 如下:

$$F(Y,X)=\big(f_1(Y,X),\cdots,f_t(Y,X)\big).\tag{4.3}$$

对固定的 $\alpha\in\mathbb{F}_2^t$, 设

$$L_\alpha(Y,X)=\{l_\beta(Y,X)=(\beta,\alpha)\cdot(Y,X)\mid\beta\in\mathbb{F}_2^s\}.\tag{4.4}$$

对任意 $c\in\mathbb{F}_2^t$, 令 $f_c(Y,X)=c\cdot F(Y,X)=c_1f_1(Y,X)+\cdots+c_tf_t(Y,X)$. 构造 2^{2t} 个序列集如下:

$$S_{c,\alpha}=\{\underline{f_c}\cdot*\underline{l}\mid l\in L_\alpha\},\quad c,\alpha\in\mathbb{F}_2^t.$$

注 4.6　关于构造 4.5 中的一些符号, 我们注意到有如下事实:

(1) 对 $c,c'\in\mathbb{F}_2^t$, 有 $f_c+f_{c'}=f_{c+c'}$.

(2) $S_{c,\alpha}=\{\underline{f_c+l}\mid l\in L_\alpha\}$; $|S_{c,\alpha}|=2^s$.

(3) 对 $\alpha\in\mathbb{F}_2^t$, 有 $S_{\mathbf{0}_t,\alpha}=\{\underline{l}\mid l\in L_\alpha\}=\{\underline{(\beta\cdot Y+\alpha\cdot X)}\mid\beta\in\mathbb{F}_2^s\}$. 显然, $S_{\mathbf{0}_t,\alpha}$ 是线性序列集 $\mathbf{H}$ 的子集. 设 $H_\alpha=S_{\mathbf{0}_t,\alpha}$, 则有 $\mathbf{H}=\bigcup_{\alpha\in\mathbb{F}_2^t}H_\alpha$.

定理 4.7　由构造 4.5 得到的序列集 $S_{c,\alpha}$, $c,\alpha\in\mathbb{F}_2^t$, 具有如下性质:

(1) 当 $c\neq0$ 时, $S_{c,\alpha}$ 中的序列都是 Plateaued 序列;

(2) 对任意 $c,\alpha\in\mathbb{F}_2^t$, $S_{c,\alpha}$ 是正交序列集;

(3) 当 $c\neq e$ 且 $\alpha\neq\delta$ 时, $S_{c,\alpha}\perp S_{e,\delta}$ 当且仅当

$$\pi^{-1}(\alpha+\delta)\notin\{\gamma^{[Y]+i_{c+e}}\mid Y\in\mathbb{F}_2^s\},\tag{4.5}$$

其中对 $v\in\mathbb{F}_2^{n*}$ 有 $0\leqslant i_v\leqslant 2^n-2$ 且满足 $\gamma^{i_v}=v\cdot(1,\gamma,\cdots,\gamma^{t-1})$;

(4) 对任意固定的 $\alpha\in\mathbb{F}_2^t$, 当 $c\neq e$ 时, 有 $S_{c,\alpha}\perp S_{e,\alpha}$;

(5) 对任意固定的 $c\in\mathbb{F}_2^t$, 当 $\alpha\neq\delta$ 时, 有 $S_{c,\alpha}\perp S_{c,\delta}$;

(6) 对任意固定的 $e,\delta\in\mathbb{F}_2^t$, 在 $\{S_{c,\alpha}\mid c,\alpha\in\mathbb{F}_2^t\}$ 中存在 $2^{2t}+2^s-2^n-1$ 个序列集与 $S_{e,\delta}$ 正交;

(7) 当两个不同的序列集 $S_{c,\alpha}$ 和 $S_{e,\delta}$ 不正交时, 必有 $C(S_{c,\alpha},S_{e,\delta})=2^t$. 此时, 对任意 $s_1\in S_{c,\alpha}$ 和 $s_2\in S_{e,\delta}$, 总有 $s_1\cdot s_2=\pm 2^t$.

证明 要证明 $S_{c,\alpha}$ $(c\neq 0)$ 中的序列都是 Plateaued 序列, 只要证明对任意 $c\in\mathbb{F}_2^{t*}$, f_c 都是 Plateaued 函数. 设 $Y\in\mathbb{F}_2^s$, $X\in\mathbb{F}_2^t$, 有

$$\begin{aligned}f_c(Y,X)&=\sum_{i=1}^t c_i\phi_i(Y)\cdot X\\&=\left(\sum_{i=1}^t c_i\pi(\gamma^{[Y]+i})\right)\cdot X\\&=\pi\left(\sum_{i=1}^t c_i\gamma^{[Y]+i}\right)\cdot X.\end{aligned}$$

由 γ 是 $\mathbb{F}_{2^t}$ 中的本原元, 存在 $0\leqslant i_c\leqslant 2^t-2$, 使 $\gamma^{i_c}=c\cdot(1,\gamma,\cdots,\gamma^{t-1})$. 因此

$$f_c(Y,X)=\pi(\gamma^{i_c+[Y]})\cdot X.$$

对任意 $(\beta,\alpha)\in\mathbb{F}_2^s\times\mathbb{F}_2^t$, 有

$$\begin{aligned}W_{f_c}(\beta,\alpha)&=\sum_{(Y,X)\in\mathbb{F}_2^n}(-1)^{f_c(Y,X)+\beta\cdot Y+\alpha\cdot X}\\&=\sum_{Y\in\mathbb{F}_2^s}(-1)^{\beta\cdot Y}\sum_{X\in\mathbb{F}_2^t}(-1)^{\pi(\gamma^{[Y]+i_c})\cdot X+\alpha\cdot X}\\&=\begin{cases}0, & \text{若 } \pi^{-1}(\alpha)\notin\{\gamma^{[Y]+i_c}\mid Y\in\mathbb{F}_2^s\},\\ \pm 2^t, & \text{其他}.\end{cases}\end{aligned}$$

上式最后一个等号成立已在定理 2.23 (p. 64) 的证明中分析过, 这里不再赘述. 显然, f_c 是 Plateaued 函数. 这就证明了性质 (1).

对任意 $\beta,\beta'\in\mathbb{F}_2^s$, 并有 $\beta\neq\beta'$, 设 $\underline{f_c}\cdot*\underline{l_\beta}$, $\underline{f_c}\cdot*\underline{l_{\beta'}}\in S_{c,\alpha}$. 因为 $l_\beta+l_{\beta'}$ 是一个非零线性函数, 所以

$$\begin{aligned}(\underline{f_c}\cdot*\underline{l_\beta})\cdot(\underline{f_c}\cdot*\underline{l_{\beta'}})&=\underline{f_c+l_\beta}\cdot\underline{f_c+l_{\beta'}}\\&=\sum_{(Y,X)\in\mathbb{F}_2^n}(-1)^{(l_\beta+l_{\beta'})(Y,X)}\\&=0.\end{aligned}$$

因而 $S_{c,\alpha}$ 中的序列是两两正交的. 这就证明了性质 (2).

对 $c,\alpha,e,\delta\in\mathbb{F}_2^t$, 有 $S_{c,\alpha}=\{\underline{f_c+l}\mid l\in L_\alpha\}$, $S_{e,\delta}=\{\underline{f_e+l}\mid l\in L_\delta\}$, 其中 L_α 和 L_δ 由 (4.4) 式定义. 设 $f_{c,\alpha},f_{e,\delta}\in\mathcal{B}_n$. 当 $\underline{f_{c,\alpha}}\in S_{c,\alpha}$ 且 $\underline{f_{e,\delta}}\in S_{e,\delta}$ 时, 设

$$\begin{aligned}f_{c,\alpha}(Y,X)&=f_c(Y,X)+\beta\cdot Y+\alpha\cdot X,\\f_{e,\delta}(Y,X)&=f_e(Y,X)+\theta\cdot Y+\delta\cdot X,\end{aligned}$$

其中 $\beta,\theta\in\mathbb{F}_2^s$. 在 $c\neq e$ 的前提下, 进行如下推导:

$$\begin{aligned}f_{c,\alpha}(Y,X)+f_{e,\delta}(Y,X)&=(f_c(Y,X)+f_e(Y,X))+(l_\beta(Y,X)+l_\theta(Y,X))\\&=f_{c+e}(Y,X)+(\beta+\theta)\cdot Y+(\alpha+\delta)\cdot X\\&=\phi_{i_{c+e}}(Y)\cdot X+(\beta+\theta)\cdot Y+(\alpha+\delta)\cdot X\\&=\left(\pi(\gamma^{[Y]+i_{c+e}})+\alpha+\delta\right)\cdot X+(\beta+\theta)\cdot Y.\end{aligned}$$

进而有

$$\begin{aligned}W_{f_{c,\alpha}+f_{e,\delta}}(\mathbf{0}_n)&=\sum_{(Y,X)\in\mathbb{F}_2^n}(-1)^{f_{c+e}(Y,X)+(\beta+\theta)\cdot Y+(\alpha+\delta)\cdot X}\\&=\sum_{Y\in\mathbb{F}_2^s}(-1)^{(\beta+\theta)\cdot Y}\sum_{X\in\mathbb{F}_2^t}(-1)^{\left(\pi(\gamma^{[Y]+i_{c+e}})+\alpha+\delta\right)\cdot X}\\&=\begin{cases}0, & \text{若 (4.5) 式成立},\\ \pm2^t, & \text{否则}.\end{cases}\end{aligned}\tag{4.6}$$

由引理 4.1, 可得 $\underline{f_{c,\alpha}}\perp\underline{f_{e,\delta}}$ 当且仅当 $W_{f_{c,\alpha}+f_{e,\delta}}(\mathbf{0}_n)=0$. 由于 $\underline{f_{c,\alpha}}$ 和 $\underline{f_{e,\delta}}$ 分别是 $S_{c,\alpha}$ 和 $S_{e,\delta}$ 中的任意序列, 可得 $S_{c,\alpha}\perp S_{e,\delta}$ 当且仅当 (4.5) 式成立. 当 $\alpha=\delta$ 时, (4.5) 式显然成立, 故有 $S_{c,\alpha}\perp S_{e,\alpha}$. 性质 (3) 和 (4) 得证.

当 $c=e$ 且 $\alpha\neq\alpha'$ 时, $f_{c,\alpha}+f_{c,\delta}=(\beta+\theta)\cdot Y+(\alpha+\delta)\cdot X$. 此时, $f_{c,\alpha}+f_{c,\delta}$ 是一个非零线性函数, 可知 $W_{f_{c,\alpha}+f_{c,\delta}}(\mathbf{0}_m)=0$. 由引理 4.1, $\underline{f_{c,\alpha}}\perp\underline{f_{c,\delta}}$, 进而有 $S_{c,\alpha}\perp S_{c,\delta}$. 性质 (5) 得证.

下面证性质 (6). 当 $c \neq e$ 时, 注意到 π 是单射, 有

$$\#\{\alpha \in \mathbb{F}_2^t \mid \pi^{-1}(\alpha+\delta)=\varnothing\}=2^t-2^s.$$

这说明对固定的 c,e,δ, 有 2^t-2^s 个 $\alpha \in \mathbb{F}_2^t$ 使得 (4.5) 式成立. 注意到与 e 不同的 c 共有 2^t-1 个, 这种情况下与 $S_{e,\delta}$ 正交的序列集有 $(2^t-1)(2^t-2^s)$ 个. 当 $c=e$ 时, 有 2^t-1 个 $\alpha \in \mathbb{F}_2^t$ 使得 $S_{c,\alpha} \perp S_{c,\delta}$ 成立. 综合这两种情况, 性质 (6) 得证.

由性质 (3)—(5) 及其证明可知, 从两个不同序列集中各取一条序列, 若它们是正交的, 则它们所属的两个序列集也是正交的. 若它们不是正交的, 由 (4.6) 式, 则它们的互相关值必为 2^t. 性质 (7) 得证. □

在构造 4.5 限定的条件中, 要求 $n=s+t$, $s<t$. 为了使不正交的序列集之间互相关值达到最低, 要求 t 取最小值. 不难看出, 在这种情况下 $t=\lfloor (n+2)/2 \rfloor$, 即

$$(s,t)=\begin{cases} \left(\dfrac{n-1}{2},\dfrac{n+1}{2}\right), & \text{若 } n \text{ 是奇数}, \\ \left(\dfrac{n-2}{2},\dfrac{n+2}{2}\right), & \text{若 } n \text{ 是偶数}. \end{cases} \tag{4.7}$$

此时, f_c 在 $c \neq \mathbf{0}_n$ 时, 都是半 Bent 函数, 而 $S_{c,\alpha}$ 都是半 Bent 正交序列集. 把 (4.7) 式中的 s, t 值代入 $M=2^{2t}-2^m+2^s-1$ 中, 可得对任意固定的 $e,\delta \in \mathbb{F}_2^t$, 在 $\{S_{c,\alpha} \mid c,\alpha \in \mathbb{F}_2^t\}$ 中有 M 个序列集与 $S_{e,\delta}$ 正交, 这里

$$M=\begin{cases} 2^n+2^{(n-1)/2}-1, & \text{若 } n \text{ 是奇数}, \\ 3\cdot 2^n+2^{n/2-1}-1, & \text{若 } n \text{ 是偶数}. \end{cases} \tag{4.8}$$

可以看出, 由构造 4.5 可以得到大量正交序列集, 这些序列集之间的正交关系也是确定的. 事实上, 这些正交序列集之间的正交关系可以转化为 f_c 和 H_α 之间的正交关系, 其中 $c,\alpha \in \mathbb{F}_2^t$.

若对任意 $\underline{l} \in H_\alpha$, 都有 $\underline{f_c} \perp \underline{l}$, 则称 $\underline{f_c}$ 和 H_α 是正交的, 记作 $\underline{f_c} \perp H_\alpha$. 在表 4.2 中给出 $\underline{f_c}$ 和 H_α 之间的正交关系, $c,\alpha \in \mathbb{F}_2^t$. 设

$$H_\alpha.*H_{\alpha'}=\{\underline{l}.*\underline{l'} \mid \underline{l} \in H_\alpha,\ \underline{l'} \in H_{\alpha'}\}.$$

不难看出

$$H_\alpha.*H_{\alpha'}=H_{\alpha+\alpha'}. \tag{4.9}$$

设 $S_{c,\alpha}=\{\underline{f_c}.*\underline{l} \mid \underline{l} \in H_\alpha\}$, $S_{c',\alpha'}=\{\underline{f_{c'}}.*\underline{l'} \mid \underline{l'} \in H_{\alpha'}\}$. 从 $S_{c,\alpha}$ 和 $S_{c',\alpha'}$ 中分别任取一条序列, 求它们的内积, 可得

$$(\underline{f_c}.*\underline{l})\cdot(\underline{f_{c'}}.*\underline{l'})=\underline{f_c+l}\cdot\underline{f_{c'}+l'}$$

$$
\begin{aligned}
&= \underline{f_c + f_{c'}} \cdot \underline{l + l'} \\
&= \underline{f_{c+c'}} \cdot \underline{l + l'} \\
&= \underline{f_{c+c'}} \cdot (\underline{l}. * \underline{l'}).
\end{aligned} \tag{4.10}
$$

注意到, $\underline{l}. * \underline{l'} \in H_\alpha . * H_{\alpha'}$, 结合 (4.9) 式和 (4.10) 式, 可得如下简洁的结论:

$$
S_{c,\alpha} \perp S_{c',\alpha'} \Leftrightarrow \underline{f_{c+c'}} \perp H_{\alpha+\alpha'}. \tag{4.11}
$$

下面给出 $n=5$ 时的正交序列集的具体构造. 借助一个 MM 型 $(5,3)$ 半 Bent 函数, 构造出 64 个正交序列集, 其中 8 个是线性正交序列集, 56 个是半 Bent 正交序列集, 每个正交序列集中有 4 条序列. 然后, 把这 64 个序列集分配到图 4.1 所示的蜂窝网络中去, 并满足本节开头提到的五条原则.

设构造 4.5 中 $n=5$, $s=2$, $t=3$. 设 $\gamma \in \mathbb{F}_{2^3}$ 是本原多项式 z^3+z+1 的根. 设 π 是从 $\mathbb{F}_{2^3}$ 到 $\mathbb{F}_2^3$ 的双射, 并有 $\pi(1)=100$, $\pi(\gamma)=010$, $\pi(\gamma^2)=001$, $\pi(\gamma^3)=110$, $\pi(\gamma^4)=011$, $\pi(\gamma^5)=111$, $\pi(\gamma^6)=101$, $\pi(0)=000$. 对 $Y=(y_1,y_2)\in\mathbb{F}_2^2$, $X=(x_1,x_2,x_3)\in\mathbb{F}_2^3$, 构造 $(5,3)$ 半 Bent 函数 F 如下:

$$
F(Y,X) = \big(f_1(Y,X), f_2(Y,X), f_3(Y,X)\big),
$$

其中

$$
\begin{aligned}
f_1(Y,X) &= \pi(\gamma^{[Y]+1}) \cdot X \\
&= \overline{y}_1\overline{y}_2x_2 + \overline{y}_1y_2x_3 + y_1\overline{y}_2(x_1+x_2) + y_1y_2(x_2+x_3), \\
f_2(Y,X) &= \pi(\gamma^{[Y]+2}) \cdot X \\
&= \overline{y}_1\overline{y}_2x_3 + \overline{y}_1y_2(x_1+x_2) + y_1\overline{y}_2(x_2+x_3) + y_1y_2(x_1+x_2+x_3), \\
f_3(Y,X) &= \pi(\gamma^{[Y]+3}) \cdot X \\
&= \overline{y}_1\overline{y}_2(x_1+x_2) + \overline{y}_1y_2(x_2+x_3) + y_1\overline{y}_2(x_1+x_2+x_3) + y_1y_2(x_1+x_3).
\end{aligned}
$$

上面 f_1, f_2, f_3 的表达式中 $\overline{y}_i = 1+y_i$. 对 $c\in\mathbb{F}_2^3$, 使得 $\gamma^{i_c} = c\cdot(1,\gamma,\cdots,\gamma^{t-1})$ 成立的 i_c 和 c 的对应关系如下:

i_c	—	0	1	2	3	4	5	6
c	000	100	010	001	110	011	111	101

对 $c\in\mathbb{F}_2^3$, 设 $f_c(Y,X) = c\cdot F(Y,X)$. 用符号 + 和 - 分别代表二元序列中的 $+1$ 和 -1, 可得所有 $\underline{f_c}$, $c\in\mathbb{F}_2^3$ 的表达 (表 4.2).

表 4.2 $\underline{f_c}$, $c\in\mathbb{F}_2^3$

$\underline{f_{000}}$	+ +
$\underline{f_{100}}$	+ + - - + + - - + - + - + - + - + + - - - - + + + - - + + - - +
$\underline{f_{010}}$	+ - + - + - + - + + - - - - + + + - - + + - - + + - - + - + + -
$\underline{f_{110}}$	+ - - + + - - + + - - + - + + - + - + - - + - + + + + + - - - -
$\underline{f_{011}}$	+ - - + - + + - + - + - - + - + + + + + - - - - + + - - + + - -
$\underline{f_{111}}$	+ - + - - + - + + + + + - - - - + + - - + + - - + - + - + - + -
$\underline{f_{101}}$	+ + + + - - - - + + - - + + - - + - + - + - + - + + - - - - + +

对确定的 $c,\alpha\in\mathbb{F}_2^3$, 设 $S_{c,\alpha}=\{\underline{f_c+l}\ \mid l\in L_\alpha\}$, 其中 $L_\alpha=\{\beta\cdot Y+\alpha\cdot X\mid\beta\in\mathbb{F}_2^2\}$. 可以看出, 共有 $2^{2t}=64$ 个两两不同的正交序列集, 每个序列集 $S_{c,\alpha}$ 中的序列数量是 $2^s=4$ 条.

当 $c=(000)$ 时, $S_{c,\alpha}$ 都是线性序列集. 设

$$H_\alpha=S_{000,\alpha}=\{\underline{l}\mid l\in L_\alpha\}=\{\underline{(\beta\cdot Y+\alpha\cdot X)}\mid\beta\in\mathbb{F}_2^2\}.$$

不难看出, 这 8 个线性序列集 H_α, $\alpha\in\mathbb{F}_2^3$ 是 Hadamard 矩阵 $\mathcal{H}_5$ 的所有行向量作成的集合 $\mathbf{H}$ 的一个划分 (表 4.3), 即

$$\mathbf{H}=\bigcup_{\alpha\in\mathbb{F}_2^3}H_\alpha$$

且

$$H_\alpha\cap H_{\alpha'}=\varnothing,\quad 当\ \alpha\neq\alpha'\ 时.$$

注 4.8 读者会注意到, 表 4.4 中 f_c 和 H_α 的排序不是按照脚标向量 c 和 α 的字典序排列的, 而是按照 $\pi(\gamma^i)$ 中 i 的升序排列的 (脚标为全零向量时, 放在行首或列首). 这使得表 4.4 在删去 f_{000} 对应的第 1 行和 H_{000} 对应的第 1 列后, 剩下的 7×7 阵列中的任意一行或一列都有三个正交符号“⊥”, 并且这三个“⊥”是循环连续的. 事实上, 在 $c\neq e$ 且 $\alpha\neq\delta$ 的前提下, $S_{c,\alpha}\perp S_{e,\delta}$ 当且仅当存在 $i\in\{0,1,2\}$, 使 $\pi^{-1}(c+e)=\pi^{-1}(\alpha+\delta)\cdot\gamma^i$.

用 $S_{e,\delta}^{\perp}$ 表示与 $S_{e,\delta}$ 正交的所有正交序列集的集合. 设 $e=011$, $\delta=101$. 由前面的结论, $S_{011,101}^{\perp}$ 包括三部分正交序列集, 分别用 $\mathcal{R}^{(1)}$, $\mathcal{R}^{(2)}$, $\mathcal{R}^{(3)}$ 表示. $\mathcal{R}^{(1)}$ 是定理 4.7(5) 中所述情形, 即

$$\mathcal{R}^{(1)}=\{S_{011,\alpha}\mid\alpha\in\mathbb{F}_2^3,\alpha\neq101\}.$$

$\mathcal{R}^{(2)}$ 是定理 4.7(4) 中所述情形, 即

$$\mathcal{R}^{(2)}=\{S_{c,101}\mid c\in\mathbb{F}_2^3,c\neq011\}.$$

表 4.3　把 H 划分为 8 部分 H_α, $\alpha \in \mathbb{F}_2^3$

H_{000}	++++++++++++++++++++++++++++++++
	++++++++--------++++++++--------
	++++++++++++++++----------------
	++++++++----------------++++++++
H_{100}	++++----++++----++++----++++----
	++++--------++++++++--------++++
	++++----++++--------++++----++++
	++++--------++++----++++++++----
H_{010}	++--++--++--++--++--++--++--++--
	++--++----++--++++--++----++--++
	++--++--++--++----++--++--++--++
	++--++----++--++--++--++++--++--
H_{001}	+-+-+-+-+-+-+-+-+-+-+-+-+-+-+-+-
	+-+-+-+--+-+-+-++-+-+-+--+-+-+-+
	+-+-+-+-+-+-+-+--+-+-+-+-+-+-+-+
	+-+-+-+--+-+-+-+-+-+-+-++-+-+-+-
H_{110}	++----++++----++++----++++----++
	++----++--++++--++----++--++++--
	++----++++----++--++++----++++--
	++----++--++++----++++--++----++
H_{011}	+--++--++--++--++--++--++--++--+
	+--++--+-++--++-+--++--+-++--++-
	+--++--++--++--+-++--++--++--++-
	+--++--+-++--++--++--++-+--++--+
H_{111}	+--+-++-+--+-++-+--+-++-+--+-++-
	+--+-++--++-+--++--+-++--++-+--+
	+--+-++-+--+-++--++-+--+-++-+--+
	+--+-++--++-+--+-++-+--++--+-++-
H_{101}	+-+--+-++-+--+-++-+--+-++-+--+-+
	+-+--+-+-+-++-+-+-+--+-+-+-++-+-
	+-+--+-++-+--+-+-+-++-+--+-++-+-
	+-+--+-+-+-++-+--+-++-+-+-+--+-+

$\mathcal{R}^{(3)}$ 是定理 4.7(3) 中 $c \neq e$ 且 $\alpha \neq \delta$ 的情形. 由注 4.8 中的讨论, 那些使 $S_{c,\alpha} \perp S_{e,\delta}$ 的序偶 (c,α), 必定满足下面三个等式之一

$$\pi^{-1}(c+e)=\pi^{-1}(\alpha+\delta),$$

$$\pi^{-1}(c+e)=\pi^{-1}(\alpha+\delta)\cdot\gamma,$$

$$\pi^{-1}(c+e)=\pi^{-1}(\alpha+\delta)\cdot\gamma^2.$$

表 4.4 $\underline{f_c}$ 和 H_α 之间的正交关系

	H_{000}	H_{100}	H_{010}	H_{001}	H_{110}	H_{011}	H_{111}	H_{101}
$\underline{f_{000}}$		$\perp$	$\perp$	$\perp$	$\perp$	$\perp$	$\perp$	$\perp$
$\underline{f_{100}}$	$\perp$	$\perp$					$\perp$	$\perp$
$\underline{f_{010}}$	$\perp$	$\perp$	$\perp$					$\perp$
$\underline{f_{001}}$	$\perp$	$\perp$	$\perp$	$\perp$				
$\underline{f_{110}}$	$\perp$		$\perp$	$\perp$	$\perp$			
$\underline{f_{011}}$	$\perp$			$\perp$	$\perp$	$\perp$		
$\underline{f_{111}}$	$\perp$				$\perp$	$\perp$	$\perp$	
$\underline{f_{101}}$	$\perp$					$\perp$	$\perp$	$\perp$

也就是说, c 和 α ($c \neq 011$, $\alpha \neq 101$) 要使下面的关系成立

$$c + 011 \in \{\alpha + 101, v_1, v_2\},$$

其中 $\alpha + 101$, v_1, v_2 依次是图 4.2 中沿顺时针方向的三个连续向量. 这样, 对每个确定的 α 都有 3 个不同的 c 满足上式. 因而, 两两不同的序偶 (c, α) 共有 $3 \times 7 = 21$ 个, 即 $|\mathcal{R}^{(3)}| = 21$. 很容易看出, $|\mathcal{R}^{(1)}| = |\mathcal{R}^{(2)}| = 7$. 可得 $|S^{\perp}_{011,101}| = |\mathcal{R}^{(1)}| + |\mathcal{R}^{(2)}| + |\mathcal{R}^{(3)}| = 7 + 7 + 21 = 35$. 这也验证了定理 4.7(6) 和 (4.8) 式中 n 为奇数时的结论.

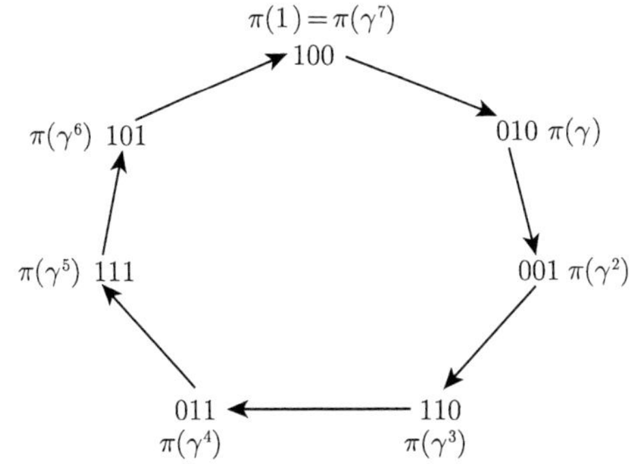

图 4.2 $\mathbb{F}_2^{3*}$ 和 $\mathbb{F}_{2^3}^*$ 之间的一一对应

图 4.3 给出 $n = 5$, $t = 3$ 时所构造的 64 个正交序列集 $S_{c,\alpha}$ ($c, \alpha \in \mathbb{F}_2^3$) 的两个分配方案. 这两个分配方案采用了非常规则的结构, 64 个正交序列集都被分配到蜂窝网络中. 这 64 个序列集被分成 8 组, 分到同一组的序列集是 c 相同的 8 个序列集 $S_{c,\alpha}$ ($\alpha \in \mathbb{F}_2^3$). 这 8 个序列集被分配到相邻的两列蜂窝, 每列分配 4 个, 形成一个 4 行 2 列的右斜平行四边形蜂窝阵列. 由定理 4.7(5), 分在同一组的序列集是两两正交的, 我们只需关注分在不同组的序列集相邻时是否正交. 同组的两个序列集 $S_{c,\alpha'}$ 和 $S_{c',\alpha'}$ 在同一列上下垂直相邻时, 使 $\alpha = \alpha'$ 保证了这两个序

列集正交. 其他序列集相邻的情形, 都是在满足定理 4.7(3) 和 (4) 的前提下进行排列的.

要服务更大区域的用户, 所构造的正交序列集就要被重复分配到蜂窝网络中去. 我们可以先把已构造的序列集排成一个类似图 4.3 的 "模块", 然后把这个模块反复使用、拼接起来. 这就要求接缝两侧的蜂窝 (序列集) 相邻时也要是正交的, 图 4.3 中的两个分配方案都已考虑了这点. 读者可借助 (4.11) 式和表 4.4 验证图 4.3 中模块内和模块间相邻蜂窝的正交性.

按照本节开头提到的第 5 条原则, 分配序列集到蜂窝网络中时, 被重复使用的序列集相距不宜太近. 下面, 我们先把蜂窝之间的距离说清楚, 再引入蜂窝的复用距离这一参数. 从一个蜂窝中心到另一个蜂窝中心之间的直线距离, 定义为这两个蜂窝的距离. 设蜂窝的半径 r 是从蜂窝中心到顶点的距离, 那么相邻两个蜂窝的距离就是 $\sqrt{3}r$. 如图 4.4 所示, 可以在蜂窝网络平面上画一条穿过一列蜂窝中心的垂直竖线, 记为 y 轴; 把 y 轴逆时针旋转 60° 得 x 轴. 显然, x 轴或 y 轴上的任意两个蜂窝之间的距离都是 $\sqrt{3}r$ 的正整数倍. 比如, 图 4.4 中蜂窝 O 和蜂窝 T 之间的距离是 $3\sqrt{3}r$, 蜂窝 O 和蜂窝 S 之间的距离是 $6\sqrt{3}r$. 如果两个蜂窝不能通过平移 x 轴和 y 轴中的一条轴线相连, 那么通过同时平移 x 轴和

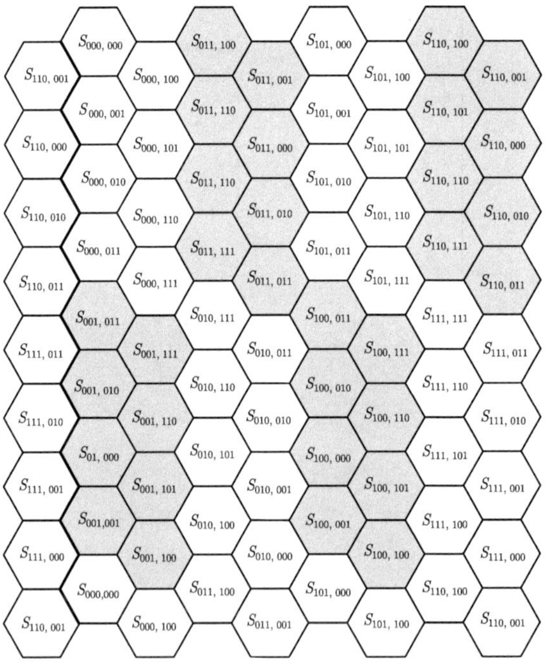

(a)

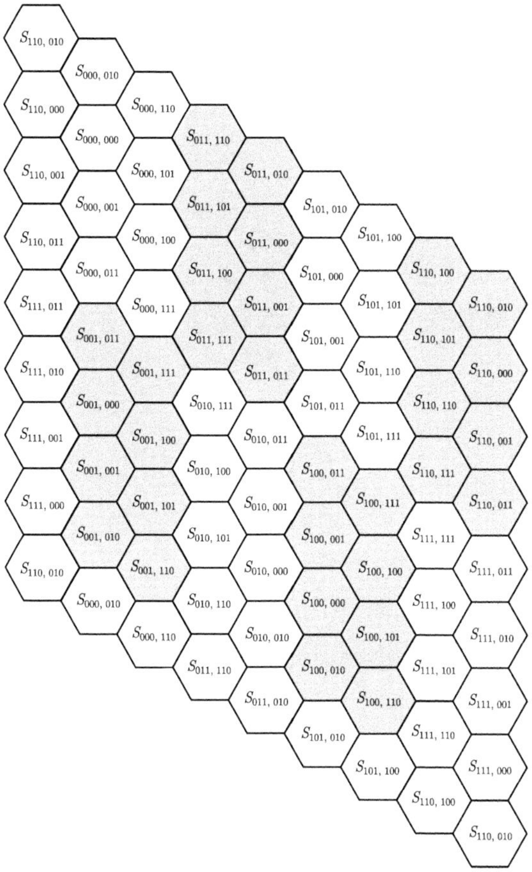

(b)

图 4.3 半 Bent 正交序列集蜂窝网络分配方案 ($n=5$)

y 轴必定可以使这两个蜂窝分别被 x 轴和 y 轴通过. 在这种情况下, 这两个蜂窝的中心和两条轴线的交点构成一个三角形, 夹角是 60° 或 120°. 设这两个蜂窝和交点之间的距离分别是 $a\sqrt{3}r$ 和 $b\sqrt{3}r$, 夹角是 θ, 则由余弦定理可知这两个蜂窝的距离 $d=\sqrt{3}r\sqrt{a^2+b^2-2ab\cos(\theta)}$. 例如, 在图 4.4 中蜂窝 R 到蜂窝 S 的距离是 $\sqrt{3}r\sqrt{3^2+6^2-2\cdot3\cdot6\cos(120^\circ)}=3\sqrt{21}r$; 蜂窝 T 到蜂窝 S 的距离是 $\sqrt{3}r\sqrt{3^2+6^2-2\cdot3\cdot6\cos(60^\circ)}=9r$.

有了上面的铺垫, 下面给出蜂窝复用距离的定义. 在蜂窝网络中, 被分配同一序列集的蜂窝两两之间距离的最小值, 称为蜂窝的复用距离. 为了计算和表达的简洁, 今后把相邻两个蜂窝之间的距离看作 1 个单位长度, 从计算公式表达中省去 $\sqrt{3}r$. 图 4.3 展现的两种分配方案, 蜂窝的复用距离是不同的, 图 4.3(a) 中的蜂窝复用距离是 $4\sqrt{3}$, 而图 4.3(b) 中的蜂窝复用距离是 8.

上面我们完成了 $n=5$ 时半 Bent 正交序列集的设计及序列集在蜂窝网络中的分配. 当 n 为更大的正整数时, 按照构造 4.5, 可以得到更多半 Bent 正交序列集. 但是, 这里有一个问题: 随着 n 的增长, $\mathbf{H}$ 被平均划分成更多的份数 (2^t 份), 这使得每个序列集中的序列数量相对较少 (2^{n-t} 条). 同时, 针对不同的 n 设计不同的蜂窝分配方案, 也是一项烦琐的工作.

下面给出一种利用已知正交序列集设计数量相同的新的正交序列集的方法. 采用这种方法, 可以把每一条序列的长度从 2^n 扩展到 2^{n+u}. 同时, 每个序列集中序列的数量也扩大为原来的 2^u 倍, 新序列集的蜂窝分配工作也可以得到简化.

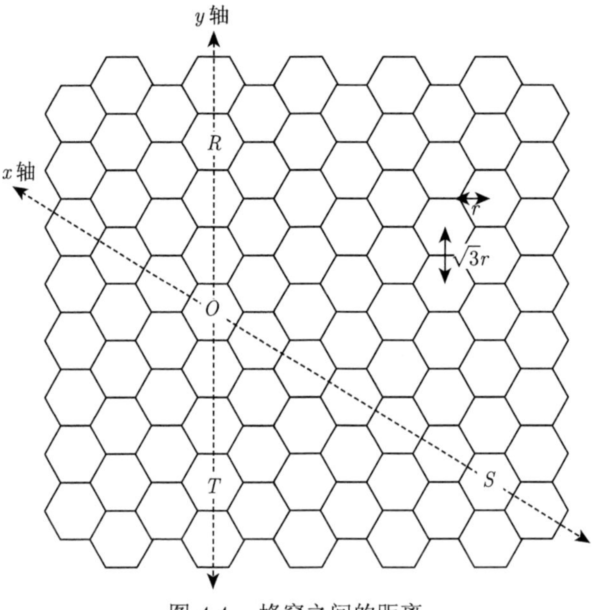

图 4.4 蜂窝之间的距离

构造 4.9 设 $n,s,t\in\mathbb{Z}^+$ 使得 $n=s+t$, $s<t$. 对 $Y\in\mathbb{F}_2^s$, $X\in\mathbb{F}_2^t$, 设

$$F(Y,X)=\big(f_1(Y,X),\cdots,f_t(Y,X)\big)$$

是构造 4.5 中 (4.3) 式定义的 (n,t) Plateaued 函数. 对 $Z\in\mathbb{F}_2^u$, u 为偶数且 $u\geqslant 2t$, 设

$$H(Z)=\big(h_1(Z),\cdots,h_t(Z)\big)$$

是一个 (u,t) Bent 函数. 构造 $(n+u,t)$ 函数 $G(Z,Y,X)=H(Z)+F(Y,X)$, 即

$$G(Z,Y,X)=\big(h_1(Z)+f_1(Y,X),\cdots,h_t(Z)+f_t(Y,X)\big).$$

对 $\alpha \in \mathbb{F}_2^t$, 设

$$L'_\alpha = \{l'_{(\beta',\beta)} = (\beta', \beta, \alpha) \cdot (Z, Y, X) \mid \beta' \in \mathbb{F}_2^u, \beta \in \mathbb{F}_2^s\}.$$

对 $c \in \mathbb{F}_2^t$, 设 $g_c(Z, Y, X) = c \cdot G(Z, Y, X) = h_c(Z) + f_c(Y, X)$, 其中 $h_c = c \cdot H$, $f_c = c \cdot F$. 构造 2^{2t} 个序列集如下:

$$S'_{c,\alpha} = \{\underline{g_c} \cdot * \underline{l'} \mid l' \in L'_\alpha\}, \quad c, \alpha \in \mathbb{F}_2^t.$$

定理 4.10 对 $c, \alpha \in \mathbb{F}_2^t$, 设 $S_{c,\alpha}$ 和 $S'_{c,\alpha}$ 是分别由构造 4.5 和构造 4.9 得到的序列集, 则如下命题成立:

(1) 对任意固定的 $e, \delta \in \mathbb{F}_2^t$, $S'_{c,\alpha} \perp S'_{e,\delta}$ 当且仅当 $S_{c,\alpha} \perp S_{e,\delta}$;

(2) $S'_{c,\alpha}$ 中的序列都是正交 Plateaued 序列, 并有 $\dfrac{|S'_{c,\alpha}|}{|S_{c,\alpha}|} = 2^u$;

(3) 若两个不同的序列集 $S'_{c,\alpha}$ 和 $S'_{e,\delta}$ 是不正交的, 则 $C(S'_{c,\alpha}, S'_{e,\delta}) = 2^{t+u/2}$. 此时, 对任意 $s_1 \in S'_{c,\alpha}$ 和 $s_2 \in S'_{e,\delta}$, 总有 $s_1 \cdot s_2 = \pm 2^{t+u/2}$.

证明 (1) 对 $c, \alpha \in \mathbb{F}_2^t$, 有

$$\begin{aligned} S_{c,\alpha} &= \{\underline{f_c + l} \mid l \in L_\alpha\}, \\ S'_{c,\alpha} &= \{\underline{g_c + l'} \mid l' \in L'_\alpha\}, \end{aligned}$$

其中 $L_\alpha = \{(\beta, \alpha) \cdot (Y, X) \mid \beta \in \mathbb{F}_2^s\}$, $L'_\alpha = \{(\beta', \beta, \alpha) \cdot (Z, Y, X) \mid \beta' \in \mathbb{F}_2^u, \beta \in \mathbb{F}_2^s\}$. 对 $c, e \in \mathbb{F}_2^t$ 当 $c \neq e$ 时, $h_c + h_e = h_{c+e}$ 是 Bent 函数. 设 $\underline{g_{c,\alpha}} \in S'_{c,\alpha}$, $\underline{g_{e,\delta}} \in S'_{e,\delta}$, 则

$$\begin{aligned} & W_{g_{c,\alpha}+g_{e,\delta}}(\mathbf{0}_{u+n}) \\ = & \sum_{(Z,Y,X) \in \mathbb{F}_2^{u+n}} (-1)^{g_c(Z,Y,X)+(\beta',\beta,\alpha)\cdot(Z,Y,X)+g_e(Z,Y,X)+(\theta',\theta,\delta)\cdot(Z,Y,X)} \\ = & \sum_{Z \in \mathbb{F}_2^u} (-1)^{h_c(Z)+h_e(Z)+(\beta'+\theta')\cdot Z} \sum_{(Y,X) \in \mathbb{F}_2^n} (-1)^{f_c(Y,X)+(\beta,\alpha)\cdot(Y,X)+f_e(Y,X)+(\theta,\delta)\cdot(Y,X)} \\ = & W_{h_{c+e}}(\beta' + \theta') W_{f_{c,\alpha}+f_{e,\delta}}(\mathbf{0}_n), \end{aligned}$$

其中 $f_{c,\alpha} \in \{f_c + l \mid l \in L_\alpha\}$, $f_{e,\delta} \in \{f_e + l \mid l \in L_\delta\}$. 由 $W_{h_{c+e}}(\beta' + \theta') = \pm 2^{u/2} \neq 0$,

$$W_{g_{c,\alpha}+g_{e,\delta}}(\mathbf{0}_{u+n}) = 0 \Leftrightarrow W_{f_{c,\alpha}+f_{e,\delta}}(\mathbf{0}_n) = 0 \quad (c \neq e).$$

结合引理 4.1 可知, 当 $c \neq e$ 时, $S'_{c,\alpha} \perp S'_{e,\delta}$ 当且仅当 $S_{c,\alpha} \perp S_{e,\delta}$. 而当 $c = e$ 且 $\alpha \neq \delta$ 时, 总有 $S'_{c,\alpha} \perp S'_{e,\delta}$ 且 $S_{c,\alpha} \perp S_{e,\delta}$.

(2) 设 $\beta' \in \mathbb{F}_2^u$, $\beta \in \mathbb{F}_2^s$, $c, \alpha \in \mathbb{F}_2^t$, 则有

$$\begin{aligned}W_{g_c}(\beta',\beta,\alpha) &= \sum_{(Z,Y,Z)\in\mathbb{F}_2^{u+n}} (-1)^{g_c(Z,Y,Z)+(\beta',\beta,\alpha)\cdot(Z,Y,X)} \\ &= \sum_{Z\in\mathbb{F}_2^u} (-1)^{h_c(Z)+\beta'\cdot Z} \sum_{(Y,X)\in\mathbb{F}_2^n} (-1)^{f_c(Y,X)+(\beta,\alpha)\cdot(Y,X)} \\ &= W_{h_c}(\beta')W_{f_c}(\beta,\alpha).\end{aligned}$$

由 $W_{h_c}(\beta') \in \{\pm 2^{u/2}\}$ 且 $W_{f_c}(\beta,\alpha) \in \{0, \pm 2^t\}$, 则 $W_{g_c}(\beta',\beta,\alpha) \in \{0, \pm 2^{u/2+t}\}$. 由于 g_c 是 Plateaued 函数, 当 $l' \in L'_\alpha$ 时, $g_c + l'$ 也是 Plateaued 函数. 因而, $S'_{c,\alpha}$ 中的序列都是 Plateaued 序列. 设 $\underline{g_c + l'_1}$ 和 $\underline{g_c + l'_2}$ 是 $S'_{c,\alpha}$ 中任意两个不同序列. 由于 $(g_c + l'_1) + (g_c + l'_2) = l'_1 + l'_2$ 是非零线性函数, 因而也是平衡函数, 进而有 $\underline{g_c + l'_1} \perp \underline{g_c + l'_2}$. 故 $S'_{c,\alpha}$ 是正交序列集. 另外, 不难看出 $\dfrac{|S'_{c,\alpha}|}{|S_{c,\alpha}|} = \dfrac{|L'_{c,\alpha}|}{|L_{c,\alpha}|} = 2^u$.

(3) 由前面的论证不难判断, 若存在 $s_1 \in S'_{c,\alpha}$, $s_2 \in S'_{e,\delta}$, 使得 $s_1 \perp s_2$, 则必有 $S'_{c,\alpha} \perp S'_{e,\delta}$. 因而, 当 $S'_{c,\alpha}$ 和 $S'_{e,\delta}$ 不正交时, 对任意 $s_1 \in S'_{c,\alpha}$ 和 $s_2 \in S'_{e,\delta}$, 总有 $s_1 \cdot s_2 = \pm 2^{t+u/2}$, 进而有 $C(S'_{c,\alpha}, S'_{e,\delta}) = 2^{t+u/2}$. □

由构造 4.9 得到的序列集 $S'_{c,\alpha}$ 与由构造 4.5 得到的序列集 $S_{c,\alpha}$ 之间存在一一对应关系. 只要把后者蜂窝分配方案中的序列集 $S_{c,\alpha}$ 简单地替换为新序列集 $S'_{c,\alpha}$, 即完成新的序列集的分配工作. 由定理 4.10(1) 可知, 新序列集替代原序列集后的蜂窝网络中, 任意相邻蜂窝中的序列集也都是正交的. 同时, 由定理 4.10(2) 及其证明可知, 若 $S_{c,\alpha}$ 是半 Bent 正交序列集, 则 $S'_{c,\alpha}$ 也是半 Bent 正交序列集.

由构造 4.5 得到的每个正交序列集中的序列数量是序列长度的 $1/2^t$, 而由构造 4.9 得到的正交序列集的序列数量与序列长度保持了同一比例. 如果这一比例能够提高, 将使每个小区能容纳更多的用户. 显然, 通过降低 t 可以实现这一目的. 前面当 $n = 5$ 时的例子中 $t = 3$, 这一比例是 1/8. 下面, 若使 $n = 3$, $t = 2$, 可以把这一比例提高到 1/4. 由于构造 4.5 (以及构造 4.9) 得到的序列集数量都是 2^{2t}, 因而当 $t = 2$ 时可得到 16 个正交序列集. 后面我们会看到, 把这 16 个正交序列集分配到蜂窝网络中可使复用距离 D 达到 4. 而在实际应用中, $D = 4$ 已经足够.

例 4.11 设 $n = 3$, $s = 1$, $t = 2$, $\gamma \in \mathbb{F}_{2^2}$ 是本原多项式 $z^2 + z + 1$ 的根再设 π 是从 $\mathbb{F}_{2^2}$ 到 $\mathbb{F}_2^2$ 的双射, 并有 $\pi(1) = 10$, $\pi(\gamma) = 01$, $\pi(\gamma^2) = 11$, $\pi(0) = 00$. 对 $y \in \mathbb{F}_2$, $(x_1, x_2) \in \mathbb{F}_2^2$, 构造 $(3, 2)$ 半 Bent 函数为 $F = (f_1, f_2)$, 其中

$$\begin{aligned}f_1(y, x_1, x_2) &= \pi(\gamma^{[y]+1}) \cdot (x_1, x_2) = (y+1)x_2 + y(x_1 + x_2), \\ f_2(y, x_1, x_2) &= \pi(\gamma^{[y]+2}) \cdot (x_1, x_2) = (y+1)(x_1 + x_2) + x_3 x_1.\end{aligned}$$

对 $c\in\mathbb{F}_2^2$, 设 $f_c=c\cdot F$, 可得

$$\underline{f_{00}}=\{+\ +\ +\ +\ +\ +\ +\ +\},$$
$$\underline{f_{01}}=\{+\ +\ -\ -\ +\ -\ -\ +\},$$
$$\underline{f_{10}}=\{+\ -\ -\ +\ +\ -\ +\ -\},$$
$$\underline{f_{11}}=\{+\ -\ +\ -\ +\ +\ -\ -\}.$$

对 $\alpha\in\mathbb{F}_2^2$, 设 $H_\alpha=\{\underline{l}\mid l\in L_\alpha\}$, 其中 $L_\alpha=\{\beta\cdot y+\alpha\cdot(x_1,x_2)\mid\beta\in\mathbb{F}_2\}$, 可得

$$H_{00}=\{+\ +\ +\ +\ +\ +\ +\ +,\ \ +\ +\ +\ +\ -\ -\ -\ -\},$$
$$H_{01}=\{+\ -\ +\ -\ +\ -\ +\ -,\ \ +\ -\ +\ -\ -\ +\ -\ +\},$$
$$H_{10}=\{+\ +\ -\ -\ +\ +\ -\ -,\ \ +\ +\ -\ -\ -\ -\ +\ +\},$$
$$H_{11}=\{+\ -\ -\ +\ +\ -\ -\ +,\ \ +\ -\ -\ +\ -\ +\ +\ -\}.$$

构造 16 个正交序列集 $S_{c,\alpha}$, $c\in\mathbb{F}_2^2$, $\alpha\in\mathbb{F}_2^2$. 由定理 4.7, $S_{c,\alpha}\perp S_{c',\alpha'}$ 当且仅当下面条件之一成立: ① $c=c'$ 且 $\alpha\neq\alpha'$; ② $c\neq c'$ 且 $\alpha=\alpha'$; ③ 当 $c\neq c'$ 且 $\alpha\neq\alpha'$ 时, $c+c'=\alpha+\alpha'$. 也可借助 (4.11) 式由表 4.5 中 $\underline{f_c}$ 和 H_α 之间的正交关系判断 $S_{c,\alpha}$ 和 $S_{c',\alpha'}$ 之间的正交关系. 图 4.5 给出这 16 个正交序列集的蜂窝分配方案, 复用距离 $D=4$.

表 4.5 例 4.11 中 $\underline{f_c}$ 和 H_α 之间的正交关系

	H_{00}	H_{10}	H_{01}	H_{11}
$\underline{f_{00}}$		$\perp$	$\perp$	$\perp$
$\underline{f_{10}}$	$\perp$	$\perp$		
$\underline{f_{01}}$	$\perp$		$\perp$	
$\underline{f_{11}}$	$\perp$			$\perp$

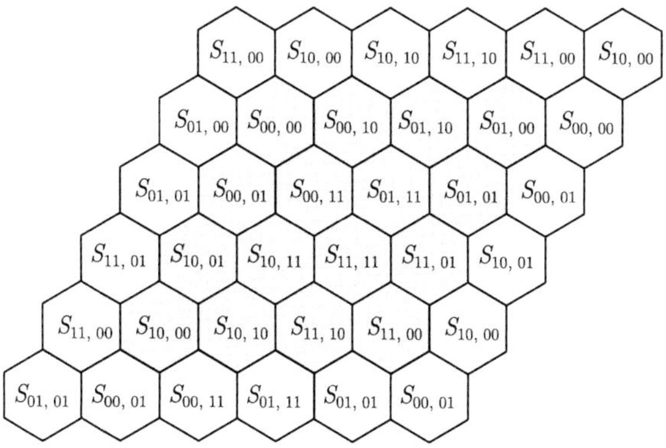

图 4.5 半 Bent 正交序列集蜂窝网络分配方案 ($n=3$)

由构造 4.9, 借助 MM 型 $(u,2)$ Bent 函数, 可以设计出 16 个正交序列集 $S'_{c,\alpha}$, $c \in \mathbb{F}_2^2$, $\alpha \in \mathbb{F}_2^2$, 并且在 $c \neq 0$ 时都是半 Bent 正交序列集. 这些序列集中每个序列的长度是 2^{u+3}, 每个序列集中的序列数量是 2^{u+1}, 这里 $u \geqslant 4$ 为偶数. 把图 4.5 中的 $S_{c,\alpha}$ 替换为 $S'_{c,\alpha}$ 即完成蜂窝分配.

上面的实例讨论的都是 n 为奇数时的情形. 构造 4.5 也可用于 n 为偶数时半 Bent 正交序列集的设计, 在这种情况下 n 至少为 4. 当 $n=4$, $t=3$ 时, 可以构造出 $2^{2t}=64$ 个正交序列集. 请读者完成这种情形时正交序列集的设计, 并对序列集进行蜂窝分配.

要完成复用距离 $D \geqslant 4$ 的蜂窝分配方案, 至少需要 16 个正交序列集. 在这个前提下, 当 n 为偶数时, 由构造 4.5 和构造 4.9 不能使得所设计的正交序列集中的序列数量是序列长度的 1/4 $(t=2)$. 下面专门针对 n 为不小于 6 的偶数情形给出一种半 Bent 正交序列集的设计方法.

构造 4.12 设 $n=2k+2$, $k \geqslant 2$ 为正整数; π 是从 $\mathbb{F}_{2^k}$ 到 $\mathbb{F}_2^k$ 的同构映射, 满足 $\pi(b_1+b_2\gamma+\cdots+b_k\gamma^{k-1})=(b_1,b_2,\cdots,b_k)$, 其中 γ 是 $\mathbb{F}_2$ 上 k 次本原多项式 $p(z)=1+p_1z+\cdots+p_{t-1}z^{k-1}+z^k$ 的根. 对 $i=1,2,\cdots,k$, 设 $\phi_i:\mathbb{F}_2^k \to \mathbb{F}_2^k$ 是一个双射, 并有

$$\phi_i(Y)=\begin{cases} \mathbf{0}_k, & Y=\mathbf{0}_k, \\ \pi(\gamma^{[Y]+i}), & Y \in \mathbb{F}_2^{k*}. \end{cases}$$

设 $Y \in \mathbb{F}_2^k$, $X \in \mathbb{F}_2^{k+2}$. 对 $i=1,2,\cdots,k$, 设

$$f_i(Y,X)=\big(\phi_i(Y),00\big)\cdot X.$$

构造 (n,k) 函数 $F(Y,X)=\big(f_1(Y,X),\cdots,f_k(Y,X)\big)$. 对 $c \in \mathbb{F}_2^k$, 设 $f_c=c\cdot F$. 对 $\theta \in \mathbb{F}_2^2$, 设 $L_\theta=\{(\eta,\theta)\cdot(Y,X) \mid \eta \in \mathbb{F}_2^{n-2}\}$. 设计 2^{k+2} 个正交序列集如下:

$$S_{c,\theta}=\{\underline{f_c}\cdot*\underline{l} \mid l \in L_\theta\}, \quad c \in \mathbb{F}_2^k,\ \alpha \in \mathbb{F}_2^2.$$

定理 4.13 设 $\Omega=\{S_{c,\theta} \mid c \in \mathbb{F}_2^k,\ \theta \in \mathbb{F}_2^2\}$ 中的序列集由构造 4.12 得到.

(1) 当 $c \neq \mathbf{0}_k$ 时, $S_{c,\theta}$ 是半 Bent 序列集;

(2) 对任意 $c \in \mathbb{F}_2^k$, $\theta \in \mathbb{F}_2^2$, $S_{c,\theta}$ 是正交序列集, 并有 $|S_{c,\theta}|=2^{n-2}$;

(3) 对 $c,e \in \mathbb{F}_2^k$, $\theta,\delta \in \mathbb{F}_2^2$, 有 $S_{c,\theta} \perp S_{e,\delta}$ 当且仅当 $\theta \neq \delta$;

(4) 对固定的 $e \in \mathbb{F}_2^k$, $\delta \in \mathbb{F}_2^2$, 在 Ω 中存在 $3\cdot 2^k$ 个序列集与 $S_{e,\delta}$ 正交;

(5) 若两个不同的序列集 $S_{c,\theta}$ 和 $S_{e,\delta}$ 是不正交的, 则 $C(S_{c,\theta},S_{e,\delta})=2^{n/2+1}$. 此时, 对任意 $s_1 \in S_{c,\theta}$ 和 $s_2 \in S_{e,\delta}$, 总有 $s_1\cdot s_2=\pm 2^{n/2+1}$.

本定理的证明留给读者.

由构造 4.12 得到的序列集数量是随着 n 的增大而呈指数级增大的, 这可以大幅度提高蜂窝的复用距离. 同时, 序列集之间在大部分情况下都是正交的, 这为序列集在蜂窝网络中的分配降低了难度.

例 4.14 设 $n=6$, γ 是 $\mathbb{F}_2$ 上本原多项式 z^2+z+1 的根. 设 π 是从 $\mathbb{F}_{2^2}$ 到 $\mathbb{F}_2^2$ 的双射, 并有

$$\pi(\mathbf{0})=00,\quad \pi(1)=10,\quad \pi(\gamma)=01,\quad \pi(\gamma^2)=11.$$

同时, 建立两个 $\mathbb{F}_2^2$ 上的置换函数 ϕ_1 和 ϕ_2, 并有

$$\begin{aligned}&\phi_1(00)=\pi(0),\quad \phi_1(01)=\pi(\gamma^2),\quad \phi_1(10)=\pi(1),\quad \phi_1(11)=\pi(\gamma);\\&\phi_2(00)=\pi(0),\quad \phi_2(01)=\pi(1),\quad \phi_2(10)=\pi(\gamma),\quad \phi_2(11)=\pi(\gamma^2).\end{aligned}$$

对 $Y=(y_1,y_2)\in\mathbb{F}_2^2$, $X=(x_1,x_2,x_3,x_4)\in\mathbb{F}_2^4$, 构造 $(6,2)$ 半 Bent 函数 $F(Y,X)=\big(f_1(Y,X),f_2(Y,X)\big)$, 其中

$$\begin{aligned}f_1(Y,X)&=(\phi_1(Y),00)\cdot X=\overline{y}_1\overline{y}_2\cdot 0+\overline{y}_1y_2(x_1+x_2)+y_1\overline{y}_2x_1+y_1y_2x_2,\\f_2(Y,X)&=(\phi_2(Y),00)\cdot X=\overline{y}_1\overline{y}_2\cdot 0+\overline{y}_1y_2x_1+y_1\overline{y}_2x_2+y_1y_2(x_1+x_2).\end{aligned}$$

对 $c\in\mathbb{F}_2^2$, 设 $f_c=c\cdot F$. 对 $\theta\in\mathbb{F}_2^2$, 设 $L_\theta=\{(\eta,\theta)\cdot(Y,X)\mid \eta\in\mathbb{F}_2^4\}$. 对 $c,\theta\in\mathbb{F}_2^2$, 构造 16 个正交序列集 $S_{c,\theta}=\{\underline{f_c+l}\mid l\in L_\theta\}$, 显然, $|S_{c,\theta}|=16$. 表 4.6 给出 $\underline{f_c}$ 和 H_θ 的正交关系, 由这一正交关系表及 (4.11) 式可确定任意两个不同序列集之间是否正交. 不难看出, 对 $c,e,\theta,\delta\in\mathbb{F}_2^2$, $S_{c,\theta}\perp S_{e,\delta}$ 当且仅当 $\theta\neq\delta$. 很容易实现这 16 个正交序列集的蜂窝网络分配, 并使复用距离 $D=4$. 可以验证图 4.6 中的分配方案中, 相邻蜂窝中的序列集都是正交的.

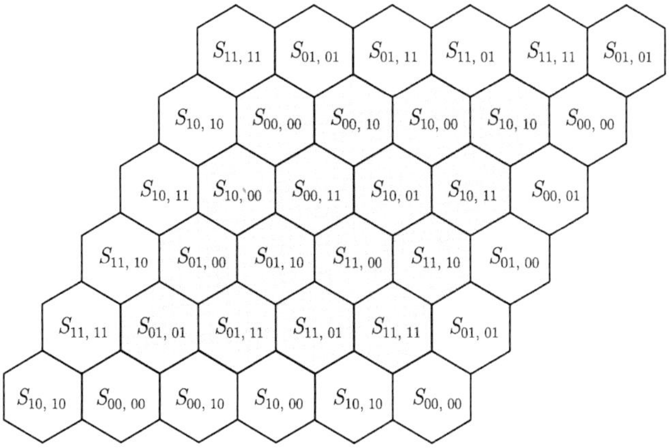

图 4.6 半 Bent 正交序列集蜂窝网络分配方案 $(n=6)$

表 4.6 例 4.14 中 $\underline{f_c}$ 和 H_θ 之间的正交关系

	H_{00}	H_{01}	H_{10}	H_{11}
$\underline{f_{00}}$		$\perp$	$\perp$	$\perp$
$\underline{f_{01}}$		$\perp$	$\perp$	$\perp$
$\underline{f_{10}}$		$\perp$	$\perp$	$\perp$
$\underline{f_{11}}$		$\perp$	$\perp$	$\perp$

对更大的偶数 n, 可以构造出 $2^{n/2-1}$ 个正交序列集, 也不难实现所有序列集的蜂窝网络分配, 并可使蜂窝复用距离更大. 我们把 $n=10$ 的情形留给读者, 这种情形下可以使蜂窝复用距离 $D=8$. 当然, 也可以借助构造 4.9 和图 4.6 中的蜂窝分配方案, 实现所有 $n\geqslant 10$ 的偶数情形下的序列集蜂窝分配, 但这种方式只能使复用距离 $D=4$. 表 4.7 给出与前人所得序列集的参数比较.

表 4.7 参数比较

正交序列集设计方式	$\mathcal{N}$	$\#\Omega$	D
$2^n\times 2^n$ Hadamard 矩阵	2^{n-2}	4	2
Smith 等[439,805] $(n=3,9)$	2^{n-2}	16	4
构造 4.5 和构造 4.9 ($n\geqslant 3$ 为奇数且 $n\neq 5$)	2^{n-2}	16	4
构造 4.12 ($n\geqslant 6$ 为偶数)	2^{n-2}	$2^{n/2+1}$	$\geqslant 4$

由构造 4.12 所得正交序列集 $S_{c,\alpha}$ 中序列的数目是 2^{n-2}. 通过“合并”序列集的方式, 还可以进一步提高部分序列集中序列的数目, 并有蜂窝分配方案使相邻蜂窝 (序列集) 相互正交. 下面的构造方案基于构造 4.12 进一步得到 $3\cdot 2^{(n-2)/2}$ 个正交序列集, 其中基数为 2^{n-1} 的正交序列集有 $2^{(n-2)/2}$ 个 (占 1/3), 基数为 2^{n-2} 的正交序列集有 $2^{n/2}$ 个 (占 2/3).

构造 4.15 设 $n=2k+2$, $k\geqslant 2$ 为正整数. 再设 $Y\in\mathbb{F}_2^k$, $X\in\mathbb{F}_2^{k+2}$, (n,k) 函数 $F(Y,X)=\big(f_1(Y,X),\cdots,f_k(Y,X)\big)$ 由构造 4.12 得到. 设 $X=(X'',X')$, 其中 $X''\in\mathbb{F}_2^k$, $X'\in\mathbb{F}_2^2$. 对 $c\in\mathbb{F}_2^k$, $\theta\in\mathbb{F}_2^2$, 定义

$$L_\theta=\{(\beta,\alpha,\theta)\cdot(Y,X'',X')\mid \beta,\alpha\in\mathbb{F}_2^k\}.$$

设 $f_c=c\cdot F$. 令 $T_0=L_{00}\cup L_{11}$, $T_1=L_{01}$, $T_2=L_{10}$. 构造 $3\cdot 2^k$ 个序列集如下:

$$S_{c,i}=\{\underline{f_c+l}\mid l\in T_i\},\qquad c\in\mathbb{F}_2^k,\ i\in\{0,1,2\}. \tag{4.12}$$

定理 4.16 设 $n=2k+2$, $k\geqslant 2$ 为正整数. 对 $c\in\mathbb{F}_2^k$, $i\in\{0,1,2\}$, 序列集 $S_{c,i}$ 由构造 4.15 中 (4.12) 式得到, 则有

(1) 对 $c\in\mathbb{F}_2^k$, $|S_{c,0}|=2^{n-1}$, $|S_{c,1}|=|S_{c,2}|=2^{n-2}$;

(2) 对 $c\in\mathbb{F}_2^{k*}$, $i\in\{0,1,2\}$, $S_{c,i}$ 是半 Bent 正交序列集;

(3) 对 $c,c'\in\mathbb{F}_2^k$, $i,i'\in\{0,1,2\}$, $S_{c,i}\perp S_{c',i'}$ 当且仅当 $i\neq i'$.

证明 由 $|L_\theta| = 2^{2k} = 2^{n-2}$, 易知 (1) 成立.

对 $c=(c_1,\cdots,c_k)\in\mathbb{F}_2^{k^*}$, $Y, X''\in\mathbb{F}_2^k$, $X'\in\mathbb{F}_2^2$, 有

$$\begin{aligned}f_c(Y,X'',X')&=\sum_{i=1}^{k}c_if_i(Y,X'',X')=\sum_{i=1}^{k}c_i(\phi_i(Y),0,0)\cdot(X'',X')\\&=\pi\left(\sum_{i=1}^{k}c_i\gamma^{[Y]+i}\right)\cdot X''\\&=\pi(\gamma^{i_c+[Y]})\cdot X'',\end{aligned}$$

最后一个等号成立是存在唯一的 $0\leqslant i_c\leqslant 2^k-2$ 使得 $\gamma^{i_c}=c\cdot(1,\gamma,\cdots,\gamma^{k-1})$, 其中 γ 是 $\mathbb{F}_{2^k}$ 中的本原元. 对任意 $(\beta,\alpha,\theta)\in\mathbb{F}_2^k\times\mathbb{F}_2^k\times\mathbb{F}_2^2$, 有

$$\begin{aligned}W_{f_c}(\beta,\alpha,\theta)&=\sum_{(Y,X'',X')\in\mathbb{F}_2^m}(-1)^{f_c(Y,X'',X')+\beta\cdot Y+\alpha\cdot X''+\theta\cdot X'}\\&=\sum_{X'\in\mathbb{F}_2^2}(-1)^{\theta\cdot X'}\sum_{Y\in\mathbb{F}_2^k}(-1)^{\beta\cdot Y}\sum_{X''\in\mathbb{F}_2^k}(-1)^{\pi(\gamma^{[Y]+i_c})\cdot X''+\alpha\cdot X''}.\end{aligned}$$

由于 π 为双射, 并且存在唯一的 $Y\in\mathbb{F}_2^s$ 使得 $\pi(\gamma^{[Y]+i_c})=\alpha$, 可知

$$\sum_{X''\in\mathbb{F}_2^k}(-1)^{\pi(\gamma^{[Y]+i_c})\cdot X''+\alpha\cdot X''}=\begin{cases}\pm 2^k, & \pi^{-1}(\alpha)=\gamma^{[Y]+i_c},\\ 0, & \text{否则}.\end{cases}$$

进而, 对任意 $\beta,\alpha\in\mathbb{F}_2^k$, 总有

$$\sum_{Y\in\mathbb{F}_2^k}(-1)^{\beta\cdot Y}\sum_{X''\in\mathbb{F}_2^k}(-1)^{\pi(\gamma^{[Y]+i_c})\cdot X''+\alpha\cdot X''}=\pm 2^k.$$

由

$$\sum_{X'\in\mathbb{F}_2^2}(-1)^{\theta\cdot X'}=\begin{cases}4, & \theta=0,\\ 0, & \text{否则},\end{cases}$$

易知, 对任意 $c\in\mathbb{F}_2^{k^*}$,

$$W_{f_c}(\beta,\alpha,\theta)=\begin{cases}0, & \theta\neq 0,\\ \pm 2^{k+2}, & \text{否则}.\end{cases}\tag{4.13}$$

因而, F 是一个 (n,k) 半 Bent 函数, (4.12) 式中定义的序列集都是半 Bent 序列集.

定义 $T_i + T_{i'} = \{t + t' \mid t \in T_i, t' \in T_{i'}\}$, 其中 $0 \leqslant i < i' \leqslant 2$. 设 $\underline{f_c + l} \in S_{c,i}$, $\underline{f_{c'} + l'} \in S_{c',i'}$, 其中 $l \in T_i$, $l' \in T_{i'}$. 由于

$$f_c(Y, X'', X') + f_{c'}(Y, X'', X') = \sum_{i=1}^{k}(c_i + c_i')\phi(Y) \cdot X'' = f_{c+c'}(Y, X'', X'),$$

可得 $(f_c + l) + (f_{c'} + l') = f_{c+c'} + (l + l')$, 其中 $l + l' \in T_i + T_{i'}$. 由 (4.13) 式, $W_h(\mathbf{0}_n) = 0$ 当且仅当 $l + l' \notin L_{00}$. 由表 4.8, $L_{00} \cap (T_i + T_{i'}) = \varnothing$ 当且仅当 $i \neq i'$. 可得 $S_{c,i} \perp S_{c',i'}$ 当且仅当 $i \neq i'$. 这就证明了 (3). □

表 4.8 T_1, T_2, T_3 之间的运算关系

+	T_0	T_1	T_2
T_0	$L_{00} \cup L_{11}$	$L_{01} \cup L_{10}$	$L_{01} \cup L_{10}$
T_1	$L_{01} \cup L_{10}$	L_{00}	L_{11}
T_2	$L_{01} \cup L_{10}$	L_{11}	L_{00}

例 4.17 设 $n = 8$, $k = 3$. 由构造 4.15, 可得到 $3 \times 2^3 = 24$ 个互不相交的半 Bent 正交序列集 $S_{c,i} = \{\underline{f_c + l} \mid l \in T_i\}$, $c \in \mathbb{F}_2^3$, $i \in \{0, 1, 2\}$. 这些序列集中有 8 个序列集 $S_{c,0}$, $c \in \mathbb{F}_2^3$, 分别有 $2^{n-1} = 128$ 条序列, 其余的 16 个序列集分别有 64 条序列. 把这 24 个序列集分配到蜂窝网络中去, 可使任意相邻的两个蜂窝 (序列集) 都相互正交, 蜂窝的复用距离 $D = \sqrt{21}$. 见图 4.7. 类似地, 在 $n = 6$, $k = 2$ 时, 可以得到 12 个半 Bent 正交序列集, 其中有 4 个序列集分别有 32 条序列, 其余 8 个序列集分别有 16 条序列. 这些正交序列集的蜂窝网络分配方案如图 4.8 所示, 蜂窝的复用距离是 $D = \sqrt{12}$.

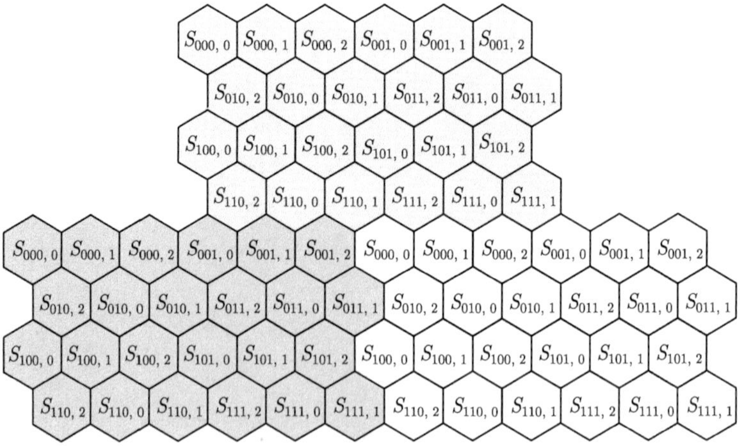

图 4.7 例 4.17 半 Bent 正交序列集蜂窝网络不均匀分配方案 ($n = 8$)

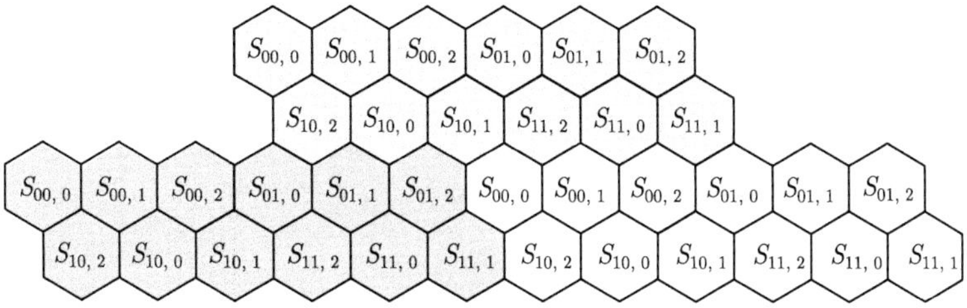

图 4.8 例 4.17 半 Bent 正交序列集蜂窝网络不均匀分配方案 $(n=6)$

按照构造 4.15, 随着偶数 n 的增加, 所构造的正交序列集越来越多. 要把这些正交序列集都分配到蜂窝网络中去, 既烦琐也无必要. 前面构造 4.9 中采用的方法仍然可以在这里使用, 可以解决 n 较大时正交序列集的设计和蜂窝分配问题.

4.3 GMM 型正交序列集设计

在 4.2 节, 我们主要讨论了半 Bent 正交序列集的设计及其在蜂窝网络中的分配. 当 n 为偶数时, 半 Bent 正交序列集之间的互相关值取自 $\{0, \pm 2^{n/2+1}\}$. 本节我们将利用 GMM 型非线性布尔函数设计 GMM 型正交序列集, 使序列集之间的互相关值取自 $\{0, \pm 2^{n/2}, \pm 2^{n/2+1}\}$, 并给出序列集的蜂窝网络分配方案.

构造 4.18 设 $n = 2k+6$, $k \geqslant 0$ 为整数; $X = (X_0, X_0') = (X_1, X_1') = (x_1, \cdots, x_n) \in \mathbb{F}_2^n$, 其中

$$X_0 = (x_1, \cdots, x_{k+2}) \in \mathbb{F}_2^{k+2},$$

$$X_1 = (x_1, \cdots, x_{k+3}) \in \mathbb{F}_2^{k+3},$$

$$X_0' = (x_{k+3}, \cdots, x_n) \in \mathbb{F}_2^{k+4},$$

$$X_1' = (x_{k+4}, \cdots, x_n) \in \mathbb{F}_2^{k+3}.$$

设

$$E_0 = \{00, 01\} \times \mathbb{F}_2^k,$$

$$E_1 = \{10, 11\} \times \mathbb{F}_2^{k+1},$$

$$T_0 = \mathbb{F}_2^{k+1} \times \{000\},$$

$$T_1 = \mathbb{F}_2^k \times \{001, 010, 011, 100\}.$$

对 $i=0,1$, 设 $\Phi_i: E_i \to T_i$ 为双射. 构造 GMM 型布尔函数 $f \in \mathcal{B}_n$ 如下:

$$f(X)=\begin{cases}\Phi_0(X_0)\cdot X_0', & X_0 \in E_0,\\ \Phi_1(X_1)\cdot X_1', & X_1 \in E_1.\end{cases}$$

对任意固定的 $\alpha \in \mathbb{F}_2^3$, 设

$$H_\alpha = \{\underline{l} \mid l=(\beta,\alpha)\cdot X,\ \beta \in \mathbb{F}_2^{n-3}\}.$$

借助布尔函数 f, 再进一步设计另外 8 个正交序列集如下:

$$H_\alpha^f = \{\underline{f+l} \mid l=(\beta,\alpha)\cdot X,\ \beta \in \mathbb{F}_2^{n-3}\}.$$

定理 4.19　设 H_α, H_α^f, $\alpha \in \mathbb{F}_2^3$, 是由构造 4.18 得到的 16 个正交序列集, 则

(1) $|H_\alpha| = |H_\alpha^f| = 2^{n-3}$;

(2) 对任意 $\alpha \in \mathbb{F}_2^3$, H_α 和 H_α^f 都是正交序列集;

(3) 对任意 $\alpha, \alpha' \in \mathbb{F}_2^3$ 且 $\alpha \neq \alpha'$, 总有 $H_\alpha \perp H_{\alpha'}$, $H_\alpha^f \perp H_{\alpha'}^f$;

(4) $H_\alpha^f \perp H_{\alpha'}$, 当 $\alpha+\alpha' \in \{101, 110, 111\}$ 时;

(5) 对 $s \in H_\alpha^f$, $s' \in H_{\alpha'}$, 有

$$s\cdot s' = \begin{cases}\pm 2^{n/2+1}, & \alpha+\alpha'=(000),\ \text{即}\ \alpha=\alpha',\\ \pm 2^{n/2}, & \alpha+\alpha' \in \{001, 010, 011, 100\}.\end{cases}$$

证明　(1)—(3) 比较显然, 不证. 下面讨论 H_α^f 和 $H_{\alpha'}$ 之间的互相关关系. 对 $s \in H_\alpha^f$, $s' \in H_{\alpha'}$, 其内积为

$$s\cdot s' = \underline{f+l}\cdot \underline{l'} = \sum_{x\in\mathbb{F}_2^n} (-1)^{f+l+l'},$$

其中 $l=(\beta,\alpha)\cdot X$, $l'=(\beta',\alpha')\cdot X$. 注意到 $E_0\times\mathbb{F}_2^{k+4} \cup E_1 \times \mathbb{F}_2^{k+3} = \mathbb{F}_2^n$, 进而有

$$s\cdot s' = W_f(\beta+\beta', \alpha+\alpha') = S_{E_0} + S_{E_1},$$

其中

$$S_{E_0} = \sum_{X_0\in E_0}\sum_{X_0'\in\mathbb{F}_2^{k+4}} (-1)^{\Phi_0(X_0)\cdot X_0' + (\beta+\beta', \alpha+\alpha')\cdot X},$$

$$S_{E_1} = \sum_{X_1\in E_1}\sum_{X_1'\in\mathbb{F}_2^{k+3}} (-1)^{\Phi_1(X_1)\cdot X_1' + (\beta+\beta', \alpha+\alpha')\cdot X}.$$

对 $i=0,1$, 设 $\beta+\beta'=(\eta_i,\theta_i)$, 其中 $\eta_i\in\mathbb{F}_2^{k+2+i}$, $\theta_i\in\mathbb{F}_2^{k+1-i}$, 则有

$$S_{E_i}=\sum_{X_i\in E_i}(-1)^{\eta_i\cdot X_i}\sum_{X_i'\in\mathbb{F}_2^{k+4-i}}(-1)^{\Phi_i(X_i)\cdot X_i'+(\theta_i,\alpha+\alpha')\cdot X_i'}. \tag{4.14}$$

情形 1: $\alpha+\alpha'\in\{101,110,111\}$. 由于 $\Phi_i:E_i\to T_i$ $(i=0,1)$ 是双射, 并有 $T_0=\mathbb{F}_2^{k+1}\times\{000\}$, $T_1=\mathbb{F}_2^{k}\times\{001,010,011,100\}$, 因而对任意 $X_i\in E_i$, $\Phi_i(X_i)\neq(\theta_i,\alpha+\alpha')$ 都成立, 亦即 $\Phi_i(X_i)\cdot X_i'+(\theta_i,\alpha+\alpha')\cdot X_i'$ 是一个非零线性函数, 因而也是平衡函数. 于是

$$\sum_{X_i'\in\mathbb{F}_2^{k+4-i}}(-1)^{\Phi_i(X_i)\cdot X_i'+(\theta_i,\alpha+\alpha')\cdot X_i'}=0.$$

进而有 $S_{E_i}=0$. 因此, $s\cdot s'=S_{E_0}+S_{E_1}=0$. 因而 $H_\alpha^f\perp H_{\alpha'}$.

情形 2: $\alpha+\alpha'=\mathbf{0}_3$. 由于 Φ_0 是从 E_0 到 $T_0=\mathbb{F}_2^{k+1}\times\{000\}$ 的双射, 故存在唯一的 $X_0\in E_0$ 使得 $\Phi_0(X_0)=(\theta_0,\mathbf{0}_3)$. 由 (4.14) 式, 可得

$$\begin{aligned}S_{E_0}&=\sum_{X_0\in E_0}(-1)^{\eta_0\cdot X_0}\sum_{X_0'\in\mathbb{F}_2^{k+4}}(-1)^{\Phi_0(X_0)\cdot X_0'+(\theta_0,\mathbf{0}_3)\cdot X_0'}\\&=(-1)^{\eta_0\cdot\Phi_0^{-1}(\theta_0,\mathbf{0}_3)}\sum_{X_0'\in\mathbb{F}_2^{k+4}}(-1)^0\\&=\pm2^{k+4}.\end{aligned}$$

由于 Φ_1 是从 E_1 到 $T_1=\mathbb{F}_2^k\times\{001,010,011,100\}$ 的双射, 故 $\Phi_1(X_1)\neq(\theta_1,\mathbf{0}_3)$. 因此, $\Phi_1(X_1)\cdot X_1'+(\theta_1,\mathbf{0}_3)\cdot X_1'$ 是一个非零线性函数. 故有

$$S_{E_1}=\sum_{X_1\in E_1}(-1)^{\eta_1\cdot X_1}\sum_{X_1'\in\mathbb{F}_2^{k+3}}(-1)^{\Phi_1(X_1)\cdot X_1'+(\theta_1,\mathbf{0}_3)\cdot X_1'}=0.$$

于是有 $s\cdot s'=S_{E_0}+S_{E_1}=\pm2^{k+4}+0=\pm2^{n/2+1}$.

情形 3: $\alpha+\alpha'\in\{001,010,011,100\}$. 类似上面情形的分析, 可推知这种情形下有 $S_{E_0}=0$ 和 $S_{E_1}=\pm2^{k+3}=\pm2^{n/2}$. 于是, $s\cdot s'=S_{E_0}+S_{E_1}=\pm2^{n/2}$.

综合以上情形, (4) 和 (5) 得证. □

H_α^f 和 $H_{\alpha'}$ 的互相关值在表 4.9 中列出, 值为 0 的位置表示所对应行列表头中的 $H_{\alpha'}$ 和 H_α^f 是正交的. 这 16 个正交序列集在蜂窝网络中的分配方案见图 4.9.

表 4.9　正交序列集 H_{α}^{f} 和 $H_{\alpha'}$ 之间的互相关值

	H_{000}^{f}	H_{001}^{f}	H_{010}^{f}	H_{011}^{f}	H_{100}^{f}	H_{101}^{f}	H_{110}^{f}	H_{111}^{f}
H_{000}	$\pm 2^{\frac{n}{2}+1}$	$\pm 2^{\frac{n}{2}}$	$\pm 2^{\frac{n}{2}}$	$\pm 2^{\frac{n}{2}}$	$\pm 2^{\frac{n}{2}}$	0	0	0
H_{001}	$\pm 2^{\frac{n}{2}}$	$\pm 2^{\frac{n}{2}+1}$	$\pm 2^{\frac{n}{2}}$	$\pm 2^{\frac{n}{2}}$	0	$\pm 2^{\frac{n}{2}}$	0	0
H_{010}	$\pm 2^{\frac{n}{2}}$	$\pm 2^{\frac{n}{2}}$	$\pm 2^{\frac{n}{2}+1}$	$\pm 2^{\frac{n}{2}}$	0	0	$\pm 2^{\frac{n}{2}}$	0
H_{011}	$\pm 2^{\frac{n}{2}}$	$\pm 2^{\frac{n}{2}}$	$\pm 2^{\frac{n}{2}}$	$\pm 2^{\frac{n}{2}+1}$	0	0	0	$\pm 2^{\frac{n}{2}}$
H_{100}	$\pm 2^{\frac{n}{2}}$	0	0	0	$\pm 2^{\frac{n}{2}+1}$	$\pm 2^{\frac{n}{2}}$	$\pm 2^{\frac{n}{2}}$	$\pm 2^{\frac{n}{2}}$
H_{101}	0	$\pm 2^{\frac{n}{2}}$	0	0	$\pm 2^{\frac{n}{2}}$	$\pm 2^{\frac{n}{2}+1}$	$\pm 2^{\frac{n}{2}}$	$\pm 2^{\frac{n}{2}}$
H_{110}	0	0	$\pm 2^{\frac{n}{2}}$	0	$\pm 2^{\frac{n}{2}}$	$\pm 2^{\frac{n}{2}}$	$\pm 2^{\frac{n}{2}+1}$	$\pm 2^{\frac{n}{2}}$
H_{111}	0	0	0	$\pm 2^{\frac{n}{2}}$	$\pm 2^{\frac{n}{2}}$	$\pm 2^{\frac{n}{2}}$	$\pm 2^{\frac{n}{2}}$	$\pm 2^{\frac{n}{2}+1}$

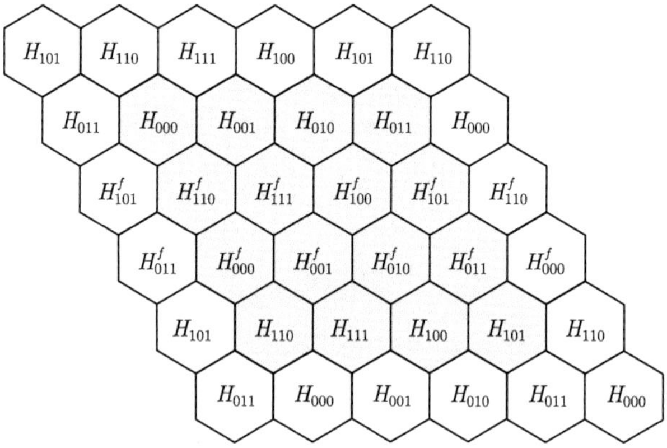

图 4.9　GMM 型正交序列集蜂窝网络分配方案 $(n = 2k + 6)$

例 4.20　设 $n = 6$, 此时 $k = 0$; $f \in \mathcal{B}_6$ 是构造 4.18 中给出的五谱值 GMM 型布尔函数, 其代数表达式为 $f(X) = \overline{x}_1x_2x_3 + x_1\overline{x}_2\overline{x}_3x_6 + x_1\overline{x}_2x_3x_5 + x_1x_2\overline{x}_3(x_5 + x_6) + x_1x_2x_3x_4$, 其中 $\overline{x}_i = x_i + 1$, 可得

$$\underline{f}: ++++++++++++++++++++++++--------$$
$$+-+-+-+-++--++--+--++--+++++----.$$

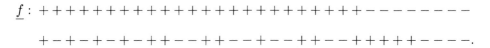

$\{H_{\alpha} \mid \alpha \in \mathbb{F}_2^3\}$ 是 8 个正交序列集的集合, 把 64×64 的 Hadamard 矩阵的行向量划分为 8 部分. H_{α}^{f} 和 H_{α} $(\alpha \in \mathbb{F}_2^3)$ 的互相关值及其蜂窝网络分配方案分别见表 4.9 和图 4.9.

由构造 4.18 所得到的正交序列集之间的互相关值取自 $\{0, \pm 2^{n/2}, \pm 2^{n/2+1}\}$. 与 4.2 节所构造的半 Bent 正交序列集相比, 蜂窝网络中不相邻的蜂窝在互不正交时互相关值除了可以取 $\pm 2^{n/2+1}$, 还可以取 $\pm 2^{n/2}$. 这可以看作是一种优化, 代价是每个正交序列集中序列的数目减少为 2^{n-3}. 下面, 我们给出一种构造方法可以使部分正交序列集中序列的数目倍增, 并给出其蜂窝网络的分配方案.

构造 4.21 设 $n=2k+4$, $k\geqslant 2$ 为正整数. 设 $Y=(y_1,\cdots,y_{2k})\in\mathbb{F}_2^{2k}$, $X=(x_1,x_2,x_3,x_4)\in\mathbb{F}_2^4$. $g_1,g_2\in B_{2k}$ 定义为

$$g_0(Y)=(y_1,\cdots,y_k)\cdot(y_{k+1},\cdots,y_{2k}), \tag{4.15}$$

$$g_1(Y)=\big((y_1,\cdots,y_k)M\big)\cdot(y_{k+1},\cdots,y_{2k}), \tag{4.16}$$

其中

$$M=\begin{pmatrix} 0 & 0 & \cdots & 0 & 1\\ 1 & & & & 0\\ & 1 & & & 0\\ & & \ddots & & \vdots\\ & & & 1 & 1 \end{pmatrix}.$$

$h_0,h_1\in\mathbb{F}_2^4$ 定义为

$$h_0(X)=x_1(x_2+1)x_4+x_1x_2(x_3+x_4),$$

$$h_1(X)=x_1(x_2+1)(x_3+x_4)+x_1x_2x_3.$$

构造 $(n,2)$ 函数 $F:\mathbb{F}_2^n\to\mathbb{F}_2^2$ 为

$$F(Y,X)=\big(f_0(Y,X),f_1(Y,X)\big),$$

其中 $f_i(Y,X)=g_i(Y)+h_i(X)$, $i=1,\ 2$. 对 $c\in\mathbb{F}_2^2$, $\alpha\in\mathbb{F}_2^3$, 设 $f_c=c\cdot F$, 并有

$$H_\alpha^{f_c}=\{\underline{f_c+l}\mid l=(\beta,\alpha)\cdot(Y,X),\ \beta\in\mathbb{F}_2^{n-3}\}. \tag{4.17}$$

(4.17) 式所示的序列集共有 32 个, 每个序列集的基数为 2^{n-3}. 把其中 16 个序列集两两合并, 得到 8 个基数为 2^{n-2} 的序列集

$$S_{10}^{f_c}=H_{010}^{f_c}\cup H_{110}^{f_c};\quad S_{01}^{f_c}=H_{001}^{f_c}\cup H_{101}^{f_c},\quad c\in\mathbb{F}_2^2.$$

未被合并的 16 个序列集为 $H_\alpha^{f_c}$, $c\in\mathbb{F}_2^2$, $\alpha\in\{000,100,011,111\}$.

定理 4.22 设序列集 $H_\alpha^{f_c}$ ($c\in\mathbb{F}_2^2$, $\alpha\in\mathbb{F}_2^3$) 是由构造 4.21 中 (4.17) 式定义的, 则以下结论成立.

(1) 对 $c\in\mathbb{F}_2^2$, $\alpha\in\mathbb{F}_2^3$, $H_\alpha^{f_c}$ 都是正交序列集.

(2) 当 $\alpha\neq\alpha'$ 时, 有 $H_\alpha^{f_c}\perp H_{\alpha'}^{f_c}$.

(3) 设 $s\in H_\alpha^{f_c}$, $s'\in H_{\alpha'}^{f_{c'}}$, 其中 $c\neq c'$; 并设 $v=c+c'$, $\lambda=\alpha+\alpha'$, 则有

$$s\cdot s'=\begin{cases}\pm 2^{n/2+1}, & \lambda=\mathbf{0}_3,\\ 0, & \lambda\in\{(0,v),(1,v),100\},\\ \pm 2^{n/2}, & \text{其他}.\end{cases}$$

证明　(1) 和 (2) 比较显然, 不证. 下面证 (3).

设 $s=\underline{f_c+l}$, $s'=\underline{f_{c'}+l'}$, 其中 $l=(\beta,\alpha)\cdot(Y,X)$, $l'=(\beta',\alpha')\cdot(Y,X)$. 设 $\beta+\beta'=(\theta,\delta)$, 其中 $\theta\in\mathbb{F}_2^{2k}$, $\delta\in\mathbb{F}_2$. 于是, $l+l'=(\theta,\delta,\lambda)\cdot(Y,X)$. 由 $f_c+f_{c'}=f_v$, $v=c+c'\neq\mathbf{0}_2$, 可得

$$s\cdot s'=\sum_{(Y,X)\in\mathbb{F}_2^m}(-1)^{f_c+f_{c'}+l+l'}=W_{f_v}(\theta,\delta,\lambda). \tag{4.18}$$

设 $g_v=v\cdot(g_0,g_1)$, $h_v=v\cdot(h_0,h_1)$. 可得

$$\begin{aligned}W_{f_v}(\theta,\delta,\lambda)&=\sum_{(Y,X)\in\mathbb{F}_2^m}(-1)^{g_v(Y)+h_v(X)+(\theta,\delta,\lambda)\cdot(Y,X)}\\&=\sum_{Y\in\mathbb{F}_2^{2k}}(-1)^{g_v(Y)+\theta\cdot Y}\sum_{X\in\mathbb{F}_2^4}(-1)^{h_v(X)+(\delta,\lambda)\cdot X}\\&=W_{g_v}(\theta)W_{h_v}(\delta,\lambda).\end{aligned} \tag{4.19}$$

$g_0(Y)$ 是一个二次 Bent 函数, $g_1(Y)$ 是 $g_0(Y)$ 的仿射变换函数, 因而也是二次 Bent 函数. 由 (4.15) 式和 (4.16) 式, 可得

$$g_0+g_1=\big((y_1,\cdots,y_k)(\boldsymbol{I}_k+M)\big)\cdot(y_{k+1},\cdots,y_{2k}),$$

其中 $\boldsymbol{I}_k$ 是 k 阶单位阵. 不难看出, $g_0+g_1=g_0(YB)$, 其中

$$B=\begin{pmatrix}\boldsymbol{I}_k+M & \mathbf{0}\\ \mathbf{0} & \boldsymbol{I}_k\end{pmatrix}.$$

由于 $\boldsymbol{I}_k+M$ 是 n 阶非奇异矩阵, 因而 B 也是非奇异矩阵. 这说明 g_0+g_1 也是 g_0 的仿射变换函数, 因而也是 Bent 函数, 故有

$$W_{g_v}(\theta) = \pm 2^k, \quad v \neq \mathbf{0}_2. \tag{4.20}$$

下面计算 $h_{10} = h_0$ 在点 (δ, λ) 的谱值, 有

$$\begin{aligned}
& W_{h_{10}}(\delta, \lambda) \\
= & \sum_{\substack{x_1 = 0 \\ (x_2, x_3, x_4) \in \mathbb{F}_2^3}} (-1)^{h_0 + (\delta, \lambda) \cdot X} + \sum_{\substack{(x_1, x_2) = (10) \\ (x_3, x_4) \in \mathbb{F}_2^2}} (-1)^{h_0 + (\delta, \lambda) \cdot X} \\
& + \sum_{\substack{(x_1, x_2) = (11) \\ (x_3, x_4) \in \mathbb{F}_2^2}} (-1)^{h_0 + (\delta, \lambda) \cdot X} \\
= & \sum_{(x_2, x_3, x_4) \in \mathbb{F}_2^3} (-1)^{\lambda \cdot (x_2, x_3, x_4)} + (-1)^{\delta} \sum_{(x_3, x_4) \in \mathbb{F}_2^2} (-1)^{\lambda(0, x_3, x_4) + x_4} \\
& + (-1)^{\delta} \sum_{(x_3, x_4) \in \mathbb{F}_2^2} (-1)^{\lambda(1, x_3, x_4) + x_3 + x_4}.
\end{aligned}$$

由于

$$\sum_{(x_2, x_3, x_4) \in \mathbb{F}_2^3} (-1)^{\lambda \cdot (x_2, x_3, x_4)} = \begin{cases} 8, & \lambda = \mathbf{0}_3, \\ 0, & \text{其他}, \end{cases}$$

$$\sum_{(x_3, x_4) \in \mathbb{F}_2^2} (-1)^{\lambda(0, x_3, x_4) + x_4} = \begin{cases} 4, & \lambda \in \{001, 101\}, \\ 0, & \text{其他}, \end{cases}$$

$$\sum_{(x_3, x_4) \in \mathbb{F}_2^2} (-1)^{\lambda(1, x_3, x_4) + x_3 + x_4} = \begin{cases} \pm 4, & \lambda \in \{011, 111\}, \\ 0, & \text{其他}, \end{cases}$$

可得

$$W_{h_{10}}(\delta, \lambda) = \begin{cases} 8, & \lambda = \mathbf{0}_3, \\ 0, & \lambda \in \{010, 110, 100\}, \\ \pm 4, & \lambda \in \{001, 101, 011, 111\}. \end{cases} \tag{4.21}$$

类似地, 可得 $h_{01} = h_1$ 在点 (δ, λ) 的谱值为

$$W_{h_{01}}(\delta, \lambda) = \begin{cases} 8, & \lambda = \mathbf{0}_3, \\ 0, & \lambda \in \{001, 101, 100\}, \\ \pm 4, & \lambda \in \{011, 111, 010, 110\}. \end{cases} \tag{4.22}$$

$h_{11} = h_0 + h_1$ 在点 (δ, λ) 的谱值为

$$W_{h_{11}}(\delta,\lambda)=\begin{cases}8, & \lambda=\mathbf{0}_3,\\ 0, & \lambda\in\{011,111,100\},\\ \pm 4, & \lambda\in\{010,110,001,101\}.\end{cases} \tag{4.23}$$

综合 (4.21)—(4.23) 三式, 对 $v \in \mathbb{F}_2^{3*}$, 有

$$W_{h_v}(\delta,\lambda)=\begin{cases}8, & \lambda=\mathbf{0}_3,\\ 0, & \lambda\in\{(0,v),(1,v),100\},\\ \pm 4, & \text{其他}.\end{cases} \tag{4.24}$$

把 (4.20) 式和 (4.24) 式代入 (4.19) 式, 可得

$$W_{f_v}(\theta,\delta,\lambda)=\begin{cases}\pm 2^{\frac{n}{2}+1}, & \lambda=\mathbf{0}_3,\\ 0, & \lambda\in\{(0,v),(1,v),100\},\\ \pm 2^{\frac{n}{2}}, & \text{其他}.\end{cases}$$

再由 (4.18) 式, 就证明了 (3). □

正交序列集 $H_\alpha^{f_c}$ 和 $H_{\alpha'}$ 之间的互相关值在表 4.10 中列出. 我们在构造 4.21 中所得到的 24 个正交序列集中, 选取 8 个基数是 2^{n-2} 的序列集和 8 个基数是 2^{n-3} 的序列集进行蜂窝网络分配, 分配方案见图 4.10. $H_\alpha^{f_{00}}$ 在图 4.10 中被简写为 H_α.

表 4.10　正交序列集 $H_\alpha^{f_c}$ 和 $H_{\alpha'}$ 之间的互相关值

	H_{000}	H_{100}	H_{001}	H_{101}	H_{010}	H_{110}	H_{011}	H_{111}
$H_{000}^{f_{10}}$	$\pm 2^{\frac{n}{2}+1}$	0	$\pm 2^{\frac{n}{2}}$	$\pm 2^{\frac{n}{2}}$	0	0	$\pm 2^{\frac{n}{2}}$	$\pm 2^{\frac{n}{2}}$
$H_{100}^{f_{10}}$	0	$\pm 2^{\frac{n}{2}+1}$	$\pm 2^{\frac{n}{2}}$	$\pm 2^{\frac{n}{2}}$	0	0	$\pm 2^{\frac{n}{2}}$	$\pm 2^{\frac{n}{2}}$
$H_{001}^{f_{10}}$	$\pm 2^{\frac{n}{2}}$	$\pm 2^{\frac{n}{2}}$	$\pm 2^{\frac{n}{2}+1}$	0	$\pm 2^{\frac{n}{2}}$	$\pm 2^{\frac{n}{2}}$	0	0
$H_{101}^{f_{10}}$	$\pm 2^{\frac{n}{2}}$	$\pm 2^{\frac{n}{2}}$	0	$\pm 2^{\frac{n}{2}+1}$	$\pm 2^{\frac{n}{2}}$	$\pm 2^{\frac{n}{2}}$	0	0
$H_{010}^{f_{10}}$	0	0	$\pm 2^{\frac{n}{2}}$	$\pm 2^{\frac{n}{2}}$	$\pm 2^{\frac{n}{2}+1}$	0	$\pm 2^{\frac{n}{2}}$	$\pm 2^{\frac{n}{2}}$
$H_{110}^{f_{10}}$	0	0	$\pm 2^{\frac{n}{2}}$	$\pm 2^{\frac{n}{2}}$	0	$\pm 2^{\frac{n}{2}+1}$	$\pm 2^{\frac{n}{2}}$	$\pm 2^{\frac{n}{2}}$
$H_{011}^{f_{10}}$	$\pm 2^{\frac{n}{2}}$	$\pm 2^{\frac{n}{2}}$	0	0	$\pm 2^{\frac{n}{2}}$	$\pm 2^{\frac{n}{2}}$	$\pm 2^{\frac{n}{2}+1}$	0
$H_{111}^{f_{10}}$	$\pm 2^{\frac{n}{2}}$	$\pm 2^{\frac{n}{2}}$	0	0	$\pm 2^{\frac{n}{2}}$	$\pm 2^{\frac{n}{2}}$	0	$\pm 2^{\frac{n}{2}+1}$

续表

	H_{000}	H_{100}	H_{001}	H_{101}	H_{010}	H_{110}	H_{011}	H_{111}
$H_{000}^{f_{01}}$	$\pm 2^{\frac{n}{2}+1}$	0	0	0	$\pm 2^{\frac{n}{2}}$	$\pm 2^{\frac{n}{2}}$	$\pm 2^{\frac{n}{2}}$	$\pm 2^{\frac{n}{2}}$
$H_{100}^{f_{01}}$	0	$\pm 2^{\frac{n}{2}+1}$	0	0	$\pm 2^{\frac{n}{2}}$	$\pm 2^{\frac{n}{2}}$	$\pm 2^{\frac{n}{2}}$	$\pm 2^{\frac{n}{2}}$
$H_{001}^{f_{01}}$	0	0	0	$\pm 2^{\frac{n}{2}+1}$	$\pm 2^{\frac{n}{2}}$	$\pm 2^{\frac{n}{2}}$	$\pm 2^{\frac{n}{2}}$	$\pm 2^{\frac{n}{2}}$
$H_{101}^{f_{01}}$	0	0	$\pm 2^{\frac{n}{2}+1}$	0	$\pm 2^{\frac{n}{2}}$	$\pm 2^{\frac{n}{2}}$	$\pm 2^{\frac{n}{2}}$	$\pm 2^{\frac{n}{2}}$
$H_{010}^{f_{01}}$	$\pm 2^{\frac{n}{2}}$	$\pm 2^{\frac{n}{2}}$	$\pm 2^{\frac{n}{2}}$	$\pm 2^{\frac{n}{2}}$	0	$\pm 2^{\frac{n}{2}+1}$	0	0
$H_{110}^{f_{01}}$	$\pm 2^{\frac{n}{2}}$	$\pm 2^{\frac{n}{2}}$	$\pm 2^{\frac{n}{2}}$	$\pm 2^{\frac{n}{2}}$	$\pm 2^{\frac{n}{2}+1}$	0	0	0
$H_{011}^{f_{01}}$	$\pm 2^{\frac{n}{2}}$	$\pm 2^{\frac{n}{2}}$	$\pm 2^{\frac{n}{2}}$	$\pm 2^{\frac{n}{2}}$	0	0	$\pm 2^{\frac{n}{2}+1}$	0
$H_{111}^{f_{01}}$	$\pm 2^{\frac{n}{2}}$	$\pm 2^{\frac{n}{2}}$	$\pm 2^{\frac{n}{2}}$	$\pm 2^{\frac{n}{2}}$	0	0	0	$\pm 2^{\frac{n}{2}+1}$
$H_{000}^{f_{11}}$	$\pm 2^{\frac{n}{2}+1}$	0	$\pm 2^{\frac{n}{2}}$	$\pm 2^{\frac{n}{2}}$	$\pm 2^{\frac{n}{2}}$	$\pm 2^{\frac{n}{2}}$	0	0
$H_{100}^{f_{11}}$	0	$\pm 2^{\frac{n}{2}+1}$	$\pm 2^{\frac{n}{2}}$	$\pm 2^{\frac{n}{2}}$	$\pm 2^{\frac{n}{2}}$	$\pm 2^{\frac{n}{2}}$	0	0
$H_{001}^{f_{11}}$	$\pm 2^{\frac{n}{2}}$	$\pm 2^{\frac{n}{2}}$	0	$\pm 2^{\frac{n}{2}+1}$	0	0	$\pm 2^{\frac{n}{2}}$	$\pm 2^{\frac{n}{2}}$
$H_{101}^{f_{11}}$	$\pm 2^{\frac{n}{2}}$	$\pm 2^{\frac{n}{2}}$	$\pm 2^{\frac{n}{2}+1}$	0	0	0	$\pm 2^{\frac{n}{2}}$	$\pm 2^{\frac{n}{2}}$
$H_{010}^{f_{11}}$	$\pm 2^{\frac{n}{2}}$	$\pm 2^{\frac{n}{2}}$	0	0	0	$\pm 2^{\frac{n}{2}+1}$	$\pm 2^{\frac{n}{2}}$	$\pm 2^{\frac{n}{2}}$
$H_{110}^{f_{11}}$	$\pm 2^{\frac{n}{2}}$	$\pm 2^{\frac{n}{2}}$	0	0	$\pm 2^{\frac{n}{2}+1}$	0	$\pm 2^{\frac{n}{2}}$	$\pm 2^{\frac{n}{2}}$
$H_{011}^{f_{11}}$	0	0	$\pm 2^{\frac{n}{2}}$	$\pm 2^{\frac{n}{2}}$	$\pm 2^{\frac{n}{2}}$	$\pm 2^{\frac{n}{2}}$	$\pm 2^{\frac{n}{2}+1}$	0
$H_{111}^{f_{11}}$	0	0	$\pm 2^{\frac{n}{2}}$	$\pm 2^{\frac{n}{2}}$	$\pm 2^{\frac{n}{2}}$	$\pm 2^{\frac{n}{2}}$	0	$\pm 2^{\frac{n}{2}+1}$

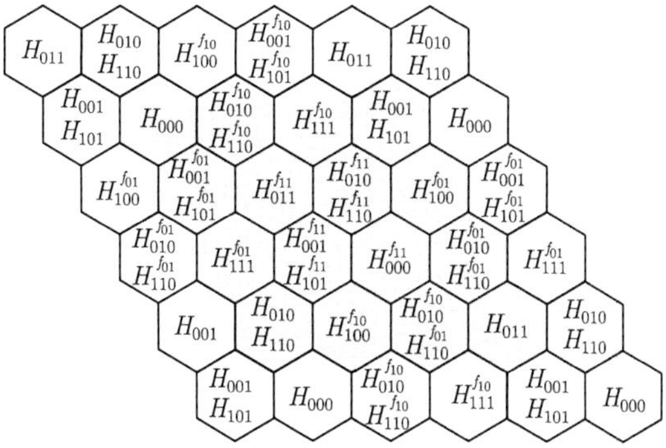

图 4.10 GMM 型正交序列集蜂窝网络不均匀分配方案

4.4 真随机数生成器的校正器设计

真随机数和伪随机数的本质区别在于是否具有不可预测性. 真随机数生成器被广泛地应用于通信系统、密码系统和随机模拟等领域. 一个真随机数生成器包括如下三部分组件:

(1) 熵源 (entropy source): 利用热力学噪声、光电效应和量子现象等物理过程而得到统计随机的噪声信号.

(2) 采集装置 (harvesting mechanism): 连续采样随机变化的熵源信号, 并按照明确的规则把信号转换成离散的随机数序列.

(3) 校正器 (corrector): 把由采集装置得到的随机数序列再进行 “后处理”, 得到我们想要的真随机数.

由熵源和采集装置已经可以生成随机数了, 为什么还要采用校正器进行 “后处理” 呢? 概率论中的等可能概型是指随机试验中的样本空间包含有限个元素, 并且试验中每个基本事件发生的可能性相同. 任何随机试验都会受到客观因素和人为因素的影响, 等可能概型只可能近似实现, 不可能绝对存在. 我们把真随机数生成器生成随机数的过程看作是近似理想的等可能概型随机试验. 满足这种假设的真随机数生成器, 生成的序列具有平衡或近似平衡的性质. 以抛硬币为例, 硬币的变形程度、硬币的密度分布均匀程度、试验的条件等因素, 都会影响最终的结果. 假设抛一个严重变形的硬币出现正面和反面的概率分别是 $p = 2/3$ 和 $q = 1/3$. 我们抛 36 次硬币进行试验, 出现正面记为 0, 出现反面记为 1. 设试验结果为

$$0\,1\,0\,0\,1\,1\,0\,0\,0\,0\,1\,0\,0\,1\,1\,0\,0\,0\,1\,0\,0\,1\,0\,0\,1\,1\,0\,0\,0\,1\,0\,0\,0\,0\,1\,0.$$

由试验结果发现, 正面出现 24 次, 反面出现 12 次. 假如上述抛硬币试验是一个博弈, 参与博弈的人中多数人不知道硬币正面和反面出现的概率, 那么这就是一个由少数人操控的不公平的博弈. 若把这个试验过程看作是一个真随机数生成器的工作过程, 它生成的随机数算不上 “好” 的真随机数. 这种情况下, 有必要给真随机数生成器加一个校正器.

第二次世界大战后, 冯 • 诺依曼 (John von Neumann) 预见到未来计算机的广泛应用会使人们对连续高速生成大量随机数产生需求, 他在 1951 年提出如下两个问题[874]: (a) 如何连续独立地生成随机十进制数, 使得 0 到 9 中的每个数出现的概率都是 1/10? (b) 如何按概率分布定律生成随机实数? 在文献 [874] 中, 冯 • 诺依曼对这两个问题都给出见解. 问题 (b) 不是本节讨论的对象. 对问题 (a), 生成随机十进制数和生成随机二进制数没有什么本质的不同. 下面介绍冯 • 诺依曼给出的校正方案.

以上面抛变形硬币的试验为例, 对所生成的 36 位二进制数进行后处理. 按照冯 • 诺依曼校正方案, 把 36 位二进制数每连续两位归为一组, 共划分为 18 组. 当一组中的数为 01 和 10 时, 分别输出 0 和 1; 当为 00 和 11 时, 不输出任何数字.

01	00	11	00	00	10	01	10	00	10	01	00	11	00	01	00	00	10
↓	↓	↓	↓	↓	↓	↓	↓	↓	↓	↓	↓	↓	↓	↓	↓	↓	↓
0					1	0	1		1	0				0			1

按照这一处理规则, 得到输出序列 01011001. 可以看出, 经处理后的序列 0 和 1

出现的概率都是 1/2. 出现这一结果不难理解. 根据输入序列中 0 和 1 出现的概率, 可知 00, 01, 10, 11 出现的概率分别是 $p^2 = 4/9, pq = 2/9, qp = 2/9, q^2 = 1/9$. 由于有效输入 01 和 10 出现的概率是相同的, 因而在输出序列中 0 和 1 出现的概率也必然是相同的. 这个校正方案也是有代价的, 在这个例子中输入是 36 位而输出是 8 位, 效率是 2/9. 采用冯 • 诺依曼校正方案, 效率不会超过 1/4. p 和 q 的偏离 1/2 越大, 效率越低; 反之, p 和 q 越接近 1/2, 效率越高.

假设输入 $x_i, i = 1, 2, \cdots, n$ 是统计独立的, 并且都具有恒定的输入偏差 e:

$$\Pr(x_i = 0) = \frac{1}{2} + e, \quad \Pr(x_i = 1) = \frac{1}{2} - e, \quad i = 1, 2, \cdots, n.$$

$f \in \mathcal{B}_n$ 的输出偏差 $\Delta_f(e)$ 定义为

$$\Delta_f(e) = \frac{1}{2}\big(\Pr(f(X) = 0) - \Pr(f(X) = 1)\big).$$

Lacharme[502] 给出 $\Delta_f(e)$ 和 f 的 Walsh 谱之间的联系.

引理 4.23 设 $f \in \mathcal{B}_n$, e 是输入偏差. 则输出偏差 $\Delta_f(e)$ 可表示为

$$\Delta_f(e) = \frac{1}{2^{n+1}} \sum_{\Omega \in \mathbb{F}_2^n} (2e)^{\mathrm{wt}(\Omega)}(-1)^{\mathrm{wt}(\Omega)+1} W_f(\Omega).$$

$\Delta_f(e)$ 可表达为一个关于 e 的无常数项的多项式 $\sum_{k=1}^n a_k e^k$. $\Delta_f(e)$ 的赋值 (valuation) 定义为使 $a_k \neq 0$ 成立的最小正整数 k. 我们利用多项式的赋值的概念进一步定义校正器的阶.

定义 4.24[503] 设 $f \in \mathcal{B}_n$ 是平衡的, e 是 f 的输入偏差, $\Delta_f(e)$ 是 f 的输出偏差. 若 $\Delta_f(e)$ 的赋值不低于 $t+1$, 则称 f 为 t 阶单输出校正器, 也称为 $(n, 1, t)$ 校正器.

基于引理 4.23, Lacharme[503] 给出 t 阶单输出校正器的频谱特征. 这一结论给后面的讨论带来很大方便, 描述如下.

引理 4.25 $f \in \mathcal{B}_n$ 是 $(n, 1, t)$ 校正器, 当且仅当对任意 t', $0 \leqslant t' \leqslant t$ 都有

$$\sum_{\Omega \in \mathbb{F}_2^n,\, \mathrm{wt}(\Omega) = t'} W_f(\Omega) = 0.$$

结合 Xiao-Massey 定理和引理 4.25, 可知下面的结论是正确的.

- 对 $\epsilon \in \mathbb{F}_2$ 且 $\mathrm{wt}(\Omega) \geqslant t+1$, 仿射函数 $l(X) = \Omega \cdot X + \epsilon$ 是 $(n, 1, t)$ 校正器. 对任意仿射函数 $l \in \mathcal{A}_n$, l 是 $(n, 1, t)$ 校正器当且仅当 l 是 t 阶弹性函数.
- 非线性 t 阶弹性函数 $f \in \mathcal{B}_n$ 都是 $(n, 1, t)$ 校正器, 但 $(n, 1, t)$ 校正器未必是 t 阶弹性函数.

多输出校正器是一个 (n,m) 函数, 作为校正器时也称为 (n,m) 校正器, t 阶 (n,m) 校正器记为 (n,m,t) 校正器. 如下定理可作为 (n,m,t) 校正器的判断依据.

引理 4.26[503] (n,m) 函数 F 是一个 (n,m,t) 校正器, 当且仅当对任意 $c\in\mathbb{F}_2^{m*}$, $c\cdot F$ 都是 $(n,1,t)$ 校正器.

设 F 是一个 (n,m,t) 校正器. 若对任意 $c\in\mathbb{F}_2^{m*}$, $c\cdot F$ 都是一个仿射函数, 则称 F 为线性校正器, 否则称之为非线性校正器. 由以上讨论可知, 线性 (n,m,t) 校正器是线性 (n,m,t) 弹性函数, 反之亦然. 仿射函数的常数项对校正器的校正阶无任何影响, 任意存在的线性 (n,m,t) 校正器都可由 $[n,m,t+1]$ 码得到. 我们把 $[n,m]$ 码的最小距离所能达到的最大值定义为 $d_{\max}(n,m)$, 此时相应的线性 (n,m) 校正器的校正阶达到最大值 $t_0=d_{\max}(n,m)-1$, 并称该线性 (n,m,t_0) 校正器为最优线性校正器.

定理 4.27[240, 503] 设 $X\in\mathbb{F}_2^n$, M 是二元 $m\times n$ 矩阵. (n,m) 函数

$$L(X)=X\cdot M^{\mathrm{T}}$$

是线性 (n,m,t) 校正器, 但不是线性 $(n,m,t+1)$ 校正器当且仅当 M 是 $[n,m,t+1]$ 码的生成矩阵.

下面给出一种设计非线性 $(n,1,n-2)$ 校正器的方法, 所得校正器的代数次数是 2, 弹性阶是 $n-3$ (而不是 $n-2$), 非线性度是 2^{n-2}.

构造 4.28 设 $\alpha,\beta\in\mathbb{F}_2^{n-1}$, $\alpha\neq\beta$, $\mathrm{wt}(\alpha)=\mathrm{wt}(\beta)=n-2$. 设计单输出校正器 $f\in\mathcal{B}_n$ 如下:

$$f(X)=(x_n+1)(\alpha\cdot X_{[1,n-1]})+x_n(\beta\cdot X_{[1,n-1]}+1), \tag{4.25}$$

其中 $X=(x_1,\cdots,x_{n-1},x_n)$ 且 $X_{[1,n-1]}=(x_1,\cdots,x_{n-1})$.

定理 4.29 由构造 4.28 得到的校正器 $f\in\mathcal{B}_n$, 是二次 $(n,1,n-2)$ 校正器, 其非线性度为 2^{n-2}.

证明 设 $\Omega=(\omega_1,\cdots,\omega_n)\in\mathbb{F}_2^n$, 并且 $\Omega_{[1,n-1]}=(\omega_1,\cdots,\omega_{n-1})\in\mathbb{F}_2^{n-1}$.

$$\begin{aligned}W_f(\Omega)&=\sum_{X\in\mathbb{F}_2^n}(-1)^{f(X)+\Omega\cdot X}\\&=\sum_{X\in\mathbb{F}_2^n}(-1)^{(x_n+1)(\alpha\cdot X_{[1,n-1]})+x_n(\beta\cdot X_{[1,n-1]}+1)+\omega_n\cdot x_n+\Omega_{[1,n-1]}\cdot X_{[1,n-1]}}\\&=\sum_{\substack{X\in\mathbb{F}_2^n\\x_n=0}}(-1)^{(\alpha+\Omega_{[1,n-1]})\cdot X_{[1,n-1]}}+(-1)^{1+\omega_n}\sum_{\substack{X\in\mathbb{F}_2^n\\x_n=1}}(-1)^{(\beta+\Omega_{[1,n-1]})\cdot X_{[1,n-1]}}.\end{aligned}$$

情形 1: $\Omega_{[1,n-1]}\notin\{\alpha,\beta\}$. 由 $\alpha+\Omega_{[1,n-1]}\neq\mathbf{0}_{n-1}$ 且 $\beta+\Omega_{[1,n-1]}\neq\mathbf{0}_{n-1}$, 得

$$\sum_{\substack{X \in \mathbb{F}_2^n \\ x_n = 0}} (-1)^{(\alpha+\Omega_{[1,n-1]})\cdot X_{[1,n-1]}} = 0,$$

$$\sum_{\substack{X \in \mathbb{F}_2^n \\ x_n = 1}} (-1)^{(\beta+\Omega_{[1,n-1]})\cdot X_{[1,n-1]}} = 0.$$

因而, 在这种情形下 $W_f(\Omega) = 0$.

情形 2: $\Omega_{[1,n-1]} \in \{\alpha, \beta\}$. 由 $\alpha + \Omega_{[1,n-1]} = \mathbf{0}_{n-1}$ 或 $\beta + \Omega_{[1,n-1]} = \mathbf{0}_{n-1}$, 得

$$\sum_{\substack{X \in \mathbb{F}_2^n \\ x_n = 0}} (-1)^{(\alpha+\Omega_{[1,n-1]})\cdot X_{[1,n-1]}} = \begin{cases} 2^{n-1}, & \Omega_{[1,n-1]} = \alpha, \\ 0, & \Omega_{[1,n-1]} = \beta, \end{cases}$$

$$\sum_{\substack{X \in \mathbb{F}_2^n \\ x_n = 1}} (-1)^{(\beta+\Omega_{[1,n-1]})\cdot X_{[1,n-1]}} = \begin{cases} 2^{n-1}, & \Omega_{[1,n-1]} = \beta, \\ 0, & \Omega_{[1,n-1]} = \alpha. \end{cases}$$

故有

$$W_f(\Omega) = \begin{cases} +2^{n-1}, & \omega_n = 1,\ \Omega_{[1,n-1]} = \alpha, \\ +2^{n-1}, & \omega_n = 1,\ \Omega_{[1,n-1]} = \beta, \\ +2^{n-1}, & \omega_n = 0,\ \Omega_{[1,n-1]} = \alpha, \\ -2^{n-1}, & \omega_n = 0,\ \Omega_{[1,n-1]} = \beta. \end{cases} \tag{4.26}$$

综合以上两种情形, 有如下结论:

$$W_f(\Omega) = 0, \quad 对\ \Omega \in \mathbb{F}_2^n,\ 0 \leqslant \mathrm{wt}(\Omega) \leqslant n-3. \tag{4.27}$$

由 Xiao-Massey 定理, f 是 $n-3$ 阶弹性函数. 由 (4.26) 式, $W_f(\alpha, 0) \neq 0$, $W_f(\beta, 0) \neq 0$. 注意到 $\mathrm{wt}(\alpha, 0) = \mathrm{wt}(\beta, 0) = n-2$, 再由 Xiao-Massey 定理, f 不是 $n-2$ 阶弹性函数, 但有如下结论成立:

$$\sum_{\substack{\Omega \in \mathbb{F}_2^n \\ \mathrm{wt}(\Omega) = n-2}} W_f(\Omega) = W_f(\alpha, 0) + W_f(\beta, 0) = +2^{n-1} - 2^{n-1} = 0. \tag{4.28}$$

结合 (4.27) 式和 (4.28) 式, 对任意 t, $0 \leqslant t \leqslant n-2$ 都有

$$\sum_{\substack{\Omega \in \mathbb{F}_2^n \\ \mathrm{wt}(\Omega) = t}} W_f(\Omega) = 0.$$

由引理 4.25, f 是 $(n,1,n-2)$ 校正器.

由 $\mathrm{wt}(\alpha+\beta)=2$, 可知 $(\alpha+\beta)\cdot X_{[1,n-1]}=x_i+x_j$, 其中 $1\leqslant i<j\leqslant n-1$. 由 (4.25) 式, 知 x_ix_n 和 x_jx_n 必定出现在 f 的代数正规型中, 因而 f 是二次的.

由 $\max\limits_{\Omega\in\mathbb{F}_2^n}|W_f(\Omega)|=2^{n-1}$ 和 (2.27) 式 (p. 57), 得 $N_f=2^{n-1}-2^{n-2}$. □

例 4.30　设 $X=(x_1,x_2,x_3,x_4)$, $X_{[1,3]}=(x_1,x_2,x_3)$. 设计 $f\in\mathcal{B}_4$ 如下:

$$f(X)=(x_4+1)(\alpha\cdot X_{[1,3]})+x_4(\beta\cdot X_{[1,3]}+1),$$

其中 $\alpha=(011)\in\mathbb{F}_2^3$, $\beta=(110)\in\mathbb{F}_2^3$, 可得 f 的代数正规型为

$$f(X)=x_2+x_3+x_4+x_1x_4+x_3x_4,$$

f 的真值表为 0111100000101101, Walsh 谱为

$$0,0,0,0,0,0,8,8,0,0,0,0,-8,8,0,0.$$

容易验证, f 是 $(4,1,2)$ 校正器和 $(4,1,1)$ 弹性函数, 但不是 $(4,1,2)$ 弹性函数. 同时, 也可以看出 f 的代数次数为 2.

接下来借助 $[n-m,m,t]$ 等距码给出一种多输出校正器的设计方法. 采用这种方法, 可以得到代数次数为 $m+1$, 非线性度为 $2^{n-1}-2^{n-m}$ 的 (n,m,t) 校正器. 这种校正器是 $(n,m,t-1)$ 弹性函数, 不是 (n,m,t) 弹性函数.

定义 4.31　设 $\mathcal{C}$ 是一个 $[u,m]$ 码. 若对任意非零码字 $\alpha\in\mathcal{C}$ 都有 $\mathrm{wt}(\alpha)=t$, 则称 $\mathcal{C}$ 为 $[u,m,t]$ 等距码.

构造 4.32　设 $n,m\in\mathbb{Z}^+$, $n\geqslant 2m$, $u=n-m$. 设 $\{1,\gamma,\cdots,\gamma^{m-1}\}$ 是 $\mathbb{F}_{2^m}$ 的一组本原基底, $\{\theta_1,\theta_2,\cdots,\theta_m\}$ 是 $[u,m,t]$ 等距码 $\mathcal{C}$ 的一组基底. 定义双射 $\pi:\mathbb{F}_{2^m}\to\mathcal{C}$ 为

$$\pi(e_1+e_2\gamma+\cdots+e_m\gamma^{m-1})=e_1\theta_1+e_2\theta_2+\cdots+e_m\theta_m, \tag{4.29}$$

其中 $e_i\in\mathbb{F}_2$, $1\leqslant i\leqslant m$. 设 $Y=(y_1,y_2,\cdots,y_m)\in\mathbb{F}_2^m$, $X=(x_1,x_2,\cdots,x_u)\in\mathbb{F}_2^u$. 对 $i=1,2,\cdots,m$, 定义布尔函数 $f_i\in\mathcal{B}_n$ 为

$$f_i(Y,X)=\pi\left(\gamma^{[Y]+i-1}\right)\cdot X+y_i, \tag{4.30}$$

其中 $[Y]=\sum_{i=1}^m y_i2^{m-i}$ 是 Y 的十进制数表示. 构造函数 $F:\mathbb{F}_2^n\to\mathbb{F}_2^m$ 如下:

$$F(Y,X)=\big(f_1(Y,X),\ f_2(Y,X),\ \cdots,\ f_m(Y,X)\big).$$

定理4.33　由构造 4.32 所得函数 F 是 (n,m,t) 校正器, 并有 $\deg(F)=m+1$, $N_F=2^{n-1}-2^{n-m}$.

证明 设 $f_c = c \cdot F$, 其中 $c = (c_1, c_2, \cdots, c_m) \in \mathbb{F}_2^{m*}$, 可得

$$\begin{aligned}
f_c(Y, X) &= \sum_{i=1}^{m} c_i f_i(Y, X) \\
&= \sum_{i=1}^{m} c_i \Big(\pi(\gamma^{[Y]+i-1}) \cdot X + y_i\Big) \\
&= \left(\sum_{i=1}^{m} c_i \pi(\gamma^{[Y]+i-1})\right) \cdot X + c \cdot Y.
\end{aligned}$$

对任意固定的 $Y \in \mathbb{F}_2^m$ 和 $1 \leqslant i \leqslant m$, 必定存在向量 $\mu^{(Y,i)} \in \mathbb{F}_2^{m*}$ 使得

$$\gamma^{[Y]+i-1} = \mu^{(Y,i)} \cdot (1, \gamma, \cdots, \gamma^{m-1}).$$

由 (4.29) 式, 可得

$$\sum_{i=1}^{m} c_i \pi(\gamma^{[Y]+i-1}) = \sum_{i=1}^{m} c_i \big(\mu^{(Y,i)} \cdot (\theta_1, \theta_2, \cdots, \theta_{m-1})\big) = \pi\left(\sum_{i=1}^{m} c_i \gamma^{[Y]+i-1}\right).$$

设 i_c 是使 $\gamma^{i_c} = c \cdot (1, \gamma, \cdots, \gamma^{m-1})$ 成立的最小非负整数, 于是在 $\{i_c \mid c \in \mathbb{F}_2^{m*}\}$ 和 $\mathbb{F}_2^{m*}$ 之间建立了一个双射, 并有如下关系成立:

$$\sum_{i=1}^{m} c_i \gamma^{[Y]+i-1} = \gamma^{i_c+[Y]}.$$

综合以上逻辑关系, 可得

$$f_c(Y, X) = \pi(\gamma^{i_c+[Y]}) \cdot X + c \cdot Y.$$

设 $(\beta, \alpha) \in \mathbb{F}_2^n$, 其中 $\beta \in \mathbb{F}_2^m$, $\alpha \in \mathbb{F}_2^u$. 可得

$$\begin{aligned}
W_{f_c}(\beta, \alpha) &= \sum_{(Y,X) \in \mathbb{F}_2^n} (-1)^{f_c(Y,X) + (\beta,\alpha)\cdot(Y,X)} \\
&= \sum_{Y \in \mathbb{F}_2^m} (-1)^{\beta \cdot Y + c \cdot Y} \sum_{X \in \mathbb{F}_2^u} (-1)^{(\pi(\gamma^{i_c+[Y]}) + \alpha)\cdot X}.
\end{aligned}$$

情形 1: $0 \leqslant \mathrm{wt}(\beta, \alpha) \leqslant t-1$. 此时, 有 $0 \leqslant \mathrm{wt}(\alpha) \leqslant t-1$. 由于 $\mathcal{C}$ 是 $[u, m, t]$ 等距码, 结合 (4.29) 式, 可知 $\mathrm{wt}\big(\pi(\gamma^{i_c+[Y]})\big) = t$. 故 $\pi(\gamma^{i_c+[Y]}) + \alpha \neq \mathbf{0}_u$, 进而有

$$\sum_{X \in \mathbb{F}_2^u} (-1)^{(\pi(\gamma^{i_c+[Y]}) + \alpha)\cdot X} = 0. \tag{4.31}$$

于是, $W_{f_c}(\beta,\alpha)=0$. 由定理 2.10, f_c 是 $t-1$ 阶弹性函数.

情形 2: $\mathrm{wt}(\beta,\alpha)=t$ 且 $\beta\neq\mathbf{0}_m$. 此时, 有 $\mathrm{wt}(\alpha)<t$. 类似情形 1, 可得 $W_{f_c}(\beta,\alpha)=0$.

情形 3: $\mathrm{wt}(\beta,\alpha)=t$ 且 $\beta=\mathbf{0}_m$. 此时, 有 $\mathrm{wt}(\alpha)=t$. 设 $\phi_c(Y)=\pi(\gamma^{i_c+[Y]})$, $M=\{\mathbf{0}_m,\mathbf{1}_m\}$. 当 $Y\in M$, 有 $\phi_c(Y)=\phi_c(\mathbf{0}_m)=\phi_c(\mathbf{1}_m)=\pi(\gamma^{i_c})$. 对 $Y,Y'\in\mathbb{F}_2^m\backslash M$, $\phi_c(Y)\neq\phi_c(Y')$ 当且仅当 $Y\neq Y'$. 若 $\alpha\notin\mathcal{C}^*$, 则有 $\pi(\gamma^{i_c+[Y]})+\alpha\neq\mathbf{0}_u$. 这时, 有 (4.31) 式成立, 进而有 $W_{f_c}(\beta,\alpha)=0$. 若 $\alpha\in\mathcal{C}^*$, 则有

$$\begin{aligned}W_{f_c}(\mathbf{0}_m,\alpha)&=\sum_{Y\in\mathbb{F}_2^m}(-1)^{c\cdot Y}\sum_{X\in\mathbb{F}_2^u}(-1)^{(\phi_c(Y)+\alpha)\cdot X}\\&=2^u\sum_{Y\in\phi_c^{-1}(\alpha)}(-1)^{c\cdot Y}\\&=\begin{cases}2^u+2^u\cdot(-1)^{\mathrm{wt}(c)}, & \alpha=\pi(\gamma^{i_c}),\\ 2^u\cdot(-1)^{c\cdot\phi_c^{-1}(\alpha)}, & \alpha\neq\pi(\gamma^{i_c}).\end{cases}\end{aligned}\tag{4.32}$$

进而有

$$\sum_{\alpha\in\mathcal{C}^*}W_{f_c}(\mathbf{0}_m,\alpha)=\sum_{v\in\mathbb{F}_2^m}2^u\cdot(-1)^{c\cdot v}=0.$$

综合以上三种情形, 可知对任意 t', $0\leqslant t'\leqslant t$, 下式均成立

$$\sum_{\substack{(\beta,\alpha)\in\mathbb{F}_2^n\\ \mathrm{wt}(\beta,\alpha)=t'}}W_{f_c}(\beta,\alpha)=0.$$

由引理 4.25, f_c 是 $(n,1,t)$ 校正器, $c\in\mathbb{F}_2^{m*}$. 由引理 4.26, F 是 (n,m,t) 校正器.

设 $b=(b_1,b_2,\cdots,b_m)\in\mathbb{F}_2^m$. f_c 是 2^m 个仿射函数的级联, 可表示为

$$f_c(Y,X)=\sum_{b\in\mathbb{F}_2^m}y_1^{b_1}y_2^{b_2}\cdots y_m^{b_m}\left(\pi(\gamma^{i_c+[b]})\cdot X+c\cdot b\right),$$

其中 $y_i^{b_i}=y_i+b_i+1$, $1\leqslant i\leqslant m$. 注意到 $\pi(\gamma^{i_c+[b]})\cdot X+c\cdot b$ 是仿射函数, 则有 $\deg(f_c)\leqslant m+1$. 由 π 的映射规则, 不难看出 $\{\pi(\gamma^{i_c+[b]})\mid b\in\mathbb{F}_2^{m*}\}=\mathcal{C}^*$. 把 $\mathcal{C}^*$ 中的向量排成一列, 得到一个 $(2^m-1)\times u$ 矩阵. 由线性码的性质, 可知这个矩阵的每一列中 1 的个数是 0 或 2^{m-1}. 这说明每个 x_j, $j=1,2,\cdots,u$ 在 2^m-1 个被级联的仿射函数 $\phi_c(b)=\pi(\gamma^{i_c+[b]})\cdot X+c\cdot b$, $b\in\mathbb{F}_2^{m*}$ 的代数正规型中共出现 0 次或 2^{m-1} 次. 当 $b=\mathbf{0}_m$ 时, 仿射函数 $\phi_c(b)\cdot X=\phi_c(\mathbf{1}_m)\cdot X=\pi(\gamma^{i_c})\cdot X\neq 0$. 若 x_j 出现在仿射函数 $\phi_c(\mathbf{0}_m)$ 的代数正规型中, 则 f_c 的代数正规型中必有 $y_1y_2\cdots y_mx_j$. 因

而, $y_1y_2\cdots y_m\big(\pi(\gamma^{i_c})\cdot X\big)$ 必定出现在 f_c 的代数正规型中. 可得, 对任意 $c\in\mathbb{F}_2^{m*}$, $\deg(f_c)=m+1$. 进而有 $\deg(F)=m+1$. 由于 $\max\limits_{\Omega\in\mathbb{F}_2^n}|W_{f_c}(\Omega)|=2^{u+1}=2^{n-m+1}$, 可得 $N_F=2^{n-1}-2^{n-m}$. □

例 4.34 设 $n=5$, $m=2$, $u=3$. 再设 γ 是 $\mathbb{F}_2$ 上本原多项式 x^2+x+1 的根, 则 $\{1,\gamma\}$ 是一组本原基底, 并有 $\gamma^2=\gamma+1$. 设 $\theta_1=(011)$, $\theta_2=(110)$, 则 $\{\theta_1,\theta_2\}$ 是 $[3,2,2]$ 等距码 $\mathcal{C}=\{000,011,110,101\}$ 的一组基底. 由 (4.29) 式, $\pi(1)=(011)$, $\pi(\gamma)=(110)$, $\pi(\gamma^2)=(101)$. 由 (4.30) 式, 构造 f_1 和 f_2 如下:

$$
\begin{aligned}
f_1(Y,X)&=\pi\big(\gamma^{[Y]}\big)\cdot X+y_1\\
&=(y_1+1)(y_2+1)(x_2+x_3)+(y_1+1)y_2(x_1+x_2)\\
&\quad+y_1(y_2+1)(x_1+x_3)+y_1y_2(x_2+x_3)+y_1,
\end{aligned}
$$

$$
\begin{aligned}
f_2(Y,X)&=\pi\big(\gamma^{[Y]+1}\big)\cdot X+y_2\\
&=(y_1+1)(y_2+1)(x_1+x_2)+(y_1+1)y_2(x_1+x_3)\\
&\quad+y_1(y_2+1)(x_2+x_3)+y_1y_2(x_1+x_2)+y_2.
\end{aligned}
$$

由 $f_{10}=f_1$, $f_{01}=f_2$, $f_{11}=f_1+f_2$, 可得

$$
\begin{aligned}
f_{11}(Y,X)&=\pi\big(\gamma^{[Y]+2}\big)\cdot X+y_1+y_2\\
&=(y_1+1)(y_2+1)(x_1+x_3)+(y_1+1)y_2(x_2+x_3)\\
&\quad+y_1(y_2+1)(x_1+x_2)+y_1y_2(x_2+x_3)+y_1+y_2.
\end{aligned}
$$

对 $c\in\mathbb{F}_2^{2*}$, f_c 的真值表为

f_{10}: 01100110001111001010010110011001,
f_{01}: 00111100101001010110011011000011,
f_{11}: 01011010100110011100001101011010.

对 $c\in\mathbb{F}_2^{2*}$, f_c 的频谱 $\mathcal{W}_{f_c}$ 为

$$
\begin{aligned}
\mathcal{W}_{f_{10}}:\ &0,0,0,0,0,-8,8,0,0,0,0,16,0,-8,-8,0,0,0,0,\\
&16,0,8,8,0,0,0,0,0,0,8,-8,0;\\
\mathcal{W}_{f_{01}}:\ &0,0,0,8,0,-8,0,0,0,0,0,8,0,8,16,0,0,0,0,-8,\\
&0,-8,16,0,0,0,0,-8,0,8,0,0;\\
\mathcal{W}_{f_{11}}:\ &0,0,0,-8,0,16,-8,0,0,0,0,8,0,0,-8,0,0,0,0,\\
&-8,0,0,8,0,0,0,0,8,0,16,8,0.
\end{aligned}
$$

下面可以验证 $(5,2)$ 函数 $F=(f_1,f_2)$ 是三次 $(5,2,2)$ 校正器. 由引理 4.25, 可以验证, 对任意 $c\in\mathbb{F}_2^{2*}$, f_c 都是 $(5,1,2)$ 校正器和 $(5,1,1)$ 弹性函数, 但不是 $(5,1,2)$ 弹性函数. 进而可知, F 是 $(5,2,2)$ 校正器和 $(5,2,1)$ 弹性函数, 但不是 $(5,2,2)$ 弹性函数. 由 f_c 的代数正规型表示, 可知 $\deg(f_c)=3$, $c\in\mathbb{F}_2^{2*}$. 因而, $\deg(F)=3$. 还可以计算 F 的非线性度, 得 $N_F=2^{5-1}-\dfrac{1}{2}\cdot 16=8$.

由以上讨论可知, 只要存在 $[u,m,t]$ 等距码, 就可以设计出 $m+1$ 次非线性 $(u+m,m,t)$ 校正器. 如何得到等距码呢?

构造 4.35 设 $c,X\in\mathbb{F}_2^m$, $h_c(X)=c\cdot X$. 删去 $h_c(X)$ 真值表的第 1 位, 得长度为 2^m-1 的二元向量

$$\overline{h_c^*}=\big(h_c(0,\cdots,0,1),h_c(0,\cdots,1,0),\cdots,h_c(1,\cdots,1,1)\big). \tag{4.33}$$

对任意 $c\in\mathbb{F}_2^{m*}$, h_c 是平衡的, 于是有 $\mathrm{wt}(\overline{h_c^*})=2^{m-1}$. 可得 $\{\overline{h_c^*}\mid c\in\mathbb{F}_2^m\}$ 是 $[2^m-1,m,2^{m-1}]$ 等距码.

由构造 4.35, 对 $m=2,3,4,5,6$, 可分别得到参数为 $[3,2,2]$, $[7,3,4]$, $[15,4,8]$, $[31,5,16]$, $[63,6,32]$ 的等距码.

结合构造 4.32、构造 4.35、定理 4.33, 可得如下推论.

推论 4.36 设正整数 $m\geqslant 2$. 存在 $(2^m+m-1,m,2^{m-1})$ 校正器, 其代数次数为 $m+1$, 非线性度为 $2^{2^m+m-2}-2^{2^m-1}$.

由推论 4.36, 对 $m=2, 3, 4, 5, 6$, 可分别得到参数为 $(5,2,2)$, $(10,3,4)$, $(19,4,8)$, $(36,5,16)$, $(69,6,32)$ 的校正器, 其代数次数分别为 3, 4, 5, 6, 7.

注 4.37 (1) 设 $c\in\mathbb{F}_2^m$, $H:\mathbb{F}_2^{m*}\to\mathbb{F}_2^{m*}$ 为任一置换函数, $h_c=c\cdot H$. 则 $\{\overline{h_c^*}\mid c\in\mathbb{F}_2^m\}$ 是 $[2^m-1,m,2^{m-1}]$ 等距码, 其中 $\overline{h_c^*}$ 的定义与 (4.33) 式相同. 这一等距码可由构造 4.35 中所得等距码按列作某个置换而得, 这些等距码都是等价的, 它们都是单纯形码, 是 $[2^m-1,2^m-1-m,3]$ 汉明码的对偶码.

(2) 若一个线性码的生成矩阵中有全零列向量, 则称这个线性码为可退化的, 否则称之为不可退化的. 例如, 把 $[7,3,4]$ 等距码的每个码字之前都补上一个 s 维零向量 $\mathbf{0}_s$, 可以得到 $[s+7,3,4]$ 等距码, 其中 $s\in\mathbb{Z}^+$. 下面的讨论中不考虑这种等距码, 它们不能发挥等距码在设计非线性校正器时的参数优势.

如果不考虑可退化的等距码, 除了单纯形码, 还有哪些不同类型的等距码呢? 这一问题已被 Bonisoli 完全解决[93]. Bonisoli 证明了在注 4.37(1) 中所述的等价意义上, 任意不可退化的等距码的所有码字必定是由某个单纯形码的所有码字各自重复排列 k 次得到的. 这一结论严谨地描述如下.

引理 4.38[93] 设 C 是 $[2^m-1,m,2^{m-1}]$ 单纯形码, 其生成矩阵为 G. 若 C 是一个非退化 $[u,m,t]$ 等距码, $m\geqslant 2$, 则必定存在 $k\in\mathbb{Z}^+$ 使得 $u=k(2^m-1)$,

$t=k2^{m-1}$, 并且 $\mathcal{C}$ 与生成矩阵为 $\mathcal{G}$ 的线性码等价, 这里

$$\mathcal{G}=(\underbrace{G\mid G\mid\cdots\mid G}_{k\text{ 个}}).$$

由引理 4.38, 可以基于一个已知的 $[2^m-1,m,2^{m-1}]$ 单纯形码得到参数为 $[k(2^m-1),m,k2^{m-1}]$ 的等距码, 其中 $k\in\mathbb{Z}^+$. 例如, 基于一个 $[7,3,4]$ 单纯形码, 可以得到参数为 $[14,3,8]$, $[21,3,12]$, $[28,3,16]$, $[35,3,20]$ 的等距码. 把这种等距码用于构造 4.32, 由定理 4.33, 可得如下推论.

推论 4.39 对任意正整数 $k\geqslant 1$ 和 $m\geqslant 2$, 存在 $(k(2^m-1)+m,m,k2^{m-1})$ 校正器, 其代数次数为 $m+1$, 非线性度为 $(2^{m-1}-1)2^{k(2^m-1)}$.

由引理 4.38 可得到更多的等距码, 进而由构造 4.32 得到更多的非线性校正器. 在表 4.11 中列出一些按推论 4.39 (构造 4.32) 所得非线性校正器的参数.

表 4.11 非线性校正器 (构造 4.32、构造 4.41) 和最优线性校正器的参数比较

(n,m)	非线性校正器 F				最优线性校正器 L		
	t	$\deg(F)$	N_F (构造 4.32)	N_F (构造 4.41)	t_0	$\deg(L)$	N_L
$(5,2)$	2	3	2^3	2^3 *	2	1	0
$(8,2)$	4	3	2^6	$3\cdot 2^5$	4	1	0
$(11,2)$	6	3	2^9	$3\cdot 2^8$	6	1	0
$(14,2)$	8	3	2^{12}	$3\cdot 2^{11}$	8	1	0
$(17,2)$	10	3	2^{15}	$3\cdot 2^{14}$	10	1	0
$(20,2)$	12	3	2^{18}	$3\cdot 2^{17}$	12	1	0
$(23,2)$	14	3	2^{21}	$3\cdot 2^{20}$	14	1	0
$(10,3)$	4	4	$3\cdot 2^7$	$7\cdot 2^6$	4	1	0
$(17,3)$	8	4	$3\cdot 2^{14}$	$7\cdot 2^{13}$	8	1	0
$(24,3)$	12	4	$3\cdot 2^{21}$	$7\cdot 2^{20}$	12	1	0
$(31,3)$	16	4	$3\cdot 2^{28}$	$7\cdot 2^{27}$	16	1	0
$(38,3)$	20	4	$3\cdot 2^{35}$	$7\cdot 2^{34}$	20	1	0
$(19,4)$	8	5	$7\cdot 2^{15}$	$15\cdot 2^{14}$	8	1	0
$(34,4)$	16	5	$7\cdot 2^{30}$	$15\cdot 2^{29}$	16	1	0
$(49,4)$	24	5	$7\cdot 2^{45}$	$15\cdot 2^{44}$	24	1	0
$(64,4)$	32	5	$7\cdot 2^{60}$	$15\cdot 2^{59}$	32	1	0
$(36,5)$	16	6	$15\cdot 2^{31}$	$31\cdot 2^{30}$	16	1	0
$(67,5)$	32	6	$15\cdot 2^{62}$	$31\cdot 2^{61}$	32	1	0
$(98,5)$	48	6	$15\cdot 2^{93}$	$31\cdot 2^{92}$	48	1	0

由构造 4.32 所得 (n,m) 函数 $F=(f_1,f_2,\cdots,f_m)$ 是 MM 型多输出函数. 把 f_i $(1\leqslant i\leqslant m)$ 写成定义 2.21 中的形式 $f_i(Y,X)=\phi_i(Y)\cdot X+y_i$. 对任意 $c\in\mathbb{F}_2^{m*}$, 有 $f_c=\phi_c(Y)\cdot X+c\cdot Y$, 其中 $\phi_c=\sum_{i=1}^m c_i\phi_i$. 由于 $[u,m,t]$ 等距码 $\mathcal{C}$ 中只有 2^m-1 个非零向量, 故映射 $\phi_c:\mathbb{F}_2^m\to\mathcal{C}^*$ 不可能作成单射, 并且总有 $\phi_c(\mathbf{0}_m)=\phi_c(\mathbf{1}_m)$.

对任意 $c \in \mathbb{F}_2^{m*}$, 是否可以使 ϕ_c 都是从 $\mathbb{F}_2^m$ 到 $\mathbb{F}_2^u$ 的单射且 $\{\phi_c(\beta) \mid \beta \in \mathbb{F}_2^m\}$ 中的向量重量都是 t? 这一问题可以通过在构造中同时使用另一个与 $\mathcal{C}$ 不相交的 $[u,m,t]$ 等距码 $\mathcal{C}'$ 来解决. 下面先看一个例子.

例 4.40 下面是一个 $[7,3,4]$ 等距码 (单纯形码)

$$\mathcal{C}: \quad \begin{matrix} 0&0&0&0&0&0&0\\ 1&1&1&0&1&0&0\\ 0&1&1&1&0&1&0\\ 0&0&1&1&1&0&1\\ 1&0&0&1&1&1&0\\ 0&1&0&0&1&1&1\\ 1&0&1&0&0&1&1\\ 1&1&0&1&0&0&1 \end{matrix}.$$

注意到 $\mathcal{C}$ 所排成的阵列中, 没有任何两列是相同的, 共有 $7! = 5040$ 个两两不同的列置换, 因而可以找到 5039 个与 $\mathcal{C}$ 不相同的等距码. 借助计算机可以验证, 这些等距码中有 1344 个与 $\mathcal{C}$ 是不相交的. 任选一个与 $\mathcal{C}$ 不相交的 $[7,3,4]$ 等距码

$$\mathcal{C}': \quad \begin{matrix} 0&0&0&0&0&0&0\\ 0&0&1&0&1&1&1\\ 0&1&0&1&1&1&0\\ 1&0&1&1&1&0&0\\ 0&1&1&1&0&0&1\\ 1&1&1&0&0&1&0\\ 1&1&0&0&1&0&1\\ 1&0&0&1&0&1&1 \end{matrix},$$

其列向量是 $\mathcal{C}$ 的各个列向量的逆序排列.

在构造 4.32 中, 总有 $\pi(\gamma^{[\mathbf{0}_m]+i-1}) = \pi(\gamma^{[\mathbf{1}_m]+i-1})$, 这使得在 $\alpha = \pi(\gamma^{i_c})$ 且 $\mathrm{wt}(c)$ 为偶数时, 总有 $W_{f_c}(\mathbf{0}_m, \alpha) = 2^{n-m+1}$, 见 (4.32) 式. 在构造中使用一对不相交 $[u,m,t]$ 等距码, 就可避免这种情形的发生, 而使得对任意 $\beta \in \mathbb{F}_2^m$, $\alpha \in \mathbb{F}_2^{n-m}$, $c \in \mathbb{F}_2^{m*}$, 总有 $W_{f_c}(\beta,\alpha) \in \{0, \pm 2^{n-m}\}$. 这就提高了 F 的非线性度.

构造 4.41 设 $n = m+u$, $m < u$. 令 $\{1, \gamma, \cdots, \gamma^{m-1}\}$ 是 $\mathbb{F}_{2^m}$ 的一组多项式基, 其中 γ 是 $\mathbb{F}_2$ 上的 m 次本原多项式. 设 $\mathcal{C}$ 和 $\mathcal{C}'$ 是一对不相交 $[u,m,t]$ 等距码, $\{\theta_1, \cdots, \theta_m\}$ 和 $\{\theta'_1, \cdots, \theta'_m\}$ 分别是 $\mathcal{C}$ 和 $\mathcal{C}'$ 的一组基. 分别定义两个双射 $\pi: \mathbb{F}_{2^m} \to \mathcal{C}$ 和 $\pi': \mathbb{F}_{2^m} \to \mathcal{C}'$ 如下:

$$\pi\left(e_1 + e_2\gamma + \cdots + e_m\gamma^{m-1}\right) = e_1\theta_1 + e_2\theta_2 + \cdots + e_m\theta_m, \tag{4.34}$$

$$\pi'(e_1+e_2\gamma+\cdots+e_m\gamma^{m-1})=e_1\theta'_1+e_2\theta'_2+\cdots+e_m\theta'_m, \tag{4.35}$$

其中 $e_i\in\mathbb{F}_2$, $1\leqslant i\leqslant m$. 设 $Y=(y_1,y_2,\cdots,y_m)\in\mathbb{F}_2^m$, $X=(x_1,x_2,\cdots,x_u)\in\mathbb{F}_2^u$. 构造 (n,m) 函数 $F(Y,X)=\big(f_1(Y,X),\ f_2(Y,X),\ \cdots,\ f_m(Y,X)\big)$, 其中

$$f_i(Y,X)=\begin{cases}\pi'\left(\gamma^{i-1}\right)\cdot X+y_i, & Y=\mathbf{0}_m,\\ \pi\left(\gamma^{[Y]+i-1}\right)\cdot X+y_i, & Y\neq\mathbf{0}_m,\end{cases}\quad i=1,2,\cdots,m. \tag{4.36}$$

定理4.42 由构造 4.41 所得函数 F 是 (n,m,t) 校正器, 并有 $\deg(F)=m+1$, $N_F=2^{n-1}-2^{n-m-1}$.

该定理的证明类似定理 4.33 的证明, 留给读者.

例 4.43 设 $n=10$, $m=3$, $u=7$. 再设 γ 是 $\mathbb{F}_2$ 上本原多项式 x^3+x+1 的根, 则有 $\gamma^3=\gamma+1$. 由例 4.40, 选择一对不相交 $[7,3,4]$ 等距码

$$\mathcal{C}=\{0000000,1110100,0111010,0011101,1001110,0100111,1010011,1101001\},$$

$$\mathcal{C}'=\{0000000,0010111,0101110,1011100,0111001,1110010,1100101,1001011\}.$$

设 $\theta_1=(1110100)$, $\theta_2=(0111010)$, $\theta_3=(0011101)$ 是 $\mathcal{C}$ 的一组基, $\theta'_1=(0010111)$, $\theta'_2=(0101110)$, $\theta'_3=(1011100)$ 是 $\mathcal{C}'$ 的一组基. 由 (4.34) 式和 (4.35) 式, $\pi(1)=(1110100)$, $\pi(\gamma)=(0111010)$, $\pi(\gamma^2)=(0011101)$, $\pi(\gamma^3)=(1001110)$, $\pi(\gamma^4)=(0100111)$, $\pi(\gamma^5)=(1010011)$, $\pi(\gamma^6)=(1101001)$; $\pi'(1)=(0010111)$, $\pi'(\gamma)=(0101110)$, $\pi'(\gamma^2)=(1011100)$. 由 (4.36) 式, 可得

$$\begin{aligned}
f_1(Y,X)&=\overline{y_1}\,\overline{y_2}\,\overline{y_3}\,(x_3+x_5+x_6+x_7)+\overline{y_1}\,\overline{y_2}\,y_3\,(x_1+x_2+x_3+x_5)\\
&\quad+\overline{y_1}\,y_2\,\overline{y_3}\,(x_2+x_3+x_4+x_6)+\overline{y_1}\,y_2\,y_3\,(x_3+x_4+x_5+x_7)\\
&\quad+y_1\,\overline{y_2}\,\overline{y_3}\,(x_1+x_4+x_5+x_6)+y_1\,\overline{y_2}\,y_3\,(x_2+x_5+x_6+x_7)\\
&\quad+y_1\,y_2\,\overline{y_3}\,(x_1+x_3+x_6+x_7)+y_1\,y_2\,y_3\,(x_1+x_2+x_4+x_7)+y_1,\\
f_2(Y,X)&=\overline{y_1}\,\overline{y_2}\,\overline{y_3}\,(x_2+x_4+x_5+x_6)+\overline{y_1}\,\overline{y_2}\,y_3\,(x_2+x_3+x_4+x_6)\\
&\quad+\overline{y_1}\,y_2\,\overline{y_3}\,(x_3+x_4+x_5+x_7)+\overline{y_1}\,y_2\,y_3\,(x_1+x_4+x_5+x_6)\\
&\quad+y_1\,\overline{y_2}\,\overline{y_3}\,(x_2+x_5+x_6+x_7)+y_1\,\overline{y_2}\,y_3\,(x_1+x_3+x_6+x_7)\\
&\quad+y_1\,y_2\,\overline{y_3}\,(x_1+x_2+x_4+x_7)+y_1\,y_2\,y_3\,(x_1+x_2+x_3+x_5)+y_2,\\
f_3(Y,X)&=\overline{y_1}\,\overline{y_2}\,\overline{y_3}\,(x_1+x_3+x_4+x_5)+\overline{y_1}\,\overline{y_2}\,y_3\,(x_3+x_4+x_5+x_7)\\
&\quad+\overline{y_1}\,y_2\,\overline{y_3}\,(x_1+x_4+x_5+x_6)+\overline{y_1}\,y_2\,y_3\,(x_2+x_5+x_6+x_7)\\
&\quad+y_1\,\overline{y_2}\,\overline{y_3}\,(x_1+x_3+x_6+x_7)+y_1\,\overline{y_2}\,y_3\,(x_1+x_2+x_4+x_7)\\
&\quad+y_1\,y_2\,\overline{y_3}\,(x_1+x_2+x_3+x_5)+y_1\,y_2\,y_3\,(x_2+x_3+x_4+x_6)+y_3,
\end{aligned}$$

可得 f_1, f_2, f_3 的十六进制真值表如下:

f_1: 3C3C C3C3 3C3C C3C3 3C3C C3C3 3C3C C3C3 0F0F F0F0 F0F0 0F0F F0F0 0F0F 0F0F F0F0
33CC CC33 CC33 33CC 33CC CC33 CC33 33CC 5AA5 A55A 5AA5 A55A 5AA5 A55A 5AA5 A55A
3CC3 3CC3 3CC3 3CC3 C33C C33C C33C C33C 6969 6969 9696 9696 6969 6969 9696 9696
6666 9999 6666 9999 9999 6666 9999 6666 55AA 55AA AA55 AA55 AA55 AA55 55AA 55AA,

f_2: 3CC3 3CC3 C33C C33C 3CC3 3CC3 C33C C33C 33CC CC33 CC33 33CC 33CC CC33 CC33 33CC
5AA5 A55A 5AA5 A55A 5AA5 A55A 5AA5 A55A 3CC3 3CC3 3CC3 3CC3 C33C C33C C33C C33C
6969 6969 9696 9696 6969 6969 9696 9696 6666 9999 6666 9999 9999 6666 9999 6666
55AA 55AA AA55 AA55 AA55 AA55 55AA 55AA 0F0F F0F0 F0F0 0F0F F0F0 0F0F 0F0F F0F0,

f_3: 0FF0 F00F 0FF0 F00F F00F 0FF0 F00F 0FF0 5AA5 A55A 5AA5 A55A 5AA5 A55A 5AA5 A55A
3CC3 3CC3 3CC3 3CC3 C33C C33C C33C C33C 6969 6969 9696 9696 6969 6969 9696 9696
6666 9999 6666 9999 9999 6666 9999 6666 55AA 55AA AA55 AA55 AA55 AA55 55AA 55AA
0F0F F0F0 F0F0 0F0F F0F0 0F0F 0F0F F0F0 33CC CC33 CC33 33CC 33CC CC33 CC33 33CC.

由 f_1, f_2, f_3 的真值表, 进一步可得到 $f_c = c\cdot(f_1, f_2, f_3)$ 的真值表, $c \in \mathbb{F}_2^{3*}$. 当 ω 遍历 $\mathbb{F}_2^{10}$ 时, 可得 f_c 的频谱分布为

$$W_{f_c}(\omega) = \begin{cases} 0, & 960 \text{ 次}, \\ 128, & 36 \text{ 次}, \qquad c \in \mathbb{F}_2^{3*}. \\ -128, & 28 \text{ 次}, \end{cases}$$

由此可知 F 的非线性度为 $N_F = 2^{10-1} - \dfrac{1}{2}\cdot 128 = 448$. 可验证, 对任意 $c \in \mathbb{F}_2^{3*}$, f_c 是 $(10,3,4)$ 校正器和 $(10,3,3)$ 弹性函数. 因而, F 是 $(10,3,4)$ 校正器和 $(10,3,3)$ 弹性函数. 还可验证, 对任意 $c \in \mathbb{F}_2^{3*}$, $\deg(f_c) = 4$, 故有 $\deg(F) = 4$.

从表 4.11 可以看出, 由构造 4.32 和构造 4.41 得到的非线性 (n, m, t) 校正器具有相同的校正阶和代数次数; 除了个别情形, 由构造 4.41 所得校正器的非线性度总是优于构造 4.32. $(5,2,2)$ 校正器的非线性度之所以不能用构造 4.41 优化, 是因为不存在一对不相交 $[3,2,2]$ 等距码.

由定理 4.27 可知, 由一个 $[n, m, d]$ 码可得到 $(n, m, d-1)$ 校正器, 但不能得到 (n, m, d) 校正器. 显然, 线性码的最小距离 d 越大, 相应的线性校正器的校正阶 $d-1$ 就越大. Helgert 和 Stinaff 在文献 [397] 中总结了大量 $[n, m]$ 码的 $d_{\max}(n, m)$ 值的上下界. 表 4.12 中列出部分 $d_{\max}(n, m)$ 值. 基于这些 $d_{\max}(n, m)$ 值, 我们在表 4.11 中列出一些最优线性校正器的校正阶 t_0. 表 4.11 中的数据显示, 本节得到的非线性 (n, m, t) 校正器和最优线性 (n, m, t_0) 校正器具有相同的校正阶, 并同时具有较高的代数次数和非线性度.

表 4.12 部分 $d_{\max}(n,m)$ 值

$d_{\max}(5,2)=3$	$d_{\max}(8,2)=5$	$d_{\max}(11,2)=7$	$d_{\max}(14,2)=9$
$d_{\max}(17,2)=11$	$d_{\max}(20,2)=13$	$d_{\max}(10,3)=5$	$d_{\max}(17,3)=9$
$d_{\max}(24,3)=13$	$d_{\max}(31,3)=17$	$d_{\max}(38,3)=21$	$d_{\max}(45,3)=25$
$d_{\max}(19,4)=9$	$d_{\max}(34,4)=17$	$d_{\max}(49,4)=25$	$d_{\max}(64,4)=33$
$d_{\max}(79,4)=41$	$d_{\max}(36,5)=17$	$d_{\max}(67,5)=33$	$d_{\max}(98,5)=49$

本节所设计的非线性 (n,m,t) 校正器, 与已知非线性 (n,m) 弹性函数相比, 也具有目前已知最高的校正阶, 见文献 [220,235,390,452,682,934,949]. 这些已知的弹性函数大多迎合了密码学需求而具有较高的非线性度和相对较低的弹性阶, 因而校正阶都比较低. 在表 4.13 中, 把本节构造 4.41 所得非线性校正器与文献 [235,949] 所得非线性弹性函数进行了参数比较. 在 3.7.1 节的评注中, 我们已经介绍过文献 [235,949] 中的工作. 由于文献 [235] 所给的弹性函数的非线性度下界在表 4.13 所列参数 (n,m) 下都是负数, 因此在表格中省去这一参数.

表 4.13 (n,m) 校正器的校正阶、代数次数和非线性度

(n,m)	构造 4.41	文献 [235]	文献 [235]	文献 [949]
$(5,2)$	$(3,\ 3,\ 2^3)$	$(0,\ 2,\ -)$	—	—
$(8,2)$	$(4,\ 3,\ 3\cdot 2^5)$	$(2,\ 2,\ -)$	$(1,\ 3,\ -)$	—
$(11,2)$	$(6,\ 3,\ 3\cdot 2^8)$	$(4,\ 2,\ -)$	$(3,\ 3,\ -)$	—
$(14,2)$	$(8,\ 3,\ 3\cdot 2^{11})$	$(6,\ 2,\ -)$	$(5,\ 3,\ -)$	—
$(17,2)$	$(10,3,\ 3\cdot 2^{14})$	$(8,\ 2,\ -)$	$(7,\ 3,\ -)$	—
$(20,2)$	$(12,3,\ 3\cdot 2^{17})$	$(10,2,\ -)$	$(9,\ 3,\ -)$	—
$(23,2)$	$(14,3,\ 3\cdot 2^{20})$	$(12,2,\ -)$	$(11,3,\ -)$	—
$(10,3)$	$(4,\ 4,\ 7\cdot 2^6)$	$(3,\ 2,\ -)$	$(1,\ 4,\ -)$	$(4,\ 2,\ 2^8)$
$(17,3)$	$(8,\ 4,\ 7\cdot 2^{13})$	$(7,\ 2,\ -)$	$(5,\ 4,\ -)$	$(8,\ 2,\ 2^{15})$
$(24,3)$	$(12,4,\ 7\cdot 2^{20})$	$(11,2,\ -)$	$(9,\ 4,\ -)$	$(12,2,\ 2^{20})$
$(31,3)$	$(16,4,\ 7\cdot 2^{27})$	$(15,2,\ -)$	$(13,4,\ -)$	$(16,2,\ 2^{29})$
$(38,3)$	$(20,4,\ 7\cdot 2^{34})$	$(19,2,\ -)$	$(18,4,\ -)$	$(20,2,\ 2^{36})$
$(19,4)$	$(8,\ 5,\ 15\cdot 2^{14})$	$(7,\ 2,\ -)$	$(5,\ 5,\ -)$	$(8,\ 3,\ 2^{17})$
$(34,4)$	$(16,5,\ 15\cdot 2^{29})$	$(15,2,\ -)$	$(13,5,\ -)$	$(16,3,\ 2^{32})$
$(49,4)$	$(24,5,\ 15\cdot 2^{44})$	$(23,2,\ -)$	$(21,5,\ -)$	$(24,3,\ 2^{47})$
$(64,4)$	$(32,5,\ 15\cdot 2^{59})$	$(31,2,\ -)$	$(29,5,\ -)$	$(32,3,\ 2^{62})$
$(36,5)$	$(16,6,\ 31\cdot 2^{30})$	$(15,2,\ -)$	$(13,6,\ -)$	$(16,4,\ 3\cdot 2^{33})$
$(67,5)$	$(32,6,\ 31\cdot 2^{61})$	$(31,2,\ -)$	$(29,6,\ -)$	$(32,4,\ 3\cdot 2^{64})$
$(98,5)$	$(48,6,\ 31\cdot 2^{92})$	$(47,2,\ -)$	$(45,6,\ -)$	$(48,4,\ 3\cdot 2^{95})$

在本节的最后, 我们提出如下问题:

公开问题 4.1 本节所得非线性 (n,m,t) 校正器的校正阶 t 是否达到最优?

公开问题 4.2 非线性 (n,m,t) 校正器的非线性度最大可达到多少?

公开问题 4.3 对确定的 (n,m), 设计新型非线性 (n,m,t) 校正器使校正阶、代数次数和非线性度三者之间实现更好的优化折中.

4.5 评 注

4.5.1 非二元正交序列集的设计问题

本小节出现的符号"+"和 $\sum$ 视上下文表示有限域或复数域上的加法, 不再区别定义. 用 $\mathcal{B}_{(n,p)}$ 表示所有从 $\mathbb{F}_p^n$ 到 $\mathbb{F}_p$ 的 n 元函数的集合, 其中 p 为奇素数. 任一函数 $f \in \mathcal{B}_{(n,p)}$ 可表示为

$$f(X) = \sum_{b \in \mathbb{F}_p^n} \lambda_b \left(\prod_{i=1}^{n} x_i^{b_i} \right),$$

其中 $X = (x_1, \cdots, x_n) \in \mathbb{F}_p^n$, $\lambda_b \in \mathbb{F}_p$, $b = (b_1, \cdots, b_n) \in \mathbb{F}_p^n$. 对 $a = (a_1, \cdots, a_n) \in \mathbb{F}_p^n$, $b = (b_1, \cdots, b_n) \in \mathbb{F}_p^n$, 定义 a 和 b 的内积为

$$a \cdot b = \sum_{i=1}^{n} a_i b_i.$$

设 $\mathcal{L}_n = \{\omega \cdot x \mid \omega \in \mathbb{F}_p^n\}$. $f \in \mathcal{B}_{(n,p)}$ 在点 $\omega \in \mathbb{F}_p^n$ 的广义 Walsh 变换定义为

$$W_f(\omega) = \sum_{X \in \mathbb{F}_p^n} \xi^{f(X) - \omega \cdot X}, \tag{4.37}$$

其中"−"表示 $\mathbb{F}_p$ 上的加法逆运算, $\xi = e^{\frac{2\pi\sqrt{-1}}{p}}$ 是 p 次单位根. $f \in \mathcal{B}_{(n,p)}$ 对应的长度为 $N = q^n$ 的 p 相位 (复数) 序列定义为

$$\underline{f} = \left(\xi^{f(0,\cdots,0,0)}, \xi^{f(0,\cdots,0,1)}, \cdots, \xi^{f(p-1,\cdots,p-1,p-1)} \right).$$

设 $l(X) = \omega \cdot X \in \mathcal{L}_n$, 则有 $W_f(\omega) = \underline{f} \cdot \underline{l}^* = \underline{f - l}$, 其中序列 $\underline{l}^*$ 是对序列 $\underline{l}$ 逐位取共轭复数得到的向量.

定义 4.44 设 $f_1, f_2 \in \mathcal{B}_{(n,p)}$. 若

$$\underline{f_1} \cdot \underline{f_2}^* = \sum_{X \in \mathbb{F}_p^n} \xi^{f_1(X) - f_2(X)} = 0, \tag{4.38}$$

则称 $\underline{f_1}$ 和 $\underline{f_2}$ 是正交的, 表示为 $\underline{f_1}\perp\underline{f_2}$. 设 $S=\{\underline{f_i}\mid f_i\in\mathcal{B}_{(n,p)},i=1,2,\cdots,\kappa\}$. 若 S 中的序列是两两正交的, 则称 S 为基数是 κ 的正交序列集. 设 S_1 和 S_2 是两个正交序列集. 若对任意 $\underline{f_1}\in S_1$, $\underline{f_2}\in S_2$, 总有 $\underline{f_1}\cdot\underline{f_2}^*=0$, 则称 S_1 和 S_2 是相互正交的, 记作 $S_1\perp S_2$.

由 (4.37) 式和 (4.38) 式, 易得下面结论.

引理 4.45　设 $f_1,f_2\in\mathcal{B}_{(n,p)}$, $\underline{f_1}\perp\underline{f_2}$ 当且仅当 $W_{f_1-f_2}(\mathbf{0}_n)=0$.

显然, 对 $\mathcal{L}_n$ 中任意两个不同的线性函数 l 和 l', 总有 $W_{l-l'}(\mathbf{0}_n)=0$, 即 $\underline{l}\perp\underline{l'}$.

定义 4.46　设 $f\in\mathcal{B}_{(n,p)}$. 若对任意 $\alpha\in\mathbb{F}_p^n$ 都有 $|W_f(\alpha)|=p^{n/2}$, 则称 f 为 Bent 函数. 若对任意 $\alpha\in\mathbb{F}_p^n$ 都有 $|W_f(\alpha)|\in\{0,p^{\lfloor(n+2)/2\rfloor}\}$, 则称 f 为半 Bent 函数, 同时称 $\underline{f}$ 为半 Bent 序列.

定义 4.47　设 $F:\mathbb{F}_p^n\to\mathbb{F}_p^t$, 并有 $F=(f_1,\cdots,f_t)$, 其中 $f_1,\cdots,f_t\in\mathcal{B}_{(n,p)}$. 设 $f_c=c\cdot F$. 若对任意 $c\in{\mathbb{F}_p^t}^*$, $\alpha\in\mathbb{F}_p^n$, 都有 $|W_{f_c}(\alpha)|=p^{n/2}$, 则称 F 为 $\mathbb{F}_p$ 上的多输出 Bent 函数. 若对任意 $c\in{\mathbb{F}_p^t}^*$, $\alpha\in\mathbb{F}_p^n$, 都有 $|W_{f_c}(\alpha)|\in\{0,p^{\lfloor(n+2)/2\rfloor}\}$, 则称 F 为 $\mathbb{F}_p$ 上的多输出半 Bent 函数.

在正六边形蜂窝网络中每三个两两相邻的一组蜂窝, 一共最多能容纳 p^n 个 p^n 长的两两正交的序列. 如何使任意三个两两相邻的蜂窝中容纳序列的数量总数为 p^n, 并保证蜂窝复用距离足够大呢? 下面通过构造 $\mathbb{F}_p^n$ 上特殊的多输出半 Bent 函数实现这一目标, 设计出 $p^{(n+1)/2}$ 个基数为 p^{n-1} 的正交序列集, 并按其正交关系分配到蜂窝网络中去. 显然, 所有序列集中序列总数为 $p^{(n+1)/2}p^{n-1}=p^{(3n-1)/2}$, 这一数值在 n 相对较大时远大于 p^n.

构造 4.48　设 $n\geqslant 3$ 为奇数, $G:\mathbb{F}_p^{n-1}\to\mathbb{F}_p^u$ 是多输出 Bent 函数, 并表示为

$$G(X)=(g_1(X),g_2(X),\cdots,g_u(X)),$$

其中 $X\in\mathbb{F}_p^{n-1}, u=(n-1)/2$. 对 $i=1,2,\cdots,u$ 和 $Y\in\mathbb{F}_p$, 定义

$$f_i(Y,X)=iY+g_i(X),$$

其中 i 被等同地看作是 $\mathbb{F}_p$ 中的元素 $i'\equiv i \bmod p$. 设 $F:\mathbb{F}_p^n\to\mathbb{F}_p^u$ 定义为

$$F(Y,X)=\big(f_1(Y,X),\cdots,f_u(Y,X)\big).$$

对任意 $c=(c_1,\cdots,c_u)\in\mathbb{F}_p^u$, 设 $f_c(Y,X)=c\cdot F(Y,X)=c_1f_1+c_2f_2+\cdots+c_uf_u$. 对 $\beta\in\mathbb{F}_p$, $L_\beta=\{\beta\cdot Y+\alpha\cdot X\mid\alpha\in\mathbb{F}_p^{n-1}\}$. 构造 p^{u+1} 个序列集

$$H_\beta^{f_c}=\{\underline{f_c-l}\mid l\in L_\beta\},\quad c\in\mathbb{F}_p^u,\ \beta\in\mathbb{F}_p,\tag{4.39}$$

其中 $|H_\beta^{f_c}|=p^{n-1}$. 设 $i_c=\sum_{i=1}^{u}ic_i \bmod p$. 可得如下结论:

(1) 对任意固定的 $\beta \in \mathbb{F}_p$ 和 $c \in \mathbb{F}_p^u$, $H_\beta^{f_c}$ 是正交序列集;

(2) 两个不同的正交序列集 $H_\beta^{f_c}$ 和 $H_{\beta'}^{f_{c'}}$ 是正交的, 其中 $c, c' \in \mathbb{F}_p^u$, $\beta, \beta' \in \mathbb{F}_p$, 当且仅当 $c = c'$ 或 $\beta' - \beta \neq i_c - i_{c'}$;

(3) 设 $s \in H_\beta^{f_c}$, $s' \in H_{\beta'}^{f_{c'}}$, $0 \neq \beta' - \beta = i_c - i_{c'}$, 则 $|s \cdot s'^*| = p^{(n+1)/2}$.

证明 (1) 设 $\underline{f_c - l}, \underline{f_c - l'} \in H_\beta^{f_c}$, 其中 $l = \beta \cdot Y + \alpha \cdot X$, $l' = \beta \cdot Y + \alpha' \cdot X$. 对任意 $\alpha \neq \alpha'$, 有

$$\begin{aligned}(\underline{f_c - l}) \cdot (\underline{f_c - l'})^* &= \sum_{(Y,X)\in\mathbb{F}_p^n} \xi^{f_c(Y,X)-\beta\cdot Y-\alpha\cdot X}\xi^{-f_c(Y,X)+\beta\cdot Y+\alpha'\cdot X} \\ &= \sum_{(Y,X)\in\mathbb{F}_p^n} \xi^{(\alpha'-\alpha)\cdot X} \\ &= 0.\end{aligned}$$

这说明 (4.39) 式中的集合 $H_\beta^{f_c}$ 是一个正交序列集.

(2) 设 $s = \underline{f_c - \beta \cdot Y - \alpha \cdot X} \in H_\beta^{f_c}$, $s' = \underline{f_{c'} - \beta' \cdot Y - \alpha' \cdot X} \in H_{\beta'}^{f_{c'}}$. 当 $c = c'$ 且 $\beta \neq \beta'$ 时, 显然有 $H_\beta^{f_c} \perp H_{\beta'}^{f_{c'}}$. 下面讨论 $c \neq c'$ 时的情形. 先推导 $s \cdot s'^*$ 的代数表达式如下:

$$\begin{aligned}s \cdot s'^* &= \sum_{(Y,X)\in\mathbb{F}_p^n} \xi^{f_c(Y,X)-\beta\cdot Y-\alpha\cdot X}\xi^{-f_{c'}(Y,X)+\beta'\cdot Y+\alpha'\cdot X} \\ &= \sum_{(Y,X)\in\mathbb{F}_p^m} \xi^{f_c(Y,X)-f_{c'}(Y,X)+(\beta'-\beta)\cdot Y+(\alpha'-\alpha)\cdot X} \\ &= \sum_{Y\in\mathbb{F}_p} \xi^{((i_c-i_{c'})-(\beta'-\beta))\cdot Y} W_{(g_c-g_{c'})}(\alpha'-\alpha).\end{aligned}$$

注意到 $W_{(g_c-g_{c'})}(\alpha'-\alpha) \neq 0$. 对不同的序列集 $H_\beta^{f_c}$, $H_{\beta'}^{f_{c'}}$, 有

$$\begin{aligned}H_\beta^{f_c} \perp H_{\beta'}^{f_{c'}} &\Leftrightarrow s \cdot s'^* = 0 \\ &\Leftrightarrow \sum_{Y\in\mathbb{F}_p} \xi^{((i_c-i_{c'})-(\beta'-\beta))\cdot Y} = 0 \\ &\Leftrightarrow \beta' - \beta \neq i_c - i_{c'}.\end{aligned}$$

(3) 当 $0 \neq \beta' - \beta = i_c - i_{c'}$ 时, 有

$$|W_{(g_c-g_{c'})}(\alpha'-\alpha)| = p^{(n-1)/2}$$

且

$$\sum_{y\in\mathbb{F}_p}\xi^{((i_c-i_{c'})-(\beta'-\beta))\cdot Y}=p.$$

这就证明了 $|s\cdot s'^*|=p^{(n+1)/2}$. □

下面讨论如何把构造 4.48 中所得到的 $q^{(n+1)/2}$ 个正交序列集进行合并分配到蜂窝网络中去. 并使之满足 4.2 节所要求的五条分配原则.

设 $N_1,N_2,N_3\in\mathbb{Z}^+$, 并满足 $N_1+N_2+N_3=p$. 设 $I=\{i_1,\cdots,i_{N_1}\}$, $J=\{j_1,\cdots,j_{N_2}\}$, $W=\{w_1,\cdots,w_{N_3}\}$ 是三个两两交集为空的非空集合, 并有

$$I\cup J\cup W=\mathbb{F}_p,$$

亦即 $\{I,J,K\}$ 是 $\mathbb{F}_p$ 的一个划分. 设 F 由构造 4.48 得到. 对确定的 $c\in\mathbb{F}_p^u$ 和相应的函数 $f_c(Y,X)=c\cdot F(Y,X)$, 设

$$T_I^c=\bigcup_{\beta\in I}H_\beta^{f_c},\quad T_J^c=\bigcup_{\beta\in J}H_\beta^{f_c},\quad T_W^c=\bigcup_{\beta\in W}H_\beta^{f_c}. \tag{4.40}$$

由构造 4.48 中的结论 (1) 和 (2), 易知 T_I^c, T_J^c, T_W^c 是两两相互正交的正交序列集. 它们分别是由 N_1, N_2, N_3 个 (4.39) 式中的正交序列集合并而成的, 其基数分别是 N_1p^{n-1}, N_2p^{n-1}, N_3p^{n-1}. 利用构造 4.48 中的结论 (2), 容易判定两个正交序列集 T_κ^c 和 $T_{\kappa'}^{c'}$ 是否相互正交, 其中 $\kappa,\kappa'\in\{I,J,K\}$, $c,c'\in\mathbb{F}_p^u$.

设 $p=5$, $n=5$. 由构造 4.48 可得到 $5^3=125$ 个基数为 $5^4=625$ 的正交序列集 (序列长度为 $5^5=3125$). 构造一个 $\mathbb{F}_5$ 上的 MM 型多输出 Bent 函数 $G:\mathbb{F}_5^4\to\mathbb{F}_5^2$, 并有 $G=(g_1,g_2)$, 其中 $g_1,g_2\in\mathcal{B}_{(4,5)}$. 对确定的 $c\in\mathbb{F}_5^2$, 按 (4.40) 式可得到 3 个正交序列集 T_I^c, T_J^c, T_W^c, 其中在 $|I|$, $|J|$, $|W|$ 中有两个取数值 2, 有一个取数值 1. 对不同的 c, 还可以把 $\mathbb{F}_q$ 进行不同的划分. 例如, 当 $c=00$ 时, $\mathbb{F}_p$ 的划分为 $\{\{0,2\},\{1,3\},\{4\}\}$; 而当 $c=20$ 时, $\mathbb{F}_p$ 的划分为 $\{\{0,3\},\{1,4\},\{2\}\}$. 这样, 就得到 50 个基数是 1250 的正交序列集, 25 个基数是 625 的正交序列集. 读者可从这 75 个正交序列集中选取部分 (或全部) 序列集在蜂窝网络中进行分配, 并使蜂窝的复用距离至少为 4 (见习题 4.11).

设 p 为任意奇素数. 对不同的 c, 也可以对 $\mathbb{F}_p$ 作相同的划分 $\{I,J,K\}$. 下面举一个例子. 设 $n=7$, 则有 $u=3$. 对任意 $c=(c_1,c_2,c_3)\in\mathbb{F}_p^3$ 和 $e\in\mathbb{F}_p$, 定义

$$S(e)=\{c\in\mathbb{F}_p^3\mid c_1+2c_2+3c_3\equiv e \bmod p\}. \tag{4.41}$$

例如, 当 $p=5$ 时, 对任意 $e\in\mathbb{F}_5$, 可以列出 $S(e)$ 中的所有元素, 总有 $|S(e)|=25$.

$$S(0)=\{000,011,022,033,044,103,114,120,131,142,201,212,223,$$

$$234, 240, 304, 310, 321, 332, 343, 402, 413, 424, 430, 441\},$$

$$S(1) = \{002, 013, 024, 030, 041, 100, 111, 122, 133, 144, 203, 214, 220,$$
$$231, 242, 301, 312, 323, 334, 340, 404, 410, 421, 432, 443\},$$

$$S(2) = \{004, 010, 021, 032, 043, 102, 113, 124, 130, 141, 200, 211, 222,$$
$$233, 244, 303, 314, 320, 331, 342, 401, 412, 423, 434, 440\},$$

$$S(3) = \{001, 012, 023, 034, 040, 104, 110, 121, 132, 143, 202, 213, 224,$$
$$230, 241, 300, 311, 322, 333, 344, 403, 414, 420, 431, 442\},$$

$$S(4) = \{003, 014, 020, 031, 042, 101, 112, 123, 134, 140, 204, 210, 221,$$
$$232, 243, 302, 313, 324, 330, 341, 400, 411, 422, 433, 444\}.$$

取 $c \in S(e)$, 并限定 $e = 0$. 在这个前提下, 可供选择的正交序列集的数量是 $25 \cdot 3 = 75$ 个. 这些序列集可表示为 T_κ^c, $c \in S(0)$, $\kappa \in \{I, J, W\}$. 从这些序列集中选 72 个分配到蜂窝网络中去, 分配方案见图 4.11. T_I^c, T_J^c, T_W^c 的基数分别为

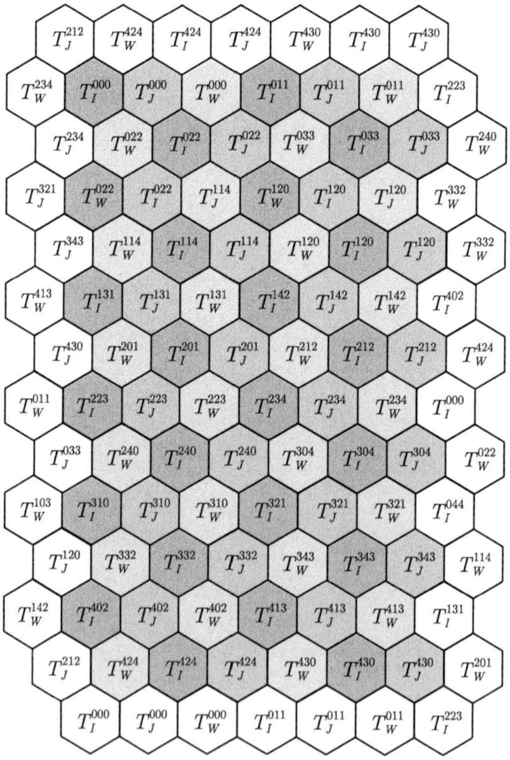

图 4.11 非二元正交序列集蜂窝网络不均匀分配方案 ($p = 5$, $n = 7$)

$p^{n-1}|I|, p^{n-1}|J|, p^{n-1}|W|$. 另外, 蜂窝复用距离为 $D=\sqrt{6^2+3^2+6\cdot3}=3\sqrt{7}$.

按图 4.11 中的排列规则, 对同一 c, T_I^c, T_J^c, T_W^c 依序从左往右排列; 而当 $\kappa=\kappa'$ 且 $c\neq c'$ 时, T_κ^c 和 $T_{\kappa'}^{c'}$ 是不相邻的. 这不但保证了任意三个两两相邻的蜂窝中的序列数量之和为 p^n, 而且可以保证三者之间是两两相互正交的. 设 T_κ^c 和 $T_{\kappa'}^{c'}$ 是相邻的两个蜂窝, 按排列规则, 有 $\kappa\neq\kappa'$. 当 $c=c'$ 时, 显然有 $T_\kappa^c\perp T_{\kappa'}^{c'}$. 而当 $c\neq c'$ 时, 由于 $c,c'\in S(0)$, 结合 (4.41) 式, 可知 $i_c=i_{c'}=0$. 此时, 有 $\kappa-\kappa'\neq c-c'=0$. 由构造 4.48 中的结论 (2), 亦得 $T_\kappa^c\perp T_{\kappa'}^{c'}$.

对任意奇素数 p, 按上面的序列集设计和排列规则, 从所得到的 $3\cdot p^u$ 个正交序列集中选取部分 (或全部) 序列集, 可以很容易地排列到蜂窝阵列中去. 按这种分配方案, 除非 $p=3$, 在 p 为其他奇素数时不能使所有蜂窝中的序列数量都相同.

4.5.2 真随机数生成器的后处理问题

真随机数生成器被广泛地应用于通信系统、密码系统和随机模拟方法中. 在密码学领域, 由真随机数生成器生成的随机比特可被用作生成密码算法 (如 RSA[711]) 中的密钥, 也可用作初始向量用于分组密码中的字节填充[585]. 典型的真随机数生成器设计方法是利用物理噪声源来产生原始序列, 再对这些序列进行处理以消除它的统计特性. 这种噪声源一般由混沌[66]、亚稳态[395, 576]、热噪声[456] 或电路中的时钟振荡[453, 539] 等方式获得. 但受到环境的影响, 原始序列通常不具备良好的随机性, 并且与理想的统计独立性和均匀分布性之间有一些偏差. 为了提高真随机数生成器输出比特串的随机性并校正有偏差的序列, 需要一个有效的后处理操作, 这就是校正器要实现的功能.

1951 年, 冯 • 诺依曼[874] 提出一个简单的程序 (见 4.4 节), 可以校正随机数源的偏差, 但这个程序的效率小于 1/4. 1968 年, Samuelson[758] 将冯 • 诺依曼的程序扩展到马尔可夫链中. Samuelson 指出, 冯 • 诺依曼方法中预设的独立性不能总是得到保证, 但可以通过使用条件概率的方法去实现. 他的方法是将设备的输出序列作为冯 • 诺依曼系统的输入, 以产生独立且等概率的输出序列, 这种方法的效率 $<1/8$. Hoeffding 和 Simons[422] 给出了将一系列均值为 p 的伯努利变量转换成均值为 1/2 的伯努利变量的方法, 这种方法的最高效率是 1/3. Dwass[297] 将这项工作进一步推广, 将非退化的、离散随机变量的任意序列作为原始伯努利序列, 目标是生成 m 个等概率输出中的一个. Elias[306] 提出了一种从有偏马尔可夫链中提取无偏差比特的方法, 大大提高了效率. 这一算法在某种意义上几乎是最优的, 因为它的输出熵接近马尔可夫链的熵, 但是在预期的线性时间内使用它作为马尔可夫链生成序列时会出现一些困难. 沿着这一思路又出现一系列用有偏抛硬币获得无偏比特的算法, 见文献 [92, 278, 349, 392, 455, 489, 652, 672, 673, 697, 755, 789, 829, 873, 894, 965].

真随机数生成器的后处理问题可以从 (多输出) 弹性函数的角度来解决, (n, m, t) 弹性函数被成功地用于设计真随机数生成器的校正器[502,503,840]. Sunar 等[840] 利用数字时钟电路中时钟信号的随机振动设计了真随机数生成器. 为了使这种真随机数生成器具有优良的性能, 其中使用的校正器就是一个适合的 (n,m,t) 弹性函数. Lacharme[503] 刻画了校正器的频谱特征, 证明了 (n,m,t) 弹性函数都是 (n,m,t) 校正器, 但反之不然. Lacharme 给出一个 $(3,1,1)$ 校正器 $f(x_1,x_2,x_3)=x_2+x_3+x_1x_2+x_2x_3$, 它是 $(3,1,0)$ 弹性函数但不是 $(3,1,1)$ 弹性函数. 如何设计一个 (n,m,t) 校正器, 但不是 (n,m,t) 弹性函数呢? 4.4 节解决的就是这个问题.

4.6 习　　题

习题 4.1　证明: m 序列满足 Golomb 的三条随机性假设.

习题 4.2　用构造 4.5 (p. 228) 中的方法设计序列长度是 16 的半 Bent 正交序列集. 给出序列集的两种蜂窝网络分配方案, 分别使蜂窝复用距离为 4 和 8.

习题 4.3　解释注 4.8 (p. 233) 中阐述的事实.

习题 4.4　基于例 4.11 (p. 240) 中的正交序列集及其在图 4.5 (p. 241) 中的蜂窝网络分配方案, 利用构造 4.9 (p. 238) 设计序列长度是 128 的半 Bent 正交序列集, 并完成蜂窝网络分配.

习题 4.5　用构造 4.12 (p. 242) 中的方法设计序列长度是 1024 的半 Bent 正交序列集, 并给出序列集的蜂窝分配方案, 使蜂窝复用距离为 8.

习题 4.6　证明定理 4.13 (p. 242).

习题 4.7　证明定理 4.19(3) (p. 248).

习题 4.8　证明引理 4.25 (p. 257).

习题 4.9　证明定理 4.42 (p. 267).

习题 4.10　证明引理 4.38 (p. 264).

习题 4.11　设 $p=5, n=5$. 由构造 4.48 (p. 271) 可得到 125 个基数是 625 的正交序列集. 把这些序列集 (或部分序列集) 分配的蜂窝网络中去, 并满足条件:

(1) 每个蜂窝中分配 1 个或 2 个序列集;

(2) 任意三个两两相邻的蜂窝中的序列总数为 5^5;

(3) 相邻两个蜂窝中的序列是正交的;

(4) 复用距离至少为 4.

习题 4.12　解决公开问题 4.1 (p. 269).

习题 4.13　解决公开问题 4.2 (p. 270).

习题 4.14　解决公开问题 4.3 (p. 270).

参考文献

[1] 丁存生, 肖国镇, 单炜娟. 流密码的安全性新度量指标. 第三次全国密码学会议, 西安电子科技大学情报资料室出版, 1988: 5-15.

[2] 丁存生, 肖国镇. 流密码学及其应用. 北京: 国防工业出版社, 1994.

[3] 丁石孙. 线性移位寄存器序列. 上海: 上海科学技术出版社, 1982.

[4] 冯登国. 频谱理论及其在通信保密技术中的应用. 西安电子科技大学博士学位论文, 1995.

[5] 冯登国, 肖国镇. Bent 函数与其变元的相关特性. 电子学报, 1996, 24(11): 65-67.

[6] 冯登国. 环 Z_N 上的相关免疫函数的频谱特征. 电子学报, 1997, 25(7): 115-116.

[7] 冯登国. 频谱理论及其在密码学中的应用. 北京: 科学出版社, 2000.

[8] 冯登国. 密码分析学. 北京: 清华大学出版社, 南宁: 广西科学技术出版社, 2000.

[9] 冯登国. 序列密码分析方法. 北京: 清华大学出版社, 2021.

[10] 冯登国. 浅析 Xiao-Massey 定理的意义和作用. 西安电子科技大学学报, 2021, 48(1): 7-13.

[11] 高光普. 旋转对称布尔函数研究综述. 密码学报, 2017, 4(3): 273-290.

[12] 华罗庚. 数论导引. 北京: 科学出版社, 1957.

[13] 黄民强. 布尔变量的形式概率分析. 中国科学 (数学), 2017, 47(11): 1571-1578.

[14] 林可祥, 汪一飞. 伪随机码的原理与应用. 北京: 人民邮电出版社, 1978.

[15] 陆佩忠, 刘木兰. 相关攻击与相关免疫函数. 数学进展, 1997, 26(5): 395-408.

[16] 聂灵沼, 丁石孙. 代数学引论. 3 版. 北京: 高等教育出版社, 2021.

[17] 单炜娟. 相关免疫函数的结构与构造及其在流密码中的应用. 西北电讯工程学院硕士论文, 1987.

[18] 同济大学数学系. 工程数学: 线性代数. 6 版. 北京: 高等教育出版社, 2014.

[19] 裴定一, 谢敏. 最优布尔函数的一个性质. 系统科学与数学, 2004, 24(4): 479-487.

[20] 唐灯. 布尔函数的 (快速) 代数免疫性质研究进展. 密码学报, 2017, 4(3): 262-272.

[21] 万哲先. 代数和编码. 3 版. 北京: 高等教育出版社, 2007.

[22] 万哲先, 戴宗铎, 刘木兰, 冯绪宁. 线性移位寄存器. 北京: 科学出版社, 1978.

[23] 王萼芳, 石生明. 高等代数. 5 版. 北京: 高等教育出版社, 2019.

[24] 王维琼, 许豪杰, 崔萌, 等. 优良布尔函数的混合禁忌搜索算法. 通信学报, 2022, 43(5): 133-143.

[25] 肖国镇, 梁传甲, 王育民. 伪随机序列及其应用. 北京: 国防工业出版社, 1985.

[26] 肖国镇, 卿斯汉. 编码理论. 北京: 国防工业出版社. 1993.

[27] 杨俊, 肖国镇. 组合开关原理和应用. 北京: 国防工业出版社, 1978.

[28] 杨婷婷, 李路阳. 具有高维输出的半 bent 弹性 S 盒的构造. 密码学报, 2017, 4(3): 299-306.

[29] 杨子胥. 近世代数. 3 版. 北京: 高等教育出版社, 2011.

[30] 杨志耀, 柯品惠, 陈智雄, 等. (非) 弱正则 p 值 bent 函数的间接构造. 中国科学: 数学, 2023, 53(2): 381-394.

[31] 尹文霖. 移位寄存器序列. 成都: 四川人民出版社, 1982.

[32] 张斌, 徐超, 冯登国. 流密码的设计与分析: 回顾、现状与展望. 密码学报, 2016, 3(6): 527-545.

[33] 张焕国, 孟庆树. 一类基于时变逻辑的序列发生器. 电子学报, 2004, 32(4): 651-653.

[34] 张禾瑞. 近世代数基础. 北京: 高等教育出版社, 1978.

[35] 张木想, 肖国镇. 关于 Bent 函数与其变元的非线性组合之间的相关性. 科学通报, 1994, 39(19): 1738-1741.

[36] 张木想, 肖国镇. 无记忆组合函数的非线性与相关免疫性. 电子学报, 1994, 22(7): 41-47.

[37] 张木想, 肖国镇. 流密码中非线性组合函数的分析与设计. 电子学报, 1996, 24(1): 48-52.

[38] 张卫国. 密码函数及其构造. 西安电子科技大学博士学位论文, 2007.

[39] 张卫国. "密码函数" 专栏序言. 密码学报, 2017, 4(3): 203-206.

[40] 张卫国. Xiao-Massey 定理: 历史背景、学术影响和原创性. 密码学报, 2022, 9(5): 779-804.

[41] 张卫国, 胡姚达, 董雪雯. GMM 型高维输出严格几乎最优弹性密码函数构造. 密码学报, 2023, 10(2): 246-263.

[42] "10000 个科学难题" 信息科学编委会. 10000 个科学难题 (信息科学卷). 北京: 科学出版社, 2011.

[43] Abdukhalikov K. Bent functions and line ovals. Finite Fields Appl., 2017, 47: 94-124.

[44] Abdukhalikov K. Equivalence classes of Niho bent functions. Des. Codes Cryptogr., 2021, 89 (7): 1509-1534.

[45] Adams C, Tavares S. Generating bent sequences. Discrete Appl. Math., 1992, 39(2): 155-159.

[46] Adams C, Tavares S. Good S-boxes are easy to find. Advances in Cryptology-CRYPTO 1989, LNCS 435, New York: Springer, 1990: 612-615.

[47] Adams C, Tavares S. The structured design of cryptographically good s-boxes. j. Cryptol., 1990, 3: 27-41.

[48] Adams C. On immunity against Biham and Shamir's "differential cryptanalysis". Inf. Process. Lett., 1992, 41(2): 77-80.

[49] Aiken H H, Burkhart W, Kalin T, Strong P F. Synthesis of electronic computing and control circuits. Ann. Compu. Lab. Harvard Univ., Cambridge: Harvard University Press, 1951, 27: 231-278.

[50] Aissa B, Nouredine D. Secondary construction of resilient functions and plateaued functions: study their algebraic immunity. J. Appl. Sci., 2007, 7(3): 317-325.

[51] Anbar N, Meidl W, Pott A. Equivalence for negabent functions and their relative difference sets. Discrete Appl. Math., 2019, 270: 1-12.

[52] Anbar N, Kalaycı T, Meidl W. Analysis of (n, n)-functions obtained from the Maiorana-McFarland class. IEEE Trans. Inf. Theory, 2021, 67(7): 4891-4901.

[53] Anbar N, Kalaycı T, Meidl W, Mérai L. On a class of functions with the maximal number of bent components. IEEE Trans. Inf. Theory, 2022, 68(9): 6174-6186.

[54] Anbar N, Meidl W. Bent partitions. Des. Codes Cryptogr., 2022, 90(4): 1081-1101.

[55] Ambrosimov A S. Properties of bent functions of q-valued logic over finite fields. Discrete Math. Appl., 1994, 4(4): 341-350.

[56] Anderson R. Searching for the optimum correlation attack. 2nd Int. Workshop on Fast Software Encryption-FSE 1994, LNCS 1008, Springer, 1995: 137-143.

[57] Armknecht F, Lano J, Preneel B. Extending the resynchronization attack. Int. Workshop on Selected Areas in Cryptography-SAC 2004, LNCS 3357, Springer, 2004: 19-38.

[58] Armknecht F, Carlet C, Gaborit P, et al. Efficient computation of algebraic immunity for algebraic and fast algebraic attacks. Advances in Cryptology-EUROCRYPT 2006, LNCS 4004, Springer, 2006: 147-164.

[59] Bach E. Improved asymptotic formulas for counting correlation immune Boolean functions. SIAM J. Discrete Math., 2009, 23(3): 1525-1538.

[60] Bapic A, Pasalic E. A new method for secondary constructions of vectorial bent functions. Des. Codes Cryptogr., 2021, 89(11): 2463-2475.

[61] Bapic A, Pasalic E. Constructions of (vectorial) bent functions outside the completed Maiorana-McFarland class. Discrete Appl. Math., 2022, 314: 197-212.

[62] Bar-On A, Dunkelman O, Keller N, Weizman A. DLCT: a new tool for differential-linear cryptanalysis. Advances in Cryptology-EUROCRYP 2019, LNCS 11476, Springer, 2019: 313-342.

[63] Bartoli D, Calderini M. On construction and (non)existence of c-(almost) perfect nonlinear functions. Finite Fields Appl., 2021, 72: 101835.

[64] Bartoli D, Calderini M, Riera C, et al. Low c-differential uniformity for functions modified on subfields. Cryptogr. Commun., 2022, 14: 1211-1227.

[65] Barua R, Chakravarty S R, Roy S, Sarkar P. A characterization and some properties of the Banzhaf-Coleman-Dubey-Shapley sensitivity index. Games Econ. Behav., 2004, 49(1): 1-48.

[66] Beirami A, Nejati H. A framework for investigating the performance of chaotic-map truly random number generators. IEEE Trans. Circuits Syst. II, 2013, 60(7): 446-450.

[67] Bennett C H, Brassard G, Robert J M. How to Reduce your Enemy's Information. Advances in Cryptology-CRYPTO'85, LNCS 218, Springer, 1986: 468-476.

[68] Bennett C H, Brassard G, Robert J M. Privacy amplification by public discussion. SIAM J. Comput., 1988, 17(2): 210-229.

[69] Beker H, Piper F. Cipher Systems: The Protection of Communications. London: International Thomson Publishing Ltd, 1983.

[70] Blahut R E. Cryptography and Secure Communication. Cambridge: Cambridge University Press, 2014.

[71] Belmeguenaï A, Doghmane N, Mansouri K. Construction of balanced functions without extending their number of variables. IAENG Int. J. Appl. Math., 2009, 39(3): 134-144.

[72] Berger T P, Canteaut A, Charpin P, et al. On almost perfect nonlinear functions over F_2^n. IEEE Trans. Inf. Theory, 2006, 52(9): 4160-4170.

[73] Berlekamp E R. Nonbinary BCH decoding. IEEE Int. Symp. Inf. Theory, San Remo, Italy, 1967.

[74] Berlekamp E R. Algebraic Coding Theory. New York: John Wiley & Son, 1968 (Revised Edition, Singapore: World Scientific, 2015).

[75] Berlekamp E, Welch L. Weight distributions of the cosets of the (32, 6) Reed-Muller code. IEEE Trans. Inf. Theory, 1972, 18(1): 203-207.

[76] Berlekamp E R, van Lint J H, Seidel J J. A strongly regular graph derived from the perfect ternary Golay code//Srivastava J N, ed. A Survey of Combinatorial Theory. Amsterdam: Elsevier, 1973: 25-30.

[77] Bernasconi J, Günther C G. Analysis of a nonlinear feedforward logic for binary sequence generators. Advances in Cryptology-EUROCRYPT 1985, LNCS 219, Springer, 1986: 161-166.

[78] Bernasconi A, Codenotti B. Spectral analysis of Boolean functions as a graph eigenvalue problem. IEEE Trans. Comput., 1999, 48(3): 345-351.

[79] Beth T, Ding C. On almost perfect nonlinear permutations. Advances in Cryptology-EUROCRYPT'93, LNCS 765, Springer, 1994: 65-76.

[80] Bey C, Kyureghyan G M. On Boolean functions with the sum of every two of them being bent. Des. Codes Cryptogr., 2008, 49(1-3): 341-346.

[81] Biham E, Shamir A. Differential cryptanalysis of DES-like cryptosystems. Advances in Cryptology-CRYPTO 1990, LNCS 537, Springer, 1991: 2-21.

[82] Biham E, Shamir A. Differential cryptanalysis of DES-like cryptosystems. J. Cryptol., 1991, 4(1): 3-72.

[83] Biham E, Shamir A. Differential cryptanalysis of FEAL and N-Hash. Advances in Cryptology -EUROCRYPT 1991, LNCS 547, Springer, 1991: 1-16.

[84] Biham E, Shamir A. Differential cryptanalysis of the full 16-round DES. Advances in Cryptology-CRYPTO'92, LNCS 740, Springer, 1993: 487-496.

[85] Biham E, Shamir A. Differential Cryptanalysis of the Data Encryption Standard. New York: Springer, 1993.

[86] Biham E, Biryukov A, Shamir A. Cryptanalysis of skipjack reduced to 31 rounds using impossible differentials. Advances in Cryptology - EUROCRYPT 1999, LNCS 1592, Springer, 1999: 12-23.

[87] Bilgin B, Bogdanov A, Knezevic M, et al. Fides: lightweight authenticated cipher with side-channel resistance for constrained hardware. Int. Conf. Cryptographic Hardware and Embedded Systems-CHES 2013, LNCS 8086, Springer, 2013: 142-158.

[88] Birkhoff G, MacLane S. A Survey of Modern Algebra. 5th ed. Boca Raton: A K Peters/CRC Press, 2017.

[89] Blaser W, Heinzmann P. New cryptographic device with high security using public key distribution. IEEE Student Papers Contest 1979-1980, IEEE, 1982: 145-153.

[90] Bloem R, Gross H, Iusupov R, et al. Formal verification of masked hardware implementations in the presence of glitches. Advances in Cryptology-EUROCRYPT 2018,

LNCS 10821, Springer, 2018: 321-353.

[91] Blondeau C, Canteaut A, Charpin P. Differential properties of $x \mapsto x^{2^t-1}$. IEEE Trans. Inf. Theory, 2011, 57(12): 8127-8137.

[92] Blum M. Independent unbiased coin flips from a correlated biased source: A finite state Markov chain. Combinatorica, 1986, 6(2): 97-108.

[93] Bonisoli A. Every equidistant linear code is a sequence of dual Hamming codes. Ars Comb., 1984, 18: 181-186.

[94] Boole G. The Mathematical Analysis of Logic. Cambridge: Macmillan, Barclay, & Macmillan, 1847 (Reprinted version, Oxford: Basil Blackwell, 1951).

[95] Boole G. An Investigation of the Laws of Thought. London: Macmillan and Company, 1854.

[96] Borisov N, Chew M, Johnson R, Wagner D. Multiplicative differentials. Int. Workshop on Fast Software Encryption-FSE 2002, LNCS 2365, Springer, 2002: 17-33.

[97] Borissov Y, Nikova S, Preneel B, Vandewalle J. On a resynchronization weakness in a class of combiners with memory. Int. Conf. Security in Communication Networks-SCN 2002, LNCS 2576, Springer, 2002: 164-173.

[98] Borissov Y, Braeken A, Nikova S, Preneel B. On the covering radius of second order binary Reed-Muller code in the set of resilient Boolean functions. 9th IMA Int. Conf. Cryptography and Coding, Crypto & Coding 2003, LNCS 2898, Springer, 2003: 82-92.

[99] Borissov Y, Braeken A, Nikova S, Preneel B. On the covering radii of binary Reed-Muller codes in the set of resilient Boolean functions. IEEE Trans. Inf. Theory, 2005, 51(3): 1182-1189.

[100] Bose R C. Strongly regular graphs, partial geometries and partially balanced designs, Pacific J. Math., 1963, 13: 389-419.

[101] Boukerrou H, Huynh P, Lallemand V, et al. On the feistel counterpart of the boomerang connectivity table introduction and analysis of the FBCT. IACR Trans. Symmetric Cryptol., 2020, 2020(1): 331-362.

[102] Boura C, Canteaut A. On the boomerang uniformity of cryptographic sboxes. IACR Trans. Symmetric Cryptol., 2018, 2018(3): 290-310.

[103] Bracken C, Leander G. A highly nonlinear differentially 4 uniform power mapping that permutes fields of even degree. Finite Fields Appl., 2010, 16(4): 231-242.

[104] Bracken C, Tan C H, Tan Y. Binomial differentially 4 uniform permutations with high nonlinearity. Finite Fields Appl., 2012, 18(3): 537-546.

[105] Braeken A, Nikov V, Nikova S, et al. On Boolean functions with generalized cryptographic properties. Progress in Cryptology-INDOCRYPT 2004, LNCS 3348, Springer, 2004: 120-135.

[106] Braeken A, Borissov Y, Nikova S, et al. Classification of Boolean functions of 6 variables or less with respect to some cryptographic properties. Int. Colloq. Automata, Languages, and Programming-ICALP 2005, LNCS 3580, Springer, 2005: 324-334.

[107] Braeken A, Preneel B. Probabilistic algebraic attacks. 10th IMA Int. Conf. Cryptography and Coding, Crypto & Coding 2005, LNCS 3796, Springer, 2005: 290-303.

[108] Braeken A, Preneel B. On the algebraic immunity of symmetric Boolean functions. Progress in Cryptology-INDOCRYPT 2005, LNCS 3797, Springer, 2005: 35-48.

[109] Braeken A, Lano J. On the (im)possibility of practical and secure nonlinear filters and combiners. Int. Workshop on Selected Areas in Cryptography-SAC 2005, LNCS 3879, Berlin: Springer, 2006: 159-174.

[110] Bracken C, Byrne E, Markin N, et al. New families of quadratic almost perfect nonlinear trinomials and multinomials. Finite Fields Appl., 2008, 14: 703-714.

[111] Braeken A, Borissov Y, Nikova S, Preneel B. Classification of cubic $(n-4)$-resilient Boolean functions. IEEE Trans. Inf. Theory, 2006, 52(4): 1670-1676.

[112] Brincat K, Piper F C, Wild P R. Stream ciphers and correlation// Pott A, et al., ed. Difference Sets, Sequences and their Correlation Properties. NATO Science Series, vol. 542. Berlin: Springer, 1999: 17-44.

[113] Browning K, Dillon J F, Kibler R E, McQuistan M. APN polynomials and related codes. J. Combin. Inf. Syst. Sci., 2009, 34(1-4): 135-159.

[114] Browning K, Dillon J F, McQuistan M, Wolfe A. An APN permutation in dimension six. 9th Int. Conf. Finite Fields and Applications (Fq'9), 2009, Finite Fields: Theory and Applications, Contemporary Mathematics, 2010, 518: 33-42.

[115] Brown L, Pieprzyk J, Seberry J. LOKI-A cryptographic primitive for authentication and secrecy applications. Advances in Cryptology-AUSCRYPT 1990, LNCS 453, Springer, 1990: 229-236.

[116] Brown L, Kwan M, Pieprzyk J, Seberry J. Improving resistance to differential Cryptanalysis and the redesign of LOKI. Advances in Cryptology-ASIACRYPT1991, LNCS 739, Springer, 1993: 36-50.

[117] Bruer J O. On nonlinear combinations of linear shift register sequences. Internal Report LITH-ISY-1-0572, Linkoeping Univ., Sweden, March 1983; Presented at IEEE Int. Symp. Inf. Theory, Les Arcs, France, 1982.

[118] Brynielsson L. A short proof of the Xiao-Massey lemma. IEEE Trans. Inf. Theory, 1989, 35(6): 1344.

[119] Budaghyan L, Carlet C, Pott A. New classes of almost bent and almost perfect nonlinear polynomials. Int. Workshop on Coding and Cryptography 2005 - WCC 2005, 2005: 9306-9315; IEEE Trans. Inf. Theory, 2006, 52(3): 1141-1152.

[120] Budaghyan L, Carlet C. Classes of quadratic APN trinomials and hexanomials and related structures. IEEE Trans. Inf. Theory, 2008, 54(5): 2354-2357.

[121] Budaghyan L, Carlet C, Leander G. Two classes of quadratic APN binomials inequivalent to power functions. IEEE Trans. Inf. Theory, 2008, 54(9): 4218-4229.

[122] Budaghyan L, Carlet C, Leander G. Constructing new APN functions from known ones. Finite Fields Appl., 2009, 15: 150-159.

[123] Budaghyan L, Carlet C, Leander G. On a construction of quadratic APN functions.

Proc. IEEE Information Theory Workshop-ITW 2009, IEEE, 2009: 374-378.

[124] Budaghyan L, Carlet C. CCZ-equivalence of bent vectorial functions and related constructions. Des. Codes Cryptogr., 2011, 59(1-3): 69-87.

[125] Budaghyan L, Carlet C, Mesnager S. Further results on Niho bent functions. IEEE Trans. Inf. Theory, 2012, 58 (11): 6979-6985.

[126] Budaghyan L, Carlet C, Helleseth T, Kholosha A. On o-equivalence of Niho bent functions. Int. Workshop on the Arithmetic of Finite Fields - WAIFI 2014, LNCS 9061, Springer, 2014: 155-168.

[127] Budaghyan L, Kholosha A, Carlet C, Helleseth T. Univariate Niho bent functions from o-polynomials. IEEE Trans. Inf. Theory, 2016, 62 (4): 2254-2265.

[128] Budaghyan L, Calderini M, Carlet C, et al. Constructing APN functions through isotopic shifts. IEEE Trans. Inf. Theory, 2020, 66 (8): 5299-5309.

[129] Budaghyan L, Helleseth T, Kaleyski N S. A new family of APN quadrinomials. IEEE Trans. Inf. Theory, 2020, 66(11): 7081-7087.

[130] Burnett L, Millan W, Dawson E, Clark A. Simpler methods for generating better Boolean functions with good cryptographic properties. Australasian J. Combinat., 2004, 29: 231-248.

[131] Buryakov M L, Logachev O A. On the affinity level of Boolean functions. Discrete Math. Appl., 2005, 15(5): 479-488.

[132] Burrieza J E, Rey A M, Iglesias J L P, et al. The cryptographic properties of von neumann cellular automata. Eur. J. Pure Appl. Math., 2010, 3(4): 765-778.

[133] Burrieza J E, del Rey A M, Perez Iglesias J L, et al. Cryptographic properties of Boolean functions defining elementary cellular automata. Int. J. Comput. Math., 2011, 88(2): 239-248.

[134] Calderbank R, Kantor W M. The geometry of 2-weight codes. B. Lond. Math. Soc., 1986, 18: 97-122.

[135] Calderini M, Villa I. On the boomerang uniformity of some permutation polynomials. Cryptogr. Commun., 2020, 12: 1161-1178.

[136] Calderini M. Differentially low uniform permutations from known 4-uniform functions. Des. Codes Cryptogr., 2021, 89(1): 33-52.

[137] Caldwell S H. The recognition and identification of symmetric switching circuits. Trans. A. I. E. E., Part I, 1954, 73(2): 142-147.

[138] Camion P, Carlet C, Charpin P, Sendrier N. On correlation-immune functions. Advances in Cryptology-CRYPTO 1991, Springer, LNCS 576, 1992: 86-100.

[139] Camion P, Canteaut A. Construction of t-resilient functions over a finite alphabet. Advances in Cryptology-CRYPTO 1996, LNCS 1070, Springer, 1996: 283-293.

[140] Camion P, Canteaut A. Correlation-immune and resilient functions over a finite alphabet and their applications in cryptography. Des. Codes Cryptogr., 1999, 16(2): 121-149.

[141] Camion P, Patarin J. t-resilient functions and the partial exposure problem. Appl. Algebra Eng. Commun. Comput., 2008, 19(2): 99-133.

[142] Canfield E R, Gao Z, Greenhill C, McKay B D, Robinson R W. Asymptotic enumeration of correlation-immune Boolean functions. Cryptogr. Commun., 2010, 2(1): 111-126.

[143] Canteaut A, Carlet C, Charpin P, Fontaine C. Propagation characteristics and correlation-immunity of highly nonlinear Boolean functions. Advances in Cryptology - EUROCRYPT 2000, LNCS 1807, Springer, 2000: 507-522.

[144] Canteaut A, Filiol E. Ciphertext only reconstruction of stream ciphers based on combination generators. Int. Workshop on Fast Software Encryption-FSE 2000, LNCS 1978, Springer, 2000: 165-180.

[145] Canteaut A, Charpin P, Dobbertin H. Binary m-sequences with three-valued crosscorrelation: A proof of Welch's conjecture. IEEE Trans. Inf. Theory, 2000, 46(1): 4-8.

[146] Canteaut A, Charpin P, Dobbertin H. Weight divisibility of cyclic codes, highly nonlinear functions on GF(2^m) and crosscorrelation of maximum-length sequences. SIAM J. Discrete Math., 2000, 13(1): 105-138.

[147] Canteaut A, Carlet C, Charpin P, Fontaine C. On cryptographic properties of the cosets of $R(1,m)$. IEEE Trans. Inf. Theory, 2001, 47(4): 1494-1513.

[148] Canteaut A. On the correlations between a combining function and functions of fewer variables. Proc. IEEE Information Theory Workshop-ITW 2002, IEEE, 2002: 78-81.

[149] Canteaut A, Videau M. Degree of composition of highly nonlinear functions and applications to higher order differential cryptanalysis. Advances in Cryptology-EUROCRYPT 2002, LNCS 2332, Springer, 2002: 518-533.

[150] Canteaut A, Daum M, Dobbertin H, Leander G. Normal and non-normal bent functions. Int. Workshop on Coding and Cryptography 2003-WCC 2003, 2003: 91-100.

[151] Canteaut A, Daum M, Dobbertin H, Leander G. Finding nonnormal bent functions. Discrete Appl. Math., 2006, 154(2): 202-218.

[152] Canteaut A, Charpin P. Decomposing bent functions. IEEE Trans. Inf. Theory, 2003, 49(8): 2004-2019.

[153] Canteaut A, Videau M. Symmetric Boolean functions. IEEE Trans. Inf. Theory, 2005, 51(8): 2791-2811.

[154] Canteaut A, Charpin P, Kyureghyan G. A new class of monomial bent functions. Finite Fields Appl., 2008, 14(1): 221-241.

[155] Canteaut A, Duval S, Perrin L. A generalisation of Dillon's APN permutation with the best known differential and nonlinear properties for all fields of size 2^{4k+2}. IEEE Trans. Inf. Theory, 2017, 63(11): 7575-7591.

[156] Cao X, Hu L. A construction of hyperbent functions with polynomial trace form. Sci. China Math., 2011, 54 (10): 2229-2234.

[157] Carlet C. Partially-bent functions. Advances in Cryptology-CRYPTO'92, LNCS 740, Springer, 1993: 280-291.

[158] Carlet C. Partially-bent functions. Des. Codes Cryptogr., 1993, 3: 135-145.

[159] Carlet C. Two new classes of bent functions. Advances in Cryptology-EUROCRYPT'93, LNCS 765, Springer, 1994: 77-101.

[160] Carlet C. Generalized partial spreads. IEEE Trans. Inf. Theory, 1995, 41(5): 1482-1487.

[161] Carlet C, Guillot P. A characterization of binary bent functions. J. Comb. Theory, Ser. A, 1996, 76(2): 328-335.

[162] Carlet C. A construction of bent function// Cohen S, et al., ed. Finite Fields and Applications. Lecture Series 233, Cambridge: Cambridge University Press, 1996: 47-58.

[163] Carlet C. More correlation-immune and resilient functions over Galois fields and Galois rings. Advances in Cryptology-EUROCRYPT'97, LNCS 1233, Springer, 1997: 422-433.

[164] Carlet C, Charpin P, Zinoviev V. Codes, bent functions and permutations suitable for DES-like cryptosystems. Des. Codes Cryptogr., 1998, 15(2): 125-156.

[165] Carlet C. On cryptographic propagation criteria for Boolean functions. Inf. Comput., 1999, 151: 32-56.

[166] Carlet C, Dubuc S. On generalized bent and q-ary perfect nonlinear functions// Jungnickel D, et al., ed. Finite Fields and Applications. Springer, 2001: 81-94.

[167] Carlet C. On the divisibility properties and nonlinearity of resilient functions. Comptes Rendus de l'Académie des Sciences -Series I -Mathematics, 2000, 331(11): 917-922.

[168] Carlet C. On the coset weight divisibility and nonlinearity of resilient and correlation-immune functions. Proc. Sequences and Their Applications-SETA'01, Springer, 2002: 131-144.

[169] Carlet C. On cryptographic complexity of Boolean functions// Mullen G L, et al., ed. Finite Fields with Applications to Coding Theory. Cryptography and Related Areas, Berlin: Springer, 2002: 53-69.

[170] Carlet C. A larger class of cryptographic Boolean functions via a study of the Maiorana-Mcfarland construction. Advances in Cryptology-CRYPTO 2002, LNCS 2442, Springer, 2002: 549-564.

[171] Carlet C, Gouget A. An upper bound on the number of m-resilient Boolean functions. Advances in Cryptology-ASIACRYPT 2002, LNCS 2501, Springer, 2002: 484-496.

[172] Carlet C, Sarkar P. Spectral domain analysis of correlation immune and resilient Boolean functions. Finite Fields Appl., 2002, 8(1): 120-130.

[173] Carlet C, Tarannikov Y. Covering sequences of Boolean functions and their cryptographic significance. Des. Codes Cryptogr., 2002, 25(3): 263-279.

[174] Carlet C, Prouff E. On plateaued functions and their constructions. Int. Workshop on Fast Software Encryption-FSE 2003, LNCS 2887, Springer, 2003: 54-73.

[175] Carlet C, Prouff E. Vectorial functions and covering sequences. Int. Conf. Finite Fields and Applications, LNCS 2948, Springer, 2003: 215-248.

[176] Carlet C, Prouff E. On a new notion of nonlinearity relevant to multi-output pseudo-random generators. Int. Workshop on Selected Areas in Cryptography - SAC 2003, LNCS 3006, Berlin: Springer, 2004: 291-305.

[177] Carlet C. On the confusion and diffusion properties of Maiorana-McFarland's and

extended Maiorana-McFarland's functions. J. Complex., 2004, 20(2-3): 182-204.

[178] Carlet C. On the secondary constructions of resilient and bent functions//Feng K, et al., ed. Coding, Cryptography and Combinatorics. Progress in Computer Science and Applied Logic. Vol. 23, Springer, 2004: 3-28.

[179] Carlet C, Ding C. Highly nonlinear mappings. J. Complex., 2004, 20(2-3): 205-244.

[180] Carlet C, Dobbertin H, Leander G. Normal extensions of bent functions. IEEE Trans. Inf. Theory, 2004, 50(11): 2880-2885.

[181] Carlet C, Gao G, Liu W. Results on constructions of rotation symmetric bent and semi-bent functions. 3rd Int. Conf. Sequences and Their Applications-SETA 2004, LNCS 3486, Springer, 2004: 21-33.

[182] Carlet C. Concatenating indicators of flats for designing cryptographic functions. Des. Codes Cryptogr., 2005, 36(2): 189-202.

[183] Carlet C, Gaborit P. On the construction of balanced Boolean functions with a good algebraic immunity. IEEE Int. Symp. Inf. Theory-ISIT 2005, IEEE, 2005: 1101-1105.

[184] Carlet C, Yucas J L. Piecewise constructions of bent and almost optimal Boolean functions. Des. Codes Cryptogr., 2005, 37(3): 449-464.

[185] Carlet C. On bent and highly nonlinear balanced/resilient functions and their algebraic immunities. Int. Symp. Applied Algebra, Algebraic Algorithms, and Error-Correcting Codes-AAECC 2006, LNCS 3857, Springer, 2006: 1-28.

[186] Carlet C, Dalai D K, Gupta K C, Maitra S. Algebraic immunity for cryptographically significant Boolean functions: Analysis and construction. IEEE Trans. Inf. Theory, 2006, 52(7): 3105-3121.

[187] Carlet C, Gaborit P. Hyper-bent functions and cyclic codes. J. Comb. Theory, Ser. A, 2006, 113(3): 466-482.

[188] Carlet C, Guillot P, Mesnager S. On immunity profile of Boolean functions. Int. Conf. Sequences and Their Applications-SETA 2006, LNCS 4086, Springer, 2006: 364-375.

[189] Carlet C, Ding C. Nonlinearities of S-boxes. Finite Fields Appl., 2007, 13(1): 121-135.

[190] Carlet C, Feng K. An infinite class of balanced functions with optimal algebraic immunity, good immunity to fast algebraic attacks and good nonlinearity. Advances in Cryptology-ASIACRYPT 2008, LNCS 5350, Springer, 2008: 425-440.

[191] Carlet C. Partial covering sequences: A method for designing classes of cryptographic Functions// Chaumine J, et al., ed. Proc. 1st SAGA Conf., Ser. Number Theory and Its Applications, vol. 5, World Scientific, 2008: 366-387.

[192] Carlet C. On a weakness of the Tu-Deng function and its repair. IACR Cryptology ePrint Archive 2009, 606.

[193] Carlet C, Danielsen L E, Parker M G, Solé P. Self-dual bent functions. Int. J. Inf. Coding Theory, 2010, 1(4): 384-399.

[194] Carlet C, Helleseth T, Mesnager S. On the dual of bent functions with 2r Niho exponents. IEEE Int. Symp. Inf. Theory-ISIT 2011, IEEE, 2011: 703-707.

[195] Carlet C, Mesnager S. On Dillon's class H of bent functions, Niho bent functions and o-polynomials. J. Comb. Theory, Ser. A, 2011, 118(8): 2392-2410.

[196] Carlet C, Mesnager S. On semibent Boolean functions. IEEE Trans. Inf. Theory, 2012, 58(5): 3287-3292.

[197] Carlet C. More constructions of APN and differentially 4-uniform functions by concatenation. Sci. China Math., 2013, 56(7): 1373-1384.

[198] Carlet C, Danger J L, Guilley S, Maghreb H. Leakage squeezing: Optimal implementation and security evaluation. J. Math. Cryptol., 2014, 8(3): 249-295.

[199] Carlet C, Gao G P, Liu W F. A secondary construction and a transformation on rotation symmetric functions, and their action on bent and semi-bent functions. J. Comb. Theory, Ser. A, 2014, 127: 161-175.

[200] Carlet C. Open problems on binary bent functions// Koç Ç, ed. Open Problems in Mathematical and Computational Sciences, Berlin: Springer, 2014: 203-241.

[201] Carlet C. Boolean and vectorial plateaued functions and APN functions. IEEE Trans. Inf. Theory, 2015, 61(11): 6272-6289.

[202] Carlet C, Mesnager S. Four decades of research on bent functions. Des. Codes Cryptogr., 2016, 78(1): 5-50.

[203] Carlet C, Chen X. Constructing low-weight d th-order correlation-immune Boolean functions through the Fourier-Hadamard transform. IEEE Trans. Inf. Theory, 2018, 64(4): 2969-2978.

[204] Carlet C. Boolean Functions for Cryptography and Coding Theory. Cambridge: Cambridge University Press, 2020.

[205] Carlet C, Kiss R, Nagy G P. Simplicity conditions for binary orthogonal arrays. Des. Codes Cryptogr., 2023, 91(1): 151-163.

[206] Çeşmelioğlu A, Meidl W. Bent functions of maximal degree. IEEE Trans. Inf. Theory, 2012, 58(2): 1186-1190.

[207] Çeşmelioğlu A, Meidl W, Pott A. Generalized Maiorana-McFarland class and normality of p-ary bent functions. Finite Fields Appl., 2013, 24: 105-117.

[208] Çeşmelioğlu A, Meidl W, Pott A. On the dual of (non)-weakly regular bent functions and self-dual bent functions. Adv. Math. Commun., 2013, 7(4): 425-440.

[209] Çeşmelioğlu A, Meidl W, Pott A. Bent functions, spreads, and o-polynomials. SIAM J. Discrete Math., 2015, 29(2): 854-867.

[210] Çeşmelioğlu A, Meidl W, Pott A. There are infinitely many bent functions for which the dual is not bent. IEEE Trans. Inf. Theory, 2016, 62(9): 5204-5208.

[211] Çeşmelioğlu A, Meidl W, Pott A. Vectorial bent functions and their duals. Linear Algebra Appl., 2018, 548: 305-320.

[212] Çeşmelioğlu A, Meidl W. Bent and vectorial bent functions, partial difference sets, and strongly regular graphs. Adv. Math. Commun., 2018, 12(4): 691-705.

[213] Çeşmelioğlu A, Meidl W, Pott A. Vectorial bent functions in odd characteristic and their components. Cryptogr. Commun., 2020, 12(5): 899-912.

[214] Çeşmelioğlu, Meidl W, Pirsic I. Vectorial bent functions and partial difference sets. Des. Codes Cryptogr., 2021, 89: 2313-2330.

[215] Chabaud F, Vaudenay S. Links between differential and linear cryptanalysis. Advances in Cryptology-EUROCRYPT 1994, LNCS 950, Springer, 1995: 356-365.

[216] Chakraborty K, Maitra S. Application of Grover's algorithm to check non-resiliency of a Boolean function. Cryptogr. Commun., 2016, 8(3): 401-413.

[217] Charnes C, Rotteler M, Beth T. Homogeneous bent functions, invariants, and designs. Des. Codes Cryptogr., 2002, 26(1-3): 139-154.

[218] Charpin P, Pasalic E. On propagation characteristics of resilient functions. Int. Workshop on Selected Areas in Cryptography-SAC 2002, LNCS 2595, Springer, 2003: 175-195.

[219] Charpin P. Normal Boolean functions. J. Complex., 2004, 20(2-3): 245-265.

[220] Charpin P, Pasalic E. Highly nonlinear resilient functions through disjoint codes in projective spaces. Des. Codes Cryptogr., 2005, 37: 319-346.

[221] Charpin P, Pasalic E, Tavernier C. On bent and semi-bent quadratic Boolean functions. IEEE Trans. Inf. Theory, 2005, 51(12): 4286-4298.

[222] Charpin P, Kyureghyan G. Cubic monomial bent functions: A subclass of M. SIAM J. Discrete Math., 2008, 22(2): 650-665.

[223] Charpin P, Gong G. Hyperbent functions, Kloosterman sums and Dickson polynomials. IEEE Trans. Inf. Theory, 2008, 54(9): 4230-4238.

[224] Chase P J, Dillon J F, Lerche K D. Bent functions and difference sets. NSA R41 Technical Paper, 1970.

[225] Chee S, Lee S, Kim K. Semi-bent functions. Advances in Cryptology-ASIACRYPT 1994, LNCS 917, Springer, 1994: 107-118.

[226] Chee S, Lee S, Lee D, Sung S H. On the correlation immune functions and their nonlinearity. Advances in Cryptology-ASIACRYPT'96, LNCS 1163, Springer, 1996: 232-243.

[227] Chee S, Lee S, Kim K, Kim D. Correlation immune functions with controllable nonlinearity. ETRI J., 1997, 19(4): 389-401.

[228] Chee Y M, Tan Y, Zhang X D. Strongly regular graphs constructed from p-ary bent functions. J. Algebr. Comb., 2011, 34(2): 251-266.

[229] Chen L, Fu F W. On the constructions of new resilient functions from old ones. IEEE Trans. Inf. Theory, 1999, 45(6): 2077-2082.

[230] Chen L, Fu F W, Wei V K W. On the constructions and nonlinearity of binary vector-output correlation-immune functions. J. Complex., 2004, 20(2-3): 266-283.

[231] Chen W H, Li N. Find better Boolean functions in the affine equivalence class. Chin. Quart. J. Math., 2005, 20(4): 395-400.

[232] Chen X, Qu L, Li C, Du J. A new method to investigate the CCZ-equivalence between functions with low differential uniformity. Finite Fields Appl., 2016, 42: 165-186.

[233] Chen Y, Lu P. Two classes of symmetric Boolean functions with optimum algebraic immunity: Construction and analysis. IEEE Trans. Inf. Theory, 2011, 57(4): 2522-

2538.

[234] Chen Z, Gu T, Klapper A. On the q-bentness of Boolean functions. Des. Codes Cryptogr., 2019, 87(1): 163-171.

[235] Cheon J H. Nonlinear vector resilient functions. Advances in Cryptology - CRYPTO 2001, LNCS 2139, Springer, 2001: 458-469.

[236] Chepyzhov V, Smeets B. On a fast correlation attack on certain stream ciphers. Advances in Cryptology-EUROCRYPT 1991, LNCS 547, Springer, 1991: 176-185.

[237] Chirvasitu A, Cusick T W. Affine equivalence for quadratic rotation symmetric Boolean functions. Des. Codes Cryptogr., 2020, 88(7): 1301-1329.

[238] Choi S, Yang K. Autocorrelation properties of resilient functions and three-valued almost-optimal functions satisfying PC(p). 3rd Int. Conf. Sequences and Their Applications-SETA 2004, LNCS 3486, Springer, 2005: 425-436.

[239] Chor B, Goldreich O. Unbiased bits from sources of weak randomness and probabilistic communication complexity. 26th Ann. Symp. Foundations of Computer Science-SFCS 1985. IEEE, 1985: 429-442.

[240] Chor B, Goldreich O, Hasted J, et al. The bit extraction problem or t-resilient functions. 26th Ann. Symp. Foundations of Computer Science-SFCS 1985, IEEE, 1985: 396-407.

[241] Chowdhury S, Maitra S. Efficient software implementation of LFSR and Boolean function and its application in nonlinear combiner model. Int. Conf. Applied Cryptography and Network Security-ACNS 2003, LNCS 2846, Springer, 2003: 387-402.

[242] Chung H, Kumar P V. A new general construction for generalized bent functions. IEEE Trans. Inf. Theory, 1989, 35(1): 206-209.

[243] Cid C, Huang T, Peyrin T, et al. Boomerang connectivity table: A new cryptanalysis tool. Advances in Cryptology-EUROCRYPT 2018, LNCS 10821, Springer, 2018: 683-714.

[244] Clark J, Jacob J, Stepney S, et al. Evolving Boolean functions satisfying multiple criteria. Progress in Cryptology-INDOCRYPT 2002, LNCS 2551, Springer, 2002: 246-259.

[245] Clark J, Jacob J, Maitra S, Stnic P. Almost Boolean functions: The design of Boolean functions by spectral inversion. The 2003 Congress on Evolutionary Computation-CEC 2003, IEEE, 2003: 2173-2180; Comput. Intell., 2004, 20(3): 450-462.

[246] Cobas J D G, Brugos J A L. Complexity-theoretical approaches to the design and analysis of cryptographical Boolean functions, Int. Conf. Computer Aided Systems Theory-EUROCAST 2005, LNCS 3643, Springer, 2005: 337-345.

[247] Cohen G D, Karpovsky M G, Mattson H F, Schatz J R. Covering radius - survey and recent results. IEEE Trans. Inf. Theory, 1985, 31(3): 328-343.

[248] Coulter R S, Matthews R W. Bent polynomials over finite fields. B. Aust. Math. Soc., 1997, 56(3): 429-437.

[249] Coulter R S, Mesnager S. Bent functions from involutions over $\mathbb{F}_{2^n}$. IEEE Trans. Inf. Theory, 2018, 64(4): 2979-2986.

[250] Courtois N, Meier W. Algebraic attacks on stream ciphers with linear feedback. Advances in Cryptology-EUROCRYPT 2003, LNCS 2656, Springer, 2003: 346-359.

[251] Courtois N. Fast algebraic attacks on stream ciphers with linear feedback. Advances in Cryptology-CRYPTO 2003, LNCS 2729, Springer, 2003: 176-194.

[252] Cruz R, Wang H. Cheating-immune secret sharing schemes from codes and cumulative arrays. Cryptogr. Commun., 2013, 5(1): 67-83.

[253] Cruz R B, Ol S. Cheating-Immune Secret Sharing Schemes from Maiorana-McFarland Boolean Functions. Int. Conf. Information Security and Cryptology - ICISC 2018, LNCS 11396, Springer, 2018: 233-247.

[254] Cusick T W, Dobbertin H. Some new three-valued crosscorrelation functions for binary m-sequences. IEEE Trans. Inf. Theory, 1996, 42(4): 1238-1240.

[255] Cusick T W. On constructing balanced correlation immune functions// Ding C, et al., ed. Sequences and Their Applications-SETA'98, Berlin: Springer, 1999: 184-190.

[256] Cusick T W, Stănică P. Fast evaluation, weights and nonlinearity of rotation-symmetric functions. Discrete Math., 2002, 258(1-3): 289-301.

[257] Cusick T W, Cheon Y. Affine equivalence for rotation symmetric Boolean functions with $2k$ variables. Des. Codes Cryptogr., 2012, 63(2): 273-294.

[258] Cusick T W, Cheon Y. Affine equivalence for cubic rotation symmetric Boolean functions with $n = pq$ variables. Discrete Math., 2014, 327: 51-61.

[259] Cusick T W, Johns B. Theory of 2-rotation symmetric cubic Boolean functions. Des. Codes Cryptogr., 2015, 76(1): 113-133.

[260] Cusick T W, Stănică P. Cryptographic Boolean Functions and Applications. Amsterdam: Elsevier, 2017.

[261] Cusick T W. Weight recursions for any rotation symmetric Boolean functions. IEEE Trans. Inf. Theory, 2018, 64(4): 2962-2968.

[262] Czurylo A G. Strong Boolean functions with compact ANF representation// Pejaś J, et al., ed. Advances in Information Processing and Protection, Berlin: Springer, 2007: 215-224.

[263] Daemen J, Govaerts R, Vandewalle J. Correlation matrices. 2nd Int. Workshop on Fast Software Encryption-FSE 1994, Berlin: Springer, LNCS 1008, 1994: 275-285.

[264] Dalai D K, Gupta K C, Maitra S. Results on algebraic immunity for cryptographi-cally significant Boolean functions. Progress in Cryptology-INDOCRYPT 2004, LNCS 3348, Springer, 2004: 92-106.

[265] Dalai D K, Maitra S, Sarkar S. Basic theory in construction of Boolean functions with maximum possible annihilator immunity. Des. Codes Cryptogr., 2006, 40(1): 41-58.

[266] Dalai D K, Maitra S, Sarkar S. Results on rotation symmetric bent functions. Discrete Math., 2009, 309(8): 2398-2409.

[267] Danielsen L E, Gulliver T A, Parker M G. Aperiodic propagation criteria for Boolean functions. Inf. Comput., 2006, 204(5): 741-770.

[268] Daum M, Dobbertin H, Leander G. An algorithm for checking normality of Boolean

functions. Proc. Int. Workshop on Coding and Cryptography 2003-WCC 2003, 2003: 133-142.

[269] Davidova D, Budaghyan L, Carlet C, et al. Relation between o-equivalence and EA-equivalence for Niho bent functions. Finite Fields Appl., 2021, 72: 101834.

[270] Dawson E, Wu C K. Construction of correlation immune Boolean functions. Int. Conf. Information and Communications Security-ICICS 1997, LNCS 1334, Springer, 1997: 170-180.

[271] Dawson E, Wu C K. On the linear structure of symmetric Boolean functions. Australas. J. Comb., 1997, 16: 239-243.

[272] de Bruijn N G. A combinatorial problem. Proc. Koninklijke Nederlandse Akademie van Wetenschappen, 1946, 49: 758-764.

[273] Dembowski P, Ostrom T G. Planes of order n with collineation groups of order n^2. Math. Zeilschr., 1968, 103: 239-258.

[274] de Visme G H. Binary Sequences. London: English Universities Press, 1971.

[275] Delsarte P. Two-weight linear codes and strongly regular graphs. Report R160, MBLE Res. Lab., Brussels, 1971.

[276] Delsarte P. Weights of linear codes and strongly regular normed spaces. Discrete Math., 1972, 3: 47-64.

[277] Denisov O V. A local limit theorem for the distribution of a part of the spectrum of a random binary function. Discrete Math. Appl., 2000, 10(1): 87-101.

[278] Dichtl M. Bad and good ways of post-processing biased physical random numbers. Int. Workshop on Fast Software Encryption-FSE 2007, LNCS 4593, Springer, 2007: 137-152.

[279] Diffie W, Hellman M E. New directions in cryptography. IEEE Trans. Inf. Theory, 1976, 22 (6): 644-654.

[280] Dillon J F. A survey of bent functions. NSA Techn. J., 1972: 191-215.

[281] Dillon J F. Elementary Hadamard Difference Sets. PhD Dissertation, University of Maryland, College Park, 1974.

[282] Dillon J F, Dobbertin H. New cyclic difference sets with Singer parameters. Finite Fields Appl., 2004, 10: 342-389.

[283] Dillon J F. APN polynomials and related codes. Workshop on Polynomials over Finite Fields and Their Applications, Banff Int. Res. Station, Banff, Alberta, Canada, 2006.

[284] Dillon J F, McGuire G. Near bent functions on a hyperplane. Finite Fields Appl., 2008, 14(3): 715-720.

[285] Ding C, Xiao G, Shan W. The Stability Theory of Stream Ciphers. LNCS 561, Springer, 1991.

[286] Ding C, Munemasa A, Tonchev V D. Bent vectorial functions, codes and designs. IEEE Trans. Inf. Theory, 2019, 65 (11): 7533-7541.

[287] Dobbertin H. Construction of bent functions and balanced Boolean functions with high nonlinearity. 2nd Int. Workshop on Fast Software Encryption-FSE 1994, LNCS 1008, Springer, 1995: 61-74.

[288] Dobbertin H. Almost perfect nonlinear power functions on $GF(2^n)$: A new case for n divisible by 5. Int. Conf. Finite Fields and Applications-Fq5, 1999, Springer, 2001: 113-121.

[289] Dobbertin H. Almost perfect nonlinear power functions on $GF(2^n)$: The Welch case. IEEE Trans. Inf. Theory, 1999, 45(4): 1271-1275.

[290] Dobbertin H, Leander G. A survey of some recent results on bent functions. 3rd Int. Conf. Sequences and Their Applications-SETA 2004, LNCS 3486, Springer, 2005: 1-29.

[291] Dobbertin H, Leander G, Canteaut A, et al. Construction of bent functions via Niho power functions. J. Comb. Theory, Ser. A, 2006, 113 (5): 779-798.

[292] Dobbertin H, Leander G. Bent functions embedded into the recursive framework of $\mathbb{Z}$-bent functions. Des. Codes Cryptogr., 2008, 49 (1-3): 3-22.

[293] Du J, Chen Z, Fu S, et al. Constructions of 2-resilient rotation symmetric Boolean functions through symbol transformations of cyclic Hadamard matrix. Theor. Comput. Sci., 2022, 919: 80-91.

[294] Dubuc S. Characterization of linear structures. Des. Codes Cryptogr., 2001, 22(1): 33-45.

[295] Dündar B G, Gölolu F, Doanaksoy A, Saygi Z. A method of constructing highly nonlinear balanced Boolean functions. Proc. 2nd Int. Workshop on Boolean Functions: Cryptography and Applications-BFCA 2006, 2006: 1-12.

[296] Dutta S, Maitra S, Mukherjee C. Following Forrelation -quantum algorithms in exploring Boolean functions'spectra. Adv. Math. Commun., 2024, 18(1): 1-25.

[297] Dwass M. Unbiased coin tossing with discrete random variables. Ann. Math. Statist., 1972, 43(3): 860-864.

[298] Easterling M. Acquisition ranging codes and noise. Jet Propulsion Laboratory, Pasadena, California, Research Summary, 1960, 36-2: 31-36.

[299] Easterling M. A long range precision ranging system. Jet Propulsion Laboratory, Pasadena, California, Research Summary, 1961, 32-80: 1-7.

[300] Easterling M. The Modulation in Ranging Receivers. Jet Propulsion Laboratory, Pasadena, California, Research Summary, 1961, 36-7: 62-65.

[301] Eddahmani S, Mesnager S. Explicit values of the DDT, the BCT, the FBCT, and the FBDT of the inverse, the gold, and the Bracken-Leander S-boxes. Cryptogr. Commun., 2022, 14: 1301-1344.

[302] Edel Y, Kyureghyan G, Pott A. A new APN function which is not equivalent to a power mapping. IEEE Trans. Inf. Theory, 2006, 52(2): 744-747.

[303] Edel Y, Pott A. A new almost perfect nonlinear function which is not quadratic. Adv. Math. Commun., 2009, 3(1): 59-81.

[304] Edwards C R. The application of the Rademacher-Walsh transform to Boolean function classification and threshold logic synthesis. IEEE Trans. Comput., 1975, C-24(1): 48-62.

[305] El-Zahar M, Khairat M. On the weight distribution of the coset leaders of the first-order

Reed-Muller code. IEEE Trans. Inf. Theory, 1987, 33(5): 744-747.

[306] Elias P. The efficient construction of an unbiased random sequence. Ann. Math. Statist., 1972, 43(3): 865-870.

[307] Ellingsen P, Felke P, Riera C, et al. C-differentials, multiplicative uniformity, and (almost) perfect c-nonlinearity. IEEE Trans. Inf. Theory, 2020, 66(9): 5781-5789.

[308] Eremeev M A, Moldovyan A A, Moldovyan N A. Protective data transformations in ACSs on the basis of a new primitive. Aut. Rem. Control, 2002, 63(12): 1996-2013.

[309] Falkowski B J, Chang C H. Hadamard-Walsh spectral characterization of Reed-Muller expansions. Comput. Electr. Engin., 1999, 25(2): 111-134.

[310] Fan Y, Xu B. Fourier transforms and bent functions on faithful actions of finite abelian groups. Des. Codes Cryptogr., 2017, 82 (3): 543-558.

[311] Fan Y, Xu B. Fourier transforms and bent functions on finite groups. Des. Codes Cryptogr., 2018, 86 (9): 2091-2113.

[312] Fedorova M, Tarannikov Y. On the constructing of highly nonlinear resilient Boolean functions by means of special matrices. Progress in Cryptology-INDOCRYPT 2001, LNCS 2247, Springer, 2001: 254-266.

[313] Feng D G. Three characterizations of correlation-immune functions over rings Z_N. Theor. Comput. Sci., 1999, 226(1-2): 37-43.

[314] Feng D G, Liu B. Almost perfect nonlinear permutations. Electron. Lett., 1994, 30 (3): 208-209.

[315] Feng D G, Wang X Y. Progress and prospect of some fundamental research on information security in China. J. Comput. Sci. Technol., 2006, 21(5): 740-755.

[316] Feng K. Generalized bent functions and class group of imaginary quadratic fields. Sci. China Math., 2001, 44: 562-570.

[317] Feng K Q, Liu F M. New results on the nonexistence of generalized bent functions. IEEE Trans. Inf. Theory, 2003, 49(11): 3066-3071.

[318] Feng K, Yang J. Vectorial Boolean functions with good cryptographic properties. Int. J. Found. Comput. Sci., 2011, 22(6): 1271-1282.

[319] Filiol E, Fontaine C. Highly nonlinear balanced Boolean functions with a good correlation-immunity. Advances in Cryptolog-EUROCRYPT 1998, LNCS 1403, Springer, 1998: 475-488.

[320] Filiol E. A new statistical testing for symmetric ciphers and hash functions. Int. Conf. Information and Communications Security-ICICS 2002, LNCS 2513, Springer, 2002: 342-353.

[321] Filiol E, Jacob G, Liard M L. Evaluation methodology and theoretical model for antiviral behavioural detection strategies. J. Comput. Virology, 2007, 3(1): 23-37.

[322] Flori J P, Mesnager S. An efficient characterization of a family of hyper-bent functions with multiple trace terms. J. Math. Cryptol., 2013, 7(1): 43-68.

[323] Formenti E, Imai K, Martin B, Yunes J B. On 1-resilient, radius 2 elementary CA rules. 17th Int. Workshop on Cellular Automata and Discrete Complex Systems-

AUTOMATA 2011, 2011: 41-54.

[324] Fontaine C. On some cosets of the first-order Reed-Muller code with high minimum weight. IEEE Trans. Inf. Theory, 1999, 45(4): 1237-1243.

[325] Forrié R. The strict avalanche criterion: spectral properties of Boolean functions and an extended definition. Advances in Cryptology - CRYPTO'88, LNCS 403, Springer, 1990: 450-468.

[326] Forré R. Methods and instruments for designing S-boxes. J. Cryptol., 1990, 2: 115-130.

[327] Fu S H, Feng X T. Further results of the cryptographic properties on the butterfly structures. 2016.

[328] Fu S H, Feng X T, Wu B F. Differentially 4-uniform permutations with the best known nonlinearity from butterflies. IACR Trans. Symmetric Cryptol., 2017, 2017(2): 228-249.

[329] Fu S H, Feng X T. Involutory differentially 4-uniform permutations from known constructions. Des. Codes Cryptogr., 2016, 87(1): 31-56.

[330] Fu S J, Li C, Matsuura K, Qu L. Balanced $2p$-variable rotation symmetric Boolean functions with maximum algebraic immunity. Appl. Math. Lett., 2011, 24(12): 2093-2096.

[331] Fu S J, Li C, Matsuura K, Qu L. Construction of odd-variable resilient Boolean functions with optimal degree. IEICE Trans. Fundam. Electron. Commun. Comput. Sci., 2011, E94-A(1): 265-267.

[332] Fu S J, Qu L, Li C, Sun B. Balanced rotation symmetric Boolean functions with maximum algebraic immunity. IET Inf. Secur., 2011, 5(2): 93-99.

[333] Fu S J, Li C, Qu L. A recursive construction of highly nonlinear resilient vectorial functions. Inf. Sci., 269, 2014: 388-396.

[334] Gabidulin E M. Partial classification of sequences with perfect auto-correlation and bent functions. IEEE Int. Symp. Inf. Theory-ISIT 1995, IEEE, 1995: 467.

[335] Gadouleau M, Mariot L, Picek S. Bent functions in the partial spread class generated by linear recurring sequences. Des. Codes Cryptogr., 2023, 91: 63-82.

[336] Gangopadhyay S, Keskar P H, Maitra S. Patterson-Wiedemann construction revisited. Discrete Math., 2006, 306(14): 1540-1556.

[337] Gangopadhyay S, Pasalic E, Stănică P. A note on generalized bent criteria for Boolean functions. IEEE Trans. Inf. Theory, 2013, 59(5): 3233-3236.

[338] Gangopadhyay S. Affine inequivalence of cubic Maiorana-McFarland type bent functions. Discrete Appl. Math., 2013, 161(7-8): 1141-1146.

[339] Gangopadhyay S, Joshi A, Sharma R K. A new construction of bent functions based on $\mathbb{Z}$-bent functions. Des. Codes Cryptogr., 2013, 66(1-3): 243-256.

[340] Gangopadhyay S, Pasalic E, Datta S. A note on non-splitting $\mathbb{Z}$-bent functions. Inf. Process. Lett., 2017, 121: 1-5.

[341] Gangopadhyay S, Mandal B, Stănică P. Gowers U_3 norm of some classes of bent Boolean functions. Des. Codes Cryptogr., 2018, 86 (5): 1131-1148.

[342] Gao G, Liu W, Zhang X. The degree of balanced elementary symmetric Boolean functions of $4k+3$ variables. IEEE Trans. Inf. Theory, 2011, 57(7): 4822-4825.

[343] Gao G, Zhang X, Liu W, Carlet C. Constructions of quadratic and cubic rotation symmetric bent functions. IEEE Trans. Inf. Theory, 2012, 58(7): 4908-4913.

[344] Gao G, Guo Y, Zhao Y. Recent results on balanced symmetric Boolean functions. IEEE Trans. Inf. Theory, 2016, 62(9): 5199-5203.

[345] Gao G, Lin D, Liu W, et al. Composition of Boolean functions: An application to the secondary constructions of bent functions. Discrete Math., 2020, 343(3): 111711.

[346] Gao G, Zhang W G, Wang Y. Composition construction of new bent functions from known dually isomorphic bent functions. IACR Cryptology ePrint Archive: Report 2022/143.

[347] Gao S, Ma W, Zhao Y, Zhuo Z. Walsh spectrum of cryptographically concatenating functions and its applications in constructing resilient Boolean functions. J. Comput. Inf. Syst., 2011, 7(4): 1074-1081.

[348] Gao S, Ma W P. Novel recursive construction method for resilient S-boxes. Adv. Mater. Res., 2011, 225-226: 1149-1152.

[349] Gargano L, Vaccaro U. Efficient generation of fair dice with few biased coins. IEEE Trans. Inf. Theory, 1999, 45(5): 1600-1606.

[350] Geffe P R. How to protect data with ciphers that are really hard to break. Electronics, 1973, 46(1): 99-101.

[351] Glukhov M M. Planar mappings of finite fields and their generalizations. Algebra and Logic: Theory and Applications, 2013.

[352] Gold R. Maximal recursive recursive sequences with 3-valued recursive cross-correlation functions. IEEE Trans. Inf. Theory, 1968, 14(1): 154-156.

[353] Golić J D. On the linear complexity of functions of periodic GF (q) sequences. IEEE Trans. Inf. Theory, 1989, 35(1): 69-75.

[354] Golić J D. Correlation via linear sequential circuit approximation of combiners with memory. Advances in Cryptology-EUROCRYPT'92, LNCS 658, Springer, 1993: 113-123.

[355] Golić J D. On the security of shift register based keystream generators. Int. Workshop on Fast Software Encryption-FSE 1993, LNCS 809, Springer, 1994: 90-100.

[356] Golić J D. Correlation properties of a general binary combiner with memory. J. Cryptol., 1996, 9(2): 111-126.

[357] Golić J D. Fast low order approximation of Cryptographic functions. Advances in Cryptology-EUROCRYPT'96, LNCS 1070, Springer, 1996: 268-282.

[358] Golić J D, Petrovic S V. Correlation attacks on clock-controlled shift registers in keystream generators. IEEE Trans. Comput., 1996, 45(4): 482-486.

[359] Golić J D. Edit distance correlation attacks on clock-controlled combiners with memory. Austr. Conf. Information Security and Privacy-ACISP 1996, LNCS 1172, Springer, 1996: 169-181.

[360] Golić J D. Edit distances and probabilities for correlation attacks on clock-controlled combiners with memory. IEEE Trans. Inf. Theory, 2001, 47(3): 1032-1041.

[361] Golomb S W. How to count equivalence classes. Jet Propulsion Laboratory, Pasadena, California, Research Summary, 1958.

[362] Golomb S W. On the classification of Boolean functions. IRE Trans. Inf. Theory, 1959, 5(5): 176-186.

[363] Golomb S W. Principles of the design of shift-register codes. Jet Propulsion Laboratory, Pasadena, California, Progress Report, 1959 (20-386).

[364] Golomb S W. Deep space range measurement. Jet Propulsion Laboratory, Pasadena, California, Research Summary, 1960(36-1): 39-42.

[365] Golomb S W. Shift Register Sequences. San Francisco: Holden-Day, 1967 (Revised Edition, Laguna Hills: Aegean Park Press, 1982).

[366] Golomb S W. Theory of transformation groups of polynomials over GF(2) with applications to linear shift register sequences. Inf. Sci., 1968, 1(1): 87-109.

[367] Golomb S W. Private communication. March 1986.

[368] Golomb S W, Peile R E, Taylor H. Nonlinear shift registers that produce all vectors of weight $\leqslant t$. IEEE Trans. Inf. Theory, 1992, 38(3): 1181-1183.

[369] Golomb S W. On the cryptanalysis of nonlinear sequences. IMA Int. Conf. Cryptography and Coding, Crypto & Coding'99, LNCS 1746, Springer, 1999: 236-242.

[370] Gong G, Youssef A M. On Welch-Gong transformation sequence generators. Int. Workshop on Selected Areas in Cryptography-SAC 2000, LNCS 2012, Springer, 2000: 217-232.

[371] Gong G, Youssef A M. Cryptographic properties of the Welch-Gong transformation sequence generators. IEEE Trans. Inf. Theory, 2002, 48(11): 2837-2846.

[372] Gong G, Helleseth T, Kumar P V. Solomon W. Golomb-Mathematician, engineer, and pioneer. IEEE Trans. Inf. Theory, 2018, 64(4): 2844-2857.

[373] Gong G, Helleseth T, Kholosha A. On the dual of certain ternary weakly regular bent functions. IEEE Trans. Inf. Theory, 2012, 58(4): 2237-2243.

[374] Good I J. Normal recurring decimals. J. Lond. Math. Soc., 1946, 21(3): 167-169.

[375] Gopalakrishnan K, Hoffman D G, Stinson D R. A note on a conjecture concerning symmetric resilient functions. Inf. Process. Lett., 1993, 47(3): 139-143.

[376] Gopalakrishnan K, Stinson D R. Three characterizations of non-binary correlation-immune and resilient functions. Des. Codes Cryptogr., 1995, 5(3): 241-251.

[377] Gouget A, Sibert H. Revisiting correlation-immunity in filter generators. Int. Workshop on Selected Areas in Cryptography-SAC 2007, LNCS 4876, Springer, 2007: 378-395.

[378] Graham R, Sloane N. On the covering radius of codes. IEEE Trans. Inf. Theory, 1985, 31(3): 385-401.

[379] Grocholewska-Czurylo A. Random generation of highly nonlinear resilient Boolean functions. Proc. 2nd Int. Workshop on Boolean Functions: Cryptography and Applications-BFCA'06, 2006: 61-72.

[380] Groth E J. Generation of binary sequences with controllable complexity. IEEE Trans. Inf. Theory, 1971, IT-13(3): 288-296.

[381] Gravel C, Panario D, Thomson D. Unicyclic strong permutations. Cryptogr. Commun., 2019, 11(6): 1211-1231.

[382] Gu T, Chen Z, Klapper A. Correlation immune functions with respect to the q-transform. Cryptogr. Commun., 2018, 10(6): 1063-1073.

[383] Guillot P. The completed class of GPS covers all bent functions. IEEE Int. Symp. Inf. Theory-ISIT 1998, IEEE, 1998: 438.

[384] Guillot P. Completed GPS covers all bent functions. J. Comb. Theory, Ser. A, 2001, 93(2): 242-260.

[385] Guillot P. Cryptographical Boolean functions construction from linear codes. Proc. 1st Int. Workshop on Boolean Functions: Cryptography and Applications - BFCA 2005, 2005: 141-154.

[386] Guo D H, Cheng L M, Cheng L L. A new symmetric probabilistic encryption scheme based on chaotic attractors of neural networks. Appl. Intell., 1999, 10(1): 71-84.

[387] Guo F, Wang Z, Gong G. Several secondary methods for constructing bent-negabent functions. Des. Codes Cryptogr., 2023, 91(3): 971-995.

[388] Gupta K C, Sarkar P. Improved construction of nonlinear resilient S-boxes. Advances in Cryptology-ASIACRYPT'02, LNCS 2501, Springer, 2002: 466-483.

[389] Gupta K C, Sarkar P. Construction of perfect nonlinear and maximally nonlinear multiple-output Boolean functions satisfying higher order strict avalanche criteria. IEEE Trans. Inf. Theory, 2004, 50(11): 2886-2893.

[390] Gupta K C, Sarkar P. Improved construction of nonlinear resilient S-boxes. IEEE Trans. Inf. Theory, 2005, 51(1): 339-348.

[391] Gupta K C, Sarkar P. Construction of high degree resilient S-boxes with improved nonlinearity. Inf. Process. Lett., 2005, 95(3): 413-417.

[392] Hao T S, Hoshi M. Interval algorithm for random number generation. IEEE Trans. Inf. Theory, 1997, 43(2): 599-611.

[393] Hasan S U, Pal M, Riera C, Stănică P. On the c-differential uniformity of certain maps over finite fields. Des. Codes Cryptogr., 2021, 89: 221-239.

[394] Hasan S U, Pal M, Stănică P. The c-differential uniformity and boomerang uniformity of two classes of permutation polynomials. IEEE Trans. Inf. Theory, 2022, 68(1): 679-691.

[395] Hata H, Ichikawa S. FPGA implementation of metastability-based true random number generator. IEICE Trans. Inf. Syst., 2012, E95D(2): 426-436.

[396] Heckel R, Schober S, Bossert M. Harmonic analysis of Boolean networks: determinative power and perturbations. EURASIP J. Bioinform. Syst. Biology, 2013, 6: 1-13.

[397] Helgert H, Stinaff R. Minimum-distance bounds for binary linear codes. IEEE Trans. Inf. Theory, 1973, 19(3): 344-356.

[398] Hellerstein L, Rosell B, Bach E, Ray S, Page D. Exploiting product distributions to

identify relevant variables of correlation immune functions. J. Mach. Learn. Res., 2009, 10: 2375-2411.

[399] Helleseth T, Klove T, Mykkeltveit J. On the covering radius of binary codes. IEEE Trans. Inf. Theory, 1978, 24(5): 627-628.

[400] Helleseth T, Kholosha A. Monomial and quadratic bent functions over the finite fields of odd characteristic. IEEE Trans. Inf. Theory, 2006, 52(5): 2018-2032.

[401] Helleseth T, Hollmann H D L, Xiang Q. Proofs of two conjectures on ternary weakly regular bent functions. IEEE Trans. Inf. Theory, 2009, 55(11): 5272-5283.

[402] Helleseth T, Kholosha A. New binomial bent functions over the finite fields of odd characteristic. IEEE Trans. Inf. Theory, 2010, 56(9): 4646-4652.

[403] Helleseth T, Kholosha A. On generalized bent functions. Proc. IEEE Information Theory Workshop-ITW 2010, IEEE, 2000: 178-183.

[404] Helleseth T, Kholosha A, Mesnager S. Niho bent functions and subiaco hyperovals. 10th Int. Conf. Finite Fields and Their Applications (Fq'10), Contemporary Mathematics, vol. 579, AMS, 2012: 91-101.

[405] Helleseth T, Kholosha A. Bent functions and their connections to combinatorics// Blackburn S R, et al., ed. Surveys in Combinatorics 2013, vol. 409, Cambridge: Cambridge University Press, 2013: 91-125.

[406] Helleseth T, Kholosha A. New ternary binomial bent functions. IEEE Int. Symp. Inf. Theory-ISIT 2016, IEEE, 2016: 110-114.

[407] Herlestam T. On linearization of nonlinear combinations of linear shift register sequences. IEEE Int. Symp. Inf. Theory-ISIT 1977, Cornell University, Ithaca, New York, 1977.

[408] Herlestam T. On the complexity of functions of linear shift register sequences. IEEE Int. Symp. Inf. Theory-ISIT 1982, Les Arcs, France, 1982.

[409] Herlestam T. On functions of linear shift register sequences. Advances in Cryptology-EUROCRYPT'85, LNCS 219, Springer, 1986: 119-129.

[410] Hermelin M, Nyberg K. Dependent linear approximations: the algorithm of Biryukov and others revisited. Topics in Cryptology-CT-RSA 2010, LNCS 5985, Springer, 2010: 318-333.

[411] Heys H M. Information leakage of Feistel ciphers. IEEE Trans. Inf. Theory, 2001, 47(1): 23-35.

[412] Hirschfeld J W P. Projective Geometries Over Finite Fields. 2nd ed. Oxford: Clarendon Press, 1998.

[413] Bajrić S, Pasalic E, Ribić-Muratovic A, Sugata G. On generalized bent functions with Dillon's exponents. Inf. Process. Lett., 2014, 114(4): 222-227.

[414] Hodžić S, Pasalic E. Generalized bent functions——Some general construction methods and related necessary and sufficient conditions. Cryptogr. Commun., 2015, 7(4): 469-483.

[415] Hodžić S, Pasalic E. Generalized bent functions——Sufficient conditions and related

constructions. Adv. Math. Commun., 2017, 11(3): 549-566.
[416] Hodžić S, Pasalic E. Construction methods for generalized bent functions. Discrete Appl. Math., 2018, 238: 14-23.
[417] Hodžić S, Meidl W, Pasalic E. Full characterization of generalized bent functions as (semi)-bent spaces, their dual, and the Gray image. IEEE Trans. Inf. Theory, 2018, 64(7): 5432-5440.
[418] Hodžić S, Pasalic E, Zhang W G. Generic constructions of five-valued spectra Boolean functions. IEEE Trans. Inf. Theory, 2019, 65(11): 7554-7565.
[419] Hodžić S, Horak P, Pasalic E. Characterization of basic 5-value spectrum functions through Walsh-Hadamard transform. IEEE Trans. Inf. Theory, 2021, 67(2): 1038-1053.
[420] Hodžić S, Pasalic E, Gangopadhyay S. Generic constructions of $\mathbb{Z}$-bent functions. Des. Codes Cryptogr., 2020, 88(3): 601-623.
[421] Hodžić S, Pasalic E, Wei Y. A general framework for secondary constructions of bent and plateaued functions. Des. Codes Cryptogr., 2020, 88(10): 2007-2035.
[422] Hoeffding W, Simons G. Unbiased coin tossing with a biased coin. Ann. Math. Statist., 1970, 41(2): 341-352.
[423] Hohn F. Some mathematical aspects of switching. Amer. Math. Mon., 1955, 62: 75-90.
[424] Hong Y P, Jin S Y, Song H Y. High security frequency/time hopping sequence generators. Int. Workshop on Signal Design and Its Applications in Communications-IWSDA 2007, 2007: 89-93.
[425] Hou X, Langevin P. Results on bent functions. J. Comb. Theory, Ser. A, 1997, 80(2): 232-246.
[426] Hou X. Cubic bent functions. Discrete Math., 1998, 189(1-3): 149-161.
[427] Hou X. q-ary bent functions constructed from chain rings. Finite Fields Appl., 1998, 4(1): 55-61.
[428] Hou X. New constructions of bent functions. J. Combin. Inf. Syst. Sci., 2000, 25(1-4): 173-189.
[429] Hou X. Bent functions, partial difference sets, and quasi-Frobenius local rings. Des. Codes Cryptogr., 2000, 20(3): 251-268.
[430] Hou X. On binary resilient functions. Des. Codes Cryptogr., 2003, 28(1): 93-112.
[431] Hou X. p-Ary and q-ary versions of certain results about bent functions and resilient functions. Finite Fields Appl., 2004, 10(4): 566-582.
[432] Hou X. Affinity of permutations on F. Discrete Appl. Math., 2006, 154(2): 313-325.
[433] Hu H, Feng D. On quadratic bent functions in polynomial forms. IEEE Trans. Inf. Theory, 2007, 53(7): 2610-2615.
[434] Hu H, Zhang Q, Shao S. On the dual of the Coulter-Matthews bent functions. IEEE Trans. Inf. Theory, 2017, 63(4): 2454-2463.
[435] Hu H, Yang X, Tang S. New classes of ternary bent functions from the Coulter-Matthews bent functions. IEEE Trans. Inf. Theory, 2018, 64(6): 4653-4663.

[436] Hu L, Zeng X. Partially perfect nonlinear functions and a construction of cryptographic Boolean functions. Int. Conf. Sequences and Their Applications-SETA 2006, LNCS 4086, Springer, 2006: 402-416.

[437] Hu Y, Xiao G. Resilient functions over finite fields. IEEE Trans. Inf. Theory, 2003, 49(8): 2040-2046.

[438] Huang T Y, You K H. Strongly regular graphs associated with bent functions. 7th Int. Symp. Parallel Architectures, Algorithms and Networks-I-SPAN 2004, IEEE, 2004: 380-383.

[439] Hunt F H, Smith D H. The assignment of CDMA spreading codes constructed from Hadamard matrices and almost bent functions. Wirel. Pers. Commun., 2013, 72(4): 2215-2227.

[440] Husa J. Comparison of genetic programming methods on design of cryptographic Boolean functions. European Conf. Genetic Programming-EuroGP 2019, LNCS 11451, 2019: 228-244.

[441] Hussain I, Shah T. Literature survey on nonlinear components and chaotic nonlinear components of block ciphers. Nonlinear Dynam., 2013, 74(4): 869-904.

[442] Hyun J Y, Lee H, Lee Y. MacWilliams duality and a Gleason-type theorem on self-dual bent functions. Des. Codes Cryptogr., 2012, 63(3): 295-304.

[443] Hyun J Y, Lee H, Lee Y. Necessary conditions for the existence of regular p-ary bent functions. IEEE Trans. Inf. Theory, 2014, 60(3): 1665-1672.

[444] Hyun J Y, Lee Y. Characterization of p-ary bent functions in terms of strongly regular graphs. IEEE Trans. Inf. Theory, 2019, 65(1): 676-684.

[445] Jacobson N. Basic Algebra I. 2nd ed. New York: Dover Publications, 2009.

[446] Jacobson N. Basic Algebra II. 2nd ed. New York: Dover Publications, 2009.

[447] Jeong J, Koo N, Kwon S. New differentially 4-uniform permutations from modifications of the inverse function. Finite Fields Appl., 2021, 78: 101931.

[448] Jeong J, Koo N, Kwon S. Constructing differentially 4-uniform involutions over $\mathbb{F}_{2^{2k}}$ by using Carlitz form. Finite Fields Appl., 2021, 78: 101957.

[449] Jia W, Zeng X, Li C. A class of binomial bent functions over the finite fields of odd characteristic. IEEE Trans. Inf. Theory, 2012, 58(9): 6054-6063.

[450] Jiang Y, Deng Y. New results on nonexistence of generalized bent functions. Des. Codes Cryptogr., 2015, 75(3): 375-385.

[451] Johansson T, Pasalic E. A construction of resilient functions with high nonlinearity. IEEE Int. Symp. Inf. Theory-ISIT 2000, IEEE, 2000: 184.

[452] Johansson T, Pasalic E. A construction of resilient functions with high nonlinearity. IEEE Trans. Inf. Theory, 2003, 49(2): 494-501.

[453] Johnson A P, Chakraborty R S, Mukhopadyay D. An improved DCM-based tunable true random number generator for Xilinx FPGA. IEEE Trans. Circuits Syst. II, 2017, 64(4): 452-456.

[454] Joux A. Algorithmic Cryptanalysis. Philadelphia: Chapman and Hall/CRC, 2009.

[455] Juels A, Jakobsson M, Shriver E, Hillyer B K. How to turn loaded dice into fair coins. IEEE Trans. Inf. Theory, 2000, 46(3): 911-921.

[456] Jun B, Kocher P. The Intel random number generator. Cryptography Research Inc. white paper, San Francisco, 1999.

[457] Karmakar S. An experiment with some rule 30 and rule 150 hybrid non-linear cellular automata for cryptography. J. Cell. Autom., 2018, 13(5-6): 461-477.

[458] Karmakar S, Chowdhury D R. Design and analysis of some cryptographically robust non-uniform nonlinear cellular automata. J. Cell. Autom., 2018, 13(1-2): 145-158.

[459] Karpovsky M. Finite Orthogonal Series in the Design of Digital Devices: Analysis, Synthesis, and Optimization. Manhattan: John Wiley & Sons, 1976.

[460] Karpovsky M. Weight distribution of translates, covering radius, and perfect codes correcting errors of given weights. IEEE Trans. Inf. Theory, 1981, 27(4): 462-472.

[461] Karpovsky M G, Nagvajara P. Optimal codes for minimax criterion on error-detection. IEEE Trans. Inf. Theory, 1989, 35(6): 1299-1305.

[462] Kasami T. Weight distribution formula for some class of cyclic codes. Report R-285, Coordinated Science Lab., University of Illinois, Urbana, Ill., 1966.

[463] Kasami T. The weight enumerators for several classes of subcodes of the second order binary Reed-Muller codes. Inf. Contr., 1971, 18: 369-394.

[464] Kavut S, Yücel M D. Improved cost function in the design of Boolean functions satisfying multiple criteria. Progress in Cryptology -INDOCRYPT'03, LNCS 2904, Springer, 2003: 121-134.

[465] Kavut S, Maitra S, Sarkar S, Yücel M D. There exist Boolean functions on n (odd) variables having nonlinearity $> 2^{n-1} - 2^{(n-1)/2}$ if and only if $n > 7$. IACR Cryptology ePrint Archive: Report 2006/181.

[466] Kavut S, Maitra S, Sarkar S, Yücel M D. Enumeration of 9-variable rotation symmetric Boolean functions having nonlinearity > 240. Progress in Cryptology-INDOCRYPT'06, LNCS 4329, Springer, 2006: 266-279.

[467] Kavut S, Maitra S, Yücel M D. Autocorrelation spectra of balanced Boolean functions on an odd number of input variables with maximum value $< 2^{(n+1)/2}$. Proc. 2nd Int. Workshop on Boolean Functions: Cryptography and Applications-BFCA'06, 2006: 73-86.

[468] Kavut S, Yücel M D, Maitra S. Construction of resilient functions by the concatenation of boolean functions having nonintersecting walsh spectra. Proc. 3rd Int. Workshop on Boolean Functions: Cryptography and Applications-BFCA'07, 2007: 43-62.

[469] Kavut S, Maitra S, Yücel M D. Search for Boolean functions with excellent profiles in the rotation symmetric class. IEEE Trans. Inf. Theory, 2007, 53(5): 1743-1751.

[470] Kavut S, Yücel M D. Generalized rotation symmetric and dihedral symmetric Boolean functions-9 variable Boolean functions with nonlinearity 242. Int. Symp. Applied Algebra, Algebraic Algorithms, and Error-Correcting Codes-AAECC 2007, LNCS 4851, Springer, 2007: 321-329.

[471] Kavut S. Correction to the paper: Patterson-Wiedemann construction revisited. Discrete Appl. Math., 2016, 202: 185-187.

[472] Kavut S, Maitra S, Tang D. Construction and search of balanced Boolean functions on even number of variables towards excellent autocorrelation profile. Des. Codes Cryptogr., 2019, 87: 261-276.

[473] Ke P, Zhang J, Wen Q. Results on almost resilient functions. Int. Conf. Applied Cryptography and Network Security-ACNS 2006, LNCS 3989, Springer, 2006: 421-432.

[474] Key E L. An analysis of the structure and complexity of nonlinear binary sequence generators. IEEE Trans. Inf. Theory, 1976, IT-22(6): 732-736.

[475] Khan M A, Özbudak F. Hybrid classes of balanced Boolean functions with good cryptographic properties. Inf. Sci., 2014, 273: 319-328.

[476] Khinko E V. On some recursive construction of plateaued resilient Boolean functions with step in 3 variables. Prikl. Diskr. Mat., 2016, 31(1): 92-103.

[477] Kholosha A, Van Tilborg H C A. Tensor transform of Boolean functions and related algebraic and probabilistic properties. Int. Conf. Information and Communications Security-ICICS 2002, LNCS 2513, Springer, 2002: 434-446.

[478] Khoo K, Gong G, Lee H K. The rainbow attack on stream ciphers based on Maiorana-McFarland functions. Int. Conf. Applied Cryptography and Network Security-ACNS 2006, LNCS 3989, Springer, 2006: 194-209.

[479] Khoo K, Gong G, Stinson D. A new characterization of semi-bent and bent functions on finite fields. Des. Codes Cryptogr., 2006, 38(2): 279-295.

[480] Kirienko D. On new infinite family of high order correlation immune unbalanced Boolean functions. IEEE Int. Symp. Inf. Theory-ISlT 2002, IEEE, 2002: 465.

[481] Kim K. Construction of DES-like S-boxes based on Boolean functions satisfying the SAC. Advances in Cryptology-ASIACRYPT'91, LNCS 739, Springer, 1993: 59-72.

[482] Kim K H, Mesnager S, Choe J H, Lee D N, Lee S, Jo M C. On permutation quadrinomials with boomerang uniformity 4 and the best-known nonlinearity. Des. Codes Cryptogr., 2022, 90: 1437-1461.

[483] Kim S H, No J S. New families of binary sequences with low correlation. IEEE Trans. Inf. Theory, 2003, 49(11): 3059-3065.

[484] Klapper A, Cartel C. Spectral methods for cross correlations of geometric sequences. IEEE Trans. Inf. Theory, 2004, 50(1): 229-232.

[485] Klapper A. A new transform related to distance from a Boolean function. IEEE Trans. Inf. Theory, 2016, 62(5): 2798-2812.

[486] Klapper A, Chen Z. On the nonexistence of q-bent Boolean functions. IEEE Trans. Inf. Theory, 2018, 64(4): 2953-2961.

[487] Klein A. Stream Ciphers. Berlin: Springer, 2013.

[488] Knudsen L R. DEAL-A 128-bit block cipher. Technical Report No. 151, Department of Informatics, University of Bergen, 1998.

[489] Knuth D, Yao A C. The complexity of nonuniform random number generation//Traub

J F, ed. Algorithms and Complexity: New Directions and Recent Results. New York: Academic, 1976: 357-428.

[490] Kudin S, Pasalic E. Efficient design methods of low-weight correlation-immune functions and revisiting their basic characterization. Discrete Appl. Math., 2020, 284: 150-157.

[491] Kudin S, Pasalic E. Proving the conjecture of O'Donnell in certain cases and disproving its general validity. Discrete Appl. Math., 2021, 289: 345-353.

[492] Kudin S, Pasalic E. A complete characterization of $\mathcal{D}_0 \cap \mathcal{M}^{\#}$ and a general framework for specifying bent functions in $\mathcal{C}$ outside $M^{\#}$. Des. Codes Cryptogr., 2022, 90(8): 1783-1796.

[493] Kumar P, Scholtz R. Bounds on the linear span of bent sequences. IEEE Trans. Inf. Theory, 1983, 29(6): 854-862.

[494] Kumar P V, Scholtz R A, Welch L R. Generalized bent functions and their properties. J. Comb. Theory, Ser. A, 1985, 40(1): 90-107.

[495] Kumar P V. Frequency-hopping code sequence designs having large linear span. IEEE Trans. Inf. Theory, 1988, 34(1): 146-151.

[496] Kumar P V. On the existence of square dot-matrix patterns having a specific three-valued periodic-correlation function. IEEE Trans. Inf. Theory, 1988, 34(2): 271-277.

[497] Kumar P V, Moreno O. Prime-phase sequences with periodic correlation properties better than binary sequences. IEEE Trans. Inf. Theory, 1991, 37(3): 603-616.

[498] Kurosawa K, Satoh T, Yamamoto K. Highly nonlinear t-resilient functions. J. Univ. Comput. Sci., 1997, 3(6): 721-729.

[499] Kutsenko A. Metrical properties of self-dual bent functions. Des. Codes Cryptogr., 2020, 88(1): 201-222.

[500] Kutsenko, A. The group of automorphisms of the set of self-dual bent functions. Cryptogr. Commun., 2020, 12(5): 881-898.

[501] Kuz'min A S, Markov V T, Nechaev A A, et al. Bent functions and hyper-bent functions over a field of 2^l elements. Probl. Inf. Transm., 2008, 44(1): 12-33.

[502] Lacharme P. Post-processing functions for a biased physical random number generator. 15th Int. Workshop on Fast Software Encryption-FSE 2008, LNCS 5086, Springer, 2008: 334-342.

[503] Lacharme P. Analysis and construction of correctors. IEEE Trans. Inf. Theory, 2009, 55(10): 4742-4748.

[504] Lai X, Massey J L. A proposal for a new block encryption standard. Advances in Cryptology-EUROCRYPT'90, LNCS 473, Springer, 1991: 389-404.

[505] Lai X. Higher order derivatives and differential cryptanalysis//Blahut R E, et al., ed. Communications and Cryptography. The Springer International Series in Engineering and Computer Science, vol 276, Berlin: Springer, 1994: 227-233.

[506] Landau S. Polynomials in the nation's service: Using algebra to design the advanced encryption standard. Amer. Math. Mon., 2004, 111(2): 89-117.

[507] Lang S. Algebra. 3rd ed. New York: Springer, 2002.

[508] Langevin P. On generalized bent functions// Camion P, et al., ed. CISM Int. Centre for Mechanical Sciences-Courses and Lectures. Eurocode 1992, vol. 339, Springer, 1993: 147-152.

[509] Langevin P, Leander G. Counting all bent functions in dimension eight 99270589265934370305785861242880. Des. Codes Cryptogr., 2011, 59(1-3): 193-205.

[510] Langevin P, Hou X D. Counting partial spread functions in eight variables. IEEE Trans. Inf. Theory, 2011, 57(4): 2263-2269.

[511] Langford S K, Hellman M E. Differential-linear cryptanalysis. Advances in Cryptology-CRYPTO'94, LNCS 839, Springer, 1994: 17-25.

[512] Lapierre L, Lisoněk P. On vectorial bent functions with Dillon-type exponents. IEEE Int. Symp. Inf. Theory-ISIT 2016, IEEE, 2016: 490-494.

[513] Lapierre L, Lisoněk P. Non-existence results for vectorial bent functions with Dillon exponent. Discrete Appl. Math., 2022, 316: 71-74.

[514] Leander G, Kholosha A. Bent functions with 2^r Niho exponents. IEEE Trans. Inf. Theory, 2006, 52(12): 5529-5532.

[515] Leander G. Monomial bent functions. IEEE Trans. Inf. Theory, 2006, 52(2): 738-743.

[516] Lee H J, Moon S J. On an improved summation generator with 2-bit memory. Signal Processing, 2000, 80(1): 211-217.

[517] Lee H, Moon S. Parallel stream cipher for secure high-speed communications. Signal Process., 2002, 82(2): 259-265.

[518] Lempel A, Cohn M. Maximal families of bent sequences. IEEE Trans. Inf. Theory, 1982, 28(6): 865-868.

[519] Leporati A, Mariot L. 1-resiliency of bipermutive cellular automata rules. Int. Workshop on Cellular Automata and Discrete Complex Systems-AUTOMATA 2013, LNCS 8155, Springer, 2013: 110-123.

[520] Leporati A, Mariot L. Cryptographic properties of bipermutive cellular automata rules. J. Cell. Autom., 2014, 9(5-6): 437-475.

[521] Leung K H, Schmidt B. Nonexistence results on generalized bent functions $Z_q^m \to Z_q$ with odd m and $q \equiv 2 \pmod 4$. J. Comb. Theory, Ser. A, 2019, 163: 1-33.

[522] Leung K H, Wang Q. New nonexistence results on (m, n)-generalized bent functions. Des. Codes Cryptogr., 2020, 88(4): 755-770.

[523] Li H. A quantum algorithm for testing and learning resiliency of a Boolean function. Quantum Inf. Process., 2019, 18(2): 1-11.

[524] Li J, Carlet C, Zeng X, et al. Two constructions of balanced Boolean functions with optimal algebraic immunity, high nonlinearity and good behavior against fast algebraic attacks. Des. Codes Cryptogr., 2015, 76(2): 279-305.

[525] Li J N, Deng Y P. Nonexistence of two classes of generalized bent functions. Des. Codes Cryptogr., 2017, 85(3): 471-482.

[526] Li K, Qu L, Sun B, Li C. New results about the boomerang uniformity of permutation polynomials. IEEE Trans. Inf. Theory, 2019, 65(11): 7542-7553.

[527] Li L, Zheng D, Zhao Q. Construction of resilient Boolean and vectorial Boolean functions with high nonlinearity. IEICE Trans. Fundam. Electron. Commun. Comput. Sci., 2019, E102A(10): 1397-1401.

[528] Li L, Wang L, Zheng D, Zhao Q. New construction methods on multiple output resilient Boolean functions with high nonlinearity. IEICE Trans. Fundam. Electron. Commun. Comput. Sci., 2022, 105(2): 87-92.

[529] Li N, Qu L, Qi W, et al. On the construction of Boolean functions with optimal algebraic immunity. IEEE Trans. Inf. Theory, 2008, 54(3): 1330-1334.

[530] Li N, Helleseth T, Tang X, Kholosha A. Several new classes of bent functions from Dillon exponents. IEEE Trans. Inf. Theory, 2013, 59(3): 1818-1831.

[531] Li N, Tang X, Helleseth T. New constructions of quadratic bent Functions in polynomial form. IEEE Trans. Inf. Theory, 2014, 60(9): 5760-5767.

[532] Li N, Xiong M, Zeng X. On permutation quadrinomials and 4-uniform BCT. IEEE Trans. Inf. Theory, 2021, 67(7): 4845-4855.

[533] Li X, Zhou Q, Qian H, Yu Y, Tang S. Balanced $2p$-variable rotation symmetric Boolean functions with optimal algebraic immunity, good nonlinearity, and good algebraic degree. J. Math. Anal. Appl., 2013, 403(1): 63-71.

[534] Li Y Q, Wang M S. Constructing differentially 4-uniform permutations over $\mathrm{GF}(2^{2m})$ from quadratic APN permutations over $GF(2^{2m+1})$. Des. Codes Cryptogr., 2014, 72(2): 249-264.

[535] Li Y J, Kan H, Mesnager S, et al. Generic constructions of (Boolean and vectorial) bent functions and their consequences. IEEE Trans. Inf. Theory, 2022, 68(4): 2735-2751.

[536] Lidl R, Niederreiter H. Finite Fields// Encyclopedia of Mathematics and Its Applications. vol. 20, Reading, MA: Addison-Wesley, 1983. 2nd ed. Cambridge: Cambridge University Press, 1997.

[537] Limniotis K, Kolokotronis N. The error linear complexity spectrum as a cryptographic criterion of boolean functions. IEEE Trans. Inf. Theory, 2019, 65(12): 8345-8356.

[538] Lisonek P, Lu H Y. Bent functions on partial spreads. Des. Codes Cryptogr., 2014, 73(1): 209-216.

[539] Liu D, Liu Z, Li L, Zou X. A low-cost low-power ring oscillator-based truly random number generator for encryption on smart cards. IEEE Trans. Circuits Syst. II, 2016, 63(6): 608-612.

[540] Liu F, Ma Z, Feng K. New results on non-existence of generalized bent functions(II). Sci. China Math., 2002, 45(6): 721-730.

[541] Liu M, Lin D, Pei D. Fast algebraic attacks and decomposition of symmetric Boolean functions. IEEE Trans. Inf. Theory, 2011, 57(7): 4817-4821.

[542] Liu M, Zhang Y, Lin D. Perfect algebraic immune functions. Advances in Cryptology-ASIACRYPT 2012, LNCS 7658, Springer, 2012: 172-189.

[543] Liu J, Mesnager S, Chen L. Variation on correlation immune Boolean and vectorial functions. Adv. Math. Commun., 2016, 10(4): 895.

[544] Liu M, Lu P, Mullen G L. Correlation-immune functions over finite fields. IEEE Trans. Inf. Theory, 1998, 44(3): 1273-1276.

[545] Liu W M, Youssef A. On the existence of (10, 2, 7, 488) resilient functions. IEEE Trans. Inf. Theory, 2008, 55(1): 411-412.

[546] Liu J J. On nonlinear feedforward shift register and its linear equivalent system. J. Chin. Instit. Engin., 1988, 11(6): 661-665.

[547] Lloyd S. Properties of binary functions. Advances in Cryptology-EUROCRYPT'90, LNCS 473, Springer, 1991: 124-139.

[548] Lloyd S. Counting binary functions with certain cryptographic properties. J. Cryptol., 1992, 5(2): 107-131.

[549] Logachev O A, Salnikov A A, Yashchenko V V. Bent functions on a finite Abelian group. Discrete Math. Appl., 1997, 7(6): 547-564.

[550] Lopez-Lopez I, Sosa-Gomez G, Segura C, et al. Metaheuristics in the optimization of cryptographic Boolean functions. Entropy, 2020, 22(9): 10520.

[551] Lorens C S. Invertible Boolean functions. IEEE Trans. Electron. Comput., 1964, EC-13(5): 529-541.

[552] Lunc A G. The application of Boolean matrix algebra to the analysis and synthesis of relay-contact networks. J. Symb. Logic, 1956, 21(1): 104.

[553] Lv C, Li J. On the non-existence of certain classes of generalized bent functions. IEEE Trans. Inf. Theory, 2017, 63(1): 738-746.

[554] Ma W, Lee M, Zhang F. A new class of bent functions. IEICE Trans. Fund. Electr. Commun. Comput. Sci., 2005, E88-A(7): 2039-2040.

[555] Massey J L. Shift-register synthesis and BCH decoding. IEEE Trans. Inf. Theory, 1969, 15(1): 122-127.

[556] MacWilliams F J. An algebraic proof of Kirchhoff's network theorem. Bell Telephone Laboratories, Memorandum, 1958.

[557] MacWilliams F J, Sloane N J A. Pseudo-random sequences and arrays. Proc. The IEEE, 1976, 64(12): 1715-1729.

[558] MacWilliams F J, Sloane N J A. The Theory of Error-Correcting Codes. Amsterdam: North-Holland, 1977.

[559] Maitra S, Sarkar P. Enumeration of correlation immune Boolean functions. Austr. Conf. Information Security and Privacy-ACISP 1999, LNCS 1587, Springer, 1999: 12-25.

[560] Maitra S, Sarkar P. Highly nonlinear resilient functions optimizing Siegenthaler's inequality. Advances in Cryptology-CRYPTO 1999, LNCS 1666, Springer, 1999: 198-215.

[561] Maitra S. Autocorrelation properties of correlation immune Boolean functions. Progress in Cryptology-INDOCRYPT 2001, LNCS 2247, Springer, 2001: 242-253.

[562] Maitra S, Pasalic E. Further constructions of resilient Boolean functions with very high nonlinearity. Proc. Sequences and Their Applications-SETA'01, Springer, 2002: 265-280.

[563] Maitra S, Sarkar P. Modifications of Patterson-Wiedemann functions for cryptographic applications. IEEE Trans. Inf. Theory, 2002, 48(1): 278-284.

[564] Maitra S, Pasalic E. Further constructions of resilient Boolean functions with very high nonlinearity. IEEE Trans. Inf. Theory, 2002, 48(7): 1825-1834.

[565] Maitra S, Sarkar P. Maximum nonlinearity of symmetric Boolean functions on odd number of variables. IEEE Trans. Inf. Theory, 2002, 48(9): 2626-2630.

[566] Maitra S, Sarkar P. Cryptographically significant Boolean functions with five valued Walsh spectra. Theor. Comput. Sci., 2002, 276: 133-146.

[567] Maitra S. On nonlinearity and autocorrelation properties of correlation immune Boolean functions. J. Inf. Sci. Engin., 2004, 20(2): 305-323.

[568] Maitra S, Mukhopadhyay P. The Deutsch-Jozsa algorithm revisited in the domain of cryptographically significant Boolean functions. Int. J. Quantum Inf., 2005, 3(2): 359-370.

[569] Maitra S, Pasalic E. A Maiorana-McFarland type construction for resilient Boolean functions on n variables (n even) with nonlinearity $> 2^{n-1} - 2^{n/2} + 2^{n/2-2}$. Discrete Appl. Math., 2006, 154: 357-369.

[570] Maitra S. On the studies related to linear codes in generalized construction of resilient functions with very high nonlinearity//Preneel B, et al., ed. Enhancing Cryptographic Primitives with Techniques from Error Correcting Codes: vol. 23-D, Information and Communication Security, Amsterdam: IOS Press, 2009: 140-149.

[571] Maity S, Johansson T. Construction of cryptographically important Boolean functions. Progress in Cryptology-INDOCRYPT 2002, LNCS 2551, Springer, 2002: 234-245.

[572] Maity S, Maitra S. Minimum distance between bent and 1-resilient Boolean functions. Int. Workshop on Fast Software Encryption-FSE 2004, LNCS 3017, Springer, 2004: 143-160.

[573] Maity S, Arackaparambil C, Meyase K. Construction of 1-resilient Boolean functions with very good nonlinearity. Int. Conf. Sequences and Their Applications-SETA 2006, LNCS 4086, Springer, 2006: 417-431.

[574] Maity S, Arackaparambil C, Meyase K. Construction of cryptographically significant Boolean functions. Southeastern Int. Conf. Combinatorics, Graph Theory, and Computing, Boca Raton, FL (US), 2016: 151-163.

[575] Maity S, Arackaparambil C, Meyase K. A new construction of resilient Boolean functions with high nonlinearity. Ars Comb., 2013, 109: 171-192.

[576] Majzoobi M, Koushanfar F, Devadas S. FPGA-based true random number generation using circuit metastability with adaptive feedback control. Int. Workshop on Cryptographic Hardware and Embedded Systems-CHES 2011, LNCS 6917, Springer, 2011: 17-32.

[577] Mandal B, Singh B, Vetrivel V. On non-existence of bent-negabent rotation symmetric Boolean functions. Discrete Appl. Math., 2018, 236: 1-6.

[578] Mandal B, Stănică P, Gangopadhyay S. New classes of p-ary bent functions. Cryptogr.

Commun., 2019, 11: 77-92.

[579] Mandal B, Maitra S, Stănică P. On the existence and non-existence of some classes of bent-negabent functions. Appl. Algebra Eng. Commun. Comput., 2020, 33(3): 237-260.

[580] Martin M H. A problem in arrangements. Bull. Amer. Math. Soc., 1934, 40(12): 859-864.

[581] Martin B. A Walsh exploration of elementary CA rules. Int. Workshop on Cellular Automata, 2006: 25-30.

[582] Martinsen T, Meidl W, Stănică P. Generalized bent functions and their gray images. Int. Workshop on the Arithmetic of Finite Fields-WAIFI 2016, LNCS 10064, Springer, 2016: 160-173.

[583] Martinsen T, Meidl W, Mesnager S, Stănică P. Decomposing generalized bent and hyperbent Functions. IEEE Trans. Inf. Theory, 2017, 63(12): 7804-7812.

[584] Martinsen T, Meidl W, Stănică P. Partial spread and vectorial generalized bent funçtions. Des. Codes Cryptogr., 2017, 85(1): 1-13.

[585] Marton K, Suciu A, Ignat I. Randomness in digital cryptography: a survey. Rom. J. Inf. Sci. Technol., 2010, 13(3): 291-240.

[586] Massey J L. Randomness, arrays, differences and duality. IEEE Trans. Inf. Theory, 2002, 48(6): 1698-1703.

[587] Matsufuji S, Imamura K. Balanced quadriphase sequences with optimal periodic correlation properties constructed by real-valued bent functions. IEEE Trans. Inf. Theory, 1993, 39(1): 305-310.

[588] Matsufuji S, Suehiro N. Complex Hadamard matrices related to bent sequences. IEEE Trans. Inf. Theory, 1996, 42(2): 637.

[589] Matsui M. Linear cryptanalysis method for DES cipher. Advances in Cryptology-EUROCRYPT 1993, LNCS 765, Springer, 1994: 386-397.

[590] Matsui M. The first experimental cryptanalysis of the Data Encryption Standard. Advances in Cryptology-CRYPTO 1994, LNCS 839, Springer, 1994: 1-11.

[591] Maurer U M, Massey J L. Perfect local randomness in pseudo-random sequences. Advances in Cryptology-CRYPTO 1989, LNCS 435, Springer, 1990: 100-112.

[592] Maurer U M, Massey J L. Local randomness in pseudorandom sequences. J. Cryptol., 1991, 4: 135-149.

[593] Mazumdar B, Mukhopadhyay D, Sengupta I. Construction of RSBFs with improved cryptographic properties to resist differential fault attack on grain family of stream ciphers. Cryptogr. Commun., 2015, 7(1): 35-69.

[594] McEliece R J. Finite Fields for Computer Scientists and Engineers. Dordrecht: Kluwer Academic Publisher, 1987.

[595] McFarland R L. A family of difference sets in non-cyclic groups. J. Comb. Theory, Ser. A, 1973, 15(1): 1-10.

[596] McLaughlin J, Clark J A. Evolving balanced Boolean functions with optimal resistance

to algebraic and fast algebraic attacks, maximal algebraic degree, and very high nonlinearity. IACR Cryptology ePrint Archive: Report 2013/011.

[597] McLoughlin A M. The covering radius of the $(m-3)$rd order Reed-Muller codes and a lower bound on the $(m-4)$th order Reed-Muller codes. SIAM J. Appl. Math., 1979, 37(3): 419-422.

[598] Medina L A, Parker M G, Riera C, Stănică P. Root-Hadamard transforms and complementary sequences. Cryptogr. Commun., 2020, 12: 1035-1049.

[599] Meidl W. Generalized Rothaus construction and non-weakly regular bent functions. J. Comb. Theory, Ser. A, 2016, 141: 78-89.

[600] Meidl W. A secondary construction of bent functions, octal gbent functions and their duals. Math. Comput. Simulat., 2017, 143: 57-64.

[601] Meidl W, Pott A. Generalized bent functions into $\mathbb{Z}_{p^k}$ fro the partial spread and the Maiorana-McFarland class. Cryptogr. Commun., 2019, 11(6): 1233-1245.

[602] Meidl W. A survey on p-ary and generalized bent functions. Cryptogr. Commun., 2022, 14(4): 737-782.

[603] Meier W, Staffelbach O. Fast correlation attacks on certain stream ciphers. J. Cryptol., 1989, 1(3): 159-176.

[604] Meier W, Staffelbach O. Nonlinearity criteria for cryptographic functions. Advances in Cryptology-EUROCRYPT 1989, LNCS 434, Springer, 1990: 549-562.

[605] Meier W, Pasalic E, Carlet C. Algebraic attacks and decomposition of Boolean functions. Advances in Cryptology-EUROCRYPT 2004, LNCS 3027, Springer, 2004: 474-491.

[606] Meng Q, Chen L, Fu F W. On homogeneous rotation symmetric bent functions. Discrete Appl. Math., 2010, 158(10): 1111-1117.

[607] Menon P K. Difference sets in Abelian groups. Proc. Amer. Math. Soc., 1960, 11(3): 368-376.

[608] Menon P K. On difference sets whose parameters satisfy certain relation. Proc. Amer. Math. Soc., 1962, 13(5): 739-745.

[609] Mesnager S. A new family of hyper-bent Boolean functions in polynomial form. IMA Int. Conf. Cryptography and Coding, LNCS 5921, Springer, 2009: 402-417.

[610] Mesnager S. Hyper-bent Boolean functions with multiple trace terms. 3rd Int. Workshop on Arithmetic of Finite Fields-WAIFI 2010, LNCS 6087, Springer, 2010: 97-113.

[611] Mesnager S. Recent results on bent and hyper-bent functions and their link with some exponential sums. Proc. IEEE Information Theory Workshop-ITW 2010, IEEE, 2010: 1-5.

[612] Mesnager S. Bent and Hyper-bent functions in polynomial form and their link with some exponential sums and Dickson polynomials. IEEE Trans. Inf. Theory, 2011, 57(9): 5996-6009.

[613] Mesnager S. Semibent functions from Dillon and Niho exponents, Kloosterman sums, and Dickson polynomials. IEEE Trans. Inf. Theory, 2011, 57 (11): 7443-7458.

[614] Mesnager S. A new class of bent and hyper-bent Boolean functions in polynomial forms. Des. Codes Cryptogr., 2011, 59(1-3): 265-279.

[615] Mesnager S, Flori J P. Hyper-bent functions via Dillon-like exponents. IEEE Trans. Inf. Theory, 2013, 59(5): 3215-3232.

[616] Mesnager S. Several new infinite families of bent functions and their duals. IEEE Trans. Inf. Theory, 2014, 60(7): 4397-4407.

[617] Mesnager S. Bent functions and spreads. 11th Int. Conf. Finite Fields and their Applications (Fq'11). Contemporary Mathematics, 2015: 295-316.

[618] Mesnager S, Cohen G, Madore D. On existence (based on an arithmetical problem) and constructions of bent functions. IMA Int. Conf. Cryptography and Coding-IMACC 2015, LNCS 9496, Springer, 2015: 3-19.

[619] Mesnager S. Bent vectorial functions and linear codes from o-polynomials Des. Codes Cryptogr., 2015, 77(1): 99-116.

[620] Mesnager S. Bent Functions: Fundamentals and Results. Berlin: Springer, 2016.

[621] Mesnager S. Further constructions of infinite families of bent functions from new permutations and their duals. Cryptogr. Commun., 2016, 8(2): 229-246.

[622] Mesnager S, Zhang F. On constructions of bent, semi-bent and five valued spectrum functions from old bent functions. Adv. Math. Commun., 2017, 11(2): 339-345.

[623] Mesnager S, Tang C, Qi Y. Generalized plateaued functions and admissible (plateaued) functions. IEEE Trans. Inf. Theory, 2017, 63(10): 6139-6148.

[624] Mesnager S, Ongan P, Özbudak F. New bent functions from permutations and linear translators. Int. Conf. Codes, Cryptology, and Information Security-C2SI 2017, LNCS 10194, Springer, 2017: 282-297.

[625] Mesnager S, Tang C, Qi Y, et al. Further results on generalized bent functions and their complete characterization. IEEE Trans. Inf. Theory, 2018, 64(7): 5441-5452.

[626] Mesnager S, Özbudak F, Sınak A. On the p-ary (cubic) bent and plateaued (vectorial) functions. Des. Codes Cryptogr., 2018, 86(8): 1865-1892.

[627] Mesnager S, Zhang F, Tang C, et al. Further study on the maximum number of bent components of vectorial functions. Des. Codes Cryptogr., 2019, 87(11): 2597-2610.

[628] Mesnager S, Özbudak F, Sınak A. Linear codes from weakly regular plateaued functions and their secret sharing schemes. Des. Codes Cryptogr., 2019, 87(2-3): 463-480.

[629] Mesnager S, Tang C, Xiong M. On the boomerang uniformity of quadratic permutations. Des. Codes Cryptogr., 2020, 88(10): 2233-2246.

[630] Mesnager S. On generalized hyper-bent functions. Cryptogr. Commun., 2020, 12(3): 455-468.

[631] Mesnager S, Mandal B, Tang C. New characterizations and construction methods of bent and hyper-bent Boolean functions. Discrete Math., 2020, 343(11): 112081.

[632] Mesnager S, Riera C, Stanica P, Yan H, Zhou Z. Investigations on c-(almost) perfect nonlinear functions. IEEE Trans. Inf. Theory, 2021, 67(10): 6916-6925.

[633] Mesnager S, Su S. On correlation immune Boolean functions with minimum Hamming weight power of 2. IEEE Trans. Inf. Theory, 2021, 67(11): 7501-7517.

[634] Mesnager S, Su S, Zhang H. A construction method of balanced rotation symmetric Boolean functions on arbitrary even number of variables with optimal algebraic immunity. Des. Codes Cryptogr., 2021, 89(1): 1-17.

[635] Mesnager S, Özbudak F, Sınak A. Secondary constructions of (non)weakly regular plateaued functions over finite fields. Turk. J. Math, 2021, 45: 2295-2306.

[636] Millan W, Clark A, Dawson E. An effective genetic algorithm for finding highly nonlinear Boolean functions. Int. Conf. Information and Communications Security-ICICS 1997, LNCS 1334, Springer, 1997: 149-158.

[637] Millan W, Clark A, Dawson E. Heuristic design of cryptographically strong balanced Boolean functions. Advances in Cryptology-EUROCRYPT'98, LNCS 1403, Springer, 1998: 489-499.

[638] Millan W, Clark A, Dawson E. Boolean function design using hill climbing methods. Australasian Conf. Information Security and Privacy-ACISP 1999, LNCS 1587, Springer, 1999: 1-11.

[639] Millan W L. New cryptographic applications of Boolean function equivalence classes. Australasian Conf. Information Security and Privacy-ACISP 2005, LNCS 3574, Springer, 2005: 572-583.

[640] Mohamed K, Ali F H M, Ariffin S, et al. An improved AES S-box based on fibonacci numbers and prime factor. Int. J. Network Secur., 2018, 20(6): 1206-1214.

[641] Molteni M C, Zaccaria V. A relation calculus for reasoning about t-probing security. J. Cryptogr. Engin., 2022, 12(1): 1-14.

[642] Molteni M C, Zaccaria V, Ciriani V. ADD-based spectral analysis of probing security. Proc. 2022 Design Automation and Test in Europe Conference and Exhibition-DATE 2022, IEEE, 2022: 987-992.

[643] Moraga C. Introducing disjoint spectral translation in spectral multiple-valued logic design. Electron. Lett., 1978, 14(8): 241-243.

[644] Moraga C. Spectral Logic Design. Bericht 57/78, Abteilung informatik, Universitat Dortmund, 1978.

[645] Moraga C. On some applications of the chrestenson functions in logic design and data processing. Math. Comput. Simulat., 1985, 27(5-6): 431-439.

[646] Mukherjee C S, Roy D, Maitra S. Design and Cryptanalysis of ZUC. Springer, 2021.

[647] Mullen G L, Panario D. Handbook of Finite Fields. Boca Raton: CRC Press, 2013.

[648] Mund S, Gollmann D, Beth T. Some remarks on the cross correlation analysis of pseudo random generators. Advances in Cryptology-EUROCRYPT 1987, LNCS 304, Springer, 1988: 25-35.

[649] Muratovic-Ribic A, Pasalic E, Bajric S. Vectorial bent functions from multiple terms trace functions. IEEE Trans. Inf. Theory, 2014, 60 (2): 1337-1347.

[650] Muratovic-Ribic A, Pasalic E, Ribic S. Vectorial hyperbent trace functions from the

PS_{ap} class-their exact number and specification. IEEE Trans. Inf. Theory, 2014, 60(7): 4408-4413.

[651] Mykkelveit J. The covering radius of the (128, 8) Reed-Muller code is 56. IEEE Trans. Inf. Theory, 1980, 26(3): 359-362.

[652] Näslund M, Russell A. Extraction of optimally unbiased bits from a biased source. IEEE Trans. Inf. Theory, 2000, 46(3): 1093-1103.

[653] National Bureau of Standards. Data Encryption Standard. FIPS PUB 46-3, Washington D C, 1977.

[654] Niederreiter H, Xing C. Disjoint linear codes from algebraic function fields. IEEE Trans. Inf. Theory, 2004, 50(9): 2174-2177.

[655] Niho Y. Multi-valued cross-correlation functions between two maximal linear recursive sequences. PhD Dissertation, Univ. of Southern California, Los Angeles, 1972.

[656] Ninomiya I. On the number of types of symmetric Boolean matrices. Mem. Fac. Engin., 1955, 7(2): 115-124.

[657] No J S, Gil G M, Shin D J. Generalized construction of binary bent sequences with optimal correlation property. IEEE Trans. Inf. Theory, 2003, 49(7): 1769-1780.

[658] Novosad T. A new family of quadriphase sequences for CDMA. IEEE Trans. Inf. Theory, 1993, 39(3): 1083-1085.

[659] Nyberg K. Constructions of bent functions and difference sets. Advances inCryptology-EUROCRYPT'90, LNCS 473, Springer, 1991: 151-160.

[660] Nyberg K. Perfect nonlinear S-boxes. Advances in Cryptology-EURO-CRYPT'91, LNCS 547, Springer, 1992: 376-386.

[661] Nyberg K. On the construction of highly nonlinear permutations. Advances in Cryptology-EUROCRYPT'92, LNCS 658, Springer, 1993: 92-98.

[662] Nyberg K, Knudsen L R. Provable security against differential cryptanalysis. Advances in Cryptology-CRYPT'92, LNCS 740, Springer, 1993: 566-574.

[663] Nyberg K. Differentially uniform mappings for cryptography. Advances in Cryptology-EUROCRYPT'93, LNCS 765, Springer, 1994: 55-64.

[664] Nyberg K. New bent mappings suitable for fast implementation. 1st Int. Workshop on Fast Software Encryption-FSE 1993, LNCS 809, Springer, 1994: 179-184.

[665] Nyberg K. S-boxes and round functions with controllable linearity and differential uniformity. 2nd Int. Workshop on Fast Software Encryption-FSE 1994, LNCS 1008, Springer, 1995: 111-130.

[666] Nyberg K, Knudsen L R. Provable security against differential cryptanalysis. J. Cryptol., 1995, 8(1): 27-37.

[667] Nyberg K. The extended autocorrelation and Boomerang tables and Links between nonlinearity properties of vectorial Boolean functions. IACR Cryptology ePrint Archive: Report 2019/1381.

[668] O'Donnell R. Analysis of Boolean Functions. Cambridge: Cambridge University Press, 2014.

[669] O'Connor L, Klapper A. Algebraic nonlinearity and its applications to cryptography. J. Cryptol., 1994, 7(4): 213-227.

[670] Olsen J D, Scholtz R A, Welch L R. Bent-function sequences. IEEE Trans. Inf. Theory, 1982, 28(6): 858-864.

[671] Özbudak F, Pelen R M. Two or three weight linear codes from non-weakly regular bent functions. IEEE Trans. Inf. Theory, 2022, 68(5): 3014-3027.

[672] Pae S, Loui M C. Randomizing functions: simulation of a discrete probability distribution using a source of unknown distribution. IEEE Trans. Inf. Theory, 2006, 52(11): 4965-4976.

[673] Pae S. Binarization trees and random number generation. IEEE Trans. Inf. Theory, 2020, 66(4): 2581-2587.

[674] Palit S, Roy B K, De A. A fast correlation attack for LFSR-based stream ciphers. Int. Conf. Applied Cryptography and Network Security-ACNS 2003, LNCS 2846, Springer, 2003: 331-342.

[675] Pan S S, Fu X T, Zhang W G. Construction of 1-resilient Boolean functions with optimal algebraic immunity and good nonlinearity. J. Comput. Sci. Technol., 2011, 26(2): 269-275.

[676] Pankov K N. Improved asymptotic estimates for the numbers of correlation-immune and k-resilient vectorial Boolean functions. Discrete Math. Appl., 2019, 29(3): 195-213.

[677] Parker M G, Rijmen V. The quantum entanglement of binary and bipolar sequences. Proc. Sequences and Their Applications-SETA'01, Springer, 2002: 296-309.

[678] Parker M G, Pott A. On Boolean functions which are bent and negabent. Proc. Int. Conf. Sequences, Subsequences, Consequences, LNCS 4893, Springer, 2007: 9-23.

[679] Pasalic E, Johansson T. Further results on the relation between nonlinearity and resiliency for Boolean functions. IMA Int. Conf. Cryptography and Coding, Crypto & Coding'99, LNCS 1746, Springer, 1999: 35-44.

[680] Pasalic E, Maitra S, Johansson T, Sarkar P. New constructions of resilient and correlation immune Boolean functions achieving upper bound on nonlinearity. Int. Workshop on Coding and Cryptography-WCC 2001, Paris, France, 2001. Published in Electron. Notes Discrete Math., 2001, 6: 158-167.

[681] Pasalic E, Maitra S. Linear codes in constructing resilient functions with high nonlinearity. Int. Workshop on Selected Areas in Cryptography-SAC 2001, LNCS 2259, Springer, 2001: 60-74.

[682] Pasalic E, Maitra S. Linear codes in generalized construction resilient functions with very high nonlinearity. IEEE Trans. Inf. Theory, 2002, 48(8): 2182-2191.

[683] Pasalic E. Degree optimized resilient Boolean functions from Maiorana-McFarland class. 9th IMA Int. Conf. Cryptography and Coding, Crypto & Coding'03, LNCS 2898, Springer, 2003: 93-114.

[684] Pasalic E. Maiorana-McFarland class: degree optimization and algebraic properties. IEEE Trans. Inf. Theory, 2006, 52(10): 4581-4594.

[685] Pasalic E, Zhang W G. On multiple output bent functions. Inf. Process. Lett., 2012, 112(21): 811-815.

[686] Pasalic E, Wei Y. On the construction of cryptographically significant boolean functions using objects in projective geometry spaces. IEEE Trans. Inf. Theory, 2012, 58(10): 6681-6693.

[687] Pasalic E, Chattopadhyay A, Zhang W G. Efficient implementation of generalized Maiorana-McFarland class of cryptographic Functions. J. Cryptogr. Engin., 2017, 7(4): 287-295.

[688] Pasalic E, Hodžić S, Zhang F, et al. Bent functions from nonlinear permutations and conversely. Cryptogr. Commun., 2019, 11(2): 207-225.

[689] Pasalic E, Gangopadhyay S, Zhang W G, Bajric S. Design methods for semi-bent functions. Inf. Process. Lett., 2019, 143: 61-70.

[690] Pasalic E, Zhang F, Kudin S, et al. Vectorial bent functions weakly/strongly outside the completed Maiorana-McFarland class. Discrete Appl. Math., 2021, 294: 138-151.

[691] Pasalic E, Kudin S, Polujan A, Pott A. Vectorial bent-negabent functions-their constructions and bounds. IEEE Trans. Inf. Theory, 2023, 69(4): 2702-2712.

[692] Park S M, Lee S, Sung S H, Kim K. Improving bounds for the number of correlation immune Boolean functions. Inf. Process. Lett., 1997, 61(4): 209-212.

[693] Paterson K G. On codes with low peak-to-average power ratio for multicode CDMA. IEEE Trans. Inf. Theory, 2004, 50(3): 550-559.

[694] Patterson N J, Wiedemann D H. The covering radius of the $(2^{15}, 16)$ Reed-Muller code is at least 16276. IEEE Trans. Inf. Theory, 1983, 29(3): 354-356.

[695] Peng J, Wu Q, Kan H. On symmetric Boolean functions with high algebraic immunity on even number of variables. IEEE Trans. Inf. Theory, 2011, 57(10): 7205-7220.

[696] Peng J, Tan C H. New explicit constructions of differentially 4-uniform permutations via special partitions of $\mathbb{F}_{2^{2k}}$. Finite Fields Appl., 2016, 40: 73-89.

[697] Peres Y. Iterating non Neumann's procedure for extracting random bits. Ann. Statist., 1992, 20(1): 590-597.

[698] Perrin L, Udovenko A, Biryukov A. Cryptanalysis of a theorem: Decomposing the only known solution to the big APN problem. Advances in Cryptology-CRYPTO 2016 (II), LNCS 9815, Springer, 2016: 93-122.

[699] Peterson W W, Weldon E J. Error Correcting Codes. 2nd ed. Cambridge, MA: MIT Press, 1972.

[700] Picek S, Jakobovic D, Golub M. Evolving cryptographically sound Boolean functions. Proc. 15th Ann. Conf. Companion on Genetic and Evolutionary Computation-GECCO'13, ACM, 2013: 191-192.

[701] Picek S, Marchiori E, Batina L, Jakobovic D. Combining evolutionary computation and algebraic constructions to find cryptography-relevant Boolean functions. Int. Conf. Parallel Problem Solving from Nature-PPSN 2014, LNCS 8672, Springer, 2014: 822-831.

[702] Picek S, Jakobovic D, Miller J F, et al. Evolutionary methods for the construction

of cryptographic Boolean functions. European Conf. Genetic Programming-EuroGP 2019, LNCS 9025, Springer, 2015: 192-204.

[703] Picek S, Carlet C, Jakobovic D, et al. Correlation immunity of Boolean functions: An evolutionary algorithms perspective. Proc. 2015 Ann. Conf. Companion on Genetic and Evolutionary Computation-GECCO'15, ACM, 2015: 1095-1102.

[704] Picek S, Guilley S, Carlet C, et al. Evolutionary approach for finding correlation immune Boolean functions of order t with minimal Hamming weight. Int. Conf. Theory and Practice of Natural Computing-TPNC 2015, LNCS 9477, Springer, 2015: 71-82.

[705] Picek S, Jakobovic D, Miller J F, et al. Cryptographic Boolean functions: One output, many design criteria. Appl. Soft Comput., 2016, 40: 635-653.

[706] Picek S, Carlet C, Guilley S, et al. Evolutionary algorithms for Boolean functions in diverse domains of cryptography. Evol. Comput., 2016, 24(4): 667-694.

[707] Picek S, Jakobovic D, O'Reilly U M. Cryptobench: Benchmarking evolutionary algorithms with cryptographic problems. Proc. 2017 Ann. Conf. Companion on Genetic and Evolutionary Computation-GECCO'17, ACM, 2017: 1597-1604.

[708] Pichler F. On the Walsh-Fourier analysis of correlation-immune switching functions. Advances in Cryptology-EUROCRYPT 1986, LNCS, Springer, 1986: 43-44.

[709] Pieprzyk J, Qu C X. Fast hashing and rotation-symmetric functions. J. Univ. Comput. Sci., 1999, 5(1): 20-31.

[710] Pieprzyk J, Zhang X M. On cheating immune secret sharing. Discrete Math. Theor. Comput. Sci., 2004, 6(2): 253-264.

[711] RSA Laboratories, PKCS #1 v2.1: RSA Encryption Standard, 2002.

[712] Pless V S. Encryption schemes for computer confidentiality. IEEE Trans. Comput., 1977, C-26(11): 11, 1133-1136.

[713] Poinsot L, Harari S. Generalized Boolean bent functions. Progress in Cryptology-INDOCRYPT 2004, LNCS 3348, Springer, 2004: 107-119.

[714] Poinsot L. Non Abelian bent functions. Cryptogr. Commun., 2012, 4(1): 1-23.

[715] Polujan A A, Pott A. Cubic bent functions outside the completed Maiorana-McFarland class. Des. Codes Cryptogr., 2020, 88(9): 1701-1722.

[716] Polujan A A, Pott A. On design-theoretic aspects of Boolean and vectorial bent function. IEEE Trans. Inf. Theory, 2021, 67(2): 1027-1037.

[717] Pólya G. Sur les types des propositions composées. J. Symb. Logic, 1940, 5: 98-103.

[718] Poojary P, Harikrishnan P, Bhatta V. Algebraic constructionia known power function. TWMS J. Appl. Engin. Math., 2021, 11(2): 359-367.

[719] Pott A, Tan Y, Feng T, et al. Association schemes arising from bent functions. Des. Codes Cryptogr., 2011, 59(1-3): 319-331.

[720] Pott A, Pasalic E, Muratovic-Ribic A, Bajric S. On the maximum number of bent components of vectorial functions. IEEE Trans. Inf. Theory, 2018, 64(1): 403-411.

[721] Preneel B, Leekwijck W V, Van Linden L, et al. Propagation characteristics of Boolean functions. Advances in Cryptology-EURO-CRYPT'90, LNCS 473, Springer, 1991: 161-

173.

[722] Preneel B, Govaerts R, Vandewalle J. Boolean functions satisfying higher order propagation criteria. Advances in Cryptology-EUROCRYPT'91, LNCS 547, Springer, 1991: 141-152.

[723] Preneel B. Analysis and Design of Cryptographic Hash Functions. PhD dissertation, Katholieke Univ. Leuven, 1993.

[724] Qu C, Seberry J, Pieprzyk J. On the symmetric property of homogeneous Boolean functions. Austr. Conf. Information Security and Privacy-ACISP 1999, LNCS 1587, Springer, 1999: 26-35.

[725] Qu C X, Seberry J, Pieprzyk J. Homogeneous bent functions. Discrete Appl. Math., 2000, 102(1-2): 133-139.

[726] Qu L, Li C, Feng K. A note on symmetric boolean functions with maximum algebraic immunity in odd number of variables. IEEE Trans. Inf. Theory, 2007, 53(8): 2908-2910.

[727] Qu L, Feng K, Liu F, Wang L. Constructing symmetric Boolean functions with maximum algebraic immunity. IEEE Trans. Inf. Theory, 2009, 55(5): 2406-2412.

[728] Qu L, Li C. Minimum distance between bent and resilient Boolean functions. Int. Conf. Coding and Cryptology-IWCC 2009, LNCS 5557, Springer, 2009: 219-232.

[729] Qu L, Tan Y, Tan C H, Li C. Constructing differentially 4-uniform permutations over $\mathbb{F}_{2^{2k}}$ via the switching method. IEEE Trans. Inf. Theory, 2013, 59(7): 4675-4686.

[730] Qu L, Xiong H, Li C. A negative answer to Bracken-Tan-Tan's problem on differentially 4-uniform permutations over $\mathbb{F}_{2^n}$. Finite Fields Appl., 2013, 24: 55-65.

[731] Qu L, Tan Y, Li C, Gong G. More constructions of differentially 4-uniform permutations on $\mathbb{F}_{2^{2k}}$. Des. Codes Cryptogr., 2016, 78(2): 391-408.

[732] Quisquater M, Preneel B, Vandewalle J. Spectral characterization of cryptographic Boolean functions satisfying the (extended) propagation criterion of degree l and order k. Inf. Process. Lett., 2005, 93(1): 25-28.

[733] Quine W V. The problem of simplifying truth functions. Amer. Math. Mon., 1952, 59(8): 521-531.

[734] Quine W V. A way to simplify truth functions. Amer. Math. Mon., 1955, 62(9): 627-631.

[735] Rafiq H M, Siddiqi M U. Analysis and synthesis of cryptographic Boolean functions in Haar domain: Initial results. Int. Conf. Computer and Communication Engineering-ICCCE 2012, IEEE, 2012: 566-569.

[736] Rena F M. Some Topological Considerations in Electrical Circuit Theory. Syracuse Univ. Res. Instit., 1957.

[737] Riera C, Parker M G. Generalized bent criteria for Boolean functions (I). IEEE Trans. Inf. Theory, 2006, 52(9): 4142-4159.

[738] Riera C, Stănică P, Gangopadhyay S. Generalized bent boolean functions and strongly regular cayley graphs. Discrete Appl. Math., 2020, 283: 367-374.

[739] Riordan J, Shannon C E. The number of two-terminal series-parallel networks. J. Math. Phys., 1942, 21: 83-93.

[740] Riordan J. An Introduction to Combinatorial Analysis. Mineola Dover Publications, 1958.

[741] Rivest R L, Shamir A, Adleman L M. A method for obtaining digital signatures and public-key cryptosystems. Commun. ACM, 1978, 21(2): 120-126.

[742] Rizomiliotis P. On the resistance of Boolean functions against algebraic attacks using univariate polynomial representation. IEEE Trans. Inf. Theory, 2010, 56(8): 4014-4024.

[743] Roberts F, Tesman B. Applied Combinatorics. 2nd ed. Philadelphia: Chapman and Hall/CRC, 2009.

[744] Ronse C. Feedback Shift Registers. LNCS 169, Berlin: Springer, 1984.

[745] Roth J P. Algebraic topological methods for the synthesis of switching systems (I). Trans. Amer. Math. Soc., 1958, 88: 301-326.

[746] Rothaus O S. On "bent" functions. IDA CRD W. P. 1966.

[747] Rothaus O S. On "bent" functions. J. Comb. Theory, Ser. A, 1976, 20(3): 300-305.

[748] Rout R K, Choudhury P P, Sahoo S, Ray C. Partitioning 1-variable Boolean functions for various classification of n-variable Boolean functions. Int. J. Comput. Math., 2015, 92(10): 2066-2090.

[749] Roy B. A brief outline of research on correlation immune functions. Australasian Conf. Information Security and Privacy-ACISP 2002, LNCS 2384, Springer, 2002: 379-394.

[750] Rubin F. Decrypting a stream cipher based on JK-flip-flops. IEEE Trans. Comput., 1979, C-28(7): 483-487.

[751] Rueppel R A. New Approaches to Stream Ciphers. PhD Dissertation, Swiss Federal Institute of Technology in Zurich, 1984.

[752] Rueppel R A. Correlation immunity and the summation generator. Advances in Cryptology-CRYPTO'85, LNCS 218, Springer, 1986: 260-272.

[753] Rueppel R A. Analysis and Design of Stream Ciphers. Berlin: Springer, 1986.

[754] Rueppel R A, Staffelbach O. Products of linear recurring sequences with maximum complexity. IEEE Trans. Inf. Theory, 1987, 33(1): 14-131.

[755] Ryabko B Y, Matchikina E. Fast and efficient construction of an unbiased random sequence. IEEE Trans. Inf. Theory, 2000, 46(3): 1090-1093.

[756] Saber Z, Uddin M F, Youssef A. On the existence of (9, 3, 5, 240) resilient functions. IEEE Trans. Inf. Theory, 2006, 52(5): 2269-2270.

[757] Sadkhan S B, Jawad S F. Complexity evaluation of constructing method for saturated best resilient functions in stream cipher design. 1st AL-Noor Int. Conf. Science and Technology-NICST 2019, IEEE, 2019: 85-88.

[758] Samuelson P A. Constructing an unbiased random sequence. J. Amer. Statist. Assoc., 1968, 63(324): 1526-1527.

[759] SAPV T, Bera D, Maitra A, Maitra S. Quantum Algorithms for Cryptographically Significant Boolean Functions: An IBMQ Experience. Berlin: Springer, 2021.

[760] Sarkar P. A note on the spectral characterization of correlation immune Boolean functions. Inf. Process. Lett., 2000, 74(5-6): 191-195.

[761] Sarkar P, Maitra S. Construction of nonlinear Boolean functions with important cryptographic properties. Advances in Cryptology-EUROCRYPT 2000, LNCS 1807, Springer, 2000: 485-506.

[762] Sarkar P, Maitra S. Nonlinearity bounds and constructions of resilient Boolean functions. Advances in Cryptology-CRYPTO 2000, LNCS 1880, Springer, 2000: 515-532.

[763] Sarkar P. The filter-combiner model for memoryless synchronous stream ciphers. Advances in Cryptology-CRYPTO 2002, LNCS 2442, Springer, 2002: 533-548.

[764] Sarkar P, Maitra S. Cross-correlation analysis of cryptographically useful Boolean functions and S-boxes. Theory Comput. Syst., 2002, 35(1): 39-57.

[765] Sarkar P, Maitra S. Efficient implementation of cryptographically useful large Boolean functions. IEEE Trans. Comput., 2003, 52(4): 410-417.

[766] Sarkar P, Maitra S. Construction of nonlinear resilient Boolean functions using "small" affine functions. IEEE Trans. Inf. Theory, 2004, 50(9): 2185-2193.

[767] Sarkar P. On some connections between statistics and cryptology. J. Statist. Plann. Inference, 2014, 148: 20-37.

[768] Sarkar S, Maitra S. Idempotents in the neighbourhood of Patterson-Wiedemann functions having Walsh spectra zeros. Des. Codes Cryptogr., 2008, 49(1-3): 95-103.

[769] Sarkar S. On the symmetric negabent Boolean functions. Progress in Cryptology-INDOCRYPT 2009, LNCS 5922, Springer, 2009: 136-143.

[770] Sarkar S. Characterizing negabent Boolean functions over finitefFields. Int. Conf. Sequences and Their Applications-SETA 2012, LNCS 57280, Springer, 2012: 377-388.

[771] Satoh T, Iwata T, Kurosawa K. On cryptographically secure vectorial Boolean functions. Advances in Cryptology-Asiacrypt 1999, LNCS 1716, Springer, 1999: 20-28.

[772] Satoh T, Kurosawa K. Highly nonlinear vector Boolean functions. IEICE Trans. Fund. Electr. Commun. Comput. Sci., 1999, E82A(5): 807-814.

[773] Savický P. On the bent Boolean functions that are symmetric. Eur. J. Combin., 1994, 15(4): 407-410.

[774] Savický P. Bent functions and random Boolean formulas. Discrete Math., 1995, 147(1-3): 211-234.

[775] Sharma D, Dar Ahmad M. On generalized Nega-Hadamard transform and nega-crosscorrelation. Cryptogr. Commun. 2024, 16(5): 1151-1162.

[776] Schmidt K U. Quaternary constant-amplitude codes for multicode CDMA. IEEE Trans. Inf. Theory, 2009, 55(4): 1824-1832.

[777] Schmidt K U, Parker M G, Pott A. Negabent functions in the Maiorana-McFarland class. Int. Conf. Sequences and Their Applications-SETA 2008, LNCS 5203, Springer, 2008: 390-402.

[778] Schneider M. A note on the construction and upper bounds of correlation-immune functions. IMA Int. Conf. Cryptography and Coding, Crypto & Coding'97, LNCS 1355, Springer, 1997: 295-306.

[779] Schober S, Kracht D, Heckel R, Bossert M. Detecting controlling nodes of Boolean regulatory networks. EURASIP J. Bioinform. Syst. Biol., 2011, 6(1): 1-10.

[780] Scholtz R A, Welch L R. Research in Communication Theory. California Univ., Los Angeles Report, 1979.

[781] Seberry J, Zhang X M. Highly nonlinear 0-1 balanced Boolean functions satisfying strict avalanche criterion. Advances in Cryptology-ASIACRYPT 1992, LNCS 718, Springer, 1993: 143-155.

[782] Seberry J, Zhang X M, Zheng Y. Nonlinearly balanced Boolean functions and their propagation characteristics. Advances in Cryptology-CRYPTO 1993, LNCS 773, Springer, 1994: 49-60.

[783] Seberry J, Zhang X M, Zheng Y. Systematic generation of cryptographically robust S-boxes. 1st ACM Conf. Computer and Communications Security-CCS'93, ACM, 1993: 171-182.

[784] Seberry J, Zhang X M, Zheng Y. On constructions and nonlinearity of correlation immune functions. Advances in Cryptology-EUROCRYPT'93, LNCS 765, Springer, 1994: 181-199.

[785] Seberry J, Zhang X M. constructions of bent functions from two known bent functions. Aust. J. Combin., 1994, 9: 21-35.

[786] Seberry J, Zhang X M, Zheng Y. Relationships among nonlinearity criteria. Advances in Cryptology-EUROCRYPT'94, LNCS 950, Springer, 1995: 376-388.

[787] Seberry J, Zhang X M, Zheng Y. Nonlinearity and propagation characteristics of balanced boolean functions. Inf. Comput., 1995, 119(1): 1-13.

[788] Selmer E S. Linear Recurrence Relations over Finite Fields. PhD dissertation, Department of Mathematics, Univ. of Bergen, Norway, 1966.

[789] Seroussi G, Weinberger M J. Optimal algorithms for universal random number generation from finite memory sources. IEEE Trans. Inf. Theory, 2015, 61(3): 1277-1297.

[790] Seshu S. Theory of Linear Graphs with Applications in Electrical Engineering. Syracuse Univ., 1958.

[791] Shan J, Hu L, Zeng X, Li C. A construction of 1-resilient Boolean functions with good cryptographic properties. J. Syst. Sci. Complexity, 2018, 31(4): 1042-1064.

[792] Shannon C E. A symbolic analysis of relay and switching circuits. Master Thesis, Dept. of Electrical Engineering, Massachusetts Institute of Technology, 1937.

[793] Shannon C E. A symbolic analysis of relay and switching circuits. Trans. Amer. Instit. of Electr. Engin., 1938, 57(12): 713-723.

[794] Shannon C E. The synthesis of two-terminal switching circuits. Bell Syst. Tech. J., 1949, 28(1): 59-98.

[795] Shannon C E. Communication theory of secrecy systems. Bell Syst. Tech. J., 1949,

28(4): 656-715.

[796] Shimizu A, Miyaguchi S. Fast data encipherment algorithm FEAL. Advances in Cryptology-EUROCRYPT'87, LNCS 304, Springer, 1988: 267-278.

[797] Shpilka A, Tal A. On the minimal fourier degree of symmetric Boolean functions. IEEE 26th Ann. Conf. Computational Complexity, IEEE, 2011: 200-209.

[798] Shuai L, Li M. A method to calculate differential uniformity for permutations. Des. Codes Cryptogr., 2018, 86: 1553-1563.

[799] Shuai L, Wang L, Miao L, Zhou X. Differential uniformity of the composition of two functions. Cryptogr. Commun., 2020, 12: 205-220.

[800] Siegenthaler T. Correlation attacks on certain stream ciphers with nonlinear generators. IEEE Int. Symp. Inf. Theory-ISIT 1983, Saint Jovite, Canada, 1983.

[801] Siegenthaler T. Correlation-immunity of nonlinear combining functions for crypto-graphic applications. IEEE Trans. Inf. Theory, 1984, 30(5): 776-780.

[802] Siegenthaler T. Decrypting a class of stream ciphers using ciphertext only. IEEE Trans. Comput., 1985, 33(10): 776-780.

[803] Siegenthaler T. Design of combiners to prevent divide and conquer attacks. Advances in Cryptology-CRYPTO'85, LNCS 218, Springer, 1986: 273-279.

[804] Slepian D. On the number of symmetry types of Boolean functions of n variables. Can. J. Math., 1953, 5(2): 185-193.

[805] Smith D H, Hunt F H, Perkins S. Exploiting spatial separations in CDMA systems with correlation constrained sets of Hadamard matrices. IEEE Trans. Inf. Theory, 2010, 56(11): 5757-5761.

[806] Stănică P, Maitra S. A constructive count of rotation symmetric functions. Inf. Process. Lett., 2003, 88: 299-304.

[807] Stănică P, Sung S H. Boolean functions with five controllable cryptographic properties. Des. Codes Cryptogr., 2004, 31: 147-157.

[808] Stănică P, Maitra S, Clark J A. Results on rotation symmetric bent and correlation immune Boolean functions. Int. Workshop on Fast Software Encryption-FSE 2004, Springer, LNCS 3017, 2004: 161-177.

[809] Stănică P, Maitra S. Rotation symmetric Boolean functions-count and crypto-graphic properties. Discrete Appl. Math., 2008, 156(10): 1567-1580.

[810] Stănică P, Gangopadhyay S, Chaturvedi A, et al. Nega-Hadamard transform, bent and negabent functions. Int. Conf. Sequences and Their Applications-SETA 2010, LNCS 6338, Springer, 2010: 359-372.

[811] Stănică P, Gangopadhyay S, Chaturvedi A, et al. Investigations on bent and negabent functions via the nega-Hadamard transform. IEEE Trans. Inf. Theory, 2012, 58(6): 4064-4072.

[812] Stănică P, Martinsen T, Gangopadhyay S, Singh B K. Bent and generalized bent Boolean functions. Des. Codes Cryptogr., 2013, 69(1): 77-94.

[813] Stănică P. On weak and strong 2k-bent Boolean functions. IEEE Trans. Inf. Theory, 2016, 62(5): 2827-2835.

[814] Stănică P, Mandal B, Maitra S. The connection between quadratic bent-negabent functions and the Kerdock code. Appl. Algebra Eng. Commun. Comput., 2019, 30(5): 387-401.

[815] Stănică P. Investigations on c-boomerang uniformity and perfect nonlinearity. Discrete Appl. Math., 2021, 304: 297-314.

[816] Stănică P. Low c-differential and c-boomerang uniformity of the swapped inverse function. Discrete Math., 2021, 344(10): 112543.

[817] Stănică P, Riera C, Tkachenko A. Characters, Weil sums and c-differential uniformity with an application to the perturbed Gold function. Cryptogr. Commun., 2021, 13: 891-907.

[818] Stanković M, Moraga C, Stanković R S. An improved spectral classification of Boolean functions based on an extended set of invariant operations. Facta Univ. Electr. Energ., 2018, 31(2): 189-205.

[819] Stanković M, Moraga C, Stanković R. Generation of ternary bent functions by spectral invariant operations in the generalized Reed-Muller domain, IEEE 48th Int. Symp. Multiple-Valued Logic-ISMVL 2018, IEEE, 2018: 235-240.

[820] Stanković M, Moraga C, Stanković R. Spectral invariance operations for the construction of ternary bent functions. J. Appl. Logics, 2021, 8(5): 1241-1273.

[821] Stanković R S, Stanković M, Astola J T, Moraga C. Gibbs characterization of binary and ternary bent functions. IEEE 46th Int. Symp. Multiple-Valued Logic-ISMVL 2016, IEEE, 2016: 205-210.

[822] Stanković S, Astola J. BDD based construction of resilient functions. Facta Univ. Electr. Energ., 2011, 24(3): 341-356.

[823] Stanković S, Stanković R S, Astola J. Remarks on shapes of decision diagrams and classes of multiple-valued functions. IEEE 42nd Int. Symp. Multiple-Valued Logic-ISMVL 2012, IEEE, 2012: 134-141.

[824] Stanković R S, Stanković M, Astola J T, Moraga C. Remarks on similarities among ternary bent functions. IEEE 49th Int. Symp. Multiple-Valued Logic-ISMVL 2019, IEEE, 2019: 79-84.

[825] Strang G. Introduction to Linear Algebra. 5th ed. Wellesley MA, 2021.

[826] Stinson D R. Resilient functions and large sets of orthogonal arrays. Congressus Numerantium, 1993, 92: 105-110.

[827] Stinson D R. Combinatorial designs and cryptography// Walker K, ed. Surveys in Combinatorics. vol. 187. Cambridge: Cambridge University Press, 1993: 257-287.

[828] Stinson D R, Massey J L. An infinite class of counterexamples to a conjecture concerning nonlinear resilient functions. J. Cryptol., 1995, 8: 167-173.

[829] Stout Q F, Warren B L. Tree algorithms for unbiased coin tossing with a biased coin. Ann. Probab., 1984, 12(1): 212-222.

[830] Su S, Tang X. Construction of rotation symmetric Boolean functions with optimal algebraic immunity and high nonlinearity. Des. Codes Cryptogr., 2014, 71(2): 183-199.

[831] Su S, Tang X. Systematic constructions of rotation symmetric bent functions, 2-rotation symmetric bent functions, and bent idempotent functions. IEEE Trans. Inf. Theory, 2017, 63(7): 4658-4667.

[832] Su S. Systematic methods of constructing bent functions and 2-rotation symmetric bent functions. IEEE Trans. Inf. Theory, 2020, 66 (5): 3277-3291.

[833] Su S, Guo X. A further study on the construction methods of bent functions and self-dual bent functions based on Rothaus's bent function. Des. Codes Cryptogr., 2023, 91(4): 1559-1580.

[834] Su W, Pott A, Tang X. Characterization of negabent functions and construction of bent-negabent functions with maximum algebraic degree. IEEE Trans. Inf. Theory, 2013, 59(6): 3387-3395.

[835] Sun L, Liu J, Fu F W. Secondary constructions of RSBFs with good cryptographic properties. Inf. Process. Lett., 2019, 147: 44-48.

[836] Sun L, Shi Z, Fu F W. Several classes of even-variable 1-resilient rotation symmetric Boolean functions with high algebraic degree and nonlinearity. Discrete Math., 2022, 345(3): 112752.

[837] Sun L, Shi Z, Liu J, Fu F W. Results on the nonexistence of bent-negabent rotation symmetric Boolean functions. Cryptogr. Commun., 2022, 14: 999-1008.

[838] Sun L, Shi Z. The linear structures and fast points of rotation symmetric Boolean functions. Appl. Algebra Eng. Commun. Comput., 2024, 35(4): 525-544.

[839] Sun Y. Improving High-Meets-Low technique to generate odd-variable resilient Boolean functions with currently best nonlinearity. Discrete Math., 2021, 344(2): 112203.

[840] Sunar B, Martin W J, Stinson D R. A provably secure true random number generator with built-in tolerance to active attacks. IEEE Trans. Comput., 2007, 58(1): 109-119.

[841] Sun Y, Zhang J, Gangopadhyay S. Construction of resilient Boolean functions in odd variables with strictly almost optimal nonlinearity. Des. Codes Cryptogr., 2019, 87(12): 3045-3062.

[842] Taghvayi-Yazdelli V, Ghorbani M. Characterization of bipartite Cayley graphs in terms of Boolean functions. J. Inf. Optim. Sci, 2018, 39(7): 1567-1582.

[843] Takarabt S, Guilley S, Souissi Y, Karray K, Sauvage L, Mathieu Y. Formal evaluation and construction of glitch-resistant masked functions. IEEE Int. Symp. Hardware Oriented Security and Trust-HOST 2021, IEEE, 2021: 304-313.

[844] Tan Y, Pott A, Feng T. Strongly regular graphs associated with ternary bent functions. J. Comb. Theory, Ser. A, 2010, 117(6): 668-682.

[845] Tang C M, Li N, Qi Y F, Zhou Z C, Helleseth T. Linear codes with two or three weights from weakly regular bent functions. IEEE Trans. Inf. Theory, 2016, 62(3): 1166-1176.

[846] Tang C M, Qi Y F. A class of hyper-bent functions and Kloosterman sums. Cryptogr. Commun., 2017, 9(5): 647-664.

[847] Tang C M, Xiang C, Qi Y F, et al. Complete characterization of generalized bent and 2^k-bent Boolean functions. IEEE Trans. Inf. Theory, 2017, 63(7): 4668-4674.

[848] Tang C M, Zhou Z C, Qi Y, et al. Generic construction of bent functions and bent idempotents with any possible algebraic degrees. IEEE Trans. Inf. Theory, 2017, 63(10): 6149-6157.

[849] Tang C M, Qi Y F, Huang D M. Regular p-ary bent functions with five terms and Kloosterman sums. Cryptogr. Commun., 2019, 11(5): 1133-1144.

[850] Tang C M, Xu M Z, Qi Y F, Zhou M S. A new class of p-ary regular bent functions. Adv. Math. Commun., 2021, 15(1): 55-64.

[851] Tang D, Carlet C, Tang X. Highly nonlinear Boolean functions with optimal algebraic immunity and good behavior against fast algebraic attacks. IEEE Trans. Inf. Theory, 2013, 59(1): 653-664.

[852] Tang D, Carlet C, Tang X. A class of 1-resilient Boolean functions with optimal algebraic immunity and good behavior against fast algebraic attacks. Int. J. Found. Comput. Sci., 2014, 25(06): 763-780.

[853] Tang D, Carlet C, Tang X. Differentially 4-uniform bijections by permuting the inverse function. Des. Codes Cryptogr., 2015, 77(1): 117-141.

[854] Tang D, Carlet C, Tang X, Zhou Z. Construction of highly nonlinear 1-resilient Boolean functions with optimal algebraic immunity and provably high fast algebraic immunity. IEEE Trans. Inf. Theory, 2017, 63(9): 6113-6125.

[855] Tang D, Maitra S. Construction of n-variable ($n \equiv 2 \bmod 4$) balanced Boolean functions with maximum absolute value in autocorrelation spectra $< 2^{\frac{n}{2}}$. IEEE Trans. Inf. Theory, 2018, 64(1): 393-402.

[856] Tang D, Kavut S, Mandal B, Maitra S. Modifying Maiorana-McFarland type bent functions for good cryptographic properties and efficient implementation. SIAM J. Discrete Math., 2019, 33(1): 238-256.

[857] Tang X, Tang D, Zeng X, Hu L. Balanced Boolean functions with (almost) optimal algebraic immunity and very high nonlinearity. IACR Cryptology ePrint Archive: Report 2010/443.

[858] Taniguchi H. On some quadratic APN functions. Des. Codes Cryptogr., 2019, 87(9): 1973-1983.

[859] Tarannikov Y. On resilient Boolean functions with maximal possible nonlinearity. Progress in Cryptology-INDOCRYPT 2000, LNCS 1977, Springer, 2000: 19-30; IACR Cryptology ePrint Archive: Report 2000/005.

[860] Tarannikov Y, Kirienko D. Spectral analysis of high order correlation immune functions. IEEE Int. Symp. Inf. Theory-ISIT 2001, IEEE, 2001: 69.

[861] Tarannikov Y, Korolev P, Botev A. Autocorrelation coefficients and correlation immunity of Boolean functions. Advances in Cryptology-ASIACRYPT 2001, LNCS 2248, Springer, 2001: 460-479.

[862] Tarannikov Y. New constructions of resilient Boolean functions with maximal nonlinear-

ity. Int. Workshop on Fast Software Encryption-FSE 2001, LNCS 2355, 2022, Springer: 66-77.

[863] Tian S, Boura C, Perrin L. Boomerang uniformity of popular S-box constructions. Des. Codes Cryptogr., 2020, 88: 1959-1989.

[864] Titsworth R C. Optimal ranging codes. IEEE Trans. Space Elec. Telem., 1964, 10(1): 19-30.

[865] Tokareva N. Bent Functions-Result and Applications to Cryptography. Amsterdam: Elsevier, 2015.

[866] Tu Z, Deng Y. A conjecture about binary strings and its applications on constructing Boolean functions with optimal algebraic immunity. Des. Codes Cryptogr., 2011, 60(1): 1-14.

[867] Tu Z, Deng Y. Boolean functions optimizing most of the cryptographic criteria. Discrete Appl. Math., 2012, 160(4-5): 427-435.

[868] Tu Z, Li N, Zeng X, Zhou J. A class of quadrinomial permutations with boomerang uniformity four. IEEE Trans. Inf. Theory, 2020, 66(6): 3753-3765.

[869] Turyn R J. Character sums and difference sets. Pac. J. Math., 1965, 15(1): 319-346.

[870] Vazirani U V. Towards a strong communication complexity theory or generating quasi-random sequences from two communicating slightly-random sources. Proc. 17th ann. ACM Symp. Theory of Computing-STOC 1985, ACM, 1985: 366-378.

[871] Victor W K, Stevens R, Golomb S W. Radar exploration of Venus. Jet Propulsion Laboratory, Pasadena, California, Research Summary, 1961: 32-132.

[872] Van Aardenne-Ehrenfest T, de Bruijn N G. Circuits and trees in oriented linear graphs. Simon Stevin: Wis-en Natuurkundig Tijdschrift, 1951, 28: 203-217; Classic Papers in Combinatorics, Boston, MA: Birkhäuser, 2009: 149-163.

[873] Vembu S, Verdú S. Generating random bits from an arbitrary source: fundamental limits. IEEE Trans. Inf. Theory, 1995, 41(5): 1322-1332.

[874] Von Neumann J. Various techniques for use in connection with random digits. U. S. National Bureau of Standards, Appl. Math. Ser., 1951, 12: 36-38.

[875] Yang J P, Zhang W G. Generating highly nonlinear resilient Boolean functions resistance against algebraic and fast algebraic attacks. Secur. Commun. Networks, 2015, 8: 1256-1264.

[876] Yang K, Kim Y K, Kumar P V. Quasi-orthogonal sequences for code-division multiple-access systems. IEEE Trans. Inf. Theory, 2000, 46(3): 982-993.

[877] Yarlagadda R, Hershey J E. Analysis and synthesis of bent sequences. IEE Proc. E: Comput. Digit. Techn., 1989, 136(2): 112-123.

[878] Yoshiara S. Equivalences of power APN functions with power or quadratic APN functions. J. Algebr. Combin., 2016, 44(3): 561-585.

[879] Youssef A M, Gong G. Hyper-bent functions. Advances in Cryptology-EUROCRYPT'90, LNCS 2045, Springer, 2001: 406-419.

[880] Yu N Y, Gong G. Constructions of quadratic bent functions in polynomial forms. IEEE Trans. Inf. Theory, 2006, 52(7): 3291-3299.

[881] Yu Y, Wang M, Li Y. A matrix approach for constructing quadratic APN functions. Des. Codes Cryptogr., 2014, 73(2): 587-600.

[882] Wadayama T, Hada T, Wagasugi K, Kasahara M. Upper and lower bounds on the maximum nonlinearity of n-input m-output Boolean functions. Des. Codes Cryptogr., 2001, 23: 23-33.

[883] Wagner D. The boomerang attack. Int. Workshop on Fast Software Encryption-FSE 1999, LNCS 1636, Springer, 1999: 153-170.

[884] Wan Z X. Lectures on Finite Fields and Galois Rings. Singapore: World Scientific, 2003.

[885] Wang H, Peyrin T. Boomerang switch in multiple rounds. IACR Trans. Symmetric Cryptol., 2019, 2019(1): 142-169.

[886] Wang J. The linear kernel of Boolean functions and partially-bent functions. Syst. Sci. Math. Sci., 1997, 10(1): 6-11.

[887] Wang J, Fu F. On the duals of generalized bent functions, IEEE Trans. Inf. Theory, 2022, 68(7): 4770-4781.

[888] Wang Q, Peng J, Kan H, Xue X. Constructions of cryptographically significant Boolean functions using primitive polynomials. IEEE Trans. Inf. Theory, 2010, 56(6): 3048-3053.

[889] Wang Q, Johansson T. A note on fast algebraic attacks and higher order nonlinearities. International Conference on Information Security and Cryptology-Inscrypt 2010, LNCS 6584, Springer, 2011: 404-414.

[890] Wang Q. Hadamard matrices, d-linearly independent sets and correlation-immune Boolean functions with minimum Hamming weights. Des. Codes Cryptogr., 2019, 87(10): 2321-2333.

[891] Wang Q, Li Y. A note on minimum Hamming weights of correlation-immune Boolean functions. IEICE Trans. Fundam. Electron. Commun. Comput. Sci., 2019, 102(2): 464-466.

[892] Wang Y, Gao G, Yuan Q. Searching for cryptographically significant rotation symmetric Boolean functions by designing heuristic algorithms. Secur. Commun. Networks, 2022: 8188533.

[893] Wang Z, Gong G. Discrete fourier transform of Boolean functions over the complex field and its applications. IEEE Trans. Inf. Theory, 2018, 64(4): 3000-3009.

[894] Watanabe S, Han T S. Interval algorithm for random number generation: Information spectrum approach. IEEE Trans. Inf. Theory, 2020, 66(3): 1691-1701.

[895] Webster A F, Tavares S E. On the design of S-boxes. Advances in Cryptology-CRYPTO 1985, LNCS 219, Springer, 1985: 523-534.

[896] Wei Y, Pasalic E, Hu Y. A new correlation attack on nonlinear combining generators. IEEE Trans. Inf. Theory, 2011, 57(9): 6321-6331.

[897] Wei Y, Pasalic E, Zhang F, et al. New constructions of resilient functions with strictly almost optimal nonlinearity via non-overlap spectra functions. Inf. Sci., 2017, 415-416: 377-396.

[898] Wen Q Y, Yang Y X. Construction and enumerating of resilient functions. Chin. J. Electr., 2003, 12(1): 15-19.

[899] Wolfmann J. Bent functions and coding theory// Pott A, et al., ed. NATO Advanced Study Institute on Difference Sets, Sequences and their Correlation Properties, Berlin: Springer, 1999, 542: 393-418.

[900] Wu G, Li N, Liu X. Several classes of negabent functions over finite fields, Sci. China Inf. Sci., 2018, 61(3): 038102.

[901] Xia T B, Seberry J, Pieprzyk J, Charnes C. Homogeneous bent functions of degree n in $2n$ variables do not exist for $n > 3$. Discrete Appl. Math., 2004, 142(1-3): 127-132.

[902] Xiao G Z. The spectrum method in correlation analysis of non-linear generator. IEEE Int. Symp. Inf. Theory-ISIT 1985, Brighton, England, IEEE, 1985: 148-149.

[903] Xiao G Z, Massey J L. A spectral characterization of correlation-immune combining functions. IEEE Trans. Inf. Theory, 1988, 34(3): 569-571.

[904] Xiao G Z. A survey of spectrum-techniques-based stream ciphers. 25th Ann. 1991 IEEE Int. Carnahan Conf. Security Technology-ICCST 1991, IEEE, 1991: 116-119.

[905] Xie C L, Zhang W G, Pasalic E. Correction to "Large sets of orthogonal sequences suitable for applications in CDMA systems". IEEE Trans. Inf. Theory, 2019, 65(2): 1318.

[906] Xie X, Li N, Yao Y. Several classes of bent functions over finite fields. Des. Codes Cryptogr., 2022.

[907] Xiong M S, Yan H D. A note on the differential spectrum of a differentially 4-uniform power function. Finite Fields Appl., 2017, 48: 117-125.

[908] Xu Y W, Carlet C, Mesnager S. Classification of bent monomials, constructions of bent multinomials and upper bounds on the nonlinearity of vectorial functions. IEEE Trans. Inf. Theory, 2018, 64(1): 367-383.

[909] Xu Y W, Li Y Q, Liu F. On the construction of differentially 4-uniform involutions. Finite Fields Appl., 2017, 47: 309-329.

[910] Zabotin I A, Glazkov G P, Isaeva V B. Cryptographic protection for information processing systems: Cryptographic transformation algorithm. Technical Report, Government Standard of the USSR, GOST 28147-89, 1989.

[911] Zaccaria V, Melzani F, Bertoni G. Spectral features of higher-order side-channel countermeasures. IEEE Trans. Comput., 2017, 67(4): 596-603.

[912] Zeng K, Yang J H, Dai Z. Patterns of entropy drop of the key in an S-box of the DES. Advances in Cryptology-CRYPTO'87, LNCS 293, Springer, 1988: 438-444.

[913] Zeng K, Hung M. On the linear syndrome method in cryptanalysis. Advances in Cryptology-CRYPTO'88, LNCS 403, Springer, 1990: 469-478.

[914] Zeng K, Yang C H, Rao T R N. On the linear consistency test (LCT) in cryptanalysis

with applications. Advances in Cryptology-CRYPTO 1989, LNCS 435, Springer, 1990: 164-174.

[915] Zeng K, Yang C H, Rao T R N. An improved linear syndrome algorithm in cryptanalysis with applications. Advances in Cryptology-CRYPTO 1990, LNCS 537, Springer, 1991: 4-47.

[916] Zeng X, Carlet C, Shan J, Hu L. More balanced Boolean functions with optimal algebraic immunity and good nonlinearity and resistance to fast algebraic attacks. IEEE Trans. Inf. Theory, 2011, 57(9): 6310-6320.

[917] Zha Z, Hu L, Sun S. Constructing new differentially 4-uniform permutations from the inverse function. Finite Fields Appl., 2014, 25: 64-78.

[918] Zha Z, Hu L, Sun S, Shan J. Further results on differentially 4-uniform permutations over $\mathbb{F}_{2^{2m}}$. Sci. China Math., 2015, 58(7): 1577-1588.

[919] Zha Z, Hu L. Some classes of power functions with low c-differential uniformity over finite fields. Des. Codes Cryptogr., 2021, 89: 1193-1210.

[920] Zhang F, Carlet C, Hu Y, Cao T. Secondary constructions of highly nonlinear Boolean functions and disjoint spectra plateaued functions. Inf. Sci., 2014, 283: 94-106.

[921] Zhang F, Wei Y, Pasalic E. Constructions of bent-negabent functions and their relation to the completed Maiorana-McFarland class. IEEE Trans. Inf. Theory, 2015, 61(3): 1496-1506.

[922] Zhang F, Pasalic E, Cepak N. Constructing bent functions outside the Maiorana-McFarland class using a general form of Rothaus. IEEE Trans. Inf. Theory, 2017, 63(8): 5336-5349.

[923] Zhang F, Wei Y, Pasalic E, Xia S. Large sets of disjoint spectra plateaued functions inequivalent to partially linear functions. IEEE Trans. Inf. Theory, 2018, 64(4): 2987-2999.

[924] Zhang F, Pasalic E, Wei Y. Constructions of balanced Boolean functions on even number of variables with maximum absolute value in autocorrelation spectra $< 2^{n/2}$. Inf. Sci., 2021, 575: 437-453.

[925] Zhang M X, Tavares S E, Campbell L L. Information leakage of Boolean functions and its relationship to other cryptographic criteria. Proc. 2nd ACM Conf. Computer and Communications Security-CCS 1994, Fairfax, Virgina, ACM, 1994: 156-165.

[926] Zhang M X. Maximum correlation analysis of nonlinear combining functions in stream ciphers. J. Cryptol., 2000, 13(3): 301-314.

[927] Zhang M X, Chan A. Maximum correlation analysis of nonlinear S-boxes in stream ciphers. Advances in Cryptology-CRYPTO 2000, LNCS 1880, Springer, 2000: 501-514.

[928] Zhang W, Bao Z, Rijmen V, Liu M. A new classification of 4-bit optimal S-boxes and its application to PRESENT, RECTANGLE and SPONGENT. Int. Workshop on Fast Software Encryption-FSE 2015, LNCS 9054, Springer, 2015: 494-515.

[929] Zhang W, Han G. Construction of rotation symmetric bent functions with maximum algebraic degree. Sci. China Inf. Sci., 2018, 61(3): 038101.

[930] Zhang W G. Construction of plateaued functions satisfying multiple criteria. High Technol. Lett., 2005, 11(4): 364-366.

[931] Zhang W G, Xiao G Z. Constructions of almost optimal resilient Boolean functions on large even number of variables. IEEE Trans. Inf. Theory, 2009, 55(12): 5822-5831.

[932] Zhang W G, Xiao G Z. Construction of almost optimal resilient functions via concatenating Maiorana-Mcfarland functions. Sci. China Inf. Sci., 2011, 54(4): 909-912.

[933] Zhang W G, Jiang F Q, Tang D. Construction of highly nonlinear resilient Boolean functions satisfying strict avalanche criterion. Science China Information Sciences, 2014, 57(4): 049101(6).

[934] Zhang W G, Pasalic E. Constructions of resilient S-boxes with strictly almost optimal nonlinearity through disjoint linear codes. IEEE Trans. Inf. Theory, 2014, 60(3): 1638-1651.

[935] Zhang W G, Pasalic E. Generalized Maiorana-McFarland construction of resilient Boolean functions with high nonlinearity and good algebraic properties. IEEE Trans. Inf. Theory, 2014, 60(10): 6681-6695.

[936] Zhang W G, Pasalic E. Highly nonlinear balanced S-boxes with good differential properties. IEEE Trans. Inf. Theory, 2014, 60(12): 7970-7979.

[937] Zhang W G, Xie C L, Pasalic E. Large sets of orthogonal sequences suitable for applications in CDMA systems. IEEE Trans. Inf. Theory, 2016, 62(6): 3757-3767.

[938] Zhang W G, Pasalic E. Improving the lower bound on maximum nonlinearity of 1-resilient Boolean functions and designing functions satisfying all cryptographic criteria. Inf. Sci., 2017, 376: 21-30.

[939] Zhang W G, Li L Y, Pasalic E. Construction of resilient S-boxes with higher-dimensional vectorial outputs and strictly almost optimal nonlinearity. IET Inf. Secur., 2017, 11(4): 199-203.

[940] Zhang W G. High-Meets-Low: construction of strictly almost optimal resilient Boolean functions via fragmentary Walsh spectra. IEEE Trans. Inf. Theory, 2019, 65(9): 5856-5864.

[941] Zhang W G. The truth table of a 21-variable 1-resilient Boolean fucntion with nonlinearity 1047680. IEEE DataPort, 2019. DOI:10.21227/mkm1-ff85

[942] Zhang W G, Sun Y J, Pasalic E. Three classes of balanced vectorial semi-bent functions. Des. Codes Cryptogr., 2021, 89(12): 2697-2714.

[943] Zhang W G, Pasalic E, Zhang L P. Phase orthogonal sequence sets for (QS) CDMA communications. Des. Codes Cryptogr., 2022, 90: 1139-1156.

[944] Zhang W G, Pasalic E, Liu Y R, et al. A design and flexible assignment of orthogonal binary sequence sets for (QS)-CDMA systems. Des. Codes Cryptogr., 2023, 91(2): 373-389.

[945] Zhang W G, Wang F H. The truth table of a 22-variable 4-resilient Boolean function with nonlinearity 2095616. IEEE Dataport, 2023. DOI:10.21227/fmqs-1416

[946] Zhang W G. Analysis and construction of nonlinear correctors used in true random

number generators. IEEE Trans. Inf. Theory, 2023, 69(10): 6671-6681.

[947] Zhang X M, Zheng Y. GAC-The criterion for global avalanche characteristics of cryptogrpahic functions. J. Univ. Comput. Sci., 1995, 1(5): 315-337.

[948] Zhang X M, Zheng Y. On nonlinear resilient functions. Advances in Cryptology-EUROCRYPT 1995, LNCS 921, Springer, 1995: 274-288.

[949] Zhang X M, Zheng Y. Cryptographically resilient functions. IEEE Trans. Inf. Theory, 1997, 43(5): 1740-1747.

[950] Zhao H, Wei Y, Cepak N. Two secondary constructions of bent functions without initial conditions. Des. Codes Cryptogr., 2022, 90(3): 653-679.

[951] Zhao Q, Zheng D, Zhang W G. Constructions of rotation symmetric bent functions with high algebraic degree. Discrete Appl. Math., 2018, 251: 15-29.

[952] Zhao Y, Li H. On bent functions with some symmetric properties. Discrete Appl. Math., 2006, 154(17): 2537-2543.

[953] Zheng L, Peng J, Kan H, et al. On constructions and properties of (n, m)-functions with maximal number of bent components. Des. Codes Cryptogr., 2020, 88(10): 2171-2186.

[954] Zheng L, Kan H, Peng J, Tang D. Constructing vectorial bent functions via second-order derivatives. Discrete Math., 2021, 344(8): 112473.

[955] Zheng Y, Pieprzyk J, Seberry J. HAVAL-A one-way hashing algorithm with variable length of output. Advances in Cryptology-AUSCRYPT 1992, LNCS 718, Springer, 1993: 81-104.

[956] Zheng Y, Zhang X M. Plateaued functions. 2nd Int. Conf. Information and Communication Security-ICICS'99, LNCS 1726, Springer, 1999: 284-300.

[957] Zheng Y, Zhang X M, Imai H, Restriction, terms and nonlinearity of Boolean functions. Theor. Comput. Sci., 1999, 226(1-2): 207-223.

[958] Zheng Y, Zhang X. Relationships between bent functions and complementary plateaued functions. 2nd Int. Conf. Information Security and Cryptology-ICISC 1999, LNCS 1787, Springer, 2000: 60-75.

[959] Zheng Y, Zhang X M. On relationships among avalanche, nonlinearity, and correlation immunity. Advances in Cryptology-ASIACRYPT 2000, LNCS 1976, Springer, 2000: 470-482.

[960] Zheng Y, Zhang X M. New results on correlation immunity. Int. Conf. Information Security and Cryptology-ICISC 2000, LNCS 2015, Springer, 2000: 49-63.

[961] Zheng Y, Zhang X M. Non-separable cryptographic functions. Int. Symp. Inf. Theory and Its Applications-ISITA 2000, IEEE, 2000: 51-58.

[962] Zheng Y, Zhang X M. Improved upper bound on the nonlinearity of high order correlation immune functions. Int. Workshop on Selected Areas in Cryptography-SAC 2000, LNCS 2012, Springer, 2001: 262-274.

[963] Zheng Y, Zhang X M. On plateaued functions. IEEE Trans. Inf. Theory, 2001, 47(3): 1215-1223.

[964] Zheng Y, Zhang X M. Connections among nonlinearity, avalanche and correlation immunity. Theor. Comput. Sci., 2003, 292(3): 697-710.

[965] Zhou H, Bruck J. Efficient generation of random bits from finite state Markov chains. IEEE Trans. Inf. Theory, 2012, 58(4): 2490-2506.

[966] Zhou J, Chen W, Gao F. Best linear approximation and correlation immunity of functions over Z_m^*. IEEE Trans. Inf. Theory, 1999, 45(1): 303-308.

[967] Zhou J, Mow W H, Dai X. Bent functions and codes with low peak-to-average power ratio for multi-code CDMA. Int. Symp. Applied Algebra, Algebraic Algorithms, and Error-Correcting Codes-AAECC 2007, LNCS 4851, Springer, 2007: 60-71.

[968] Zhou J, Li N, Xu Y. A generic construction of rotation symmetric bent functions. Adv. Math. Commun., 2021, 15(4): 721-736.

[969] Zhou Y, Pott A. A new family of semifields with 2 parameters. Adv. Math., 2013, 234: 43-60.

[970] Zhou Y, Qu L. Constructions of negabent functions over finite fields. Cryptogr. Commun., 2017, 9: 165-180.

[971] Zierler N. Linear recurring sequences. J. Soc. Industr. Appl. Math., 1959, 7(1): 31-48.

[972] Zierler N, Mills W H. Products of linear recurring sequences. J. Algebr., 1973, 27(1): 147-157.

索　引

Y

Z

其他

“密码理论与技术丛书”已出版书目

(按出版时间排序)

1. 安全认证协议——基础理论与方法　2023. 8　冯登国 等　著
2. 椭圆曲线离散对数问题　2023. 9　张方国　著
3. 云计算安全(第二版)　2023. 9　陈晓峰　马建峰　李　晖　李　进　著
4. 标识密码学　2023. 11　程朝辉　著
5. 非线性序列　2024. 1　戚文峰　田　甜　徐　洪　郑群雄　著
6. 安全多方计算　2024.3　徐秋亮　蒋　瀚　王　皓　赵　川　魏晓超　著
7. 区块链密码学基础　2024.6　伍前红　朱　焱　秦　波　张宗洋　编著
8. 密码函数　2024.10　张卫国　著